抽水蓄能电站工程施工工艺示范手册

（2023年版）

土建分册

国网新源集团有限公司 主编

中国水利水电出版社
www.waterpub.com.cn
·北京·

内 容 提 要

本书包含坝基开挖及处理、趾板混凝土、碾压混凝土、混凝土面板工程、水工沥青混凝土防渗面板、面板接缝止水、土石方明挖、无爆破切割明挖及支护、小断面 TBM 平洞开挖及支护、大断面 TBM 平洞开挖及支护、竖井开挖、压力钢管制作、钢管安装、井式洞衬砌混凝土工程、输水道平洞段钢管衬砌段混凝土工程等 38 项施工工艺，从适用范围、施工工程序、工艺说明与工艺要求、WHS 质量控制点、质量检查与验收、相关标准等 6 个方面组织内容。

本书可供从事抽水蓄能电站建设的施工人员、技术人员、管理人员参考使用。

图书在版编目（CIP）数据

抽水蓄能电站工程施工工艺示范手册 ： 2023年版. 土建分册 / 国网新源集团有限公司主编. -- 北京 ： 中国水利水电出版社, 2023.11
ISBN 978-7-5226-1561-5

Ⅰ. ①抽… Ⅱ. ①国… Ⅲ. ①抽水蓄能水电站－土木工程－工程施工－技术手册 Ⅳ. ①TV743-62

中国国家版本馆CIP数据核字(2023)第112623号

书　名	**抽水蓄能电站工程施工工艺示范手册（2023 年版）土建分册** CHOUSHUI XUNENG DIANZHAN GONGCHENG SHIGONG GONGYI SHIFAN SHOUCE（2023 NIAN BAN）TUJIAN FENCE
作　者	国网新源集团有限公司　主编
出版发行	中国水利水电出版社 （北京市海淀区玉渊潭南路 1 号 D 座　100038） 网址：www.waterpub.com.cn E-mail：sales@mwr.gov.cn 电话：（010）68545888（营销中心）
经　售	北京科水图书销售有限公司 电话：（010）68545874、63202643 全国各地新华书店和相关出版物销售网点
排　版	中国水利水电出版社微机排版中心
印　刷	清淞永业（天津）印刷有限公司
规　格	210mm×285mm　16 开本　30.5 印张　902 千字
版　次	2023 年 11 月第 1 版　2023 年 11 月第 1 次印刷
印　数	0001—4000 册
定　价	**268.00** 元

前言

“30·60”碳达峰、碳中和目标的确定，促进了风力发电、太阳能发电等清洁能源大规模增长和高电压、大容量、远距离输电及智能电网建设快速发展，进而对电力系统的安全稳定经济运行提出了更高要求。在我国能源资源和电力消费分布不平衡的大环境下，抽水蓄能电站是当前以及今后相当长一段时期内促进清洁能源发展、确保电力系统安全可靠运行的有效手段。国网新源集团有限公司抽水蓄能电站建设也因此步入快车道，迎来了又一个工程建设高峰期，且在今后一段时期内保持一个较大的建设规模。

近年，抽水蓄能电站建设相关的国家标准及水电行业规程规范更新较多，一些施工方法、施工装备、质量检测与控制手段等施工工艺技术有了长足的发展和进步。随着工程建设管理智能化、施工机械化水平持续提高，抽水蓄能电站参建各方积极应用“四新”成果并不断创新发展，涌现了一批新的施工工艺。例如，小断面TBM施工、大断面TBM施工、无爆破切割施工。为提升工程实体质量，加强技术过程管控，保证施工工艺适用性，促进管理及技术人员能力提升，推广新施工工艺应用，国网新源集团有限公司在《抽水蓄能电站工程施工工艺示范手册（2019年版） 土建分册》的基础上，组织开展了增补、修订工作。总结近年来的施工工艺新成果，形成《抽水蓄能电站工程施工工艺示范手册（2023年版） 土建分册》。

与《抽水蓄能电站工程施工工艺示范手册（2019年版） 土建分册》相比，新增了“碾压混凝土施工工艺”“水工沥青混凝土防渗面板施工工艺”“无爆破切割明挖及支护施工工艺”“小断面TBM平洞开挖及支护施工工艺”和“大断面TBM平洞开挖及支护施工工艺”等5项；修订了“混凝土面板工程施工工艺”等10项。本示范手册分三篇，共38个标准施工工艺，即“第1篇 大坝施工工艺”，包含9个标准施工工艺；“第2篇 平洞及厂房施工工艺”，包含18个标准施工工艺；“第3篇 输水系统土建及金结安装工艺”，包含11个标准施工工艺。每个标准施工工艺按照适用范围、施工程序、工艺说明与工艺要求、WHS质量控制点、质量检查与验收、相关标准6个部分进行编写，还补充并更新了相关技术标准，新增了相关施工工艺流程图及施工案例图片，更加形象生动，具有较强的可操作性。

本示范手册由国网新源集团有限公司主编。

参加编写的单位有国网新源控股有限公司抽水蓄能技术经济研究院、浙江缙云抽水蓄能有限公司、中国水利水电建设工程咨询西北有限公司、河海大学。

本示范手册在编写及审查的过程中得到了抽水蓄能行业内有关单位专家的大力支持，在此一并表示感谢。限于编者水平及掌握素材有限，书中不足之处，敬请读者指正。

编　者

2023年10月

目录

第 2 篇　平洞及厂房施工工艺

第 3 篇　输水系统土建及金结安装工艺

注 红色表示 2023 年修订；蓝色表示 2019 年修订。

第1篇 大坝施工工艺

第1章 坝基开挖及处理施工工艺

1.1 适用范围

本工艺适用于抽水蓄能电站常见的岩基上修筑的混凝土面板堆石坝、沥青面板堆石坝、沥青心墙堆石坝的坝基开挖及处理施工，也适用于混凝土重力坝。

1.2 施工程序

坝基土石方开挖施工程序如图1.1所示，主要包括：施工准备，测量放样，岸坡开挖及导流泄水建筑物施工，分流、截流及围堰施工，基坑内初期抽水及经常性排水设施布置，河床基坑开挖等9个主要工序。

（1）施工工艺编制说明：本工艺与第10章土石方明挖施工工艺内容大部分相同，相同的工作内容在此工艺中不再重复，重点强调施工道路修筑、深孔爆破、保护层爆破、坝基缺陷处理等方面内容。

（2）施工中应遵守的原则：

1）坝基范围内不允许采用硐室爆破、药壶爆破、裸露药包爆破；靠近坝基边坡轮廓线附近不应采用挤压爆破工艺，以减小爆破震动对保留岩体的破坏。

2）采用碾压式土石坝形成抽水蓄能电站上、下水库时应在制定施工组织设计、开挖支护技术方案时结合《碾压式土石坝施工组织设计规范》（NB/T 35062）进行土石方调配平衡计算，以增加直接上坝率，减少二次倒运量。

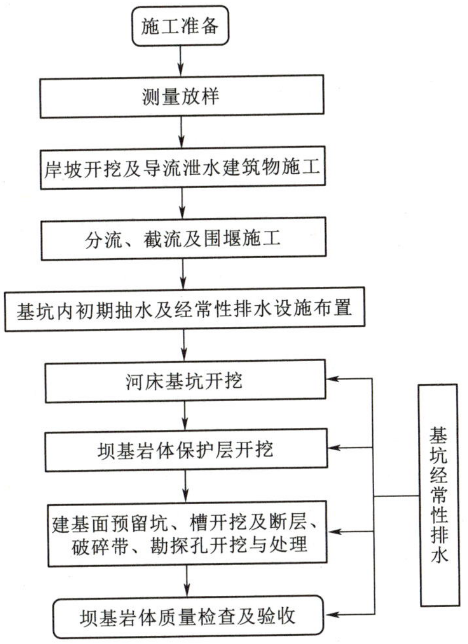

图1.1 坝基土石方开挖施工程序

1.3 工艺说明与工艺要求

1.3.1 施工准备

1.3.1.1 技术准备

内容包括：图纸会审及设计交底；现场施工条件调查；首级控制网移交及用地范围复核；技术

方案编制及作业技术交底；试验检测；施工总布置设计。

(1) 图纸会审及设计交底。应按照《国网新源公司工程建设技术管理办法》(新源(基建)Y004)的规定进行图纸会审和设计交底，提出的优化建议必须经过设计单位的书面确认。

设计交底时，勘察设计单位应针对性地说明以下内容：

1) 岩体物理力学性能及结构特点、不良地质段及潜在滑坡体的位置及处理要求、施工导流技术要求、地下水发育情况等。

2) 土石方平衡规划，对后续利用的土方、石方料的质量要求。

3) 坝基范围内勘探孔、勘探洞的分布情况及处理技术要求。

4) 关键部位、重要位置的工艺要求和质量、安全控制要点，防范生产安全事故的指导意见。

(2) 现场施工条件调查。要结合招标文件技术条款、进场后收到的设计文件等技术资料，主要核查以下施工条件：

1) 施工区域水文地质、工程地质情况，地表径流发育情况，气象状况。

2) 林草发育及施工区域砍伐清理情况，地方政府林草防火规章制度。

3) 爆破影响区域以内地上、地下管线及相邻的地上、地下建筑物的情况。

4) 与项目施工的有关道路状况，弃渣场、中转堆料场设置情况，包括位置、容量、堆料技术要求、交通条件。

5) 材料供应、运输服务能力，动力(供电、供水、供热、供风)供应及通信能力状况。

(3) 首级控制网移交及用地范围复核。发包人应按合同条款规定向施工承包人移交标桩和施工用地。工作程序及要点为：

1) 发包人或委托监理人进行首级控制网布设内业和外业验收→合格后按合同规定向施工承包人交桩→承包人进行复测→复测结果偏差处理→承包人布设施工加密控制网并复测→加密控制网布设及复测成果报监理审批→发包人组织向承包人移交施工用地→承包人测量复核移交征地的轮廓点位置、边线→设立施工用地标桩等明显标记。

2) 交桩时应向承包人移交测量控制网点标墩及基准数据，现场查看标墩位置、完好情况、通视情况等，承包人接收后应对首级控制网标桩采取保护措施，对基准点数据采取保密措施，不允许向外泄露。

3) 对首级控制网复测结果中发现的数据偏差问题报监理审查属实后提交测绘单位，最终以测绘单位的书面回复意见为准。

4) 施工加密控制网布设方案及复测结果应经过监理审批合格后才允许使用，复测时通知监理现场监督检查。

5) 发现移交的用地范围、位置与合同规定存在偏差时，应单独或与施工组织设计、施工方案一起上报用地计划，监理机构组织审查确认合理后，提交并协助发包人解决。

6) 施工用加密控制网标桩等标记应采用保护措施，并定期复测修正，结果应经过监理审批。

(4) 技术方案编制及作业技术交底。

1) 方案编制。

a. 承包人应根据已批准的开工施工组织总设计，结合现场调查结果和施工图纸，编制专项施工措施计划或施工方案。编制要点包括以下几个方面：

(a) 要对施工分期、施工程序、工艺方法、永久及临时支护、土石方平衡及利用、环水保、季节施工措施等工作安排进行详细说明。

(b) 经评估属于危大或超危大工程时，方案格式、内容及审批流程应按照《电力建设工程施工安全管理导则》(NB/T 10096)等危大工程的管理要求执行。爆破设计和爆破施工方案应由有资质的爆破技术人员编制。

(c) 对于不良地质段、弃渣场、爆破器材库、油库油罐区等重大危险源应按照《水电水利工程施工重大危险源辨识与评价导则》(DL/T 5274)、《电力建设工程施工安全管理导则》(NB/T 10096)、合同规定等进行辨识和控制，在方案中编制有针对性的预控措施及应急预案。

b. 应在施工总组织设计中编制施工导流方案。

c. 应按已批准的施工导流方案、设计年度度汛技术要求，在每年汛前编制年度度汛方案。

d. 较大的断层、破碎带处理应按设计要求编制专项施工方案。

2) 作业技术交底。要重点加强对作业一线人员的交底，交底内容应侧重安全防护（含水保、环保）技术措施、风险状况、应急处置预案、作业流程、质量标准等 5 个方面。各级管理人员均应按三级技术交底的要求参加交底并签名，形成书面交底记录。

3) 作业指导书。应结合工艺性试验或已有经验制定主要施工项目的作业指导书，作为对一线作业层交底培训的主要内容。分为表土收集与保管、锚杆施工、喷混凝土、预应力锚索张拉及灌浆、土质边坡植物防护（湿法客土喷播、三维植物网防护、植生袋防护等）、土质边坡混凝土（或浆砌石）框格梁防护、爆破作业、渣场管理等项目。具体根据合同规定、现场实际情况确定。

(5) 试验检测。应有序开展试验检测工作。在锚杆（含锚索）、浆砌石砌体、混凝土（喷混凝土，截水沟、排水沟、框格梁混凝土等）施工前完成配合比设计和试验工作；在利用开挖的土石方回填前完成土工试验工作；石方大规模爆破前，应完成爆破参数试验。

(6) 施工总布置设计。应按照设计单位提供的施工总布置图，完成各标段工程的施工总布置图设计及重要临建设施的设计工作，重要临建设施主要包括油库、火工品库、动力供应（供水、供电、供风）系统、骨料加工系统、混凝土拌和系统、办公及生活营地、施工道路等。

1.3.1.2　劳动力组织准备

(1) 人员数量。应在设备选择配套的基础上，结合工作面数量、工作班制、施工方法、投标承诺、《水电工程施工组织设计规范》(NB/T 10491)、定额，详细计算复核每个区域开挖支护作业的施工人员数量。要保证各工种作业人员、管理人员、其他辅助人员数量满足施工需要。

(2) 特殊专业及技术人员的配置。

1) 试验检测人员。承包人应配置土工、混凝土试验、物探检测、爆破安全监测等专业检测人员，以满足施工质量自检控制需要。现场不具备试验检测条件时，应委托有资质的试验单位开展试验检测工作，事先应提供检测能力证明材料报监理机构审批。

2) 爆破专业专职人员。承包人必须配置爆破作业专职人员，包括技术人员、安全员、爆破员、保管员，涉爆人员应持证并经考核合格后方可上岗；实行专业分包时，分包单位有关人员必须到位，开展其专业工作，各类专业人员应按核定的级别、范围持证上岗。

(3) 施工安全岗位培训。应对全体人员做好安全方面教育及培训工作，未经教育培训考核或者培训考核不合格的人员不得上岗作业。各级人员应熟知本岗位（工种）的各项安全技术操作规程，特种作业人员应持证上岗。

(4) 特殊岗位人员。从事特殊岗位人员应进行筛选。高空作业人员应事先体检，不允许有高血压、癫痫病、心脏病、眩晕症的员工从事相关作业，必须为作业人员配置安全防护用品和用具并进行使用方法培训；钻孔人员提前检查尘肺病。

(5) 水环保管理人员。承包人应配置专职水环保管理人员，根据法律法规、合同文件和地方水环保主管部门要求开展水环保管理工作，做好施工废水、生活污水、施工及生活垃圾的收集和处理，对废水处理情况日常检测，达到排放标准后按相关规定或合同约定进行处置；加强对施工现场作业的监督检查，发现问题及时整改。

1.3.1.3　工程材料准备

(1) 建于主河床上的大坝，河床截流前应按照截流方案准备好戗堤封堵材料、闭气小颗粒材料的备料工作，并做好分区堆放。材料备用数量按照设计量的 1.3～1.5 倍考虑。

（2）应事先制订物资采购计划，按计划采购。计划中应包括材料种类、规格、数量、进场时间。材料种类应包括永久工程用原材料、施工临时用原材料、安全防护用材料、应急物资，进场检验合格后才允许施工。现场不具备检测条件时应委托专业单位检测。

（3）火工品管理。

1）应按照规范要求及发包人、地方公安部门相关规定进行采购、运输。

2）同一网路中电子雷管应使用同一厂家的产品及配套的起爆器、网络连接线，其他要求按照《水电水利工程爆破施工技术规范》(DL/T 5135）的有关规定执行。

3）使用火工品前，应进行火工品外观检查和性能检测，防止在使用中出现拒爆现象。A、B 级爆破、重要部位爆破前，应按《爆破安全规程》(GB 6722）的规定开展炸药殉爆距离、雷管延迟时间、起爆网络连接方式传爆可靠性试验。严禁使用破损、失效的火工品。

4）储存。现场应设置火工品储存库，制定火工品领用、退库等管理制度，严格按制度要求执行。

（4）其他原材料进场及储存。

1）材料使用前应检查验收和取样送检，严禁使用不合格材料，其他材料应包括锚杆及挂网钢筋、水泥、外加剂、砂石骨料、排水管、三维植被网、预应力材料、主动防护网、被动防护网、脚手架钢管及扣件（扣件式和承插式）等。

2）原材料储存量应满足施工强度要求，存储场地、设施应满足施工进度、质量要求。现场应备用一定数量的水泥锚固卷、树脂锚固卷等材料，以便紧急情况下快速支护使用。

1.3.1.4　施工设备准备

（1）设备种类。包括：钻孔及凿除设备；挖土石料及运料设备；渣场维护设备；边坡喷锚支护及客土喷播设备、截排水沟等混凝土施工设备；动力供应（风、水、电）设备；爆破专用设备（起爆器、警报器、应急广播）；测量及试验设备；预应力施工设备等。

（2）设备配置要求。

1）开挖及装运设备配置。应结合高峰期施工强度及工作面数量、持续时间、《水电工程施工机械选择设计导则》(NB/T 10237)、单个设备额定生产能力或工程实践平均先进指标推算主要机械设备的规格和数量，明确到场时间。机械设备应相互配套，可参照《水利水电工程施工组织设计手册》第二部分中有关经验数据考虑，如：①运输设备的容量为挖掘设备斗容量的 3～6 倍，运距远取大值；②挖掘机械与梯段高度、钻孔直径与梯段的配套关系，具体见表 1.1 和表 1.2；

2）开挖料直接利用时，应配置推平、碾压设备及相应的检测设备。

其他内容同第 10 章第 10.3.1.4 节。

表 1.1　岩石开挖时铲斗容量与梯段高度的匹配关系

铲斗容积/m^3	4.0	3.0～2.5	0.75～1.0	0.5
合适的梯段高度/m	12～15	10～12	8～10	5～8

表 1.2　岩石开挖时钻孔直径与梯段高度的匹配关系

钻孔直径/mm	最小梯段高度/m	适合的梯段高度/m	钻孔直径/mm	最小梯段高度/m	适合的梯段高度/m
45	4.0	4～8	75	6.7	6.7～15
51	4.6	4.6～10	100	9.0	9.0～20
64	5.8	5.8～12			

1.3.1.5　现场准备

（1）坝肩开挖前，宜先进行坝肩区域环库公路及上坝路路基施工，以利坝肩开挖。

（2）坝肩边坡支护完成后才能进行坝肩灌浆平洞的开挖，施工期间洞口上部应设置拦石栅栏或柔性防护网栏；坝体边坡内的勘探洞清理及回填混凝土等作业施工时应设置人员交通通道及安全防护设施，处理工作应与坝体填筑、浇筑施工同步或优先进行。

（3）外部排水及泥石流防治。

1）应在环库路、上坝路靠山侧形成排水沟，将路基上部山体流水及降雨形成的径流导入施工区域以外。

2）坝基范围内上部存在冲沟时，应事先清除沟内堆渣体，按设计要求在沟口修建挡渣墙及排水设施，防止产生泥石流。

3）应按设计要求，在坝基开挖轮廓以外边坡提前修筑截水沟，拦截外部来水及边坡渗水，将水引到坝基范围以外。

（4）爆破警戒及警告。

1）要在爆破影响区域外进口设立爆破警示标牌。

2）在作业现场应设置警报器、隔离带、警示、警告标识，严禁非作业人员进入爆破区域。爆破相互影响的作业单位之间应签署安全互保协议，明确爆破信息通报方式和责任人、联系方式。

（5）基坑开挖前的导截流设施完成形象要求。应完成导流泄水建筑物施工、围堰及防渗处理、基坑初期排水，初期排水完成后应进行经常性排水设施（排水沟、积水坑、水泵、管道、供电设施）的布置，安排排水作业队伍，建立规章制度及应急预案并开展培训。

（6）施工安全及防护。基坑边坡上部应设置防护栏、防撞墩，防止物体滚落至基坑施工范围，其他现场安全文明设施应按照《抽水蓄能电站工程安全文明施工设施》（Q/GDW 11586）的规定执行；现场应明确森林或草原防火分区责任人，竖立警示标识。

（7）测量控制网建立及网点标墩保护。施工测量控制网已建立，原始地形测量完成，对首级控制网点及加密控制网点保护措施已到位。较陡的坝基边坡及不良地质段，应在坡顶设置沉降位移观测设施。

1.3.2　测量放样

1.3.2.1　施工程序

原始地形图、断面图测量→复核土石方开挖总量、确定清表面积→测量标注开挖区域外截水沟开挖边线→标注边坡主开挖区开口线边线→按现场实际或设计要求布置边坡变形观测点。

1.3.2.2　工艺安全质量控制要点

（1）测量人员应配置防坠落、防蛇咬及通信设备、应急药品，放样人员不少于 2 人。

（2）开挖区域地形图测量及工程量计算。应按照《工程测量标准》（GB 50026）、《水电水利工程施工测量规范》（DL/T 5173）完成原始地形图、断面的测量，复核土石方开挖总量、结果报审，测量前通知监理到场监督。根据合同条款和发包人管理办法规定，由监理复测或第三方复测。

首次地形图测量比例尺选用 1∶500，特殊部位采用 1∶200。断面点间距要求以能反映出断面形状，满足面积计算精度为原则。以图上 1～3cm 一个点，地形突变处要加密。测量范围包括施工边线以外 3～5m，要覆盖整个植被清理区。结果经监理复核无误后再进行放样测量，标示出开挖边线。

（3）开口线放样。放样精度具体按《水工建筑物岩石基础开挖施工技术规范》（DL/T 5389）

的有关规定执行，在开口线撒上白灰或在转折点设立临时木桩或钢管、钢筋桩等明显标识，对地形起伏较大和特殊体形部位进行加密。施工过程中做好保护。施工过程中应避免移动和损坏。

1.3.3　岸坡开挖及导流泄水建筑物施工

1.3.3.1　岸坡开挖

（1）开挖程序包括坝顶高程以上坝肩开挖、坝顶高程至主河床之间坝基开挖两个区域，具体程序如图 1.2 所示。

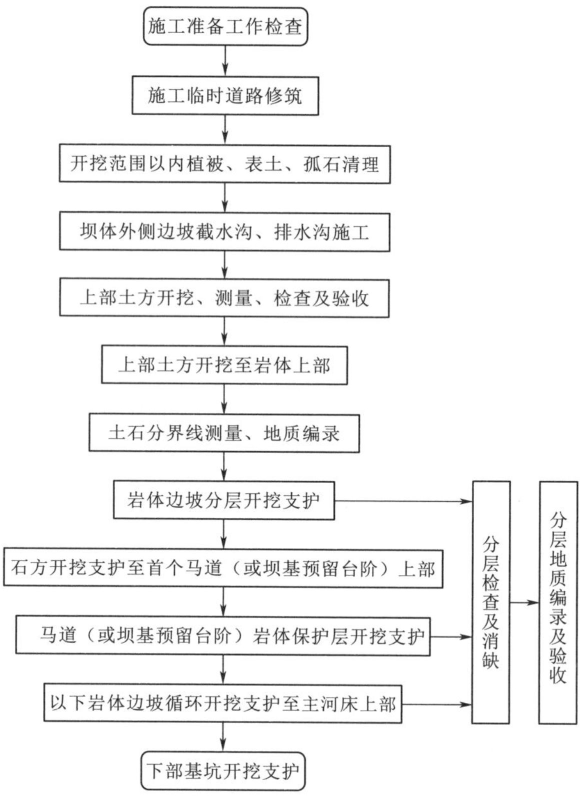

图 1.2　岸坡（坝肩及坝基边坡）开挖程序

程序编制说明：

1）重力坝主河床两侧坝段基础一般设计为台阶状，各台阶岩体开挖时应设置 2m 厚度左右的水平保护层，保护层应单独开挖。

2）坝肩高边坡、混凝土面板堆石坝趾板上游高边坡一般预留 2m 厚度的马道，预留台阶及马道岩体开挖时应设置 2m 左右水平保护层，保护层应单独开挖。

3）沥青心墙堆石坝坝基边坡、沥青面板堆石坝坝基边坡、混凝土面板堆石坝趾板以后坝基要求岩面开挖平顺，一般不预留马道，无相应保护层开挖工序。

4）挖方形成的混凝土面板堆石坝、沥青面板堆石坝的坝基、库盆岩体开挖中宜预留水平向和竖向保护层，保护层应单独开挖，使得保留岩体不受到较大的振动破坏。

（2）抽水蓄能电站坝基土石方开挖基本方法。

1）土方开挖。开挖方法主要包括人工开挖、机械开挖、机械＋人工辅助开挖三种方法。机械开挖采用反铲直接挖除，或推土机集料，反铲或装载机装自卸车运输。

2）石方开挖。应以钻孔爆破方法为主，液压锤破碎、切割机切割、液压压裂等开挖方法作为辅助。

（3）工艺安全质量控制要点。

1）施工准备工作检查。开挖前要仔细核查第 1.3.1 节的有关内容，涉及安全、质量的工作要逐项检查、确认，对安全防护设施应验收签字。

2）临时路修筑及维护。

a. 施工程序。临时道路设计方案（或包含在开挖支护方案中）制定及批复→开挖边线标识→土层开挖→下部石方开挖→两侧排水沟开挖→路基大面整平压实→沟谷处开挖、涵管埋设（或架设栈桥）→涵管上部回填（或栈桥与上、下游道路衔接）→路基碎石垫层回填、碾压→路面上部结构层施工→安全标识设置及临边防护施工→验收后投入使用。

b. 控制要点。坝肩和坝基土石方开挖量大、历时长，规划和建设好是保证土石方施工的前提条件之一。应根据开挖和运输强度，结合地形、地质、已批准的施工方案统筹布置，且应布置在永久及临时用地范围以内。

宜参照《水利水电工程施工组织设计手册》第二部分布置，主要布置型式包括以下几种

(a) 坝顶以上坝肩区域。土石方开挖量一般较小，施工道路应达到最高施工区域，可修筑成“之”形路；特别陡的地段只修筑挖掘机上、下的道路，人员上下交通采用爬梯，两侧配置安全绳，材料运输可采用吊车等设备运输。具备汽车直接装运条件时再装车运输，不具备条件时采用反铲翻渣至坡底或坝顶公路路基，在相对平坦的坡底、路基区域装车运输。

(b) 坝顶以下坝基区域，可结合具体情况布置成以下型式。

a) 岸坡分层式。两岸地形相对平缓或高边坡厚层开挖、分层开挖时，应利用上坝路与各分层岔线相连接，采用上、下游单向或双向进车出渣，该种道路布置型式为堆石坝利用最普遍的方式，如图 1.3 所示。

b) 岸坡集中式。适用于河床狭窄、两岸陡峻、薄层边坡且修筑道路有困难时。坝顶以上削坡开挖由上支线出渣；坝顶以下集中爆破削坡，翻渣进入下支线或河床，由下支线或河床部位出渣，喷锚支护材料、小型施工机械由塔机或缆机吊运，具体如图 1.4 所示。

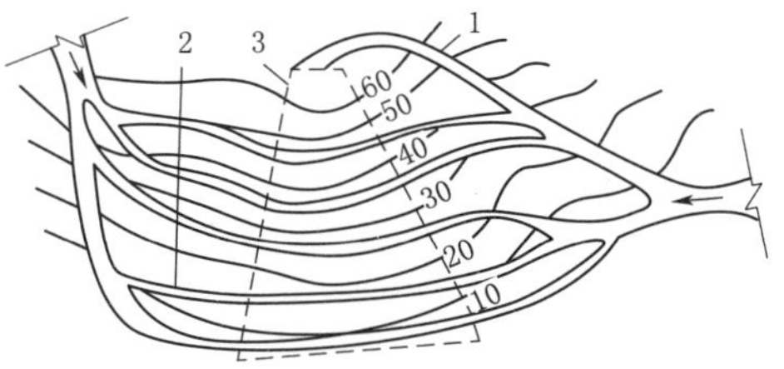

图 1.3　岸坡分层式开挖施工道路布置

(图中数据为高程，单位为 m；箭头为施工道路走向)

1—上坝路；2—岔线；3—开挖边线

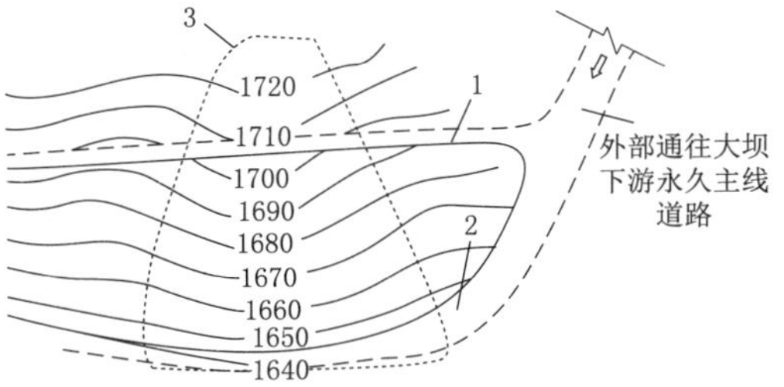

图 1.4　岸坡集中式开挖施工道路布置

(图中数据为高程，单位为 m；箭头为施工道路走向)

1—上支线；2—下支线；3—开挖边线

c) 岸坡迂回式（图 1.5）。岸坡迂回式适用于坝址两岸上部平缓宽阔、下部特别陡峻的地形。由上而下形成迂回线路，或从上坝公路较低位置接岔线进车，自下而上形成迂回线路，空车上坡，重车下坡，具体如图 1.5 所示。

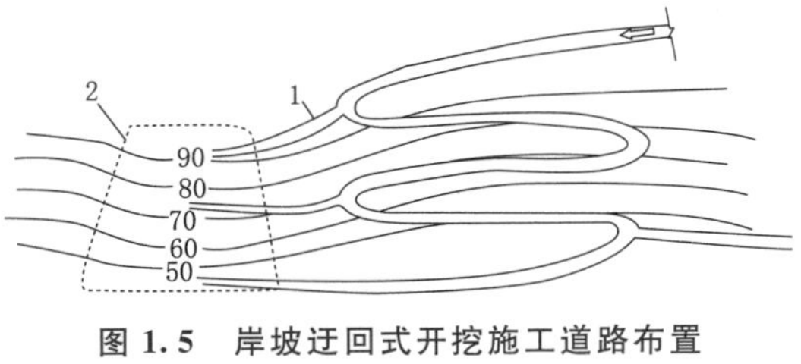

图 1.5　岸坡迂回式开挖施工道路布置

(图中数据为高程，单位为 m；箭头为施工道路走向)

1—岔线；2—开挖边线

d) 跨越堆石面板坝趾板、沥青心墙基座时应分层架设钢桁架桥梁，以沟通基坑及岸边上下游之间的联系，具体如图 1.6 所示。

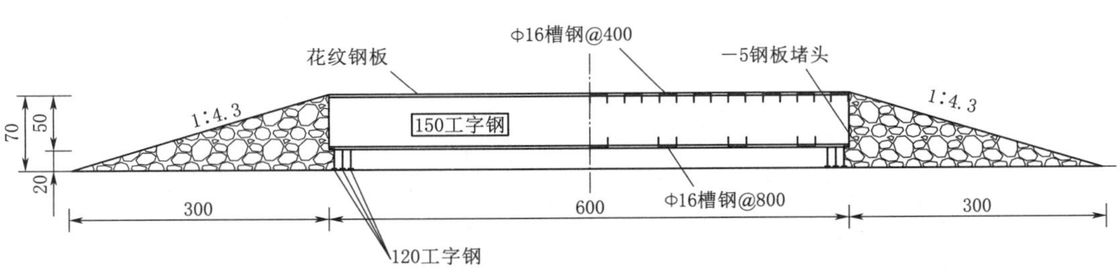

图 1.6　某沥青心墙堆石坝工程跨越心墙基槽栈桥布置及构造示意图

c. 技术及质量要求。

(a) 土石方开挖、出渣道路和坝体填筑道路、围堰结构要结合布置，尽量修筑环线并沟通坝体上下游；主干道应为双车道，因地形原因无法形成双车道时，单车道路面宽度不小于5m，每隔一定距离，设置错车道。

(b) 路基土方开挖时，必须挖除含水量大的土层、淤泥层，然后用反铲履带压实，再用反铲斗拍实，最后用河床砂砾石、前期开挖的新鲜石渣回填，顶部用小于10～15cm的石渣回填。

(c) 道路的技术指标包括宽度、坡度、平曲线半径、竖曲线半径、挖方和填方边坡坡度、路拱坡度等，按照《水电工程施工组织设计规范》(NB/T 10491)、《水电水利工程场内施工道路技术规范》(DL/T 5243) 确定；道路安全设施应按照《水电水利工程安全防护设施技术规范》(DL/T 5162)、《水电水利工程施工通用安全技术规程》(DL/T 5370)、《水电水利工程土建施工安全技术规程》(DL/T 5371)、《水电水利工程施工作业人员安全操作规程》(DL/T 5373) 的规定执行。

(d) 临时路两侧或单侧设置排水沟，参照《水电水利工程施工通用安全技术规程》(DL/T 5370)，宽度和深度净尺寸不宜小于50cm，沟底纵坡坡度不小于0.5%等。跨越小河流、排水沟处应布设预制涵管，涵管顶面高程低于路基顶面高程至少50cm，涵管应采用厂家定型产品或现场预制，应对涵管采取加固措施，防止水流冲刷移位。

(e) 采用钢栈桥时，必须进行结构受力安全计算。

(f) 道路临边设立安全护栏或钢筋笼块石防护。

(g) 使用期长的道路宜进行混凝土硬化，排水沟应衬砌（混凝土或浆砌石）以改善交通条件或按合同要求的标准执行。

(h) 要做好道路的日常维护和保养、洒水降尘工作，可在主干道增加喷淋洒水设施。

(i) 临时道路施工完成后应经过监理单位工程部门、安全部门的验收。

d. 示例图片（图1.7～图1.11)。

图1.7 某沥青心墙堆石坝土石方开挖期间分层式道路布置场景

图1.8 某碾压混凝土重力坝土石方开挖期间分层式道路布置场景

图 1.9　某蓄能电站面板堆石坝土石方开挖分层式道路布置场景

图 1.10　某重力坝土石方开挖岸坡集中式上支线道路布置场景

图 1.11　某重力坝岸坡集中式道路下部河床出渣道路出渣场景

3）边坡表土清理及孤石清理。应将具备收集条件的表土，收集成堆，具备装车条件后运至指定堆存场，并做好保护和利用管理工作。

对于大于 0.7m^3 的孤石，应经监理鉴定确认后运输到指定区域堆存，满足大坝表面防护、围堰表面防护使用，因重量大无法装车和运输时应解小，与其他较大的孤石一起运至石渣堆放场单独存放。大孤石解小应采取钻爆法、液压锤破碎、静态炸药碎裂等方法。

4）截、排水沟施工内容包括开挖、浆砌石或混凝土施工。具体见第 10 章第 10.3.3.2 节第(4)条有关内容。

5）边坡上部土方分层开挖。采用自上而下、分层开挖、及时跟进修坡、防护的施工程序，具体按第 10 章第 10.3.3.2 节第(5)条有关内容。增加如下内容：

a. 土层较厚时，应慎重确定开挖临时边坡坡比，重要的土方开挖边坡应专门计算和设计，一般不高的边坡施工安全边坡可参考《水利水电工程施工组织设计手册——第二部分》中的经验值，具体见表 1.3。

表 1.3　中低高度土方边坡施工稳定坡比

土的类别	开挖高度/m	施工稳定坡比
天然湿度的均质砂土	小于 5	1∶1～1∶2
天然湿度的均质壤土	小于 5	1∶0.5～1∶1.25
	5～18	1∶1.25～1∶1.5
湿度适中的黏土	小于 5	1∶0.5～1∶1.25
	5～18	1∶1.25～1∶1.5
砂砾石	小于 8	1∶0.5～1∶1.25
干燥地区原装黄土、类黄土	小于 18	1∶01～1∶1.25
堆积的土石体	小于 18	1∶0.5～1∶1.5

b. 较陡的边坡或不良地质段施工期间应做好安全监测工作。

c. 库区及坝基边坡清理及土方开挖时，可利用环库公路路基或巡视便道，修建之字形施工便道，用挖掘机自上而下分层挖除装车，或清理至下部相对平整区域后，推土机集料，挖掘机或装载机装自卸车外运，清理深度应符合设计要求，开挖分层高度一般宜为 3～5m。

6）土石分界线测量、地质编录。

a. 土石分界线测量：每个区域土方开挖完成后及时进行土石分界线的测量，方式与地形图的测量、绘图、审核程序相同。平面图及剖面图的测量比例不应小于 1∶200。每次验收的范围必须独立测量，每验收一个区域则测量一次，最后汇总成图，作为石方开挖计量的依据。

b. 地质编录：具体按照《水电工程施工地质规程》（NB/T 35007）的规定执行，由承包人编录时，应具有相应专业资格的人员开展此项工作；由专业单位编录时，承包人应提供照明、交通等条件，必须在工序及单元工程验收前完成，并作为验收资料的附件。

7）岩石边坡分层开挖与支护。

a. 石方边坡开挖方法的选择及施工要点具体见表 1.4。

表 1.4　石方边坡开挖方法的选择及施工要点

类型	使 用 条 件	施 工 要 点
台阶式分层开挖	挖方量大、边坡较缓的库岸；开挖断面需满足大型施工机械联合作业的空间要求	在坡顶平整场地和在边坡上开辟每层施工道路；上下多级同时作业时，应错开和采取必要的防护措施
竖向分层开挖	边坡较高、较陡的库岸	由表面向里、竖向分段钻爆，爆破后的石渣翻至坡脚，集中出渣

b. 单个工作面施工程序具体如图 1.12 所示。

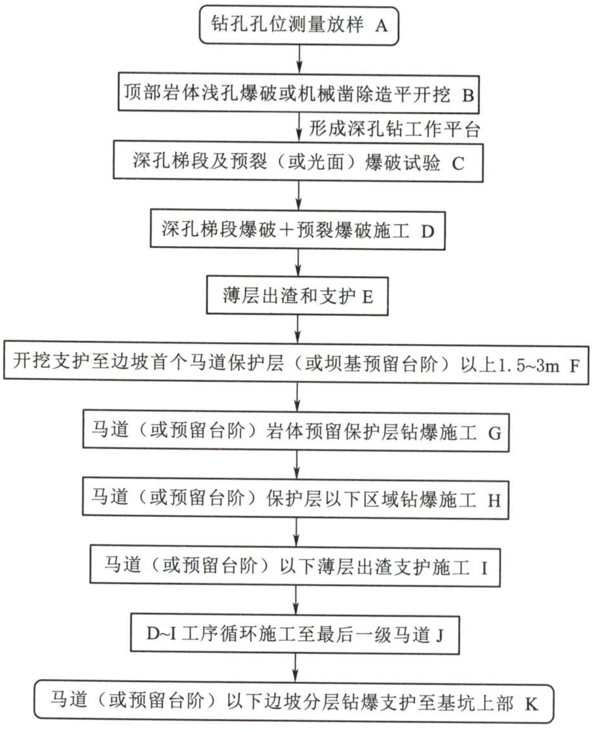

图 1.12　坝基边坡石方开挖施工程序

施工程序说明：地质编录、测量检查、基岩面验收贯穿在施工的全过程；以高边坡开挖支护为背景，具备大型履带钻机钻孔作业场地时以深孔爆破为主；开挖高度小或设计未设置马道或坝基预留台阶时则取消相应工序。

c. 施工放样。

（a）岩石钻孔爆破施工程序：清理岩面石渣→测量放点→记录高程数据→油漆标注并注明应钻孔深度、角度。

（b）预裂孔、光爆孔逐孔放点，间距偏差按 5cm 控制；中间梯段爆破孔、缓冲孔可适当放宽孔位数量，每一排应至少放样两个孔位，以便拉线后标注，间排距偏差不大于 10cm。

d. 顶部岩体浅孔爆破或机械凿除造平开挖：可参考第 10 章相应内容。

e. 边坡深孔爆破试验及施工：可参考第 10 章相应内容，其中深孔台阶爆破参数计算见表 1.5。深孔梯段爆破开挖工艺安全质量控制要点如下：

表 1.5　　深孔台阶爆破参数选择和计算

步骤	参数选择	方法（计算公式）	说明
一	收集地质资料；了解清楚开挖体型（断层、节理、结构面、裂隙等）	通过提供的地质报告，现场勘察、试验；图纸、通知、设计变更等	
二	选取单耗 $q(kg/m^3)$（经验法、计算法、类比法、查表）	$q=(0.3\sim0.55)[0.4+(\gamma/2450)^2]$	γ 为岩石容重，kg/m^3
三	选取梯段高度 H；确定造孔设备孔径 d	(1) 依据开挖施工要求，钻装设备。 (2) 钻孔机械、梯段高度、岩石性质	
四	孔网参数的选择		
1	底盘抵抗线 W_1，实际抵抗线 W。经验公式（实际加以修正）	$W_1=(0.6\sim0.8)H$ $W=(20\sim40)d$	q 为每米深孔装药量，kg/m m 为炮孔间距邻近系数，$m=0.7\sim1.0$ L 为钻孔深度，m H 为梯段高度
2	炮孔间距 a 经验公式	$a=mw$	m 为梅花形布置取 1.25，矩形布置取 1.0 a 为孔间距，m d 为孔径，mm
3	炮孔排距 b 经验公式	$b=0.87a$（梅花形） $b=W_1$ 或 $b=W$	
4	炮孔底部超钻 L_1；堵塞长度 L_0（查表、类比、经验）	$L_1=(0.2\sim0.3)W$ $L_1=(0.12\sim0.30)H$ $L_0=(0.7\sim1.0)W=(16\sim32)d$	q 为每米深孔药量，kg/m
5	装药量 Q（kg）底部加强量为正常柱状装药量的 1/3～2/3	$Q=(qaW_1H)\ K$	K 为装药系数 Q 为每孔装药量，kg
6.1	预裂孔线密度 $q_{线}$（g/m）（经验法、计算法、类比法、查表）	$q_{线}=0.36\sigma^{0.63}a^{0.67}$ $q_{线}=0.188a\sigma^{0.5}$ $q_{线}=2.75(d/2)^{0.38}\sigma^{0.53}$	σ 为岩石极限抗压强度，kgf/cm^2
6.2	预裂孔间距 a	$a=(7\sim12)d$	7～12 为系数，孔径小时取大值，孔径大时取小值
6.3	预裂孔不耦合系数 D_d	$D_d=d/d_1$ $d=(2\sim5)\ d_1$	D_d 为不耦合系数，坚硬岩石选小值，松软岩石取大值 d_1 为药卷直径，mm
6.4	缓冲孔与预裂孔排距 b_1 经验法、计算法	$b_1=(1/2\sim2/3)\ b$ 一般取 1.2～1.8m	b_1 为最后一排主爆孔（缓冲孔）与预裂孔排距 b 为主爆孔排距
6.5	预裂孔装药结构 （不耦合间隔装药） （不耦合连续装药）	底部加强药量为 $q_{线}$ 的（3～5）倍（根据孔深的不同进行调整，孔深取大值，孔浅取小值）	间隔装药的间隔长度依药量的均匀分布为准
7	选择起爆方式（一般选非电雷管起爆方式）	齐发起爆、微差起爆（单排孔微差、多排孔微差、V 形起爆、梯形起爆、波浪形起爆、对角起爆等）	根据爆区具体条件，爆破要求选择起爆方式和选择微差间隔时间等
五	爆破危害的防护 经验法、计算法	(1) 飞石。 (2) 冲击波。 (3) 爆破振动。 (4) 有毒气体	合理的装药量（严格控制最大单响）采取多段别微差起爆方式；合理选择抵抗线等

(a) 应做好施工分区，每个作业分区应分别设立钻孔爆破、出渣区、边坡支护工作面，以减少各工序之间的干扰，作业面长度应满足运输车辆转弯半径要求。

(b) 原则上开挖应采用自上而下、分层开挖、分层支护的方式。对于特殊情况下，如边坡较缓、地形开阔时，分上、下两个或多个区域施工时，要进行安全、经济论证。

(c) 边坡轮廓线处开挖应采用预裂爆破或光面爆破，紧邻马道建基面应预留（或坝基预留台阶）1.5～3m 的保护层，保护层上一层梯段爆破钻孔直径应控制在 90mm 以内，不允许超深进入预留保护层。

(d) 岩石边坡梯段开挖高度不应大于 15m，一般采取 8～12m，同一梯段的开挖应同步进行。若不能同步时，相邻区段的高差不大于一个梯段高度。

(e) 因每个爆破地形不同，均要结合现场具体情况进行爆破设计，爆破设计审查批准后，要严格按照以下程序进行安全、质量控制：爆前安全技术交底情况检查→爆破钻孔质量检查→火工品领用申请单审查→装药质量检查→爆前振动检测准备及安全防护措施检查→签发准爆证→爆破→爆后安全及质量检查→盲炮处理审查及监督→剩余火工品退库情况检查。

(f) 梯段爆破孔应钻成斜向孔，以 75°～80°为最优，应不小于 60°；对于坡度较小的孔，例如，沥青面板堆石坝库盆边坡坡比多数为 1∶1.7，为保证钻孔精度，应降低台阶开挖高度，高度宜控制在 5～8m，斜长控制在 15m 以内，或采取预裂保护层的方式，以免产生较大偏差。

(g) 钻孔前清理孔口部位石渣，钻机安放平稳，然后对准孔位，核实钻孔角度、方位角，无误后开始钻孔。各钻孔尽可能保持平直，钻孔深度保证每层孔底高程一致，使爆破后的岩面平整，方便下一循环作业。钻孔偏差控制标准与浅孔爆破基本相同，其中缓冲孔、施工预裂孔孔位偏差不大于 10cm，主爆孔孔位偏差不大于 20cm。

(h) 预裂孔钻孔位置和角度是控制的重点。开孔时缓慢加压，钻进 20～50cm 后检查角度是否符合要求，正常后再继续钻进；第一根钻杆钻设完成后进行二次检查，合格后再继续钻进。

(i) 采用简易潜孔钻进行预裂孔造孔时，采用双层架子管进行导向及固定，事先钻设浅锚杆固定架子管，防止在钻设过程中移位。用地质罗盘或角度尺在钻机滑轨侧面检查钻孔角度，满足要求后再进行钻孔。

(j) 钻孔时详细记录地层特征，针对软弱夹层、风化条带，以便采用间隔装药的方式。要尽可能使钻孔装药利用系数高，孔底采用加强装药，减少大块率。

(k) 根据其他工地经验，距离边坡 10～15m 外爆破时，爆破震动对永久保留边坡的影响较小，可取消施工预裂孔；紧邻边坡 10～15m 范围采用多排孔微差起爆方式，预裂或光面爆破与梯段爆破宜在同一网络，坡面前石渣应清除，严禁留渣挤压爆破，以减轻对永久边坡的震动破坏。

(l) 遇到不良地质段，要及时采取有效措施处理，具体按照设计文件要求执行。

(m) 施工中应开挖 4～5m 时测量检查一次，及时掌握超欠挖情况，处理欠挖及松动块石、地质缺陷，验收合格后再进入到下一道工序；下一循环爆破应在喷混凝土作业完成后 4h、砂浆锚杆安装后 8h、检测仪器埋设后 1h 进行，并控制瞬时起爆药量。

(n) 由于岩体块状节理、裂隙发育，裂隙之间充填的全风化条带、软弱夹层多，在装车时要求分别装车，在渣场卸车时要有专人指挥，边沿处要有 0.6～1.0m 的安全渣坎。

(o) 单响药量、质点允许速度及其他要求按《水电水利工程边坡施工技术规范》(DL/T 5255)、《水工建筑物岩石基础开挖工程施工技术规范》(DL/T 5389)、《水电水利工程土建施工安全技术规程》(DL/T 5371) 的规定执行。

某工程边坡深孔爆破典型布控示例图片如图 1.13～图 1.17 所示。

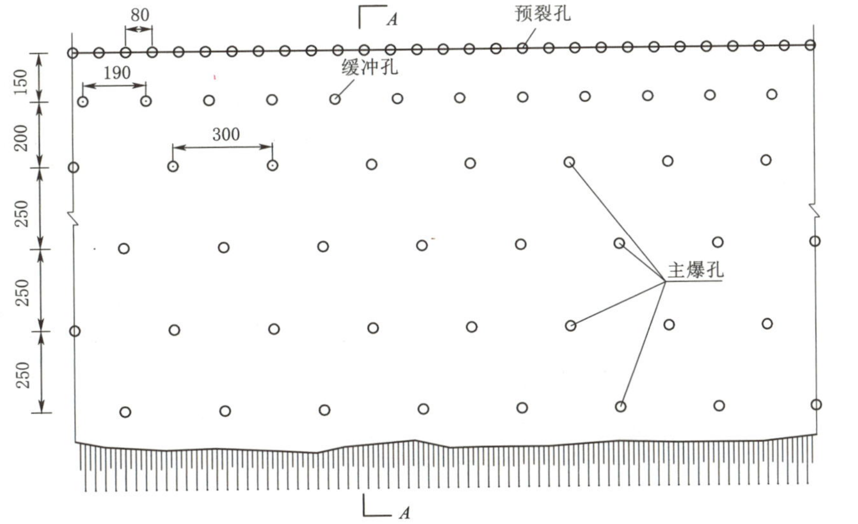

图 1.13　某工程岩石边坡深孔爆破布孔平面图（单位：cm）

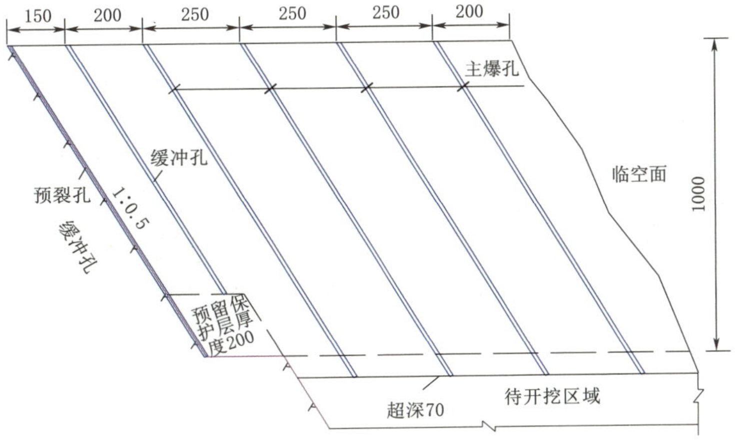

图 1.14　某工程岩石边坡深孔爆破布孔剖面图（单位：cm）

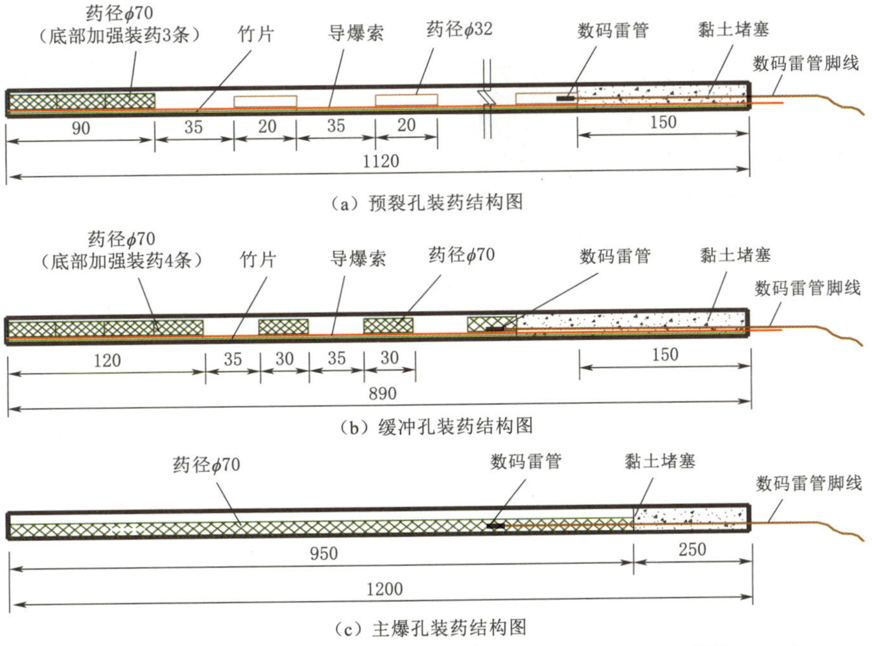

图 1.15　某工程岩石边坡深孔爆破装药结构布孔示意图（单位：cm）

图1.16 某工程岩石边坡预裂孔样架法钻孔场景

图1.17 某工程预裂孔残留半孔率场景

8）深孔爆破薄层出渣支护：与第10章有关内容相同。分层支护示例如图1.18～图1.20所示。

图1.18 某工程岩体上部土质边坡框格梁防护场景

图1.19 某工程边坡采用护坡钻机进行锚筋孔钻设场景

图1.20 某工程边坡分层支护场景

9）边坡马道或预留台阶保护层开挖及支护。

a. 采取的方法：宜采取下列两种方法，既能加快施工进度，也能提高保留岩体顶面平整度。

(a) 第一种方法：水平预裂＋垂直孔小梯段一次性爆破方式（图1.21）。

钻孔直径一般为50mm，最大不超过65mm，预裂孔可采用小直径乳化炸药药卷连续装药，也可采用直径32mm药卷间隔装药，不耦合系数为1.6～2.2，垂直爆破孔采用32mm乳化炸药，均采用手风钻钻孔。

垂直孔（较陡的倾斜孔）间排距1～2m，钻孔数量多，深度控制严格，需要控制垂直孔距水平孔一定距离，通常为50～70cm。需要事先确定每个孔深度，测量工作量大。水平预裂孔可沿边坡长度方向，也可垂直于边坡钻进，前者预裂孔采用手风钻，钻孔深度3.5m左右，后者可采用100B型钻机，钻孔深度可达10～15m。

(b) 第二种方法：沿纵向钻设水平预裂孔、水平爆破孔（图1.22）。

这种方式钻孔数量相对较少，钻孔深度大，钻孔利用率高，施工难度小，主爆孔和预裂孔均可用简易潜孔钻造孔，开挖效率高。

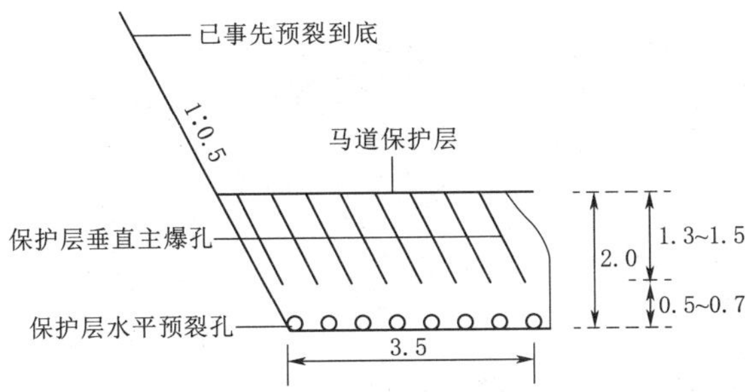

图 1.21　沿边坡长度方向钻水平预裂垂直孔小梯段爆破布孔示意图（单位：m）

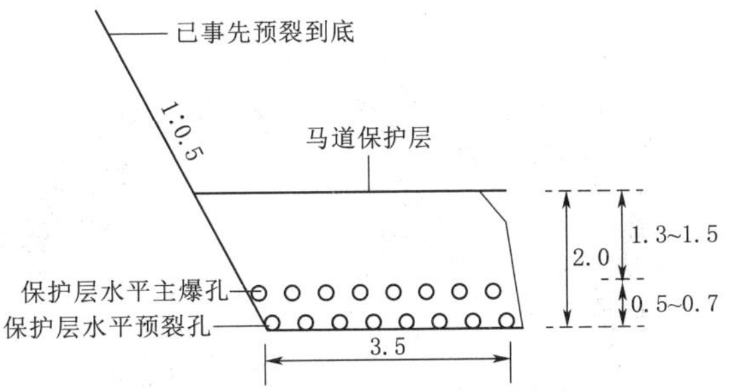

图 1.22　沿边坡长度方向钻水平预裂＋水平主爆破布孔示意图（单位：m）

b. 爆破参数选择：经过爆破试验后进行优化调整。

c. 安全及质量控制要点主要有以下几个方面。

（a）边坡保护层开挖时，作业宽度小，作业人员要佩戴好安全防护用品，包括挂设安全带、安全绳，专职安全人员、爆破专业人员监督各工序作业人员使用，确保人员、设备安全。严格按规范要求的钻孔偏差控制孔位及孔向，装药连线要严格按照监理批准的爆破设计实施。

（b）马道及预留台阶保护层爆破前应完成锁口锚杆的施工，边坡坡度较缓、下部能够形成堆渣平台时，应将边坡外侧堆渣清理 2～3m 厚，垂直于边坡钻设锁脚锚杆；边坡较陡、下部无法形成堆渣平台时，应钻设垂直或倾斜于水平面的沉头锚杆（全部锚杆深入到保护层以下保留岩体）对保护层下部岩体进行加固，保证马道保留完整。

（c）应结合生产进行保护层开挖爆破试验，同时应按设计要求提前进行爆前、爆后岩体声波测试，判断保留岩体质量，根据试验优化爆破参数。

d. 某工程边坡马道预留保护层爆破设计如图 1.23 和图 1.24 所示。

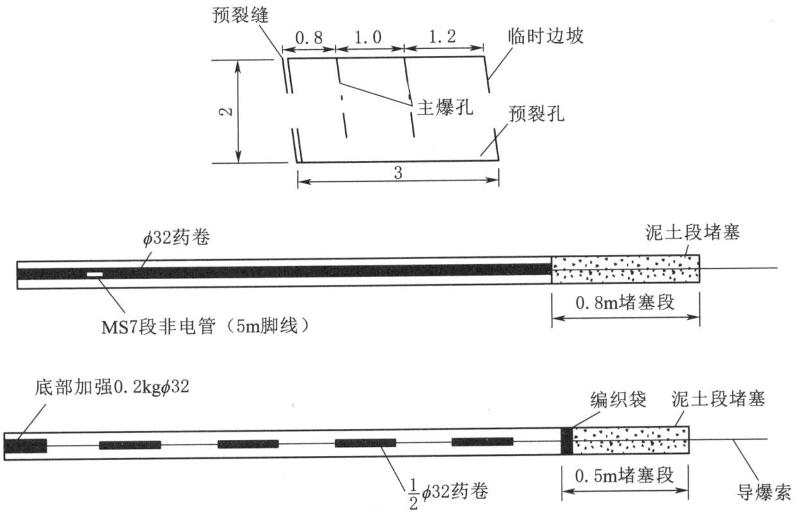

图 1.23　某工程坝基边坡马道保护层爆破布孔及装药结构图

1.3.3.2　导流泄水建筑物施工

（1）主要类型。抽水蓄能电站大坝的导流泄水建筑物主要包括导流洞、导流明渠、坝体导流底孔三种，导流洞分为平洞导流、竖井＋平洞导流（旋流竖井）两种型式。

导流洞、竖井开挖支护见其他章节有关内容。

（2）明渠开挖。开挖方式根据尺寸大小按上述土方开挖、浅孔、深孔爆破工艺及第 10 章一般基坑开挖的要点执行。按照《水土建筑物岩石基础开挖工程施工技术规范》（DL/T 5389），对于小

图 1.24　某混凝土面板堆石坝基坑以上边坡、趾板开挖及成型场景

于 4m 的狭窄型渠道，应按照有关沟槽开挖工艺执行。

1.3.4　分流和截流及围堰施工

1.3.4.1　抽水蓄能电站围堰布置的特点

（1）部分坝体因河床或沟谷纵向坡度陡，施工区域均在洪水位以上时，只修筑上游横向围堰，上游围堰以上基坑内积水通过导流洞排出或水泵抽排。

（2）大坝建筑在主河床时，若常年径流量大，基坑上下游处于河床施工期度汛水位以下时，需修筑上下游两道横向围堰。例如，在辽宁蒲石河抽水蓄能电站下库混凝土重力坝基坑开挖前，在基坑上下游修筑了两道横向围堰。

（3）利用已建水库作为下库时，进出水口施工时需要围堰形成基坑，修筑进出水口建筑物，只设一道围堰，围堰挡水标准较高。也可利用岩坎挡水，不修筑围堰。具体按照设计要求执行。

（4）分期施工时应修筑纵向围堰。

1.3.4.2　工艺安全质量控制要点

（1）主河床截流、围堰工程、基坑抽水等工序应按照《水电工程施工组织设计规范》（NB/T 10491）、《水电工程施工导流设计规范》（NB/T 35041）、《水电工程围堰设计导则》（NB/T 35006）等规范及有关安全管理技术规范组织实施。

（2）应编制施工导流专项方案，河床常年径流量大时，方案应经过专家组论证。方案应包括导流建筑物施工、截流、围堰修筑、岩坡及基坑开挖等内容。

（3）坝上游围堰属于坝体一部分时，应按照大坝堆石体的基础开挖标准执行。

（4）围堰属于勘察设计单位设计时，应严格按照设计要求执行。承包商自行设计时，设计方案应经过建设各方审查。属于危险性较大的工程时应按相应管理制度执行。

1.3.5　基坑内初期抽水及经常性排水

1.3.5.1　施工程序

基坑初期排水设备及管理布置→基坑初期排水→基坑经常性排水设施布置→经常性排水。

1.3.5.2　工艺安全及质量控制要点

（1）排水强度应考虑基坑的排水量、外界渗水量和降雨量。对于上、下游两道横向围堰围护的基坑应按 3～7d 完成基坑初期排水，排水前布置相应设施，包括水泵、管路、供电系统或浮箱抽水平台。

（2）排水系统设施、设备安装完成后，应经过验收，合格后方可投运。应定期进行设备检查维护及保养，排水沟、集水井应经常性清淤与维护，排水系统应保持畅通。

（3）排水设施设备供电应有独立的动力电源，必要时配置备用电源。

（4）土方坑槽开挖及石方开挖的施工排水按照《水电水利工程施工通用安全技术规程》（DL/T 5370）的中 5.8.6、5.8.7、5.8.8 等规定执行。

（5）对于只有上游围堰形成的基坑，无导流泄水建筑物时，初期抽水应将积水抽至导流标准高程以下，日常性排水维持坑水位不超过基坑周边岸坡高程以下 1m 左右，避免淹没坑边设备及道路。

（6）应在围堰靠基坑一侧分层布置排水渠、集水井，使得围堰渗水不流入坝体结构物范围；基坑内覆盖层地下水位较高时，在基坑内应分层设置排水沟；其他按照《水电水利工程施工通用安全技术规程》（DL/T 5370）的规定执行。

（7）堆石面板坝的趾板、沥青心墙堆石坝心墙上游侧应设置小型排水渠，在最低点设置集水井，日常抽水保持水位低于建基面 50～100cm。

（8）沥青面板堆石坝应充分利用库盆底部排水廊道，汇集地表水流，施工期抽排到坝体外或通过与库底排水廊道相连的永久排水洞抽排至洞外。

1.3.6　基坑开挖

（1）施工程序如图 1.25 所示。

（2）工艺安全质量控制要点。

1）施工准备阶段应重点完成基坑出渣道路的修筑，要求如下：

a. 只有上游围堰时，应将围堰作为沟通两岸的通道，左右岸库岸下层施工道路应与进出基坑道路相结合，打通坝体上下游交通。

b. 设置上下游横向围堰的基坑，应根据具体地形情况修筑道路。如某河床基坑地形狭窄、开挖深度大时，采用直进式有困难，应根据实际情况修筑成迂回式或盘旋式。坡度控制在 10%以内，局部最大不超过 15%。某沥青心墙堆石坝工程土石方开挖施工道路布置如图 1.26 所示。

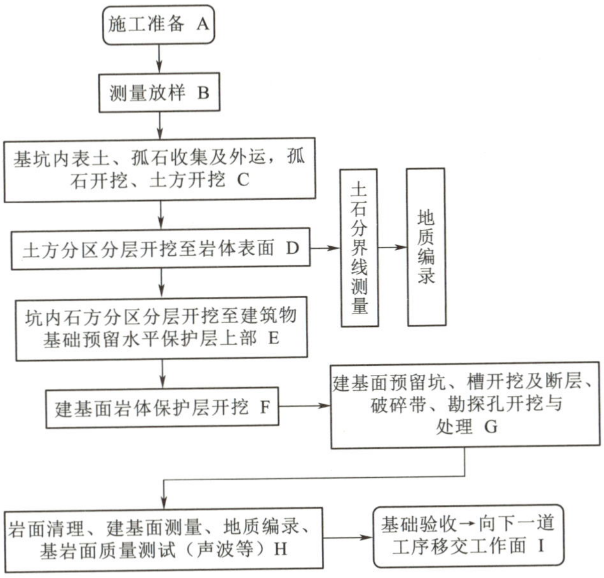

图 1.25　河床基坑开挖施工程序

c. 全库盆防渗方案的封闭式库盆的入库交通方式。根据《水电工程施工总布置设计规范》（NB/T 35120），应对以下方案进行技术经济比较后合理选用：①在坝坡或开挖岩坡上利用石渣填筑一条入库道路，库底完成后拆除；②在岩坡上开挖一条入库斜坡道路，库底施工完成后用低标号混凝土回填；③利用卷扬机斜坡道作为进入库底的运输道路；④利用施工支洞进入库底，库底完成后进行封堵；⑤利用扩挖库盆的排水洞进入库盆底部，库底施工完成后进行封堵。

d. 枯水期可根据具体情况在围堰上预留豁口，以便降低进出基坑道路坡度。

2）不同类型坝体的坝基开挖特点。

a. 混凝土重力坝。混凝土重力坝的坝基、坝坡均要求开挖至弱风化岩体中部或强风化下限，土方应全部挖除开挖。边坡石方开挖时沿坝轴线方向按设计要求宜开挖成大台阶状，有利于坝块侧向稳定；垂直于坝轴线方向的上下游高差不宜过大，并尽可能向上游倾斜，若高差过大或向下游倾斜

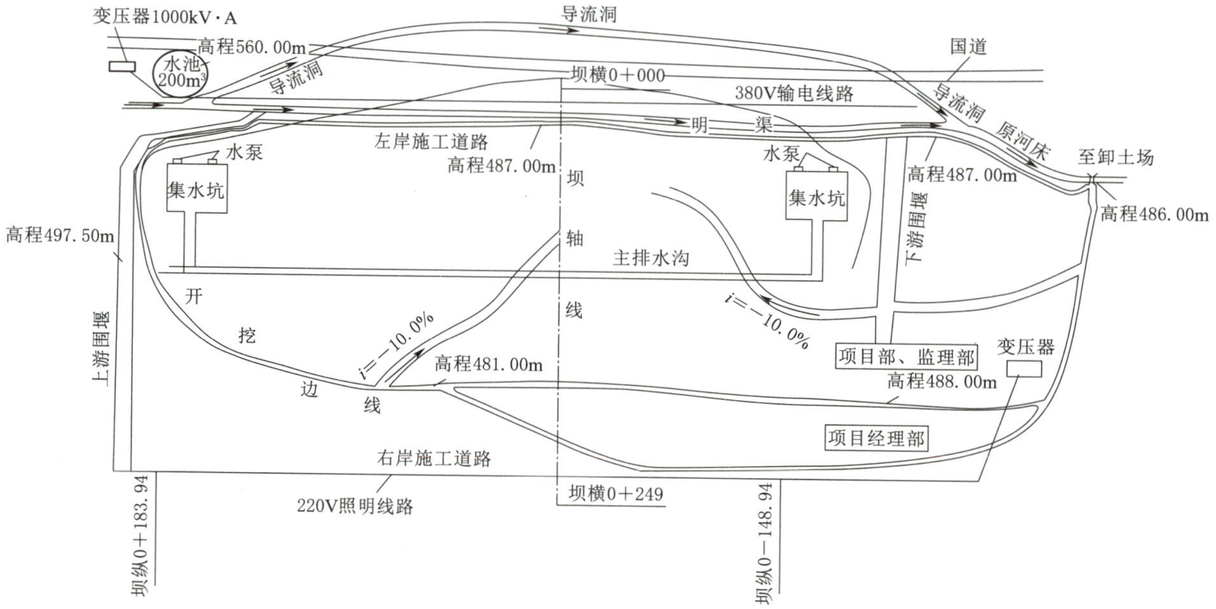

图 1.26 某沥青心墙堆石坝工程土石方开挖施工道路布置示意图

时，宜开挖成大台阶状。具体按设计要求执行。建基面应布置 1.5～3m 的保护层。

b. 土石坝包括混凝土面板堆石坝、沥青心墙堆石坝、沥青面板堆石坝三种。

(a) 混凝土面板堆石坝。该类型大坝对基础的要求相对较低（趾板除外），且适应性强，坝体不同的位置对基础的标准不同。趾板基础一般要求为弱风化岩体，趾板下游 0.3 倍或 0.5 倍坝高的区域一般开挖至强风化岩体上部，往下游区域则要求清除覆盖层、孤石，清除局部表层强风化、强卸荷破碎岩体，并做平顺处理。堆石区需要保留的砂砾石要按设计要求处理完成。

覆盖层开挖完成后，根据岩体出露情况，一般由设计单位进行二次定线，确定趾板开挖的最终建基面。趾板随岸坡开挖从上到下进行。

(b) 沥青心墙堆石坝。绝大多数的沥青心墙堆石坝的心墙基座混凝土坐落于弱风化岩体上，石方开挖主要集中在心墙基座及上下游边坡、坝肩。堆石区只对岩石边坡进行修顺整平处理或用混凝土贴补平顺，只存在少量石方开挖。

(c) 沥青面板堆石坝。挖石方形成的库盆对基础的要求相对较低，应将覆盖层、全风化岩体开挖完成，对于强风化也要挖除一定的深度，并要开挖平顺。库盆岩体边坡均需要开挖成型且一坡到底，石方开挖量相对较大。除了环向上因存在山垭口不得不在高边坡处设置马道外，迎水面均不设置马道。

3) 其他。

a. 堆石坝基础施工时，若坝基砂砾石厚度大、范围广，并将其作为堆石坝坝基时，应经过勘察设计单位、试验检测单位、施工承包商等各方密切配合，进行进一步勘察、试验，确定开挖深度、压实指标、有用料及无用料的区分。

b. 堆石坝坝基及电站其他区域开挖时的碎石土、全风化石料、强风化石料、弱风化石料均为有用料，不同的料用于不同区域的填筑，碎石土主要用于填筑路基，其他料可以填筑坝体，弱风化及微风化岩石可以作为混凝土骨料、垫层料、过渡料加工的原材料。开挖过程中要做好开挖料质量的鉴定，按照鉴定结果运往指定区域。

4) 图 1.25 中 B、C 工序与边坡相应工序工艺要点基本相同。

5) 基坑土方（含覆盖层）开挖。

a. 施工程序如图 1.27 所示。

说明：混凝土重力坝无人工配合反铲修坡工序及土方边坡处理工序，应全部清除干净。

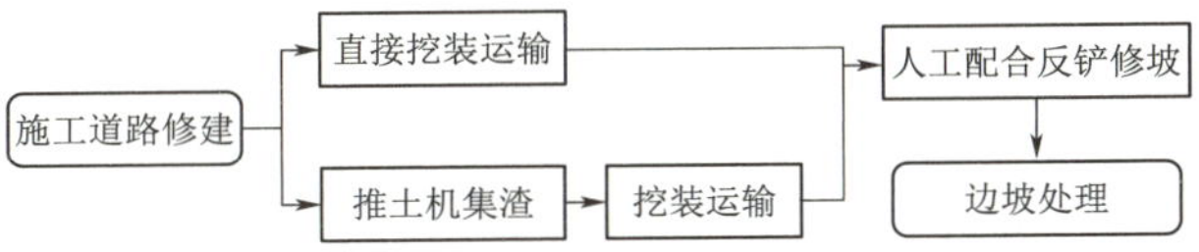

图 1.27　土石坝填筑区覆盖层开挖施工程序

b. 安全质量控制要点包括以下几个方面。

(a) 随着开挖面的下降，要分层修筑基坑内积水坑和积水渠，调整设备及管路布置。

(b) 其他与边坡土方开挖工艺要求相同，开挖时土方临时边坡安全坡度按表 1.3 的规定，永久边坡及防护措施按设计要求执行；应按照规范中有关基坑安全的有关规定执行，其他按照第 10 章第 10.3.4.2 节的规定执行。

c. 示例图片。某沥青心墙堆石坝工程河床覆盖层开挖如图 1.28 所示。

图 1.28　某沥青心墙堆石坝工程河床覆盖层开挖

6) 基坑石方分层开挖。

a. 施工程序：浮渣清理、测量地形→编制爆破设计报监理审批→机具人员及爆破器材准备→钻孔→装药、连线→爆破警戒→爆破→盲炮处理→解除警戒→出渣。

b. 控制要点。

(a) 石方采用中心开挖先锋槽，两侧梯段爆破的施工方法。先锋槽炸药单耗按一个临空面考虑相应调整装药量，宜按加强松动爆破（减弱抛掷爆破）考虑。先锋槽宽度应满足反铲回转及运输自卸车回转要求。根据施工强度计算需要同时开挖的工作面，使得钻孔、爆破、出渣形成流水作业。

(b) 混凝土重力坝的坝基、坝坡均要求开挖至弱风化岩体中部或强风化下限，石方开挖量大，河床两侧坝基均设置台阶，台阶宽度满足设计要求。

c. 一般混凝土面板堆石坝趾板要求开挖至弱风化上部，使得趾板坐落于坚硬完整的基岩上。趾板开挖分两步：先挖除覆盖层及部分强风化岩体，使基岩地质条件较清晰地揭露出来。根据施工地质资料与原设计推测的地质条件作比较，从安全、经济的角度出发，进行趾板二次定线，确定趾板基础高程。二次定线后再将趾板开挖至设计高程的过程中，应特别注意对建基面的保护开挖。混凝土重力坝工程主河床基坑开挖施工场景如图 1.29 所示。

图 1.29　混凝土重力坝工程主河床基坑开挖施工场景

7) 坝基岩体保护层开挖。坝基岩体预留保护层部位包括重力坝基础、堆石坝心墙基座及面板坝趾板基础。

a. 保护层开挖的条件要求：上部岩体已钻爆完成，爆渣已清除，基坑降水已至建基面以下，应事先开挖积水坑并布设水泵管路。坝基建基面留有坑槽时，应预先开挖坑槽，后形成集水坑。

爆破前要进行声波孔钻孔，钻孔深度满足设计及规范要求，测量读取爆前岩体声波，然后用砂子回填至保护层顶部，保护层开挖完成后扫孔测试爆后波速。

b. 保护层开挖的方法：与边坡马道部位预留保护层基本相同，但由于面积大，宜采取保护层一次性开挖的方法，包括手风钻钻设水平预裂孔、水平主爆孔的爆破方法；简易潜孔钻钻机钻设较长的水平预裂孔＋上部手风钻钻垂直主爆孔的方法；手风钻钻设垂直孔，孔底增设柔性垫层的方法。具体如图 1.30～图 1.32 所示。

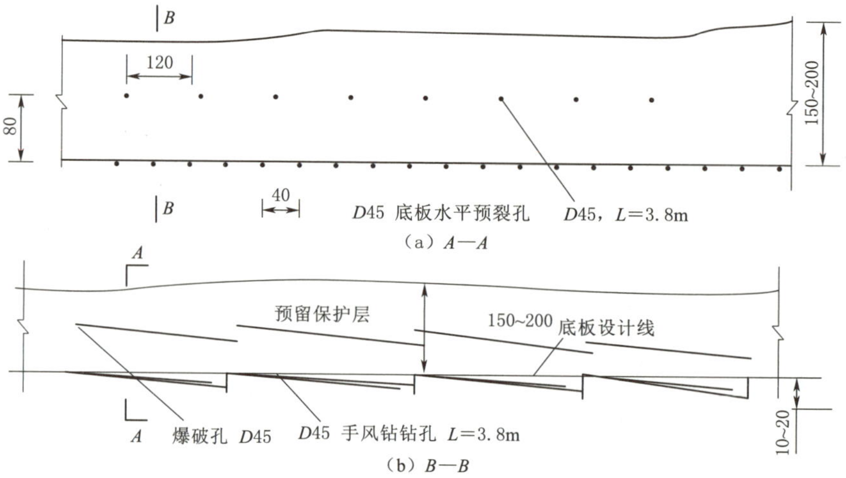

图 1.30　某工程首层钻水平孔进行保护层一次性爆破方式示意图（单位：cm）

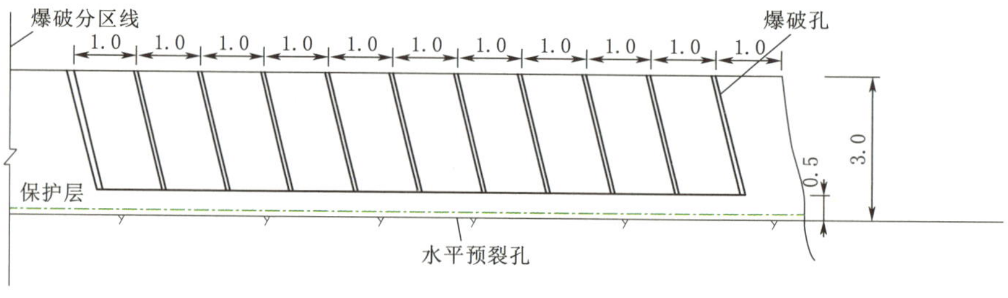

图 1.31　某工程保护层水平预裂（简易潜孔钻）与首层钻垂直爆破孔
结合一次性爆破示意图（单位：m）

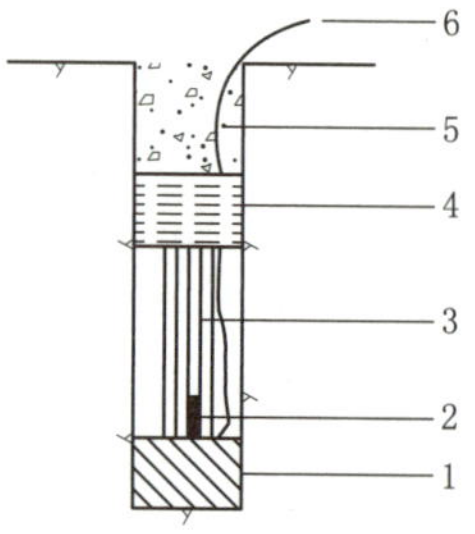

图 1.32　某工程保护层垂直孔孔底
增加柔性垫层一次性爆破示意图

1—柔性垫层；2—起爆雷管（反向起爆）；3—装药段；4—隔离材料；5—堵塞段；6—导爆管

c. 工艺安全质量控制要点。

(a) 钻孔前要将地下水位降至建基面以下 50～100cm，防止水耦合后预裂爆破失效，因保护层顶面基岩面不平整，钻设垂直孔时要逐孔放线，标注钻孔深度，确保孔底高程距离水平预裂孔以上 50～70cm。

(b) 采用柔性垫层垂直孔爆破时，要求将孔底落在同一高程上。

(c) 水平预裂孔向下倾斜，孔底超挖控制在 15cm，具体角度按照钻孔长度推算。为控制钻孔精度，同时提高钻孔效率，采用先用罗盘测定角度后钻几个标准孔，再用孔内插标杆拉线控制整排钻孔角度。

(d) 装药时将药卷和导爆索一起绑扎在竹片上，药卷间隔分布，装入孔内，竹片放在下侧，先用稻草塞孔后再用黄土、石粉堵塞封口，并捣实，堵塞长度应满足设计要求。

(e) 起爆顺序与时差为：先起爆预裂孔，再运用毫秒微差雷管分段起爆爆破孔，单响药量及质点允许速度按规范《水工建筑物岩石基础开挖工程施工技术规范》(DL/T 5389) 的要求控制。

(f) 在建筑物基础面开挖保护层时，先用垂直钻孔开挖一个先锋槽，宽度 4～5m，然后再逐步扩大。爆后对原预留声波检测孔扫孔，测量建基面以下岩体声波速度，根据声波衰减程度判断爆破参数是否满足要求，衰减值超出规范允许偏差时，调整爆破参数，直到复核要求后为准。其他控制要点同第 10 章中浅孔爆破内容。

e. 基坑保护层开挖图例（图 1.33～图 1.40）。

图 1.33　监理检查保护层开挖水平预裂钻孔定位钢管样架定位场景

图 1.34　用角度尺检查保护层水平预裂钻孔钢管样架角度场景

图 1.35　某堆石面板坝趾板保护层水平预裂钻孔场景

图 1.36　某混凝土堆石面板坝趾板基础保护层开挖后查预裂间距场景

8) 建基面预留坑槽开挖及处理。

a. 坑槽开挖。建基面预留坑主要为集水坑、止水坑、排水廊道等，一般开挖深度较浅。

(a) 坑槽的边长小于 4m 时，两侧夹制作用较大，可采用四周或两侧钻设预裂孔，采用掏槽爆破的方式进行，预裂孔可一次性钻到建基面，主爆孔分层钻进，深度小于 2m，最下一层为保护层，爆破孔孔底超深 20cm，填塞柔性垫层（图 1.32）。爆破顺序为预裂孔先响，两平行边爆破时间相差 100ms，然后主爆孔从中间向两侧逐步起爆，起爆时间通过非电毫秒雷管控制。爆破作用指数按加强松

图 1.37　某混凝土面板堆石坝工程趾板基础保护层开挖后场景

动爆破（减弱抛掷爆破）控制。

图 1.38　某沥青心墙堆石坝水平孔进行保护层爆破装药及爆后岩面场景

图 1.39　某沥青心墙堆石坝混凝土基座基础开挖后场景

图 1.40　某重力坝基础台阶开挖成型后场景

（b）坑槽边长较大时，也同样采取四周或两侧钻设预裂孔，采用掏槽爆破的方式进行，起爆顺序同（a），爆孔底部预留 2m 左右厚保护层，按保护层开挖的方式爆破。爆破作用指数同样按加强松动爆破控制。爆破参数具体要进行生产性试验后确定。某工程廊道沟槽钻爆布孔示意如图 1.41 所示。

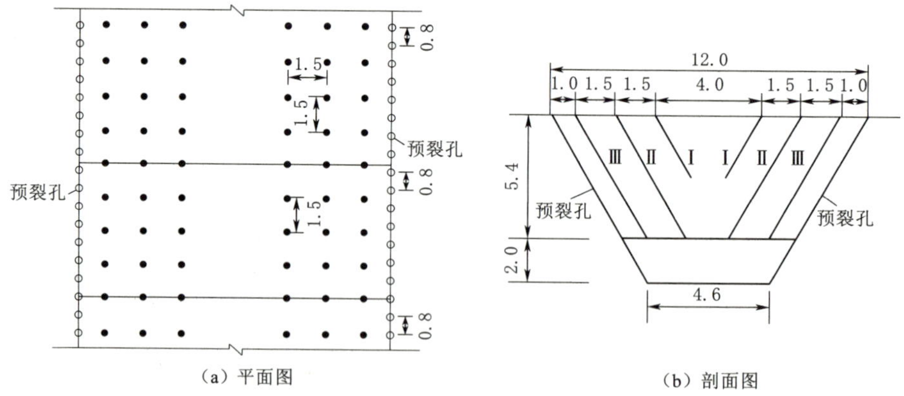

图 1.41　某工程廊道沟槽钻爆布孔示意图（单位：m）

Ⅰ、Ⅱ、Ⅲ—主爆孔起爆顺序

（c）槽长度较长可沿纵轴线采用台阶法钻孔爆破。

（d）止水坑槽一般为上口大、底口小的体型台结构，尺寸在 50cm 左右。要做到精细开挖爆破，保证开挖尺寸满足要求，又不允许对保留岩体造成振动破坏。只允许用手风钻或其他小型钻机造孔，小直径药卷爆破。

(e) 爆破参数按照上述浅孔爆破、深孔爆破的计算公式初拟，通过试验后最终确定。

b. 基础处理。

(a) 堆石坝堆石区基础处理：对勘探孔、泉眼、洞穴等全面排查，并用砂浆或细石混凝土回填。对于孤石、陡坎必须处理平顺。局部凹坑、反坡处理平顺，不易处理时用混凝土补平。强风化层较厚时，趾板、心墙基座基础处理方式具体按设计要求进行。

(b) 断层、破碎带及勘探孔、洞回填。施工中如发现较大的断层、破碎带，应及时报告监理人。对开挖的断层、破碎带、软弱夹层、渗水等不良地质条件，应根据其产状、规模和组成物质，按施工详图或设计要求逐个认真处理；堆石坝基范围出露的断层一般采取挖槽回填混凝土塞的方法处理。

心墙基座、趾板出现的断层，在施工混凝土塞的基础上，还宜在断层破碎带附近采用固结灌浆、帷幕灌浆等方法处理，断层槽开挖范围及深度应严格按照设计通知要求执行。

断层开挖应尽量采用人工撬挖，尽可能平整。若必须采用爆破时，应采取控制爆破的技术，避免振裂断层两侧边坡，防止混凝土塞支撑条件恶化。

较大的断层回填混凝土时，应分层施工，采取温控措施防止混凝土产生裂缝。

位于重力坝坝基、堆石坝心墙及趾板范围的断层、节理密集破碎带要按照设计要求及《混凝土重力坝设计规范》(NB/T 35026) 的规定，进行挖槽、钻设锚杆、回填混凝土、固结灌浆等处理。

坝基上出露的前期勘探孔，要将石渣清洗干净，按设计要求用砂浆回填封堵。对于边坡上出现的探洞、抗剪洞均需用混凝土回填处理，之后按设计要求进行回填灌浆处理。

9) 建基面验收。坝基开挖到位后，监理必须组织建设四方联合验收。验收前应进行超欠挖检查，绘制竣工图；地质工程师要检查建基面松动破坏情况，用地质锤敲击，声音发哑的一律清敲干净；第三方物探通过声波检查，检查松弛破坏影响深度，提供波速测试数据；勘察设计单位确定质量是否满足要求，并提出处理意见。

堆石区只清理到强风化岩体表面或强风化岩体、胶结良好的砂砾石表面，具体按设计要求执行。每次验收前勘察设计人员应进行地质编录。

10) 向下一道工序交面。基础验收后要及时向下一道工序交面，交面顺序应符合施工进度计划安排要求。堆石坝一般先移交次堆石区，然后移交主堆石区、心墙及趾板区。沥青面板堆石坝一般先移交库底，然后坝坡。移交后仍要做好经常性抽水工作，保证后续工序处于干地施工状态。

1.4　WHS质量控制点

坝基开挖及处理施工主要工序WHS (witness point，见证点；hold point，停工待检点；standby point，旁站点) 质量控制点见表1.6。

表1.6　　坝基开挖及处理施工主要工序WHS质量控制点

序号	工作名称	控制点	序号	工作名称	控制点
1	首级控制网移交	W	3	加密控制网布设及复测	H
2	首级控制网复测	W	4	原始地形及断面复测	H

续表

序号	工　作　名　称	控制点	序号	工　作　名　称	控制点
5	开口线放样及过程测量质量检查	W	14	表土收集	H
6	原材料进场	W	15	超径石鉴别及处理	H
7	主要挖装运设备进场	H	16	植被清理	W
8	爆破参数试验	S	17	弃渣及渣场修整维护	W
9	钻孔（预裂或光面爆破孔）	H	18	高处作业安全防护	H
10	装药联网	W	19	混凝土浇筑	H
11	签发准爆证	H	20	不良地质段处理	H
12	盲炮处理	H	21	土方及石方开挖质量检查与验收	H
13	喷混凝土	W			

1.5　质量检查与验收

1.5.1　质量检查项目及要求

由于坝基开挖及处理施工工艺涉及多个坝型，内容较多，仅列出参考规范名称及其表格名称、编号等，明确了其检查项目、标准、方法，见表 1.7。

表 1.7　　坝基开挖工序及单元工程质量检查和评定标准

序号	坝型	规范名称及编码	质量检验表格名称	规范中表格编号
1	混凝土重力坝	《水电水利基本建设工程　单元工程质量等级评定标准　第 1 部分：土建工程》（DL/T 5113.1—2019）	表土及土质边坡清理工序施工质量检验标准	表 4.2.2
2			土质地基和边坡开挖工序施工质量检验标准	表 4.2.3
3			岩石地基开挖单元工程质量检验标准	表 5.2.2
4			岩石边坡开挖单元工程质量检验标准	表 5.2.3
5			柔性防护网安装单元工程质量检验标准	表 6.2.2
6			砌筑护坡工程施工质量检验标准	表 6.2.3
7			植被护坡工程施工质量检验标准	表 6.2.4
8			混凝土网格护坡施工质量检验标准	表 6.2.5
9			边坡排水施工质量检验标准	表 6.2.6
10	沥青心墙堆石坝及沥青面板堆石坝	《水电水利基本建设工程　单元工程质量等级评定标准　第 7 部分：碾压式土石坝工程》（DL/T 5113.7—2015）	坝基清理项目的检查项目、质量标准及检验方法	表 2.2.1
11			坝基开挖的质量检查项目、质量标准及检验方法	表 2.3.1
12			坝基不良地质段处理的质量检查项目、质量标准及检验方法	表 2.4.1
13			坝基渗水处理的质量检查项目、质量标准及检验方法	表 2.5.1
14	面板堆石坝	《水电水利基本建设工程　单元工程质量等级评定标准　第 14 部分：混凝土面板堆石坝工程》（DL/T 5113.14—2018）	坝基及岸坡开挖的质量检查项目、质量标准及检验方法	表 2.2.1
15			坝基与岸坡缺陷处理的质量检查项目、质量标准及检验方法	表 2.3.1

1.5.2　业主、设计、监理、施工四方验收坝体建基面

四方验收坝体建基面示意如图 1.42 所示。

图 1.42　四方验收坝体建基面示意图

1.6　相关标准

《爆破安全规程》(GB 6722)

《土方与爆破工程施工及验收规范》(GB 50201)

《抽水蓄能电站设计规范》(NB/T 10072)

《电力建设工程施工安全管理导则》(NB/T 10096)

《水电工程施工组织设计规范》(NB/T 10491)

《水电工程边坡设计规范》(NB/T 10512)

《水电工程围堰设计导则》(NB/T 35006)

《水电工程施工导流设计规范》(NB/T 35041)

《水电工程施工总布置设计规范》(NB/T 35120)

《水电水利基本建设工程　单元工程质量等级评定标准　第 1 部分：土建工程》(DL/T 5113.1)

《水电水利基本建设工程　单元工程质量等级评定标准　第 7 部分：碾压式土石坝工程》(DL/T 5113.7)

《水电水利基本建设工程　单元工程质量等级评定标准　第 14 部分：混凝土面板堆石坝工程》(DL/T 5113.14)

《混凝土面板堆石坝施工规范》(DL/T 5128)

《水电水利工程爆破施工技术规范》(DL/T 5135)

《水电水利工程施工测量规范》(DL/T 5173)

《水电水利工程锚喷支护施工规范》(DL/T 5181)

《水电水利工程场内施工道路技术规范》(DL/T 5243)

《水电水利工程边坡施工技术规范》(DL/T 5255)

《水电水利工程施工机械安全操作规程　挖掘机》(DL/T 5261)

《水电水利工程施工机械安全操作规程　推土机》(DL/T 5262)

《水电水利工程施工机械安全操作规程　装载机》(DL/T 5263)

《水电水利工程施工机械安全操作规程　凿岩台车》(DL/T 5280)

《水电水利工程施工机械安全操作规程　平地机》(DL/T 5281)

《水电水利工程施工机械安全操作规程　运输类车辆》(DL/T 5305)
《沥青混凝土面板堆石坝及库盆施工规范》(DL/T 5310)
《水电水利工程施工通用安全技术规程》(DL/T 5370)
《水电水利工程土建施工安全技术规程》(DL/T 5371)
《水电水利工程施工作业人员安全操作规程》(DL/T 5373)
《水工建筑物岩石基础开挖工程施工技术规范》(DL/T 5389)
《水电水利工程施工机械安全操作规程　振动碾》(DL/T 5731)
《抽水蓄能电站工程安全文明施工设施》(Q/GDW 11586)
《水利水电工程施工组织设计手册》

第2章 趾板混凝土施工工艺

2.1 适用范围

本工艺适用于混凝土面板堆石坝的趾板混凝土施工。

2.2 施工程序

趾板混凝土施工程序如图2.1所示，主要包括施工准备、基面清理、测量放样、锚杆施工、钢筋制安、模板安装、止水安装、混凝土浇筑及养护、质量验收。完成一仓混凝土浇筑后，进入下一仓混凝土施工。

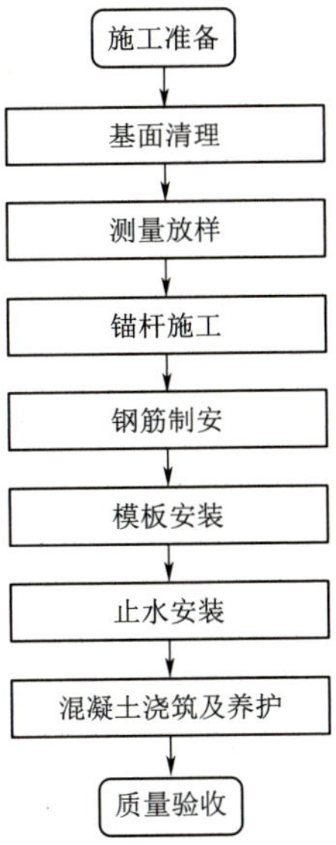

图2.1 趾板混凝土施工程序

2.3 工艺说明与工艺要求

2.3.1 施工准备

2.3.1.1 技术准备

(1) 应按照《国网新源公司工程建设技术管理办法》(新源（基建）Y004) 的规定进行图纸会

审和设计交底，会议提出的优化建议必须经过设计单位的书面确认。

（2）混凝土必须按满足强度、抗冻、抗渗、抗侵蚀等的设计指标及《水工混凝土施工规范》（DL/T 5144）要求进行混凝土配合比设计。

（3）应采取从原材料选择、配合比设计、温度控制、施工安排到质量控制等防止混凝土开裂的综合措施。

（4）混凝土拌和程序和拌和时间应按《水工混凝土施工规范》（DL/T 5144）的规定进行试验。

（5）熟悉和审核施工图纸，内容主要包括：施工图纸是否完整齐全；施工图纸与其图纸说明在内容上是否一致，施工图纸及其各组成部分间有无矛盾和错误；技术要求是否明确；审查施工图纸设计内容与强制性条文的符合性。

（6）施工单位编制趾板混凝土工程施工方案措施，并经总监理工程师批准后方可实施。

（7）施工单位应对作业班组开展施工方案技术交底，内容主要包括：安全技术措施、风险状况、应急处置措施等；质量保证措施、质量标准、验收规范要求；项目进度计划和季度、月、周作业计划；水土保持和环境保护技术措施。全体施工人员都要参加交底并签名，形成书面交底记录。

2.3.1.2　工程材料准备

（1）水泥：水泥进场检验按同厂家、同品种、同强度等级进行编号和取样。主控项目应每批次检验1次，一般项目应每季度至少检验1次，各项检测指标均应符合国家和行业的现行标准要求。到货的水泥应按不同品种、强度等级、出厂批号、袋装或散装等，分别存放在专用的仓库或储罐中，防止因贮存不当引起水泥变质。散装水泥应由封闭系统从罐车卸载到水泥储存罐，所有出口应配有袋式过滤器。

（2）骨料：混凝土骨料质量应满足《水工混凝土施工规范》（DL/T 5144）的有关要求。骨料质量检验方法及要求见《水工混凝土砂石骨料试验规程》（DL/T 5151）有关规定。不同粒径的骨料应分别堆存，严禁相互混杂和混入泥土。骨料应质地坚硬、清洁、级配良好；人工砂的细度模数宜为2.4～2.8，天然砂的细度模数宜为2.2～3.0，表面含水率不宜超过6%。使用山砂、粗砂、特细砂应经过试验认证。粗骨料的最大粒径，不应超过钢筋净间距的2/3、构件断面最小边长的1/4。

（3）水：混凝土拌和与养护施工用水须按现行的有关标准，经检验合格后方可使用。

（4）粉煤灰。粉煤灰每批产品应有产品合格证，主要内容包括厂名、等级、出厂日期、批号、数量、品质检验结果等。粉煤灰应储存在专用仓库或储罐内，在运输和储存过程中应注意防潮，不得混入杂物，并应有防尘措施。粉煤灰的运输和储存，应严禁与水泥等其他粉状材料混装，以避免交叉污染。

（5）外加剂。减水剂和引气剂等进场时，应对合格证和品质检验报告进行检查，其品种、掺量通过试验确定，其品质应符合《水工混凝土外加剂技术规程》（DL/T 5100）的要求。

（6）钢筋。钢筋的规格、型号等应符合设计图纸的规定。进场时应对合格证和品质检验报告进行检查，并对外观、力学性能等进行检验，其质量必须符合《水工混凝土钢筋施工规范》（DL/T 5169）的规定。

（7）预埋件。材质、规格型号应符合设计和有关规定。

（8）止水。应对止水带的铜卷材合格证和品质检验报告进行检查。加工后的铜止水带形状、尺寸符合设计要求，不应有机械加工引起的裂纹、孔洞等损伤。

2.3.1.3　现场准备

（1）混凝土配合比应符合设计和《水工混凝土施工规范》（DL/T 5144）规定。

（2）混凝土施工设备应与浇筑强度相适应，能确保混凝土正常浇筑，并应有备用设备。有夜间施工时，应配备足够的照明设备。

（3）宜采用混凝土搅拌车运输混凝土，防止发生离析、漏浆、泌水等现象。

（4）模板和支撑的设计与加工，必须符合《水电水利工程模板施工规范》（DL/T 5110）规定的要求，并满足趾板体形、构造及分段浇筑混凝土等的要求，且有足够强度、刚度、稳定性。

（5）焊工须持有特种作业证书，持证上岗。

2.3.2　建基面处理

趾板底部基岩面在浇筑混凝土之前，采用人工清理清除残渣浮土及松动的岩石，并用高压水或高压风对基岩面进行清理。

趾板基岩断层（岩脉）部位石方槽挖采用人工撬挖为主，人工撬挖较困难部位，采用YT-28手风钻剥离，石方槽挖深度和底部宽度均按1.2倍断层（岩脉）宽度控制，石槽内坡比按1∶1控制。锚杆钻孔采用100B轻型潜孔钻为主，YT-28手风钻钻孔为辅，锚杆采用注浆机注浆，采用“先注浆后插杆”的工艺施工。钢筋下料尺寸根据断层处理部位槽挖尺寸放样下料，钢筋绑扎完成且验收合格后进行混凝土浇筑。混凝土在拌和站生产，混凝土搅拌车运输至现场，溜槽或吊罐配合人工入仓。混凝土浇筑时振捣需及时、均匀有序，不得出现漏振和过振。混凝土浇筑完成后及时对其外露面进行凿毛处理。断层（岩脉）处理如图2.2所示。

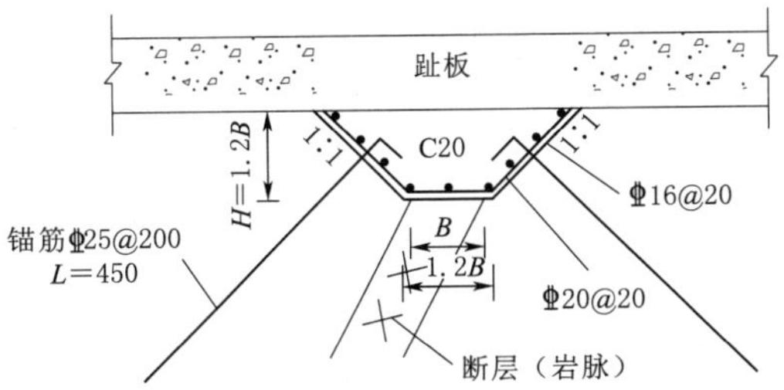

图2.2　断层（岩脉）处理图

2.3.3　测量放样

（1）趾板施工的测量，应符合《水电工程测量规范》（NB/T 35029）规定要求。

（2）须建立满足施工需要的坝区施工控制网。三等以上精度的控制网点以及坝轴线标志点应设置强制归心观测墩。

（3）坝体周围设置的平面和高程控制点，必须分别编号，绘制平面图标示。

（4）测量人员根据设计图纸放出混凝土浇筑边线、设计高程及桩号，尤其要着重检查趾板X线位置是否正确，转点的坐标高程和设计图纸是否相符。

（5）趾板施工过程中，应定期进行复测。测量工作应由专业人员负责，专人操作与保管仪器。

2.3.4　锚杆施工

（1）采用全站仪布设趾板几何尺寸控制点，采用钢尺沿坡面标定锚孔位置，红漆标识锚孔。锚杆造孔采用100B轻型潜孔钻造孔，潜孔钻无法到达部位采用YT-28手风钻造孔，垂直度和倾角采用挂线的方法控制。钻孔结束后，用高压风清孔，以孔内无积水、无杂物为合格标准。

（2）锚杆应顺直，锚固段无接头，表面无裂皮或油污。

（3）锚杆钻孔的孔位、孔深、倾斜度应符合设计和有关规定的要求。

（4）锚杆采用“先注浆后插杆”的工艺施工，拌好的浆液利用注浆机注入，注浆完成后按标识编号对应孔位进行锚杆安装，在浆液初凝前禁止触动已安装锚杆。

砂浆锚杆施工工艺流程如图2.3所示，锚杆施工如图2.4所示。

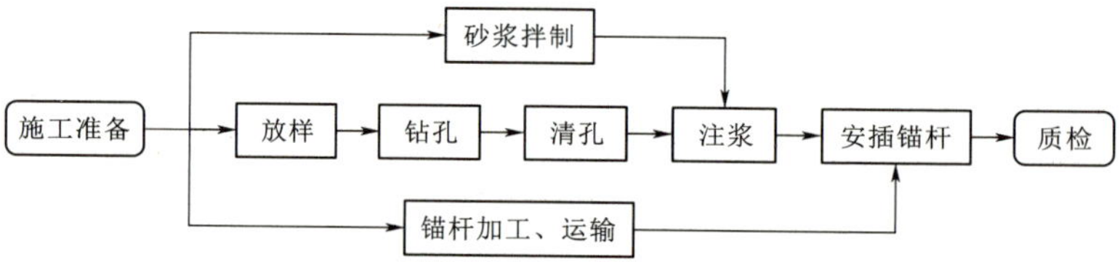

图 2.3　砂浆锚杆施工工艺流程

2.3.5　钢筋制安

图 2.4　锚杆施工

（1）施工前根据设计图纸和技术规范要求提出钢筋下料表，在钢筋加工厂按下料表加工钢筋。加工好的钢筋按部位和设计图编号挂牌标识分别堆放。钢筋的形状、尺寸必须按设计图纸规定和《水工混凝土钢筋施工规范》（DL/T 5169）要求弯制。钢筋的调直、切断、弯钩、绑扎成型等均应采用冷加工方法进行。

（2）钢筋安装过程中设架立筋支撑，以保证钢筋布设位置准确和牢固，趾板锚杆可作架立筋使用。趾板钢筋安装严格按设计图纸要求的钢筋型号、尺寸及相关规范要求执行。

（3）钢筋接头宜优先采用直螺纹接头，不具备条件时采用焊接接头或绑扎接头。采用焊接、机械连接时，钢筋接头应按规定抽样送检（焊接接头应以 300 个同牌号钢筋、同形式接头作为一批，机械连接接头应以同一批材料的同等级、同形式、同规格接头作为一批）。钢筋的绑扎应牢固，无缺扣、无松扣、无漏扎。

（4）钢筋表面洁净、无损伤，使用前将钢筋表面的油漆污染和铁锈等清除干净，不得使用带有颗粒状或片状老锈的钢筋。

（5）钢筋遇到预留灌浆管时，适当调整钢筋间距以避开灌浆管位置，预埋灌浆管采用铁丝绑扎或 ϕ12 钢筋焊成“井”字形与趾板钢筋固定，管口进行包扎保护。

钢筋制安施工工艺流程如图 2.5 所示，趾板钢筋制安如图 2.6 所示。

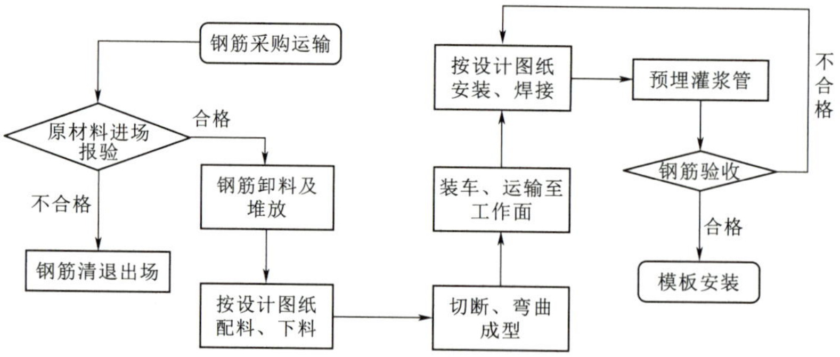

图 2.5　钢筋制安施工工艺流程

2.3.6　模板安装

（1）模板及其支撑架应根据趾板结构形式、荷载大小、施工设备等条件进行设计，并符合强度、刚度、稳定性的要求。

图 2.6　趾板钢筋制安

(2) 趾板模板采用木模板或组合钢模板，1.5m 设置一个 30cm 入料口，随浇筑提升用木模板进行封堵。模板加固采用内拉外撑形式，外撑采用 ϕ20 钢筋与锚筋焊接，内拉采用 ϕ12 的拉筋与模板外侧围檩形成一个稳定整体，围檩间距不大于 40cm。

(3) 模板的安装必须牢固，不得松动、跑模、下沉、漏浆，不得与脚手架相连。

(4) 模板支设后，应由专业人员对趾板的轴线、高程、结构尺寸、支撑系统和模板基础等进行检查。

(5) 在趾板混凝土浇筑过程中，应对模板变形进行检查、校正。

模板安装流程如图 2.7 所示，趾板斜坡段模板制安示意图如图 2.8 所示，趾板模板安装如图 2.9 所示。

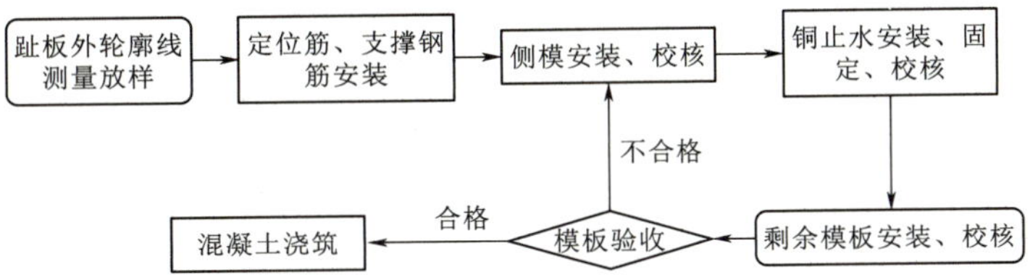

图 2.7　模板安装流程

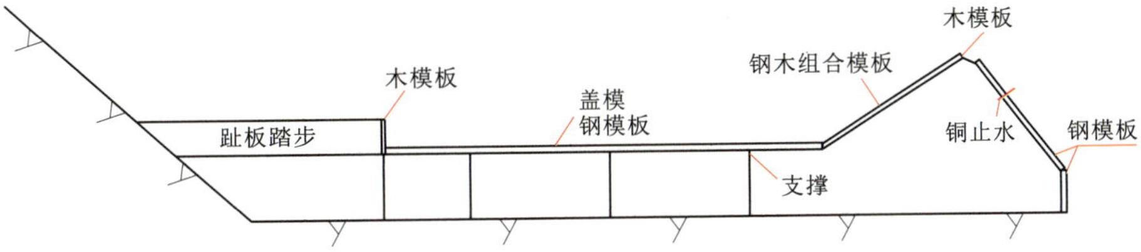

图 2.8　趾板斜坡段模板制安示意图

2.3.7　止水安装

(1) 接缝止水设施的制作、安装、保护，应按《混凝土面板堆石坝接缝止水技术规范》(DL/T 5115) 和本书第 13 章规定执行。

(2) 止水材料的规格尺寸、物理力学指标应符合设计指标要求。

(3) 铜止水带宜采用卷材并使用成型机现场制作，铜止水带的异型接头宜整体冲压成型。

(4) 铜止水的焊接采用铜焊条双面焊接，搭接长度不低于 20mm，接头表面应平整光滑、无孔洞和缝隙、不渗水。

(5) 安装时确保止水的位置正确，固定牢固，其误差不超过设计、规范允许偏差。

(6) 安装就位后铜止水鼻子顶部涂刷一薄层沥青乳剂，鼻子凹槽用氯丁橡胶棒、聚氨酯泡沫填塞。在运输、安装及混凝土浇筑过程中注意对止水的保护，使其在混凝土浇筑过程中不变形、不

图 2.9　趾板模板安装

撕裂。

（7）趾板模板拆除后及时安装趾板止水保护盒，对已施工完成部位的止水进行保护，直到浇筑大坝面板时拆除。施工中，止水带如有损坏，在浇筑前应修补或更换。趾板止水保护如图 2.10 所示。

图 2.10　趾板止水保护

2.3.8　混凝土浇筑及养护

（1）混凝土施工应在基础面开挖和处理完毕并按隐蔽工程质量要求验收合格后进行。

（2）趾板混凝土施工应于同高程的垫层区、过渡区填筑前完成，并宜达到设计强度。连接板应在上游铺盖料填筑前施工，并与防渗墙良好连接。

（3）趾板地基超挖过大时，宜将超挖部分先用混凝土回填至设计高程，7d 后再浇筑趾板混凝土。当采用高趾墙时，应按大体积混凝土施工的相关要求进行。

（4）趾板分缝应按设计要求进行，浇筑时可根据施工条件设置施工缝。当趾板较长时，也可预留 1～2m 后浇块，趾板浇筑 28d“早期”收缩完成后，再浇筑后浇块。后浇块宜采用微膨胀混凝土。

（5）混凝土浇筑应选择气候适宜、湿度较大的有利时段进行，避开高温、负温、多雨、大风季节。应加强气象预报工作，做好防雨、防晒、防冻等保护措施。

（6）在开仓前，应根据骨料含水率调整好混凝土的施工配合比，坍落度应根据混凝土的运输、浇筑方法和气候条件决定。

（7）混凝土应优先选用吊罐入仓。选用溜槽入仓时，溜槽应连续，不脱落、不漏浆，溜槽出口处距仓面距离不应大于 2m。

（8）混凝土入仓必须均匀布料，每层布料厚度应为 250～300mm，止水带周围混凝土应辅以人工布料。趾板混凝土浇筑如图 2.11 所示。

（9）每仓混凝土浇筑连续进行，采用人工手提 ϕ50 插入式振捣器振捣，铜止水部位采用 ϕ30 插入式振捣器振捣。混凝土浇筑时必须特别注意止水周围 50cm 范围混凝土的布料，剔除超粒径骨料，安排专人振捣，既要保证止水与混凝土紧密结合，又要防止止水变形、损坏。

（10）混凝土振捣必须保证内实外光、防止架空等，不得漏振、欠振或过振。振捣器振动时不

图 2.11　趾板混凝土浇筑

得靠在模板上，不得触动模板、钢筋、止水及预埋件。振捣由有经验的混凝土工按规范操作，每一位置的振捣时间以混凝土不再显著下沉、不冒气泡，并开始泛浆时为准。

（11）混凝土应连续浇筑，因故停仓超过允许间歇时间，则按施工缝处理。混凝土表面应及时进行人工修整、压平和抹面，并在混凝土初凝前进行第二次压平抹光。

（12）雨天混凝土浇筑时搭设遮雨棚进行浇筑，中雨以上天气不得新开浇筑仓面。遇大雨、暴雨应立即停止浇筑，采用防雨布遮盖混凝土表面，并应注意排除坡面的雨水径流。因降雨影响暂停施工时在混凝土表面加盖防雨布，雨停后及时排除仓面积水。已初凝的部位对接缝处进行凿毛处理后铺同标号砂浆再浇筑。

（13）混凝土达到规定拆模时间后，采用人工拆模，趾板施工缝表面必须进行凿毛。

（14）趾板混凝土模板拆除后，在趾板混凝土表面覆盖薄膜养护，待混凝土水化热反应降低后加强趾板混凝土的温度和湿度控制，设置专人负责养护，在趾板混凝土表面覆盖土工布并设置一道花管进行常流水养护，使其表面保持湿润，养护时间不少于 28d，宜养护至水库蓄水。在炎热、干燥气候条件下，应提前养护，并适当延长养护时间。低温季节施工宜采用聚苯乙烯泡沫板、珍珠岩保温板、聚乙烯卷材、聚氨酯泡沫喷涂材料等对趾板混凝土进行保温。为确保保温效果，需及时对松动、破损、脱落的保温材料进行修复。

2.3.9　示例图片

趾板基础开挖如图 2.12 所示，趾板踏步施工如图 2.13 所示，趾板混凝土保护如图 2.14 所示，趾板周边缝保护如图 2.15 所示。

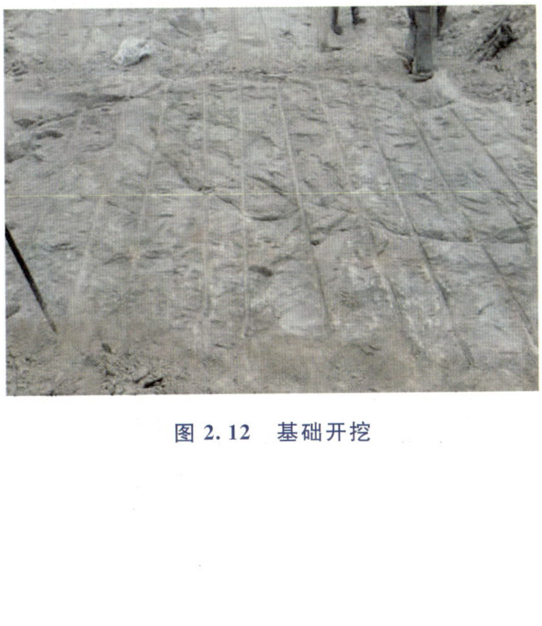

图 2.12　基础开挖

图 2.13　趾板踏步施工

图 2.14　混凝土保护

图 2.15　趾板周边缝保护

2.4　WHS 质量控制点

趾板混凝土施工主要工序 WHS 质量控制点见表 2.1。

表 2.1　趾板混凝土施工主要工序 WHS 质量控制点

序号	质量控制点	W（见证）	H（停工待检）	S（旁站）
1	测量	√		
2	基面清理		√	
3	锚杆施工		√	
4	钢筋制安		√	
5	模板安装		√	
6	预埋件（止水）		√	
7	混凝土浇筑			√
8	混凝土外观	√		

2.5　质量检查与验收

按照《水电水利基本建设工程　单元工程质量等级评定标准　第1部分：土建工程》（DL/T 5113.1）、《水电水利基本建设工程　单元工程质量等级评定标准　第14部分：混凝土面板堆石坝工程》（DL/T 5113.14）等规范规定的要求进行质量验收，主要检验项目见表 2.2～表 2.6。

表 2.2　基面清理的检查项目、质量标准、检验方法及检验数量

<table>
<tr><th>项类</th><th colspan="3">检查项目</th><th>质量标准</th><th>检验方法</th><th>检验数量</th></tr>
<tr><td rowspan="4">主控项目</td><td rowspan="3"></td><td rowspan="3">趾板基面</td><td>岩基</td><td>符合设计要求</td><td rowspan="2">对照施工图纸、查阅验收记录</td><td rowspan="5">全数检查</td></tr>
<tr><td>软基</td><td>预留保护层已挖除；
基础面符合设计要求</td></tr>
<tr><td>地表水和地下水</td><td>妥善引排或封堵</td><td>对照施工图纸、查阅验收记录</td></tr>
<tr><td></td><td colspan="2">面板基面清理</td><td>洁净、无积水、无积渣杂物</td><td>对照施工图纸、查阅验收记录</td></tr>
<tr><td>一般项目</td><td colspan="3">趾板岩面清理</td><td>清洗洁净、无积水、无积渣杂物</td><td>对照施工图纸、查阅验收记录</td></tr>
</table>

表 2.3　　钢筋工序施工质量检验标准

<table>
<tr><th>项类</th><th colspan="5">检　查　项　目</th><th>质　量　标　准</th><th>检验方法</th><th>检验数量</th></tr>
<tr><td rowspan="8">主控项目</td><td>1</td><td colspan="4">钢筋的材质、数量、规格尺寸、安装位置</td><td>符合产品质量标准和设计要求</td><td>直观检查、仪器测试、查阅资料</td><td rowspan="28">对梁、板、柱等构件，总检查点数不少于30个，其余总检查点数一般不少于50个</td></tr>
<tr><td>2</td><td colspan="4">钢筋接头的机械性能</td><td>符合施工规范及设计要求</td><td>仪器检查</td></tr>
<tr><td>3</td><td colspan="4">焊接接头和焊缝外观</td><td>不允许有裂缝、脱焊点和漏焊点，表面平顺，没有明显的咬边、凹陷、气孔等，钢筋不得有明显烧伤</td><td>量测</td></tr>
<tr><td>4</td><td colspan="4">套筒的材质及规格尺寸</td><td>符合质量标准和设计要求，外观无裂纹或其他肉眼可见缺陷，挤压以后的套筒不得有裂纹</td><td>查阅资料
量测</td></tr>
<tr><td>5</td><td colspan="4">钢筋接头丝头</td><td>符合规范及设计要求，保护良好，外观无锈蚀和油污，牙形饱满光滑</td><td>观察</td></tr>
<tr><td>6</td><td colspan="4">接头分布</td><td>满足规范及设计要求</td><td>观察</td></tr>
<tr><td>7</td><td colspan="4">螺纹匹配</td><td>丝头螺纹与套筒螺纹满足连接要求，螺纹结合紧密，无明显松动，以及相应处理方法得当</td><td>量测</td></tr>
<tr><td>8</td><td colspan="4">冷挤压连接接头挤压道数</td><td>符合型式检验确定的道数</td><td>量测</td></tr>
<tr><td rowspan="20">一般项目</td><td rowspan="2">1</td><td rowspan="2">闪光对焊</td><td colspan="3">接头处的弯折角</td><td>≤4°</td><td>量测</td></tr>
<tr><td colspan="3">轴线偏移</td><td>≤0.15d，且≤4mm</td><td>量测</td></tr>
<tr><td rowspan="8">2</td><td rowspan="8">搭接焊或帮条焊</td><td colspan="3">帮条对焊接接头中心的纵向偏移</td><td>≤0.50d</td><td>量测</td></tr>
<tr><td colspan="3">接头处钢筋轴线的曲折</td><td>≤4°</td><td>量测</td></tr>
<tr><td rowspan="6">焊缝</td><td colspan="2">长度</td><td>−0.50d</td><td>量测</td></tr>
<tr><td colspan="2">高度</td><td>−0.05d</td><td>量测</td></tr>
<tr><td colspan="2">宽度</td><td>−0.10d</td><td>量测</td></tr>
<tr><td colspan="2">咬边深度</td><td>≤0.05d，且≤1mm</td><td>量测</td></tr>
<tr><td rowspan="2">表面气孔和夹渣</td><td>在 2d 长度上的数量</td><td>≤2 个</td><td>量测</td></tr>
<tr><td>气孔、夹渣的直径</td><td>≤3mm</td><td>量测</td></tr>
<tr><td rowspan="2">3</td><td rowspan="2">熔槽焊</td><td colspan="3">焊缝余高</td><td>≤3mm</td><td>量测</td></tr>
<tr><td colspan="3">接头处钢筋中心线的位移</td><td>≤0.10d</td><td>量测</td></tr>
<tr><td rowspan="3">4</td><td rowspan="3">窄间隙焊</td><td colspan="3">横向咬边深度</td><td>≤0.5mm</td><td>量测</td></tr>
<tr><td colspan="3">接头处钢筋中心线的位移</td><td>≤0.10d，且≤2mm</td><td>量测</td></tr>
<tr><td colspan="3">接头处的弯折角</td><td>≤4°</td><td>量测</td></tr>
<tr><td rowspan="5">5</td><td rowspan="5">机械连接</td><td colspan="2" rowspan="2">带肋钢筋套筒冷挤压连接接头</td><td>压痕处套筒外形尺寸</td><td>挤压后套筒长度应为原套筒长度的 1.10～1.15 倍，或挤压出套筒的外径波动范围为原套筒外径的 0.8～0.9 倍</td><td>量测</td></tr>
<tr><td>接头弯折</td><td>≤4°</td><td>量测</td></tr>
<tr><td colspan="2">直螺纹连接接头</td><td>外露丝扣</td><td>符合 DL/T 5169 的规定</td><td>量测</td></tr>
<tr><td colspan="2" rowspan="2">锥螺纹连接接头</td><td>拧紧力矩值</td><td>符合 DL/T 5169 的规定</td><td>量测</td></tr>
<tr><td>接头丝扣</td><td>符合 DL/T 5169 的规定</td><td>量测</td></tr>
</table>

续表

项类	检查项目			质量标准	检验方法	检验数量
一般项目	6	绑扎	搭接长度	符合 DL/T 5169 的规定	量测	对梁、板、柱等构件，总检查点数不少于30个，其余总检查点数一般不少于50个
	7	钢筋长度偏差		±1/2 净保护层厚	量测	
	8	同一排受力钢筋间距的局部偏差	柱及梁中	±0.50d	量测	
			板及墙中	±0.10 倍间距	量测	
	9	同一排中分布钢筋间距偏差		±0.10 倍间距	量测	
	10	双排钢筋排间距的局部偏差		±0.10 倍间距	量测	
	11	梁、柱箍筋间距偏差		±0.10 倍箍筋间距	量测	
	12	保护层厚度的局部偏差		±1/4 净保护层厚	量测	

注　d 为钢筋直径。

（1）基面清理的检查项目、质量标准、检验方法及检验数量应符合表 2.2 的规定。合格：主控项目符合质量标准，一般项目应有不少于 70%测点符合质量标准。优良：主控项目符合质量标准，一般项目应有不少于 90%测点符合质量标准。

（2）钢筋工序施工质量检查项目、质量标准、检验方法及检验数量应符合表 2.3 的规定。合格：主控项目检验结果应全部符合《水电水利基本建设工程单元工程质量等级评定标准》的要求；一般项目逐项应有 70%及以上的检测点合格，且不合格点不集中；各项报验资料应符合标准要求。优良：主控项目检验结果应全部符合标准要求；一般项目逐项应有 90%及以上的检测点合格，且不合格点不集中；各项报验资料应符合标准要求。

（3）现浇结构模板施工质量检查项目、质量标准、检验方法及检验数量应符合表 2.4 的规定。合格：主控项目检验结果应全部符合标准要求；一般项目逐项应有 70%及以上的检测点合格，且不合格点不集中；各项报验资料应符合标准要求。优良：主控项目检验结果应全部符合标准要求；一般项目逐项应有 90%及以上的检测点合格，且不合格点不集中；各项报验资料应符合标准要求。

表 2.4　　模板工序施工质量检验标准

项类	检查项目			质量标准		检验方法	检验数量
主控项目	1	强度、刚度和稳定性		符合模板设计要求		现场查看	总检查点数量：模板面积在 100m² 及以内，不少于 20 个；模板面积在 100m² 以上时，每增加 100m²，检查点数增加不少于 10 个
	2	截面内部尺寸	基础	允许偏差	±10mm	测量、量测	
			柱、梁、墙		+4mm −5mm		
	3	轴线位置		5mm		测量、量测	
	4	底模上表面标高		+5mm 0mm		测量、量测	
一般项目	1	表面局部不平度		5mm		量测	
	2	板面缝隙		2mm		量测	
	3	层高垂直	全高≤5m	6mm		量测、查阅资料	
			全高>5m	8mm			
	4	模板外观		符合设计要求，表面平整光洁、无污物		现场查看	
	5	脱模剂		质量符合标准要求，涂抹均匀		查阅资料、现场查看	全数检查

(4) 混凝土浇筑的检查项目、质量标准、检验方法及检验数量应符合表 2.5 的规定。合格：主控项目符合质量标准；一般项目每项应有不少于 70%的测点符合质量标准，且合格点不应集中分布。优良：主控项目符合质量标准；一般项目每项应有不少于 90%的测点符合质量标准，且合格点不应集中分布。

表 2.5　趾板混凝土浇筑质量检验标准

项目	项类	检查项目		质量标准	检验方法	检验数量
趾板混凝土浇筑	主控项目	1	混凝土料	配合比符合规范和设计	查看试验报告及原材料出场证明	全数检查
		2	平仓	厚度不大于 300mm，铺设均匀，分层清楚，无骨料集中现象	量测与观察检查	
		3	浇筑间歇时间	符合要求，无初凝现象	观察检查	
	一般项目	1	混凝土振捣	振捣器垂直下插至下层 50mm，有次序，无漏振	观察检查	
		2	积水和泌水	无外部水流入，仓内泌水应及时排除	观察检查	
		3	混凝土养护	在规定的时间内，混凝土表面保持湿润	观察检查	

(5) 趾板混凝土外观质量的检查项目、质量标准、检验方法及检验数量应符合表 2.6 的规定。合格：主控项目符合质量标准；一般项目每项应有不少于 70%的测点符合质量标准，且不合格点不应集中分布。优良：主控项目符合质量标准；一般项目每项应有不少于 90%的测点符合质量标准，且不合格点不应集中分布。

表 2.6　趾板混凝土外观质量检验标准

项类	检查项目		质量标准	检验方法	检验数量
主控项目	裂缝		经处理符合设计要求	观察、量测	表面平整度 1000m² 及以上的表面检查 6～10 个点，1000m² 以下的表面检查 3～5 个点。其余检查项目全数检查
一般项目	1	麻面、蜂窝、错台、跑模、掉角	经处理符合设计要求	观察	
	2	表面平整度	符合设计要求	使用 2m 靠尺或专用工具检查	

2.6　相关标准

《水电工程测量规范》(NB/T 35029)

《水工混凝土外加剂技术规程》(DL/T 5100)

《水电水利工程模板施工规范》(DL/T 5110)

《水电水利基本建设工程　单元工程质量等级评定标准　第 1 部分：土建工程》(DL/T 5113.1)

《水电水利基本建设工程　单元工程质量等级评定标准　第 14 部分：混凝土面板堆石坝工程》(DL/T 5113.14)

《混凝土面板堆石坝接缝止水技术规范》(DL/T 5115)

《混凝土面板堆石坝施工规范》(DL/T 5128)

《碾压式土石坝施工规范》(DL/T 5129)

《水工混凝土施工规范》(DL/T 5144)

《水工混凝土钢筋施工规范》(DL/T 5169)
《水工混凝土配合比设计规程》(DL/T 5330)
《水工混凝土表面保温施工技术规范》(DL/T 5750)
《水工混凝土温度控制施工规范》(DL/T 5787)
《钢筋机械连接技术规程》(JGJ 107)

第3章 堆石坝坝体填筑施工工艺

3.1 适用范围

本工艺适用于堆石坝坝体填筑施工。

3.2 施工程序

堆石坝坝体填筑施工程序一般如图3.1所示，主要包括测量放样、上游堆石区填筑、下游堆石区填筑、过渡区填筑、垫层料填筑、特殊垫层料填筑、下游护坡砌筑。垫层料、过渡料、堆石区的填筑宜平起施工，均衡上升。

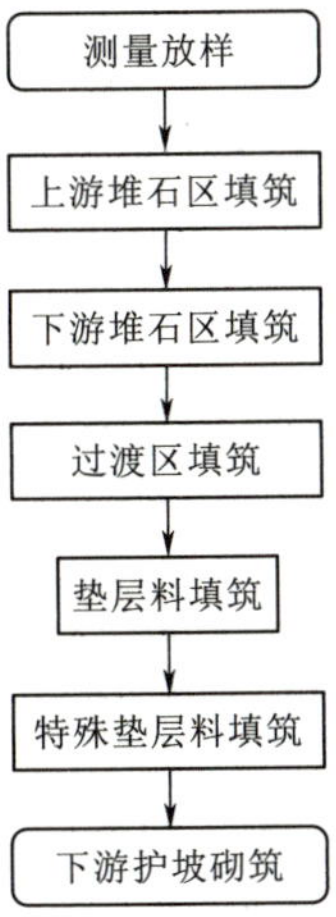

图3.1 堆石坝坝体填筑施工程序

3.3 工艺说明与工艺要求

3.3.1 施工准备

3.3.1.1 技术准备

（1）图纸会审。严格按照国家电网有限公司《电力建设工程施工技术管理导则》的要求做好图纸会审工作。

（2）技术交底。技术交底工作要充实，具有针对性和指导性，全体参加施工的人员都要参加交底并签名，形成书面的交底记录。

（3）坝料开采前，应根据设计的级配要求和爆破设计进行爆破试验，初步取得上坝料爆破参数。在实际开采过程中根据实际岩石类别情况将在爆破试验的基础上，进一步组织进行相关爆破试验，不断优化爆破试验参数，最终取得最优级配合格上坝料。

（4）垫层料及特殊垫层料的加工、掺配工艺，应按设计级配要求通过试验确定。

（5）按设计要求进行碾压试验，确定出坝体压实施工参数。大坝填筑前进行复核碾压试验，并将复核试验成果上报监理审批。

（6）堆石坝坝体填筑施工方案应经监理工程师批准。

3.3.1.2　劳动力组织准备

（1）组建施工组织管理机构，根据工程规模、工期和技术难度配备相应的管理、技术、测量、试验、环保、水保、专职质量管理和安全管理人员。

（2）制定材料检验、工程计量、资料归档、安全生产、工程质量、文明施工、爆破器材、特殊工种等管理制度。

（3）堆石坝坝体填筑施工应安排有经验的作业队组进行，并根据施工进度计划、施工技术要求合理配备各工种作业人员。

（4）堆石坝坝体填筑施工前应进行人员安全教育培训，主要包括以下内容：

1）对全体人员进行安全生产教育培训，未经安全生产教育培训考核或者培训考核不合格的人员不得上岗作业。

2）特殊作业人员应按相关规定经过专门培训，取得相应资格证书，持证上岗。

3）新进人员或作业人员转入新的岗位前应进行相关作业技能培训。

4）为作业人员配置安全防护用品和用具，并进行使用方法培训。

5）根据制定的应急处置措施、预案开展培训和演练。

3.3.1.3　工程材料准备

（1）应根据设计文件对主要料场的质量、储量、开采和运输条件进行复核，做好开采规划。

（2）应根据工程规模，坝区和料场的地形、地质条件，以及导流方式、施工分期和填筑强度，规划出开采区域、开采顺序、料场掌子面、运输道路、转存场地、弃料场地和加工系统。料场开采和弃料场地应作排水规划。

（3）应做好挖填平衡规划，充分利用符合设计要求的枢纽建筑物开挖料，尽量按指定部位直接上坝。

（4）上游堆石料宜选择运距较短、储量较大和便于高强度开采的料场，必要时设置备用料场，必须满足坝体填筑的高峰用量。

（5）爆破工作面规划应与料场道路规划结合进行，满足不同施工段填筑强度的需要。

（6）对于垫层、过渡层等有特殊级配要求的坝料，必要时设置专用料场。

（7）垫层料及有特殊级配要求的坝料进行加工、掺配时，应规划专用场地和生产加工系统。

（8）料场的覆盖层等无用料应剥离干净，并运出场外。

（9）料场和弃料场应按水土保持和环境保护要求，完成防止水土流失和污染环境的措施。

3.3.1.4　施工设备准备

堆石坝坝体填筑施工所需的机械设备如图 3.2 所示。

（1）测量设备：全站仪。

（2）坝料开采设备：液压潜孔钻机、高风压潜孔钻机、破碎锥等。

（3）坝料装载运输设备：装载机、反铲、自卸汽车等。

（a）全站仪　（b）破碎锥　（c）反铲

（d）推土机　（e）振动碾　（f）洒水车

图 3.2　坝体填筑施工的主要设备

（4）坝料摊铺设备：推土机、反铲等。

（5）坝料碾压设备：振动碾。

（6）洒水设备：固定加水装置、洒水车。

3.3.1.5　现场准备

（1）坝肩与坝基的开挖，应符合设计要求的位置、高程、宽度和形状，且岩面不开裂、不松动。

（2）运输、碾压、洒水等设备进场就位，并做好检查、维修、保养。

（3）现场的运输道路应根据坝体工程量、上坝强度及地形、运距等条件合理布置与修建。

（4）堆石坝建基面以下原有的勘探平洞、勘探孔在填筑前需要进行封堵。

（5）坝基基础缺陷处理完毕，自检合格经监理工程师签署验收合格证后，开始坝体填筑。

（6）坝体填筑开始前，施工现场应配合完成各种建基面监测仪器预埋，并设立明显标志、标记，必要时可与检测单位配合设置临时防护墩、围栏等防护措施。

（7）设置若干种类、数量的标识牌，标明各填筑区当前的状态，如"该区验收合格""该区正在碾压""该区正在进料"等，便于质检员和监理工程师检查。

（8）测量放样。

1）坝体填筑施工的测量应符合《工程测量规范》（GB 50026）规定要求。

2）应根据测量控制基准点，建立施工用的测量控制点。

3）对所有的测量基准点进行保护，并定期复核测量。

4）应按设计图纸及测量基准点进行坝体填筑分区施工放样与控制，使其填筑范围、高程等符合设计要求。

5）坝体测量放样后，应进行复核。测量工作应由专业人员负责，专人操作与保管仪器。

6）坝体填筑过程中，应跟踪进行纵横断面进度测量，各类填筑料界限应加以区分。

7）施工期间所有施工定线、工程量等测量原始记录、计算成果和绘制的图表，均应及时整理、校核、分类整编成册，妥善保存。

8）坝基开挖完成后，经四方联合验收确定坝基开挖到满足设计图纸要求后，进行地形测量，并标识高程、桩号等标志，配合地质工程师进行地质描述，并测绘基础地形图和绘制断面图，报请监理工程师对坝基进行联合验收。

9）填筑施工前，每层均严格测量放线，按填筑材料的不同分区进行放线测量，测量误差小于 10mm。各种填筑材料分区采用白灰画线标识明晰，设置方向标志和层厚高度杆，以便施工人员掌握和质检人员监控。填筑施工时，结合 GPS 大坝填筑实时控制系统，对填筑层厚进行校核。

3.3.2　坝体分区及填筑流水作业

3.3.2.1　坝体分区

面板堆石坝体型分区从上游向下游依次可分为垫层区、过渡区、上游堆石区及下游堆石区和底部排水区。具体按照设计图纸执行。

3.3.2.2　填筑流水作业

填筑顺序（翻模固坡法施工）：第一层下游堆石料铺料碾压→第一层上游堆石料铺料碾压→第一层过渡料铺料碾压→第一层垫层料铺料碾压→第一层翻模固坡→垫层料、过渡料同期碾压→第二层过渡料铺料碾压→第二层垫层料铺料碾压→第二层翻模固坡→垫层料、过渡料同期碾压并与上游堆石骑缝碾压→下一循环。坝体堆石区填筑顺序如图 3.3 所示。

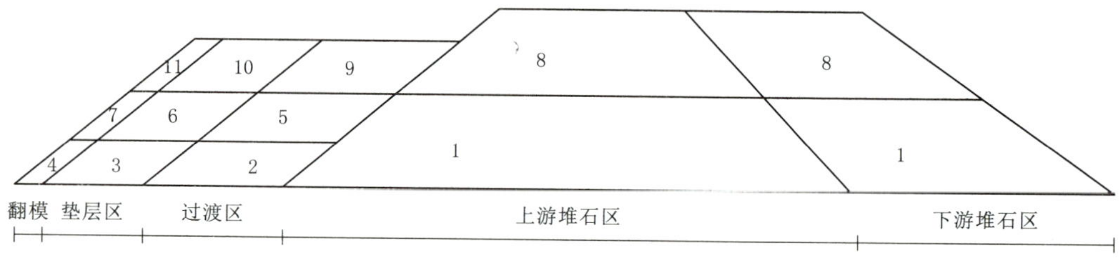

图 3.3　坝体堆石区填筑顺序

3.3.3　坝体各区填筑及碾压

3.3.3.1　工艺流程

宜采用流水作业法组织坝体填筑施工，宜将整个坝面划分成若干个单元，在各个单元内依次完成填筑工序，使各单元上所有工序能够连续作业。堆石坝坝体填筑及碾压工艺流程如图 3.4 所示。

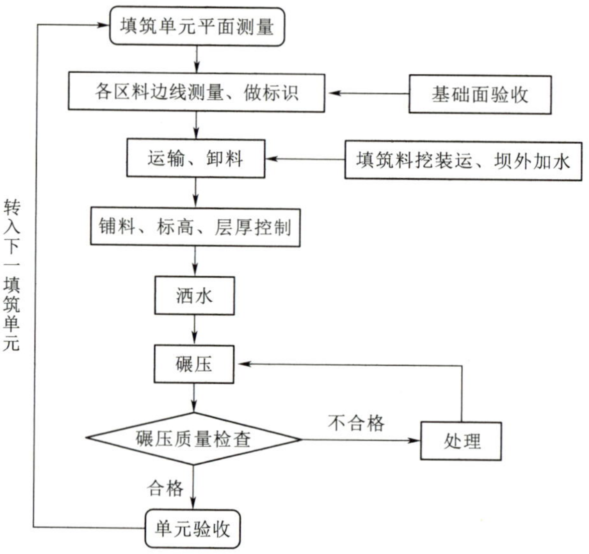

图 3.4　堆石坝坝体填筑及碾压工艺流程

3.3.3.2　工艺质量安全要点

1. 各区筑坝材料

（1）料场勘察应按《水电水利工程天然建筑材料勘察规程》（DL/T 5388）的规定执行。

（2）坝料开采前应进行爆破试验和碾压试验，确定满足坝料设计级配要求的爆破参数。在石料爆破开采过程中，应根据现场实际情况，适当调整爆破参数，以达到更好的爆破效果。爆破试验宜与碾压试验同时进行。

（3）筑坝材料应按《水电水利工程岩石试

验规程》（DL/T 5368）、《水电水利工程土工试验规程》（DL/T 5355）和《水电水利工程粗粒土试验规程》（DL/T 5356）的规定进行试验。

（4）成品料的生产能力和储量，应考虑超填和损耗，并满足坝体填筑进度的要求。

（5）垫层料应具有良好的级配、内部结构稳定或自反滤稳定要求。压实后应具有低压缩性、高抗剪强度，并应具有良好的施工特性。中低坝可适当降低对垫层料的要求。

（6）垫层料可采用轧制砂石料、砂砾石料或两者的掺配料。轧制砂石料应采用坚硬和抗风化力强的岩石加工。

（7）特殊垫层料最大粒径应不超过 40mm，级配应连续。

（8）过渡料对垫层料应具有反滤保护作用。级配应连续，最大粒径宜为 300mm。压实后应具有低压缩性和高抗剪强度，并能够自由排水。过渡料可采用洞室开挖石料或采用专门开采的细堆石料、经筛分加工的天然砂砾石料。

（9）上游堆石区硬质岩料压实后应具有良好的颗粒级配，最大粒径不应超过压实层厚度，一般为 600～800mm。小于 5mm 的颗粒含量不宜超过 20％，并应具有低压缩性、高抗剪强度和自由排水性能。

（10）下游水位以下的下游堆石区，应采用坚硬、抗风化能力强、软化系数高的堆石料，并在压实后应能自由排水。下游水位以上的下游堆石区，对堆石料的要求可适当降低。下游堆石的碾压层厚可以比上游堆石区大，可以包容超径料，避免弃料。

（11）上游铺盖区位于面板上游面下部，起辅助渗流控制作用。铺盖的高度一般为坝体高度的 30％～40％。

（12）在岸坡边缘靠山坡处，大块石易集中，岸坡周边宜选用粒径不大于 40cm、级配良好的石料铺筑。

（13）各区坝料填筑的孔隙率或相对密度应按设计要求确定。

2. 坝料运输与卸料

（1）上坝料装车应在石料场派有经验的专人指挥装车，以免料源二次剔除处理。

（2）装车宜采用液压反铲，对级配不连续料可采用液压反铲进行挑选翻拌后再装车。

（3）应配备液压破碎锤对超径料进行二次处理，严禁超径料直接装车上坝。

（4）料源装车时应注意分选，应保证不让泥团装车，严禁不合格料上坝。

（5）施工现场的运输道路应根据坝体工程量、上坝强度及地形、运距、运输机械类型及行车密度等要素合理布置，并在各施工阶段根据填筑区和料场开采区的变化及时调整。

（6）运输车辆载重量和数量的选择应按坝料类别、填筑工程量、上坝强度、坝区地形、运输道路、运距和挖装设备等因素综合考虑。

（7）施工现场道路应加强维护工作，交叉处、拐弯处应设置明显警示标志，并应安排专人进行指挥。

（8）各坝料的运输车辆均应设置标识牌，以区分不同的料区。

（9）上游堆石、下游堆石区的填筑料宜采用进占法卸料，进占法卸料如图 3.5 所示。卸料的堆与堆之间应保留 0.6m 左右间隙。

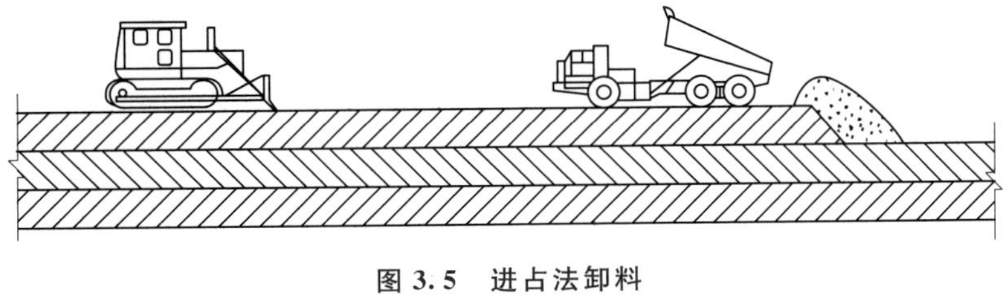

图 3.5　进占法卸料

（10）垫层料、过渡料宜采用后退法卸料，后退法卸料如图3.6所示。这种卸料方式可避免填筑料的分离或粗颗粒集中。

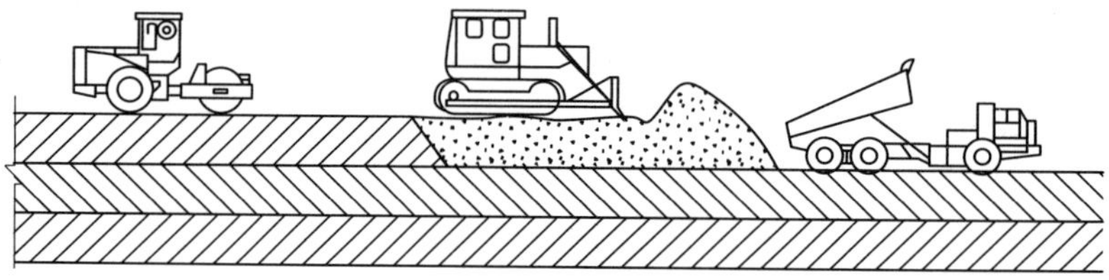

图3.6　后退法卸料

3．铺料

（1）在铺料时应按照松铺厚度进行施工，经碾压后达到技术要求层厚。上游堆石料和下游堆石料填筑层厚一般以试验数据为准。过渡料填筑层厚一般为40cm。垫层料填筑层厚一般为40cm，特殊垫层料层厚一般为20cm。

（2）铺料前，应根据各料区厚度，在回填区周边标注等高线，铺料时，可用移动高度标志杆来控制推土机平料厚度。

（3）推土机平料时，卸料后应及时摊铺。坝料与两岸山坡接合面，推土机应沿山坡线平整。

（4）垫层料、过渡料和相邻堆石料的填筑应平起施工，垫层与过渡层应同时填筑碾压，并确保其宽度。

（5）与垫层区接缝处的过渡料超径块石应及时清除。上游堆石区料不得侵占过渡区料的位置，过渡区料不得侵占垫层区位置。

（6）用测量方法控制各种物料的铺料厚度。

（7）周边缝附近的小区料，宜用人工辅助机械铺料。

（8）在平料过程中，对发现的堆石超径料可用冲击锤破碎至料径合格；过渡料的超径石可用反铲挖起，转运至堆石区。

4．坝料洒水

（1）坝料洒水一般采用料场加水、石料运输途中加水和坝内洒水相结合的方式。

（2）坝面洒水一般采用软管接主供水管路系统，将水引至填筑面。

（3）在填筑碾压时一般采用人工控制高压喷射洒水装置和洒水车进行坝面补充洒水。

（4）特殊垫层料、垫层料在每批填筑料填筑时应先做含水量试验。当含水量大于最佳含水量时，应采用料场脱水；当含水量小于最佳含水量时，应在坝面铺料区进行洒水，使特殊垫层料、垫层料碾压时符合最佳含水量。

（5）坝面上加水应设专职专责，严格控制加水时机及加水量。

5．坝料碾压

（1）碾压时振动碾行走方向应与坝轴线平行，靠岸边处可顺岸行驶，前进和后退应为强振碾压。

（2）上游堆石料、过渡料、垫层料、特殊垫层碾压宜采用错距法。

（3）每个单元从上游或下游的一侧到下游或上游另一侧应一次碾压完成。

（4）堆石料与岸坡结合处，因地形条件限制振动压实不到的死角，应采用液压振动夯夯实。

（5）应跨区碾压使坝体平起上升，对不同坝料分区接缝的部位应采用骑缝碾压。骑缝碾压最小宽度应不小于50cm。

（6）特殊垫层料靠近趾板周边缝1m范围，应采用液压平板错距搭接夯击实碾压。

（7）垫层料应水平分层铺筑，宜用三角尺进行检查控制。发现超欠时，应及时进行人工平整处理。

6. 特殊部位处理

(1) 坝体与岸坡结合部位施工时，易出现大块石集中、架空等现象，且局部碾压机械不易碾压。该部位施工时，应先填细石料，再填粗石料；与岸坡结合处 2m 宽范围内，沿岸坡方向碾压，不易压实的边角部位宜用轻型振动碾和平板振动器压实。

(2) 过渡料与堆石区交界面施工时，应先铺堆石料，再铺过渡料。在铺过渡料前，应先用反铲将界面处分离的超径石料清除，然后再铺筑过渡料。

(3) 过渡料与垫层料交界面施工时，应先铺过渡料，再铺垫层料。在铺垫层料前，应先对过渡层上游面进行削坡处理，再清除所有超径架空块石。

(4) 临时断面边坡应采用台阶收坡法施工。铺料碾压时，接缝部位采用振动碾骑缝碾压，应保证交接面的碾压质量。

(5) 上坝路与坝体结合部位施工时，坝区内应采用坝体相同料区的石料进行分层填筑，填筑质量按相同区料的填筑要求控制。

(6) 坝内斜坡道路施工时，随着坝体临时断面上升，坝内形成临时斜坡运输道路。道路填筑料应采用相同坝区的石料，填筑质量要求应按同品种料要求进行铺料和碾压。

(7) 趾板结合部位施工时应注意保护止水和趾板混凝土。

3.3.3.3　示例图片

上坝填筑前加水如图 3.7 所示，卸料如图 3.8 所示，推土机平料如图 3.9 所示，分区划线碾压如图 3.10 所示，坝面洒水如图 3.11 所示，垫层料碾压如图 3.12 所示，特殊垫层料区域采用液压平板夯如图 3.13 所示，试验检测如图 3.14 所示。

图 3.7　上坝填筑前加水

图 3.8　卸料

图 3.9　推土机平料

图 3.10　分区划线碾压

图 3.11 坝面洒水

图 3.12 垫层料碾压

图 3.13 特殊垫层料区域采用液压平板夯

图 3.14 试验检测

3.3.4 垫层区上游坡面防护

垫层区上游坡面防护常用的施工技术有：①翻模固坡法；②碾压砂浆固坡法。

3.3.4.1 翻模固坡法施工

1. 工艺流程

工艺流程为：测量放线→模板安装校正、挂楔板→垫层料填筑→洒水、初碾→拔楔板→灌注砂浆→垫层料终碾→垫层料取样检测→模板翻转，如此循环。

2. 工艺质量安全要点

(1) 采用翻模固坡法施工前，应对施工人员进行技术交底，并做好技术培训，掌握翻模固坡的技术要点、质量要求和质量保证措施。

(2) 坝高超过 100m 的混凝土面板堆石坝采用翻模固坡法时，宜在施工之前参考相关设计资料或类似工程经验，在实施翻模固坡法时应预留坝体变形值。

(3) 采用翻模固坡法，宜在正温条件下进行施工。如需要在负温条件下进行施工，则应采取保温措施。

(4) 采用翻模固坡法的混凝土面板堆石坝工程施工，还应遵守《水电水利工程模板施工规范》(DL/T 5110)、《混凝土面板堆石坝施工规范》(DL/T 5128) 的有关规定。

(5) 配制固坡砂浆的水泥、砂子和水的质量均应符合《水工混凝土施工规范》(DL/T 5144) 的规定。

(6) 固坡砂浆的抗压强度、渗透系数等应符合设计要求，抗压强度宜为 3～5MPa，砂浆稠度应根据施工需要选取。

（7）模板、楔板均宜采用钢材制作。模板应该具有足够的刚度。模板通过锚杆、拉筋固定。拉筋与锚杆及模板的连接应可靠。

（8）每块模板的长度宜为 1200mm，模板的宽度应与每层垫层料的斜长相等。单块模板质量应适中，便于拆、装和转运。

（9）模板安装前应涂刷脱模剂，翻模模板安装的允许偏差为±10mm。

（10）终碾后模板的变位应不超过 10mm。

（11）楔板为上宽下窄的梯形结构。楔板的长度可为模板长度的 1/2，宽度宜超模板宽度 30mm 左右，厚度应等于固坡砂浆的设计厚度。

（12）锚杆宜采用螺纹钢筋。每块模板应设置一根拉筋，拉筋宜采用直径为 14mm 的圆钢。

（13）首层翻模模板可利用混凝土趾板牢靠固定、准确定位。

（14）不具备安装翻模结构条件的周边缝边角部位，应支立异形模板。异形模板采用刚度较大的钢模板制作，并与翻模结构妥善连接。

（15）翻模模板及相应的异形模板支立验收合格后，方可安装楔板，摊铺垫层料。

（16）垫层料摊铺宜采用后退法卸料。推土机摊平前，对模板部位的垫层料应采用人工回填，回填时应避免粗料集中而出现架空现象。垫层料填筑时，填筑层面不应向上游倾斜。

（17）摊铺垫层料时，应注意保护锚杆、拉筋，如造成破坏应及时修复，不得未经修复便加以掩盖。

（18）垫层料碾压应分初碾、终碾两个阶段进行，每个阶段的碾压参数应通过现场试验确定。

（19）振动碾应尽量靠近垫层料上游边缘，其与垫层料上游边缘的最小距离应通过试验确定，宜为 10～15cm。

（20）初碾结束拔出楔板后，应及时向模板与垫层料之间的空隙灌注砂浆。拌制砂浆的设备生产率应满足施工强度的要求。

（21）砂浆灌注时要控制砂浆的下流速度和溜槽的入仓角度，尽量避免砂浆污染坝面。当出现砂浆流出现象时，要及时清除。

（22）砂浆灌注完成后，应及时对灌注完成的区域进行检查，发现砂浆面下沉的，要及时进行复灌，直到砂浆饱满为止。

（23）砂浆灌注结束后，应在砂浆初凝前再对垫层料进行终碾作业。振动碾无法到达的部位，应采用小型振动机具压实垫层料。边角压实时应注意对趾板混凝土及铜止水的保护。

（24）终碾结束、垫层料取样试验合格后，即可拆除下层模板。

（25）最下层模板拆除时，出露的固坡砂浆的抗压强度应达到其设计抗压强度的 25%以上。一般拆模时间不小于 24h。

（26）翻模固坡分段施工时，固坡砂浆接合部位应修凿成顺坡，清除松动的砂浆。

（27）固坡砂浆终凝后应进行土工布覆盖并洒水养护，养护时间不应少于 14d。坡面应禁止人员及机械行走。

3. 示例图片

垫层料填筑如图 3.15 所示，垫层料初碾如图 3.16 所示，下层模板翻升至最上层如图 3.17 所示，翻模固坡形成的大坝上游坡面如图 3.18 所示。

3.3.4.2　碾压砂浆固坡法施工

1. 工艺流程

碾压砂浆固坡法施工的工艺流程：测量放样→坡面粗修→斜坡静碾→测量放样→坡面细修→洒水碾压→测量放样检查→坡面局部修整→检查验收→砂浆摊铺→碾压→养护。

图 3.15　垫层料填筑

图 3.16　垫层料初碾

图 3.17　下层模板翻升至最上层

图 3.18　翻模固坡形成的大坝上游坡面

2. 工艺质量安全要点

(1) 碾压砂浆施工一般采用斜平两用振动碾。

(2) 坝体每升高 10～20m 应进行一次垫层上游坡面修整、碾压及防护。

(3) 坡面保护一般采用碾压砂浆、喷混凝土或喷乳化沥青等。

(4) 测量放样时应预留 5～10cm 沉降量。

(5) 修整后的坡面要平整，超、欠控制在 5cm 以内。

(6) 对不合格部位进行坡面修整后，应重新测量，并布线检查。

(7) 应采用均匀洒水碾压，一般由履带吊机牵引斜平两用振动碾进行斜坡碾压，上行振，下行不振，应保证整个垫层坡面平顺。

(8) 碾压结束后再进行测量复查，一般要根据复查结果继续削盈后，重新碾压，直至符合设计要求。对于较小的亏坡一般采用砂浆弥补。

(9) 碾压完毕后应采用挖坑注水法抽查检测干密度是否符合设计要求，如不合格还需要重新补碾至合格。

(10) 完成碾压后，应摊铺 5～8cm 厚的低标号水泥砂浆，用振动碾压实，进行固坡。除碾压砂浆固坡外，还有喷乳化沥青固坡、喷射混凝土固坡的方法，但喷混凝土对面板有较强的约束，现已很少采用。

3. 示例图片

垫层料人工削坡如图 3.19 所示，垫层料机械削坡如图 3.20 所示，碾压砂浆摊铺如图 3.21 所示，碾压砂浆斜坡碾压如图 3.22 所示。

图 3.19　垫层料人工削坡

图 3.20　垫层料机械削坡

图 3.21　碾压砂浆摊铺

图 3.22　碾压砂浆斜坡碾压

3.4　WHS 质量控制点

堆石坝坝体填筑主要工序 WHS 质量控制点见表 3.1。

表 3.1　堆石坝坝体填筑主要工序 WHS 质量控制点

序号	质量控制点	W（见证）	H（停工待检）	S（旁站）
1	试验检测	√		
2	层厚			√
3	碾压遍数			√
4	速度			√
5	击振力			√
6	砂浆固坡		√	

3.5　质量检查与验收

3.5.1　坝体填筑质量检查与验收

（1）各填筑部位的坝料质量应符合设计要求。

（2）压实机具规格、质量、振动频率、激振力等符合要求。

（3）负温下施工，填筑面上的冰雪已清除干净，填筑面无冻结现象。

（4）坝料压实质量检查，应采用碾压参数和干密度等参数控制，以控制碾压参数为主。

（5）填筑面应保持平整。

（6）铺料厚度、碾压遍数、加水量等碾压参数应符合设计要求，铺料厚度应每层测量，其误差不宜超过层厚的 10%。

（7）坝料压实检查项目、取样次数及检查方法。

1）坝料压实检查项目和取样次数见表 3.2。

表 3.2　坝料压实检查项目和取样次数

坝　　料		检查项目	取样次数
垫层料	坝面	干密度、颗粒级配	1 次/(500～1000m^3)，每层至少 1 次
	上游坡面	干密度、颗粒级配	1 次/(1500～3000m^3)
	小区	干密度、颗粒级配	1 次/(1～3 层)
过渡料		干密度、颗粒级配	1 次/(3000～6000m^3)
砂砾料		干密度、颗粒级配	1 次/(5000～10000m^3)
堆石料		干密度、颗粒级配	1 次/(10000～100000m^3)

2）检查方法。

a. 垫层料、过渡料和堆石料压实干密度检测方法宜采用挖坑灌水（砂）法，或辅以其他成熟的方法。垫层料也可用核子密度仪法。

b. 垫层料试坑直径不小于最大料径的 4 倍，试坑深度为碾压层厚。

c. 过渡料试坑直径为最大料径的 3～4 倍，试坑深度为碾压层厚。

d. 堆石料试坑直径为坝料最大料径的 2～3 倍，试坑直径最大不超过 2m。试坑深度为碾压层厚。

3）试坑取样质量检查项目成果应符合设计要求。

4）按表 3.2 规定取样所测定的干密度，其平均值不小于设计值，标准差不宜大于 50g/m^3。当样本数小于 20 组时，应按合格率不小于 90%、不合格点的干密度不低于设计干密度的 95%控制。

5）施工过程中，应在坝面采取适当组数的各分区填筑料，进行实验室力学性质的复核试验。

3.5.2　智能碾压监测

通过建立现场碾压监控网络及安装碾压车监控设备，通过差分定位纠偏精准定位碾压位置，智能化监控手段实现大坝碾压施工机械实时监控运行轨迹、速度、遍数、振频等，监控碾压静态、动态碾压遍数指标并实现自动向质检人员和监理报警，同时向驾驶司机显示相关信息，促使其主动更正，解决漏碾和过度碾压的问题。

3.6　相关标准

《工程测量规范》(GB 50026)

《混凝土面板堆石坝设计规范》(NB/T 10871)

《水电水利工程模板施工规范》(DL/T 5110)

《混凝土面板堆石坝施工规范》(DL/T 5128)

《碾压式土石坝施工规范》(DL/T 5129)

《水工混凝土施工规范》(DL/T 5144)

《混凝土面板堆石坝翻模固坡施工技术规程》(DL/T 5268)
《水电水利工程土工试验规程》(DL/T 5355)
《水电水利工程粗粒土试验规程》(DL/T 5356)
《水电水利工程岩石试验规程》(DL/T 5368)
《水电水利工程天然建筑材料勘察规程》(DL/T 5388)
《抽水蓄能电站工程安全文明施工设施》(Q/GDW 11586)

第 4 章 碾压混凝土施工工艺

4.1 适用范围

本工艺适用于挡水建筑物的碾压混凝土施工。

4.2 施工程序

碾压混凝土施工总的工艺流程根据有关规范、试验成果、施工经验成果制定，大坝碾压混凝土采用平层或斜层法施工，施工程序如图 4.1 所示。

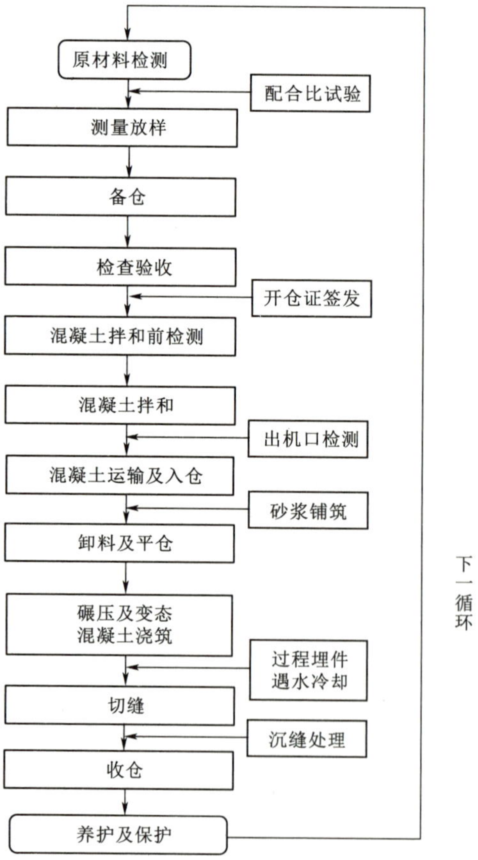

图 4.1 碾压混凝土施工程序

4.3　工艺说明与工艺要求

4.3.1　施工准备

4.3.1.1　技术准备

（1）工程地质条件调查。调查分析施工区的地形地貌、地层岩性和水文地质条件等。

（2）环境条件调查。了解施工对周边自然环境、已有建（构）筑物的影响及需要采取的防护和处理措施。

（3）图纸会审及设计交底。项目开工前组织施工图纸会审，了解设计意图及相关技术、质量要求。参加设计交底会议，反映设计方案中存在的不明确之处和为确保施工质量需设计方修改之处，通过设计方的确认，进一步明确施工中的有关设计要求。

（4）技术交底。加强施工作业及管理人员培训，做好技术交底工作，技术交底工作要充实，具有针对性和指导性，全体参加施工的人员都要参加交底并签名，形成书面的交底记录。

（5）在碾压施工前，通过生产性试验确定碾压参数，进行碾压混凝土的性能试验，其强度等级、抗渗等级、抗冻等级、极限拉伸值必须达到设计和《水工碾压混凝土施工规范》（DL/T 5112—2021）的规定要求。

（6）应做好监测设计和施工期监测准备工作。

（7）施工方案须经总监理工程师批准后实施。

4.3.1.2　劳动力组织准备

（1）组建施工组织管理机构，根据工程规模、工期和技术难度配备相应的管理、技术、测量、试验、环保、水保、专职质量管理和安全管理人员。

（2）制定材料检验、工程计量、资料归档、安全生产、工程质量、文明施工和特殊工种等管理制度。

（3）碾压混凝土施工应安排有经验的作业队组进行，并根据施工进度计划、施工技术要求合理配备各工种作业人员。

（4）碾压混凝土施工前应进行人员安全教育培训。新职工须经过三级安全交底，考核合格后方可正式上岗，未经安全生产教育培训考核或者培训考核不合格的人员不得上岗作业。

4.3.1.3　工程材料准备

（1）水泥。

1）水泥宜选用硅酸盐水泥、中热硅酸盐水泥、低热硅酸盐水泥。

2）水泥的品质及检验应符合现行国家标准《通用硅酸盐水泥》（GB 175）、《中热硅酸盐水泥、低热硅酸盐水泥》（GB/T 200）、《低热微膨胀水泥》（GB/T 2938）等的有关规定。

3）可根据具体情况对水泥的矿物成分、细度、水化热和含碱量等提出专门要求，并优先采用散装水泥。

4）每批水泥应有出厂检验报告。运到工地后除应进行检验外，必要时还需进行化学成分（或矿物成分）分析。

5）袋装水泥储运超过 3 个月，散装水泥储运超过 6 个月，使用前应复检。不得使用结块的水泥。

（2）骨料。

1）骨料选用应根据当地资源条件和工程特点，经试验论证后确定。

2）骨料试验应按现行行业标准《水工混凝土砂石骨料试验规程》（DL/T 5151）执行。

3）采用人工骨料时，应采取防止骨料裹粉的措施。

4）人工砂的加工应根据母岩特性，选用生产效率高、石粉含量满足要求、成品砂的颗粒形状及级配好的破碎工艺和设备。

5）冲洗筛分骨料时，应控制好筛分质量，保证各级成品骨料符合要求，并控制细砂、人工砂中石粉的流失。

6）砂料宜质地坚硬，级配良好，人工砂的细度模数宜为2.2～2.9，天然砂细度模数宜为2.0～3.0，应控制超径颗粒含量。

7）人工砂的石粉（$d\leqslant0.16$mm的颗粒）含量宜控制在12%～25%，其中$d\leqslant0.08$mm的微粒含量不宜小于7%。最佳石粉含量应通过试验确定。

8）骨料应有足够的储备量并设有遮阳、防雨及脱水设施。砂的含水率不应大于6%。

9）骨料运输堆放时，应防止混入泥土和不同粒径级骨料互混，天然砂的含泥量不应大于5%。

10）骨料的质量指标应符合现行行业标准《水工混凝土施工规范》（DL/T 5144）的规定。

（3）水。混凝土拌和、养护用水的pH值和水中的不溶物、可溶物、氯化物、硫酸盐和碱含量应符《水工混凝土施工规范》（DL/T 5144）的规定。

（4）外加剂。

1）碾压混凝土中应掺用外加剂，其品种及掺量应通过试验确定。

2）碾压混凝土掺用与环境、施工条件、原材料相适应的缓凝高效减水剂，有抗冻要求的还应掺用引气剂。

3）每批外加剂应有出厂检验报告，并应符合现行行业标准《水工混凝土外加剂技术规程》（DL/T 5100）的规定，使用前应进行品质检验。存放期超过保质期的外加剂，不得使用。

（5）掺合料。

1）碾压混凝土掺合料宜选用Ⅰ级或Ⅱ级粉煤灰、粒化高炉矿渣粉、磷渣粉、火山灰和石灰石粉等材料，掺用其他掺合料应经试验论证。

2）掺入碾压混凝土的粉煤灰、磷渣粉、粒化高炉矿渣粉、火山灰、石灰石粉，应分别符合现行标准《水工混凝土掺用粉煤灰技术规范》（DL/T 5055）、《水工混凝土掺用磷渣粉技术规范》（DL/T 5387）、《用于水泥、砂浆和混凝土中的粒化高炉矿渣粉》（GB/T 18046）、《水工混凝土掺用天然火山灰质材料技术规范》（DL/T 5273）、《水工混凝土掺用石灰石粉技术规范》（DL/T 5304）的规定，运到现场后应检测。

（6）钢筋。钢筋的规格、型号等应符合设计图纸的规定。进场时应对出厂证、合格证和品质检验报告进行检查，并对外观、力学性能等进行检验，其质量必须符合《水工混凝土钢筋施工规范》（DL/T 5169）的规定。

（7）止水。止水带质量应符合《水工建筑物止水带技术规范》（DL/T 5215）要求，应对止水带的出厂证、合格证和品质检验报告进行检查，其规格、尺寸必须符合设计和有关规定。

（8）伸缩缝。材质、规格型号应符合设计和有关规定。

（9）防水材料。材质、规格型号应符合设计和有关规定。

4.3.1.4 施工设备准备

碾压混凝土施工所需的机械设备主要有缆机、门机、塔机、胎带机、自卸车、侧卸车、满管溜槽（管）、皮带机、平仓机、振动碾和切缝机等，如图4.2所示。

4.3.1.5 现场准备

（1）开仓前应进行仓面设计，仓面设计主要内容如下：

（a）满管溜槽　（b）平仓机　（c）振动碾

（d）皮带机　（e）自卸汽车

图 4.2　碾压混凝土施工所需的机械设备

1）仓面情况包括仓面所在坝段、坝块、高程、面积、方量、混凝土级配种类、温控要求、仓位施工特点等。

2）仓面预计开仓时间、收仓时间、浇筑历时、入仓强度、供料拌和楼。

3）仓面资源配置包括工具、机具、材料、人员数量要求。

4）仓面设计图，图上标明混凝土分区线、混凝土种类、浇筑顺序等。

5）编写仓面质量及技术要求的注意事项。

（2）施工单位应配备专门的技术人员进行仓面浇筑工艺设计，为混凝土浇筑质量做好必要的技术准备工作。

（3）在浇筑作业前对单元仓号浇筑所涉及的各类资源要充分准备，严格按照仓面设计中的内容进行检查、核对，验收。内容主要是对混凝土浇筑前仓面准备、浇筑资源配置、浇筑工艺设计准备等内容的检查验收，验收合格后才可以进行下一步浇筑作业。

4.3.2　碾压混凝土施工

4.3.2.1　缝面处理

（1）基岩面清理。对于建基面松动岩块及浮石采用人工清撬，地表水和地下水必须妥善引排或封堵，岩面用高压水枪清洗洁净。

（2）混凝土施工缝面可用冲毛、刷毛等方法清除浮浆及松动骨料，使其微露粗砂。冲毛、刷毛时间可根据施工季节、混凝土强度、设备性能等因素，经现场试验确定。缝面应清洗干净，经验收合格后，及时铺垫层拌和物和上一层混凝土，并在垫层拌和物初凝前完成碾压。

（3）混凝土热升层施工缝面处理。上游防渗区（二级配范围内），每个碾压层面铺设水泥净浆或掺和料浆。

（4）连续上升铺筑的碾压混凝土，层间间隔时间应控制在直接铺筑允许时间内，超过直接铺筑允许时间的层面，应先在层面上铺垫层拌和物，再铺筑上一层碾压混凝土，超过加垫层铺筑允许时间的层面应按施工缝处理。

（5）直接铺筑允许时间和加垫层铺筑允许时间，应根据工程结构对层面抗剪能力和结合质量的要求，综合考虑拌和物特性、季节、天气、施工方法、上下游不同区域等因素经试验确定。

（6）垫层拌和物可使用与碾压混凝土相适应的灰浆、砂浆或水泥浆。灰浆或水泥浆的水胶比应与碾压混凝土相同，砂浆的强度等级应提高一级，垫层拌和物应分条带摊铺，其中砂浆的摊铺厚度为 10～15mm。

（7）施工中断时，应及时对已摊铺的混凝土进行碾压。停止铺筑的混凝土面边缘宜碾压成不大于 1∶4 的斜坡面，并将坡脚处厚度小于 150mm 的部分切除，具备施工条件时，可根据中断时间采取层缝面处理措施后继续施工。

（8）施工缝面在铺砂浆、灰浆或水泥浆前应严格清除二次污染物，铺浆后应立即覆盖碾压混凝土。

（9）示例图片。高压水冲毛如图 4.3 所示；施工缝面冲毛粗砂微露、无浆皮如图 4.4 所示；施工缝铺设砂浆如图 4.5 所示；砂浆铺设效果如图 4.6 所示。

图 4.3　高压水冲毛

图 4.4　施工缝面冲毛粗砂微露、无浆皮

图 4.5　施工缝铺设砂浆

图 4.6　砂浆铺设效果

4.3.2.2　模板施工

（1）模板的设计、制作和使用，应符合现行行业标准《水电水利工程模板施工规范》（DL/T 5110）的有关规定。

（2）碾压混凝土施工所用的模板应满足强度、刚度和稳定性要求，承受振动碾压及施工中的各项荷载，并保证建筑物的设计形状、尺寸正确，变形在允许范围内。

（3）模板形式应与结构、构件特征、施工条件和浇筑方法相适应。宜采用悬臂模板、翻升式或自升式模板，背水面和廊道等孔洞结构可采用预制混凝土模板或定型模板。

（4）混凝土浇筑过程中，应安排专职人员检查、维护、调整模板的位置和形态，应防止变位、漏浆等。

（5）碾压混凝土施工中模板拆除、翻升的时机，应通过计算、测试和现场试验确定。

（6）示例图片。模板涂刷脱模剂如图 4.7 所示；施工缝 6m 升层翻升模板加固如图 4.8 所示；坝后 6m 升层翻升模板如图 4.9 所示；模板平整度量测如图 4.10 所示。

图 4.7　模板涂刷脱模剂

图 4.8　施工缝 6m 升层翻升模板加固

图 4.9　坝后 6m 升层翻升模板

图 4.10　模板平整度量测

4.3.2.3　拌和与运输

（1）拌和。

1）砂石料生产及储存系统、原材料供应、混凝土制备和检测等应符合有关技术要求。

2）拌制碾压混凝土宜选用强制式搅拌设备。

3）搅拌设备的称量系统应定期校准，保证在混凝土生产过程中满足称量精度要求。

4）碾压混凝土的拌和时间、投料顺序、拌和量，均应通过现场混凝土拌和均匀性试验确定。

5）拌和设备宜配备细骨料的含水率快速检测装置，并应具有相应的拌和水量自动调整功能。

6）卸料斗的出料口与运输机具之间的自由落差不宜大于 1.5m。

7）砂浆、灰浆和水泥浆的配料精度及拌和质量与混凝土拌制质量要求相同。砂浆、灰浆和水泥浆应由机械拌制，拌和质量应满足设计和施工要求。大型工程宜设置集中制浆站，并配有维持浆体均质的装置。

8）混凝土生产过程中，骨料含水率、超逊径、细度模数发生波动及施工环境条件发生变化时，可对骨料和加水量等进行适量调整，应保持水胶比不变。

（2）运输。

1）混凝土拌和物运输宜采用自卸汽车、胶带输送机、专用垂直溜管、满管溜槽（管），也可采用缆机、门机、塔机配吊罐等机具。运输设备应在使用前全面检查，运输容器应清洗干净。

2）采用自卸汽车运输混凝土时，车辆行走的道路应平整；并设置洗车台及 60m 左右的砂石路面，防止将泥土、水、杂物等带入仓内；进出仓口应采取措施保证施工质量。在仓面行驶的车辆应避免急刹车、急转弯等有损混凝土质量的操作。

3）汽车运输混凝土进出仓口宜设置在坝体下游，如设在上游时，应采取专项施工措施。

4）坝内斜坡道应避开防渗区设置，坡比不宜陡于 1∶6，并保证其与新浇混凝土的结合质量。

5）采用胶带输送机运输混凝土时，应有遮阳和防雨设施。必要时应加设挡风设施，并应采取减少骨料分离和灰浆损失措施。

6）专用垂直溜管应具有抗分离的功能，必要时可设置防止堵塞的控制装置。

7）采用满管溜槽（管）输送混凝土时，角度不宜缓于 45°；并在满管出口设置控制门。防止因角度太缓造成输料不畅，或因角度太陡造成摩擦太大或骨料分离等不利因素。

8）运输机具在转运或卸料时，出口处混凝土自由落差均不宜大于 1.5m，高差超过 1.5m 应采取缓降或其他防止骨料分离的措施。连续运输机具与分批运输机具联合运用时，应在转料处设置容积足够的储料斗。

9）输送灰浆应有防止浆液沉淀和泌水的措施。砂浆运输可采用混凝土运输机具，也可采用专门的砂浆运输机具。

10）碾压混凝土运输汽车的仓内行驶路线宜避开已铺砂浆或水泥浆的部位。

（3）示例照片。自卸汽车入仓前轮胎清洗如图 4.11 所示；混凝土运输车辆安装遮阳（防雨）布如图 4.12 所示。

图 4.11　自卸汽车入仓前轮胎清洗

图 4.12　混凝土运输车安装遮阳（防雨）布

4.3.2.4　卸料

（1）采用自卸汽车直接进仓卸料时，为了减少骨料分离，卸料采用双点叠压卸料，自卸汽车将混凝土料卸于已铺筑层未碾压的混凝土面上，再由平仓机将混凝土顺已铺筑层进行移位式摊铺平仓。卸料尽可能均匀，当料堆旁出现分离骨料时，由人工或用其他机械将其均匀地摊铺到未碾压的混凝土面上。

（2）仓面引导员按浇筑要领图的要求逐层逐条带的铺筑顺序，指挥自卸汽车运行路线和卸料地点。

（3）采用吊罐、胎带机、塔带机入仓时，由专人负责指挥，卸料高度不宜大于 1.0m。卸料堆边缘与模板距离不应小于 1.2m。

（4）卸料平仓时严格控制三级配和二级配混凝土分界线，可在仓面模板上标记层厚刻度线、每个升层的高度和该仓面的高程。

4.3.2.5　平仓

（1）混凝土平仓采用平仓机进行。模板周边死角部位采用人工配合摊铺。压实厚度为 300mm 时，采取平仓机将混凝土推离卸料位置平仓，宜一次平仓铺筑，尤其在高温季节，有利于减少混凝土 VC 值损失和温度回升；为了改善分离状况，也可分两次平仓铺筑，局部不平的部位用人工辅助铺平；汽车卸下的混凝土料应立即平仓，平仓过的混凝土表面应平整、无凹坑。

（2）采用自卸汽车直接进仓或在仓内转运卸料时，宜卸在已摊铺而未碾压的层面上再平仓，且应控制料堆高度。卸料堆的分离骨料，应在平仓过程中均匀散布到混凝土内。

（3）采用斜层平推法铺筑时，层面不得倾向下游，坡度不应陡于 1∶10，坡脚部位应避免形成薄层尖角，龙滩工程高温季节每个斜层的升层高度为 1.5～3.0m，低温季节为 3.0～6.0m。有预埋冷却水管时，要保证冷却水管间距符合设计要求。

（4）碾压混凝土铺筑层应以固定方向逐条带铺筑。坝体迎水面为 3～5m 时，平仓方向应与坝轴线方向平行。

（5）不合格的混凝土拌和物不得进仓，已进仓的应做处理。

（6）当铺筑厚度不大于 350mm 时，宜一次平仓铺筑。

（7）要保证碾压质量，还应保证平仓的质量，做到碾压层厚均匀。为使平仓的厚度均一，可在仓面模板上标记层厚刻度线、每个升层的高度和该仓面的高程。

（8）示例照片。铺料厚度标识物控制摊铺厚度如图 4.13 所示；分区规划及升层标识线如图 4.14 所示。

图 4.13　铺料厚度标识物控制摊铺厚度

图 4.14　分区规划及升层标识线

4.3.2.6　碾压

（1）振动碾机型应根据碾压效率、激振力、滚筒尺寸、振动频率、振幅、行走速度、维护要求和运行的可靠性确定。

（2）施工中采用的碾压厚度及碾压遍数宜经过试验确定，并与铺筑的综合生产能力等因素一并考虑。根据气候、铺筑方法等条件，可选用不同的碾压厚度。碾压厚度不宜小于混凝土最大骨料粒径的 3 倍。

（3）坝体迎水面为 3～5m 时，碾压方向应平行于坝轴线方向。碾压作业应采用搭接法，碾压条带间搭接宽度为100～200mm，端头部位搭接长度应大于1m，碾压施工采用分区、条带作业。

(4) 碾压层内铺筑条带边缘、斜层平推法的坡脚边缘，碾压时应预留200～300mm宽度与下一条带同时碾压，最终完成碾压的时间应控制在直接铺筑的允许时间内。

(5) 振动碾行走速度宜为1.0～1.5km/h。

(6) 碾压混凝土入仓后应尽快完成平仓和碾压，从拌和加水到碾压完毕的最长允许历时，应根据不同季节、天气条件及VC值变化规律，经过试验或类比其他工程实例来确定，不宜超过2h。

(7) 需停歇的水平施工缝层面，达到规定的碾压遍数及表观密度后，宜进行1～2遍的无振碾压。

(8) 设备在碾压完毕的混凝土层面上行走时，应避免损坏已成型的层面；已造成损坏的部位，应及时采取修补措施。

(9) 每个碾压条带作业结束后，应及时按网格布点检测混凝土的表观密度，低于规定指标时应立即重复检测，必要时可增加测点，并查找原因，采取处理措施。

(10) 建（构）筑物周边部位，可采用小型振动碾压实，也可采用变态混凝土。

(11) 表观密度检测可采用核子水分密度仪或压实密度计检测等传统检测方法，也可采用以数字化监测为主并配以传统检测方法进行验证的方法。当仅采用传统检测方法时，每铺筑200～400m^2碾压层应至少有1个检测点，且每一铺筑层仓面内不应少于3个检测点，以碾压完毕10min后的核子水分密度仪测试结果作为表观密度判定依据。当碾压采用数字化施工时，经不少于5次对比数字化监测手段所得碾压质量与传统检测方法所得碾压质量，并确认两种方法检测结果吻合时，采用传统检测方法的检测频次调整为每铺筑500～1000m^2碾压层应至少有1个检测点，且每一铺筑层仓面内应不少于3个检测点。

(12) 碾压混凝土密实度应满足设计要求；当设计文件无要求，且距建筑物外立面0.3～0.5m范围内无变态混凝土时，在此范围内碾压混凝土相对密实度不应小于98%，其余碾压混凝土相对密实度不应小于97%。

(13) 碾压混凝土铺筑时，应按表4.1的规定进行检测。

表4.1　碾压混凝土铺筑现场检测项目和标准

检测项目	检测频率	控制标准
VC值	每2h检测1次	碾压混凝土拌和物VC值应根据施工现场的气候条件变化动态选用和控制。机口VC值宜为2～8s，仓面VC值宜为2～12s，当采用大于12s的VC值时，应根据设计要求经试验确定
水泥浆或灰浆密度	每班检测1～2次	不低于室内密度试验标准值的95%
水泥浆或灰浆流动度	每班检测1～2次	室内试验标准值±3s
抗压强度	相当于机口取样数量的5%～10%	设计指标
压实度	每铺筑200～400m^2碾压层应至少有1个检测点，且每一铺筑层仓面内不应少于3个检测点，以碾压完毕10min后的核子水分密度仪测试结果作为表观密度判定依据	应符合设计压实度要求。无设计要求时，应满足外部碾压混凝土压实度不小于98%、内部碾压混凝土压实度不小于97%
骨料分离情况	全过程控制	应避免出现骨料集中现象
直接铺筑允许时间	全过程控制	由试验确定不同环境条件下的直接铺筑允许时间，并按其判定
加垫层铺筑允许时间	全过程控制	由试验确定不同环境条件下的加垫层铺筑允许时间，并按其判定

续表

检测项目	检　测　频　率	控　制　标　准
层间间隔时间	全过程控制	由试验确定不同环境条件下的层间间隔时间，并按其判定
入仓温度	2～4h 检测 1 次	设计指标

注　遇大风、雨天、高温、寒潮等气候条件变化较大时，应适当增加 VC 值、入仓温度的检测次数。

(14) 示例照片。条带分区碾压如图 4.15～图 4.17 所示；碾压效果良好如图 4.18 所示；收仓面控制效果如图 4.19 和图 4.20 所示。

图 4.15　条带分区碾压（一）

图 4.16　条带分区碾压（二）

图 4.17　条带分区碾压（三）

图 4.18　碾压效果

图 4.19　收仓面控制效果（一）

图 4.20　收仓面控制效果（二）

4.3.2.7　变态混凝土

（1）变态混凝土用浆量应经试验确定。浆液应按规定用量，在变态区范围内加浆，混凝土单位体积用浆量的偏差应控制在允许范围内。

（2）变态混凝土应随碾压混凝土浇筑逐层施工，铺筑厚度宜与平仓厚度相同，铺料时宜采用平仓机辅以人工摊铺平整。

（3）变态混凝土所用浆液的水胶比，应不大于同种碾压混凝土水胶比，浆液配合比应经试验确定。

（4）变态混凝土灰浆或水泥浆可采用底部加浆，也可采用切槽和造孔加浆，但不得在表面加浆。

（5）变态混凝土宜使用强力振捣器振捣密实，不得欠振、漏振或过振。振捣时，应将振捣器插入下层混凝土，插入深度不应小于 50mm。相邻区域混凝土碾压时与变态区域搭接宽度应大于 200mm。

（6）变态混凝土也可采用加浆振捣一体化机械进行施工。

（7）示例照片。变态混凝土钻孔加浆如图 4.21 所示；变态混凝土振捣如图 4.22 所示。

图 4.21　变态混凝土钻孔加浆

图 4.22　变态混凝土振捣

4.3.2.8　结构成缝

（1）采用切缝机切缝，宜根据工程具体情况采用先碾后切或先切后碾的方式。采用先碾后切时，应及时切缝，并对缝口进行补碾。

（2）设置诱导孔，宜在层间间歇期内完成，成孔后孔内应及时用干砂填塞。

（3）设置填缝材料，衔接处的间距不得大于 100mm，高度应比压实厚度低 30～50mm。

（4）有重复灌浆要求的横缝，灌浆系统的制作和安装，均应符合设计要求。

（5）拱坝诱导缝预制块设置应符合设计要求。

（6）示例照片。挖机改装成切缝机如图 4.23 所示；切缝机切缝如图 4.24 所示。

4.3.2.9　特殊天气下施工

（1）施工期间应加强气象预报信息的搜集，及时掌握现场气象变化情况，针对高温、低温、雨季、大风干燥等情况编制专项措施。

（2）特殊气候条件下施工，应备足仓面保温、保湿、防雨等材料，适当加大仓面施工人员、设备等资源配置。

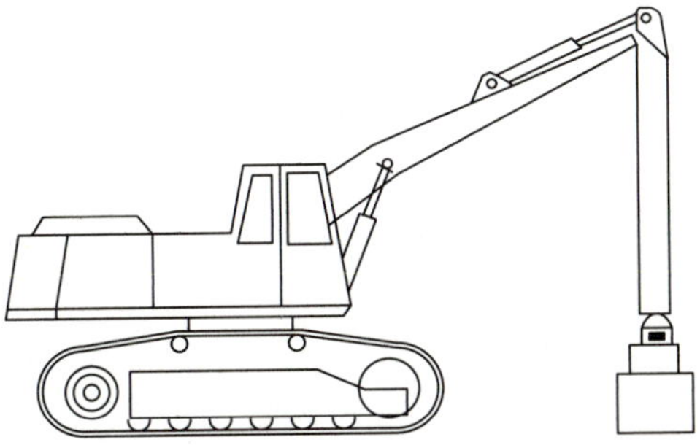

图 4.23　挖机改装成切缝机

图 4.24　切缝机切缝

(3) 特殊气候条件下，碾压混凝土宜采用小仓面或斜层平推法施工，加快混凝土运输、入仓、平仓碾压速度，缩短混凝土层间间隔时间。

(4) 雨季浇筑混凝土时，应加强现场雨量监测工作，合理安排施工，符合下列规定：

1) 骨料仓应排水通畅。

2) 运输工具采取防雨、防滑措施。

3) 做好仓面边坡截（排）水工作，防止边坡雨水流入仓内，施工仓内采取截水、排水、防雨措施，及时排除仓内积水。

4) 当降雨量小于 3mm/h 时，可采取措施继续施工。

5) 当降雨量超过 3mm/h 时，应停止拌和，并迅速完成尚未进行的卸料、平仓和碾压作业。对已完成碾压尚未终凝的部位，应及时采用防雨布覆盖。

6) 雨后应先排除仓内积水，如混凝土未初凝，被雨水冲刷的部位应加铺砂浆后继续施工，否则应按施工缝处理。

(5) 高温气候条件下施工时，应做好仓面浇筑工作，符合下列要求：

1) 提前配置足够的喷雾机，并配备一定的手持式喷雾枪，仓面备足保温被等。

2) 仓面喷雾应控制湿度，雾水不得形成小雨。

3) 采用保温材料及时覆盖已摊铺、碾压的混凝土。

(6) 日平均气温连续 5d 在 5℃以下或最低气温连续 5d 在－3℃以下时，应按低温季节施工，符合下列规定：

1) 低温季节碾压混凝土施工，可采用掺加早强和防冻外加剂等配制混凝土、蓄热法施工、仓面保温等措施。

2) 保温材料宜选择吸水率低、密度小的材料，其导热系数和耐火等级满足要求，且方便施工。

3) 温和地区宜采用蓄热法，风沙大的地区应有防风设施。

4) 严寒和寒冷地区预计日平均气温在－10℃以上时，可采用蓄热法或综合蓄热法等；气温低于－10℃不宜施工碾压混凝土，必须施工时，应专门论证，并应采取相应措施。

5) 低温季节或遇气温骤降时，应加强新浇混凝土表面的保温工作，合理选择拆模时间，提前对所有孔、洞、廊道口等透风部位进行封堵。拆模后对未到龄期的混凝土，采用悬挂保温被、外贴保温板，表面覆盖保温被等保温措施，必要时选用保温模板。

6) 寒冷地区需停工越冬的混凝土层面保温材料安装与揭除宜分层进行，施工时做好混凝土表面温度、内部温度和外部气温的动态监测。

(7) 在大风和干燥气候条件下，应采取防大风、保持仓面湿润措施，符合下列要求：

1）仓面保温保湿材料应采取措施固定。

2）采用喷雾方式提高仓面环境湿度，喷雾方向顺风进行。

3）对已完成碾压的部位，及时采用保温材料覆盖。

（8）示例照片。保持仓面湿润如图4.25所示；雨后排水如图4.26所示；坝面保温如图4.27和图4.28所示。

图4.25　保持仓面湿润

图4.26　雨后排水

图4.27　坝面保温（一）

图4.28　坝面保温（二）

4.3.2.10　混凝土温控

（1）采用冷却水管进行通水冷却时，通水水温、时间、流量及降温速率应满足设计要求。冷却水管应保证强度，接头牢靠。进出口宜集中引至下游预留槽内，初期通水时间一般不宜少于30d。

（2）有中期、后期冷却要求的部位，冷却水温、降温速度、相邻部位温度梯度均应符合设计要求。当设计无具体要求时，宜参考类似工程或结合混凝土热力学性能计算确定以上参数，避免冷却过程中产生内部裂缝。

（3）示例照片。冷却水管铺设如图4.29所示；冷却水管间距检查如图4.30所示。

4.3.2.11　碾压与常态混凝土搭接处理

（1）坝内常态混凝土宜与主体碾压混凝土同步浇筑。

（2）结合部位的常态混凝土振捣与碾压混凝土碾压应相互搭接。

（3）常态混凝土与碾压混凝土的结合部位，两种混凝土应交叉浇筑，常态混凝土应在初凝前振捣密实，碾压混凝土应在允许层间间隔时间内碾压完毕。

图 4.29 冷却水管铺设

图 4.30 冷却水管间距检查

4.3.2.12 养护和保护

(1) 养护。

1) 碾压混凝土的养护工作指派专人负责，同时做好养护记录。混凝土连续养护时间不少于90d，养护期间养护面保持在湿润状态，避免干湿交替，需要覆盖保温材料进行表面保温时，可停止养护。

2) 永久暴露面养护。永久暴露面长期流水养护；养护时间从混凝土终凝后开始，白天实行不间断流水养护，夜间可实行间断养护。

3) 坝块左右侧面养护。采用洒水和塑料管喷相结合的方式养护，特别是低块浇筑时，既要养护好侧面又不能将水流到仓内。

4) 水平仓面养护。混凝土初凝后，表面即可进行人工洒水养护，洒水养护持续至上一层碾压混凝土开始前，正在施工和碾压完毕的仓面要防止外来水流入。

5) 雨天养护。当持续降雨时间超过 30min 时，应停止各坝块表面及侧面养护工作；当持续降雨时间超过 1h，可停止所有永久外露面养护工作；雨停后 1h 内必须恢复正常的通水养护。

6) 养护检查。每隔 2h 检查一次养护情况，检查内容为坝块表面湿润状况、混凝土表面发白面积、侧面湿润状态、流水养护流水状态、喷头旋转喷水情况及喷水数量等。

7) 示例照片。表面养护如图 4.31 所示；横缝花管长流水养护如图 4.32 所示。

图 4.31 表面养护

图 4.32 横缝花管长流水养护

(2) 保护。

1) 施工期遇气温骤降时，应采取表面保温措施，防止寒潮袭击，混凝土表面保温材料及其厚度应根据不同部位、结构混凝土内外温差和气候条件，经计算和试验确定。

2）浇筑的混凝土顶面应覆盖保护至气温骤降结束或上层混凝土开始浇筑前，混凝土侧面可结合模板类型、材料性能等采用模板内贴或外贴保温材料或混凝土预制模板进行保护，模板拆除时间应根据混凝土强度及混凝土的内外温差确定，并应避免气温骤降时拆模。

3）气温变幅较大时，长期暴露的大坝基础混凝土面及其他重要部位混凝土，应加强表面保护，在进入低温、气温骤降频繁季节前，竖井、廊道及其他孔洞的进出口宜进行封闭和表面保温，保温材料性能指标满足设计要求。

4）示例照片。坝面保温如图 4.33 所示；外立面、孔洞保温如图 4.34 所示。

图 4.33　坝面保温

图 4.34　外立面、孔洞保温

4.4　WHS 质量控制点

碾压混凝土施工主要工序 WHS 质量控制点见表 4.2。

表 4.2　碾压混凝土施工主要工序 WHS 质量控制点

序号	质量控制点	W（见证）	H（停工待检）	S（旁站）
1	测量	√		
2	基面清理		√	
3	锚杆施工		√	
4	钢筋制安		√	
5	模板安装		√	
6	预埋件（止水）		√	
7	混凝土碾压			√
8	混凝土外观	√		

4.5　质量检查与验收

按照《水电水利基本建设工程　单元工程质量等级评定标准　第 8 部分：水工碾压混凝土工程》（DL/T 5113.8）等规范规定的要求进行质量验收，主要检验项目见表 4.3～表 4.11。

表 4.3　砂浆与灰浆浇筑质量检验标准

项类	项次	检验项目	质量标准	检验数量	检验方法
主控项目	1	砂浆强度	比混凝土强度高一个等级	1 次/碾压层	查看现场拌制记录，并按规定取样检测
	2	摊铺厚度	10～15mm	1 次/碾压层	
一般项目	1	砂浆稠度	80～120mm	1 次/工作班	
	2	灰浆水胶比	测定质量密度，不大于碾压混凝土水胶比	1 次/碾压层	

表 4.4　混凝土拌和物质量检验标准

项类	项次	检验项目	质量标准	检测频次	检验方法
主控项目	1	拌和时间	符合试验规定拌和时间或拌和机拌和工艺确定的时间	1 次/工作班	检测项目均在拌和楼机口取样，按 DL/T 5112、DL/T 5433 的要求检验
	2	出机口拌和物 VC 值	配合比设计中值±3s	1 次/2h	
	3	拌和物均匀性	（1）用洗分析法测定骨料含量时，两个样品差值小于 10%； （2）采用砂浆密度分析法测定砂浆密度时，两个样品差值不大于 $30kg/m^3$	在配合比或拌和工艺改变、机具投产或检修后等情况分别检测 1 次	
一般项目	1	称量误差	水、冰、水泥、掺合料、外加剂±1%，骨料±2%	1 次/工作班	
	2	出机口混凝土温度	扣除运输过程温度变化值后符合设计要求的入仓温度	1 次/（2～4h）	
	3	拌和物含气量	配合比设计值±1%	1 次/工作班	

表 4.5　混凝土运输铺筑质量检验标准

项类	项次	检验项目	质　量　标　准	检测频次	检验方法
主控项目	1	无垫层混凝土的基础块铺筑	基岩面上先铺砂浆，再浇筑变态混凝土，或在基岩面上直接铺筑小骨料混凝土或富砂浆混凝土。砂浆摊铺均匀，混凝土振捣密实	1 次/碾压层或作业仓面	检查现场记录，进行统计
	2	碾压混凝土品种及强度等级分区	符合设计要求	1 次/碾压层或作业仓面	
	3	碾压摊铺层厚和碾压遍数	碾压摊铺层厚，应控制在碾压工艺试验确定的范围内；碾压遍数、有振无振的顺序遵循碾压工艺试验确定的方案	1 次/碾压层或作业仓面	
	4	仓面实测 VC 值	仓面在压实前测试 VC 值，控制在设计值±5s 波动范围	1 次/2h	
	5	仓面碾混凝土外观	经碾压 3～4 遍后．碾轮过后混凝土有弹性（塑性回弹），80%以上表面有明显灰浆泛出，混凝土表面湿润，有亮感，及时处理泌水，无明显骨料集中	1 次/（100～200m^2 碾压层）	
	6	压实湿密实度	满足设计要求，无设计要求时，应满足外部碾压混凝土相对压实度不小于 98%、内部碾压混凝土相对压实度不小于 97%的要求	1 次/（200～500m^2 碾压层）	
	7	异种混凝土结合部位浇筑碾压	在两种混凝土初凝前，结合部位碾压振捣密实	1 次/结合部位	
	8	混凝土温度控制	（1）碾压混凝土的仓面温度应控制在设计规定的范围内； （2）摊铺、碾压过程中保湿，碾压后及时遮盖，仓面保温措施符合要求； （3）冷却水管埋设和通水应符合设计要求	1 次/碾压层成作业仓面	

续表

项类	项次	检验项目	质量标准	检测频次	检验方法
一般项目	1	运输与卸料工艺	运输方式与运输机具有避免产生骨料分离的措施，车辆入仓前应冲洗干净，在仓面行驶中无急刹车、急转弯，任一环节的接料、卸料的跌落高度和料堆高度不宜超过1.5m，并宜设有缓冲措施，仓内卸料宜采用梅花形重叠方式，卸料堆旁的分离骨料应用人工分散	1 次/工作班	检查现场记录，进行统计
	2	平仓工艺	薄层平仓，每层摊铺厚度在 170～340mm，或符合设计规定的要求值； 边缘死角部位辅以人工摊铺； 平仓后，仓面平整，无坑洼，厚度均匀； 斜层摊铺，层面不得倾向下游，坡度不得陡于 1∶10，坡脚部位应避免形成薄层尖角	1 次/工作班	
	3	碾压工艺	在坝体迎水面 3～4m 范围内碾压方向与水流方向垂直； 碾压条带搭接宽度为 100～200mm，端头部位搭接宽度宜为 1m； 靠近模板、基岩等大振动碾无法碾压的边缘部位，应采用小振动碾碾压，或做成变态混凝土	1 次/工作班	
	4	造缝、模板、止水及埋件保护	造缝、模板、止水及埋件埋设符合设计要求，保护完好	1 次/碾压层	
	5	混凝土养生	铺筑仓面保持湿润； 永久暴露面养生时间符合要求； 水平面养护到上层碾压混凝土铺筑为止	1 次/工作班	

表 4.6 层间及缝面处理与防护质量检验标准

项类	项次	检验项目	质量标准	检测频次	检查方法
主控项目	1	上、下碾压层间隔时间	下层碾压混凝土初凝前上层碾压混凝土应碾压完毕	1 次/碾压层	现场观察和查看施工记录
	2	铺浆	砂浆厚度 10～15mm，摊铺均匀，砂浆水胶比由试验确定，不得在仓面加水，边铺边覆盖上层混凝土； 灰浆水胶比与碾压混凝土水胶比相同，喷洒均匀，边喷洒边覆盖上层混凝土	1 次/缝面或作业仓面	
	3	碾压层面状态与处理工艺	下层碾压混凝土未初凝前可连续铺上层碾压混凝土； 下层碾压混凝土初凝但未终凝，应铺砂浆或灰浆后再覆盖上层碾压混凝土； 下层碾压混凝土已终凝，应按施工缝处理后再覆盖上层碾压混凝土	1 次/碾压层或作业仓面	
	4	施工缝面处理	刷毛或冲毛后缝面无乳皮无松动骨料、微露粗砂；缝面清洗洁净，无积水、无积渣等	1 次/缝面或作业仓面	
一般项目	1	层面或缝面保护	层面或缝面应保持清洁、湿润、无污染	1 次/层或缝	现场观察和查看施工记录
	2	接缝处理	接缝宜做成 1∶4 斜坡；同层接缝不宜形成上下游通缝；按冷缝处理要求冲毛和清洗	1 次/缝	
	3	横缝设置	横缝位置及填缝材料符合设计要求	1 次/缝	
	4	雨天施工层面防护、处理	应符合碾压混凝土施工规范的有关规定	雨天适时	

表 4.7　　变态混凝土浇筑质量检验标准

<table>
<tr><th>项类</th><th>项次</th><th>项目</th><th>质　量　标　准</th><th>检测频次</th><th>检查方法</th></tr>
<tr><td rowspan="3">主控项目</td><td>1</td><td>灰浆配合比</td><td>符合设计要求</td><td>1 次/工作班</td><td rowspan="5">现场检查、查看施工记录</td></tr>
<tr><td>2</td><td>加浆量</td><td>符合规范要求</td><td>1 次/碾压层</td></tr>
<tr><td>3</td><td>振捣</td><td>振捣密实，振捣器插入下层混凝土 50mm 左右，相邻区域混凝土碾压时与变态区域搭接宽度应大于 200mm</td><td>1 次/碾压层</td></tr>
<tr><td rowspan="2">一般项目</td><td>1</td><td>加浆方法</td><td>在新铺碾压混凝土底部和中部分层铺浆或造孔、切槽注浆</td><td>1 次/碾压层</td></tr>
<tr><td>2</td><td>浇筑宽度</td><td>不小于设计要求</td><td>1 次/碾压层</td></tr>
</table>

表 4.8　　模板质量检验标准

<table>
<tr><th>项次</th><th colspan="3">检验项目</th><th>质量标准</th><th>检验方法</th><th>检验数量</th></tr>
<tr><td rowspan="4">主控项目</td><td>1</td><td colspan="2">稳定性、刚度和强度</td><td>符合模板设计要求</td><td>对照文件和图纸检查</td><td>全部</td></tr>
<tr><td>2</td><td colspan="2">结构物边线与设计边线</td><td>钢模：允许偏差 0～10mm
木模：允许偏差 0～15mm</td><td rowspan="3">量测</td><td rowspan="3">不少于 5 个点</td></tr>
<tr><td>3</td><td colspan="2">结构物水平断面内部尺寸</td><td>允许偏差±20mm</td></tr>
<tr><td>4</td><td colspan="2">承重模板标高</td><td>允许偏差±5mm</td></tr>
<tr><td rowspan="10">一般项目</td><td rowspan="2">1</td><td rowspan="2">相邻两板面错台</td><td>外露表面</td><td>钢模：允许偏差 2mm；
木模：允许偏差 3mm</td><td rowspan="2">按照水平方向布点用 2m 靠尺量测</td><td rowspan="2">模板面积在 $100m^2$ 以内，不少于 10 个点；$100m^2$ 以上，不少于 20 个点</td></tr>
<tr><td>隐蔽内面</td><td>允许偏差 5mm</td></tr>
<tr><td rowspan="2">2</td><td rowspan="2">局部不平整度</td><td>外露表面</td><td>钢模：允许 3mm；
木模：允许偏差 5mm</td><td rowspan="2">用 2m 靠尺量测</td><td rowspan="4">不少于 5 个点</td></tr>
<tr><td>隐蔽内面</td><td>允许偏差 10mm</td></tr>
<tr><td rowspan="2">3</td><td rowspan="2">板面缝隙</td><td>外露表面</td><td>钢模：允许偏差 1mm；
木模：允许偏差 2mm</td><td rowspan="2">量测</td></tr>
<tr><td>隐蔽内面</td><td>允许偏差 2mm</td></tr>
<tr><td>4</td><td colspan="2">模板外观</td><td>规格符合设求表面光洁、无污物</td><td>查阅图纸及目视检查</td><td>定型钢模板应抽查同一类型，同一规格模板的 10%，且不少于 3 件，其他逐件检查</td></tr>
<tr><td>5</td><td colspan="2">预留孔、洞尺寸边线</td><td>钢模：允许偏差 0～10mm；
木模：允许偏差 0～15mm</td><td rowspan="2">查阅图纸、测量</td><td rowspan="2">全数</td></tr>
<tr><td>6</td><td colspan="2">预留孔、洞中心位置</td><td>允许偏差±10mm</td></tr>
<tr><td>7</td><td colspan="2">脱模剂</td><td>质量符合标准要求，涂抹均匀</td><td>观察</td><td>全部</td></tr>
</table>

注　外露表面、隐藏内面系指相应模板的混凝土结构物表面最终所处位置。

表 4.9　　钢筋质量检验标准

项类	序号	检验项目				质量标准	检验方法	检验数量
主控项目	1	钢筋的材质、数量、规格尺寸、安装位置				符合产品质量标准和设计要求	直观检查、仪器测试、查阅资料	对梁、板、柱等构件，总检查点数不少于30个，其余总检查点数一般不少于50个
	2	钢筋接头的机械性能				符合施工规范及设计要求	仪器检查	
	3	焊接接头和焊缝外观				不允许有裂缝、脱焊点和漏焊点，表面平顺，没有明显的咬边、凹陷、气孔等，钢筋不得有明显烧伤	量测	
	4	套筒的材质及规格尺寸				符合质量标准和设计要求，外观无裂纹或其他肉眼可见缺陷，挤压以后的套筒不得有裂纹	查阅资料 量测	
	5	钢筋接头丝头				符合规范及设计要求，保护良好，外观无锈蚀和油污，牙形饱满光滑	观察	
	6	接头分布				满足规范及设计要求	观察	
	7	螺纹匹配				丝头螺纹与套筒螺纹满足连接要求，螺纹结合紧密，无明显松动，以及相应处理方法得当	量测	
	8	冷挤压连接接头挤压道数				符合型式检验确定的道数	量测	
一般项目	1	闪光对焊	接头处的弯折角			≤4°	量测	
			轴线偏移			≤0.15d，且≤4mm	量测	
	2	搭接焊或帮条焊	帮条对焊接头中心的纵向偏移			≤0.50d	量测	
			接头处钢筋轴线的曲折			≤4°	量测	
			焊缝	长度		−0.50d	量测	
				高度		−0.05d	量测	
				宽度		−0.10d	量测	
				咬边深度		≤0.05d，且≤1mm	量测	
				表面气孔和夹渣	在2d长度上的数量	≤2个	量测	
					气孔、夹渣的直径	≤3mm	量测	
	3	熔槽焊	焊缝余高			≤3mm	量测	
			接头处钢筋中心线的位移			≤0.10d	量测	
	4	窄间隙焊	横向咬边深度			≤0.5mm	量测	
			接头处钢筋中心线的位移			≤0.10d，且≤2mm	量测	
			接头处的弯折角			≤4°	量测	
	5	机械连接	带肋钢筋套筒冷挤压连接接头	压痕处套筒外形尺寸		挤压后套筒长度应为原套筒长度的1.10～1.15倍，或挤压出套筒的外径波动范围为原套筒外径的0.8～0.9倍	量测	
				接头弯折		≤4°	量测	
			直螺纹连接接头	外露丝扣		应符合DL/T 5169的规定	量测	
			锥螺纹连接接头	拧紧力矩值		应符合DL/T 5169的规定	量测	
				接头丝扣		应符合DL/T 5169的规定	量测	

续表

项类		检验项目		质量标准	检验方法	检验数量
一般项目	6	绑扎	搭接长度	应符合 DL/T 5169 的规定	量测	对梁、板、柱等构件，总检查点数不少于 30 个，其余总检查点数一般不少于 50 个
	7	钢筋长度偏差		±1/2 净保护层厚	量测	
	8	同一排受力钢筋间距的局部偏差	柱及梁中	±0.50d	量测	
			板及墙中	±0.10 倍间距	量测	
	9	同一排中分布钢筋间距偏差		±0.10 倍间距	量测	
	10	双排钢筋排间距的局部偏差		±0.10 倍间距	量测	
	11	梁、柱箍筋间距偏差		±0.10 倍箍筋间距	量测	
	12	保护层厚度的局部偏差		±1/4 净保护层厚	量测	

注　d 为钢筋直径。

表 4.10　芯样质量检验标准

项类	项次	项　目	质量标准	检查方法
主控项目	1	芯样获得率	合格：≥95% 优良：≥98%	量测
	2	抗压强度	符合设计要求	试验
	3	取芯后，原钻孔压水试验	单位吸水率≤1Lu 或符合设计要求	试验
一般项目	1	湿表观密度	符合设计要求	试验
	2	芯样外观	表面基本光滑、稍有孔，骨料分布基本均匀	观察
	3	层面抗剪指标	符合设计要求	试验

表 4.11　外观质量检验标准

项类	项次	项目	质量标准	检查方法
主控项目	1	形体尺寸	合格：≥80%的测值在允许偏差范围内； 优良：≥95%的测值在允许偏差范围内	量测
	2	裂缝	合格：裂缝经修补后满足要求； 优良：裂缝经修补后满足要求，且无贯穿性裂缝	观察、量测
一般项目	1	表面平整度	≥80%的测值符合设计要求	使用 2m 靠尺或专用工具检查
	2	蜂窝麻面	处理后符合要求	观察

4.6　相关标准

《通用硅酸盐水泥》(GB 175)

《中热硅酸盐水泥、低热硅酸盐水泥》(GB/T 200)

《低热微膨胀水泥》(GB/T 2938)

《建筑施工机械与设备　混凝土搅拌机》(GB/T 9142)

《建筑施工机械与设备　混凝土搅拌站（楼）》(GB/T 10171)

《用于水泥、砂浆和混凝土中的粒化高炉矿渣粉》(GB/T 18046)

《水工混凝土掺用粉煤灰技术规范》(DL/T 5055)

《水工混凝土外加剂技术规程》(DL/T 5100)

《水电水利工程模板施工规范》(DL/T 5110)

《水工碾压混凝土施工规范》(DL/T 5112)
《水电水利基本建设工程　单元工程质量等级评定标准　第 1 部分：土建工程》(DL/T 5113.1)
《水电水利基本建设工程　单元工程质量等级评定标准　第 8 部分：水工碾压混凝土工程》(DL/T 5113.8)
《水工混凝土施工规范》(DL/T 5144)
《水工混凝土钢筋施工规范》(DL/T 5169)
《水工混凝土砂石骨料试验规程》(DL/T 5151)
《水工混凝土水质分析试验规程》(DL/T 5152)
《水工建筑物止水带技术规范》(DL/T 5215)
《核子法密度及含水量测试规程》(DL/T 5270)
《水工混凝土掺用天然火山灰质材料技术规范》(DL/T 5273)
《水工混凝土掺用石灰石粉技术规范》(DL/T 5304)
《水工混凝土配合比设计规程》(DL/T 5330)
《水工混凝土掺用磷渣粉技术规范》(DL/T 5387)
《水工碾压混凝土试验规程》(DL/T 5433)
《水工变态混凝土施工规范》(DL/T 5788)
《钢筋机械连接技术规程》(JGJ 10)

第 5 章 混凝土面板工程施工工艺

5.1 适用范围

本工艺适用于混凝土面板堆石坝的混凝土面板施工。

5.2 施工程序

混凝土面板施工程序如图 5.1 所示，主要包括施工准备、坡面测量放样与偏差检查、坡面防护层脱空等缺陷排查处理、周边缝处理与止水修复、垂直缝及永久水平缝砂浆垫层铺设、面板钢筋及埋件安装、混凝土浇筑和养护等，约 15 个工序。

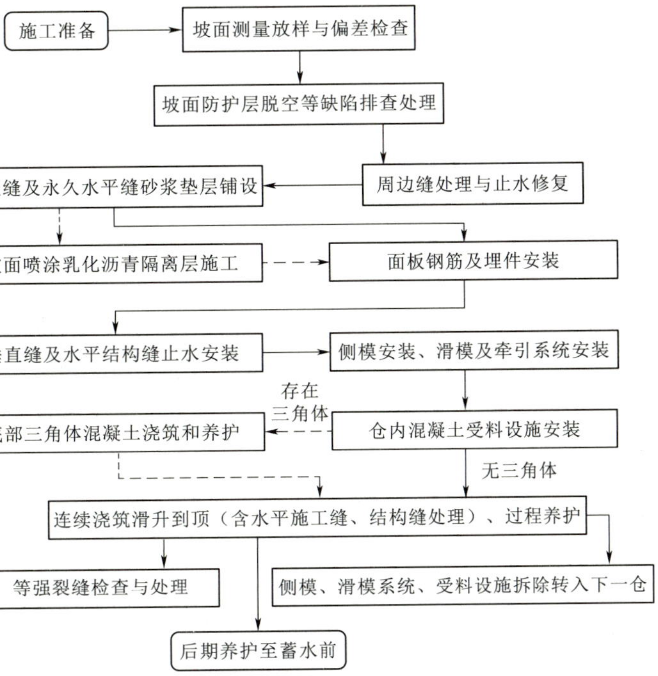

图 5.1　混凝土面板施工程序

混凝土面板板块长且薄，长期暴露于大气和水中，要求混凝土具有高耐久性、低渗透性和低收缩性。应按图 5.1 所列工序，抓好各工序施工质量，重点抓好温控防裂工作。

5.3 工艺说明与工艺要求

5.3.1 施工准备

5.3.1.1 技术准备

(1) 图纸会审及设计交底。项目开工前，监理应组织施工图纸（含技术要求）会审及设计交底会议，通过会审和交底，掌握设计意图，澄清不明确、遗漏、偏差之处，进一步明确施工中的有关设计要求。

会审设计文件时，应重点审查各接缝详细构造、混凝土配合比设计要求、温控技术要求。

(2) 方案编制及技术交底。

1) 方案编制应遵循的原则：①面板混凝土应采用无轨滑模施工工艺；②面板分期时，水平施工缝、结构缝的位置及处理要求应按照设计要求、《混凝土面板堆石坝施工规范》(DL/T 5128) 的规定执行；③应遵循由低到高、由中间向两侧、先宽后窄、跳仓施工的顺序组织施工，起始三角块宜与面板一起浇筑。

2) 技术交底的重点。要重点加强对作业一线人员的交底，交底内容应侧重安全防护技术措施、风险状况、应急处置预案、作业流程和质量标准五个方面。各级管理人员均应按三级技术交底的要求参加交底并签名，形成书面交底记录。

(3) 施工控制网复核。应对大坝开挖填筑期间使用的施工控制网进行复核测量，同时布置面板施工加密控制网，结果应报监理审查。

(4) 混凝土配合比设计及报告审查。

1) 编制试验专项方案，应严格按《水工混凝土配合比设计规程》(DL/T 5330) 的规定外，还应满足《混凝土面板堆石坝设计规范》(NB/T 10871)、《混凝土面板堆石坝施工规范》(DL/T 5128) 的有关规定。

2) 混凝土施工性能指标要求。应采用低坍落度混凝土。溜槽口混凝土坍落度：罐车运输时，宜处于5～8cm，敞开式车辆运输时，宜处于3～7cm，进入仓内的混凝土坍落度为2～4cm，以便于振捣。施工过程中坍落度损失宜不大于2cm/h，以此作为选择外加剂的重要依据。和易性应满足在溜槽中易下滑、不离析，入仓后不泌水、易振实，出模后不拉裂、模板易于滑升的施工性能要求。

3) 试验结果应经建设各方、有关专家评审并结合现场工艺试验最终确定。

(5) 工艺试验。应开展以下工艺试验，通过试验找出不足，进而制定改进措施。工艺试验包括以下内容：

1) 钢筋机械连接工艺试验。

2) 各型止水连接及铜止水滚压成型工艺试验，见第7章。

3) 乳化沥青喷涂工艺试验。

4) 混凝土浇筑性能试验。试验位置应选取坝体两侧中的一侧斜长较短的面板，或上游围堰、大坝下游边坡等部位。①在坝体范围试验时，要严格按照永久工程的工艺标准实施；②试验侧重于混凝土拌和、运输、入仓、振捣、滑动、抹面工艺的试验；③试验时要求施工项目部技术人员、监理人员、第三方检测单位全程跟踪，详细记录混凝土拌和时间、仓外及仓内溜槽运输途中坍落度损失情况、初凝和终凝时间、气温条件。

5.3.1.2 劳动力组织准备

(1) 应按同时施工的面板数量、施工强度配置资源，明确每个队伍的施工范围。每个作业班组应配置足够数量的作业人员。施工组织时应按照流水作业的要求组织连续、均衡施工，确保计划目标的实现。

（2）在专业划分上应设置钢筋班组、止水施工班组、混凝土浇筑班组、抹面和养护班组、运输班组等五个班组。安全监测仪器、接地设施埋设应安排专业人员实施；后期混凝土裂缝处理应组织专业队伍进行施工。

（3）电气焊工、卷扬机操作工、止水气焊工、吊车司机、电工、司索工等特殊工种作业人员应取得相应资格证书，持证上岗。

（4）应对全体人员做好安全教育及培训，未经安全生产教育培训考核或者培训考核不合格的人员不得上岗作业。

5.3.1.3 工程材料准备

（1）应制订物资采购计划，按计划采购，计划中应包括材料种类、规格、数量和进场时间。材料种类应包括工程永久原材料、施工用原材料、安全防护用材料和应急物资。

（2）材料使用前应检查验收和取样送检，严禁不合格材料进入现场。

（3）半成品材料，如异型止水接头宜采用整体冲压加工，确保材料质量；沥青砂浆垫块、沥青木板、加固用钢筋钎、卷扬机压重用混凝土块、钢筋保护层预制砂浆垫块、卷扬机底座钢架等应在场外提前制作。

5.3.1.4 施工设备准备

（1）混凝土施工设备及要求。面板混凝土施工采用常规混凝土施工设备，因面板混凝土原材料种类多、厚度薄，抗裂、防渗、坍落度损失率控制方面要求高，选择设备时应重点考虑以下因素：

1）混凝土拌和系统：①应能满足多种外加剂、掺和料的添加和称量要求；②按设计要求，需要采取热水拌和或冷水拌和时，应配套相应设备；③拌和设备容量应具有一定的富裕，以克服添加外加剂、掺和料后出现的拌和时间延长、拌和强度下降的情况。

2）混凝土运输设备。设备种类应以防止坍落度损失过快作为主要选择依据，应配置防雨、防冻、防晒辅助设施；长面板施工时宜配置真空溜槽代替常规溜槽。

3）混凝土振捣设备。应配置 ϕ70mm、ϕ50mm、ϕ30mm 等规格的小直径软轴振捣器。

（2）钢筋加工设备。包括弯曲机、切断机、直（或锥）螺纹套丝机、砂轮切割机、电焊机等。

（3）止水加工、接头连接、塑性止水摊铺等设备，具体见第 7 章。

（4）坡面检查及修整、砂浆垫层施工机具，包括全站仪、直尺、靠尺；风镐、钢钎、电锤；小型振动夯；抹面用的抹子（铁制、木制）；沥青熬制锅及混凝土搅拌机；砂浆搅拌机、乳化沥青喷涂设备等。

（5）自制设备及工器具。面板混凝土施工需要的自制斜坡运输设备种类多、数量大，主要包括钢筋运输台车、滑模台车、砂浆运输、其他材料运输台车等各型号台车，以及侧模支撑系统、入仓布料设施等。

1）钢筋运输台车运输系统：①宜采用钢桁架＋花纹钢板的组合形式。采用焊接结构或螺栓连接，下坡侧应设 1.2m 高的安全围栏；②一般每次运输钢筋以 2～3t 为宜，应由两台同步卷扬机牵引，钢丝绳受力安全系数取最大荷载的 3～5 倍；③台车宽度宜为 1.2～1.4m，长度 4～10m，以满足最大长度钢筋运输需要，台车数量要满足钢筋安装强度。

钢筋运输台车构造如图 5.2 所示。

2）滑模系统。包括侧模、滑模模体、抹面平台及棚架、坝顶卷扬系统、辅助系统和混凝土入仓布料系统六部分组成。

a. 侧模。对于厚度渐变型面板应采用钢木组合模板，对于等厚型面板应采用钢结构模板，以减

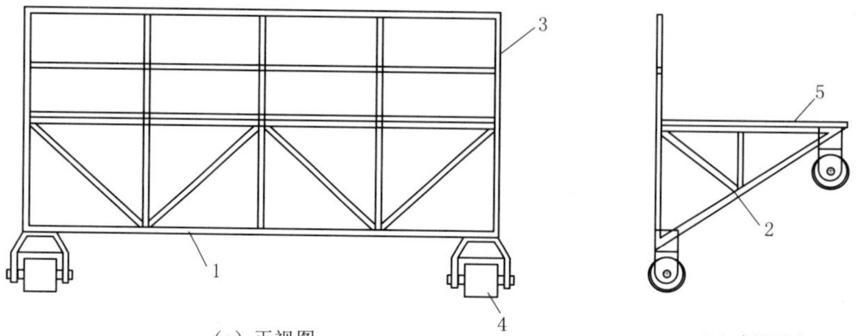

（a）正视图　　（b）侧视图

图 5.2　钢筋运输台车构造

1—主桁架；2—三角桁架；3—栏杆；4—轮子；5—平台板

少木材使用量。

钢木组合模板构造及制作质量控制要点：宜采用轻型钢结构在上、木模在下的结构型式；型钢腿宽与木模板厚度相适应，厚度宜为5～10cm。应用下部木模形成找坡坡度和与止水接触的豁口，豁口形状尺寸应与止水铜片鼻子相适应，能紧贴止水鼻子，宽度和长度按照面板厚度变化调整，应在加工厂按照从上到下或从下到上统一编号。木模板与混凝土接触一侧应刨光；木模板可在现场与上部钢结构部分连接，或与上部钢结构部分在加工厂组装成整块。

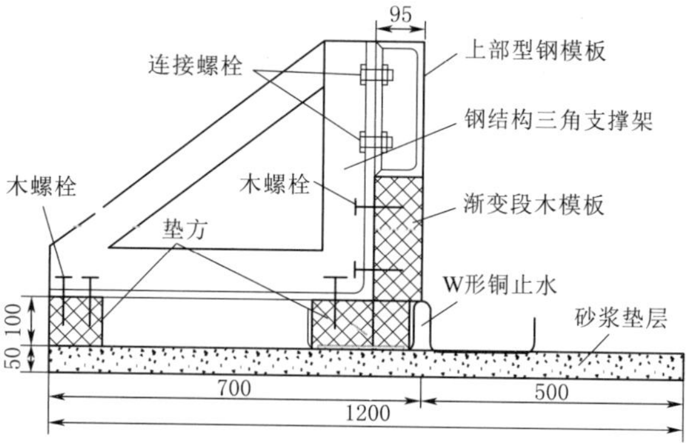

图 5.3　某工程钢木组合模板构造（单位：mm）

模板制作套数、长度应满足进度计划要求；安装前涂刷隔离剂。侧模结构型式见《混凝土面板堆石坝施工规范》（DL/T 5128）附录中示意图及图5.3。

b. 滑模模体：

（a）滑模尺寸。滑模的长度应比面板垂直缝间距大1～2m，两侧各超出面板宽度0.5～1.0m；一般由1～3节组成，每节长6～7m，以便于加工和运输；各节间应通过高强螺栓相连，以满足不同宽度面板的施工需要；面板宽度应为1.1～1.2m，最大不超过1.5m。

（b）操作平台。应用型钢桁架和花纹钢板焊接而成。宽度应满足铺料堆放、人员振捣的要求，并不小于60cm，平台上设不低于1.2m高的钢制安全围栏。

（c）牵引及固定吊耳。在前端主桁架上，应对称布置滑动装置吊耳、挂设临时固定保险钢丝绳或倒链吊耳。

（d）行走轮。为了滑模快速就位，应在滑模两边延长段各设置一组行走轮装置（每组2个胶轮或其他车辆轮胎），行走轮轴高程应高于侧模至少20cm，保证模体不接触混凝土面。

（e）模板构造及质量要求。无轨滑模典型构造如图5.4所示，滑模台车现场布设如图5.5所示。模体采用型钢、钢板组合焊接桁架结构，外形呈三角形，钢桁架内放置压重块或压重水箱；也可采用箱型结构主梁体和型钢桁架组合结构，在箱型梁体内存水作为压重。

滑模面板钢板焊接在主钢桁架梁上，钢板厚度宜为8～20mm，前端钢板应呈弧形或直角向上的刮板，刮板向上10～20cm，防止混凝土进入操作平台。

滑模设计和施工要同时满足《钢结构设计标准》（GB 50017）、《钢结构工程施工质量验收标准》（GB 50205）、《水工建筑物滑动模板施工技术规范》（DL/T 5400）的规定。

c. 抹面平台及棚架。滑模尾部应设一、二级抹面平台。为型钢、花纹钢板组合结构，下坡侧同

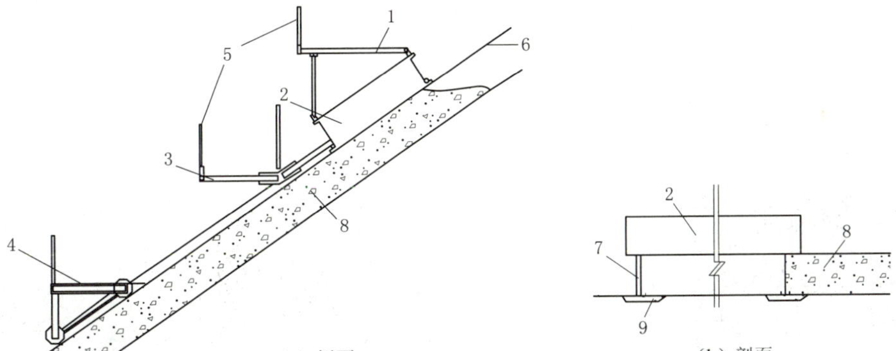

（a）侧面　　（b）剖面

图 5.4　无轨滑模典型构造

1—操作平台；2—滑模；3——一次抹面平台；4—二次抹面平台；5—活动栏杆；
6—钢丝绳；7—侧模或已浇面板；8—混凝土；9—砂浆垫层

样设不低于 1.2m 高的安全围栏，顶部设置防晒防雨棚架。

d. 坝顶卷扬系统。

e. 辅助设施。滑模体操作平台上应布置升降控制装置、上下联系通信装置；抹面平台应设置洒水养护花管及控制阀门等。

f. 混凝土入仓布料系统。包括受料斗、溜槽及附件。

（a）授料斗应用铁板及角钢、工字钢焊接形成，应为梯形断面，上口大、下口小。采用型钢支架支撑，支架根部布置锚杆，侧面用钢丝绳固定在坝顶卷扬机承重支架上或坝顶锚杆上；下口设置流出量控制操作手柄，以控制混凝土溜放速度。

图 5.5　滑模台车现场布设

（b）溜槽用厚度 1.2～2.0mm 铁皮制作，单节长度为 1～2m，宽 40cm 左右，高度为 15～30cm，每节重量应控制在 30kg 以内，以便于人员搬动。

溜槽应加工成等腰梯形或半圆形、U 形。梯形和 U 形断面溜槽顶部设置防护棚，半圆形溜槽可用两个扣在一起，防止石子滚落伤人、太阳直射、淋雨。每节溜槽设置挂钩、挂环，挂钩、挂环用小直径圆钢制作。

（c）负压溜槽应采用厂家生产的成品溜槽，也可现场自制。

图 5.6　自制斜坡砂浆运输小车

3）自制小车。包括车体和牵引系统。用型钢和钢板焊接形成车体，装置小车车轮和牵引系统，车体在斜坡上顶面应呈水平状态，如图 5.6 所示。

（6）止水施工设备。具体见第 7 章。

（7）起重及牵引设备。

1）坝顶应配置吊装用汽车起重机或履带式起重机，使用前检查、检定合格。

2）滑模及各种运输台车牵引设备。包括卷扬机、滑轮、倒链、卡环、钢丝绳及卡口、压重用型钢底座等，具体数量按照施工强度确定，受力安全必须通过计算确定。采用的卷扬机均要求为慢速卷扬机，应设置排绳装置、同步装置、手动及自动报闸装置，安全系数符合规范规定。使用前经监理现场验收合格。滑模提升专用牵引卷扬机如图 5.7 所示。

图 5.7 滑模提升专用牵引卷扬机

3）滑模牵引必须采用两台同规格卷扬机，要配置电控箱，能够满足同时联动、单独动作、正反运转功能。

（8）动力（风、水、电）供应设备。应配置水泵、空压机、变压器及备用发电机及配套的管线、阀门、配电箱、电缆、坝顶照明设备。

（9）安全防护工器具。包括常规和特殊工种使用的工器具等，必须经过安全专职部门检查合格后才允许使用。

（10）永久设备。永久设备指安全监测设备及电缆，正式使用前，应完成率定和报验工作。

（11）上下临时交通梯。坡面上应布置交通梯，作为人员上下行走的通道，可采用钢梯、绳梯、木梯。爬梯应安装在仓号外侧 1.5m 左右处，每一节爬梯都采用短锚杆固定在坡面上，每节爬梯之间用钢筋挂钩连接，最后将安全扶手安装稳固。爬梯应用运料小车运至工作面底部，自下而上安装。

5.3.1.5 现场准备

（1）坝体工程形象面貌要求。

1）坝体堆石体填筑“到顶”，且应经过 3～6 个月的预沉降期；月沉降率限值、面板分期施工时堆石体的超填高度应符合设计及规范要求。

2）“坝顶”面应平整并略向下游侧倾斜，以便降雨水流流向坝体下游。

3）上游坡面垫层表面防护层已施工完成，砂浆及混凝土防护层具有 28d 龄期。

（2）拌和站及道路布置。应尽量接近坝体，有利于缩短混凝土运输时间，并已率定完成。道路宽度满足双车道宽度要求，路面平顺，坡度控制在 8%以内。应尽量形成环路，减少车辆避让时间。

（3）施工用水及排水。

1）沿坝前铺设主供水管，每隔一个面板宽度顶部设三通和闸阀，以满足面板施工用水和养护用水。

2）坝前要利用趾板施工时的积水坑，布设水泵和管路，持续性抽水，保证趾板前水位低于趾板混凝土顶面高程，防止影响面板施工。

3）堆石体内埋设的反向排水管应持续打开，水管接引到坝前积水坑，冬季来临前做好管口保温。面板混凝土浇筑全部完成后选择适当时间封堵。

（4）施工用电。应在坝肩附近布置变压器及备用柴油发电机，沿坝前铺设动力电缆，一定距离设一个配电箱，以满足不同机械使用需要。

(5) 安全防护设施布置。现场安全文明设施应按照《抽水蓄能电站工程安全文明设施》(Q/GDW 11586) 的规定执行；现场防高温、大雨、大风措施已制定，相应物资已准备到位。

5.3.2　坡面测量放样与偏差检查

5.3.2.1　工艺流程

全站仪测量设计边线偏差→标识→靠尺检查相对偏差及平整度。

5.3.2.2　工艺安全质量控制要点

(1) 坝体上游表面测量标注 3～5m 方格网，网格点采用油漆或白灰标识清楚。测量检查标出每个网格突出或凹陷点超欠数据，并逐格记录。

(2) 测量网格点时要同时测出每个板块的垂直分缝点，并用油漆或白灰做出标志，为垂直缝砂浆垫层施工做好准备。

(3) 测量人员要配置安全绳、安全带，并固定在附近预埋钢筋钎或附近钢筋网上。

5.3.3　坡面防护层脱空等缺陷排查处理

5.3.3.1　工艺流程

检查大坝上游防护层脱空、裂缝及脱落情况→结合偏差测量数据，进行缺陷处理。

5.3.3.2　工艺安全质量控制要点

(1) 控制坡面偏离设计线为＋5～－8cm。对超高区域及亏欠区域用红漆圈出并标明超高或亏欠高度。然后用风镐、钢钎对高出的部位进行凿除，并超深 1cm；对于低于 8cm 的区域用风镐或钢钎凿毛 1cm。凿除后采用水冲洗干净，最后用 M5 砂浆抹平至设计边线。

(2) 对于突变之处均要打磨成斜坡，与四周平顺连接。

(3) 对于空鼓、松散脱落的砂浆或喷混凝土要凿除后重新用 M5 砂浆回填，并做好养护。

(4) 对于垫层料脱落之处用垫层料或特殊垫层料分层回填夯实，然后再涂抹 3～5cm 厚 M5 砂浆。

(5) 对于用喷乳化沥青层作为防护层时，出现的缺陷按上述方法处理完成后再次喷涂 2～3mm 厚乳化沥青。

(6) 对于防护层出现的裂缝，要检查裂缝深度，断裂之处要凿成 3～5cm 宽的梯形槽，之后用 M5 砂浆重新回填平整，并做好养护。

(7) 要做好上下作业之间的隔离防护，作业人员必须佩戴好安全带并固定牢靠。

5.3.4　周边缝处理及止水修复

见第 7 章有关内容。

5.3.5　垂直缝及水平结构缝砂浆垫层铺设

见第 7 章有关内容。

5.3.6　乳化沥青隔离层施工

5.3.6.1　工艺流程

乳化沥青为含量 60％的溶剂稀释乳液。乳化沥青隔离层为油砂混合体，分为两油一砂、三油两砂、三油三砂等类型，具体根据工艺试验确定，厚度不应小于 3mm。

三油两砂工艺的流程为：坡面修整完成并经监理验收合格后，并经工艺试验确定了参数→采用沥青喷射机从上到下先喷一遍乳化沥青→沥青固化后再喷射第二遍乳化沥青→凝固前用撒砂小车在其后人工抛撒砂子→用滚轮碾压一遍→再重复喷射乳化沥青和洒砂、滚轮碾压直至设计厚度要求。

5.3.6.2　工艺安全及质量控制要点

（1）坝体上游各类型防护层喷射要求。

1）坝体堆石料上游垫层料采用挤压砂浆边墙作为防护层时，为减少边墙对混凝土面板的约束，防止和减少面板混凝土裂缝的产生，应在上游坡面喷涂乳化沥青。

2）坝体防护层为喷混凝土、碾压砂浆、翻模固坡砂浆时，是否需要再喷涂阳离子乳化沥青隔离层，由设计单位确定。

3）采取喷阳离子乳化沥青作为坝体垫层料防护层时，防护层破损、雨水冲刷流失后，必须再补喷乳化沥青。

（2）乳化沥青隔离层质量控制指标：

1）砂子粒径采用细砂（或中砂），具体通过试验确定；沥青使用前要搅拌均匀，施工时温度不低于－5℃。

2）喷涂范围覆盖全部范围，不应出现肉眼可见的孔眼，沥青隔离层总厚度不小于 3mm。人员行走时不应发生脱落，确保黏结牢固。

（3）防护要求。喷射前应用塑料布覆盖垂直缝、永久水平结构缝铺设的砂浆垫层表面，以免造成污染；喷射工作应在钢筋安装前完成。

5.3.6.3　示例图片

撒砂小车安装场景如图 5.8 所示，喷涂乳化沥青及撒砂工作场景如图 5.9 所示。

图 5.8　撒砂小车安装场景

图 5.9　喷涂乳化沥青及撒砂工作场景

5.3.7　钢筋及埋件安装

5.3.7.1　工艺流程

从下到上在竖向架立筋架设一段后，即可按设计要求的方格网绑扎面板钢筋，形成流水作业。施工顺序为：钢筋加工→钢筋运输→竖向架立筋→横向架立筋→纵向面板钢筋→横向面板钢筋→周边加强钢筋网安装→保护层检查和模板检查，校正处理。

5.3.7.2　工艺安全质量控制要点

（1）钢筋加工。

1）应按钢筋配料表在钢筋加工厂进行下料、加工，加工完成后按照钢筋编号分类堆放挂牌，经质检人员和监理验收合格后才允许使用。

2）钢筋调直过程中不应损伤带肋钢筋的横肋。调直后其表面不得有明显的伤痕，如发现钢筋有劈裂现象，应作为废品处理，并应鉴定该批钢筋质量。

3）采用冷挤压连接和螺纹连接的机械连接钢筋端头宜采用砂轮锯或钢锯片切割，不得采用电气焊切割。如切割后钢筋端头有毛边、弯折或纵肋尺寸过大者，应用砂轮机修磨。冷挤压接头不得打磨钢筋横肋。

4）钢筋应一次弯折到位；竖向架立筋打入一端为锥形，要事先在加工厂加工成型。

（2）钢筋运输。出厂验收合格后用拖车运往工地，用吊车吊入钢筋台车，由钢筋台车下滑运往作业现场，人工搬运入仓。钢筋台车一般安装在相邻面板，以免出现上下交叉施工干扰，以降低安全风险。低坝可采用人工用麻绳溜放至作业现场。

（3）架立筋安装。安装钢筋前，首先在坡面上设立架立筋，架立筋一般用 $\phi16\sim\phi25$mm 螺纹钢，间排距 2m 左右，垂直于水平面（或垂直于坝面）打入坝体 30～50cm，外露长度略高于面板横向钢筋高程；采用翻模砂浆防护工艺时，可利用其施工时预留的拉筋头作为竖向架立筋支点，将钢筋焊接到预留钢筋头上。

（4）钢筋安装：

1）采用自下而上人工安装、先制成钢筋网片后吊装入仓两种方式。横向架立筋可用永久横向筋代替，以节约钢材，规格应与设计要求相同，且直径不小于 20mm。除了横向架立筋，面板其他部分采用纵向筋在下，横向筋在上，以利于溜槽的左右摆动。

2）钢筋连接应采用直螺纹连接、电弧焊接、机械连接三种方式。横向筋可在加工厂一次性连接完成，再运往仓号，以减少现场连接工作量；纵向钢筋尽量采用通长钢筋，减少接头数量。

3）绑扎好的钢筋必须平整、间距均匀，钢筋绑扎点应不少于钢筋交叉点的 50%。其他按照设计及《水工混凝土钢筋施工规范》(DL/T 5169）的要求进行质量控制。

4）采用螺纹连接方式时，在运输过程中要戴好保护帽，连接时再去掉；待连接接头要戴好保护帽，直到下次连接前去掉。

（5）接地安装。待面板钢筋安装完毕后，将镀锌扁钢按设计网格尺寸紧贴于底层钢筋顶面。其他要求按设计及规范要求执行。

（6）安全监测仪器安装。包括钢筋计、应力计、渗压计、测缝计、无应力计等。其中钢筋计需要与钢筋连接，应事先按设计的位置确定好监测钢筋，丝扣或焊接与钢筋计连接。钢筋安装的同时要穿插进行监测设施及电缆安装，严禁破坏仪器和电缆。测缝计安装在面板之间、面板与趾板、面板与防浪墙接缝之间，拆模后安装。

（7）其他埋件安装。结构缝顶面塑性止水盖板固定用沉头螺栓（寒冷地区使用）、定位用不锈钢扁铁。

5.3.7.3　示例图片

面板钢筋安装场景如图 5.10 所示。

5.3.8　板间垂直缝及永久水平缝底部止水及垫片安装

包括永久缝底部 PVC 垫片和铜止水安装。具体见第 7 章内容。

图 5.10　面板钢筋安装场景

5.3.9　侧模滑模及牵引系统安装

5.3.9.1　工艺流程

侧模安装→滑模牵引卷扬机钢结构支座安装、地锚施工→卷扬机安装→配重块安装→供电设施安装→安全绳或倒链安装→滑模吊装、临时固定→牵引钢丝绳与模体相连→一次抹面平台安装并与模体连接→模体通过下部行走轮下滑至周边缝处→卸除滚轮→模体试滑→浇筑2m高左右时安装二次抹面平台。

5.3.9.2　工艺质量及安全控制要点

（1）侧模安装。

1）侧模安装在垂直缝底止水安装完成后进行。

2）安装顺序为自下而上，在仓面两侧设坡面运输小车，用卷扬机牵引小车运输模板材料，或采用钢筋台车运输。

3）外侧采用钢结构或木结构三角支撑架固定，三角支撑架用ϕ20mm或ϕ25mm长50cm钢钎固定于坝面上，内侧用钢筋支撑。

4）外支撑间距按照受力计算确定，外支撑三角架间距宜为1.0～1.5m，具体应根据面板厚度确定，厚度小时，间距适当增大，反之减小。内支撑间距宜为1～3m，保证模板侧向稳定。

5）安装前应测量并标注面板垂直缝位置线和面板顶面线，校正铜止水片位置后，将侧模架立在铜止水片上。人工扶正，先用内外支撑初步固定住模板，再用连接螺栓调整垂直度，保证模板之间的接缝平整严密，无错台现象。

6）垂直缝及周边缝顶部V形缝用方木加工成直角三角形定型木条，长度为2～3m，用钉子钉在侧模木模上部，或在钢筋网上布置保护层垫块，将木条固定在垫块上，垫块固定在钢筋网上的短钢筋加固。

7）模板安装允许偏差为偏离分缝设计线不大于3mm；不垂直度不大于3mm，相邻块两块模板高差不大于3mm，与铜止水的对中偏差不大于5mm，侧模顶高程偏离设计线不大于5mm。

侧模的顶部应平顺、光滑，顶面坡比与面板坡比一致，高度应满足设计要求。浇筑过程中应设置专人负责检查和维护，防止变形和位移。

（2）卷扬系统安装。卷扬系统由卷扬机、机座（型钢结构）、配重块组成。要将卷扬机与机架用螺栓连成一体，再用锚杆固定机座，最后安装配重块。每台滑模保证两台卷扬机一并牵引，同时在卷扬机基座上压铺预制混凝土配重块，底座用锚杆打入地下1m固定。

(3) 滑动模板组装及安装。在卷扬系统、侧模和钢筋安装完后，即吊装滑动模板。模板面必须清洗干净，不得粘有已凝固的混凝土，以保证出模混凝土表面的平整度。顺序和方法如下：

1) 模体用拖车分节运至坝顶组装成整体→用吊车吊起安装行走轮→吊车吊入侧模（或先浇块面板）顶部→用倒链或钢丝绳临时固定在卷扬机支底座上→穿两侧滑模体牵引钢丝绳、滑轮设施→摘除临时固定牵引倒链或钢丝绳→下滑就位→拆除行走轮或通过机械装置让车轮上抬，将滑模体落在侧模上→试滑 2～3 次，检查消缺、验收→正式使用。

2) 第一层抹面平台与模体同时安装。

3) 第二层抹面平台可用钢筋台车或放置在滑模体操作平台上运往坡底，待模体与第一层抹面平台浇筑升高 2m 左右后再用钢丝绳挂设在第一层平台尾部。

5.3.9.3 示例图片

某工程滑模现场布置及工作场景如图 5.11 所示。

图 5.11　某工程滑模体现场布置及工作场景

5.3.10 仓内混凝土受料设施安装

5.3.10.1 工艺流程

受料斗基础锚杆施工→钢结构支撑架安装→受料斗吊装固定→临上游安全防护栏安装→溜槽或溜筒安装→溜槽上部防晒防雨棚安装、内部阻挡橡胶板安装。

5.3.10.2 工艺安全质量控制要点

(1) 受料斗安装。型钢支架与固定用锚杆焊接牢靠，下游侧面用钢丝绳固定在坝顶卷扬机底座上或增设的锚杆上。支撑架固定牢靠后安装料斗，料斗顶部靠上游侧布设安全防护栏，防止人员坠落。

(2) 溜槽（溜筒）安装。

1) 安装时机及运输方式。无轨滑模就位后，即可在钢筋网上或锚杆上布置溜槽。溜槽可先放置在滑模体操作平台上，随着滑模体下滑分段安装，上升时及时拆除放置在滑模体上；也可使用钢筋台车下放布置、上升回收。

2) 溜槽条数及分溜槽布置。6～7m 宽面板设置一组溜槽，8～12m 对称设置 2 组，12～16m 均匀设置 3 组，18m 宽均匀设置 4 组。距离仓面 10～15m 设置 Y 形岔槽，拐角不大于 30°。溜槽需呈 S 形布置，并在溜槽中加装减速板；为防止溜槽堵槽，中间部位须有专人巡视。

3) 溜槽的固定和搭接。溜槽间隔一定距离用铅丝固定在钢筋网上，溜槽间用小直径钢筋制成弯钩将溜槽相互连接成整体，或用钢丝绳将溜槽串接成整体，溜槽间搭接长度宜大于 20cm，防止槽间漏浆；搭接长度较小时，在溜槽下部铺设土工布，防止混凝土污染钢筋网。

5.3.10.3　示例图片

某工程溜槽布置场景如图 5.12 所示。

图 5.12　某工程溜槽布置场景

5.3.11　混凝土浇筑

5.3.11.1　工艺流程

混凝土拌和→混凝土运输→三角体混凝土浇筑（入仓振捣、抹面、混凝土养护）→三角体以上部分混凝土浇筑到标准起滑位置→水平施工缝（包括永久结构缝）处理——→继续浇筑到坝顶。

5.3.11.2　工艺安全质量控制要点

（1）浇筑时机。混凝土浇筑应避开冬天和夏季高温时段，平均气温应在 5～20℃。加强天气预报工作，避开高温、负温、多雨、大风季节。以 10～20℃为宜，不能避开高温天气，应采取必要的温控措施。

（2）混凝土拌和。

1）采用自落式拌和机时，拌和时间不少于 150～180s，强制式不少于 75s，加防裂剂的拌和时间比普通混凝土延长 30～60s，添加聚丙烯纤维（或其他纤维）时拌和时间不少于 5min。

2）浇筑过程中，每班要进行骨料含水率、砂子细度模数、外加剂浓度检测，按检测结果对配合比进行微调。每班每仓必须成型一组抗压试件，抗渗检验试件 500～1000m^3 成型一组，抗冻试件每 1000～3000m^3 成型一组，不足以上数量者取样一组。

3）试验人员每班开始时跟踪检查仓外运输、溜槽运输坍落度，了解坍落度损失规律和滑送过程中和易性变化，相应调整出机口坍落度，微调配合比。仓面混凝土坍落度宜控制在 3～5cm，出机口坍落度按运输车辆的不同，分别应控制在 5～7cm（自卸车）和 7～10cm（罐车）。高温时段，初凝时间应控制在 10～12h，低温时段或下雨天适当减小，具体根据现场情况并通过试验确定。

（3）混凝土运输。场外运输应以自卸车、混凝土罐车为主，仓内运输以溜槽为主，严禁在施工过程中加水。

（4）混凝土浇筑。

1）铺筑砂浆。开仓前先用 1.5～2m^3（视溜槽长度而定）同强度砂浆湿润溜槽，避免后序混凝土下料过程中水分损失造成阻塞影响正常施工。严禁在集料斗或溜槽内随意加水。

2）铺料。混凝土运输至坝面后卸入授料斗内，由授料斗顺坡面溜槽或溜筒输送入仓。卸料点位置为滑模体前不大于 2m 处，每次下料层厚不超过 50cm，人工摆动溜槽水平布料的方式保证铺料均匀。

3）振捣。仓面宽度2～3m配置一台振捣器，仓面中部采用ϕ50～70mm的软轴振捣器，靠近侧模及止水部位采用ϕ30mm的软轴振捣器振捣，距离模板不小于15cm，振捣间距不大于40cm，插点要均匀。插入深度达到新浇混凝土层底部以下5cm，每个点振动时间15～25s，目视以混凝土不显著下沉、不出现气泡、开始返浆为准。振捣器应沿滑模前铅锤方向向下，以防止模板上浮，不得触碰钢筋、止水、观测仪器。对止水周围应采用人工铲含浆较多的混凝土先行覆盖，防止骨料集中。不同区域振捣由专人负责。

4）提升。滑模浇筑过程中，模板提升必须遵循两端平衡、匀速。起始阶段应分三次铺料，每层铺料厚度25～30cm，相邻两层铺料间歇时间一般不超过15～30min，待第三次铺料结束后可进行首次滑移，滑移距离为第一层铺料厚度，滑移间隔时间控制在15～30min，具体时间通过工艺试验确定。

提升速度取决于混凝土坍落度，3～5cm最优，利于脱模后的平整度，一般平均滑升速度1.5～2.5m/h，最大不超过3m/h。

5）抹面。①对脱模后的混凝土表面及时用长木抹子赶平，用铁抹子初步抹光；初凝前完成二次抹面并进行覆盖。二次抹面采用铁抹子再次抹平、抹光，确保混凝土表面密实、平整，避免面板表面形成微通道或早期裂缝。接缝两侧各1m宽的范围内，用直尺、塞尺检查，平整度不大于5mm；②二次抹面时可拆除顶部V形预留槽三角形木条，并用抹子将混凝土整形。因突发情况暂停时，每隔10min滑动一次，滑升距离控制在5cm，防止混凝土与模体粘在一起而无法滑动。

6）竖向架立筋割除。施工过程中，下料前对原钢筋网竖向架立筋予以割除，降低对面板混凝土变形的约束。

7）混凝土养护和保护：①在混凝土浇筑一次抹面完成后，立即覆盖0.5mm厚塑料薄膜，塑料薄膜必须覆盖严密，垂直缝处采用方木压实，防止水分蒸发；②二次收面前，揭去塑料薄膜；二次抹面后，在混凝土表面应及时铺设塑料布（或喷表面水泥基型养护剂）进行保湿养护；初凝后在薄膜上覆盖棉毡或双布一膜复合土工膜，并及时开启水管洒水，保持湿润状态。浇筑到顶后，在顶部增设花管进行不间断保湿养护，同时要做好混凝土保温、防风工作，洒水养护时间至少90d，并直到蓄水验收前；③混凝土在养护期间，要注意保护混凝土表面不受损伤。前浇块混凝土强度达到设计强度的60%时，方可进行后浇块施工，防止滑模行走损伤前浇块混凝土。

8）雨季及高温季节施工措施。

a. 雨季施工措施。

（a）遇到大雨时立即停止浇筑，并将仓面遮盖好，范围包括已脱模且未凝固的混凝土表面，同时做好仓面排水工作。雨后及时排除仓内积水，若混凝土未初凝则先对仓内混凝土加铺同强度等级砂浆振捣后继续浇筑，否则按施工缝处理。

（b）雨量较小时，对运输自卸车覆盖防雨布，对仓内两侧铜止水处用棉纱拦堵流水，在水平方向将垫层斩断使得水渗入边墙垫层内，保证仓面混凝土无冲刷的情况下继续浇筑。

（c）要根据实际情况确定是否继续施工，同时对骨料加强含水量测定，及时调整配合比中的加水量。

b. 高温阶段施工措施。

（a）拌和站骨料仓加盖防雨遮阳棚，尽量减少骨料含水率对混凝土的影响。

（b）自卸车在运输过程中，加盖活动棚；罐车在高温季节涂刷成白色。

（c）集料斗、滑模体加盖防雨遮阳棚，溜槽覆盖彩条布。

（d）高温季节时，已浇筑的混凝土，及时覆盖洒水保温养护，或仓内喷雾。

（e）若常规措施不能满足混凝土浇筑温度时，以冰水拌和，控制入仓温度。

(f) 采用出机口坍落度较大且初凝时间长的混凝土配合比。

(5) 三角块浇筑。施工中可采用全滑模体浇筑、半滑模体半常规翻转模板施工两类方法，其中第一类分为旋转法和平移法、平移旋转法，工作中应按照实际情况选择合适的方法。三角块混凝土全滑模浇筑方式如图 5.13 所示。

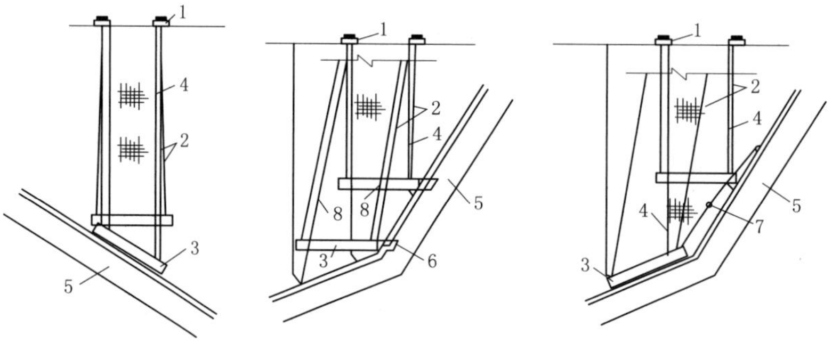

(a) 周边倾角较小的三角块　(b) 周边倾角较大的三角块　(c) 周边倾角较大的三角块

图 5.13　三角块混凝土全滑模浇筑方式

1—卷扬机；2—钢丝绳；3—滑动模板；4—侧模；5—趾板；
6—侧向滚轮；7—葫芦；8—轨道

安全质量控制要点如下所述。

1) 旋转法［图 5.13 (a)］。适用于周边倾角较小且滑模长度大于三角体斜边长度时，先将滑模降至趾板顶部，再逐步提升滑模低端，高端不提升，使得滑模以高端为圆心旋转，直到低端滑升至高端齐平后再进入标准块正常滑升。

2) 平移法［图 5.13 (b)］。对于周边倾角较大且趾板头部高出面板三角块时，在靠陡周边的一端滑模上安装三角形附加模板，并在斜边端部安装 2 只侧向滑轮。浇筑前，将滑模沿已浇板块或附加轨道和仓面附加轨道平移至相邻的已浇块或仓面上，拆除浇筑仓面附加轨道。浇筑时滑模两端同时提升，使得滑模沿趾板水平移动，直到三角块浇筑完后脱离周边进入正常滑升。

3) 平移旋转法［图 5.13 (c)］。对于周边倾角较大且趾板头部与面板齐平的三角块，先将滑模降至岸坡趾板顶部，然后由低到高逐步浇筑混凝土，并逐步提升滑模低端，高端暂不提，使得滑模沿高端转动，随后通过岸坡趾板导向葫芦，同时启动高端卷扬机，使得滑模沿趾板平移，如此施工，直到三角块浇筑完成后，卸掉导向葫芦而进入正常滑升。

采用半滑模体半常规翻转模板施工时，要严格按照常规模板安装的质量标准控制，浇筑到滑模覆盖范围时要快速移动滑模，做好混凝土接茬处理，防止出现冷缝。

(6) 施工缝处理。施工缝属于混凝土面板中的薄弱环节，包括分期施工时在连接部位产生的施工缝；面板浇筑过程中因下雨、拌和系统故障等因素影响暂停施工后，因混凝土初凝而出现的施工缝。

处理方法要点为：人工凿毛依次凿去混凝土表面乳皮和砂浆，使得石子外露，在钢筋下部按水平方向，上部按面板法线方向处理。用压力水将混凝土表面保持湿润状态 2～3h，结合面用常规配合比一级配混凝土作为结合浆体。每道工序开工前，都要对此部位的处理情况进行严格检查，达不到要求的责令返工。

5.3.11.3　示例图片

混凝土下料至二次抹面施工场景如图 5.14 所示；防雨覆盖施工场景如图 5.15 所示；防晒遮阳施工场景如图 5.16 所示；覆盖及洒水养护施工场景如图 5.17 所示；冬季覆盖保温施工场景如图 5.18 所示。

（a）混凝土下料

（b）混凝土入仓

（c）混凝土振捣

（d）脱模后初次抹面

（e）二次抹面、压光

（f）割除架立筋

图 5.14　混凝土下料至二次抹面施工场景

图 5.15　防雨覆盖施工场景

图 5.16　防晒遮阳施工场景

图 5.17　覆盖及洒水养护施工场景

5.3.12 模体及牵引系统拆除

图 5.18 冬季覆盖保温施工场景

5.3.12.1 施工程序

单块滑模浇筑到顶高程顶面后，吊离程序为：用钢丝绳或倒链临时将模体（含一级收面平台）临时加在卷扬机底座上→用倒链固定、牵引二级收面平台，摘除平台与滑模体之间的牵引钢丝绳→摘除滑模体运行牵引系统→挂设移动式吊车起重钢丝绳，将滑模体吊离面板区域→剩余二级收面平台用倒链继续牵引至坝顶，完成剩余二次收面工作后→用吊车吊离至坝顶→在坝顶对滑模体进行检查消缺、清洗后→调往下一个待浇仓号。

滑模体上升时将行走轮同时装载至坝顶。

5.3.12.2 工艺安全质量控制要点

吊装前检查卷扬机、倒链、汽车吊工况，安全专职人员检查临时固定设施是否安装到位，合格后才能拆除滑模体起升钢丝绳；吊装时应由专人指挥，坡面、坝顶作业人员挂设好安全带。到顶部二次收面后立即覆盖塑料薄膜，开启坝顶长流水养护花管阀门，开始长流水养护。

5.3.13 拆除侧模及缝面修整

混凝土浇筑完成 24h 后根据气温情况判定可否拆除侧模板，拆模时混凝土抗压强度不低于 3.5MPa，以免因强度低而破损。先调整外支撑微调螺栓，与模板脱开，拔出固定三角架加固钢筋，与支架一并回收后重复利用。用撬杠轻轻撬动侧模，要求重复利用的侧模，要清理修整后运往下一仓号。

缝面修整包括：侧模拉筋孔封堵、侧模接头处打磨、乳化沥青刷涂等，封孔时采用 M25 水泥砂浆，表面必须平整；对张性缝人工采用排刷刷涂乳化沥青，刷涂厚度达到设计要求，一般为 3mm 左右；对于压性缝，缝面处理平整并清理干净后，按设计要求粘贴抗挤压板，除了材质及厚度外，其他铺设标准与周边缝相同。

刷涂乳化沥青及压性缝黏结沥青时，要认真小心，在底部铜止水片上铺盖塑料纸，严防污染铜止水或橡胶止水。

拆模时若上部混凝土浇筑仍在进行，一定要注意施工安全，做好侧模小车卷扬机与滑模卷扬机的协调运行指挥工作。

5.3.14 面板裂缝缺陷排查及处理

5.3.14.1 施工程序

两侧混凝土达到 28d 龄期后→监理要组织建设四方排查面板裂缝，记录裂缝发生的位置、宽度、长度、深度、产状及是否贯穿等→承包商分析原因、提出处理意见→各方讨论确定→下发设计修改通知→承包商组织专业队伍进场，配置原材料和设备→现场处理→检查验收。

5.3.14.2 工艺安全质量控制要点

（1）检查时带全站仪、直尺、塞尺现场量测、带刻度混凝土裂缝观测仪，并逐条记录长度、宽度、位置。

（2）方案的制定。承包商应委托专业单位制定处理专项措施，经各方讨论确定后，报监理批复后实施。

面板裂缝处理的方法主要有表面覆盖法、缝内化学灌浆＋表面覆盖法两种，前者适用于缝宽小于 0.20mm 时，后者适用于缝宽大于 0.20mm 或深层及贯穿性裂缝。

1）表面覆盖法。采用该种方法时，不对裂缝进行化学灌浆，直接将缝两侧混凝土用角磨机打磨后，用清水清洗干净，再涂刷防水材料。材料包括非硫化液体橡胶、水泥基渗透结晶防水涂料、改性环氧增厚涂料、聚脲涂层材料等，用其中的一种或两种材料组合分层涂抹在裂缝及两侧混凝土上；或在裂缝表面直接封闭处理（用裂缝快速修补带、SR 防渗保护盖片等粘贴在裂缝表面），以达到修补的目的。涂覆宽度 20cm 左右。

多个工地采用先涂刷水泥基渗透结晶防水涂料，再涂刷其他化学材料保护水泥基防渗涂料，达到了预期的处理效果。化学材料包括非硫化液体橡胶、环氧材料、聚脲涂层材料等。

2）缝内化学灌浆法＋表面覆盖法。做法为先进行化学灌浆再采用表面覆盖法封闭裂缝。该种方法可兼顾裂缝补强和防渗的双重效果，化学浆液可深入到裂缝内部。化学灌浆方法有四种，包括开槽埋管法、打斜孔埋管法、打直孔埋管法、粘贴灌浆嘴法。开槽埋管法、打孔埋管法对面板混凝土均具有损伤，且不易找准裂缝深处走向，易碰到钢筋而产生废孔，工艺复杂，施工成本高，目前最先进的方法为贴嘴法灌浆，可克服开槽埋管和钻孔埋管法的不足。

灌浆主要浆液材料包括改性环氧浆材系列材料、水溶性弹性聚氨酯，灌浆压力为 0.1～0.5MPa，具体通过生产性试验确定。

开槽埋管法适用于宽度大于 0.5mm 且结构允许开槽、数量少的裂缝。先骑缝开 U 形槽后用改性环氧树脂砂浆，或 GB、SB 嵌缝等材料充填，再埋设灌浆管灌化学浆液进行深层处理，顶面用覆盖法处理等。

3）示例图片如图 5.19 所示。

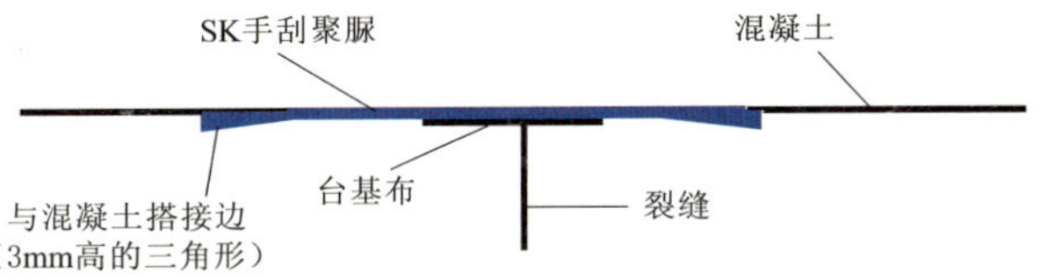

图 5.19　裂缝化学灌浆后表面涂刷聚脲涂层法

（3）根据《混凝土面板堆石坝施工规范》（DL/T 5128），对于宽度大于 0.2m 或贯穿性裂缝要逐条处理。

（4）处理完成后，先进行外观检查验收，标准为已处理部位裂缝已覆盖，处理层表面光滑平整，与混凝土面黏结牢靠；然后查看记录，检查处理的嵌缝、灌浆、封闭聚合物检测指标，抽样进行压水、压气、取芯检查，检查结果应满足设计要求，检查方法按照设计要求及《水电水利工程化学灌浆技术规范》（DL/T 5406）的方法检查。

（5）化学材料使用后应进行专门回收，防止污染环境。

5.3.15　面板脱空排查及处理

5.3.15.1　工艺流程

（1）从脱空区域埋管处理流程。现场检查→脱空部位空隙清理→埋注浆管和排气管→用砂浆封闭顶部脱空区域→埋设抬动观测装置→拌制塑性浆液→无压注浆。

（2）钻设孔处理流程。现场检查→脱空部位空隙清理→用砂浆封闭脱空区域→垂直于面板坡面钻设浆管和排气管→埋设抬动观测装置→拌制塑性浆液→无压注浆。

5.3.15.2　工艺安全质量控制要点

（1）脱空区域应清理干净。

（2）向脱空区域埋设的注浆管应尽可能深入脱空区域底部。

（3）面板脱空空隙要用干性砂浆封堵严密。

（4）抬动观测装置固定牢靠，固定用砂浆或混凝土达到设计强度后才允许注浆，抬动值应不超过设计要求，装置应具有自动报警功能。

（5）必须采用无压或小压力灌浆，防止面板抬动破坏。

（6）浆液应采用水泥、黏土、粉煤灰拌制塑性浆液，灌浆结束标准及浆液凝固后抗压强度应满足设计要求。

5.3.16　混凝土后期养护蓄水前裂缝全面排查处理

库区处于空库状态时，要持续保温养护至蓄水前。冬季平均气温低于 5℃时，要停止洒水，在前期覆盖养护材料的基础上再覆盖保温材料，保证覆盖层与混凝土截面温度处于 5℃以上。蓄水前，除去养护覆盖层，建设各方联合全面检查面板是否还存在新的裂缝，已处理的裂缝是否扩展和增加。

发现后再及时处理。处理完成并验收合格后才允许蓄水。

5.4　WHS 质量控制点

面板混凝土施工主要工序 WHS 质量控制点见表 5.1。

表 5.1　面板混凝土施工主要工序 WHS 质量控制点

序号	工作名称	控制点	序号	工作名称	控制点
1	混凝土原材料进场	W	10	试验段（块）浇筑	S
2	配合比设计及试验	W	11	安全防护设施布置	S
3	三级施工技术、安全交底	W	12	周边缝开槽、沥青砂浆填筑；垂直缝砂浆铺筑；坡面隔离层施工	W
4	班前安全、质量例会	W	13	钢筋制安、模板制安、止水安装	H
5	施工用构件、设备投入使用前	H	14	面板混凝土浇筑、抹面	S
6	成品施工设备、永久安全监测设备进场	W	15	侧模拆除及坡面修整	W
7	安全监测设备、接地安装	H	16	混凝土养护及覆盖	W
8	每块混凝土首次浇筑开盘鉴定	H	17	脱空处理灌浆	S
9	堆石坝上游边坡测量及消缺	S	18	裂缝处理封闭工序	S

注　W 为见证点；H 为停工待检点；S 为旁站监督点。

5.5　质量检查与验收

5.5.1　面板混凝土浇筑质量检查、检测项目和要求

面板混凝土浇筑质量检查、检测项目和方法见表 5.2。

表 5.2　面板混凝土浇筑质量检查项目和方法

项　目	质　量　要　求	检查方法
入仓混凝土料	不合格不入仓	试验与观察检查
平仓	厚度不大于 30cm，铺设均匀，分层清楚，无骨料集中现象	量测与观察检查
混凝土振捣	振捣器应垂直下插至下层 5cm，有次序，无漏振	观察检查
浇筑间歇时间	符合要求，无初凝现象	观察检查
积水和泌水	无外部水流入，仓内允许有泌水现象	观察检查

续表

项　目	质　量　要　求	检查方法
混凝土养护	在规定的时间内，混凝土表面保持湿润，无时干时湿现象	观察检查
混凝土表面	表面基本平整，局部凹凸不超过设计线±2cm	测量检查
麻面	无	观察检查
蜂窝	无	观察检查
露筋	无	观察检查
表面裂缝	无或有短小的表面裂缝，已按要求处理	观察和测量检查
深层及贯穿裂缝	无或已按要求处理	观察检查
抗压强度	保证率不小于95%	试验
抗拉强度	符合设计要求	试验
均匀性	离差系数值不大于0.18	统计分析
抗冻性	符合设计要求	试验
抗渗性	符合设计要求	试验
极限拉伸	符合设计要求	试验

5.5.2　其他工序质量检查项目和方法

按照DL/T 5113.14中的附表规定执行，其他工序按相关规范、技术标准、设计技术要求实施。

5.6　相关标准

《钢结构设计标准》(GB 50017)

《钢结构工程施工质量验收标准》(GB 50205)

《混凝土面板堆石坝设计规范》(NB/T 10871)

《水工混凝土掺用粉煤灰技术规范》(DL/T 5055)

《水工混凝土外加剂技术规程》(DL/T 5100)

《水电水利工程模板施工规范》(DL/T 5110)

《水电水利基本建设工程　单元工程质量等级评定标准　第14部分：混凝土面板堆石坝工程》(DL/T 5113.14)

《混凝土面板堆石坝施工规范》(DL/T 5128)

《水电水利工程聚脲涂层施工技术规程》(DL/T 5137)

《水工混凝土施工规范》(DL/T 5144)

《水工混凝土钢筋施工规范》(DL/T 5169)

《水电水利工程施工测量规范》(DL/T 5173)

《水工混凝土配合比设计规程》(DL/T 5330)

《水电水利工程施工组织设计规范》(DL/T 5397)

《水工建筑物滑动模板施工技术规范》(DL/T 5400)

《水电水利工程化学灌浆技术规范》(DL/T 5406)

《混凝土面板堆石坝设计规范》(SL 228)

《抽水蓄能电站工程安全文明设施》(Q/GDW 11586)

《国网新源公司工程建设技术管理办法》(新源（基建）Y004)

第6章 水工沥青混凝土防渗面板施工工艺

6.1 适用范围

本工艺适用于抽水蓄能电站上水库、下水库库底、库坡碾压式沥青混凝土防渗面板（简式结构）施工。

6.2 施工程序

沥青混凝土防渗面板施工程序如图6.1所示，主要包括施工准备，沥青运输，沥青摊铺，沥青料碾压，缝面处理，特殊段、人工摊铺，质量检测。

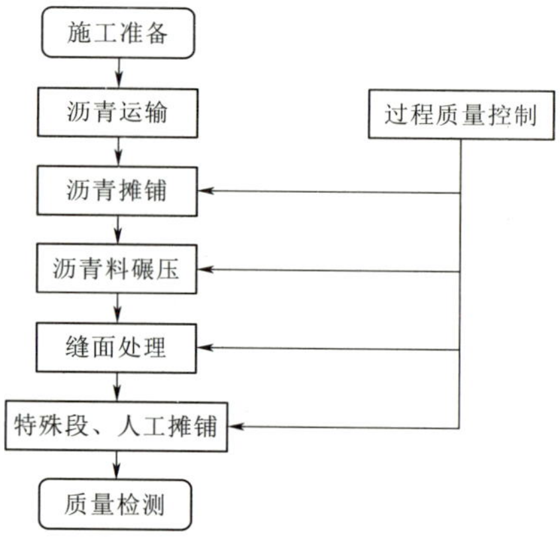

图6.1 沥青混凝土防渗面板施工程序

施工准备阶段，对拟摊铺部位工作面应完成检测试验、试验孔封堵、裂缝处理、条带测量初始测量，对拟摊铺区域进行表面清理、接缝角度检查、接缝处灰尘处理、仓面油污处理及其他必要的工作后，方可进行沥青运输、摊铺工作。

6.3 工艺说明与工艺要求

6.3.1 施工准备

6.3.1.1 技术准备

（1）设计单位应针对设计图纸及相关技术要求开展设计技术交底。

（2）熟悉和审核施工图纸，主要内容如下：

1）施工图纸是否完整齐全。

2）施工图纸与其图纸说明在内容上是否一致，施工图纸及其各组成部分间有无矛盾和错误。

3）施工工艺、技术要求是否明确。

4）审查施工图纸设计内容与强制性条文是否符合。

（3）沥青混凝土配合比与试验。

1）沥青混凝土配合比与施工技术参数，应通过室内配合比设计试验和现场铺筑试验选择确定。应通过生产性试验对生产能力、施工适应性和机械化配套等进行验证和调整。

2）配合比设计试验应进行原材料的选择和质量检验，选择合理的骨料级配、沥青及填料的用量，应进行沥青混凝土各项性能的试验验证，通过试验优选出 2～3 个沥青混凝土配合比用于现场铺筑试验。

3）沥青混凝土室内配合比设计试验主要的试验项目有：沥青混凝土原材料的性能试验，沥青混凝土矿料级配及最佳沥青含量的选择试验，沥青混凝土物理力学及变形性能试验，推荐的整平胶结层、防渗层（加厚层）沥青混凝土标准配合比试验，改性沥青玛蹄脂试验，阳离子乳化沥青试验，沥青砂浆试验。

（4）沥青混凝土工艺试验。沥青混凝土防渗面板正式施工前，应进行场外铺筑试验，其目的是确定各铺筑层摊铺方法、碾压遍数、各类接缝的施工方法等各种参数，场外试验主要目的是验证室内配合比对现场施工的适应性，确定生产配合比，初步取得施工工艺参数，对场内试验和施工提供技术指导；确定初步选定的施工工艺能否满足沥青混凝土性能指标要求；需要通过试验确定沥青混凝土的运输方法、摊铺厚度、碾压温度等施工参数，确定接缝处理方式等工艺，形成指导沥青混凝土的施工工艺以指导沥青混凝土的施工。提出气候条件限制范围以及沥青混凝土施工温度允许范围。

（5）沥青混凝土面板场内生产性试验。场内生产性试验应采用场外铺筑试验确定的生产配合比在工程铺筑部位进行，对施工技术参数进行验证和调整，并确定施工配合比，验证施工配合比及相应的施工工艺和质量检测与控制方法。

场内生产性试验的目的是进一步验证场外摊铺试验推荐的沥青混凝土配合比、摊铺施工程序以及施工工艺等，确定用于生产的配合比及施工工艺等参数。同时掌握沥青混凝土的制配、储存、拌和、运输、摊铺、碾压及检测等一套完整的工艺流程，获得并确定各种有关的施工工艺参数，为大规模施工积累经验，虽步骤和场外试验内容基本相同，但试验要求高于场外工艺性试验。

（6）施工单位应对作业班组开展技术交底，主要包括以下内容：

1）安全技术措施、风险状况、应急处置措施等。

2）质量保证措施、质量标准、验收规范要求。

3）项目进度计划和季度、月、周作业计划。

4）水土保持和环境保护技术措施。

（7）正常施工气象条件应符合下列规定：

1）无降水时段。

2）施工时风力小于 4 级。

3）面板沥青混凝土施工时气温在 5℃以上。封闭层施工时气温在 10℃以上。

6.3.1.2　劳动力组织准备

（1）沥青混凝土施工应安排有经验的作业队组进行，并根据施工进度计划、施工技术要求合理配备各工种作业人员。

（2）沥青混凝土面板摊铺前应进行人员安全教育培训，主要包括以下内容：

1）对全体人员进行安全生产教育培训，未经安全生产教育培训考核或者培训考核不合格的人员不得上岗作业。

2）特殊作业人员应按相关规定经过专门培训，取得相应资格证书，持证上岗。

3）新加入人员或作业人员转入新的岗位前应进行相关作业技能培训。

4）为作业人员配置安全防护用品和用具并进行使用方法培训。

5）根据制定的应急处置措施、预案开展培训和演练。

6.3.1.3 工程材料准备

（1）工程中所用的原材料、半成品等进场，均应得到有效控制。根据施工技术部出具的物资需求计划，编制物资采购计划，由物资部门在合格供应方范围内，选择供应方进行购买。属于业主供应材料的，提前一个月向业主提出物资需求计划，并随材料进场同时索取厂家应提供的各种资料，资料必须符合要求。进场的原材料、设备、半成品，首先验证其质量证明书，然后按照规范、设计或监理要求进行取样检验。

（2）沥青的储存保护，如下：

1）不同型号的沥青分别储存在不同的沥青罐中。

2）严格控制沥青的储存时间，并做好现场记录。

3）必须按照沥青进场的先后，分批次使用。

（3）对于骨料和矿粉，不同粒径的骨料在运输储存时应严格分开，避免混合；矿粉必须保持清洁、干燥，以防混入杂质。

进场的任何材料，都必须独立地堆存堆放，并作清楚的标识牌，标明材料名称、产地或厂家、进场时间、使用部位，特别要求注明“待检禁用”或是“已检合格”字样，只有标明“已检合格”的材料才能在工程上使用。

6.3.1.4 施工设备准备

（1）沥青混凝土防渗面板施工所需的机械设备。

1）沥青混凝土运输、拌和设备如图6.2所示。

（a）自卸车（改装带保温）

（b）小型自卸车

（c）沥青混凝土拌和系统

图6.2（一） 沥青混凝土运输、拌和设备

（d）沥青玛蹄脂保温运输车

（e）沥青玛蹄脂刮布车

图 6.2（二）　沥青混凝土运输、拌和设备

2）铺料、碾压施工机械设备主要有斜坡碾压副绞架车、斜坡施工主绞架车、斜坡摊铺机等(图 6.3)。

（a）斜坡碾压副绞架车（反铲改造）

（b）斜坡施工主绞架车

（c）斜坡摊铺机（斜坡直线段）

（d）斜坡摊铺机（斜坡圆弧段）

（e）压路机（振动碾）

（f）平板夯

图 6.3　铺料、碾压施工机械设备

3）风、水、电供应机械设备主要有发电机、空气压缩机、水泵和变压器等。

4）测量设备主要有全站仪。

5）接缝加热器、温度检测仪等。

（2）应配备污染少、能效高、工况好的施工机械，优先选择电动、风动、液压传动机械。

（3）施工中的关键机械，如运输设备、铺料碾压设备等应有备用数量。

6.3.1.5　现场准备

（1）根据监理单位审批的施工方案提前做好准备工作，确保现场施工“四通一平”，即通水、通电、道路通畅、通信通畅、平整场地。

（2）现场安全文明施工设施应按照《抽水蓄能电站工程安全文明施工设施》（Q/GDW 11586）规定执行。

6.3.1.6　沥青混合料运输

（1）沥青混合料运输流程如图6.4所示。

（2）受料过程中应严格控制混合料不得超过汽车箱板高度，以便对运输车进行保温覆盖。

（3）为保证混合料温度，运料车辆在同一现场停放时间不得大于20min，若20min内不能进行卸料作业，卸料车司机必须联系机械队当班负责人，并调整车辆运送部位。

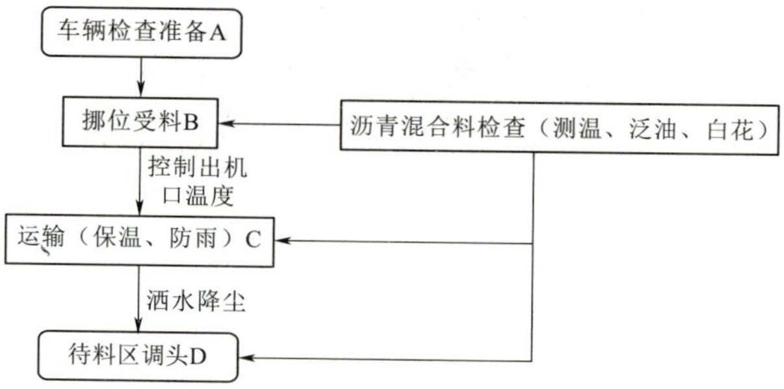

图6.4　沥青混合料运输流程

6.3.2　库底摊铺施工

6.3.2.1　工艺流程

沥青混合料库底摊铺施工工艺流程如图6.5所示，主要包括测量放线、摊铺机准备、摊铺前设置层高、加热系统、温度检测、混合料摊铺、摊铺温度、摊铺检测、接缝控制、边角处理、摊铺面整理、封头处理和停机清理。

6.3.2.2　工艺质量安全要点

库底沥青混凝土碾压流程如图6.6所示。分段、分区采取流水作业方式进行，主要应满足以下

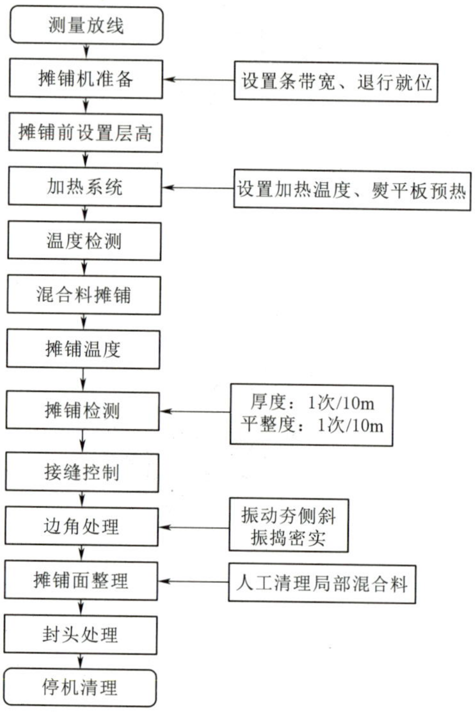

图6.5　沥青混合料底库摊铺施工工艺流程

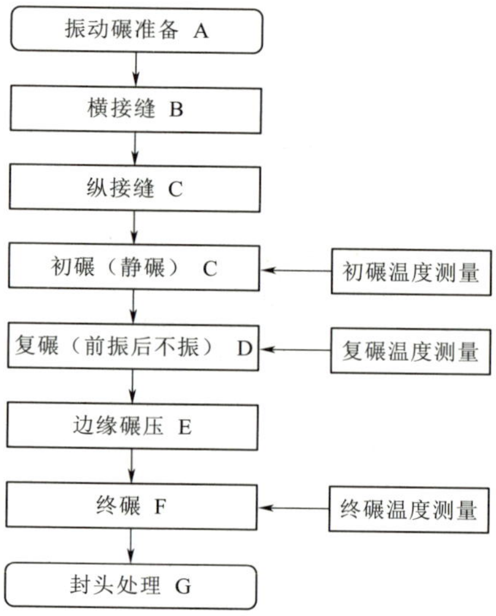

图6.6　库底沥青混凝土碾压流程

技术要求：

（1）摊铺过程中调平人员 1m/次对厚度进行测量，根据测量结果调整松铺厚度，同时指挥辅助人员对已摊铺厚度不足部分进行补料，必要时与摊铺机司机联系，暂停摊铺。

（2）接缝处理人员需时刻注意红外加热器的加热情况及接缝加热效果，根据接缝加热效果调整加热器的数量及火力（若接缝加热效果达不到设计要求，需安排对接缝进行预加热），要指挥辅助作业人员对接缝不平整处进行处理，碾压机跟进进行接缝碾压。

（3）质检人员在摊铺过程中按照 10m/次的频率对摊铺厚度进行检查。发现不满足要求时，立刻对调平人员发出整改指令，组织进行补料等操作，使摊铺厚度满足要求。

（4）在摊铺过程中，作业队班长要指挥辅助作业人员对摊铺条幅开放端进行 45°修边、侧斜捣实；对摊铺条幅中不合格的料进行处理。

（5）摊铺条带进行收尾工作时，作业队班长须按照摊铺条幅开始施工时的方法，对结束段进行端部处理。

（6）为更好地控制碾压温度、保持碾压效果及连续施工，碾压作业以 20～30m 长的摊铺条带为一个单元进行碾压（具体标准依据现场气温及来料温度确定）。

（7）初碾。温度达到要求之后，振动碾按照划分的长度单元进行一次初碾，静碾碾压，保持振动碾的速度不大于 6km/h。

（8）复碾。温度达到要求之后，进行复碾，前振后不振，保持振动碾的速度不大于 6km/h。碾压从已摊铺条幅往新铺层开始碾压，轮迹重叠 15cm，匀速行驶，不骤停骤起，滚筒保持湿润。质检员进行温度、碾压遍数控制。复碾对外测的边缝碾压，应距边缘 10cm，并注意不要压塌 45°边缘。若在碾压过程中对边缘造成损坏的，应在混合料温度下降之前及时人工修整恢复。

（9）终碾。温度达到要求之后，开始静碾碾压至轮迹消失，保持振动碾的速度在 6km/h 以内。

（10）接缝碾压应随摊铺跟进碾压。横缝接缝碾压时，碾压机从已铺条带伸入新铺层 15cm 碾压，直至骑缝压实，振动碾压后静压一遍成型。纵缝碾压：冷接缝与热接缝碾压方法均为纵向、从已铺伸入新铺 15cm，振动碾压后静压一遍。纵、横缝碾压不计入碾压遍数中。

（11）封头碾压。用封头方木支撑、边缘 30cm 用振动夯实，碾压至封头 10cm 处，拆方木支撑、人工修 45°边坡。

（12）接缝开放端的碾压方法。采用振动碾进行 2 遍以上的静碾，在接缝边留置约 10cm 不碾压。当接缝开放端的角度大于 45°时，必须用振动夯进行修整，如图 6.7 所示。如果在开放端部位出现碾印，用平板夯进行处理。

（13）接缝处理。摊铺过程中原则上不允许出现横缝，纵缝的处理分为热缝施工和冷缝施工。

1）热缝施工。热缝是指混合料摊铺时，相邻条幅的混合料已经预压实到至少 90%，但温度仍处于 100℃以上适用于碾压情况下的接缝。防渗层，加厚层的热缝处理是对先铺层接缝处层面应用摊铺机将边坡压成 45°，然后进行相邻条幅的摊铺与碾压，接缝两边一起由碾压机压实。整平胶结层的热缝如果温度下降太快可用红外加热器加热至 90℃以上即可。

图 6.7 接头开放端碾压

2）冷缝施工。接缝表面应涂冷沥青，冷沥青刚涂好之后不能马上进行摊铺，必须要在冷沥青中的汽油完全挥发掉之后，方可进行摊铺。冷缝施工有纵向冷缝施工和横向冷缝施工之分。

a. 纵向冷缝施工。前一条幅摊铺时，先利用振动压板压到收工前最后条幅的边界，包括边缘与层面呈 45°斜面，再用后续的振动碾压实到离接缝 10cm 处。对已冷却的上一个铺筑好的条幅进行下

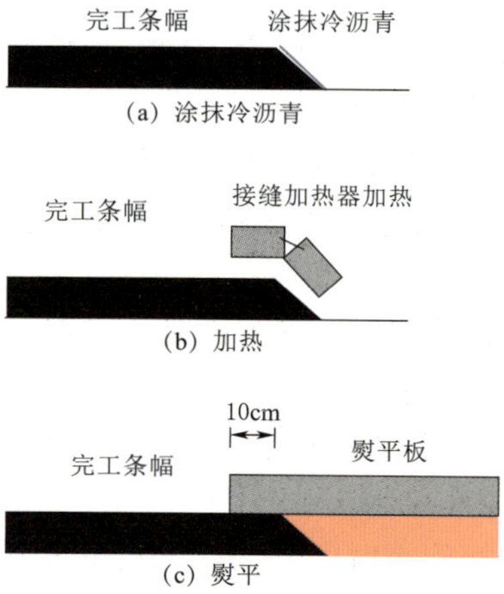

图 6.8　与冷缝相接新条幅摊铺施工

一条幅铺筑时，应用装在摊铺机旁的红外线接缝加热器对接缝加热，以使接缝整合平滑，加热温度应控制在 100～130℃之间。使用加热器加热施工接缝，必须保证加热深度（试验确定）。并应严格控制温度和加热时间，防止因温度过高而使沥青老化。摊铺机因故停止工作时，应及时关闭加热器。对冷缝 45°斜面进行加热时，其加热方向应与斜面基本平行，并尽量靠近加热面。与冷缝相接新条幅摊铺施工如图 6.8 所示。

开始新条幅初碾前，先对已摊铺条幅用振动碾进行碾压，在新条幅边缘至少覆盖 10cm，要保证接缝表面以下 7cm 处的温度高于 60℃。碾压至少 2 遍，前振后静。当对新摊铺条幅用振动碾进行初碾时，对已摊铺条幅边缘至少覆盖 10cm 碾压（图 6.9）。

b. 横向冷缝施工。横向冷缝施工类似于纵向冷缝施工。摊铺部分碾压完毕后，用平板夯或振动碾沿横向冷缝方向充分碾压并用振动碾把冷缝开放端修整成 45°，然后涂上冷沥青。

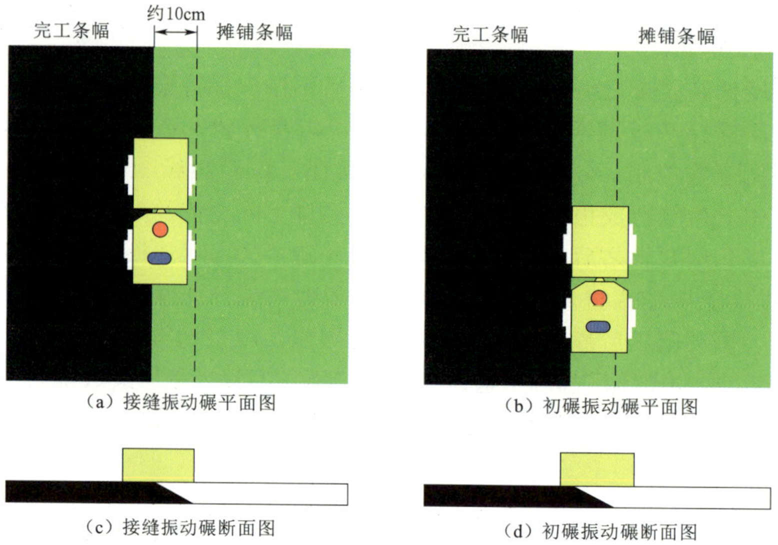

图 6.9　纵向冷缝施工

开始接着冷缝摊铺新部分前，用加热器加热已摊铺部分边缘（横缝）部位并保证至少 10mm 深度的温度高于 100℃。

用平板夯、振动夯或振动碾对已摊铺和新摊铺部分进行碾压并保证至少 10cm 的覆盖宽度。保证接缝表面以下 7cm 处的温度高于 60℃；当开始新摊铺条幅初碾的同时对已摊铺条幅进行碾压。

(14) 接缝后处理。施工缝是沥青混凝土的质量薄弱环节，在施工过程中，应对冷接缝施工条带做好记录，冷缝在施工完毕后，应及时对接缝按照规范和技术要求对接缝施工质量进行检测，若发现接缝处孔隙率偏低，则组织对接缝进行后处理。处理方法为：用红外加热器对接缝处进行加热，然后用夯具夯实。

(15) 库底沥青玛蹄脂封闭层施工。沥青玛蹄脂在防渗层摊铺完毕后应及时进行，对沥青表面进行清洗，验收合格后，进行沥青玛蹄脂摊铺，沥青玛蹄脂摊铺分两层施工，上下层之间骑缝 1.5m；原则上当天刮布第一层的，应在冷却后立即完成第二层刮布，以保证层间黏结。根据工艺试验，第一层刮布完成后，待玛蹄脂表面不粘鞋时即可进行第二层刮布。

6.3.2.3　示例图片

库底碾压及接缝处理如图 6.10 所示；条带开放端处理如图 6.11 所示；铺筑厚度检测如图 6.12 所示；库底防渗层铺筑如图 6.13 所示。

图 6.10　库底碾压及接缝处理

图 6.11　条带开放端处理

图 6.12　铺筑厚度检测

图 6.13　库底防渗层铺筑

6.3.3　斜铺摊铺施工

6.3.3.1　工艺流程

斜坡摊铺施工工艺流程如图 6.14 所示，主要包括测量放线、摊铺机下行、起吊回转、运料卸料、摊铺温度检测、接缝控制、摊铺面平整、人工铺摊等。

6.3.3.2　工艺质量安全要点

（1）进行摊铺之前，应先进行施工放线、场地清理、机械检查等准备工作。在进行冷缝摊铺时，冷缝处提前 1h 涂刷稀释沥青。

（2）施工过程中应注意：①控制熨平板的振动频率和振幅，要求与试验时的振动频率及振幅保持一致，以便保证摊铺过程中的预压实效果；②保持摊铺机的匀速平直行驶；③保证接缝加热效果；④在摊铺过程中，遇到有风天气，混合料温度下降过快，质检人员必须时刻注意摊铺后的条幅温度，对不能及时碾压部位，指挥机械队对摊铺的条幅进行保温覆盖。

（3）斜坡沥青混凝土碾压流程如图 6.15 所示。

（4）库坡摊铺碾压配置两台小型振动碾：一台负责起弧段的平碾，一台由副绞架牵引，负责库坡碾压，如图 6.16 所示为斜坡施工机械设备组织。碾压的基本要求是保证摊铺层达到规定的压实

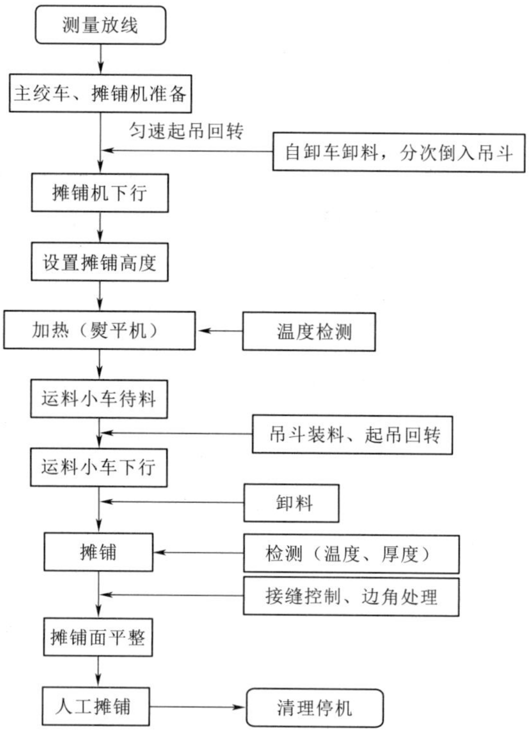

图6.14　斜坡摊铺施工工艺流程

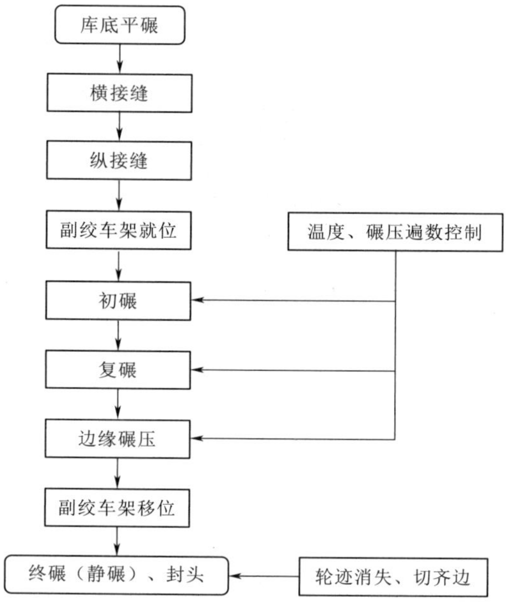

图6.15　斜坡沥青混凝土碾压流程

度和表面平整度。开放端的碾压方法与库底一致。斜坡碾压要求及方法同库底一致，所不同的是斜坡碾压需要牵引，利用副绞车牵引斜坡碾压机械完成斜坡碾压。在摊铺过程中因施工布置问题，碾压滞后摊铺一定距离，施工过程中易出现接缝碾压温度偏低、初碾温度偏低等问题，施工过程中具体控制要求如下：

1）为能及时进行碾压，碾压单元以15～20m为一个单元进行碾压作业，以保持施工的连续性。

2）接缝碾压因靠近副绞车侧，须尽量尽早开始进行碾压。初碾在确保安全的前提下，应斜向开始。

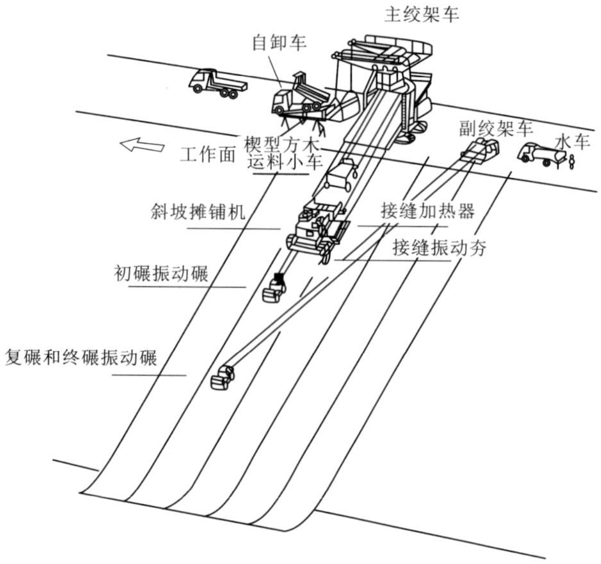

图6.16　斜坡施工机械设备组织

3）在无法进行初碾部位，温度下降过快时，应对摊铺部位进行保温覆盖。

4）严格控制碾压振动方式，确保前进振动、后退静止的碾压方式。上述问题由现场质检人员发出指令给机械队带班班长，负责组织作业人员执行指令。

（5）库坡接缝处理。库坡的接缝要求与库底基本一致。由于坡面施工时，碾压不能及时跟进，在施工时，除增加加热器数量，减慢摊铺速度增加加热持续时间外，在接缝处设置一台小型振动夯，跟进摊铺机对接缝进行夯实。同时质检员应通过机械队负责人让斜坡碾尽早跟进对接缝进行碾压。

（6）库坡接缝后处理。对于斜坡接缝部位，另外安排专人跟进趁热对接缝表层加热，用夯具夯实。

（7）加筋网的保护。在接缝加热过程中，红外加热器加热时，在加热范围的接缝下方设置铁片，隔绝加热器对加筋网的直接烧烤，防止烧损加筋网。在摊铺机下放进入加筋网范围内时，严禁转向，以避免带动加筋网。若带动加筋网时，需移开摊铺机，恢复加筋网。

（8）斜坡封闭层施工。

1）涂刷封闭层前，将防渗层表面清理干净、干燥。被污染而清理不净的部分，应喷洒冷沥青。还要对接缝不平处（包括横缝与纵缝）进行处理，采用手持式加热枪将接缝加热，使混合料松软，然后用方锹铲平，最后人工夯实。

2）玛蹄脂运输车至拌和楼接料后匀速运输行驶，进行库底作业时运输车应掉头至卸料平台，进行库坡作业时卸料至吊罐后转运卸料。

3）玛蹄脂沥青刮布车就位接料之后，洒布车加热保温，待温度达到要求之后玛蹄脂洒布车放刮板调整洒布厚度，开启卸料阀门。进行涂刷时洒布车应匀速行驶，速度保持在 4～10m/min，库坡作业时牵引台车助力行驶作业，作业时应对厚度进行检查（由作业人员自检、质检员复检），施工接头重叠 10cm 左右。

6.3.3.3　示例图片

斜坡摊铺施工如图 6.17 所示；库坡封闭层沥青玛蹄脂施工如图 6.18 所示；库坡整平层铺筑如图 6.19 所示；库坡防渗层铺筑如图 6.20 所示。

图 6.17　斜坡摊铺施工

图 6.18　库坡封闭层沥青玛蹄脂施工

图 6.19　库坡整平层铺筑

图 6.20　库坡防渗层铺筑

6.3.4　人工摊铺区、特殊部位施工

6.3.4.1　工艺质量安全要点

（1）人工摊铺施工。

1）人工摊铺区施工前，先对细部结构混凝土表面进行检查，对缺陷进行修补。

2）沥青混凝土面板与混凝土刚性建筑物的连接面不允许有锚栓、支杆等构件穿过面板。沥青混凝土与混凝土的连接，先将混凝土表面的水泥浆硬壳用钢丝刷或凿毛机凿毛，清出完好的混凝土，用压缩空气清除所有附着物后，在混凝土表面喷刷填料专用胶，待其成丝状时再铺设塑性过渡材料，然后铺沥青砂浆。混凝土表面在涂刷冷沥青前应烘干。

3）对廊道混凝土上的止水槽用塑性填料嵌填。在止水槽嵌填之前，应将混凝土表面及止水片（带）表面清除干净，涂塑性填料专用胶水，最后嵌填塑性填料。

4）斜坡楔形体一般采用沥青砂浆或细粒式混凝土，施工应由低到高薄层铺设，层厚宜为30～50cm，浇筑温度宜为140～160℃。铺筑上一层时，应待下层沥青混凝土冷却后再进行。楔形体冷却后方可进行上部沥青混凝土面板铺筑。面板与刚性建筑物的连接部位可设置后铺带，将先铺筑的各层沥青混凝土错缝做成阶梯状。各层层间错距应大于1m，采用斜面平接时，交角宜为30°～45°（图6.21）。

5）防渗层施工如图6.22所示。此处防渗层施工要分层施工，加厚层由人工摊铺完成，采用小振动碾或平板夯压实，防渗层由摊铺机摊铺。

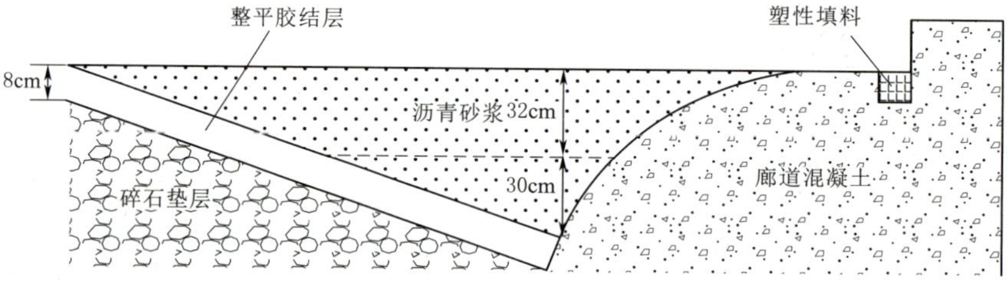

图6.21　沥青砂浆施工

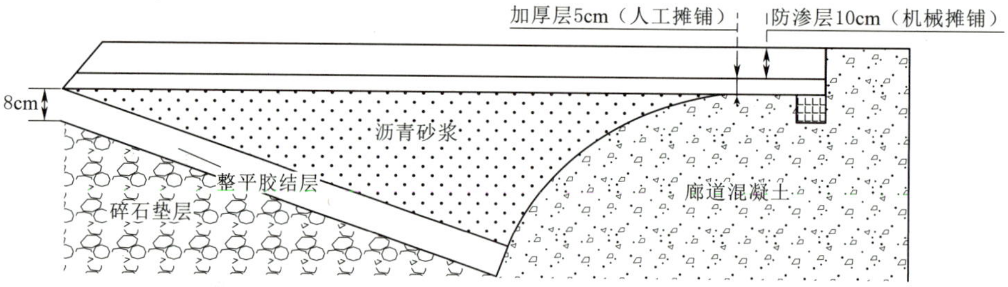

图6.22　防渗层施工

（2）特殊部位施工。

1）库底摊铺圆弧段施工。反弧段摊铺完成进行斜坡直线摊铺时，摊铺机应重新调整摊铺厚度（可在摊铺机的熨平板下放置与松铺厚度一致的方木，以达到控制厚度的目的），避免出现摊铺厚度达不到设计要求的现象。

2）库坡圆弧段施工。沥青混凝土面板的库坡圆弧段施工条幅为梯形。施工采用机械摊铺，施工方法为：在条带边缘设置方木，方木厚度同摊铺条幅松铺厚度，摊铺机单侧进料、送料摊铺。与相邻条带接缝段红外加热器改为可调式，调整幅度大于60cm，在摊铺机摊铺行进过程中，设置一

名操作人员负责调整控制加热器与加热面的距离。在摊铺过程中，对方木边线应进行修边和夯实处理。

6.3.4.2　示例图片

人工摊铺沥青砂浆如图 6.23 所示；塑性填料施工如图 6.24 所示。

图 6.23　人工摊铺沥青砂浆

图 6.24　塑性填料施工

6.4　WHS 质量控制点

沥青混凝土防渗面板施工主要工序 WHS 质量控制点见表 6.1。

表 6.1　　沥青混凝土防渗面板施工主要工序 WHS 质量控制点

序号	质 量 控 制 点	W（见证）	H（停工待检）	S（旁站）
1	层面处理（包括整平层、防渗层和封闭层）		√	
2	测量（包括条带划分、厚度原位监测点）		√	
3	沥青混合料温度（包括机口、来料、现场摊铺、碾压、接缝）	√		
4	铺筑厚度（包括整平层、防渗层、封闭层）			√
5	碾压遍数			√
6	振动碾行走速度			√
7	无损检测（条带表面和接缝处）	√		
8	钻孔取芯		√	

6.5　质量检查与验收

6.5.1　摊铺厚度

（1）现场整平层和防渗层摊铺厚度控制由水平尺配合钢尺检查控制摊铺厚度，并作为评定依据；同时由布设在碾压条带上的测点计算测量结果作为复核检测数据备查；碾压完毕后由水平尺配合钢尺复核检查开放端厚度，作为下一层摊铺时接缝边的厚度控制依据。

（2）直尺测量厚度由水平尺气泡居中视为水平，然后采用钢尺垂直摊铺面的量测值视为摊铺厚度，沿摊铺条带每 10m 测 1 次。

（3）碾压完成后的接缝边的直尺测量数据结果发现异常时，应查明原因，检查边缘是否有变形、外挤等情况。

表 6.2　　沥青混凝土面板容许误差

项　　目	容许误差/mm
整平胶结层	−4～40
防渗层	0～10
封闭层	−0.5～0.5

（4）条幅中间厚度测量采用原位测量，根据摊铺时布设的测点计算摊铺厚度，来评价摊铺厚度。如有异常，应及时查明原因。测点布设按照摊铺条幅，直线段每 10m 一点，圆弧段每 5m 一点。

（5）封闭层。封闭层一般厚度为 2mm，分两层涂刷，每层涂刷厚度为 1mm，由专用仪器测量涂刷厚度。

（6）沥青混凝土面板容许误差，见表 6.2。

（7）摊铺完成后各层铺筑面应平整，不允许突变，在 3m 直尺范围内的不平整度不超过 10mm，其检测次数为每一条幅每 10m 测一个点。

6.5.2　摊铺及碾压温度质量

（1）由质检员手持温度计进行测量，探针从摊铺厚度 1/2 处水平插入，待温度稳定后视为摊铺温度，并记录温度数据。

（2）现场碾压质量控制要从初碾、复碾、终碾三个方面按照表 6.3 严格控制。

表 6.3　　摊铺碾压温度控制标准

项　目	碾压流程	控制温度/℃	碾压遍数	碾压方式
整平胶结层	初碾	>130	通过试验确定	静压
	复碾	>105		前进振动；后退不振动
	终碾	>90		静压
防渗层与加厚层	初碾	>140		静压
	复碾	>115		前进振动；后退不振动
	终碾	>90		静压

（3）由于特殊原因，现场碾压温度难以达到上表控制标准时，应采取保温措施或停止施工。

（4）碾压时必须严格控制碾压方式，振动时必须遵守库坡上行振下行不振，库底前行振后行不振的原则进行振动碾压。

（5）沥青混合料的温度检测原则应按照表 6.4 进行控制，在施工中应增加测温次数，以便准确控制各施工环境的温度。

表 6.4　　沥青混凝土面板检验频次

项　　目	检　验　频　次
到场温度	每车 1 次
摊铺温度	每 5m 检测 2 次
初碾温度	2 次/每碾压条带（初碾开始温度及终碾碾压前最低温度）
复碾温度	
终碾温度	
冷接缝加热温度	横向 2 次；纵向每 10m 检测 1 次
封闭层涂刷温度	每条检测 2 次

6.5.3　接缝质量

（1）在摊铺碾压后及时安排进行无损检测，边施工边检测，每 $50m^2$ 范围内，在条幅表面和接缝面上各选一测点，并在坝面温度与气温接近的条件下用密度仪进行孔隙率检测，对铺筑质量可疑的部位采取增加测点。

（2）每条带铺筑完成后，应及时进行钻孔取芯检测，每 500～$1000m^2$ 至少取样 1 组，对沥青混凝土的孔隙率、渗透系数、铺设厚度和力学性能进行检验，并将试验数据及时提交施工现场质控人员，以便及时分析原因或调整现场控制方式。

6.5.4　加筋网及封闭层

（1）加强网格的铺设控制与检验。加强网格的铺设，要求搭接长度大于 25cm；铺设前先涂刷乳化沥青，然后铺设加筋网，完毕后尽快涂刷乳化沥青。待乳化沥青干燥后及时安排下一步摊铺作业。

（2）封闭层玛蹄脂的涂刷温度应控制在 170～180℃，涂刷厚度 2mm，施工部位地表温度在 10℃以上时，按表 6.5 和表 6.6 参数控制。

表 6.5　　沥青玛蹄脂温度控制

项　目	拌和楼出料温度	沥青玛蹄脂保温运输车温度设定	洒布车温度	涂刷温度
控制温度	180～200℃	175℃	180℃以上	170～180℃

表 6.6　　沥青玛蹄脂厚度控制

项　目	控制参数
厚度	设计厚度
允许偏差	0～0.5mm
检验频次	每条 3 个点

6.5.5　原材料质量

沥青混凝土原材料质量检测项目及频次要求见表 6.7。

6.5.6　混合料质量

（1）拌和楼运行参数设定及温度控制。根据沥青混凝土配合比试验以及场内工艺性试验结果，对试验中出现的问题进行分析和总结，初步拟定拌和楼运行参数，包括沥青混凝土配合比、各控制点温度、干拌周期、湿拌周期。整平胶结层沥青混凝土拌制过程中各控制点的温度见表 6.8。对拌和楼运行过程以及原材料使用情况作详细记录，特别是出产温度记录，要求每车检测一次。

（2）杜绝白花料。由于矿粉在生产、运输、储藏过程中，局部吸收空气中的水分，凝结成团，在搅拌过程中不能均匀散开，在沥青混凝土混合料中还有部分矿粉团，裂开后散落其中，呈花白状。针对这个问题，要求在矿粉生产、运输、储藏过程中加强密闭措施，同时适当延长沥青混凝土混合料拌制时间。并且，在沥青混凝土混合料出炉以后，立即目测检查是否存在白花料，存在白花料的沥青混凝土混合料不能在工程上使用。

（3）运输过程中的质量保证措施：

1）运输设备。拌和好的沥青混凝土混合料，运输方式通常有两种：一种是专门设计的保温罐加上四轮汽车；另一种是改装后的自卸汽车。从装料速度、卸料速度、安全保证来看，后一种运输工具更为方便。在自卸汽车后面挡板上安装制动灵活的开关，同时为避免沥青混凝土热量损失以及其他杂物、尘土等混入，顶部安装活动的帆布顶篷，装料后及时盖上帆布。

2）清洁工作。装料前必须清扫自卸汽车车厢，保证沥青混凝土混合料内不混入其他杂质。在自卸汽车进入施工现场前，利用刷子或空压机对其轮胎进行清扫，防止尘土杂物被带入施工现场。

表 6.7　　沥青混凝土原材料检测项目及频次要求

<table>
<tr><th>材料</th><th colspan="3">检测项目</th><th>检测频次</th><th>备注</th></tr>
<tr><td rowspan="19">沥青</td><td colspan="3">针入度（25℃，100g，5s）</td><td rowspan="5">同厂家、同标号沥青每批检测 1 次，每 30t 或一批不足 30t 取样 1 组，若样品检测结果差值大，应增加检测组数</td><td rowspan="13">取自沥青仓库</td></tr>
<tr><td colspan="3">针入度指数 *PI*※</td></tr>
<tr><td colspan="3">软化点（环球法）</td></tr>
<tr><td rowspan="2">延度</td><td colspan="2">15℃（5cm/min）</td></tr>
<tr><td colspan="2">5℃※或 4℃（5cm/min※或 1cm/min）</td></tr>
<tr><td colspan="3">密度（25℃）</td><td rowspan="8">同厂家、同标号沥青每批检测 1 次，取样 3 组，超过 1000t 增加 1 组</td></tr>
<tr><td colspan="3">含蜡量（裂解法）</td></tr>
<tr><td colspan="3">脆点</td></tr>
<tr><td colspan="3">溶解度（三氯乙烯）</td></tr>
<tr><td colspan="3">闪点（开口法）</td></tr>
<tr><td colspan="3">运动黏度（135℃）※</td></tr>
<tr><td colspan="3">弹性恢复（25℃）※</td></tr>
<tr><td colspan="3">离析，48h 软化点差※</td></tr>
<tr><td rowspan="6">薄膜烘箱后</td><td colspan="2">质量损失</td><td rowspan="4">同厂家、同标号沥青每批检测 1 次，每 30t 或一批不足 30t 取样 1 组，若样品检测结果差值大，应增加检测组数</td><td rowspan="4">取自沥青仓库</td></tr>
<tr><td colspan="2">针入度比</td></tr>
<tr><td colspan="2">软化点升高</td></tr>
<tr><td colspan="2">脆点※</td></tr>
<tr><td rowspan="2">延度</td><td>15℃（5cm/min）</td><td rowspan="2"></td><td rowspan="2"></td></tr>
<tr><td>5℃※或 4℃（5cm/min※或 1cm/min）</td></tr>
<tr><td rowspan="11">阳离子乳化沥青</td><td colspan="3">破乳速度</td><td rowspan="11">每次交货和每次使用之前检测 1 次，取样 3 组</td><td rowspan="11">取自乳化沥青储存容器</td></tr>
<tr><td colspan="3">筛上残留物（1.18mm 筛）</td></tr>
<tr><td rowspan="2">黏度</td><td colspan="2">恩格拉黏度计 E25</td></tr>
<tr><td colspan="2">道路标准黏度计 C25.3</td></tr>
<tr><td rowspan="4">蒸发残留物</td><td colspan="2">残留物含量</td></tr>
<tr><td colspan="2">溶解度</td></tr>
<tr><td colspan="2">针入度（25℃）</td></tr>
<tr><td colspan="2">延度（15℃）</td></tr>
<tr><td colspan="3">与粗骨料的黏附性，裹附面积占总面积</td></tr>
<tr><td rowspan="2">常温储存稳定性</td><td colspan="2">1d</td></tr>
<tr><td colspan="2">5d</td></tr>
<tr><td rowspan="4">填料</td><td colspan="3">表观密度</td><td rowspan="3">每 50t 取样 1 次，不足 50t 按 1 个取样单位抽样检测</td><td rowspan="4">取自储料罐</td></tr>
<tr><td colspan="3">含水率</td></tr>
<tr><td colspan="3">亲水系数</td></tr>
<tr><td colspan="3">细度</td><td>每 10t 取样 1 次，不足 10t 按 1 个取样单位抽样检测</td></tr>
</table>

续表

材料	检测项目		检测频次	备注
细骨料（含人工砂和天然砂）	表观密度		每 $1000m^3$ 为 1 个取样单位，不足 $1000m^3$ 按 1 个取样单位抽样检测	取自成品料仓
	吸水率			
	耐久性			
	水稳定等级			
	有机质含量			
	泥土含量			
	石粉含量			
	轻物质含量			
	超径			
粗骨料	表观密度		每 $1000m^3$ 为 1 个取样单位，不足 $1000m^3$ 按 1 个取样单位抽样检测	取自成品料仓
	吸水率			
	针片状颗粒含量			
	耐久性			
	与沥青的黏附性			
	含泥量			
	压碎值			
	骨料碱值			
	级配及超逊径	超径	每 $100m^3$ 为 1 个取样单位，不足 $100m^3$ 按 1 个取样单位抽样检测	
		逊径		

注　表中带"※"的项目为改性沥青增设试验项目。

表 6.8　整平胶结层沥青混凝土拌制过程中各控制点的温度

项　　目	温度/℃	项　　目	温度/℃
混合料搅拌	150～170	骨料加热	＜200
沥青罐	150～170	热料仓	180～200

3）防黏剂。装料前，按 0.06L/m^2 的标准在车厢内喷洒防黏剂。喷洒完毕后升起车厢，待确认车厢内没有防黏剂流下后开始装料。

4）沥青混凝土的储存和运输。无论哪种运输方式，都必须保证沥青混凝土混合料的储存温度，并严格控制储存时间在 24h 内。汽车在运输沥青混凝土混合料过程中也应防止突然制动，避免沥青混凝土混合料在运输过程中产生骨料离析。并且，沥青混凝土混合料在吊转等垂直运输过程中，也应均匀下落，防止料罐摆动过大或转动造成沥青混凝土混合料分层离析。

（4）沥青混合料制备检验与控制标准。沥青混合料制备检验与控制标准见表 6.9。

表 6.9　沥青混合料制备检验与控制标准

检验对象	检验场所	检验项目	检　验　标　准	检测频次
沥青	沥青热储罐	针入度（25℃，100g，5s）	符合设计要求	正常生产情况下，每天至少检查 1 次
		软化点（环球法）		
		延度（5℃或 4℃）		
		温度	按拌和温度确定	随时监测

续表

检验对象	检验场所	检验项目	检验标准	检测频次
粗细骨料	热料仓	级配	测定实际数值，计算施工配料单	计算施工配料单前应抽样检查，每天至少 1 次，连续烘干时应从热料仓抽样检查
		温度	按拌和温度确定，控制在比沥青加热温度高 20℃之内	随时监测，间歇烘干时应在加热滚筒出口监测
矿粉	拌和系统矿粉罐	细度	计算施工配料单	至少 1 次/周，必要时增加监测次数
沥青混合料	拌和站混合料储罐出口	沥青含量	±0.3%	正常生产情况下，每天至少抽提 1 次
		矿料级配	配合比允许误差：粗骨料±5%，细骨料±3%，矿粉±1%	正常生产情况下，每天至少抽提 1 次
		孔隙率	10%～15%/≤3%（现场芯样或无损）	正常生产情况下，每天至少检查 1 次
		渗透系数	$1\times10^{-2}\sim1\times10^{-4}/\leqslant1\times10^{-8}$	1 次/周
		外观检查	色泽均匀、稀稠一致、无花白料、无黄烟和其他异常现象	混合料出机后，随时进行观察
		温度	按试拌试铺确定，或根据针入度选定	随时监测
沥青玛蹄脂	涂刷现场	配合比、加热温度	按试验确定的施工配合比	正常生产情况下，每天至少检查 1 次

6.6 相关标准

《水工建筑物塑性嵌缝密封材料技术标准》（DL/T 949）
《水工沥青混凝土试验规程》（DL/T 5362）
《水工碾压式沥青混凝土施工规范》（DL/T 5363）
《土石坝沥青混凝土面板和心墙设计规范》（DL/T 5411）
《土工合成材料测试规程》（SL/T 235）
《公路沥青路面施工技术规范》（JTG F40）
《公路工程沥青及沥青混合料试验规程》（JTG E20）
《抽水蓄能电站工程安全文明施工设施》（Q/GDW 11586）

第 7 章 面板接缝止水施工工艺

7.1 适用范围

本工艺适用于混凝土面板堆石坝上游面板永久接缝止水施工。

7.2 施工程序

面板接缝止水施工程序如图 7.1 所示。

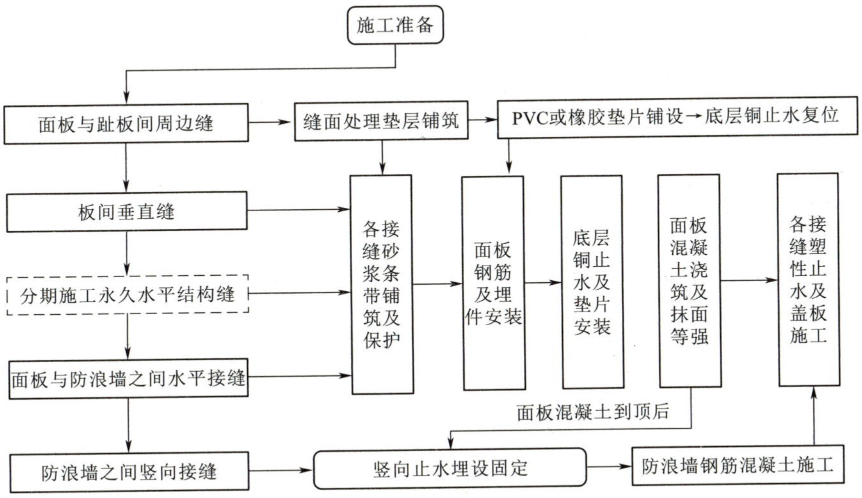

图 7.1 面板接缝止水施工程序

施工流程图说明：本工艺以中/高坝常用的两层止水结构型式为基础编写，即面板底部布置 W 形（含面板与防浪墙之间水平缝 V 形）铜止水、顶部布置塑性止水，在此基础上，增加了高坝面板分期施工时上、下板之间水平结构缝工序，以虚框表示，若不分期时，则无此工序。

7.3 工艺说明与工艺要求

7.3.1 施工准备

7.3.1.1 技术准备

（1）图纸会审及设计交底。应按照《国网新源公司工程建设技术管理办法》（新源（基建）

Y004）的规定进行图纸会审和设计交底，会议提出的优化建议必须经过设计单位的书面确认。会审和交底时应侧重于止水材料的安装位置、材料规格、衔接及固定方式四方面内容。

（2）施工方案及作业指导书编制。应编制止水施工专项方案，之后结合工艺试验成果编制操作性强的作业指导书。作业指导书至少应分为铜止水、面层塑性止水、橡胶止水等。

（3）工艺试验。应在施工准备阶段完成关键工序的施工工艺试验，目的为通过试验找出不足，进而制定针对性的改进措施，确定出合理的工艺、工法。试验前应编制试验方案，试验时技术人员应详细记录以下数据：使用设备、工器具、焊接材料、辅助材料的规格型号；设备及工器具的操作流程和要点；人员构成及数量、场地条件；工效指标等。工艺试验项目应包括以下内容：

1）同材质止水材料之间、不同材质止水材料之间的接头连接试验。

2）铜止水滚压成型工艺试验。

3）止水带（片）的安装加固工艺试验。

4）塑性材料铺筑工艺试验（手工、机械摊铺两种）等。

（4）施工技术管理。各参建单位均应派人专门负责有关技术质量、安全管理工作，监理应组织协调各方及时处理施工中出现的技术问题。

1）施工项目部总工、技术质量管理部门应具体负责专项方案、作业指导书、工艺试验方案的编制，严格组织落实三级质量检查制度，及试验、测量、技术交底工作。

2）监理工程师应跟班监督检查，每道工序验收合格后才允许进入到下一道工序施工；监理试验工程师要见证进场原材料、关键工序的检验、试验工作，试验结果合格后才允许使用或进入到下一工序。

3）按照重要隐蔽工程、关键单元的质量管理规定，发包人、设计单位应派人参加监理组织的工序、单元工程质量检查和验收，以及工艺试验方案审查、结果评审等工作。

7.3.1.2　劳动力组织准备

（1）面板止水施工专业性强、技术要求高，必须成立专门施工班组，作业人员必须进行技能培训并考试合格后才允许操作。

（2）应由有经验的作业人员或材料、设备供应厂家技术人员进行作业人员技能培训，参与工艺性试验、作业指导书的编制工作。

（3）塑性止水（含表层涂覆型止水）工序应委托专业队伍施工，施工时厂家应派技术人员常驻现场指导施工，直至施工完成。

（4）施工期间，施工承包商应由一名项目部领导在现场负责全过程施工管理。

7.3.1.3　工程材料准备

（1）材料进场前进行检查验收和取样送检，严禁不合格材料进入现场。

（2）原材料。包括：铜止水卷材、橡胶止水带、PVC 板、抗挤压橡胶板、塑性填料；填料盖板、固定盖板的型钢（不锈钢角钢或扁铁）、螺栓；沥青、乳化沥青（可现场配制）、其他黏结剂及密封材料；铜焊条、铜止水焊剂、未硫化的橡胶生胶片等。

（3）半成品。

1）各型止水带（片）异形接头，不应在现场加工，应提前委托厂家加工；缝内布设沥青木板时，必须双面刨光，尺寸规则统一、厚度、防腐质量符合设计要求。

2）在现场加工成型的各类型铜止水，每条止水均要按照质量标准检查，合格才允许现场铺设；少量铜止水异型接头必须现场加工时，加工完成后应进行退火处理。

7.3.1.4　施工设备准备

（1）主要设备。主要设备有滚压式铜止水压延机（多功能，能改造压制本工程各类铜止水），橡胶止水硫化胶结仪（含配套电气控制箱），GB 塑性防水材料成型机（机械铺设时使用），钨极氩弧焊机（车间或现场使用）。

滚压式铜止水压延机如图 7.2 所示；橡胶止水硫化连接设备如图 7.3 所示；沥青熬制锅如图 7.4 所示；沥青砂浆拌和机如图 7.5 所示；材料挤出成型机如图 7.6 所示；薄铜止水焊接钨极氩弧焊机如图 7.7 所示。

图 7.2　滚压式铜止水压延机

图 7.3　橡胶止水硫化连接设备

图 7.4　沥青熬制锅

图 7.5　沥青砂浆拌和机

图 7.6　材料挤出成型机

图 7.7　薄铜止水焊接钨极氩弧焊机

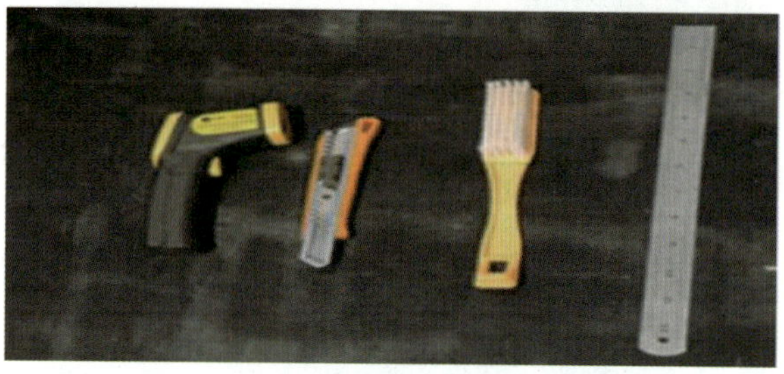

图 7.8　橡胶止水连接常用工器具

（2）辅助设施准备及工器具：①塑料止水热熔接加热板，橡胶止水夹板连接时用钢板及螺栓；②锉刀、美工刀、钢板尺、刷子（图 7.8）；③电锤、扳手、角磨机；④氧气瓶、乙炔瓶（或丙烷、丁烷混合气瓶）、气焊喷枪及管路、汽油喷灯等。

（3）安全及防护用品准备。安全带、安全绳、卷扬机及钢丝绳、上下交通用绳梯、干粉灭火器。底层铜止水施工时，安全防护设施同混凝土施工一并考虑，面层止水施工时要重新布设。

7.3.1.5　现场准备

（1）各类接缝止水施工应具备的条件。

1）趾板止水和周边缝止水安装。趾板基础开挖完成，趾板后坝基石方开挖工作基本完成，趾板上、下游两道止水坑开挖完成。

2）垂直接缝及水平结构缝底层铜止水、垫片安装：缝底部砂浆条带铺筑完成并达到设计强度，坡面隔离层施工完成（按设计要求确定是否设置），钢筋安装完成。

3）防浪墙竖向铜止水。面板铜止水施工完成，且在面板混凝土浇筑完成一个月后作为混凝土单元预埋件的一部分组织施工。

4）缝面顶部塑性止水施工。混凝土已浇筑完成，相邻两块混凝土中后浇筑的一块混凝土强度达到 70%以上时开始清理修整缝面，缝面处理合格。

（2）其他条件。人员上下交通条件已形成；趾板前临时抽水坑及抽水设备及管路安装完成，渗水水位比止水坑最低位置不少于 50cm；安全防护设施施工完成，具体应按照《抽水蓄能电站工程安全文明设施导则》（Q/GDW 11586 ）的规定执行。其中塑性止水、铜止水焊接、沥青砂浆铺筑、热沥青施工时应配置灭火器，人员佩戴防高温烫伤、防毒等防护用具。

7.3.2　周边缝止水施工

7.3.2.1　工艺流程

趾板缝及周边缝施工流程如图 7.9 所示。

7.3.2.2　工艺安全质量控制要点

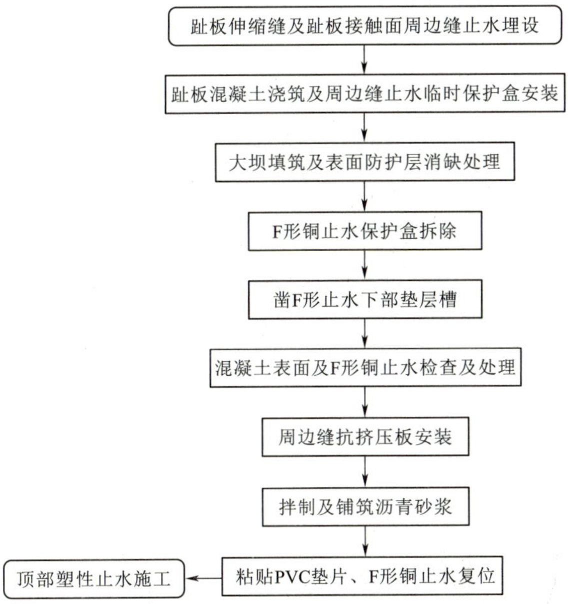

图 7.9　趾板缝及周边缝施工流程

（1）拆除 F 形铜止水保护盒时要做好对 F 形铜止水及其上层橡胶止水、接地、监测仪器及电缆保护，严禁割除及损坏。

（2）周边缝凿槽。先测量标识高程并拉线，做好坑槽轮廓标注后再凿槽，槽宽一般为 50～70cm，深度为 20cm 左右。可采用切割机切槽大坝上游面防护层后再用钢钎或羊镐凿除，最后将槽内杂物清除。开挖到位后检查坑槽尺寸，对超挖部分用小区料（特殊垫层料）回填，人工用小型冲击夯等设备夯压密实，局部用 M5 砂浆修补平至砂浆垫层低高程。

（3）混凝土面缺陷处理。对于混凝土表面缺陷按规范要求进行修补并打磨平整，外露的钢筋头予以割除并涂刷防锈漆或乳化沥青漆。顶部塑性止水槽打磨平整度控制在±5mm/2m。

（4）止水调整修复。凿槽后，人工用木槌对 F 形止水（含中部止水）进行调直、调平，对局部破损处进行补焊，清除进入 F 形铜止水鼻子内的混凝土并清洗干净后，填塞止水鼻子橡胶棒、建筑聚氨酯泡沫胶，填平后防水胶带封闭严密。

（5）缝面抗挤压板粘贴。清洗干净混凝土后，涂刷沥青黏结材料后及时粘贴抗挤压板，挤压板材质、厚度要符合设计要求。铺设范围为塑性砂浆垫层全部区域，同时要露出止水片（橡胶棒等）一半宽度。

（6）沥青砂浆铺筑。沥青砂浆可采用直接摊铺法或先安装预制垫块后再从顶部灌注热沥青填缝两种方法，具体做法根据设计要求确定。垫块应事先按设计要求预制完成，砂浆在场外拌制，用专用小车运输至工作面。

（7）PVC 垫片粘贴及 F 形铜止水复位。沥青砂浆顶面修平至与 F 形铜止水底面齐平，5m 长范围内平整度允许偏差不大于 5mm。砂浆铺筑到顶后涂抹 2mm 厚左右热沥青后粘贴垫片，最后用木槌敲击铜止水，使得铜止水紧贴在垫片上。之后在铜止水边沿与沥青砂浆结合面外侧粘贴止水胶条，防止混凝土浇筑时砂浆进入止水下部。

（8）其他质量控制点。趾板混凝土埋设的伸缩缝竖向铜止水与 F 形止水必须焊接牢靠，可采用空间性异形接头；伸缩缝上游侧埋设的橡胶止水应延伸至周边缝上部，在周边缝表面塑性止水施工时，深入塑性材料中。顶部塑性止水见 7.3.7 节。

7.3.2.3　示例图片

周边缝挖槽及沥青砂浆直接摊铺施工场景如图 7.10 所示。

7.3.3　垂直缝止水施工

7.3.3.1　施工程序

单块面板垂直缝施工流程如图 7.11 所示。

7.3.3.2　工艺安全质量控制要点

（1）凿槽及砂浆垫层施工。

图 7.10　周边缝挖槽及沥青砂浆直接摊铺施工场景

1）测量及标记。首先用全站仪测量边线、轴线位置并用油漆或白灰标注，宽度应比设计宽度宽 5～10cm，在两侧用钢筋钎子打入坝体 30～50cm，外露 10～20cm；然后从上到下凿除并清理干净，底高程应符合设计要求。

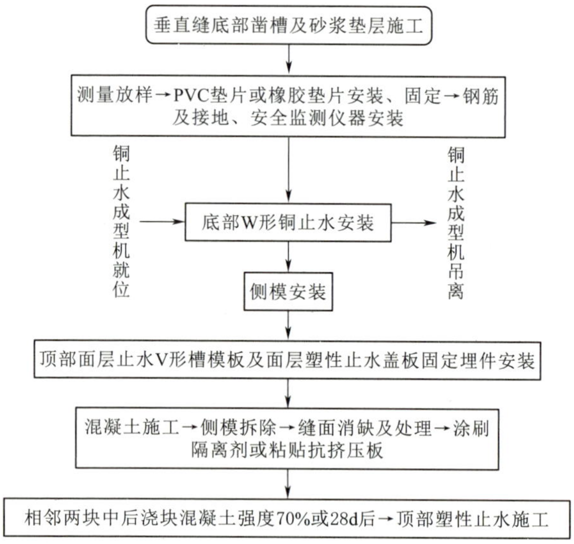

图 7.11　单块面板垂直缝施工流程

2）凿槽方法及标准。凿槽前应用切割机沿砂浆条带的边线切缝，切入至规定深度，边切边对切割机的刀片进行流水降温。切缝完成后对缝内高出的部位用风镐进行凿除，具体凿槽宽度、深度按设计要求执行。

3）砂浆摊铺。砂浆分为沥青砂浆和水泥砂浆，配合比试验结果应报监理审批，基础面清理干净后应从下到上分层逐层摊铺，沥青砂浆采用热法施工，水泥砂浆采用传统抹面工艺。控制标准为：厚度、宽度、强度满足要求，用 2m 直尺检查，表面平整度在 5mm 以内。水泥砂浆初凝、沥青砂浆冷却后用毡布覆盖，防止污染和损坏。

（2）铺设 PVC（或橡胶）垫片。垫片粘贴固定可采取：①在砂浆表面涂刷黏结剂或热沥青，厚度 2～3mm，之后立即铺设垫片，垫片紧密固定在砂浆条带上；②直接铺设垫片，用 5cm 长水泥钉固定在砂浆条带边沿处，钉子间距为 20～50cm，定子固定位置在 W 形铜止水外侧 2cm 处。质量合格标准为垫片须粘贴平整，无空鼓、无褶皱。

（3）底部 W 形止水制作及安装。

1）加工设备验收及工艺试验。应采用长止水滚压成型机加工各型铜止水，制作前应完成设备验收和工艺试验，满足要求后才允许投入到施工现场。

工艺试验工作要点：①应采用“先慢后快”的原则，控制电动机的运转速度，从最低速开始（大约 0.5m/min），查看设备运转正常后，将一定长度的铜带板放置到进料平台，缓慢用力推送止水片进入送料轮，自动进入碾压轮，上下碾压轮将止水滚压成型；②成型后，用游标卡尺检查成型止水的宽度、鼻中心、鼻高、鼻宽及上翘坡度、厚度等，同时截取一段进行力学性能试验；③应通过多次试验后确定合理的加工速度、操作流程等参数。

2）现场加工。应包括场地平整、机械吊放及固定、调试、试运转、成型加工五个工序。

a. 场地平整、机械吊放及固定。首先对仓号顶部坝顶修理整平、压实，再利用吊车配合人工将底座钢桁架放置在稳定地基上，桁架底部放置混凝土预制块压重，并设置钢筋地锚，加固完成并经验收合格后安装成型机，应与底座连接牢靠。成型机出料口对准面板垂直缝方向或略偏向外侧，倾斜坡度与面板基本相同。底座宽度两侧宽度大于成型机各 50cm，侧面设置爬梯、防护栏。

b. 用水平尺将成型机调试平稳，仔细检查各组成部分有无卡、压、变形、偏移和松动等影响因素，确认无误后进行机械调试。

c. 生产试运转。场外试运转合格后，首次在工作面使用时，调试、试运转时间约 20min。之后每次开始加工前，空载试运行 10min 左右。

d. 成型加工。加工成型的止水片顺面板送至作业面，在出料定位平台安排 1～2 名操作人员负责输送和摆放止水片。根据坡面斜长，每隔 50m 安排 1 人负责成型长止水的接收和摆放、临时固定，防止因过长而打扭，并为面板侧模安装做好准备。应在钢筋完成后再进行止水加工及安装，避免钢筋安装时触碰损坏止水。

e. 加工完成后，与成型机连接的铜止水用切割机或钢锯锯断，严禁用电焊、气割切断。

3）加工完成后拆除成型机及支座，转入其他仓号。

4）W 形止水安装：

a. 安装前对其铜止水表面浮皮、锈污、油渣等清除干净，检查和矫正加工缺陷。

b. 就位前需对砂浆 PVC 或橡胶垫片进行清理，测量标出中线标记及铜止水两侧标记，每 2～3m 用油漆标注一点。

c. 止水铜片接头焊接。止水接头应采取对焊或搭接焊连接，采用搭接焊时，搭接长度不小于 2cm，应采用双面焊，要求接头焊接处光滑、无气孔、无夹渣和断焊点，具体工艺方法见 7.5.7 节。

d. 止水鼻子充填封口及止水就位。止水片接长完成后，应清理铜止水鼻腔异物沟，先填塞 ϕ12mm 左右 PVC 棒或橡胶棒再填塞聚氨酯泡沫板，与止水底面齐平后用胶带封口。应在鼻子顶部一半长度范围粘贴胶带，满足鼻子适应变形功能要求。安装时应多人同时用力，轻拿轻放，避免扭曲变形、碰撞挤压。

e. 粘贴止水片与垫板之间的空隙。W 形铜止水就位后应用 GB 胶条封闭铜止水立腿与橡胶垫片之间的缝隙，防止砂浆进入缝隙。黏结前先将立腿及附近的 PVC 板清洗，涂刷 SK 底胶后再粘贴 2cm 宽左右的 GB 胶条。

f. W 形铜止的固定及保护。铜止水应加固牢靠，特别是鼻子位置，控制铜止水中心线偏差控制在±5mm 内。具体见面板混凝土施工有关内容；相邻块面板施工前，应采用方木压在外露的止水片翼板上方，用方木夹住支腿，再用扒钉将方木钉在一起，上盖毡布，防止产生变形和破坏。

（4）缝顶部 V 形槽模板安装。侧模安装完成后，将事先加工的直角形木条钉在侧模顶部，若侧模为钢模则用在钢模上穿孔，用拉杆固定木条。

（5）缝顶部塑性止水埋件安装。在严寒地区，固定面层塑性止水盖板应采取不锈扁钢＋平头螺旋的方式，混凝土施工阶段需要在钢筋网上提前埋设沉头螺栓螺母，如图 7.12 所示。

（6）模板拆除及接缝混凝土面处理。混凝土强度增长达到 3.5MPa 左右时可拆除侧面模板，要轻轻敲除模板和顶部预留槽三角形木条。对破损处用高一级砂浆抹平，对预留 V 形槽混凝土表面用角磨机打磨平整。之后涂刷 2mm 宽的乳化沥青；对于部分垂直缝，应按设计要求粘贴抗挤压板（橡胶板或沥青模板），厚度不小于设计要求。

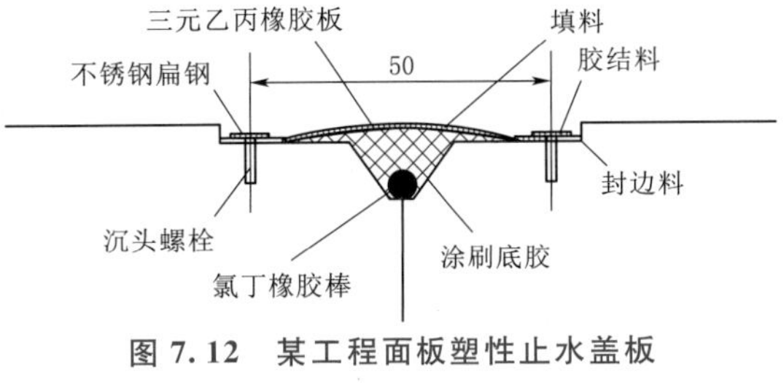

图 7.12　某工程面板塑性止水盖板固定及沉头螺栓布置

（7）面层塑性止水施工。内容见 7.3.7 节。

7.3.3.3 示例图片

垂直缝及与永久水平缝下部水泥砂浆垫层施工如图 7.13 所示；某工程铜止水滚压生产场景如图 7.14 所示；已安装到位的垂直缝 W 形如图 7.15 所示。

图 7.13 垂直缝及与永久水平缝下部水泥砂浆垫层施工

图 7.14 某工程铜止水滚压生产场景

图 7.15 已安装到位的垂直缝 W 形

7.3.4 面板间结构缝及面板与防浪墙之间永久水平缝止水施工

7.3.4.1 施工程序

施工程序与垂直缝基本相同，不同之处为垂直缝为竖向缝，走向与面板坡度相同，面板间结构缝、面板与防浪墙之间接缝外观呈水平向；垂直缝铜止水可用滚压机在缝顶部的“坝顶”一次性加工成型并安装，长度略大于一次性浇筑斜长，最大可达 100m，后两种缝止水应按仓号宽度加工，最大长度不大于 18m，应在工作面以外区域加工完成后，运输至现场安装。

7.3.4.2 工艺安全质量控制要点

（1）缝面底部砂浆防护层凿槽可与垂直缝底部砂浆防护层同时作业，空间上互不干扰，清理干净后，随着垂直缝砂浆铺筑的上升，到结构缝或水平缝时，一次性将砂浆垫层施工完成；PVC 板铺设、W 形止水安装随着垂直缝安装到水平缝（结构缝）位置时，安装异形止水接头，焊接形成一个闭环整体。

（2）结构缝顶部塑性止水施工见第 7.3.7 节。

7.3.4.3　示例图片

防浪墙底部水平缝及异型止水接头现场安装场景如图 7.16 所示。

图 7.16　防浪墙底部水平缝及异型止水接头现场安装场景

7.3.5　防浪墙竖向缝止水施工

7.3.5.1　施工程序

防浪墙施工缝止水及伸缩缝施工流程如图 7.17 所示。

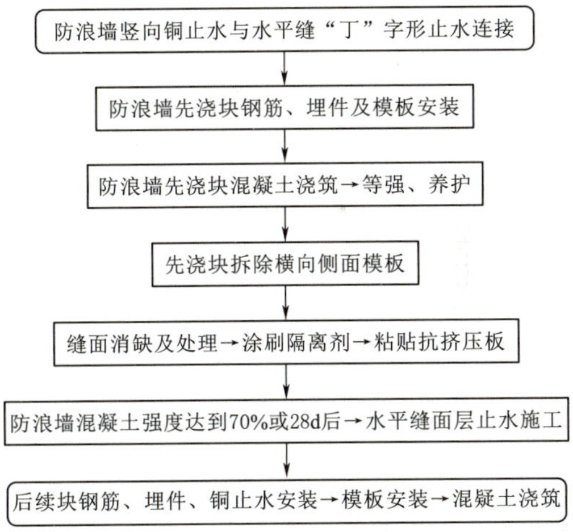

图 7.17　防浪墙施工缝止水及伸缩缝施工流程

防浪墙竖向接缝止水位置与面板顶部位置相同，施工一般采取跳仓施工的方式。个别工程采用悬臂滑模从一侧到另一侧连续施工。竖向止水相当于普通钢筋混凝土的埋件之一。底部水平缝塑性止水一般在全部防浪墙施工完成后一次性施工。

7.3.5.2　工艺安全质量控制要点

（1）竖向止水与下部异形接头焊接前，要严格对中，确保竖向轴线垂直，中心偏差满足规范要求，必须在双人手扶的情况下再进行接头焊接。

（2）防浪墙分层浇筑时，止水露出混凝土水平施工缝不大于 50cm，上层施工时首先接长止水。

（3）模板安装前，铜止水鼻子处理与其他位置止水相同。

（4）根部水平缝面层塑性止水防护盖板固定膨胀螺栓位置在模板上提前标记，以免后期钻孔时遇到钢筋。

7.3.6　止水带（片）连接工艺

面板堆石坝止水带（片）涉及塑料止水、橡胶止水（包含三元乙丙橡胶盖板）、铜止水。

7.3.6.1　聚氯乙烯（PVC）止水带接头连接

（1）原理。

1）采用热熔黏结或热焊连接，搭接长度不小于 10cm。

2）热熔法采用专用设备，通电加热电热板，通过电热板熔化上下两层止水接头，取出电热板后加压黏结在一起，优点为加热时间、温度可自行控制。

3）热焊法为采用烙铁放置在两个止水接头之间，止水熔化后取出烙铁快速将两个接头加压一段时间，冷却后即接头连接完成，烙铁可用气焊加热，工艺参数需要在试验中确定。

（2）工艺安全质量控制要点。

1）实施前，要将易燃物质、材料清理出作业现场。

2）止水接头要对齐，将不规则边角修齐。首先用湿布将止水灰尘等擦洗干净，然后用美工刀将止水带连接部分肋条去除，光面用角磨机打毛并用刷子刷干净。

3）采用专用设备时严格控制加热时间、温度、加压时间。

4）采用烙铁简易加热时，要防止止水烧焦，观察到融化后立即停止加热。

5）操作人员要戴好阻燃手套，接头位置下部应平整，以便加压。

7.3.6.2　橡胶止水接头硫化胶结工艺

（1）施工流程如图 7.18 所示。

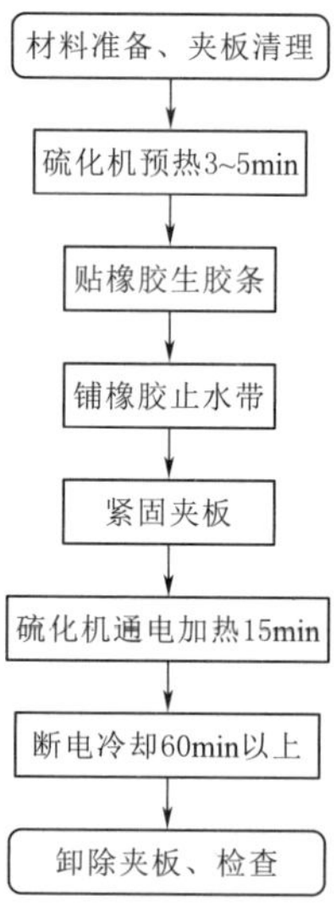

图 7.18　橡胶止水接头硫化胶结施工流程

（2）工艺和安全质量控制要点。

1）材料准备及硫化机夹板清理：①工作场地应清除现场易燃易爆物品、强热源、油类或强烈氧化作用溶剂等，保持场地整洁；②准备好磨光机及焊接设备，然后将热硫化焊机进行线路连接，热硫化焊机采用三相四线交流电源，电源线与温控箱电源、焊接模具连接，再将焊接模具打开，上下夹板面应清理干净，均匀涂刷机油或贴纸，防止机具在高温条件下与止水带黏结；③准备好橡胶止水带接头需生胶带，将止水带接头切割整齐，利用打磨机对端头进行打磨，单侧宽度为 10～15cm，接头处用洗衣粉或洗洁精清洗干净；④不宜在低温环境施工，适宜温度为 5～30℃；⑤作业工人必须熟悉操作流程，工具准备到位。橡胶止水带接头热硫化焊接操作人员必须经过严格培训，培训合格后方可进行作业操作；⑥焊接不同规格的橡胶止水必须使用不同的模具，或委托厂家对模具进行改造。厂家提供的硫化接头仪一般只满足 180°，不能满足其他角度连接要求，现场或委托厂家改造。

2）通电预热。接通电源进行热熔焊机预热，手接触夹板有烫手感觉即可。

3）橡胶止水带和橡胶生胶带贴缝。在硫化机底部夹板表面粘贴的纸上，贴橡胶生胶带，必须将生胶带铺设硫化机边线外侧 2～3cm，橡胶生胶带必须居中。

4）放入橡胶止水带接口。将其中的一条橡胶止水带接口断面处居中后放入硫化机底部夹板上的橡胶生胶带处，再铺上另一条橡胶止水带，两条橡胶止水带接缝必须严密，如有不严密必须用橡胶生胶带填充。

5）接缝上部贴生胶带。橡胶止水带接缝上部再贴一条橡胶生胶带，橡胶生胶带必须居中人工稳固。

6）人工紧固。盖上另一块硫化机夹板，人工加压紧固。

7）通电硫化。硫化机通电加热，冬天（5～10℃）控制通电时间为 15min，夏天可适当减少；现场环境温度有变化时，通电时间应适当增减。硫化机边缘有 0.5～1.5cm 的伸长量，且略带有刺鼻的橡胶味时，结束加热。

8）断电检查和安装。硫化机冷却 60min（或指示灯亮起）后，拆除加固装置，检查接缝处质量；取出止水带，进行焊接的外观检查，合格后方可进行安装作业。检查标准：表面平顺，对接整齐，两侧缝隙填满，无烧焦、碳化。接头的抗拉强度不得低于母材抗拉强度的 50%。橡胶止水带接头处必须焊接密实，如发现有缝隙则需重新进行加热焊接，以保证止水带接头质量满足工程需要。

9）在自然冷却期间，派专人负责照看机具，不得任意弯曲、拉伸止水带，保证接头连接质量，同时也防止发生灼伤事故。

（3）示例图片。施工场景如图 7.19 所示，原理如图 7.20 所示。

（a）预热测温

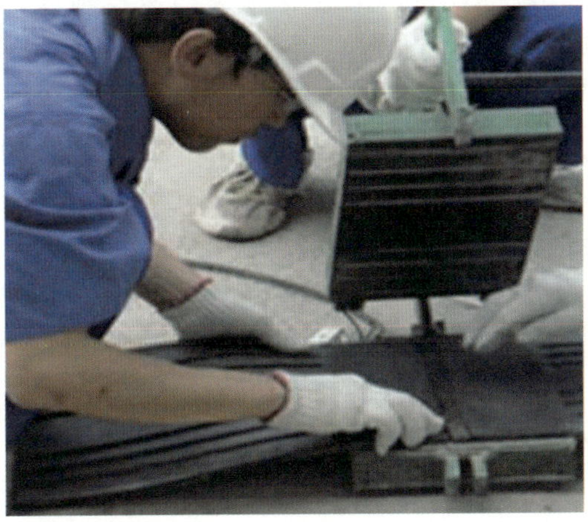

（b）平铺

图 7.19　橡胶止水接头硫化胶结施工场景

7.3.6.3　铜止水接头连接

（1）施工程序：场地清理→两侧铜止水清洗干净后对接、搭接到位→工器具检查、清理及布置→点火预热→焊接→质量检查与验收。

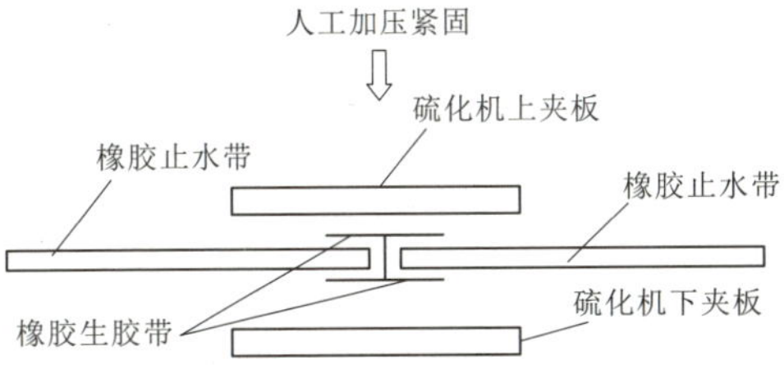

图 7.20　橡胶止水接头硫化胶结原理

（2）工艺安全质量控制要点。

1）准备工作。

a. 气焊焊接前，必须清理工作地点 20m 范围之内的杂物。必须准备灭火器或沙堆，作为应急备用物品。焊接工作面处要有冷却水，以便冷却焊嘴。

b. 应用带有钢丝刷的电动角磨机将焊件表面清理干净，直至露出金属光泽。

c. 必须检查焊枪、乙炔瓶、氧气瓶及橡胶软管的接头，阀门紧固件应紧固牢靠；应用肥皂水检查设备、附件、管路是否漏气，缺陷消除后才允许使用；压力容器及压力表、安全阀应定期送交校验和试验；旧设备及附件应消除余气后才能使用。

2）氧气乙炔焰的点燃、调节和熄灭。

a. 点燃。应一手拿焊炬，将拇指和食指位于氧气调节阀处，同时拇指可以开关、调节乙炔调节阀，随时调节气体流量。点燃火焰时，先稍许开启氧气调节阀，然后开乙炔调节阀，两种气体在焊炬内混合后，从焊嘴喷出，靠近火源点燃气体。

b. 调节。刚点燃的火焰为碳化焰，这时分别调节氧气调节阀和乙炔调节阀，直至火焰的内外焰、焰心轮廓明显，达到中性焰。调整后的火焰形状不得歪斜或发出“吱吱”声，否则必须处理正常后才可焊接。

c. 熄灭。熄灭火焰时，先关闭乙炔调节阀，然后关闭氧气调节阀。

3）焊接。

a. 应采用双面搭接焊或对焊，搭接焊时搭接长度为 20mm。每道焊缝焊接两遍，不具备双面焊接时应用相同形状的止水片和宽度不小于 6cm 贴片。

b. 点火后应对焊件预热，焊嘴倾角应大些，施工时控制在 60°左右，同时在起焊处使火焰往复移动，保证在焊接处加热均匀，直到起点处形成白亮清晰的熔池时，才可填入焊条，并向前移动焊炬进行正常焊接。

c. 施焊时正确掌握火焰的喷射方向，使得焊缝两侧的温度始终保持一致，熔池始终在焊缝正中，火焰内层焰芯的尖端距熔池表面应控制在 3～5mm；焊条与焊件表面的倾斜角度控制在 30°～40°，焊条与焊嘴中心线夹角控制在 90°～100°。一边焊接、一边加热，焊嘴和焊条的协调运动，使焊缝金属熔透、均匀，避免焊缝烧穿或过热等缺陷。

d. 中途停顿再焊时，用火焰把原熔池重新加热至熔化以形成新的熔池，再填入焊条重新开始焊接，焊滴需与熔化的原焊缝金属充分熔合，与前焊缝重叠 5～10mm，重叠处不加焊条，以保证焊缝的高度合适及接头处焊缝与原焊缝的圆滑过渡。

e. 收尾时，焊嘴的倾角控制在 20°～30°，加快焊接速度，以防止熔池面积扩大避免烧穿。同时，使火焰抬高并慢慢离开熔池，当熔池填满后火焰才能离开。

f. 焊缝的焊接层数越少越好，以防止产生多孔性的缺陷。采用单道焊，焊后捶击焊接接头，使金属晶粒变细，从而提高其力学性能。

4）外观质量及渗透检验。用目测法检测外观质量，表面是否平整光洁，应无孔洞和缝隙。为了快速检测焊缝是否有渗漏，必须在现场进行渗透检验，每条焊缝均进行检测。采用煤油滴在焊缝上，另一侧涂上粉笔灰的方法检验，等待 1min 然后看另一面的焊缝是否有煤油渗漏，如有映湿则做上记号，重新补焊。焊接半成品不能浇水冷却，待冷却后方能移动，并不能随意抛掷。

（3）其他焊接方法。采用钨极氩弧焊时要在现场搭设封闭空间，或只在加工厂使用，按照厂家规定的程序和方法进行。

7.3.6.4　铜止水与橡胶及聚氯乙烯止水接头连接

应在原止水上对称熔接两组接头，用橡胶或聚氯乙烯止水，长度 30cm 左右。

一般均采用柳接连接的方式。应采用两层橡胶或聚氯乙烯夹一层铜止水片的方式。事先在打磨完成的铜止水上钻孔，然后将去除肋条、修成毛面、清理干净后紧贴铜止水后钻孔，穿上螺栓。用喷灯加热使得聚氯乙烯熔化，自然冷却后形成接头；或使橡胶或聚氯乙烯与铜止水间保持 3～5mm 的空隙，灌入热沥青，然后紧固螺栓，预压一段时间，冷却后形成接头。

7.3.7　结构缝顶部塑性止水层施工工艺

7.3.7.1　工艺流程

主要工序包括基础处理并钻孔（或严寒施工区域清理预埋的沉头螺栓螺母）、涂底胶并铺设橡胶棒、手工或机械嵌填 GB 填料、安装 GB 复合板、SK 封边剂封边。垂直缝及水平缝和周边缝塑性止水施工流程如图 7.21 和图 7.22 所示。

图 7.21　垂直缝及水平缝塑性止水施工流程

塑性填料应从下而上分段进行施工，填塞施工宜在日平均气温高于 5℃且无雨时进行。柔性填料填塞前，与填料接触的混凝土表面应洁净、无松动混凝土块。接触面要打磨平整、风干，应避免油渍玷污混凝土面。

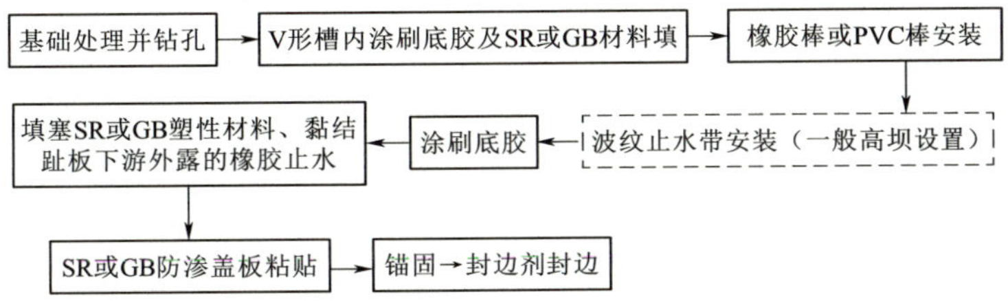

图 7.22　周边缝塑性止水施工流程

7.3.7.2　工艺安全质量控制要点

（1）基础面处理及钻孔。

1）测量放线。预先测量定位缝中心线、边线，并做出明显标志。

2）距离周边缝边 50cm、垂直缝两侧 50cm 处安装施工用爬梯。

3）自上而下将预埋在周边缝内的三角木拆除，凿去不平顺的超高混凝土块，用钢丝刷将混凝土面上的泥土、灰浆、油污等刷干净，并用水冲洗干净，晾干。三角木拆除后周边缝内局部及覆盖三元乙丙盖板的两侧混凝土基面出现的一些凹凸不平的粗糙面，影响 GB 填料与混凝土面的黏结，因此需要对混凝土面进行修整找平或凿除。处理标准为：接缝两边混凝土高差小于 10mm，接缝部位 80cm 宽度范围内，混凝土平整度小于 5mm/2m。找平用的砂浆应具有一定的强度，又有良好的防渗性能。可选用胶水与水泥混合先涂刷在混凝土上，再用高一级砂浆用腻子刀抹平修整，砂浆厚度控制在 2～3cm。

4）钻孔。对于塑性材料封闭盖板的不锈钢角钢、扁铁事先用台钻钻好孔或在现场钻孔。缝面修补砂浆等强 24h 后，用已钻孔的角钢、扁钢贴在混凝土面固定盖板或波形橡胶止水支座轴线上，现场做出标记，然后用电站在现场钻孔，孔向垂直于缝面。钻孔完成后用风水吹干净后用棉纱临时堵塞。

严寒地区提前预埋的沉头螺栓螺母要进行检查，并清理干净后临时封堵。

5）二次冲洗。以上工序完成后将角钢、扁钢放在对应位置后，进行二次冲洗，冲洗后晾干或用喷灯烤干。

（2）涂刷 SK 底胶。

1）首先在橡胶棒下部及放置范围内涂刷 SK 底胶，然后放置找平专用胶（或 GB、SR 细直径胶条），封堵板间缝隙及橡胶棒（或 PVC 棒）下部的缝隙。

2）SK－I 底胶适用于在干燥混凝土表面进行 GB 类材料的粘贴施工。待粘贴部位经过表面处理后，涂刷 SK－I 底胶。底胶要涂刷薄一些，并涂刷均匀。涂刷完毕后，应静停一段时间，待感觉胶面不粘手时安装橡胶棒，然后进入下一道工序。

3）未用完的 SK－I 底胶要及时清理，以免材料固化后盛料的容器难以清洗。清洗剂应使用汽油等有机溶剂，若粘到皮肤上可用水加洗衣粉进行清洗。

（3）橡胶棒或 PVC 棒安装。PVC 棒或橡胶棒对准缝中心放入缝中后用小木槌敲实。PVC 棒接头用喷灯烤接近熔化时黏结在一起；橡胶棒接头应事先用刀子切成斜口后涂刷专用黏结胶，用手对接挤实后用胶带纸缠紧。

（4）GB 或 SR 塑性止水材料堆填。

1）人工堆填。适用于无塑性材料挤出机械及防浪墙底部水平结构缝、分期面板水平结构缝、不规则的周边缝区域。

a. 在混凝土面涂刷 SK 底胶，不粘手时开始填筑塑性材料。应根据 GB 填料的设计断面确定嵌填形状，把 GB 填料切割成相应形状进行嵌填，应先将填塞 V 形槽找平后再填塞上部，槽边缘部位应锤压密实，接头部分应做成坡形过渡，以利第二层的粘贴，每层接头部分的位置应均匀错开。

b. 先里后外，由中间向两边粘贴，粘贴范围至盖板边缘。每条搭接长度不小于5cm。

c. 粘贴过程中必须排出GB填料与混凝土黏结面之间的空气，要保持待粘面干燥。若现场温度较低，应用喷灯或电吹风烘热GB填料，GB填料表面黏度提高再进行嵌填。GB填料未使用时不应将防粘纸撕开，以防材料表面受到污染，影响使用效果。

d. 堆填完成后，12h内禁止过水（如避免养护水浸泡），也不要任意撕扯，造成人为破坏。嵌填过程中用木槌敲实。

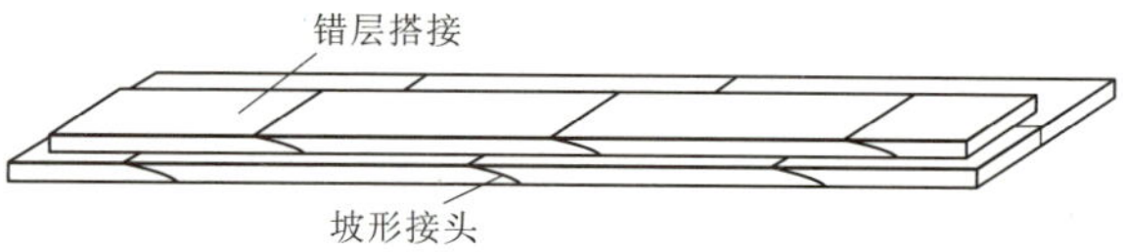

图7.23 SR（或GB）塑性止水材料堆填方法

e. SR（或GB）鼓包尺寸应符合设计要求，鼓包应规整、平滑（表面无突变），黏结密实（图7.23）。

2）机械堆填。适用于垂直缝、比较顺直的周边缝，本工艺介绍的工艺为机械挤出、人工安装盖板工艺，机械挤出与盖板安装一体机工艺应用示例还较少，文中只介绍了示例图片。

a. 不同形状、尺寸的断面有相应的外模。外模采用膨胀螺栓固定，两侧的螺栓位置应与断面中心的距离一致，每侧的螺栓位置应在一条直线上。

b. 装模前应给外模涂脱模剂，然后装上外模拧紧螺栓。将机器的内模平行放入外模后才能开始向挤出机进料口喂料，喂料应均匀、避免掺入石子、铁块等硬物，以防损坏机器。

c. 应在填料挤满外模，内模将从外模出来时用同样的方法装第二块外模，如此反复。应保证挤好部位挨着机器有两块外模，卸一个用一个，用完后再卸另一个，防止挤好部位出现"鼓肚"现象。若挤出的填料不密实，应适当在机器上增加配重，保证填料挤出密实。

d. 机器使用前先检查电源是否正常开机空转检查机器是否正常。若机器长期存放后再次使用，应对主要运行部件加机油润滑。准备工作就绪后，将机器平行放入已固定好的外模中，固定好安全绳开始挤出。挤到一定压力后，机器应自行前进，操作过程中，要随时对安全绳进行调整固定。

e. 暂停施工前必须固定好安全绳。现场温度过低填料挤出困难时，应对机器挤出部位（机身、机头）用喷灯烘烤预热，烘烤时间应根据现场具体环境而定。

f. 施工到达观测仪器（如测缝计等）附近时，应改用手工嵌填，以保证观测仪器的完好。

g. 塑性材料与周边缝上部橡胶止水的连接。周边缝塑性填料堆填前，事先将周边缝上部外露的橡胶止水肋条去除，用角磨机将光面刷毛，清理干净后先在下层涂刷上SK底胶然后，与下层GB或SR塑性止水材料压紧；再在止水带上部涂刷上SK底胶然，之后铺筑上部塑性填料并压紧。止水带深入塑性止水材料的长度按设计要求执行。

（5）盖板安装及紧固。

1）盖板一般采取三元乙丙复合橡胶板，安装前应先检查GB或SR填料施工质量，合格后再覆盖。

2）应在已处理过的混凝土表面均匀涂刷SK底胶，然后一边撕复合板上的防粘纸一边将复合板粘贴在混凝土上。粘贴过程中要排出空气、铺展平整，与混凝土面粘贴处用手压密实，之后应在膨胀螺栓位置或预埋的沉头螺栓位置钻孔。

3）盖板连接应采用搭接或硫化胶结。搭接时先将待接头处的一侧复合板与下部GB填料粘贴，按压密实，然后将该侧复合板表面用湿棉纱擦洗干净，若表面有油污，应使用汽油擦拭。复合板接头搭接尺寸控制在20～30cm，如图7.24所示。

4）扁钢应紧贴复合板下部的填料包边缘安装，保证复合板与混凝土间的柔性填料结合紧密，不得有空腔。螺栓的拧紧应分三次进行，第二次与第一次紧固时间间隔为 2d，最后一次紧固应在铺盖或下闸蓄水前进行。

5）异型接头处采用提前向厂家预定的接头，两边直线段为 1～2m。

（6）封边剂封边。

1）现场使用 SK 封边剂时，应根据现场温度做调配试验，确定出最佳使用配比。封边剂由两种高分子材料、水泥调配而成，一次配料重量不宜太多，以免发生爆聚。

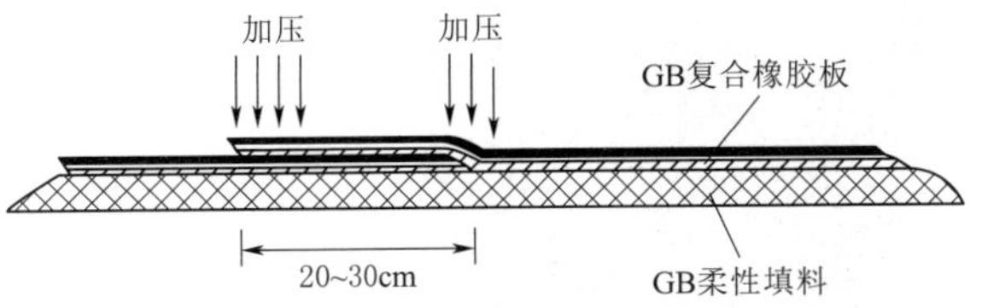

图 7.24　某工程 GB 复合三元乙丙盖板搭接连接

2）应将要涂刷 SK 封边剂处的复合板表面和混凝土面用钢丝刷、棉纱（或毛巾）等清理干净，无灰尘，杂物和油污。封边宽度应为混凝土面和复合板表面不小于 5cm。涂刷时应倒角平滑，无棱角、无漏涂，封边密实均匀。材料拌匀后应在适用期涂刷完毕。涂刷完毕后，不要踩踏、触碰，让封边剂自然表干。

（7）其他安全质量控制要点：

1）运到工地的材料应存放在干燥、干净的库房内，不得露天堆放，材料上方不允许放置重物，以免材料变形，特别是 GB 塑性材料。

2）SK 封边剂在雨雪天不宜使用。涂刷用的油灰刀和拌料容器应及时清理，以免材料固化后难于清洗。清洗剂可使用汽油等有机溶剂。SK 封边剂为有机化学品，在施工现场要注意防火，禁止使用明火。SK 封边剂无毒、挥发性小，使用时若粘到皮肤上可使用热水加洗衣粉进行清洗。

3）现场要配置防雨、排水设施，防止水流冲刷未固化的塑性材料、黏结剂，造成材料失效。雨天过后要将永久缝烤干。

4）施工中应从下到上依次施工，尽量减少接头。每一施工段选择 1～2 处进行检查，将盖片揭开 20cm 以上，检查盖板上粘有塑性材料的比例。黏结面积在 90%以上的表明施工质量优良，黏结面积 60%以上的为合格，黏结面积小于 60%的为不合格。对不合格的施工段，须将已粘贴的面膜全部揭开，重新进行处理，直至通过质量验收。

5）应按照缝面清理验收→底胶涂刷验收→安装橡胶棒和嵌填柔性填料验收→防渗盖片粘贴验收→扁钢和膨胀螺栓固定验收→封边的顺序验收。上一道工序未验收合格，不允许下一道工序的施工。应将缝面清理和嵌填柔性填料验收、角钢固定和封边验收作为质量控制重点，对关键环节、易发生质量问题的工序实行技术人员、质检人员、监理人员旁站监督，确保表面止水的施工质量。

6）在施工过程中应形成以下质量记录：测量记录、试验资料、施工日志、“三检”验收资料、每条缝各工序影像资料。

7.3.7.3　示例图片

人工堆填塑性止水现场工程场景及嵌填后的填料形状如图 7.25 所示；机械摊铺、人工铺设盖板场景如图 7.26 所示；机械摊铺、盖板铺设一体机工作场景如图 7.27 所示；某工程塑性材料挤出机、盖板摊铺一体机成型后塑性止水外观如图 7.28 所示；某工程人工铺设盖板场景如图 7.29 所示。

7.3.8　面板接缝表层涂覆型止水施工工艺

7.3.8.1　聚脲涂层直接封闭工艺

（1）工艺简介。该类型表面止水型式为取消 GB 三元乙丙复合盖板的表面止水型式，直接用

图 7.25　人工堆填塑性止水现场工程场景及嵌填后的填料形状

图 7.26　机械摊铺、人工铺设盖板场景

图 7.27　机械摊铺、盖板铺设一体机工作场景

图 7.28　某工程塑性材料挤出机、盖板摊铺一体机成型后塑性止水外观

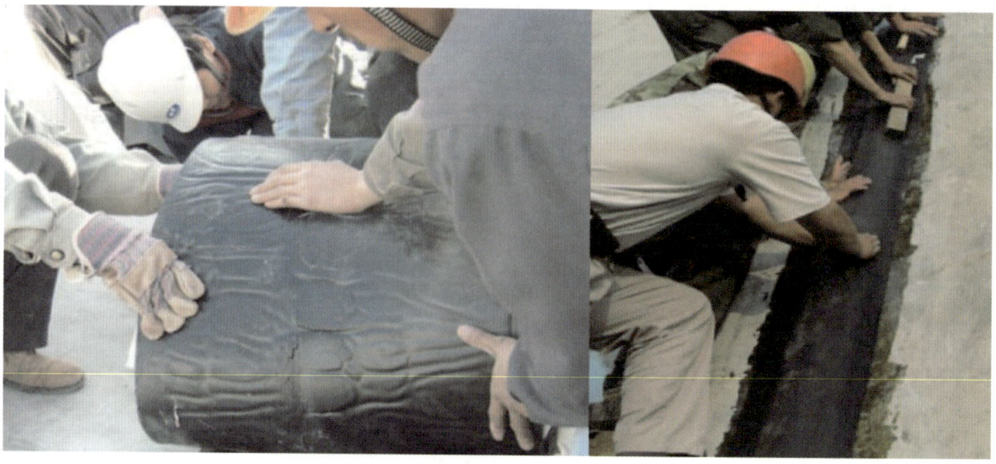

图 7.29　某工程人工铺设盖板场景

聚脲涂层和台基布封闭塑性填料。该工艺也可用于表面止水缺陷修复时采用，修复时 GB 或 SR 塑性材料可无须填筑成原设计要求的形状，其他施工工艺方式相同，只要求填筑至与面板齐平。

（2）施工程序和方法。

1）沿面板接缝表面打磨、清洗，保证 V 形槽两侧混凝土和嵌填 GB 填料部位的面板表面干净。

2）安装氯丁橡胶棒。

3）在嵌填 GB 填料部位涂刷底涂（GB 填料专用黏结剂），底涂涂刷均匀、平整、不得漏涂，底涂必须与混凝土面黏结紧密。

4）嵌填 GB 填料：①对于周边缝、防浪墙水平缝和张性垂直缝，先用 GB 棒嵌填在氯丁橡胶棒表面，将 V 形槽填平，在现场通过挤压机将 GB 填料直接挤压成型在接缝部位；②对于压性垂直接缝，由于 GB 断面比较小，可以直接将 GB 填料嵌填在氯丁橡胶棒表面，直到满足设计尺寸；也可以通过挤压机将 GB 填料直接挤压成型在接缝部位。

5）按设计尺寸要求对涂刷聚脲的范围放线。

6）将 GB 柔性填料两侧混凝土面板表面清洗（如果出现二次污染）。

7）用环氧腻子修补面板局部缺陷（涂刷聚脲的范围）。

8）沿 GB 柔性填料两侧混凝土面板表面涂刷界面剂（聚脲专用界面剂），涂刷均匀、无漏涂。

9）待界面剂表干后（粘手不拉丝），直接刮涂 SK 刮涂聚脲，聚脲与混凝土之间的接触宽度应满足设计要求。

10）涂刷第一遍 SK 手刮聚脲后，等聚脲表干，再涂刷上部聚脲。第二遍聚脲表干之前粘贴胎基布（胎基布宽度为 50cm），胎基布与胎基布的搭接长度为 10cm。

11）胎基布表面的聚脲表干后再涂刷上部聚脲，直至聚脲涂层厚度 4mm。

12）涂刷聚脲结束后要保证看不到胎基布，接缝部位（与 GB 结合）聚脲厚度为 4mm 左右，边缘部位（与面板混凝土结合）聚脲厚度大于 3mm。涂刷均匀，每次涂刷一次成型，不要来回涂，防止出现小包。

13）施工中做好安全措施，确保施工安全。

7.3.8.2　在 GB 三元乙丙盖板上用聚脲涂层封闭工艺

（1）止水结构简介。聚脲涂层封闭工艺是在传统的面层止水 GB 三元乙丙橡胶板封闭塑性止水（GB 或 SR）材料的基础上在盖板表面涂刷聚脲材料和胎基布，确保表面止水封闭严密的复合止水型式，已成功在国内部分工程中使用。

（2）工艺程序及方法。

1）工艺程序。混凝土基面清理→安放橡胶棒→涂刷 SK 底胶→嵌填 GB 塑性材料并压实→GB 复合三元乙丙盖板粘贴及固定→安装不锈钢扁钢→二次基面打磨清理→涂刷聚脲涂层→自然养护。

2）具体方法。聚脲涂层施工之前的工艺方法与前面相同，之后的施工工艺为：混凝土基面处理（GB 复合三元乙丙盖板处打毛处理）→涂刷界面剂→涂刷聚脲并粘贴胎基布→养护。

7.3.8.3　示例图片

聚脲涂层处理过的塑性止水包面表面如图 7.30 所示。

图7.30 聚脲涂层处理过的塑性止水包面表面

7.4 WHS 质量控制点

面板止水施工W、H、S质量控制点设置见表7.1。

表7.1 面板止水施工W、H、S质量控制点设置

序号	工作名称	控制点	序号	工作名称	控制点
1	止水原材料进场	W	10	塑性止水嵌填	S
2	止水带（片）接头连接试验	S	11	塑性材料防护盖板安装	H
3	成品异型接头进场	W	12	基面二次处理	H
4	三级施工技术、安全交底	W	13	聚脲涂层涂刷、覆盖胎基布	S
5	铜止水加工设备、橡胶止水硫化胶结设备投入使用前	W	14	安全防护设施、坝顶牵引设备投入使用前	H
6	混凝土仓号止水埋设	H	15	沥青砂浆填筑	W
7	止水现场接头焊接检验	H	16	坝前铺盖施工	H
8	缝面处理、抗挤压板铺设	H	17	其他位置非黏结性材料铺设	W
9	缝面橡胶棒、波形止水安装	H	18	施工用电及防火设施	H

注 W为见证点；H为停工待检点；S为旁站监督点。

7.5 质量检查与验收

7.5.1 面板接缝质量检查、检测项目和要求

面板止水质量检查项目和方法见表7.2。

表7.2 面板止水质量检查项目和方法

项目	质量要求	检查方法
铜止水原材料	化学成分、外观尺寸偏差、力学性能指标符合要求、出厂包装标识齐全	试验及量测、查阅文件
橡胶、塑料、塑性材料、塑性材料盖板原材料	出厂合格证齐全、包装标注规范；堆存场地阴凉且避免阳光直射；堆存区域没有与酸、碱、油、有机溶剂接触，远离火源和热源；力学性能指标符合要求，没有挤压变形	量测与观察检查、查阅文件
止水带异型接头	厂家定做，个别铜止水接头可由加工厂根据现场实际需要制作，宜采用钨极氩弧焊。所有铜止水接头必须经过退火处理。接头逐个进行渗漏检测，无渗漏	观察、现场量测

续表

项　目	质　量　要　求	检查方法
滚压成型机加工的铜止水	外观顺直美观，无褶皱、拉伤、断裂，厚度及其他尺寸满足要求	观察、量测
止水预埋	深度、宽度、高程符合要求，浇筑时剔除 2cm 以上的石子，振捣器不能触碰止水片，止水片中心线偏差±5cm	观察、量测
外露止水临时保护	防护设施按规定及时布设，要防雨、防触碰，损坏后及时修复	观察检查
永久缝清理和消缺	混凝土渣及其他垃圾须清理干净，缺陷用批准的配合比的砂浆抹平，平整度符合工艺要求。其他质量按表 7.3、表 7.4 执行	观察检查、量测
橡胶棒、缝内止水安装、塑性填料嵌填	符合依批准的工艺质量要求、施工程序，SK 底胶涂刷厚度及间歇时间符合要求；塑性材料截面尺寸、顺直度符合规定。其他质量按下述表 7.3、表 7.4 执行	观察检查、量测
盖板安装及固定	程序符合要求，螺栓间距、规格、各层之间 SK 底胶涂刷均匀，间歇时间符合要求，螺栓紧固顺序、间隔符合规定，螺栓孔内注入了专用胶或 GB、SR 材料粉。盖板边沿、螺栓与盖板之间封堵严密。螺栓、角钢、扁铁应为不锈钢规格	测量检查、量测
止水带接头强度	符合规范允许最小强度要求	试验、查阅资料
外观	面板纵横向止水线条顺直美观；止水盖板形状一致，固定牢靠无破损	观察
聚脲涂层	聚脲防渗保护层应连续、无漏涂和流坠，无气泡、无针孔、无剥落、无划伤、无折皱、无龟裂、无异物；检验方法为观察检查。具体按下述表 7.3、表 7.4 执行	目测及量测、试验

7.5.2　聚脲涂层现场质量检查及验收

（1）按监理指示进行工程的检查和验收。

（2）嵌缝及其填料质量控制标准见表 7.3；检验方法为观察检查和检查隐蔽工程验收记录。

表 7.3　　嵌缝及其填料的施工质量

项　目	质　量　要　求
接缝处的混凝土表面	表面必须平整、密实，不得有露筋、蜂窝、麻面、起皮、起砂和松动等缺陷
预留槽涂刷黏结剂	混凝土表面必须清洁、干燥，黏结剂涂刷均匀、平整、不得漏涂，涂料必须与混凝土面黏结紧密
柔性填料施工	GB 填料与氯丁橡胶棒黏结要紧密结合。填料应充满预留槽并满足设计要求断面尺寸，边缘允许偏差小于 10mm，填料施工应按规定工艺进行

（3）SK 手刮聚脲涂层质量应满足表 7.4 的要求。

表 7.4　　SK 手刮聚脲涂层质量要求

项　目	质　量　要　求	检测频率	测　定　方　法
外观	颜色均匀、平整、无流挂、无漏涂、无针孔、无起泡、无开裂、无异物混入	全部	目测
涂层黏结强度	≥2.0MPa 或基层破坏	每 400m^2 检测一组	详见《水电水利工程聚脲涂层施工技术规程》（DL/T 5137）附录 B 相关规定
涂层厚度	平均厚度应符合设计要求，检测的最小厚度应不小于设计厚度的 90%，且厚度小于设计厚度的比例不得超过 5%	每 400m^2 检测一组	用卡尺测量黏结强度检测完成后留下的钢标准块上黏结的涂层厚度

7.5.3　其他工序质量检查项目和方法

按相关规范、技术标准、设计技术要求实施。

7.6　相关标准

《高分子防水材料　第 1 部分：片材》(GB 18173.1)

《高分子防水材料　第 2 部分：止水带》(GB 18173.2)

《铜及铜合金带材》(GB/T 2059)

《水工建筑物塑性嵌缝密封材料技术标准》(DL/T 949)

《水电水利基本建设工程　单元工程质量等级评定标准　第 14 部分：堆石面板坝》(DL/T 5113.14)

《混凝土面板堆石坝接缝止水技术规范》(DL/T 5115)

《水电水利工程聚脲涂层施工技术规程》(DL/T 5137)

《水工建筑物止水带技术规范》(DL/T 5215)

第 8 章 钢筋混凝土防浪墙施工工艺

8.1 适用范围

本工艺适用于上、下水库钢筋混凝土防浪墙施工。

8.2 施工程序

钢筋混凝土防浪墙施工程序如图 8.1 所示。

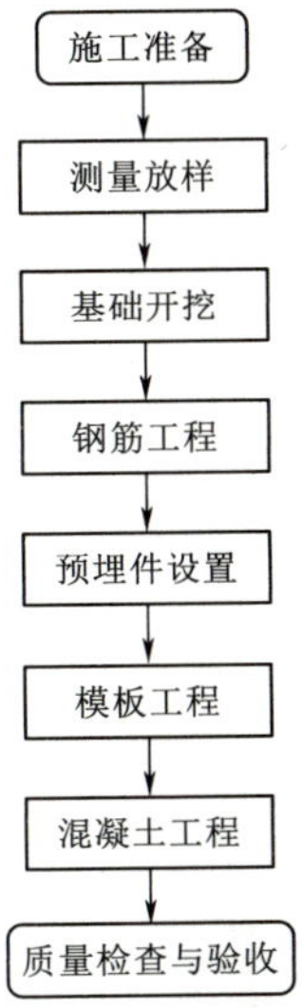

图 8.1 钢筋混凝土防浪墙施工程序

8.3 工艺说明及主要质量控制要点

8.3.1 施工准备

(1) 水泥。进场时应对出厂证、合格证和品质检验报告进行检查，并对其强度、安定性等性能指标进行复查，其质量必须符合附表 1 的规定。应使用同一品牌、同一批号的水泥，水泥进场后应有防雨、防潮等良好的堆放场地。

(2) 砂。应质地坚硬、清洁、级配良好；人工砂的细度模数宜为 2.4～2.8，天然砂的细度模数宜为 2.2～3.0。使用山砂、粗砂、特细砂应经过试验认证。砂的品质要求，应符合附表 2 规定的要求。

（3）石子。石子的最大粒径，不应超过钢筋净间距的 2/3 和构件断面最小边长的 1/4。石子的品质要求，应符合附表 3 规定的要求。

（4）水。凡符合国家标准的饮用水，均可用于拌和与养护混凝土。否则，按附表 4 规定指标检验合格后方可使用。

（5）外加剂。减水剂等进场时，应对出厂证、合格证和品质检验报告进行检查，其品质应符合《水工混凝土外加剂技术规程》（DL/T 5100）规定的要求。减水剂的品种、掺量通过试验确定。

（6）钢筋。钢筋的规格、型号等应符合设计图纸的规定。进场时应对出厂证、合格证和品质检验报告进行检查，并对外观、力学性能检查。

8.3.2　测量放样

（1）钢筋混凝土防浪墙施工的测量，应符合《工程测量标准》（GB 50026）规定要求。

（2）应准确测量放样与控制，使防浪墙的轴线、位置、高程等符合设计要求。

（3）防浪墙混凝土浇筑过程中，应进行施工控制测量。测量工作应由专业人员负责，做到专人操作与保管仪器。

8.3.3　基础开挖

（1）坝体料基础应平整，并按设计要求处理。

（2）开挖的基础，其高程、位置和形状应符合设计要求，且基底密实、不欠挖、岩面不开裂、不松动。

8.3.4　钢筋工程

（1）钢筋的形状、尺寸，必须按设计图纸规定和《水工混凝土钢筋施工规范》（DL/T 5169）要求弯制。钢筋的调直、切断、弯钩、绑扎成型等均应采用冷加工方法进行。

图 8.2　钢筋绑扎

（2）钢筋接头宜优先采用直螺纹接头，不具备条件时采用焊接接头或绑扎接头。采用焊接接头时，应按规定抽样送检。

（3）钢筋接头应分散布置。机械连接接头的分布应按设计规定执行，当没有要求时，在受拉区不宜超过 50%；在受压区的 A 级接头不受限制。闪光对焊、熔槽焊等焊接接头的分布，在受拉区不宜超过 50%；在受压区不受限制。绑扎接头在受拉区不宜超过 25%；在受压区不宜超过 50%。

（4）钢筋的绑扎应牢固，无缺扣、无松扣、无漏扎。绑扎钢筋时应留出固定预埋件、管线等的位置。钢筋绑扎如图 8.2 所示。

（5）受力钢筋同一截面接头的数量、搭接长度、错开位置，应符合《水工混凝土钢筋施工规范》（DL/T 5169）的规定要求。

（6）绑扎钢筋的铁丝和垫块上的铁丝均应按倒，不得伸入混凝土保护层内。

8.3.5　预埋件设置

（1）铜止水带等预埋件应严格按设计和有关规定要求进行焊接与安装，必须位置准确牢固、不变形、不破损。

（2）伸缩缝结构层密实，与墙身和底座混凝土粘贴紧密。

8.3.6　模板工程

（1）墙身模板安装前，必须先在底座上标出墙身控制线，以确保墙身根部位置的准确。

（2）墙身模板的支设应重点控制其刚度、垂直度、表面平整度、拼缝漏浆。模板及支撑如图 8.3 所示。

（3）当模板安装完毕后，应有专业人员对其轴线、标高、各部位构件尺寸、支撑系统以及伸缩缝设置等进行检查。

（4）止水带、预埋铁件等在合模时或混凝土浇筑前应反复校核，不得遗漏。

8.3.7　混凝土工程

（1）在开仓前，应根据骨料含水率调整好混凝土的施工配合比，坍落度应根据混凝土的运输、浇筑方法和气候条件决定。

（2）混凝土应连续浇筑。

（3）混凝土自由卸入高度不应超过 2.0m，以防止混凝土离析。

（4）混凝土浇筑时应分层下料，分层振捣，下料厚度宜控制在 300mm。振捣时，振动棒插入下一层的 100mm，使上下结合密实。振动棒应快插慢拔，严禁碰触预埋件、止水带，以混凝土表面不出气泡、不下陷、表面泛浆为准。墙身混凝土浇筑如图 8.4 所示。

图 8.3　模板及支撑

图 8.4　墙身混凝土浇筑

（5）混凝土浇筑后应及时进行养护，使混凝土表面处于足够的湿润状态，养护时间不得少于 28d。当平均气温低于 5℃时，应按冬季施工进行养护。

8.4　质量检查与验收

按照《水电水利基本建设工程　单元工程质量等级评定标准　第 1 部分：土建工程》（DL/T 5113.1）规定的要求进行质量验收。

（1）钢筋质量的具体要求见表 8.1。

表8.1　　钢筋质量检查项目、质量标准

<table>
<tr><th>项类</th><th colspan="4">检　查　项　目</th><th>质　量　标　准</th></tr>
<tr><td rowspan="8">主控项目</td><td colspan="4">（1）钢筋的材质、数量、规格尺寸、安装位置</td><td>符合产品质量标准和设计要求</td></tr>
<tr><td colspan="4">（2）钢筋接头力学性能</td><td>符合施工规范及设计要求</td></tr>
<tr><td colspan="4">（3）焊接接头和焊缝外观</td><td>不允许有裂纹、脱焊点和漏焊点，表面平顺没有明显咬边、凹陷、气孔、烧伤等</td></tr>
<tr><td colspan="4">（4）套筒的材质及规格尺寸</td><td>符合质量标准和设计要求，外观无裂纹或其他肉眼可见缺陷，挤压后套筒不得有裂纹</td></tr>
<tr><td colspan="4">（5）钢筋接头丝头</td><td>符合规范和设计要求，保护良好，外观无锈蚀和油污，牙形饱满光滑</td></tr>
<tr><td colspan="4">（6）接头分布</td><td>满足规范和设计要求</td></tr>
<tr><td colspan="4">（7）螺纹匹配</td><td>丝头螺纹与套筒螺纹满足连接要求，螺纹结合紧密，无明显松动，相应处理方法得当</td></tr>
<tr><td colspan="4">（8）冷挤压连接接头挤压道数</td><td>符合型式检验确定的道数</td></tr>
<tr><td rowspan="16">一般项目</td><td rowspan="2">（1）闪光对焊</td><td colspan="3">接头处弯折角</td><td>≤4°</td></tr>
<tr><td colspan="3">轴线偏移</td><td>≤0.1d，且≤2mm</td></tr>
<tr><td rowspan="8">（2）搭接焊或帮条焊</td><td colspan="3">帮条对焊接头中心角纵向偏移</td><td>≤0.5d</td></tr>
<tr><td colspan="3">接头处钢筋轴线曲折</td><td>≤4°</td></tr>
<tr><td rowspan="6">焊缝</td><td colspan="2">长度</td><td>−0.5d</td></tr>
<tr><td colspan="2">高度</td><td>−0.05d</td></tr>
<tr><td colspan="2">宽度</td><td>−0.1d</td></tr>
<tr><td colspan="2">咬边深度</td><td>≤0.05d，且≤1mm</td></tr>
<tr><td rowspan="2">表面气孔和夹渣</td><td>2d 长度上数量</td><td>≤2个</td></tr>
<tr><td>气孔、夹渣的直径</td><td>≤3mm</td></tr>
<tr><td>（3）机械连接</td><td colspan="3">直螺纹连接接头外露丝扣</td><td>无1扣以上完整丝扣外露</td></tr>
<tr><td>（4）绑扎</td><td colspan="3">搭接长度</td><td>符合 DL/T 5169 规定</td></tr>
<tr><td colspan="4">（5）钢筋长度方向偏差</td><td>±1/2 净保护层厚</td></tr>
<tr><td colspan="4">（6）同一排受力钢筋间距局部偏差</td><td>±0.1 倍间距</td></tr>
<tr><td colspan="4">（7）同一排分布钢筋间距偏差</td><td>±0.1 倍间距</td></tr>
<tr><td colspan="4">（8）保护层厚度的局部偏差</td><td>±1/4 净保护层厚</td></tr>
</table>

（2）模板质量的具体要求见表8.2。

表8.2　　模板质量检查项目、质量标准

<table>
<tr><th rowspan="2">项类</th><th rowspan="2" colspan="2">检　查　项　目</th><th colspan="2">质　量　标　准</th></tr>
<tr><th>外 露 表 面</th><th>隐 蔽 内 侧</th></tr>
<tr><td rowspan="5">主控项目</td><td colspan="2">（1）强度、刚度、稳定性</td><td colspan="2">符合设计要求</td></tr>
<tr><td rowspan="2">（2）结构物边线与设计边线</td><td>外模板</td><td>0mm
−10mm</td><td rowspan="2">15mm</td></tr>
<tr><td>内模板</td><td>+10mm
0mm</td></tr>
<tr><td colspan="2">（3）结构物水平截面内部尺寸</td><td colspan="2">±20mm</td></tr>
<tr><td colspan="2">（4）高程</td><td colspan="2">+5mm
0mm</td></tr>
</table>

续表

项类	检查项目		质量标准	
			外露表面	隐蔽内侧
一般项目	（1）平整度	相邻两面板错台	2mm	5mm
		局部不平（2m 直尺检查）	5mm	10mm
	（2）板面缝隙		2mm	2mm
	（3）模板外观		规格符合设计要求，表面光洁，无污物	
	（4）脱模剂		质量符合标准要求，涂抹均匀	
	（5）预留孔洞	中心线位置	5mm	
		截面内部尺寸	$^{+10}_{0}$mm	

（3）混凝土浇筑质量的具体要求见表 8.3。

表 8.3　混凝土浇筑质量检查项目、质量标准

项类	检查项目	质量标准
主控项目	（1）入仓混凝土料（含原材料、拌和物及硬化混凝土）	无不合格料入仓
	（2）平仓分层	厚度不大于振捣棒有效长度的 90%，铺设均匀，分层清楚，无骨料集中现象
	（3）混凝土振捣	垂直插入下层 5cm，有次序、间距、留振时间合理、无漏振、无超振
	（4）铺料间隙时间	符合要求，无初凝现象
	（5）混凝土保护	混凝土表面保持湿润，连续养护时间符合设计要求
一般项目	（1）砂浆铺筑	厚度不大于 3cm，均匀平整，无漏铺
	（2）积水和泌水	无外部水流入，泌水排除及时
	（3）插筋、管路等埋设件及模板的保护	保护好，符合要求
	（4）混凝土浇筑温度	满足设计要求
	（5）混凝土表面保护	保护时间与保温材料质量均符合设计要求，保护严密

（4）防浪墙混凝土外观质量的具体要求见表 8.4。

表 8.4　防浪墙混凝土外观质量检查项目、质量标准

项类	检查项目	质量标准
主控项目	（1）形体尺寸及表面平整度	符合设计要求
	（2）露筋	无
	（3）深层及贯穿裂缝	无
一般项目	（1）麻面	无
	（2）蜂窝空洞	无
	（3）碰损掉角	无
	（4）表面裂缝	无

8.5　示例图片

钢筋混凝土防浪墙示例如图 8.5 所示。

图 8.5　钢筋混凝土防浪墙示例

8.6　相关标准

《工程测量标准》（GB 50026）
《水工混凝土外加剂技术规程》（DL/T 5100）
《水电水利工程模板施工规范》（DL/T 5110）
《水电水利基本建设工程　单元工程质量等级评定标准　第 1 部分：土建工程》（DL/T 5113.1）
《水工混凝土施工规范》（DL/T 5144）
《水工混凝土钢筋施工规范》（DL/T 5169）

第9章 坝前黏土铺盖施工工艺

9.1 适用范围

本工艺适用于混凝土面板堆石坝坝前黏土铺盖的回填施工。

9.2 施工程序

坝前黏土铺盖施工程序如图9.1所示。

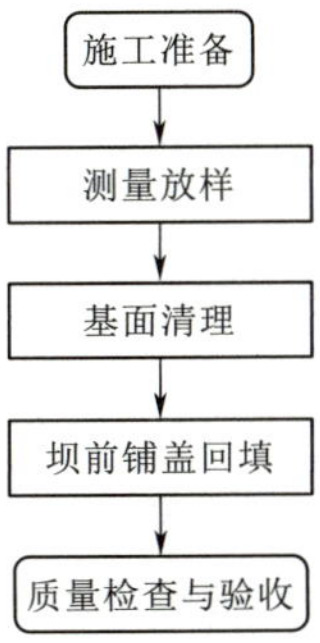

图9.1 坝前黏土铺盖施工程序

9.3 工艺说明及主要质量控制要点

9.3.1 施工准备

(1) 料源核查。通过适量的坑探和钻孔取样复核，检查料源储量及质量。主要核查以下内容：

1) 覆盖层或剥离层厚度，料源的地质变化情况，料源的分布开采及运输条件，料源的水文地质条件与汛期水位的关系。

2) 根据料场的施工场面、地下水位、地质情况、施工方法及施工机械可能开采的深度等因素，复查料场的开采范围、占地面积、弃料数量以及可用料层厚度和有效储量。料场储量为填筑量2.0～2.5倍。

(2) 料源质量。黏土铺盖区的填料由过筛的粉质黏土或人工粉细砂组成，其技术指标应满足设计要求。

(3) 技术交底。工程实施前应进行分级技术交底。技术交底内容要充实（包括施工）、具有针对性和指导性，全体参加施工的人员都参加技术交底并签名，形成书面交底记录。

9.3.2　质量控制要点

（1）测量放样。采用全站仪进行填筑边线的测量，施工过程中采用石灰或标识牌做好填筑料分界部位的标识，确保不同填筑料互不侵占。

（2）基面清理。

1）填筑前，做好坝前铺盖覆盖面范围的趾板及面板部位的裂缝检查及处理。并清除其表面上的建筑垃圾、排除坑穴中的积水、淤泥和杂物，并采取措施防止地表水流入回填区。

2）基面的软弱夹层或其他缺陷应予以清除并按施工图纸要求填土覆盖、碾压。填筑基岩面应用撬、劈挖或其他方法清除所有松散的、破碎的、剥离的以及其他不合适的地表覆盖层，并排干全部积水。在临填土前湿润基础表面。

（3）坝前铺盖回填。坝前铺盖回填应在趾板上游灌浆作业全部完成及反向排水孔封堵完成，混凝土面板及止水系统等各项目验收合格后方可进行。施工时采用 5～10t 自卸汽车运料，推土机摊平碾压。

1）黏土回填：①整个黏土铺盖区填土应分布均匀，残留石块应予以清除；②黏土铺盖料应近似水平地连续分层填筑。铺层厚度应不大于 300mm；③黏土铺盖区应与石渣盖重区料平起填筑。填筑铺料应先填筑黏土铺盖区后填筑石渣盖重区，黏土铺盖区与石渣盖重区之间的填筑高差不大于 0.3m。

2）碎石回填。石渣盖重区的填料为建筑物开挖料中土石混合料。保护粉质黏土的石渣可利用施工设备压实，靠近粉质黏土处采用较小粒径的石渣，并禁止块石集中。

3）碾压设备及碾压质量。①黏土铺盖区与石渣盖重区宜采用运输车辆和推土机压实，并进行洒水；②黏土铺盖区与石渣盖重区自下而上分层铺筑。

9.4　质量检查与验收

坝前铺盖中的黏土结构在整个面板堆石坝工程中起到利用黏土颗粒对面板细微裂缝进行封填以减少面板渗水的作用。因此，黏土自身的颗粒级配及塑性指标是黏土铺盖成功与否的关键。施工过程中，黏土技术指标应满足设计要求。

坝前铺盖中的碎石反向压坡起维持黏土结构不受水流冲刷而致其消散或坍塌的作用。因此，保证其设计填筑坡度和适当的压实度，使其具有一定的稳定性是施工过程中的主要质量控制要点。

9.5　相关标准

《建筑地基基础工程施工质量验收标准》（GB 50202）

《混凝土面板堆石坝设计规范》（NB/T 10871）

《水电站基本建设工程验收规程》（NB/T 35048）

《混凝土面板堆石坝施工规范》（DL/T 5128）

《碾压式土石坝施工规范》（DL/T 5129）

《水电水利工程粗粒土试验规程》（DL/T 5356）

《碾压式土石坝设计规范》（DL/T 5395）

第2篇

平洞及厂房施工工艺

第10章 土石方明挖施工工艺

10.1 适用范围

本工艺适用于抽水蓄能电站工程坝基以外区域的土石方明挖施工，主要包括以下部位：上/下库进出水口及库盆；各洞口及井（竖井、斜井）口；场内公路路基及桥梁、涵洞、挡墙基础；地面开关站及10kV施工变电站（或开闭所）、进出线塔基础；渣场、暂存场基础；电站配套的房屋建筑基础；大型临时建筑物基础等。

10.2 施工程序

本工艺主要包括施工准备、施工放样、边坡开挖及支护、基坑开挖支护、质量检查验收五个工序，如图10.1所示。

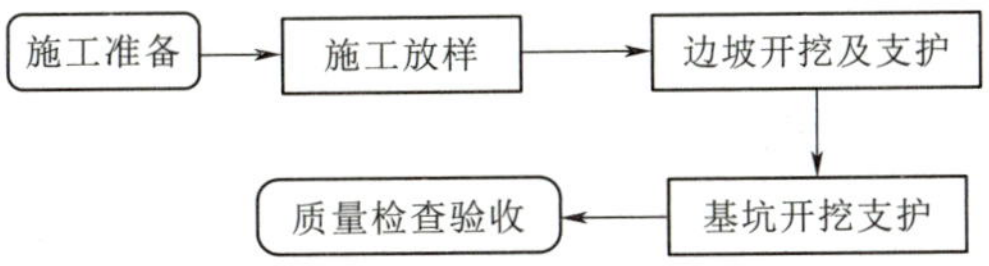

图10.1 土石方明挖施工程序

10.2.1 施工程序图编制说明

（1）图10.1是在山区地形中开展土石方明挖施工为基础绘制的，即每个具体区域应先进行上部边坡开挖支护，再进行下部基坑开挖支护的施工程序。

（2）边坡坡脚原始地形较平整的区域以下部分的开挖为基坑开挖，以上的为边坡开挖。

（3）因各建筑物所在区域的地形地貌、设计要求略有不同，实际工作中应在此流程基础上，结合具体情况确定合理的施工流程。

1）电站水工建筑物，如上/下库进出水口、库盆、导流洞进出口、地面开关站等一般均包括边坡开挖支护、基坑开挖支护两大工序。

2）部分建筑物只有其中两大工序之一，如辅助房屋建筑物基础，前期已完成了场地平整开挖，后期无边坡开挖支护，只有基坑开挖支护工序；各类交通隧洞进口，如厂房交通洞、通风兼安全洞、各施工支洞洞口、公路工程交通隧道等，边坡开挖至洞口地面高程后，无须进一步下挖，则只有边坡开挖支护工序等。

10.2.2 施工中应遵守的原则

（1）建筑物基础岩体开挖宜采用钻孔爆破工艺，一般采用控制爆破，未经过充分论证不允许采用硐室爆破工艺。

（2）开挖时应及时对边坡进行支护或防护，边坡临时支护应与永久支护统筹考虑，应根据施工中揭露的地质情况调整开挖施工方案及支护加固措施。

（3）岩石边坡轮廓处应采取预裂或光面爆破，紧邻水平建基面宜优先采用预裂保护层的方法。经过试验论证，结果符合要求后才允许采用特殊措施的深孔台阶一次性爆破法。

（4）每个具体区域必须从上到下分层开挖、支护，并采取有效的安全措施，严禁掏脚开挖；进行上、下两个台阶或多个台阶同时进行开挖时，应认真进行安全风险因素分析，采取有针对性的控制措施。

（5）应做好弃渣、堆渣管理工作，严禁有用料和无用料混合，影响后期利用，同时应做好表土的收集和保管、利用工作。

（6）应按照《水电水利工程施工安全防护设施技术规范》（DL/T 5162）、《水电水利工程施工通用安全技术规程》（DL/T 5370）、《水电水利工程土建施工安全技术规程》（DL/T 5371）中有关土石方明挖施工安全的规定执行。

（7）应严格遵守《工程建设标准强制性条文—电力工程部分》的有关规定，及《建筑施工扣件式钢管脚手架安全技术规范》（GJG 130）、《施工现场临时用电技术规范》（JGJ 46）、《建设工程施工现场供用电安全规范》（GB 50194）等规范有关强制性条文。

10.3　工艺说明与工艺要求

10.3.1　施工准备

10.3.1.1　技术准备

（1）图纸会审及设计交底。应按照《国网新源公司工程建设技术管理办法》的规定进行图纸会审和设计技术交底，会议提出的优化建议必须经过设计单位的书面确认。

设计交底时，勘察设计单位应重点说明：岩体物理力学性能、结构特点、不良地质段及潜在滑坡体区域、超标准洪水、地下水发育情况及防治措施建议、土石方平衡规划等。

现场施工条件调查要结合招标文件技术条款、进场后接收的设计文件等技术资料，主要核查以下施工条件：①施工区域水文地质、工程地质情况、地表径流发育情况、气象状况；②林草发育及施工区域砍伐清理情况，地方政府林草防火规章制度；③爆破影响区域以内地上、地下管线及相邻的地上、地下建筑物的情况；④与项目施工的有关道路状况，弃渣场、中转堆料场设置情况，包括位置、容量、堆料技术要求、交通条件；⑤材料供应及运输服务能力状况，动力（供电、供水、供热、供风）及通信能力状况。

（2）首级控制网移交及用地范围复核。发包人应按合同条款规定向施工承包人移交标桩和施工用地。工作程序及要点如下所述：

1）发包人或委托监理人进行首级控制网布设内业和外业验收→合格后按合同规定向施工承包人交桩→承包人进行复测→复测结果偏差处理→承包人布设施工加密控制网并复测→布设及复测成果报监理审批→发包人组织向承包人移交施工用地→承包人测量复核移交征地的轮廓点位置、边线→设立施工用地标桩等明显标记。

2）交桩时应向承包人移交施测量控制网点标墩及基准数据，现场查看标墩位置、完好情况、通视情况等，承包人接收后应对首级控制网标桩采取保护措施，对基准点数据采取保密措施，不允许向外泄露。

3）对首级控制网复测结果中发现的数据偏差问题以测绘单位的书面回复意见为准。

4）施工加密控制网布设方案及复测结果应经过监理审批合格后才允许使用，复测时通知监理现场监督检查。

5）发现移交的用地范围、位置与合同规定存在偏差时，应单独或与施工组织设计、施工方案一起上报用地计划，监理机构组织审查确认合理后，提交并协助发包人解决。

6）施工用加密控制网标桩等标记应采用保护措施，并定期复测修正，结果应经过监理审批。

（3）施工方案编制及作业技术交底。

1）方案编制。相对独立的施工区域开工前，承包人要根据已批准的开工施工总组织设计，结合现场调查结果，编制专项施工措施计划或施工方案。编制要点：①要对施工工期、施工程序、工艺方法、永久及临时支护、土石方平衡及利用、环水保、季节施工措施、资源配置、质量控制要点等工作安排进行详细说明；②经评估属于危大工程时，应按照危大工程的管理要求执行。爆破设计和爆破施工方案应由有资质的爆破技术人员编制；③对于不良地质段、弃渣场、爆破器材库、油库油罐区等重大危险源应按照《水电水利工程施工重大危险源辨识及评价导则》（DL/T 5274）、《电力建设工程施工安全管理导则》（NB/T 10096）、合同规定等进行辨识和控制，在方案中编制有针对性的预控措施及应急预案。

2）作业技术交底。要重点加强对作业一线人员的交底，交底内容应侧重安全防护（含水保、环保）技术措施、风险状况、应急处置预案、作业流程、质量标准五个方面。各级管理人员均应按三级技术交底的要求参加交底并签名，形成书面交底记录。

3）作业指导书。应事先结合工艺性试验制定主要工序的作业指导书。作业指导书应作为一线作业层交底培训的主要内容。主要工序包括表土收集与保管、锚杆施工、喷混凝土、预应力锚索张拉及灌浆、土质边坡植物防护（湿法客土喷播、三维植物网防护、植生袋防护等）、土质边坡混凝土（或浆砌石）框格梁防护、爆破作业、渣场管理等。具体根据合同规定、现场实际情况确定。

（4）试验检测。应有序开展试验检测工作。在锚杆（含锚索），浆砌石砌体，混凝土（喷混凝土，截水沟、排水沟、框格梁混凝土等）施工前完成混凝土（砂浆、水泥浆）配合比设计和试验工作；在利用开挖的土石方回填前完成土工试验工作；石方大规模爆破前，应完成爆破参数试验。

（5）要按照施工总布置图的规定，完成重要临建设施的设计工作，主要包括油库、火工品库、动力供应（供水、供电、供风）系统等的设计。

10.3.1.2　劳动力组织准备

（1）人员数量。应在设备选择配套的基础上，结合工作面数量、工作班制、施工方法、投标承诺、《水电工程施工组织设计规范》（NB/T 10491）、定额，详细计算复核每个区域开挖支护作业的施工人员数量。要保证各工种作业人员、管理人员、其他辅助人员数量满足施工需要。

（2）特殊专业及技术人员的配置。

1）试验检测人员。承包人应配置土工、混凝土试验等专业检测人员，以满足施工质量自检控制需要。现场不具备试验检测条件时，应委托有资质的试验单位开展试验检测工作，事先应提供检测能力证明材料报监理机构审批。

2）爆破专业人员。承包人必须配置爆破作业专职人员，包括技术人员、安全员、爆破员、保管员，涉爆人员应持证上岗并经考核合格后方可上岗；实行专业分包时，分包单位有关人员必须到位，开展其专业工作，人员应按核定的级别、范围持证上岗。

（3）施工安全岗位培训。应对全体人员做好安全方面教育及培训工作，未经教育培训考核或者培训考核不合格的人员不得上岗作业。各级人员应熟知本岗位（工种）的各项安全技术操作规程，特种作业人员应持证上岗。

（4）职业健康。高空作业人员应事先体检，不允许有高血压、癫痫病、心脏病、眩晕症的员工从事相关作业，必须为作业人员配置安全防护用品和用具并进行使用方法培训；从事特殊岗位人员应进行筛选，如钻孔人员提前检查尘肺病。

（5）水环保管理人员。承包人应配置专职水环保管理人员，根据法律法规、合同文件和地方水环保主管部门要求开展水环保管理工作，做好施工废水、生活污水、施工及生活垃圾的收集和处理，对废水处理情况日常检测，达到排放标准后按相关规定或合同约定进行处置；开展水环保和施工环境日常监测，发现问题及时整改。

10.3.1.3　工程材料准备

（1）应在施工方案中或独立制定物资采购计划，按计划采购。计划中应包括材料种类、规格、数量、进场时间。材料种类应包括永久工程用原材料、施工临时用原材料、安全防护用材料、应急物资，进场后检验合格后才允许施工。现场不具备检测条件时应委托专业单位检测。

（2）火工品管理。

1）应按照规范要求及发包人、地方公安部门相关规定进行采购、运输。

2）同一网路中电子雷管应使用同一厂家的产品及配套的起爆器、网络连接线，其他要求按照《水电水利工程爆破施工技术规范》（DL/T 5135）的有关规定执行。

3）使用火工品前，应进行火工品外观检查和性能检测，防止在使用中出现拒爆现象，增加安全控制风险和合同纠纷。

A、B 级爆破、重要部位爆破前，应按《爆破安全规程》（GB 6722）的规定开展炸药殉爆距离、演示雷管延迟时间、起爆网络连接方式传爆可靠性试验。破损、失效的火工品严禁使用。

4）储存。现场应设置火工品储存库，制定火工品领用、退库等管理制度，严格按制度要求执行。

（3）其他原材进场及储存。

1）材料使用前应检查验收和取样送检，严禁使用不合格材料，其他材料应包括锚杆及挂网钢筋、水泥、外加剂、砂石骨料、排水管、三维植被网、预应力材料、主动防护网、被动防护网、脚手架钢管及扣件（扣件式和承插式）等。

2）原材料储存量应满足施工强度要求，存储场地、设施应满足施工进度、质量要求。现场应备用一定数量的水泥锚固卷、树脂锚固卷等材料，以便紧急情况下快速支护使用。

10.3.1.4　施工设备准备

（1）钻孔及挖装运设备配置。

1）应结合高峰期施工强度、持续时间，推算主要机械设备的合理需用量，单个设备的生产能力应结合额定生产能力或工程实践平均先进指标核实。

2）施工组织设计中应明确设备到场时间。设备数量并要考虑一定数量的备用、多个工序间隔作业对机械效率的降低；钻孔凿岩机应采用湿式作业，若采用干式作业必须有除尘设备。

3）应结合《水电工程施工机械选择设计规范》（NB/T 10237）及第 10 章有关内容进行设备配置配套，发挥各设备的组合功能。

4）施工机械的灯光、制动、作业信号、警示装置应齐全可靠，设备颜色应鲜明。

（2）支护设备。

1）宜使用多功能设备或快速施工设备，减少人工直接作业、搭设高边坡施工脚手架作业，降低安全风险，边坡开挖支护宜配置钻孔、支护为一体的护坡钻机，实现钻孔、安装锚杆、注浆同时施工；或使用移动式锚杆台车钻孔、能快速移动的作业平台，以快速进行锚杆安装、注浆、喷混凝土。

2）喷混凝土应采用湿喷机，减少人员现场拌和操作。

（3）其他区域设备配置。在渣场、表土堆存场、中转料场应配置推平、边坡修整设备；应为临时施工道路配置洒水降尘设备或采用喷淋设施。

(4) 设备进场及报验。设备进场后应进行检查、维修、保养，按合同规定的格式向监理报验，监理检查合格后方可投入使用。

(5) 起爆电源及仪表在使用前应进行检查，包括绝缘性能、电阻值、充电电压、输出电流等，具体按照《爆破安全规程》(GB 6722) 的规定。

(6) 主要设备类型。

1) 钻孔及切割凿除设备。潜孔钻（履带式、支架式）、液压钻、手风钻、护坡钻机（钻孔与锚杆施工一体机）、专用锚杆钻机等（图 10.2）。

(a) 液压潜孔钻　(b) 锚杆钻机　(c) 护坡钻机

(d) 普通履带式潜孔钻机　(e) 100B型简易潜孔钻　(f) 手风钻

(g) 风镐　(h) 液压破碎锤　(i) 电镐

(j) 岩石锯　(k) 挖改岩石锯

图 10.2　钻孔及切割、凿除设备

2）挖装运设备。包括挖掘机（正向、反向）、推土机、铲运机、装载机、自卸汽车等（图 10.3）。

（a）反向挖掘机　（b）正向挖掘机　（c）自卸汽车

（d）装载机　（e）铲运机　（f）推土机

图 10.3　挖装运设备

3）风、水、电供应设备。空气压缩机、水泵、变压器、发电机等（图 10.4）。

（a）大型活动式空气压缩机　（b）固定式空气压缩机　（c）小型移动式空气压缩机

（d）污水潜水泵　（e）离心式水泵　（f）固定式柴油发电机　（g）移动式柴油发电机

图 10.4　供风、供排水、发电设备

4）喷混凝土及预应力设备如图 10.5 所示。

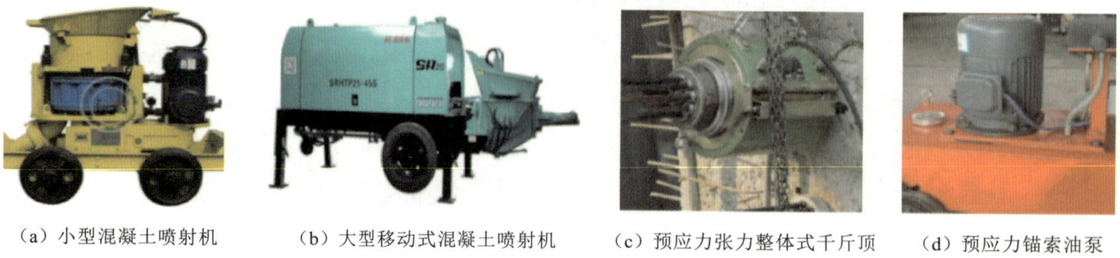

（a）小型混凝土喷射机　（b）大型移动式混凝土喷射机　（c）预应力张力整体式千斤顶　（d）预应力锚索油泵

图 10.5　喷混凝土及预应力设备

5）主要测量及试验检测设备如图 10.6 所示。

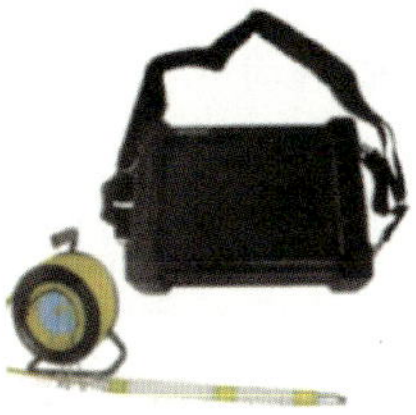

（a）岩体声波测试仪

（b）爆破震动测试仪

（c）边坡及钻孔倾斜角度测试仪

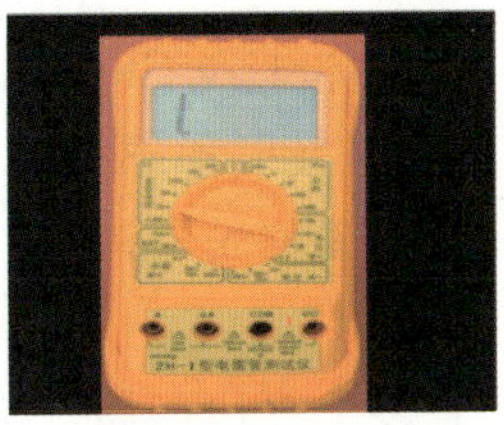

（d）电雷管测试仪

图 10.6　工程测量及试验设备

6）起爆及报警设备如图 10.7 所示。

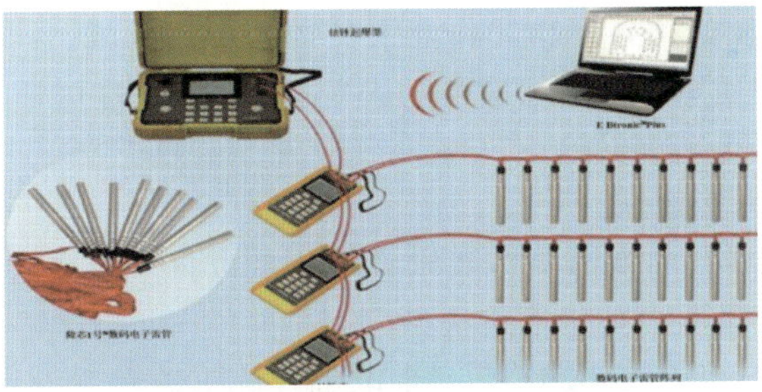

（a）数码电子雷管及起爆器

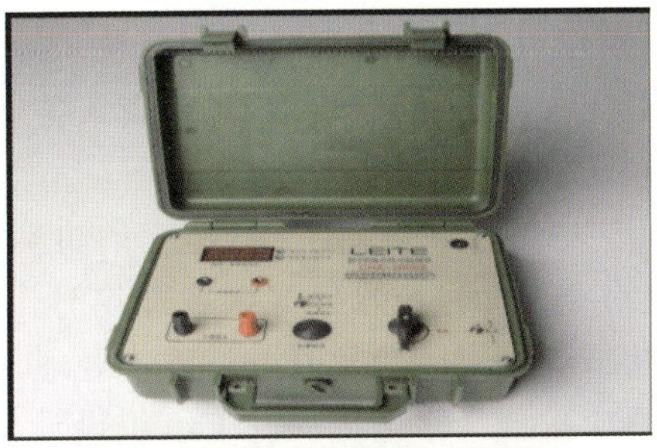

（b）数字式高能脉冲式起爆器

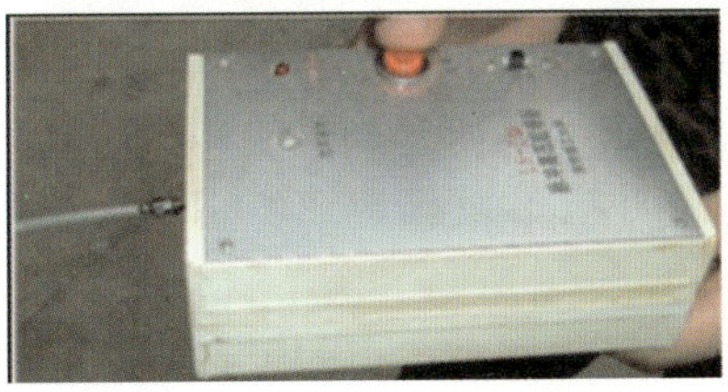

（c）一体式导爆管激发器

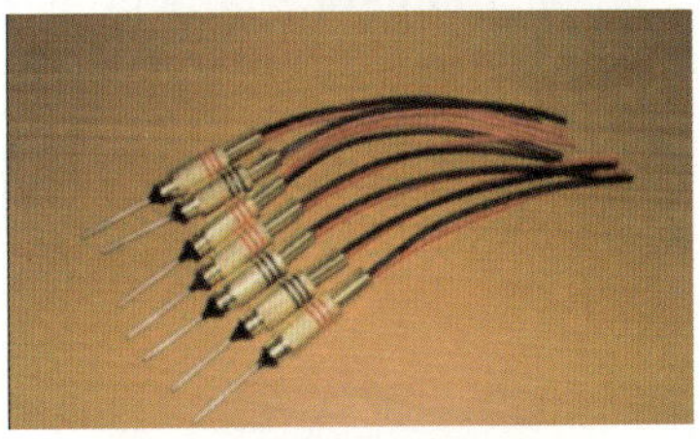

（d）起爆导爆管激发针

（e）报警器

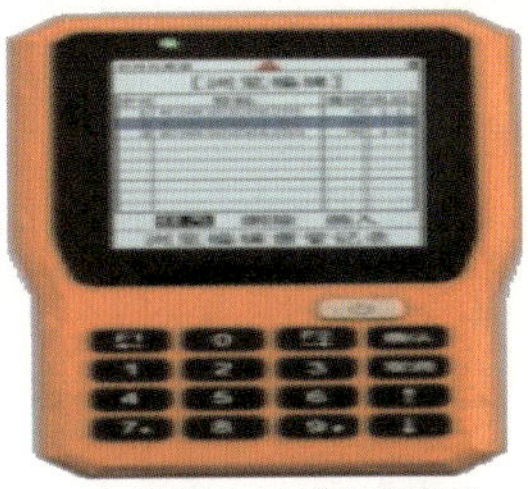

（f）数码电子雷管编码器

图 10.7　起爆及报警设备

10.3.1.5　现场准备

（1）施工用地范围清理。

1）施工前应完成有用林木砍伐，其他民用设施的拆除，垃圾清运工作，办理用地移交手续。

2）应将砍伐的有用林木按合同相关条款进行处理，残留树根必须清理干净，对于杂草及低矮树木应割除，运至合同指定填埋位置，严禁焚烧。

3）原则上植被清理范围应包括截水沟占据范围，并清理至开挖边线以外 3～5m，并不超过征地边线，但清理前应仔细与图纸坡度、开口线核对，尽量减小植被清理范围。

4）应按合同条款约定做好清表腐殖土收集，堆存至指定位置并做好日常管理，以满足后续绿化等项目使用需求。

（2）开口线以上危岩体排查及处理。开挖前，应完成边坡开口线以上危岩体排查。经评估存在危岩体时，应按设计文件规定处理措施处理完成，处理措施包括清除、锚固、设置主动或被动防护网等。

（3）渣场及其道路修建。

1）必须先修筑弃渣场、中转料场、施工道路，具备堆料、交通条件后才能进行大规模土石方明挖。

2）有多个标段向同一渣场、料场弃渣时，在招标合同文件中应明确不同时期的渣场维护管理单位，承担渣场指挥、推平、修坡、碾压、挡排设施、表面防护设施施工。

（4）已设立爆破警示标牌及办理完成爆破手续。

1）应按照《爆破安全规程》（GB 6722）、《爆破作业项目管理要求》（GA 991）的要求，办理爆破作业许可手续，严格遵守爆破安全管理相关规定。

2）在作业现场应设置警报器、警示隔离带及标牌，严禁非作业人员进入爆破区域。同时爆破作业单位要通知各相邻单位现场负责人签署爆破通知单，监理检查确认签字后才签发准爆证。

（5）防洪度汛。

1）应按合同要求编制工程施工的防洪度汛方案措施。

2）对上下库进出水口等区域开挖时，应按编制的度汛措施要求设置拦截（排）水系统，需要设置岩坎或围堰时，应及时进行防渗处理，保证围堰内处于干地状态。

（6）应按照《水电工程施工组织设计规范》（DL/T 5397）、《水电工程施工总布置设计规范》（NB/T 35120）等完成供风、供水、供电系统的设计和施工，经检查验收后进行试运转。

（7）应对作业的机械设备、风、水管路、电气线路等进行全面检查，并进行试运转。

（8）作业区应有足够的设备运行场地，临时道路已修筑完成或在高陡区域设立了人行通道。

（9）现场安全文明按照《抽水蓄能电站工程安全文明施工设施》（Q/GDW 11586）的规定执行，其他要求为：

1）在悬崖、陡坡、陡坎边缘应设置防护栏等安全防护设施，作业人员配置高处作业安全防护用品。

2）在高边坡、滑坡体、基坑、深槽及重要建筑物附近开挖，已设立了可靠防止坍塌的安全防护和监测措施。

3）在土质疏松或较深的沟、槽、坑、穴作业时已设置可靠的挡土护栏或固壁支撑。

4）防火规定：现场要求树立明确的警示、警告标识，对于防火区域按照责任范围划分。禁止现场随意动火作业。动火作业时，各项防护措施必须到位，包括灭火器配置。事先要填写动火作业票，经过监理确认后才允许作业。每年冬季、春季属于森林火灾高发期，各方要加强巡视、检查，责任到人。

（10）示例图片如图 10.8 和图 10.9 所示。

10.3.2　施工放样

10.3.2.1　施工程序

原始地形图、断面图测量→复核土石方开挖总量、确定清表面积→测量标注截水沟、排水口开挖边线→标注边坡主开挖区开口线边线→按需要或设计要求布置边坡变形观测点。

10.3.2.2　安全质量控制要点

（1）开挖区域地形图测量及工程量计算。应按照《工程测量标准》（GB 50026）、《水电水利工程施工测量规范》（DL/T 5173）完成原始地形图、断面的测量，复核土石方开挖总量、结果报审，测量前通知监理到场监督。根据合同条款和发包人管理办法规定，由监理复测或第三方复测。

图 10.8 某工程树木砍伐清理现场场景

图 10.9 某工程厂房通风洞顶部被动防护网布设场景

首次地形图测量比例尺选用 1∶500，特殊部位采用 1∶200。断面点间距要求以能反映出断面形状，满足面积计算精度为原则。地形突变处要加密。测量范围包括施工边线以外 3～5m，要覆盖整个植被清理区。结果经监理复核无误后再进行放样测量，标示出开挖边线。

（2）开口线放样。放样精度具体按《水工建筑物岩石基础开挖施工技术规范》（DL/T 5389）的有关规定执行，在开口线撒上白灰或在转折点设立临时木桩或钢管、钢筋桩等明显标识，对地形起伏较大和特殊体形部位进行加密。施工过程中做好保护。施工过程中应避免移动和损坏。

10.3.3 边坡开挖及支护

10.3.3.1 施工程序

边坡开挖流程如图 10.10 所示。

（1）抽水蓄能电站土石方开挖基本方法。

1）土方开挖。开挖方法主要包括人工开挖、机械开挖、机械＋人工辅助开挖。一般不采用水力开挖、爆破开挖法。采用水力开挖时必须对人员进行机械使用安全培训。

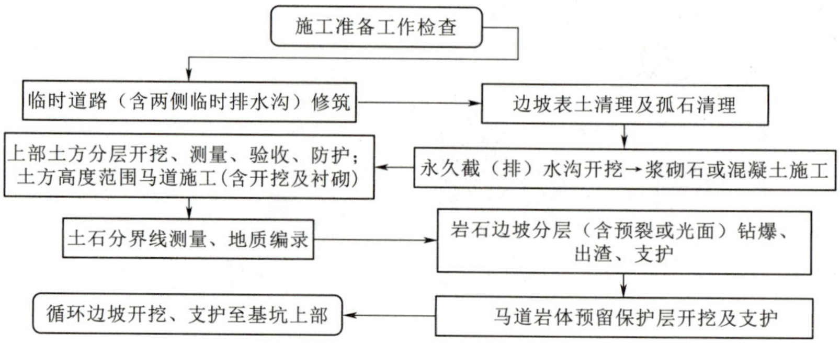

图 10.10　边坡开挖流程

2）石方开挖。应以钻孔爆破方法为主，其他开挖方法为辅。其他开挖方法包括：①凿除（高频液压破碎锤凿除、人工用风镐或电镐凿除）；②液压劈裂、静态破碎剂破碎，之后结合凿除；③切割锯切割＋液压锤破碎、切割锯＋串珠锯切割成块或液压锤破碎。

这三种方法适用于爆破区域附近存在已建成的建筑物或重要设施，对爆破有害效应（振动、冲击波、噪声等）控制指标要求比较严格，或在小型坑、槽、孤石、尖角区域钻孔爆破施工比较困难时采用。

3）硐室爆破法。除了远离坝体区域的料场、公路路基可使用外，不允许在建筑物基础及附近开挖中采取此种方法。

（2）示例图片如图 10.11 和图 10.12 所示。

图 10.11　钻孔压裂、切割及破碎、挖除现场场景

10.3.3.2　工艺安全质量控制要点

（1）施工准备工作检查。每个边坡区域开挖前，均要核查第 10.3.1 节有关内容，涉及安全、质量的工作要逐项检查、确认、验收。合格后才允许进入进行分部、单元、工序施工。

图 10.12　某蓄能电站工程用切割锯＋串珠锯组合开挖的高边坡外观

（2）临时路修筑及维护。

1）施工程序。临时道路设计方案（或包含在开挖支护方案中）制定及批复→开挖边线标识→土层开挖→下部石方开挖→两侧排水沟开挖→路基大面整平压实→沟谷处开挖、涵管埋设→涵管上部回填→路基碎石垫层回填、碾压→路面上部结构层施工→安全标识设置及临边防护施工→验收后投入使用。

2）控制要点：①开挖区域大的下库进出水口、料场区域应修筑双车道路面，并修筑成环形路面；各洞口及坡度陡的区域，施工道路应达到不同的分层高程，可修筑成之字形路；特别陡的地段只修筑挖掘机上下的道路，人员上下交通采用爬梯，两侧配置安全绳。材料运输可采用小型缆索或移动式起吊设备；②遇到沟谷时可埋设涵管或架设简易钢结构桥梁等；③严禁用表土、淤泥层填筑路基，应经常性维护修整路面，使得路面平整、不积水，要做好洒水降尘工作。

3）示例图片如图 10.13 所示。

图 10.13　某工程现场临时路布置场景

（3）表土清理。

1）施工程序。表土作为一种植物生长的重要载体，必须做好收集和利用工作，严禁废弃或与其他渣料混合。施工程序为表土厚度鉴定及收集范围确定→收集方量确定→表土收集→运输→表土堆存→堆存场表面防护→后期管理。

2）控制要点。表土作为一种植物生长的重要载体，必须做好收集和利用工作，严禁废弃或与其他渣料混合。动土前由建设各方共同踏勘，确定表土收集范围，按要求收集完成后运往指定区域堆存，并做好表面防护及底部排水工作。

3）示例图片如图 10.14 所示。

（4）截（排）水沟施工。

1）施工程序。测量放线→植被清理→土方开挖→石方开挖→混凝土或浆砌石施工。

2）控制要点。①测量放线，永久性截水沟位置按照设计规定；临时性截水沟：有条件时，布置在坡顶开挖边线以外 3～5m 的位置；②土石方开挖，截（排）水沟开挖尺寸应参照永久水沟的尺寸，土方基础排水沟采用小型反铲沿中线挖除，留 10～20cm 撬挖层后人工修整；石方边沟采用浅

图 10.14　某工程表土收集及堆存场景

孔爆破或液压锤凿除；③截（排）水沟衬砌，永久水沟施工程序及方法为基础面验收→垫层混凝土浇筑→等强 24h→铺设钢筋→模板安装→分缝止水安装→堵头模板安装→混凝土浇筑→拆模→养护。施工方法按现浇混凝土有关工艺执行。

临时性水沟可采用先预制排水沟，开挖完成后铺设砂浆，再安装预制排水沟预制混凝土瓦片，或直接用细石混凝土或砂浆涂抹修成排水沟。

3）示例图片如图 10.15 所示。

（5）土方分层开挖。土方开挖包括风积粉土、冲洪积黏土、风化碎石层、砂砾石层开挖。

1）施工程序。采用自上而下、分层开挖、及时跟进修坡、防护的施工程序。工艺流程为准备工作检查→施工测量放样→分层开挖→分层跟进修坡、拍实、防护→开挖至设计马道位置→循环至土石分界线或建基面。

2）控制要点。

a. 总体要求。

（a）不具备机械开挖时，采用人工开挖顶部少量土质边坡，分层厚度控制在 2m 以内。

（b）用反铲开挖时分层开挖厚度不大于 5m。

（c）对于粉土、黏土区域用反铲开挖时应严格控制结构尺寸，是否需要预留人工清坡层应报经监理组织联合确认。

（d）对于风化碎石层、河床砂砾石层开挖时，邻近永久边坡 1m 左右时，采用反铲缓慢修坡，先测量控制，间隔挖出反铲斗宽的示范条带，再大面积修坡，最后用反铲斗拍实。

b. 体型控制。

图 10.15　某工地不同形式的截（排）水沟现场场景

(a) 开挖前，测量放出开口位置，测量检测跟进，用反铲精细修整出一个示范条带后，再进行人工修坡。开挖过程中，靠近边坡区域 3～4m 区域，边坡修整与装车分开进行，先修整再装车，以免人工作业面狭窄而无法施工。

(b) 边坡上，对于易风化脱落崩解的土层，如粉砂岩、全风化颗粒层边坡，清理时保留 10～20cm 的可采用在喷混凝土或浇筑混凝土前再清理，以减少超挖量。

(c) 施工过程中，测量人员用全站仪跟进检查，每下降 4～5m 时检测一次，对于转弯、渐变段边坡加密检测，确保坡度、平整度满足规范要求。边坡开挖过程中采用专门制作的角度尺进行检查，经验收合格后进行防护施工。

(d) 超欠挖控制标准为检查面积在 $200m^2$ 以内时，中检查点数不少于 10 个；面积每增加 $100m^2$，新增检查点数不少于 3 个。设计边坡的整体平均坡度应不陡于设计坡度，每一台阶开挖允许偏差（垂直于坡面）为其开挖高度的±2%。水平建基面高程允许超挖值控制在规范允许偏差以内。

c. 土基马道及建基面开挖体型控制。土方马道、建基面开挖时，先留 20～30cm 人工开挖层，进行马道排水沟、种植槽施工前再进行清理，清理时适当超挖 10cm 左右，以便喷混凝土或浇筑垫层混凝土防护，然后再进行钢筋混凝土工序施工。

d. 边坡孤石处理。对出现的孤石采用人工撬挖或控制爆破的方式处理。孤石处理后，再清除扰动的土层，然后进行挂网喷混凝土封闭处理。

e. 土方边坡防护及雨季施工。

(a) 边坡防护。永久防护方式按设计规定进行，类型包括喷锚支护、框格梁（钢筋混凝土或浆砌石）种草、三维植被种草、设立主动防护网、土袋堆砌防护、土工格栅石笼堆砌防护等；临时防护包括：在马道上及坡脚设立拦渣墙，随时清理，或用防雨布覆盖等。

（b）排水及雨季施工。施工开始前及过程中做好排水工作，应遵循“高水高排”的原则，高处水不应流入工作面。坡顶部修筑截水沟并延伸至边坡下部，对于坡面上出现的集中渗水及时引排至开挖区以外。开挖台阶面始终向外侧倾斜，以便将掌子面积水排至坡面以下。要随着开挖面的下降，及时进行系统排水孔、临时排水孔的施工。雨季开挖时，坡脚设立临时排水沟，作业平台向外侧倾斜，以利于积水排出。不得顺土坡面流水。

（c）要做到开挖一层、防护一层。不具备永久防护条件时，要采取临时防护措施。土方分层开挖修建的临时性排水沟：一般采取土沟的形式，不做衬砌，排水坡度为 0.3%～0.5%。

3）施工安全控制。按照《水电水利工程土建施工安全技术规程》（DL/T 5371）等规定执行，特别是：在滑坡地段开挖，应从两侧向中部自上而下进行，不得全面拉槽开挖，弃土不得堆在滑动区域内；开挖时应有专人监护，随时注意滑坡体变化情况；开挖土方边坡时，发现裂痕、滑动、流土等现象时，应停止作业，撤出现场人员。

4）示例图片如图 10.16～图 10.18 所示。

图 10.16　某工程土质边坡（含路堑）开挖、修坡及边坡成型场景

（6）岩石边坡分层爆破（含预裂或光爆）施工。

1）施工程序。包括钻孔孔位测量放样、边坡顶部不规则面或狭窄区域岩体找平、深孔（或浅孔）梯段及预裂（或光面）爆破试验等 14 个工序，如图 10.19 所示。

图 10.17　某工程边坡框格梁混凝土浇筑场景

图 10.18　某土质工程边坡支护作业场景

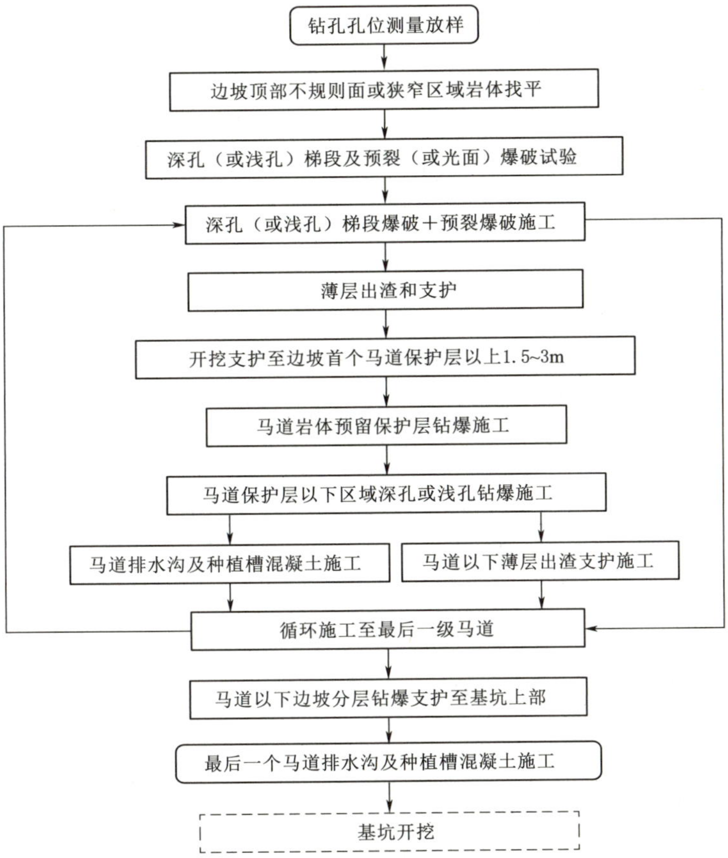

图 10.19　石方边坡开挖钻爆程序

施工程序说明：地质编录、测量检查、基岩面验收贯穿在施工的全过程；本图是以高边坡开挖支护为背景绘制，具备大型履带钻机钻孔作业场地时以深孔爆破为主；开挖高度小或设计未设置马道时则取消相应工序；工作量和开挖高度小时，宜采用手风钻钻爆破孔。

2）施工放样程序及要点。程序为清理岩面渣子→测量放点→记录高程数据→油漆标注并注明应钻孔深度、角度。控制要点为预裂孔、光爆孔逐孔放点，间距偏差按 5cm 控制；中间梯段爆破孔、缓冲孔可适当放宽孔位数量，每一排应至少放样两个孔位，以便拉线后标注，间排距偏差不大于 10cm。

3）顶部岩体找平开挖。

a. 顶部找平方法。天然边坡岩体顶部凹凸不平或呈尖角状，必须找平后才能具备机械或人工钻孔条件。找平开挖有三种方式：一是采用手风钻钻设斜向浅孔，孔底落在同一高程上，小梯段爆破后形成相对平整的工作平台，或用手风钻从一侧到另一侧钻设水平爆破孔，进行小梯段松动爆破形成平台；二是采用风镐凿出平整工作平台；三是用反铲改装的液压锤凿出工作平台。

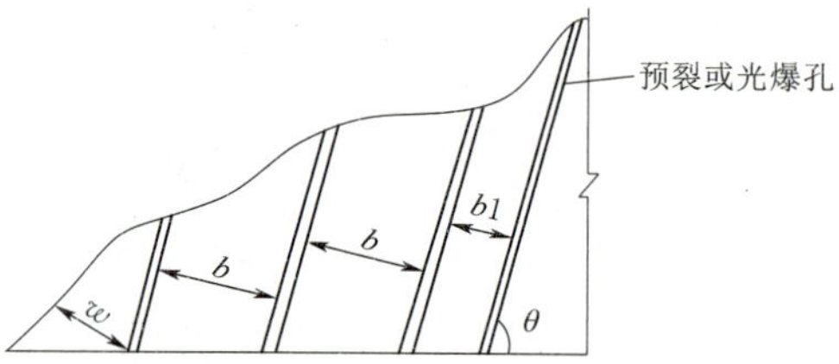

图 10.20 岩石边坡顶部找平浅孔爆破

$b1$—预裂或光爆孔距；前排主爆孔的距离；b—主爆孔孔距；w—前排抵抗线；θ—钻孔角度

b. 钻爆方法。顶部找平斜向浅孔爆破的最大开挖高度一般控制在 3m 以内，以便人工进行边坡锚杆钻孔。若找平后平台宽度仍然不足，则继续进行浅孔小梯段钻孔爆破，每次开挖高度 3～5m，直到平台宽度满足大型钻机行走、回转宽度后，一般应大于 5m，如图 10.20 所示。

c. 狭窄区域作业平台扩大开挖。顶部找平开挖后，若作业平台宽度仍然较小，不满足大型机械钻孔作业时，则需要用手风钻钻孔进行浅孔梯段爆破开挖，如图 10.21 所示。

d. 钻爆参数计算。应按照表 10.1 和表 10.2 中的计算公式计算，并结合现场试验具体确定。

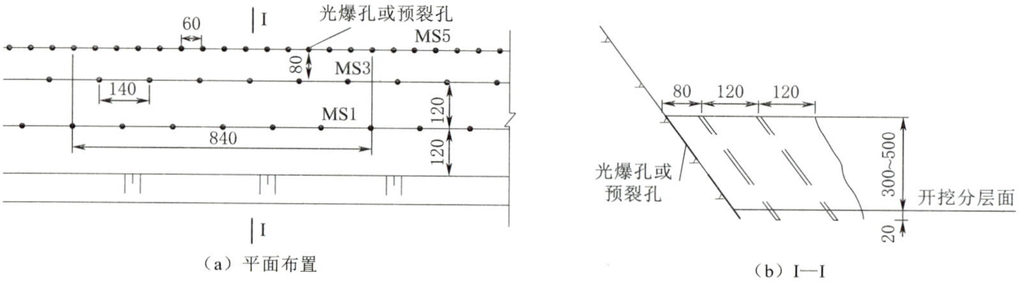

图 10.21 某工程岩石边坡上部手风钻浅孔小台阶梯段爆破

表 10.1 主爆孔爆破参数计算

爆破参数	经验公式	说明
炮孔深度 L/m	$L=(1.1\sim1.5)H$	用于坚硬岩石
	$L=(0.8\sim0.95)H$	用于松软、破碎岩石
	$L=H$	用于中等强度岩石
炮孔间距 a/m	$a=(1.0\sim2.0)W_1$，或 $a=(0.5\sim1.0)L$	
炮孔排距 b/m	$a=(0.8\sim1.0)a$	梅花形布孔
底板抵抗线 W_1/m	$W_1=(0.4\sim1.0)H$	比较高的梯段或坚硬完整的岩石取小值
单孔装药量 Q/kg	$Q=(0.6\sim0.7)qW_1aH$	梯段爆破具有两个临空面，0.6～0.7 为临空面修正系数，q 为正常松动爆破炸药需用量（2 号岩石硝铵炸药）
	$Q=(0.33e\sim0.36e)qw^3$	q 为一个临空面时的爆破单耗（爆破作用指数为 1.0），e 为炸药换算系数
单耗 q/(kg/m³)	$q=(0.33\sim0.55)\,[0.4+(\gamma/2450)^2]$	γ 为岩石容重

表 10.2 预裂爆破及光面爆破参数计算

参数		经验公式	说明
预裂爆破	钻孔深度	$L=(H+h)/\sin\theta$，	H 为台阶高度，h 为炮孔超深，超深值为 0.5～2m，坚硬岩石取大值
	孔距 a	$a=(8\sim12)d$	d 为炮孔直径
	线装药密度 q/(g/m)	$Q=K_Y\times a$	K_Y 为单位面积岩石炸药消耗量，g/m²
	单孔装药量 Q/kg	$Q=q\times L$	
	起爆时间	领先于主爆孔 15～75ms	

续表

参数		经验公式	说明
光面爆破	钻孔深度 L	同预裂爆破	超深值为 0.3～1.5m
	孔距 a	$a=0.6\sim0.8W$ 或 $a=(10\sim16)$	W 宜为 15～20 倍孔径；d 为钻孔直径
	线装药密度 $q/(g/m)$	线装药密度 $q=aWk$，	k 按经验值并通过爆破试验获取，g/m^3
	起爆时间	滞后于主爆孔 50～150ms	

注　参数来自《土方与爆破工程施工及验收规范》(GB 50201)。

a）主爆孔爆破参数计算。

b）预裂爆破及光面爆破孔钻爆参数。预裂及光面爆破不耦合系数应为 2～5。应采用竹片等材料绑药，使得药量均匀分散。

e. 安全及质量控制要点。

a）对于 1～1.5m 厚的坡面岩体直接布置一排光面爆破孔，最多再布置一排爆破孔，或采用液压锤直接凿除。爆破后人工翻渣至坡脚。钻孔孔底要落在同一高程上。

b）狭窄区域小梯段开挖爆破时，宜采用宽孔距、小排距的布孔方式，以减少大块率。爆破参数计算公式见表 10.1。

c）预裂孔相比主爆孔爆破提前不少于 75ms，光面爆破滞后于最后一排主爆孔 50～100ms，主爆孔间爆破间隔时间 15～75ms。

d）钻孔机械。应采用 YT28 手风钻或 100B 钻机造孔。

e）钻孔直径。一般不大于 50mm，采用 100B 钻机钻孔，直径较大时应使用竹片绑药，防止药量集中在孔底，造成大块石多的现象。

f）梯段高度 H。原则不大于 5m。

g）安全控制要点：人工手风钻找平爆破钻孔或用风镐找平时，作业人员要配置安全绳、全身安全带并固定牢靠，防止人员高空坠落。具备 5m 宽左右的作业平台后再采用履带钻机造孔。

开挖后的石渣采用液压反铲或装载机装自卸汽车运往指定施工平台。不具备运输条件时，人工或机械甩渣至下级边坡，场地宽度具备装车条件后，二次装渣运至渣场。

同一高程范围的梯段开挖尽可能同步下挖，若不能同步时，高差不大于一个梯段高度（5m）。

4）边坡深孔梯段。

a. 适用范围。主要用于石方开挖量大、边坡坡度高的洞口、上/下库进出水口、公路路基边坡石方开挖。

b. 分层高度及钻孔方式。梯段高度一般控制在 6～10m，不宜不超过 15m。采用简易潜孔钻机进行预裂孔钻孔，深孔潜孔钻或液压钻钻机进行主爆孔造孔。梯段爆破应采用大孔距、小排距，梅花形布孔方式。钻爆参数计算公式见第 10 章有关内容。

c. 邻近永久边坡轮廓线处深孔爆破钻孔布置如图 10.22 所示。

d. 爆破试验及爆破效果判断。在需要采取控制爆破保护建筑物或保留岩体，及控制开挖颗粒级配等情况下，必须先进行爆破试验，试验前应编制试验大纲，经监理审批后执行。具体内容和方法按照《水电水利工程爆破施工技术规范》(DL/T 5135) 的规定执行。

爆破试验结果评审要点：爆堆是否集中、块径是否满足要求，超径石比例是否偏大，颗粒级配是否满足实际需要；炮孔堵塞长度是否合适；预裂孔、主爆孔孔底超挖值是否满足分层需要。预裂孔质量的判断标准为：预裂缝要贯通且在地表有一定的开裂宽度，对于中等强度岩体，缝宽不宜小于 1.0cm，坚硬岩石不小于 0.5cm；软岩区域应大于 1cm；保留残留半孔率不低于规范允许值，且炮孔附近不出现严重的爆破裂隙；爆破有害效应（质点振动速度、冲击波、噪声）控制在规范允许

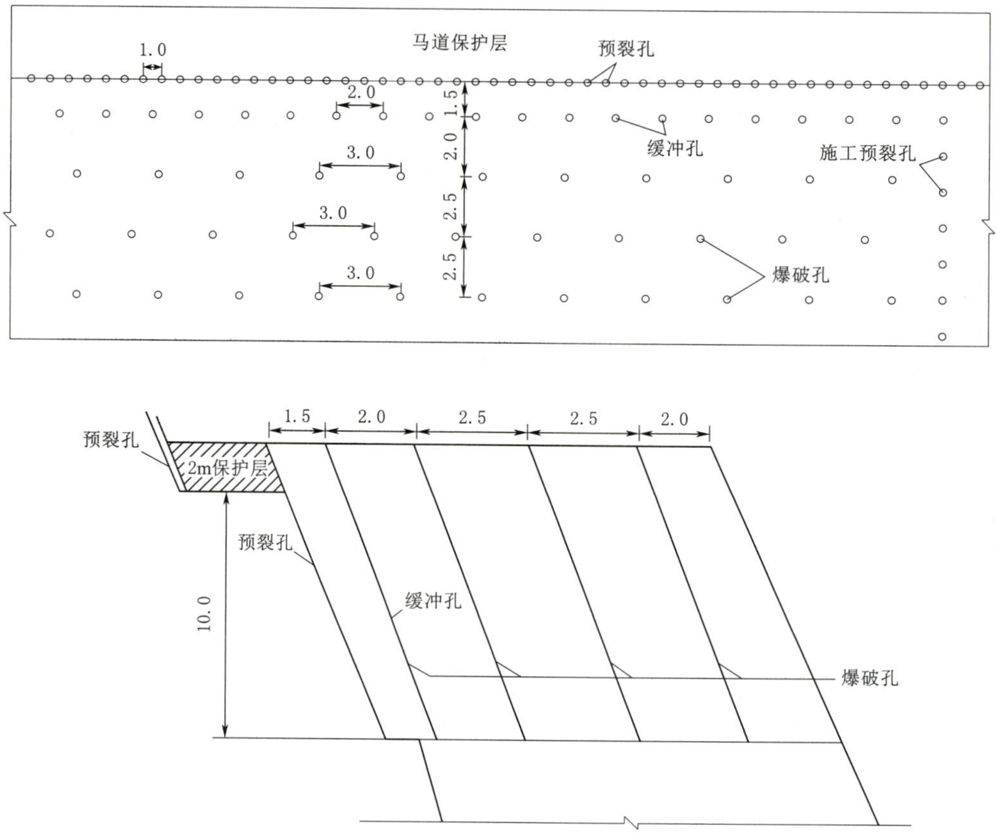

图 10.22　邻近永久边坡轮廓线处深孔爆破钻孔布置（单位：m）

范围内。

5）深孔爆破薄层出渣支护。

a. 爆后先用石渣修筑临时路和支护作业平台，进行平台上部边坡支护后再向下分层出渣和支护，分层出渣高度控制在 4～5m，宜采用带有作业平台的护坡钻机，做到钻孔、安装锚杆、锚杆注浆同步进行，或每 4～5m 集中钻孔、集中安装锚杆并注浆，以免形成高边坡，增加施工安全风险。同时完成排水孔钻孔及排水管安装。

b. 施工工艺顺序。边坡分层深孔钻爆→修筑临时道路→每 4～6m 挖运渣料一次→基岩面清理及验收、编录→钻机（宜采用护坡钻机）钻设锚杆孔（含边坡排水孔）、验孔、安装锚杆→注浆→挂设钢筋网→喷混凝土→进行下一层出渣，直至下层岩体开挖钻爆工作面。

也可采用普通锚杆钻机快速进行锚杆和排水孔钻孔，然后采用钢管脚手架搭设或用型钢焊接的施工平台进行排水管安装、锚杆安装、挂网施工，再进行喷混凝土施工，施工平台高度一般为 3～5m。空间上出渣与支护在空间上错开进行，确保施工安全，已完成喷锚支护的工作面则开始爆渣挖装作业。

6）深孔梯段爆破安全质量控制要点。

a. 工作面规划布置：同一台阶上每个作业区布置一个钻孔爆破区、一个出渣区、一个边坡支护区，以减少各工序之间的干扰。台阶长度应满足自卸车回转要求。

b. 总体要求：

（a）原则上开挖应采用自上而下、分层开挖、分层支护的方式进行。对于特殊情况下开挖顺序调整时要进行安全、经济论证。

（b）边坡轮廓线处开挖应采用预裂爆破或光面爆破，紧邻马道建基面应预留 1.5～3m 的保护层。

(c) 岩石边坡梯段开挖高度不大于 15m，一般采取 8～12m。同一梯段的开挖应同步进行，若不能同步时，相邻区段的高差不大于一个梯段高度等。

(d) 无法进行深层开挖薄层支护工艺时，支护与开挖的间隔距离至少应符合以下规定：施工期安全支护的随机锚杆与开挖面的高差不大于 10m；永久支护中的系统锚杆和喷混凝土与开挖面的高差不应大于 20m；永久支护中的预应力锚索与开挖面的高差不应大于 30m，并应满足边坡稳定和限制卸荷松弛的要求。

(e) 因每个爆破地形不同，均要结合现场具体情况进行爆破设计，爆破设计审查批准后，要严格按照以下程序进行安全、质量控制，具体为：爆前安全技术交底情况检查→爆破钻孔质量检查→火工品领用申请单审查→装药联网质量检查→爆前振动检测准备及安全防护措施检查→签发准爆证→爆破→爆后安全及质量检查→盲炮处理审查及监督→剩余火工品退库情况检查。

c. 钻孔及装药质量控制。

(a) 钻孔角度。梯段爆破孔钻孔角度以 75°～80°为最优，最小应不小于 60°，对于坡度较小的孔，如坡比 1∶2、1∶1.5、1∶1 时应降低台阶开挖高度，保证预裂孔、光爆孔钻孔斜长在 15m 以内，以免产生较大偏差；预裂、光面爆破孔角度应符合设计要求。

(b) 钻孔直径不宜大于 150mm，紧邻保护层的台阶爆破及预裂爆破、光面爆破孔直径不宜大于 110mm，保护层爆破孔直径不宜大于 50mm。

(c) 钻孔精度控制措施。钻孔前清理孔口部位石渣，钻机安放平稳，然后对准孔位，核实钻孔角度、方位角无误后开始钻孔。各钻孔尽可能保持平直，钻孔深度保证每层孔底高程一致，使爆破后的岩面平整，方便下一循环作业。

对于预裂孔钻孔位置和角度是控制的重点，开孔时缓慢加压，钻进 20cm 后检查角度是否符合要求，再继续钻进。第一根钻杆钻设完成后进行二次检查，合格后再继续钻进。

采用简易浅孔钻机进行预裂孔造孔时，宜采用双层架子管进行导向及固定，事先钻设浅锚杆固定架子管，防止在钻设过程中移位。用地质罗盘在钻机滑轨侧面检查钻孔角度，满足要求后再进行钻孔，角度偏差控制在 1°以内，其他孔不大于 2°。

(d) 钻孔深度控制。钻孔完成后用风吹出孔内石渣，一般孔深偏差控制在 20cm 内，预裂孔和光面爆破孔孔深偏差控制在±5cm。验收合格后才允许装药。

(e) 钻孔时详细记录地层特征，特别是要记录软弱夹层、风化条带的深度、厚度。

d. 装药。全部采用乳化炸药药卷，预裂孔、光爆孔应采用小直径药卷。主爆孔、缓冲孔可用较大直径药卷间隔装药，也可采用小直径药卷连续装药。预裂孔采用竹片绑药，导爆索紧贴药卷，并用绝缘胶布黏结牢靠，孔口先塞入稻草或废纸，再用石粉或含黏土的湿砂封堵严密，封堵长度应满足设计要求。主爆孔应采用石粉或黏土堵塞，严禁采用含有石块的堵塞物。

存在全风化条带及软弱夹层时，主爆孔也应采用间隔装药，间隔堵塞材料使用石粉或水袋，使得药量在全孔内尽量分布均匀，降低大块率。孔口堵塞长度较小时，应采用炸药箱或编织袋装风化砂压重，防止冲孔，影响爆破效果。

起爆雷管与药卷同时装入，起爆雷管一般采用长脚线雷管，脚线不够长度时采用专用接头接长，或采用导爆索串联导爆管。每个孔采用双发雷管，防止雷管失效，产生瞎炮。

e. 连线及爆破。装药结束后，由爆破员根据爆破设计进行爆破网络连接，至少检查两遍确认无误后，按爆破安全警戒的约定，准确、清晰地发出“预警—起爆—解除警报”信号进行爆破作业。建筑物基础开挖不允许采用挤压爆破方式。

f. 爆后安全检查。爆破结束 15min 后，首先由爆破技术人员、安全员进入爆区进行安全检查，对发现的问题，如盲炮、残药、危险岩体等进行排查，然后组织人员按预定的方式处理。

g. 出渣及倒渣、渣场管理。对于出现的超径石应用液压锤或爆破的方式解小。对于出现的风化软弱料、全风化料单独装车，运往弃渣场或路基、围堰施工区。弱风化、微风化岩体运往骨料加工厂或上坝填筑，禁止在河道行洪区弃渣。

应及时对渣场坡面进行修整并修建排水、防护设施，渣场边坡应保持自身稳定，必要时进行分层碾压。渣场弃渣应设专人指挥，临边设置挡渣坎。

h. 最大单响药量应按照《水工建筑岩石基础开挖工程施工技术规范》（DL/T 5389）的要求控制，并通过爆破试验最终确定，临近永久边坡轮廓线附近不允许采用留渣挤压爆破。

边坡预裂孔简易潜孔钻样架法钻孔及某工程洞口强风化岩体边坡开挖场景如图 10.23 所示；边坡护坡钻机进行锚杆施工场景如图 10.24 所示；履带式锚杆钻机钻设锚杆孔场景如图 10.25 所示；某工程拌和系统场地高边坡开挖支护场景如图 10.26 所示；某工程洞口强风化岩体开挖成型场景如图 10.27 所示。

图 10.23　边坡预裂孔简易潜孔钻样架法钻孔及某工程洞口强风化岩体边坡开挖场景

图 10.24　边坡护坡钻机进行锚杆施工场景

图 10.25　履带式锚杆钻机钻设锚杆孔场景

图 10.26　某工程拌和系统场地高边坡开挖支护场景

图 10.27　某工程洞口强风化岩体开挖成型场景

（7）马道岩体保护层开挖。

1）马道岩体保护层开挖的条件要求。顶部岩体钻爆工作已完成，临空面边坡石渣及覆盖层已清理，保护层顶面以下、保护层外侧一层石方爆破已完成，使得保护层岩体外边缘已充分爆破，具有 3m 宽的临时作业平台。保护层高程以下一排边坡锚杆施工完成，以做好锁口工作。

2）开挖的基本方法。包括①分层开挖法；②钻设垂直孔孔底设柔性垫层爆破法；③钻设垂直孔＋孔底水平（纵向及横向）预裂爆破法、钻设水平预裂孔＋水平主爆孔法。

10.3.4　基坑开挖支护

10.3.4.1　施工程序

基坑开挖工艺流程如图 10.28 所示。

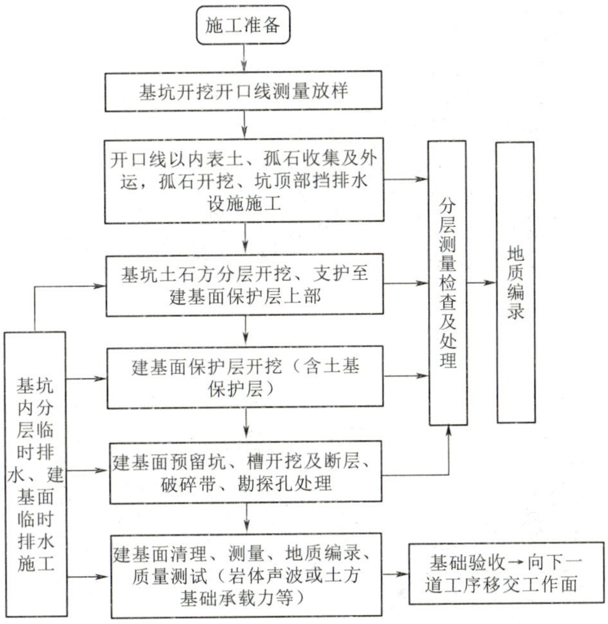

图 10.28　基坑开挖工艺流程

10.3.4.2　工艺安全质量控制要点

（1）基坑顶部应设置防排水设施，防止地表水流入或深入基坑；顶部不允许随意堆载。

（2）按照《水电水利工程土建施工安全技术规程》（DL/T 5371）的规定，基坑坑壁为土层且支撑时应开挖成安全边坡；挖土不能按规定放坡时，应采用固壁支撑措施。在松软土质直立开挖时，深度不超过 1.2m，在密实土质中不能超过 1.5m 等。

（3）按照《土方与爆破工程施工及验收规范》（GB 50201），在基坑、管沟顶部应设置防护栏和明显警示标志，夜间施工时现场照明条件应满足施工需要；开挖深度 3m 及以内临时边坡稳定坡比应参照此规范的规定执行。基坑内应布置人员上下交通设施。

（4）应按照开挖一层支护一层的方式开挖。土质坑底应预留一定厚度的保护层，待进行混凝土施工前再开挖到位或开挖到位、压实后铺设混凝土垫层、砂浆垫层。

（5）人工开挖土质基坑开挖时，开挖高度不超过 2m，机械开挖时一次性开挖高度应控制在 2～3m，最大不超过 5m，开挖修坡后应立即支护。

（6）坑壁渗水时，应在坑底分层设置积水坑，将渗水引入积水坑抽排。坑底渗水时，应根据底层性质确定排水方式，属于岩体、砂砾石时应考虑设置排水沟、集水井；坑底属于砂层、土层时考虑管井法、井点法。应将水位降至坑底设计高程以下 50cm。

（7）上/下库进出水口等区域具有齿槽部位开挖时，应优先开挖齿槽区域，作为临时积水坑；

基坑底部出现不良地质段时，按设计文件要求处理。

（8）深度在 3～5m、大于 5m 的基坑开挖前应编制专项方案，按危大工程的管理规定执行。

（9）范围较大的岩质基坑应采用先开挖先锋槽再向两侧扩大的方式，面积较小的岩质坑、槽应按照《水工建筑物岩石基础开挖工程施工技术规范》（DL/T 5389）、《水电水利工程爆破施工技术规范》（DL/T 5135）的有关规定执行。

（10）示例图片如图 10.29 和图 10.30 所示。

图 10.29　基坑土方边坡开挖成型、基底承载力检测

图 10.30　某工程基底测量及坑壁喷锚支护场景

10.4　WHS 质量控制点

土石方明挖质量控制点（W、H、S 点）设置见表 10.3。

表 10.3　土石方明挖质量控制点（W、H、S 点）设置

序号	工　作　名　称	控制点	序号	工　作　名　称	控制点
1	首级控制网移交	W	4	原始地形及断面复测	H
2	首级控制网复测	W	5	开口线放样及过程测量质量检查	W
3	加密控制网布设及复测	H	6	原材料进场	W

续表

序号	工　作　名　称	控制点	序号	工　作　名　称	控制点
7	主要挖装运设备进场	H	15	超径石鉴别及处理	H
8	爆破参数试验	S	16	植被清理	W
9	钻孔（预裂或光面爆破孔）	H	17	弃渣及渣场修整维护	W
10	装药联网	W	18	高处作业安全防护	H
11	签发准爆证	H	19	混凝土浇筑	H
12	盲炮处理	H	20	不良地质段处理	H
13	喷混凝土	W	21	土方及石方开挖质量检查与验收	H
14	表土收集	H			

10.5　质量检查与验收

由于涉及多个专业和项目，内容较多，仅列出规范名称及表格名称、编号等，明确了其检查项目、标准、方法。

各工序及单元工程质量检验评定标准见表 10.4。

表 10.4　　各工序及单元工程质量检验评定标准

序号	专业类别	规　　范	质量检验表格名称	表格在规范中编号
1	水电水利	《水电水利基本建设工程　单元工程质量等级评定标准　第 1 部分：土建工程》（DL/T 5113.1—2019）	表土及土质边坡清理工序施工质量检验标准	表 4.2.2
2			土质地基和边坡开挖工序施工质量检验标准	表 4.2.3
3			岩石地基开挖单元工程质量检验标准	表 5.2.2
4			岩石边坡开挖单元工程质量检验标准	表 5.2.3
5			柔性防护网安装单元工程质量检验标准	表 6.2.2
6			砌筑护坡工程施工质量检验标准	表 6.2.3
7			植被护坡工程施工质量检验标准	表 6.2.4
8			混凝土网格护坡施工质量检验标准	表 6.2.5
9			边坡排水施工质量检验标准	表 6.2.6
10	房屋建筑	《建筑地基基础工程施工质量验收标准》（GB 50202—2018）	柱基、基坑、基槽土方开挖工程的质量检验标准	表 9.2.5-1
11			挖方场地平整工程土方开挖的质量检验标准	表 9.2.5-2
12			管沟土方开挖工程的质量检验标准	表 9.2.5-3
13			地面基层土方开挖工程的质量检验标准	表 9.2.5-4
14			柱基、基坑、基槽岩质基坑开挖工程的质量检验标准	表 9.3.4
15			挖方场地平整工程岩土开挖工程的质量检验标准	表 9.3.5
16			土石方对方工程的质量检验标准	表 9.4.5
17	公路桥梁工程：按照《公路工程质量检验评定标准　第一册　土建工程》（JTG F80/1—2017）的有关规定			
18	10kV 供电线路工程：基础土石方，按照《电气装置安装工程　66kV 及以下架空线路施工及验收规范》（GB 50173—2014）第 5 章的规定及表格 D.0.1～D.0.3 的规定。			

10.6　相关标准

《爆破安全规程》(GB 6722)
《工程测量标准》(GB 50026)
《电气装置安装工程 66KV 及以下架空线路施工及验收规范》(GB 50173)
《建设工程施工现场供用电安全规范》(GB 50194)
《土方与爆破工程施工及验收规范》(GB 50201)
《建筑地基基础工程施工质量验收标准》(GB 50202)
《建筑边坡工程技术规范》(GB 50330)
《电力建设工程施工安全管理导则》(NB/T 10096)
《水电工程总布置设计规范》(NB/T 35120)
《水电水利工程爆破施工技术规范》(DL/T 5135)
《水电水利工程施工安全防护设施技术规范》(DL/T 5162)
《水电水利工程施工测量规范》(DL/T 5173)
《水电水利工程喷锚支护施工技术规范》(DL/T 5181)
《水电水利工程场内施工道路技术规范》(DL/T 5243)
《水电水利工程边坡施工技术规范》(DL/T 5255)
《水电水利工程施工机械安全操作规程　挖掘机》(DL/T 5261)
《水电水利工程施工机械安全操作规程　推土机》(DL/T 5262)
《水电水利工程施工重大危险源辨识及评价导则》(DL/T 5274)
《水电水利工程施工通用安全技术规程》(DL/T 5370)
《水电水利工程土建施工安全技术规程》(DL/T 5371)
《水工建筑物岩石基础开挖工程基础施工规范》(DL/T 5389)
《水电水利工程施工组织设计规范》(DL/T 5397)
《建筑施工扣件式钢管脚手架安全技术规范》(JGJ 130)
《施工现场临时用电安全技术规范》(JGJ 46)
《爆破作业项目管理要求》(GA 991)
《抽水蓄能电站工程安全文明设施导则》(Q/GDW 11586)

第 11 章 无爆破切割明挖及支护施工工艺

11.1 适用范围

本工艺适用于抽水蓄能电站特殊区域岩质边坡的无爆破明挖施工，边坡岩体较完整，地应力不宜大于 20MPa。

11.2 施工程序

无爆破切割明挖及支护施工程序如图 11.1 所示，主要包括施工准备、测量放样、圆盘锯切割、绳锯切割、荒料运输、支护施工等，完成一层的明挖施工后，进入下一层的切割明挖。其中如无地表植被，可不进行地表植被层清除。

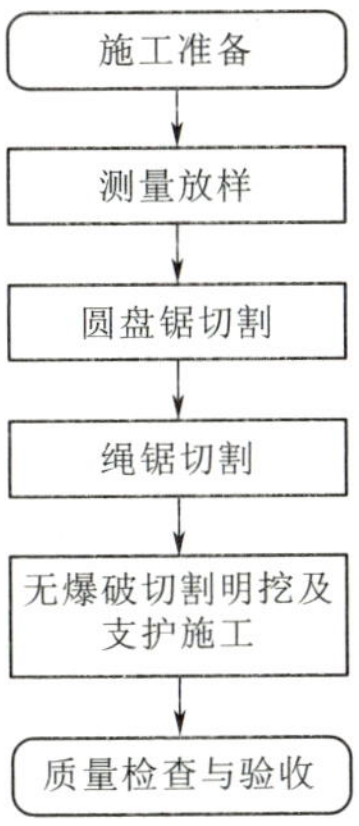

图 11.1 无爆破切割明挖及支护施工程序

11.3 工艺说明与工艺要求

11.3.1 施工准备

施工前根据现场情况提前做好技术、劳动力、材料、设备、现场等各项施工准备工作。

11.3.1.1 技术准备

（1）项目开工前组织施工图纸预审，了解设计意图及相关技术、质量要求，反映设计方案中存在的不明确之处和为确保施工质量需设计方修改之处，通过设计方的确认，进一步明确施工中的有关设计要求。

（2）建设单位组织设计单位、施工单位对设计图纸及相关技术要求开展设计技术交底，技术交底工作要充实，具有针对性和指导性，参加施工的全体人员都要参加交底并签名，形成书面的交底记录。

（3）工程地质条件调查。调查分析施工区的地形地貌、地层岩性、水文地质条件等。

（4）环境条件调查。了解施工对周边自然环境、已有建（构）筑物的影响及需要采取的防护和处理措施。

（5）在切割施工前，要根据工程地质条件和设计要求，确定设备选型和参数；进行现场切割试验，确定岩体切割参数，在实际切割过程中根据岩体质量和结构特征对切割参数进行优化，达到最佳切割效率。

（6）应做好切割岩体的监测设计和施工期监测准备工作。

（7）施工方案须经总监理工程师批准后实施。

11.3.1.2　劳动力组织准备

（1）组建施工组织管理机构，根据工程规模、工期和技术难度配备相应的管理、技术、测量、试验、环保、水保、专职质量管理和安全管理人员。

（2）岩体无爆破切割明挖需安排有经验的作业班组进行，并根据施工进度计划、施工技术要求合理配备各工种作业人员。

（3）岩体切割施工前应进行人员安全教育培训，新进人员须经过三级安全交底，并经考核合格后方可正式上岗，未经安全生产教育培训考核或者培训考核不合格的人员不得上岗作业。

（4）圆盘锯作业 1 个班组配备圆盘锯 1 台，操作工 2～3 人，电焊工 1～2 人；绳锯作业 1 个班组配备绳锯 1 台，操作工 3～4 人。

11.3.1.3　工程材料准备

（1）材料进场前严格进行检查验收和取样送检，严禁不合格材料进入现场。

（2）施工前应根据制定的应急处置措施、预案等配备应急物资。

11.3.1.4　施工设备准备

无爆破切割明挖施工所需要的机械设备主要有以下几种：

（1）岩体切割设备。圆盘锯、金刚石绳锯机等，如图 11.2 所示。

（a）圆盘锯　　（b）金刚石绳锯机

图 11.2　岩体切割设备

（2）运输设备。搬运叉车、平板运输车等，如图 11.3 所示。

（3）支护设备。液压凿岩台车、混凝土湿喷机等，如图 11.4 所示。

（4）风、水、电供应机械设备。空气压缩机、水泵、变压器、发电机等。

（a）搬运叉车

（b）平板运输车

图 11.3　运输设备

（a）液压凿岩台车

（b）混凝土湿喷机

图 11.4　支护设备

11.3.1.5　现场准备

（1）施工道路。施工道路主要用于承担设备通行、材料运送及荒料运输等任务。需要根据现场实际地形进行布置，场外道路需要便于通往各石料转运场地，场内道路保证明挖过程中叉车、反铲等大型设备的通行，同时方便石料向场外的运送。

（2）施工用电。根据施工特点配备变压器和移动电箱，电缆线做到平、顺、直、通和“一机、一闸、一漏”。

（3）施工用水及排水。圆盘锯切割需要用水冷却锯片，需要修建集水池，水量应满足切割需求。同时为避免废水流出，需要修建废水收集、处理和循环利用集水池或者废水处理设备，在废水池或设备中将切割岩粉进行沉淀，定期集中进行岩粉清理及运出，废水经沉淀后用水泵抽至集水池，循环利用。

（4）切割开始前，在边坡顶部开辟出满足圆盘锯施工的工作面，供圆盘锯铺轨及切割施工。

11.3.2　测量放样

（1）监理单位提供控制点后，按已经报批的测量施工方案要求进行控制点的复测。

（2）对原始地形进行测量，绘制出可供施工使用的断面图，并核算出工程量。

（3）工程施工过程中及时提供必要的控制点，以便放样和施工人员控制施工边线的几何尺寸。

（4）采用全站仪进行测量放样。

（5）严格按照《水电工程测量规范》（NB/T 35029）等相关测量规范进行施工。

11.3.3　圆盘锯切割

11.3.3.1　工艺流程

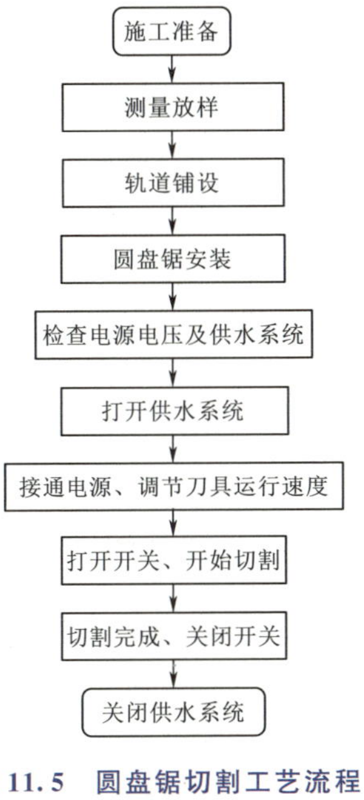

图 11.5　圆盘锯切割工艺流程

圆盘锯切割工艺流程如图 11.5 所示。主要包括施工准备，测量放样，轨道铺设，圆盘锯安装，检查电源电压及供水系统，打开供水系统，接通电源、调节刀具运行速度，打开开关、开始切割，切割完成、关闭开关，关闭供水系统等。

11.3.3.2　工艺质量要点

（1）根据测量放样点的位置及需要切割深度进行圆盘锯轨道定位安装。轨道安装时需用枕木及木尖垫平保证双向水平状态，再用螺纹钢将其焊牢，将两条轨道固定在岩石上。对于轨道基础高差起伏较大的，应用岩块垫平，保证机械的平稳性。轨道直线度误差不超过 0.5mm/1000mm，平行度误差不超过 0.5mm/1000mm。轨道平整度测量如图 11.6 所示。

（2）在轨道安装完成后安装圆盘锯，将机台底面进行预调平，立柱两边滑板要求竖直，精度达 0.2mm/1000mm，调整轨道轮与轨道距离相符合。将锯片起吊时，应挂在锯片预留的工艺孔处，严禁把吊钩挂在锯片中心位置进行起吊，以免损坏中心孔，如图 11.7 所示。安装完成后立即检查切割边线是否符合设计要求。

图 11.6　轨道平整度测量

图 11.7　锯片吊装

（3）锯片安装完成后进行通电试机，试机完成，确保切割边线无误后进行切割施工。

（4）切割时刀头与岩体产生强力冲击和摩擦引起发热，需要充足的冷却水进行冷却，在切割前要先打开冷却水开关，在切割过程中保证不间断供水，如水量不足将造成刀头的烧损。

11.3.3.3　保养和检查

（1）日常主机检查和保养。检查各种紧固件是否有松动现象，应确保紧固；检查三角带松紧是否适度，有无打滑现象，是否老化，若有相关现象应及时调整或更换；检查集中润滑油路是否畅通及主轴箱是否有渗漏，如发现渗漏应立即查明原因，采取措施，并重新换油，严格按润滑要求注油换油；检查控制柜内各电器元件，接线螺钉是否有松动现象，动作是否灵敏，如果其中任何一个螺丝松动，应立刻重新拧紧；检查各电器是否安全接地。

（2）日常锯片检查和更换。每锯切一定数量的岩体之后，要检查锯片金刚石刀头的磨损程度和牢固程度，发现刀头松动或磨损严重时，应及时更换刀头。金刚石刀头可以通过高频钎焊机进行复焊（图 11.8）。刀头应对称地焊接于片体上，同一锯片上的刀头宽度误差应控制在 0.05mm 以内（图 11.9）；更换金刚石圆锯片时，应检测锯片端面跳动，新锯片不得超过 0.8mm，复焊锯片不得超过 1.5mm。

（3）日常吊臂检查和保养。检查吊臂是否有抖动现象，如有应及时调整，消除后方可作业；检查滑轮是否有损坏卡滞情况，滑轮和转动轴承处需要定时加注油润滑；检查钢丝绳的张紧情况，是否有断丝、松散、扭曲、打结及严重锈蚀的情况，如存在需及时处理；在使用中应定期给钢丝绳涂润滑油，以保证防锈和润滑，减少摩擦，延长钢丝绳的使用寿命。

图 11.8　圆盘锯刀头复焊

图 11.9　金刚石刀头

（4）日常轨道检查和保养。检查枕木及垫块是否牢固平稳，如出现松动及时处理；检查焊接钢筋是否牢固；检查轨道接口处是否出现错位、变形，如有，须及时调整；检查钢轨是否出现弯曲、下沉等变形情况，如有，须及时处理。

11.3.3.4　安全注意事项

（1）切割前，佩戴好手套、口罩等防护用具，工作人员和易燃物应避开圆盘锯切割方向，同时做好切割区域安全警示和防护。

（2）圆盘锯在使用前必须检查能否正常使用（如电源线有无破损，切割片是否紧固、有无破损等），圆盘锯底座上四个支承轮应齐全完好，安装牢固，转动灵活，安置时应平衡可靠，工作时不得有明显的晃动。

（3）启动时检查圆盘锯运转方向是否正确，操纵手柄作切割运动时用力应均匀、平稳。

（4）更换锯片时，先关掉电源，挂警示牌，锯片安装必须同心、紧固，以免脱落伤人。更换锯片启动后，经 5～10min 试运行，检查是否有明显的震动，确认运转正常后方能使用。

（5）切割完毕后，先关掉电源，以免飞转的锯片伤人，把圆盘锯整理好，并清洁切割场所。

11.3.4　绳锯切割

11.3.4.1　工艺流程

绳锯切割工艺流程如图 11.10 所示。主要包括施工准备、测量放样、垂直孔钻孔、金刚石串珠绳安装、导向轮安装、绳锯切割和切割完成。其中利用圆盘锯竖直切缝穿绳可以省略垂直孔钻孔步骤。

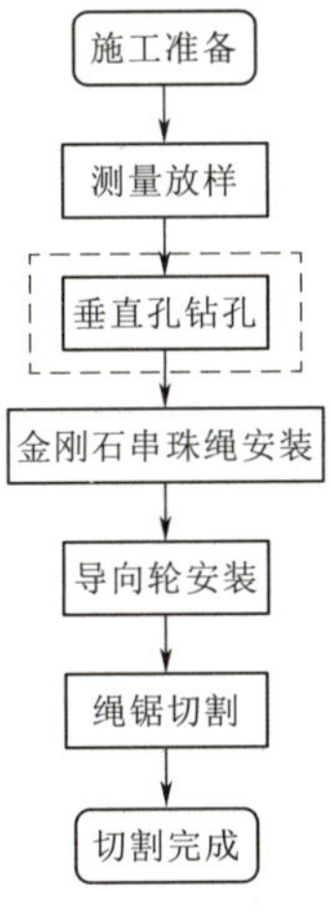

图 11.10　绳锯切割工艺流程

11.3.4.2　工艺质量要点

（1）钻孔前，根据放样位置，搭设钻孔样架，进行钻机定位，在开孔后立即检查孔位是否符合设计要求，确保孔位无误后再继续施钻，并在钻进过程中注意检查。

（2）钻孔完成后，应对成孔进行保护，直至绳锯安装完成。采用圆盘锯和绳锯组合切割时，定位孔可以由圆盘锯竖直切缝代替。为了防止水平底面在切割分离过程中或分离后塌落压住串珠绳，在竖直切缝内应插入专用钢楔。

（3）根据水平或垂直切割任务的需要，选择适合场地，在距切割面 1～3m 处铺设轨道，轨道要自前向后铺接，采用枕木垫平轨道，使轨道处于水平状态且牢固，经水平尺测量达到标准后安装金刚石绳锯机。

（4）将绳锯机安装于轨道上，接通电源和操作台，空载前后移锯试运转，无误后，将绳锯机移至导轨前端，按切割要求，将主机驱动轮回转至所需要的状态。

（5）根据切割任务的需要，选择合理位置安装立式导轮或水平导轮，并将其固定在岩体上。水平切割时，必须尽可能减小串珠绳锯前方水平固定导向轮距离地面的高度。

（6）根据切割任务需要，选择合适长度的串珠绳，将串珠绳按橡胶隔断所标箭头方向与锯切运转相同的方向穿绳，垂直切割应自水平孔入绳，垂直孔穿出，垂直切割，如图 11.11 所示。水平切割按绳锯机运转方向，将串珠绳按箭头所指方向穿入进绳孔，自出绳孔中穿出，水平切割，如图 11.12 所示。

图 11.11　绳锯垂直切割

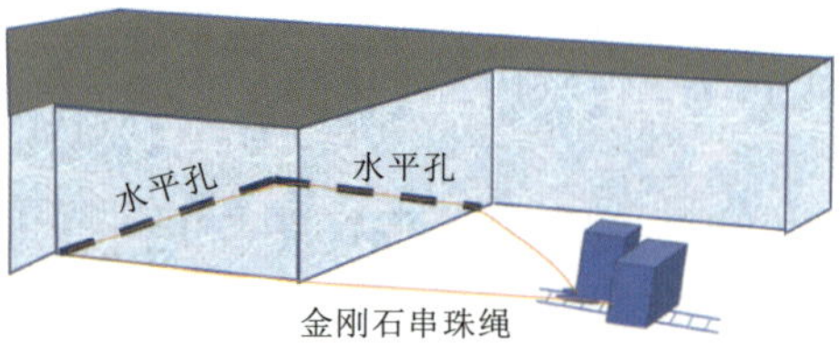

图 11.12　绳锯水平切割

（7）在穿绳之前，采用高压风水清理穿绳孔（缝），防止小的碎块石在孔（缝）内卡绳。采用圆盘锯切割缝穿绳时，穿绳之后采用等粗钢钎插入切割缝固定块体，防止块体的倾斜变形。在切割过程中，及时跟进底部切割面的支撑，使块体在切割过程中不产生倾斜变形，防止卡绳和断绳。

11.3.5　无爆破切割明挖及支护施工

11.3.5.1　工艺流程

无爆破切割明挖及支护施工工艺流程如图 11.13 所示。主要包括施工准备、清除植被层、测量放样、基面清理、轨道铺设、圆盘锯安装、圆盘锯切割、绳锯安装、绳锯切割、荒料运输、支护施工等，其中是否清除植被层根据现场情况确定。

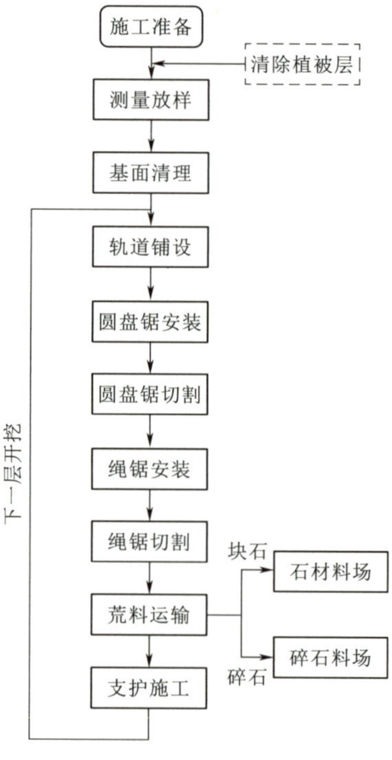

图 11.13　无爆破切割明挖及支护施工工艺流程

11.3.5.2　设备选型

（1）切割设备需满足安全性、可靠性、先进性与经济性相统一。

（2）满足质量、工期、造价及环保要求。

（3）切割圆盘锯、绳锯设备与现场其他机械设备可以配合施工，满足生产能力与明挖速度相匹配、能耗小、效率高的原则。

（4）总体具有施工安全、结构简单、布置合理和设备易于维护保养的特点。

（5）设备选型应在对现场岩体强度、岩体稳定性、切割面平整度研究基础上，综合确定圆盘锯、绳锯选型和参数，通过现场工艺性试验确定设备选型。

11.3.5.3　工艺质量要点

（1）基面清理。根据测量放出的明挖开口线，进行边坡植被和覆盖层清理。在下部施工前先对边线以外的上部浮石及不稳定体进行清除，解除安全隐患，必要时在监理工程师认可的前提下进行加固处理。

（2）边坡切割明挖通常可采取分层分台阶明挖方式，从上至下依次进行，如图 11.14 所示。

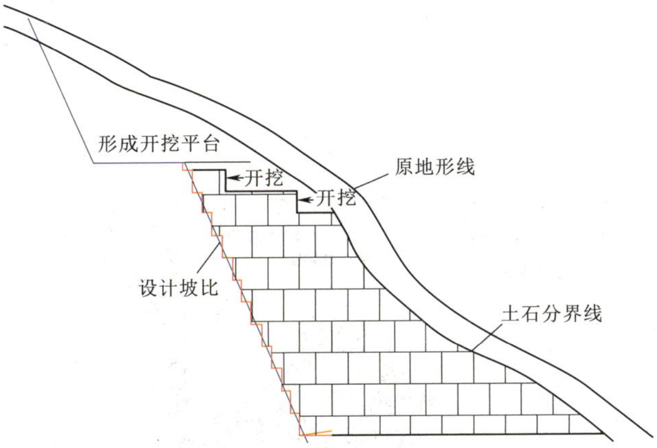

图 11.14　分层分台阶明挖方式

主要满足以下技术要求：

1）开始切割前，应采用破碎机或者采用绳锯机进行工作面整理，开辟出尽可能大的施工切割平台，供圆盘锯切割机进行施工，施工工作面不宜小于 16m×5m。

2）采用自上而下的切割明挖方法，严禁自下而上或采取倒悬的开挖方法。

3）分层高度依据地层岩性和坡比设计要求确定，在保证稳定的情况下，考虑到施工效率和圆盘锯切割能力，单层切割厚度宜为 1.0～1.5m。

4）对于比较完整的岩体，可以利用圆盘锯双向垂直锯切的方法，将岩体直接锯切为长条形的荒料，荒料尺寸以便于运输和二次加工为宜，圆盘锯双向垂直切割如图 11.15 所示，切割形成的荒料如图 11.16 所示。

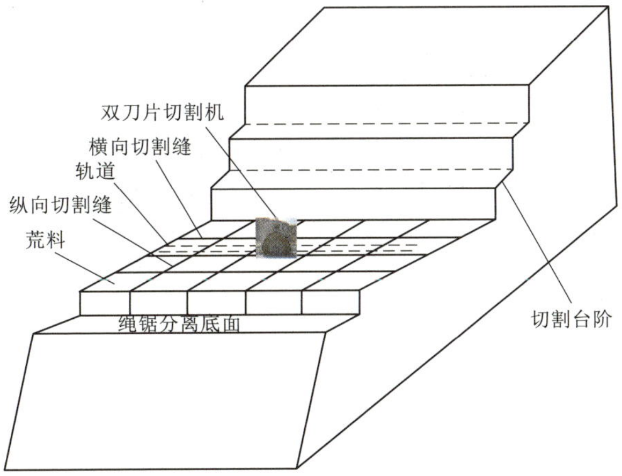

图 11.15　圆盘锯双向垂直切割

图 11.16　圆盘锯双向垂直切割形成的荒料

5）切割过程中，针对不同的岩体，需调整切割时的线速度，达到最优切割效率。典型石材圆盘锯切割线速度见表 11.1。

表 11.1　典型石材圆盘锯切割线速度

石材抗压强度/MPa	＞200	150～200	100～150	80～100	＜80
切割线速度/(m/s)	20～30	30～35	35～40	40～45	45～55

6）岩体的切割深度与圆盘锯片的直径相关。为了提高岩体切割效率，岩体切割宜采用圆盘锯分级锯切的方式，初始的锯片直径比较小、刀齿厚度大，后续的锯片直径较大、刀齿厚度减小，圆

盘锯直径应根据设计台阶的高度选择。小锯片及大锯片切割，如图11.17和图11.18所示。

7）完成垂直切割后，需用一定压力的风水流将锯缝内的锯屑清除干净，宜用干净的棉布塞封锯缝，防止锯缝中存留或掉落石渣（图11.19）。在确保锯缝清洁无石屑的前提下，利用垂直锯切缝穿引串珠绳，使用工具将串珠绳压至最低部位（图11.20）。

8）穿绳之后，采用等粗钢钎插入切割缝固定块体，防止块体切割过程中的倾斜变形，在切割过程中，及时跟进底部切割面的支撑，使块体在切割过程中不产生整体变形，消除卡绳现象，钢钎固定块体如图11.21所示。

图11.17　小锯片切割

图11.18　大锯片切割

图11.19　垂直锯切缝清缝

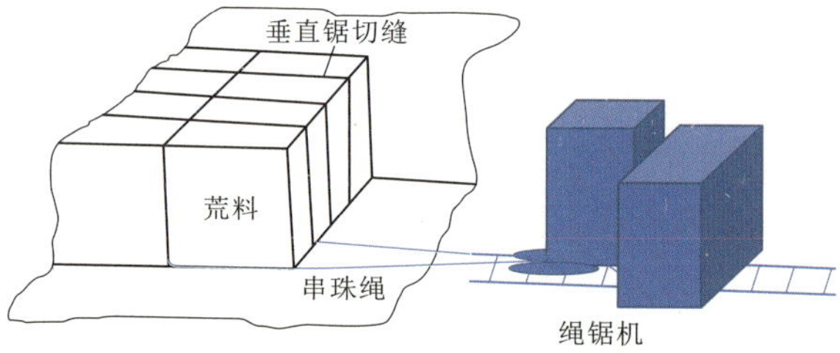

图11.20　圆盘锯缝穿绳切割

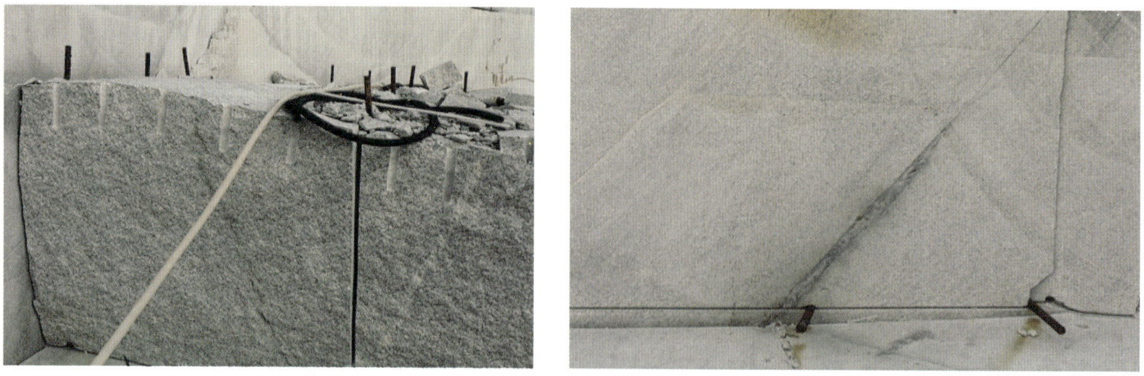

(a) 垂直缝支撑　　(b) 底部切割面支撑

图11.21　钢钎固定块体

9）串珠绳锯切割水平面时，宜选择长方形水平锯切面，串珠绳运动方向宜与长方形长边平行，为保证切割质量，单次水平锯切面积一般不大于 $20m^2$。

（3）开挖切割面要求平顺、坚实。采用圆盘切割时，层与层间因锯片固定螺帽会在垂直面形成 5cm 错台。为消除错台，在布置轨道时可对一侧轨道加高 7cm，以保证锯片切割形成 2°夹角，消除 5cm 切割错台，错台消除布轨方式，如图 11.22 所示。

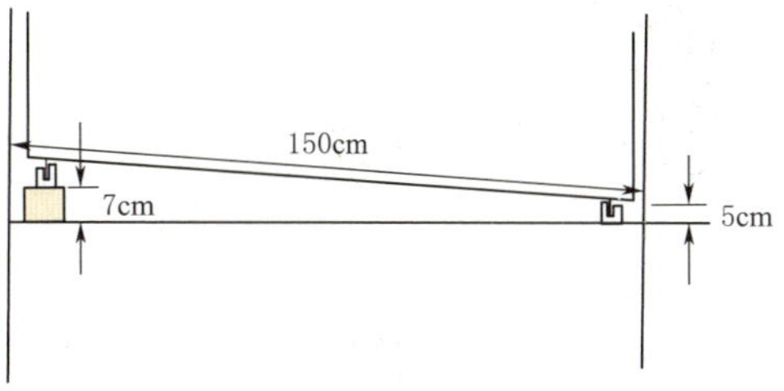

图 11.22　错台消除布轨方式

（4）岩体切割明挖过程中要及时完成地质情况素描，并与原设计进行校对、修改和补充，若发现开挖地层与设计存在较大差异，及时通知监理工程师和设计代表，根据实际情况对切割参数做动态调整。

11.3.5.4　示例图片

图 11.23 为圆盘锯轨道铺设；图 11.24 为圆盘锯切割；图 11.25 为绳锯切割；图 11.26 为荒料搬运；图 11.27 为荒料堆放；图 11.28 为切割形成边坡。

11.3.6　锚喷支护

内容详见本书第 16 章。

图 11.23　圆盘锯轨道铺设

图 11.24　圆盘锯切割

图 11.25　绳锯切割

图 11.26　荒料搬运

图 11.27　荒料堆放

图 11.28　切割形成边坡

11.4　WHS 质量控制点

无爆破切割明挖及支护施工主要工序 WHS（见证、停工待检、旁站）质量控制点见表 11.2。

表 11.2　　无爆破切割明挖及支护施工主要工序 WHS 质量控制点

序号	质量控制点	W（见证）	H（停工待检）	S（旁站）
1	测量	√		
2	铺轨		√	
3	锯片安装			√
4	绳锯造孔		√	
5	外观检查	√		

11.5　质量检查与验收

按照《水电水利基本建设工程　单元工程质量等级评定标准　第 1 部分：土建工程》（DL/T 5113.1）规定的要求进行质量验收。无爆破切割明挖边坡质量检查项目、质量标准和检测方法见表 11.3。

表 11.3　　无爆破切割明挖边坡质量检查项目、质量标准和监测方法

项类	检查项目	质　量　标　准	检测方法
主控项目	（1）开挖坡面	无松动岩块，对不良地质体应按设计要求处理	观察检查、仪器测量及查看施工记录与地质报告
	（2）平均坡度	不陡于设计坡度	
一般项目	（1）坡脚标高	±20cm	观察检查、仪器测量
	（2）坡面局部超欠挖	±2%	

11.6　相关标准

《超硬磨料制品　金刚石绳锯》（GB/T 30470）

《工程岩体分级标准》（GB/T 50218）
《水电工程测量规范》（NB/T 35029）
《水电水利基本建设工程　单元工程质量等级评定标准　第 1 部分：土建工程》（DL/T 5113.1）
《水电水利工程土建施工安全技术规程》（DL/T 5371）
《水电水利工程施工作业人员安全操作规程》（DL/T 5373）
《水工建筑物岩石基础开挖工程施工技术规范》（DL/T 5389）
《电动石材切割机》（JB/T 7825）
《矿山圆盘式石材荒料锯切机》（JB/T 10996）
《石材矿山开采设备　金刚石串珠绳》（JB/T 11114）
《石材矿山开采设备　二维可移动圆盘式锯切机》（JB/T 11115）
《装饰石材露天矿山技术规程》（JC/T 1081）
《进出口电动工具检验规程　第 8 部分：石材切割机》（SN/T 1657.8）

第 12 章
平洞开挖及支护施工工艺

12.1 适用范围

本工艺适用于抽水蓄能电站中等断面及以下（断面面积 $A \leqslant 100\text{m}^2$ 或跨度 $B \leqslant 10\text{m}$）并采用钻爆法进行施工的平洞（倾角小于 16°）开挖，如通风兼安全洞、进厂交通洞、施工支洞、引（尾）水隧洞平洞段、调压井通气洞、出线洞平洞段、排水洞和排水廊道等。

12.2 施工程序

平洞开挖及支护施工程序如图 12.1 所示，主要包括施工准备，测量放样，钻孔，装药和连接起爆网络，起爆，气体检测（必要时），盲炮处理，出渣运输，岩面清理，地质编录、地质测绘与反馈，初喷混凝土，架设钢支撑，打设锚杆、挂钢筋网，复喷混凝土。以上通常为一个作业循环，其中，“架设钢支撑”在进洞初期或遇到不良地质条件时采用，根据需要与超前锚杆或超前小导管配合使用。

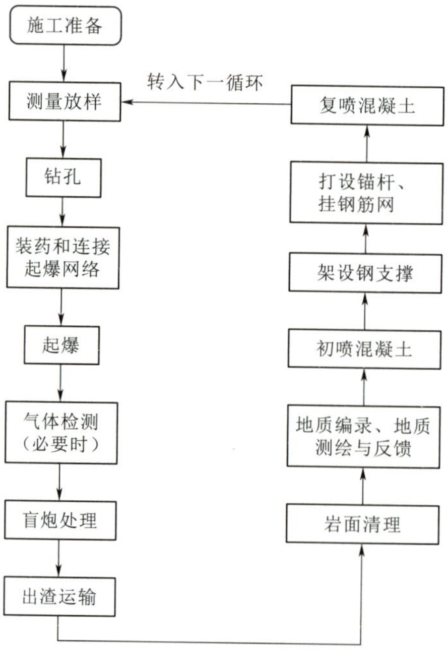

图 12.1 平洞开挖及支护施工程序

12.3　工艺说明与工艺要求

12.3.1　施工准备

12.3.1.1　技术准备

（1）施工条件调查分析，主要内容包括：

1）调查分析施工区域及周边的地形、地貌、水文、气象及地质资料。

2）调查当地及周边地区建筑材料的质量、运距及供应能力等。

3）了解所需机械、人力、水、电、通信等资源情况。

4）了解施工总布置、土石方平衡、弃渣利用等之间的关系。

5）了解施工中对自然环境、生活环境的影响及需要采取的保护措施。

（2）设计单位应针对设计图纸及相关技术要求开展设计技术交底。

（3）熟悉和审核施工图纸，主要内容包括：

1）施工图纸是否完整齐全。

2）施工图纸与其图纸说明在内容上是否一致，施工图纸及其各组成部分间有无矛盾和错误。

3）布置图与相关的结构图，在尺寸、坐标、标高和说明方面是否一致，技术要求是否明确。

4）熟悉项目的结构形式和特点，复核主要承重结构或构件的强度、刚度和稳定性是否满足施工要求。

5）审查施工图纸设计内容与强制性条文的符合性。

（4）编制施工方案并报监理审批；根据施工方案编制有针对性的作业指导书。

（5）施工单位应对作业班组开展技术交底，主要内容包括：

1）安全技术措施、风险状况、应急处置措施等。

2）质量保证措施、质量标准、验收规范要求。

3）项目进度计划和季度、月、周作业计划。

4）水土保持和环境保护技术措施。

（6）试验检测工作准备。

1）施工所用的配合比经监理审批同意。

2）施工所需的工艺性试验已经完成并报监理审批。

（7）施工测量和控制测量。

1）测量仪器设备须通过专门机构检验后方可使用。

2）设计单位通过监理单位向施工单位进行交接桩后，施工单位应对所交的控制点进行复测。复测成果满足要求并经监理单位批复后方可进行后续的测量工作。

3）施工前应进行贯通测量技术设计、洞内外控制测量设计，相关技术要求应按《水电水利工程施工测量规范》（DL/T 5173）的规定执行。

12.3.1.2　劳动力组织准备

（1）组建施工组织管理机构，根据工程规模、工期和技术难度配备相应的管理、技术、测量、试验、环保、水保、专职质量管理和安全管理人员。

（2）制定材料检验、工程计量、资料归档、安全生产、工程质量、文明施工、爆破器材、特殊工种等管理制度。

（3）平洞开挖施工应安排有经验的作业队组进行，并根据施工进度计划、施工技术要求合理配备各工种作业人员。

（4）平洞开挖施工前应进行人员安全教育培训，主要内容包括：

1）对全体人员进行安全生产教育培训，未经安全生产教育培训考核或者培训考核不合格的人员不得上岗作业。

2）特殊作业人员应按相关规定经过专门培训，取得相应资格证书，持证上岗。

3）新进人员或作业人员转入新的岗位前应进行相关作业技能培训。

4）为作业人员配置安全防护用品和用具并进行使用方法培训。

5）根据制定的应急处置措施、预案开展培训和演练。

12.3.1.3　工程材料准备

（1）材料进场前严格进行检查验收和取样送检，严禁不合格材料进入现场。

（2）爆破器材的管理应符合《水电水利工程施工通用安全技术规程》（DL/T 5370）的相关规定。

（3）施工前应根据制定的应急处置措施、预案等配备应急物资。

12.3.1.4　施工机具准备

（1）平洞开挖施工所需的机械设备主要包括：

1）土石方开挖机械设备。凿岩钻孔机械（液压潜孔钻机）、挖掘机、推土机、装载机、自卸汽车等，如图12.2所示。

2）钻爆开挖机械设备。凿岩钻孔机械（风动凿岩机）、简易开挖台架、液压凿岩台车、空气压缩机等，如图12.3所示。

3）喷锚支护机械设备。凿岩钻孔机械、风动凿岩机、混凝土搅拌站（机）、配料机、拌和机、混凝土运输罐车、湿喷机、锚杆台车、锚杆注浆机等。

4）钢筋加工机械设备。钢筋调直机、切断机、弯曲机、弯拱机、电焊机等。

5）风、水、电供应机械设备。空气压缩机、水泵、变压器、发电机等。

（a）挖掘机　（b）装载机　（c）液压潜孔钻机

图12.2　土石方开挖机械设备

（a）液压凿岩台车　（b）简易开挖台架　（c）风动凿岩机

图12.3　钻爆开挖机械设备

（2）应配备污染少、能效高、工况好的施工机械，宜优先选择电动、风动、液压传动机械。

（3）洞内使用柴油发动机设备应加装消烟净化装置，并加强通风；洞内不得使用汽油发动机设备。

（4）施工中的关键机械，如运输设备、支护设备、空气压缩机、水泵等应有备用。

12.3.1.5　现场准备

（1）根据监理单位审批的施工方案做好“四通一平”，确保现场水通、电通、道路通畅、通信通畅和场地平整。

（2）平洞开挖施工通风与除尘、辅助工程等相关技术要求应按《水工建筑物地下工程开挖施工技术规范》（DL/T 5099）的规定执行。

（3）现场安全文明施工设施应按照《抽水蓄能电站工程安全文明施工设施》（Q/GDW 11586）的规定执行。

12.3.2　洞脸开挖及支护

12.3.2.1　工艺流程

洞脸开挖及支护工艺流程如图 12.4 所示。

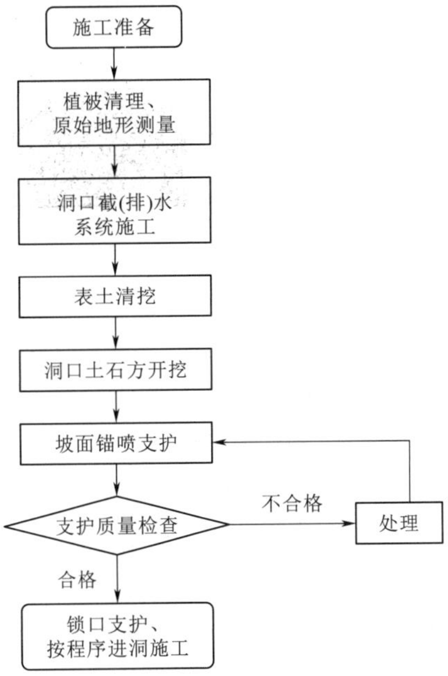

图 12.4　洞脸开挖及支护工艺流程

12.3.2.2　工艺质量安全要点

（1）施工宜避开降雨期，如确需在雨季施工时，应制定雨季施工方案和防护措施，并应加强对山坡稳定情况的监测、检查。

（2）洞脸边坡山体表面有坑洼积水、地下水出露、坡面渗水较多时，应按设计要求予以处理。边坡上方的浮石、危石应予以清除。

（3）周边截水沟应于洞脸土石方开挖前完成，防止地面水冲刷而导致边坡落石、塌方。

（4）边坡马道排水沟开挖应在上一级坡面喷混凝土之前进行，排水沟衬护应在同一部位的相邻上、下级坡面喷混凝土之后进行。

（5）坡面急流槽（跌水）衬护应在同一级坡面开挖之后、喷混凝土之前进行。

（6）洞脸开挖应自上而下分层进行。洞脸边坡采用预裂爆破或光面爆破方式进行，不得掏底开挖或上下重叠开挖，严禁采用大爆破，以减少对岩、土体的扰动。施工过程中应随时监测、检查坡体稳定情况。

（7）坡面锚喷支护施工宜随挖随支护，紧跟土石方开挖及早完成。

（8）喷射混凝土终凝 2h 后应进行养护，养护时间不小于 7d。当气温低于 5℃时，不得洒水养护。

（9）锁口支护一般采用锁口锚杆、超前小导管及超前管棚。

12.3.2.3　示例图片

洞脸开挖支护效果如图 12.5 所示。

12.3.3　洞身开挖及支护

12.3.3.1　工艺流程

洞身开挖常用的施工方法主要有全断面法爆破、台阶法爆破、导洞先行扩大爆破、预留光面层

（a）截水沟　（b）洞脸开挖

（c）边坡预裂　（d）边坡支护

图 12.5　洞脸开挖支护效果

爆破等。施工方法选择应根据环境条件、地质条件、断面大小、埋深、结构形式、隧洞长度、设备配置、工期要求、经济效益等因素综合确定，工艺流程如图 12.6 所示。

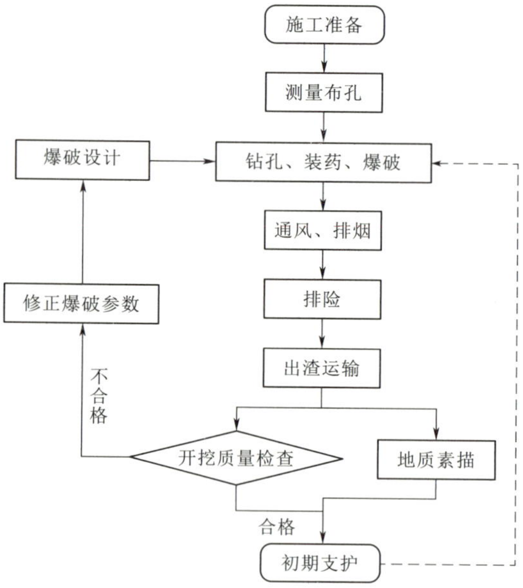

图 12.6　洞身开挖一般工艺流程

12.3.3.2　工艺质量安全要点

（1）平洞开挖方法根据围岩类别、工程规模、支护方式、工期要求、施工机械化程度、施工条件和施工技术水平等因素综合选定，主要方法有全断面开挖法和分部开挖方法。

（2）在Ⅳ、Ⅴ类围岩中开挖大断面平洞时，采用分部开挖方法，并根据设计图纸要求及时做好支护工作。

（3）在地质条件差、断面大、长度短等情况下，开挖平洞采用预先贯通导洞法进行施工。

（4）平洞开挖不应欠挖，尽量减少超挖，平均径向超挖值不大于 20cm。

（5）平洞开挖中必须密切注意围岩及地下水等的变化情况。当施工方法或支护结构不适应围岩状态时，必须采取应急措施，及时采用合适的施工方法或支护结构。

（6）与特大断面交叉的洞口，应在特大洞室开挖前挖完并做好支护。

（7）平洞开挖应采用光面爆破。对开挖成形要求较高时，宜采用预留光面层或导洞先行等方式。

(8) 平洞开挖应根据地质条件、开挖断面、开挖方法、循环进尺、钻孔机具、爆破器材、爆破振动要求等进行爆破设计，设计的内容应包括炮孔（掏槽孔、辅助孔、周边孔、底板孔）的布置、深度、斜率和数量，爆破器材、装药量和装药结构，起爆方法和起爆顺序，钻孔机具和钻孔要求等。

(9) 应严格控制钻孔精度，提高钻孔作业水平，特别是控制周边孔和掏槽孔的外插角、开口误差、钻孔深度以及炮孔在断面分布的均匀性，主要应满足以下技术要求：

1) 放样定位宜采用激光指向仪、隧道激光断面仪等确定开挖轮廓线和炮孔位置，并准确绘出开挖断面的中线和轮廓线，标出炮孔位置。周边孔和掏槽孔的孔位偏差不大于 5cm，其他炮孔孔位偏差不大于 10cm。

2) 掌子面往往岩面不平整，开孔时易出现孔位偏移，应清除开孔位置附近的浮石，然后在钻杆垂直开孔处岩面钻出 2～5cm 深，再调整钻杆至设计角度，以减小孔位偏差。

3) 钻杆外插角是控制超欠挖的关键，钻孔作业应定人定岗，并有专人指挥。外插角的方向应与该点轮廓线的法线方向一致，且相邻两茬炮之间的台阶或钻孔的最大偏斜值应不大于 20cm。

4) 采用手持凿岩机造孔时，应配备与开挖面相适应的作业台架，台架应经监理审批通过，且各作业间高度应便于钻孔作业。

5) 钻孔深度应根据孔口位置岩石的凹凸程度调整，以保证孔底在同一平面上。

(10) 应采用合理的爆破器材、装药量和装药方式，以减少由于爆破产生的振动和应力波对围岩破坏作用，同时有利于减少超欠挖，提高轮廓线质量。

(11) 周边孔半孔率是衡量开挖面平整度的一个指标，合格的半孔率应满足表 12.1 的规定。

表 12.1　各类围岩周边孔合格半孔率

围岩性质	完整岩石	较完整和完整性差的岩石	较破碎和破碎的岩石
半孔率/%	>80	>50	>20

(12) 施工过程中采用地质雷达等手段进行超前地质预报，施工过程中应紧跟开挖面对围岩进行观测描述，并对围岩的节理裂隙状态进行预测，据此调整爆破参数和施工方法。

(13) 地下水活动较严重地段，可采用堵、排、截、引等综合治理措施。可采用以下措施：

1) 采用超前孔探明地下水活动规律，测定地下水压力，预计涌水量，防止突然涌水。

2) 截断补水源，降低地下水位。

3) 对围岩进行灌浆，降低其渗透性或形成帷幕阻水。

4) 利用侧导洞、集水井、排水孔或平行支洞截水与排除地下水。

(14) 发生塌方时，应及时查明塌方原因及其规模、规律，提出措施迅速处理，防止塌方范围的延伸和扩大。塌方段施工应遵守以下原则：

1) 治塌先治水。

2) 处理方案未确定时，不允许出渣。

3) 加固处理措施与永久支护结合。

4) 先加固好端部未破坏的支护体与岩体段。

5) 塌落物未将洞室堵塞时，应先支护顶部再清除石渣。

6) 塌落物将洞室堵塞时，宜采用管棚、管棚加注浆或预固结灌浆等方法加固。采用管棚等方法处理塌方时，应预留变形。

12.3.3.3　示例图片

洞身开挖效果如图 12.7 所示。

（a）拱部光爆效果　　（b）边墙及顶拱光爆效果

图 12.7　洞身开挖效果

12.3.4　锚喷支护

内容详见本书第 16 章。

12.3.5　钢构架支撑

12.3.5.1　工艺流程

钢构架支撑工艺流程如图 12.8 所示。

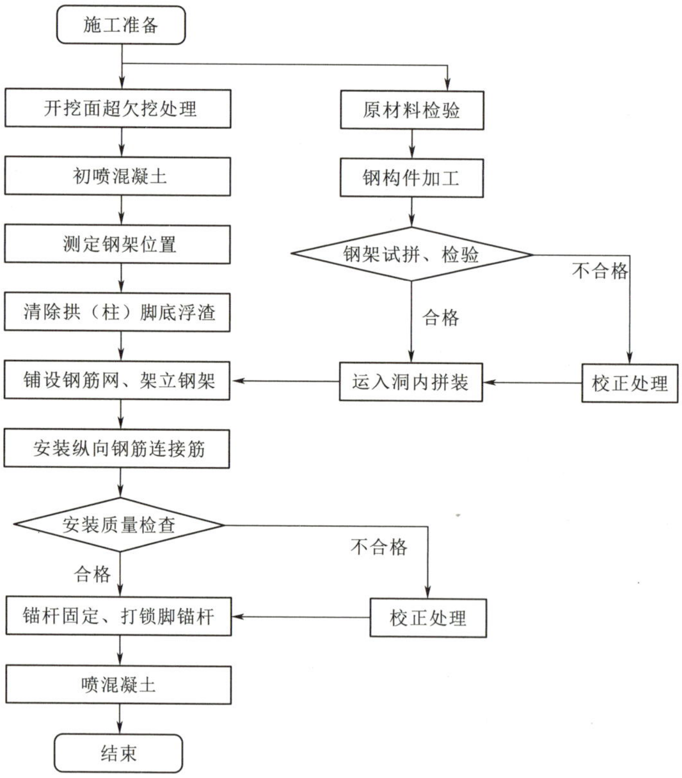

图 12.8　钢构架支撑工艺流程

12.3.5.2　工艺质量安全要点

（1）钢构架所使用的原材料质量和规格应符合设计要求。

（2）现场保管时应对钢筋、型钢的品种、炉号、牌号分清，存放时分批存放，并挂牌标示。存放库房四周挖掘排水沟，保持地面干燥，钢筋、型钢堆放应离开地面大于 30cm。

（3）钢构架加工主要应满足以下技术要求：

1）型钢钢架宜采用冷弯成型；格栅钢架应制作 1∶1 焊接胎模控制尺寸。钢架加工尺寸应符合设计要求，其形状应与开挖断面相适应。

2）钢构架接头钢板尺寸、厚度及螺栓规格应符合设计要求，接头钢板螺栓孔应采用机械钻孔，并用砂轮机清除孔口毛刺和钢渣，严禁采用气割冲孔。焊接质量应符合设计要求。

3）钢构架加工完成后应放在平地上试拼，周边拼装允许偏差为±3cm，平面翘曲允许偏差为 2cm。

（4）钢架安装主要应满足以下技术要求：

1）钢架安装前应检查开挖断面轮廓，对局部欠挖部分应予凿除。

2）安装前应清除底脚处的虚渣及杂物，钢架底脚应置于牢固的基础上。底脚超挖处应使用混凝土填充，严禁钢架底脚悬空或底脚垫石块。

3）底脚处围岩承载力不够时，应加设钢垫板、垫梁或浇注混凝土底座以加大底脚接触面积。

4）在膨胀岩、土质岩层、围岩松软地段，应妥善处理施工排水，严禁钢架底脚浸泡在水中。施工期排水沟未衬护时，沟帮距钢架底脚不宜小于 50cm。

5）钢架安装各节钢架间接头钢板应以螺栓紧密连接。

6）钢架安装时应垂直于隧道中线，竖向不倾斜，平面不错位、不扭曲。钢架间距及其横向位置和高程的允许偏差均应为±5cm，垂直度应允许偏差应为±2°。

7）钢架安装应尽可能与围岩或初喷面密贴，钢架与围岩间的间隙用喷混凝土充填密实，严禁采用片石回填。

8）全断面开挖时每榀钢架至少应与 3～5 根锚杆相连接；分层开挖时，上层钢架每榀至少有 5～7 根锚杆与之相连并焊接牢固，并设置锁脚锚杆，锁脚锚杆的打设角度为 45°左右。

12.3.5.3　示例图片

钢构架效果如图 12.9 所示；钢拱架效果如图 12.10 所示。

图 12.9　钢构架效果

图 12.10　钢拱架效果

12.3.6　超前管棚

12.3.6.1　工艺流程

常用的超前管棚施工有管棚引孔顶入法和管棚跟管钻进法，具体方法应根据实际地质条件进行选择。管棚引孔顶入法工艺流程如图 12.11 所示，管棚跟管钻进法工艺流程如图 12.12 所示。

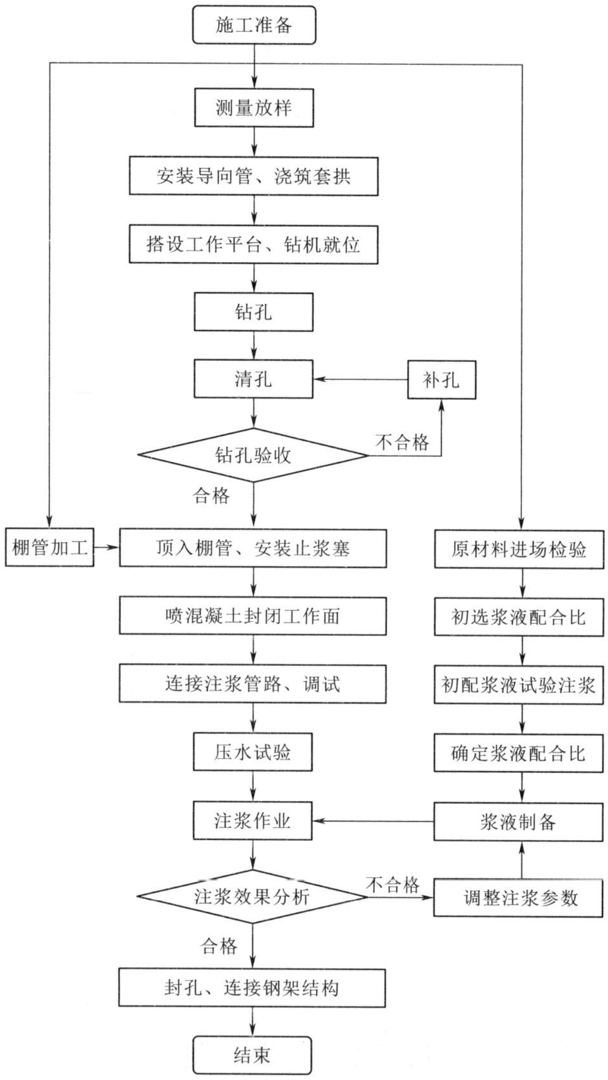

图 12.11　管棚引孔顶入法工艺流程

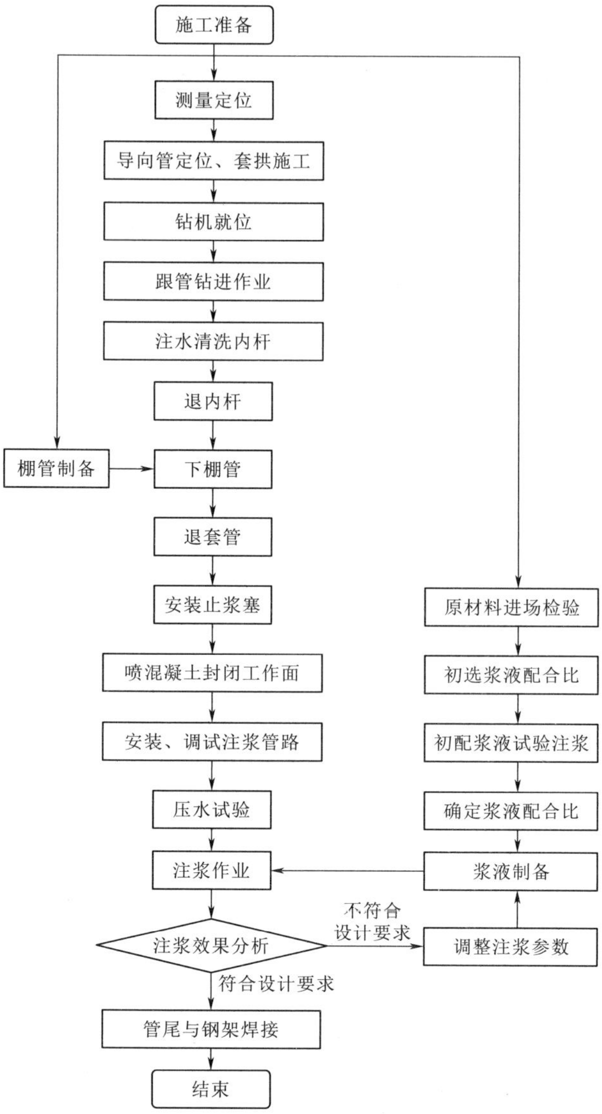

图 12.12　管棚跟管钻进法工艺流程

12.3.6.2　工艺质量安全要点

（1）管棚应采用热轧无缝钢管制作，必要时钢管内安装钢筋笼。

（2）钢管直径应符合设计要求，一般直径为 70～180mm，钢管中心间距宜为管径的 2～3 倍。

（3）管棚长度应符合设计要求，一般为 10～40m。

（4）管棚外插角应符合设计要求。

（5）纵向两组管棚的搭接长度应符合设计要求并应大于 3m。

（6）管棚节间用丝扣连接，丝扣长度不应小于 150mm。

12.3.6.3　示例图片

管棚效果如图 12.13 所示。

12.3.7　超前小导管

12.3.7.1　工艺流程

超前小导管工艺流程如图 12.14 所示。

图 12.13　管棚效果

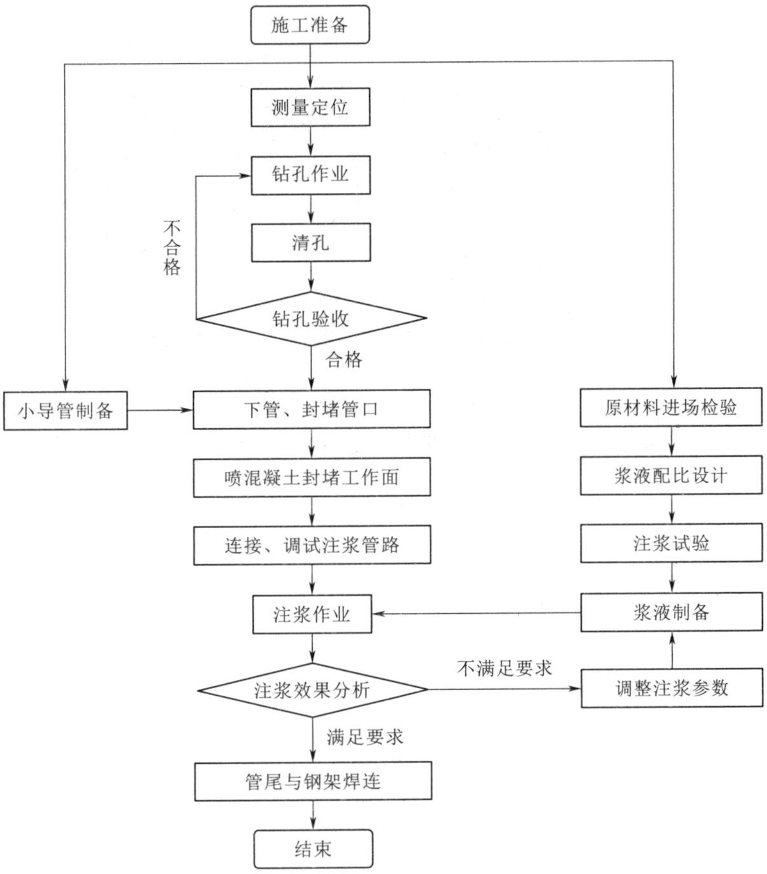

图 12.14　超前小导管工艺流程

12.3.7.2　工艺质量安全要点

（1）超前小导管一般采用直径 38～50mm 的无缝钢管制作，前端做成约 10cm 长的尖锥状，在尾部焊接 6～8mm 钢筋箍。距后端 100cm 内不开孔，剩余部分按 20～30cm 梅花形布设 6～8mm 的溢浆孔。

（2）超前小导管的间距、排距、入岩深度应符合设计要求。

（3）注浆前管口应用麻丝和锚固剂封堵钢管与孔壁间空隙，并喷混凝土进行封闭防止跑浆。

（4）注浆应采用专用注浆泵注浆，为加速注浆，可安装分浆器同时多管注浆。

（5）注浆顺序为由下至上，浆液先稀后浓，注浆量先大后小，注浆压力由小到大。

（6）注浆压力应符合设计要求，使浆液能充满钢管及其周围的空隙。

（7）当发生串浆时，应采取分浆器多孔注浆或堵塞串浆孔隔孔注浆。当注浆压力突然升高时应停机查明原因；当进浆量很大、压力不变时，则应调整浆液浓度和配合比，缩短胶凝时间，采用小流量低压力注浆或间歇式注浆。

（8）注浆结束标准应符合“终压控制为主，注浆量校核”要求，宜采用的注浆结束标准为：当压力达到设计注浆终压并稳定 10～15min 时，可结束该孔注浆。

（9）开挖过程中应检查浆液渗透及固结状况，并根据压力-流量曲线分析判断注浆效果，及时调整施工参数。

（10）超前小导管应与钢架配合使用，管尾部应与钢构架焊接并连接牢固，以增强支护作用。

12.3.7.3　示例图片

超前小导管如图 12.15 所示。

图 12.15　超前小导管

12.3.8　超前锚杆

12.3.8.1　工艺流程

超前锚杆工艺流程如图 12.16 所示。

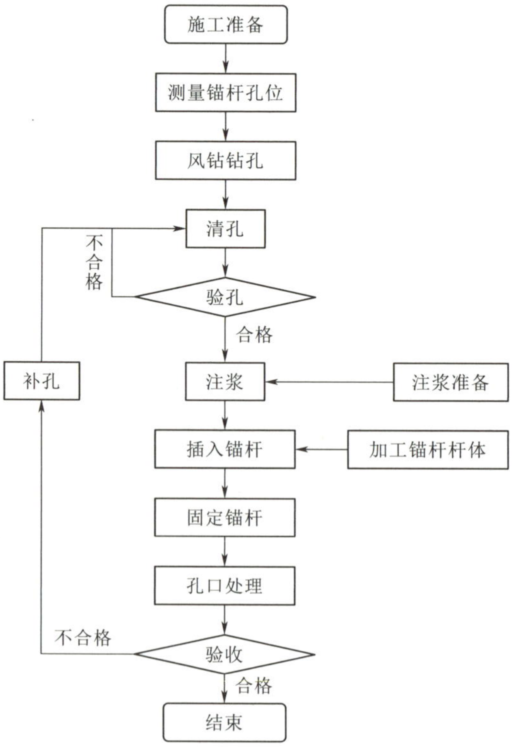

图 12.16　超前锚杆工艺流程

12.3.8.2　工艺质量安全要点

（1）测量开挖面中线、标高，画出开挖轮廓线，并点出锚杆孔位。

（2）锚杆的间距、排距、外插角、入岩深度应符合设计要求。

（3）钻孔完成后应采用吹管法将孔内碎渣和水吹出。

（4）超前锚杆宜采用“先注浆后安装锚杆”工艺。

（5）超前锚杆和钢架配合使用时，锚杆尾部宜与钢构架焊接牢固，以增强支护作用。

12.3.8.3　示例图片

超前锚杆如图 12.17 所示。

图 12.17　超前锚杆

12.4　WHS 质量控制点

平洞开挖施工主要工序 WHS 质量控制点见表 12.2。

表 12.2　　平洞开挖施工主要工序 WHS 质量控制点

序　号	质 量 控 制 点	W（见证）	H（停工待检）	S（旁站）
1	测量	√		
2	地质素描			√
3	钻孔		√	
4	装药联网			√
5	排险		√	
6	出渣	√		
7	质量检查			
8	初期支护			√

12.5　质量检查与验收

12.5.1　质量标准

按照《水电水利基本建设工程　单元工程质量等级评定标准　第 1 部分：土建工程》（DL/T 5113.1）规定的要求进行质量验收，平洞开挖质量检查项目、质量标准和检测方法见表 12.3。

表 12.3　　平洞开挖质量检查项目、质量标准和检测方法

项目类别	检　查　项　目	质　量　标　准	检　测　方　法
主控项目	（1）开挖岩面或壁面	无松动岩块、陡坎、尖角	测量仪器、查看施工记录
	（2）不良地质处理	符合设计要求	
	（3）洞轴线	符合设计要求	

续表

项目类别	检查项目		质量标准	检测方法
一般项目	（1）无结构要求或无配筋预埋件	径向、侧墙	−10cm 20cm	测量仪器、查看施工记录
		底部高程	−10cm 20cm	
		开挖面不平整度	15cm	用 2m 直尺检查
	（2）有结构要求或有配筋预埋件	径向、侧墙	0 20cm	测量仪器、查看施工记录
		底部高程	0 20cm	
		开挖面不平整度	15cm	用 2m 直尺检查
	（3）半孔率	节理裂隙不发育的岩体	>80%	观察检查
		节理裂隙发育的岩体	>50%	
		节理裂隙极发育的岩体	>20%	
	（4）声波检测（需要时采用）		声波降低率小于 10%，或达到设计要求声波值以上	仪器检测

12.5.2　检查内容及要点

（1）平洞开挖的质量检查应包括如下内容：

1）洞室轴线方向、高程、轮廓线及其偏差。

2）循环进尺及爆破效果。

3）软弱结构面的处理结果。

4）初期支护的稳定状况。

（2）开挖断面检查宜采用激光断面仪。

（3）断面布设。直线段宜 5m 一条，曲线段宜 3m 一条，结构变化或特殊部位适当增加断面。

（4）断面测量点的位置应能反映开挖现状，每条断面的数据采集点不宜少于 20 个。

（5）用 2m 直尺检查开挖面不平整度。

12.5.3　初期支护的质量检查与验收

内容详见本书第 16 章。

12.6　相关标准

《工程测量标准》(GB 50026)

《岩土锚杆与喷射混凝土支护工程技术规范》(GB 50086)

《水电工程物探规程》(NB/T 10227)

《水电工程施工地质规程》(NB/T 35007)

《水工建筑物地下工程开挖施工技术规范》(DL/T 5099)

《水电水利基本建设工程　单元工程质量等级评定标准　第 1 部分：土建工程》(DL/T 5113.1)

《水电水利工程施工测量规范》（DL/T 5173）
《水电水利工程锚喷支护施工规范》（DL/T 5181）
《水电水利工程施工通用安全技术规程》（DL/T 5370）
《水电水利工程锚杆无损检测规程》（DL/T 5424）
《抽水蓄能电站工程安全文明施工设施》（Q/GDW 11586）

第 13 章 平洞衬砌混凝土施工工艺

13.1 适用范围

本工艺适用于抽水蓄能电站输水系统平洞、地下厂房交通洞等平洞衬砌混凝土施工。

13.2 施工程序

平洞衬砌混凝土施工程序如图 13.1 所示。

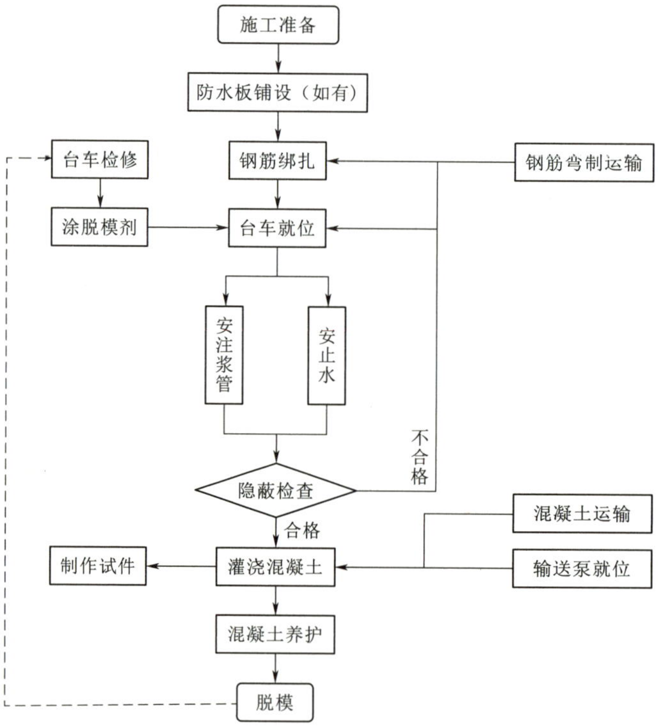

图 13.1　平洞衬砌混凝土施工程序

(1) 混凝土衬砌分段长度应根据围岩条件、平洞结构尺寸、施工难度、混凝土生产能力等因素确定，其分段长度以 9～12m 为宜。在软岩中，浇筑长度可以稍长，但不能超过 15m。

(2) 分段浇筑的顺序有跳仓浇筑、分段流水浇筑、分段留空档浇筑等不同方式。

(3) 断面不大的平洞混凝土衬砌可一次成型。大断面平洞混凝土衬砌要分块浇筑，如先浇底拱，后浇边、顶拱。在高度特大的平洞中，可先浇顶拱，后浇边、底拱等，平洞混凝土衬砌分块见表 13.1。

表 13.1　　平洞混凝土衬砌分块（施工顺序）

施工顺序	适用条件	特征
全断面一次衬砌	中小型断面隧洞，地质条件较好，体形单一	使用穿行钢模，针梁钢模等；一次成型，分缝少；转弯半径小的弧段操作难度大
先底拱（板），后边顶拱	大型隧洞，地质条件差的隧洞更为适用	边底施工缝结合好，边顶可采用钢模台车，底部使用拖模（滑模）
先顶拱，后底板、边墙	适用于高度特大隧洞。为减少浇筑高度或重复作业。采用该方法	可降低施工难度，但混凝土的接缝质量不易保证

13.3　工艺说明与工艺要求

13.3.1　施工准备

13.3.1.1　技术准备

（1）图纸会审及设计交底。严格按照国家电网有限公司《电力建设工程施工技术管理导则》的要求做好图纸会审及设计交底工作。

（2）技术交底。技术交底工作要充实，具有针对性和指导性，全体参加施工的人员都要参加交底并签名，形成书面的交底记录。

（3）模板支撑系统宜采用外支撑，应按模板在施工阶段变形控制要求及有关规定设置，做到既要保证其强度、刚度和稳定性，又要考虑构造简单，安拆方便，支撑系统及模板系统应经过计算。设计方案应经过监理工程师审批通过后执行。

（4）平洞衬砌混凝土施工方案措施须监理工程师批准。

13.3.1.2　劳动力组织准备

（1）组建施工组织管理机构，根据工程规模、工期和技术难度配备相应的管理、技术、测量、试验、环保、水保、专职质量管理和安全管理人员。

（2）制定材料检验、工程计量、资料归档、安全生产、工程质量、文明施工等管理制度。

（3）平洞衬砌混凝土施工应安排有经验的作业队组进行，并根据施工进度计划、施工技术要求合理配备各工种作业人员。

（4）平洞衬砌混凝土施工前应进行人员安全教育培训，主要包括以下内容：

1）对全体人员进行安全生产教育培训，未经安全生产教育培训考核或培训考核不合格的人员不得上岗作业。

2）特殊作业人员应按相关规定经过专门培训，取得相应资格证书，持证上岗。

3）新进人员或作业人员转入新的岗位前应进行相关作业技能培训。

4）为作业人员配置安全防护用品和用具并进行使用方法培训。

5）根据制定的应急处置措施、预案开展培训和演练。

13.3.1.3　工程材料准备

（1）水泥。进场时应对出厂证、合格证和品质检验报告进行检查，并对其强度、安定性等性能指标进行复查。应使用同一品牌、同一批号的水泥，水泥进场后应有防雨、防潮等良好的堆放场地。

（2）砂。应质地坚硬、清洁、级配良好；人工砂的细度模数宜在 2.4～2.8 范围内，天然砂的细度模数宜在 2.2～3.0 范围内。使用山砂、粗砂、特细砂应经过试验认证。

（3）石子。石子的最大粒径，不应超过钢筋净间距的 2/3、构件断面最小边长的 1/4。

（4）水。凡符合国家标准的饮用水，均可用于拌和与养护混凝土。

（5）外加剂。减水剂等进场时应对出厂证、合格证和品质检验报告进行检查，其品质应符合《水工混凝土外加剂技术规程》（DL/T 5100）规定的要求。减水剂的品种、掺量通过试验确定。

（6）钢筋。钢筋的规格、型号等应符合设计图纸的规定。进场时应对出厂证、合格证和品质检验报告进行检查，并对外观、力学性能等进行检验，其质量必须符合《水工混凝土钢筋施工规范》（DL/T 5169）的规定。

（7）止水带。止水带质量应符合《水工建筑物止水带技术规范》（DL/T 5215）要求，应对止水带的出厂证、合格证和品质检验报告进行检查。其规格、尺寸必须符合设计和有关规定。

（8）伸缩缝填充料。材质、规格型号应符合设计和有关规定。

（9）防水材料。材质、规格型号应符合设计和有关规定。

13.3.1.4 施工设备准备

平洞衬砌混凝土施工所需的机械设备如图13.2所示，主要包括以下几种：

（1）混凝土拌和运输设备。混凝土拌和站、混凝土搅拌罐车等。

（2）模板支设设备。针梁钢模台车、钢模台车、橡胶锤等。

（3）钢筋加工设备。钢筋切断机、电焊机、钢筋弯曲机等。

（4）混凝土入仓振捣设备。拖泵、车载泵、插入式振捣器、软轴振捣器等。

（5）其他设备。卷扬机、载重汽车、挖掘机、空气压缩机、发电机（备用电源）等。

（a）混凝土拌和站　（b）混凝土拖泵　（c）车载泵

（d）混凝土搅拌罐车　（e）针梁钢模台车　（f）钢模台车

（g）钢筋切断机　（h）电焊机　（i）钢筋弯曲机

图13.2 平洞衬砌混凝土施工机械设备

13.3.1.5 现场准备

（1）围岩应按设计和《水工建筑物地下工程开挖施工技术规范》（DL/T 5099）规定要求进行开挖与支护，且围岩岩面干净整洁，无杂物、无积水、无松动岩块和无欠挖等。

（2）对围岩漏水的孔洞或缝隙，应采取截、排、堵水措施，严密封堵。

（3）混凝土配合比应符合设计和《水工混凝土施工规范》（DL/T 5144）的规定，并应报监理审批。

（4）应采用与结构同标号混凝土或砂浆制作钢筋保护层的垫块，其中间预埋扎丝，以便支设衬砌钢筋时使用。

（5）模板的设计与加工必须符合《水电水利工程模板施工规范》（DL/T 5110）规定，并满足平洞衬砌的体形和构造，以及分层分段浇筑混凝土等要求。模板应表面平整、光滑，形状与尺寸正确、有足够强度和刚度。

（6）混凝土施工设备应有备用，与浇筑强度相适应，能确保混凝土连续浇筑。

（7）焊工应持有上岗证书。

（8）测量放样：

1）平洞衬砌施工的测量，应符合《工程测量标准》（GB 50026）规定要求。

2）按设计要求对洞室的轴线、点位、高程和衬砌断面进行放样。

3）洞内断面测量的间距一般为 5m，对断面变化大的部位可适当加设断面。

4）衬砌结构测量放样后，应进行复测。测量工作应由专业人员负责，由专人操作和保管仪器。

13.3.2　钢筋工程

13.3.2.1　工艺流程

钢筋工程施工工艺流程如图 13.3 所示。

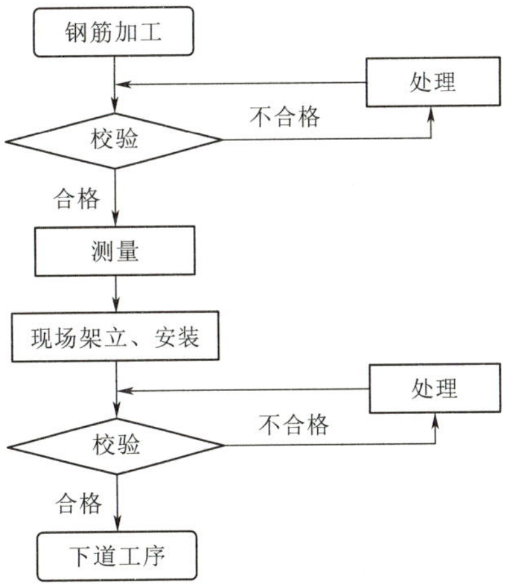

图 13.3　钢筋施工工艺流程

13.3.2.2　工艺质量安全要点

（1）进场钢筋应具有出厂质量证书或检验报告单，应分类堆放并挂设标牌，标牌上应注有生产厂家、日期、牌号、产品批号、规格、尺寸等项目，在运输和储存时不得损坏或遗失标牌。

（2）钢筋宜放在厂棚内。存放时应设置垫块，离地高度不宜小于 200mm。钢筋堆放高度应以最下层钢筋不变形为宜。

（3）当钢筋的品种、级别或规格需要变更时，应符合设计要求。

（4）钢筋表面应洁净，使用前应将表面油渍、漆污、锈皮、鳞锈等清除干净。

（5）钢筋连接可采用直螺纹连接、焊接连接和绑扎连接。采用直螺纹和焊接连接时，应按规定抽样送检。

（6）钢筋的调直、切断、弯钩、绑扎成型等均应采用冷加工方法进行。

（7）钢筋焊接时，应由具有合格资质的电焊工持证上岗，按图纸要求及《水工混凝土钢筋施工规范》（DL/T 5169）等规范进行施焊，保证焊接质量。

（8）钢筋接头应分散布置。机械连接接头的分布应按设计规定执行，当没有要求时，在受拉区不宜超过 50%；在受压区的 A 级接头不受限制。闪光对焊、熔槽焊等焊接接头的分布，在受拉区不宜超过 50%；在受压区不受限制。绑扎接头的分布，在受拉区不宜超过 25%；在受压区不宜超过 50%。

（9）钢筋绑扎连接应符合下列要求：

1）受拉钢筋直径不大于 20mm，受压钢筋直径不大于 32mm，其他钢筋直径不大于 25mm，可采用绑扎连接。

2）受拉区域内的光圆钢筋绑扎接头的末端应做弯勾，螺纹钢筋的绑扎接头末端不做弯勾。

3）轴心受拉、小偏心受拉及直接承受动力荷载的构件纵向受力钢筋不得采用绑扎连接。

4）钢筋搭接处，应在中心和两端用扎丝绑牢，绑扎不少于 3 道。

5）钢筋接头采用搭接时，纵向受拉钢筋的搭接长度按受拉钢筋最小锚固长度值控制。

6）绑扎钢筋的扎丝和垫块上的扎丝均应按倒，不得伸入混凝土保护层内。

7）钢筋绑扎应牢固，无缺扣、松扣、漏扎。绑扎钢筋时应留出固定预埋件、管线等的位置。底板与边墙钢筋绑扎如图 13.4 所示，顶拱钢筋绑扎如图 13.5 所示。

（10）钢筋电弧搭接焊应符合下列要求：

图 13.4　底板与边墙钢筋绑扎

图 13.5　顶拱钢筋绑扎

1）搭接焊接头的两根搭接钢筋的轴线应位于同一直线上。

2）搭接焊焊缝高度应为被焊接钢筋直径的 0.25 倍，且不小于 4mm；焊缝的宽度应为被焊接钢筋直径的 0.7 倍，且不小于 10mm。

3）钢筋搭接焊时宜采用双面焊，当不能进行双面焊时，可采用单面焊。

4）直径小于 10mm 的钢筋采用搭接电弧焊焊接时，其焊缝高度、宽度应根据实验确定。

（11）钢筋电弧帮条焊应符合下列要求：

1）帮条宜采用与主筋同牌号、同直径的钢筋。

2）帮条焊接头的焊缝高度不应小于主筋直径的 0.3 倍；焊缝宽度不应小于主筋直径的 0.8 倍。两主筋断面的间隙应为 2～5mm。

3）帮条焊宜采用双面焊。当不能进行双面焊时，可采用单面焊。钢筋帮条长度符合相关规定，详见第 19 章表 19.2。

4）焊接时，应在帮条焊形成焊缝中引弧；在端头收弧前应填满弧坑，并应使主焊缝与定位焊缝的始端和终端融合。

（12）钢筋直螺纹连接应符合下列要求：

1）接头的设计应满足强度及变形性能的要求。

2）钢筋端部应切平后加工螺纹。

3）镦粗头不得有与钢筋轴线相垂直的横向裂纹。

4）钢筋丝头长度应满足产品设计要求，公差应为 0～2.0p。

5）钢筋丝头应满足精度要求，应使用专用直螺纹量规检验，通规能顺利旋入并达到要求的拧入长度，止规旋入不得超过 3p。抽检数量 10%，检验合格率不应小于 95%。

6）已检验合格的钢筋直螺纹应加以保护，钢筋螺纹头应戴上保护帽，保护帽在存放及运输装卸过程中不得取下。

7）安装接头时可用管钳扳手拧紧，应使钢筋丝头在套筒中央位置相互顶紧。标准型接头安装后的外露螺纹不宜超过 2p，加长型接头的外露丝扣不受限制，但应有明显标记，以检查进入套筒的丝头长度是否满足要求。

8）钢筋直螺纹接头安装后应用扭矩扳手校核拧紧，拧紧扭矩值应符合表 13.2 的规定。

表 13.2　　钢筋直螺纹接头安装时的最小拧紧扭矩

钢筋直径/mm	≤16	18～20	22～25	28～32	36～40
拧紧扭矩/（N·m）	100	200	260	320	360

9）其他机械连接和焊接连接应符合《水工混凝土钢筋施工规范》（DL/T 5169）的规定。

（13）钢筋安装完毕后，在混凝土浇筑之前应按照相关规范的规定进行检查验收，并做好记录。验收合格后方能浇筑混凝土。

13.3.2.3　示例图片

钢筋连接如图 13.6 所示；钢筋成品保护如图 13.7 所示。

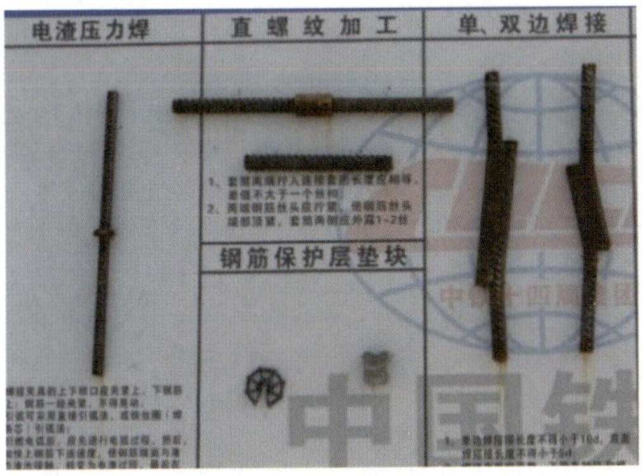

图 13.6　钢筋连接

图 13.7　钢筋成品保护

13.3.3　预埋件施工

（1）预埋件主要为渗压计、钢筋应力计、仪器电缆、接地、止水、排水管、灌浆管等。

（2）对于渗压计、仪器电缆、接地等预埋件，安装后应采取保护罩、埋管等形式对其进行成品保护，防止施工过程中的磕碰等。

（3）铜止水带安装时，应防止水泥浆进入止水带的鼻腔，确保止水带与混凝土黏结牢固。止水带焊接的接头，应表面光滑，不渗水，无孔洞、无裂隙、无漏焊、无欠焊、无咬边伤及母材缺陷等。

（4）伸缩缝结构层应密实，与结构混凝土黏结紧密。

（5）接地扁铁的埋置应符合设计及有关的规定。

（6）排水管道安装时应设置骨架固定并绑扎或焊接牢固，在混凝土浇筑时尽量避免振捣棒碰触钢管使其移位。

（7）灌浆孔布设位置应尽量在钢筋网格中心，确保钻孔时避开结构钢筋。

13.3.4　模板工程

13.3.4.1　工艺流程

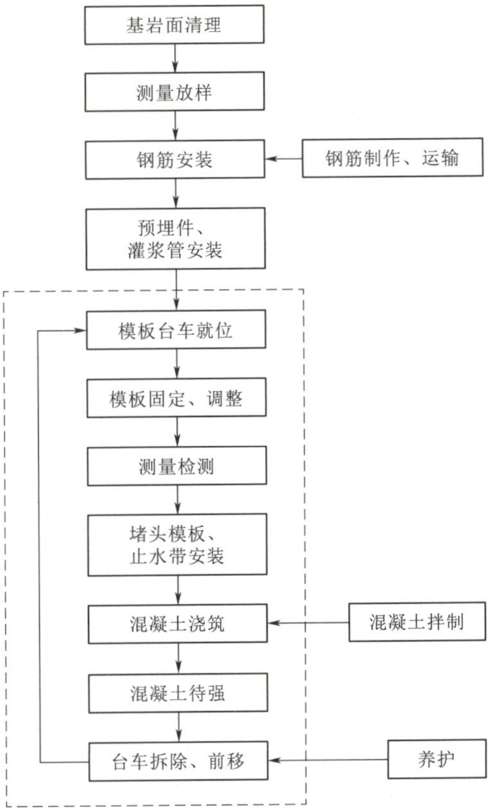

图 13.8　平洞衬砌模板工程工艺流程

平洞衬砌模板施工工艺流程如图 13.8 所示，包括基岩面清理，测量放样，钢筋安装，预埋件、灌浆管安装，模板台车就位，模板固定、调整，测量检测，堵头模板、止水带安装，混凝土浇筑，混凝土待强，台车拆除、前移等。

13.3.4.2　工艺质量安全要点

（1）平洞衬砌模板的型式依洞型、断面尺寸、施工方法和浇筑部位等因素而定。

（2）平洞模板的类型大致分成全断面衬砌和分部式衬砌两种，见表 13.3。

表 13.3　平洞模板分类及特点

分　类	特　　点
全断面衬砌模板	隧洞混凝土浇筑全断面一次成形
分部式衬砌模板	底部（或底拱），边墙，边顶拱分二次、三次浇筑

（3）在平洞混凝土衬砌施工中，采用钢模台车是主要的模板形式。不规则形态部位采用散拼模板、组合模板等。

（4）规则断面的平洞一般采用成套钢模台车，平洞钢模台车的主要种类和特点见表 13.4。

表 13.4　平洞钢模台车主要种类和特点

类型	名　称	结构和使用特点
分部式衬砌模板	整体式钢模台车	多为边顶拱衬砌，模板和台车不分离，分段长度适应混凝土性质要求，一般 9～15m 为宜。操作简便，速度快，立模精度好
	分离式钢模台车	与整体式钢模台车功能基本相同，不同的是台车较短，一部台车配多组模板组成一个浇筑段，一般每组模板长 4～6m，要求模板自身具有较高强度，能独立承受混凝土荷载。此类模板有穿行式和非穿行式两种。穿行式是台车载运模板时可以同时穿行通过立模段；非穿行式仅台车可穿行立模段、立模时第一节模板需从远处开始就位
	底模台车	用于隧洞底拱衬砌，有针梁式，也有整体轨道行走式
	边墙钢模台车	大型隧洞有较高边墙，单独浇筑边墙时有多种类型的钢模台车，模板可采用拼装为大面积的整体模，并一起脱模，模板随台车行走转移
全断面衬砌模板	针梁钢模	模板和针梁互为依托、交替运行，达到移位目的。特别适宜在中小、长直隧洞中使用。 目前针梁钢模已发展有针梁上置式，针梁下置式及穿行式针梁钢模等多种形式。由于针梁长度是模板的 2 倍多，通过转弯段有一定困难
	伸缩式钢模台车（穿行式钢模）	整套模板自成体系，底模由支腿支承在地面，台车载运模板行走于底模上，模板每节 3～4.5m，一部台车配多节模板，能较容易通过转弯段。由于分节立模、脱模，操作速度较慢
	多功能模板	是另一种全断面衬砌模板，需铺设轨道，既可使用于平洞，又可使用于斜井，由卷扬机牵引移动
	行进式隧洞滑模	底板和顶拱有固定的模板，通过丝杆调节完成立模和脱模动作，而左右两侧采用滑模的方式进行滑升浇筑，施工时操作和观测方便，由于浇筑速度较慢，施工应用极少

（5）模板的支撑必须牢固，不得用模板支架兼做脚手架来浇筑混凝土，以保证混凝土浇筑后的衬砌形状、尺寸符合设计图纸规定的要求。

（6）模板型式应与衬砌结构特点和施工方法相适应，且表面平整、光洁，拼接缝严密。

（7）圆弧、渐变圆弧、拐角等部位的模板应采用定制模板。

（8）模板安装前应进行测量放线，当模板安装完毕后，应有专业人员对其轴线、高程、各部位构件尺寸、支撑系统以及模板基础进行检查。

（9）对圆形断面平洞应优先采用针梁钢模台车。

（10）圆形断面的平洞衬砌宜选用针梁钢模板台车等全断面模板台车，也可先施工底拱混凝土，再采用模板台车施工边顶拱混凝土，或采用上置式针梁模板台车。

（11）针梁钢模台车是为了电站隧洞的整体衬砌而设计。它是衬砌全圆断面底、边、顶一次性成型的设备，立模、拆模用液压油缸执行，定位找正由底座竖向油缸和调平油缸执行。台车为自行式，安装在台车上的卷扬机使钢模和针梁做相对运动。

（12）针梁钢模台车一般作业程序：收支腿、针梁前移→立支腿、收缩钢模→移动钢模到下一施工段→立模、调试测量定位检查、仓号验收合格后→浇筑混凝土。

（13）组合钢模板一般人工搭设脚手架，采用汽车式起重机配合模板施工，外侧模底部支撑在钢管架上，安装时用对拉螺杆与内侧墙模板对拉对撑固定。

（14）高耸结构物可选用滑框倒模、爬升（顶升）模板等。

（15）移置模板在结构上应有足够的强度、刚度和稳定性，应有灵活、可靠的调节机构和移动机构，以保证混凝土成型准确，施工安全、方便。模板台车面板的厚度不宜小于 6mm。移动设备可采用液压设备、卷扬机等。

（16）移置模板采用的液压设备，应达到密封、不漏油，以避免污染钢筋和混凝土。

（17）模板台车应有可靠的导向装置（如轨道、针梁等），其安装允许偏差应与相应的模板安装允许偏差相同。

（18）采用模板台车进行隧洞混凝土衬砌，顶拱混凝土浇筑应采用封拱器。

（19）拆除模板台车时，应符合下列要求：

1）直立面混凝土的强度不得小于 0.8MPa。

2）当围岩稳定、坚硬时，在拆模时混凝土能承受自重，并且表面和棱角不被损坏。洞径不大于 10m 的隧洞顶拱混凝土强度应达到 5.0MPa；洞径大于 10m 的隧洞顶拱混凝土需要达到的强度，应经过专门论证。

3）当隧洞混凝土衬砌结构承受围岩压力时，应经过计算和试验确定混凝土需要达到的强度。

13.3.4.3　示例图片

顶拱模板如图 13.9 所示；尾水岔管定型模板如图 13.10 所示；下弯段定型模板如图 13.11 所示；钢模台车如图 13.12 所示；模板支架如图 13.13 所示；针梁台车如图 13.14 所示。

图 13.9　顶拱模板

图 13.10　尾水岔管定型模板

图 13.11　下弯段定型模板

图 13.12　钢模台车

图 13.13　模板支架

图 13.14　针梁台车

13.3.5　混凝土浇筑及拆模养护

13.3.5.1　工艺流程

混凝土浇筑及拆模养护工艺流程如图 13.15 所示。

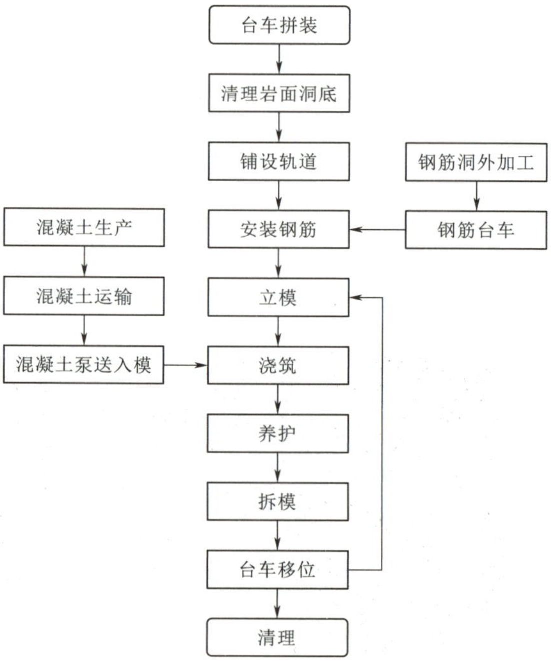

图 13.15　混凝土浇筑及拆模养护工艺流程

13.3.5.2　工艺质量安全要点

（1）仓面验收合格后，方可进行混凝土浇筑。

（2）不得在混凝土运输途中和卸料时加水。不得在仓内加水，并避免外来水进入仓内。应及时排除仓内的泌水。不得在模板上开孔赶水，带走灰浆。

（3）混凝土因停歇过久已初凝或失去塑性时，应按不合格料处理，不合格混凝土不准入仓。

（4）混凝土的砂、石的投料，应严格按施工配合比的重量计量。

（5）混凝土入仓布料应均匀，入仓后应及时平仓振捣，不得堆积。仓内粗骨料堆叠时，应均匀地分布至砂浆较多处或待振捣的混凝土表面，但不得使用水泥砂浆覆盖，以免造成内部蜂窝。

（6）各段衬砌混凝土的浇筑，两侧应对称进行，防止模板支撑架受偏压变形。衬砌顶部混凝土浇筑合龙位置，应选择在围岩较好处或超挖较多部位。

（7）混凝土应按一定厚度、顺序及方向分层浇筑。

（8）应及时清除黏附在模板、钢筋和预埋件表面的砂浆。

（9）顶拱部分混凝土不得出现顶部不满、内部架空现象。封拱时，混凝土泵在一定时间内应保持一定压力，使其混凝土充填密实。

（10）混凝土施工时应在模板合适位置设置振捣窗口。混凝土振捣可采用插入式振捣器和附着式振捣器振捣密实。振捣时应避免欠振或过振，将振捣器插入下层混凝土 5cm 左右，严禁振捣器直接碰撞模板、钢筋及预埋件。

（11）混凝土和易性较差时，应采取加强振捣等措施。

(12) 混凝土浇筑应先平仓后振捣，严禁以振捣代替平仓。振捣时间以混凝土粗骨料不再显著下沉并开始泛浆为准。

(13) 振捣设备的振捣能力应与浇筑机械和仓位客观条件相适应，使用塔带机浇筑的大仓位，宜配置振捣机振捣。使用振捣机时，应遵守下列规定：

1) 振捣棒组应垂直插入混凝土中，振捣完应慢慢拔出。

2) 移动振捣棒组，应按规定间距相接。

3) 振捣第一层混凝土时，振捣棒组应距硬化混凝土面 5cm。振捣上层混凝土时，振捣棒头应插入下层混凝土 5～10cm。

4) 振捣作业时，振捣棒头离模板的距离应不小于振捣棒有效半径的 1/2。

(14) 采用手持式振捣器时应遵守下列规定：

1) 振捣器插入混凝土的间距，应根据试验确定并不超过振捣器有效半径的 1.5 倍。

2) 振捣器宜垂直按顺序插入混凝土。如略有倾斜，则倾斜方向应保持一致，以免漏振。

3) 振捣时，应将振捣器插入下层混凝土 5cm 左右。

4) 严禁振捣器直接碰撞模板、钢筋及预埋件。

5) 在预埋件特别是止水片、止浆片周围，应细心振捣，必要时辅以人工捣固密实。

6) 浇筑块第一层、卸料接触带和台阶边坡的混凝土应加强振捣。

(15) 灌浆管应绑扎牢固，在衬砌混凝土浇筑时要采取措施，防止堵塞灌浆管。

(16) 浇筑完成 24h 后，混凝土达到自稳凝固后方可进行脱模模板。

(17) 平洞衬砌的混凝土养护宜采用养护台车，应在混凝土浇筑完毕后 12～16h 内进行洒水养护，使混凝土表面经常保持湿润状态，养护时间不得少于 28d。

(18) 冬季施工应注意洞室接口处的保温，应进行洞口封闭，防止冷风入侵，引起混凝土受冻而产生裂缝。

(19) 混凝土缺陷主要有错台、蜂窝麻面、露筋、冷缝、裂缝、渗水等。混凝土缺陷处理方法详见设计技术要求。

13.3.5.3　示例图片

进出水口平洞衬砌效果如图 13.16 所示；引水隧洞平洞衬砌效果如图 13.17 所示。

图 13.16　进出水口平洞衬砌效果

图 13.17　引水隧洞平洞衬砌效果

13.4　WHS 质量控制点

平洞衬砌混凝土施工主要工序 WHS 质量控制点见表 13.5。

表 13.5　　平洞衬砌混凝土施工主要工序 WHS 质量控制点

序　号	质量控制点	W（见证）	H（停工待检）	S（旁站）
1	混凝土外观	√		
2	伸缩缝		√	
3	混凝土模板		√	
4	混凝土钢筋		√	
5	止水安装		√	
6	观测仪器埋设		√	
7	混凝土浇筑			√

13.5　质量检查与验收

13.5.1　钢筋工程

按照《水电水利基本建设工程　单元工程质量等级评定标准　第 1 部分：土建工程》（DL/T 5113.1）和《水工混凝土钢筋施工规范》（DL/T 5169）规定的要求进行钢筋质量验收，质量检查项目和质量标准见表 13.6。

表 13.6　　钢筋质量检查项目和质量标准

项类	检　查　项　目				质　量　标　准
主控项目	（1）钢筋的材质、数量、规格尺寸、安装位置				符合产品质量标准和设计要求
	（2）钢筋接头的力学性能				符合施工规范及设计要求
	（3）焊接接头和焊缝外观				不允许有裂缝、脱焊点和漏焊点，表面平顺，没有明显的咬边、凹陷、气孔等，钢筋不得明显烧伤
	（4）套筒的材质及规格尺寸				符合质量标准和设计要求，外观无裂纹或其他肉眼可见缺陷，挤压以后的套筒不得有裂纹
	（5）钢筋接头丝头				符合规范及设计要求，保护良好，外观无锈蚀和油污，牙形饱满光滑
	（6）接头分布				满足规范及设计要求
	（7）螺纹匹配				丝头螺纹与套筒螺纹满足连接要求，螺纹结合紧密，无明显松动
	（8）冷挤压连接接头挤压道数				符合形式检验确定的道数
一般项目	（1）闪光对焊	接头处的弯折角			≤4°
		轴线偏移			≤0.10d，且≤2mm
	（2）搭接焊或帮条焊	帮条对焊接接头中心的纵向偏移			≤0.50d
		接头处钢筋轴线的曲折			≤4°
		焊缝	长度		−0.50d
			高度		−0.05d
			宽度		−0.10d
			咬边深度		≤0.05d，且≤1mm
			表面气孔和夹渣	气孔在 2d 长度的数量	≤2 个
				气孔、夹渣的直径	≤3mm

续表

项类	检查项目			质量标准
一般项目	(3) 熔槽焊	焊缝余高		≤3mm
		接头处钢筋中心线的位移		≤0.10d
	(4) 窄间隙焊	横向咬边深度		≤0.5mm
		接头处钢筋中心线的位移		≤0.10d，且≤2mm
		接头处的弯折角		≤4°
	(5) 机械连接	带肋钢筋套筒冷挤压连接接头	压痕处套筒外形尺寸	挤压后套筒长度应为原套筒的1.10～1.15倍，或挤压出套筒的外径波动范围为原套筒外径的80%～90%
			接头弯折	≤4°
		直螺纹连接接头	外露丝扣	无1扣以上完整丝扣外露
		锥螺纹连接接头	拧紧力矩值	符合DL/T 5169的规定
			接头丝扣	无1扣以上完整丝扣外露
	(6) 绑扎		搭接长度	符合DL/T 5169的规定
	(7) 钢筋长度方向的偏差			±1/2净保护层厚
	(8) 同一排受力钢筋间距的局部偏差		柱及梁中	±0.50d
			板及墙中	±0.10倍间距
	(9) 同一排中分布钢筋间距的偏差			±0.10倍间距
	(10) 双排钢筋，其排与排间距的局部偏差			±0.10倍排距
	(11) 梁与柱中钢筋间距的偏差			0.10倍箍筋间距
	(12) 保护层厚度的局部偏差			±1/4净保护层厚

注 d 为钢筋直径。

13.5.2 模板工程

按照《水电水利基本建设工程 单元工程质量等级评定标准 第1部分：土建工程》(DL/T 5113.1) 规定的要求进行质量验收，主要检查项目和质量标准见表13.7。

表13.7 模板质量检查项目和质量标准

项类	检查项目		质量标准	
			外露表面	隐蔽内面
主控项目	(1) 强度、刚度和稳定性		符合模板设计要求	
	(2) 结构物边线与设计边线	外模板	0 -10mm	15mm
		内模板	10mm 0	
	(3) 结构物水平截面内部尺寸		±20mm	
	(4) 承重模板标高		5mm 0	

续表

项类	检查项目		质量标准	
			外露表面	隐蔽内面
一般项目	(1) 模板平整度	相邻两面板错台	2mm	5mm
		局部不平（用 2m 直尺检查）	5mm	10mm
	(2) 板面缝隙		2mm	2mm
	(3) 模板外观		规格符合设计要求，表面光洁，无污物	
	(4) 脱模剂		质量符合标准要求，涂抹均匀	
	(5) 预留孔洞	中心线位置	5mm	
		截面内部尺寸	10mm 0	

注　1. 外露表面、隐蔽内面是指相应模板的混凝土结构表面最终所处的位置。

2. 高速水流区、流态复杂部位、机电设备安装部位的模板，还应符合专项的设计要求。

13.5.3　混凝土浇筑

按照《水电水利基本建设工程　单元工程质量等级评定标准　第 1 部分：土建工程》(DL/T 5113.1) 规定的要求进行混凝土浇筑质量和外观质量验收，主要检查项目和质量标准见表 13.8 和表 13.9。

表 13.8　　混凝土浇筑质量检查项目和质量标准

项类	检查项目		质量标准	
			优良	合格
主控项目	1	入仓混凝土料（含原材料、拌和物及硬化混凝土）	无不合格料入仓	少量不合格料入仓，经处理满足设计及规范要求
	2	平仓分层	厚度不大于振捣棒有效长度的 90%，铺设均匀，分层清楚，无骨料集中现象	局部稍差
	3	混凝土振捣	垂直插入下层 5cm，有次序，间距、留振时间合理，无漏振、无超振	无漏振、无超振
	4	铺料间歇时间	符合要求，无初凝现象	
	5	混凝土养护	混凝土表面保持湿润连续养护时间符合设计要求	混凝土表面保持湿润，但局部短时间有时干时湿现象连续养护时间基本满足设计要求
一般项目	1	砂浆铺筑	厚度不大于 3cm、均匀平整，无漏铺	厚度不大于 3cm，局部稍差
	2	积水和泌水	无外部水流入，泌水排除及时	无外部水流入，有少量泌水，且排除不够及时
	3	插筋、管路等埋设件以及模板的保护	保护好，符合要求	有少量位移并已及时处理，符合设计要求
	4	混凝土浇筑温度	满足设计要求	80%以上的测点满足设计要求，且单点超温不大于 3℃
	5	混凝土表面保护	保护时间与保温材料质量均符合设计要求，保护严密	保护时间与保温材料质量均符合设计要求，保护基本严密

表 13.9　　混凝土外观质量检查项目和质量标准

项类	检查项目		质量标准	
			优良	合格
主控项目	1	形体尺寸及表面平整度	符合设计要求	局部稍超出规定，但累计面积不超过0.5%，经处理符合设计要求
	2	露筋	无	无主筋外露，箍、副筋个别微露，经处理符合设计要求
	3	深层及贯穿裂缝	无	经处理符合设计要求
一般项目	1	麻面	无	有少量麻面，但累计面积不超过0.5%，经处理符合设计要求
	2	蜂窝空洞	无	轻微、少量、不连续，单个面积不超过0.1m^2，深度不超过骨料最大粒径，经处理符合设计要求
	3	碰损掉角	无	重要部位不允许碰损掉角、其他部位轻微少量碰损掉角，经处理符合设计要求
	4	表面裂缝	无	有短小、不跨层的表面裂缝，经处理符合设计要求

13.6　相关标准

《工程测量标准》(GB 50026)
《水工建筑物地下工程开挖施工技术规范》(DL/T 5099)
《水工混凝土外加剂技术规程》(DL/T 5100)
《水电水利工程模板施工规范》(DL/T 5110)
《水电水利基本建设工程　单元工程质量等级评定标准　第1部分：土建工程》(DL/T 5113.1)
《水工混凝土施工规范》(DL/T 5144)
《水电水利工程施工安全防护设施技术规范》(DL/T 5162)
《水工混凝土钢筋施工规范》(DL/T 5169)
《水工建筑物止水带技术规范》(DL/T 5215)
《抽水蓄能电站工程安全文明施工设施》(Q/GDW 11586)

第 14 章 小断面 TBM 平洞开挖及支护施工工艺

14.1 适用范围

本工艺适用于抽水蓄能电站直径 3.5m 及以下排水廊道和排水洞的开挖及支护施工。

14.2 施工程序

小断面 TBM 平洞开挖及支护施工程序如图 14.1 所示，主要包括施工准备，TBM 组装，TBM 整机调试，TBM 步进，TBM 始发、试掘进，TBM 掘进，支护施工，TBM 到达和 TBM 拆卸等。

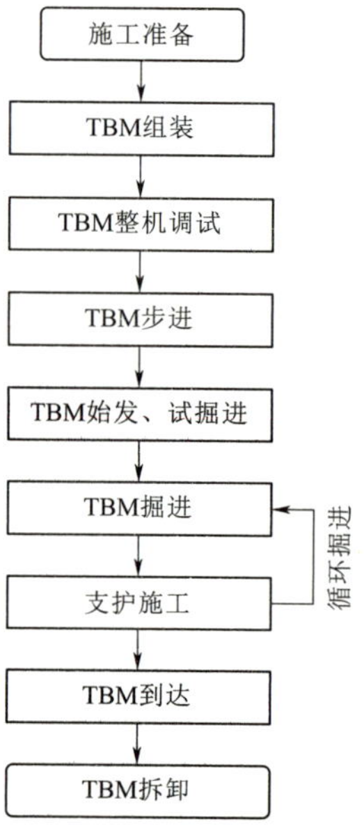

图 14.1 小断面 TBM 平洞开挖及支护施工程序

14.3 工艺说明与工艺要求

14.3.1 施工准备

14.3.1.1 技术准备

（1）图纸会审及设计交底。项目开工前组织施工图纸会审，了解设计意图及相关技术、质量要求。参加设计交底会议，反映设计方案中存在的不明确之处和为确保施工质量需设计方修改之处，通过设计方的确认，进一步明确施工中的有关设计要求。

（2）技术交底。加强施工作业及管理人员培训，做好技术交底工作，技术交底工作要充实，具有针对性和指导性，全体参加施工的人员都要参加交底并签名，形成书面的交底记录。

（3）施工前应完成施工重要危险源识别措施、机械设备安全保证措施、施工用电安全措施、机械伤害安全措施、重要环境因素识别和技术保证措施、文明施工技术措施以及应急保障措施的准备工作。

（4）施工方案须经总监理工程师审批后，方可实施。

14.3.1.2　劳动力组织准备

（1）根据施工计划和施工技术要求配置管理人员、技术人员、掘进班和保养班，保证施工现场拥有足够的作业人员，典型小断面硬岩 TBM 平洞开挖及支护施工人员配备见表 14.1。

表 14.1　　典型小断面硬岩 TBM 平洞开挖及支护施工人员配置

序号	班　组	工　种	人数	备　注
1	管理人员	项目负责人	1	
		技术负责人	1	
		设备负责人	1	
		生产负责人	1	
2	掘进班	班长	3	每班 12 人，分 3 班
		TBM 主司机	3	
		清渣、轨线、风管、水管延伸	12	
		电工巡视工	3	
		电瓶车司机	6	
		调车员	6	
		门吊司机	3	
3	支护班	钻工	3	
		支护工	3	
4	保养综合班	班长	1	
		机电	5	
		杂工	4	材料搬运分 2 班、每班 2 人
		电焊工	2	轨枕加工
5	技术后勤组	测量	3	
		材料库管员	1	材料管理
		资料员	1	负责项目资料整理汇报
		安全员	1	负责施工安全
		调度员	2	
6	刀具组	换刀、维修	4	2 人维修、2 人换刀
7	出渣班组	自卸车司机	4	

（2）TBM 施工前应进行人员安全教育培训，主要包括以下内容：

1）对全体人员进行安全生产教育培训，未经安全生产教育培训考核或者培训考核不合格的人员不得上岗作业。

2）特种作业人员应按相关规定经过专门培训，取得相应资格证书，持证上岗。

3）新进人员或作业人员转入新的岗位前应进行相关作业技能培训。

4）为作业人员配置安全防护用品和用具并进行使用方法培训。

5）根据制定的应急处置措施、预案开展培训和演练。

14.3.1.3　工程材料准备

（1）材料进场前进行检查验收和取样送检，严禁不合格材料进入现场。

（2）现场宜建立不小于 200m^2 的物资库，用于物资存储。

（3）施工前应根据制定的应急处置措施、预案等配备应急物资。

14.3.1.4　施工设备及机具准备

小断面 TBM 平洞开挖及支护施工所需机械设备及机具主要有以下几种。

（1）开挖设备。小断面 TBM 机。

1）TBM 整机设计。小断面 TBM 机从刀盘向后依次由主机、后配套及渣车组成，包括开挖系统、推进系统、物料运输系统、轨线延伸系统、通风除尘系统、供排水系统、照明系统等。小断面整机结构如图 14.2 所示，小断面 TMB 整机图如图 14.3 所示。

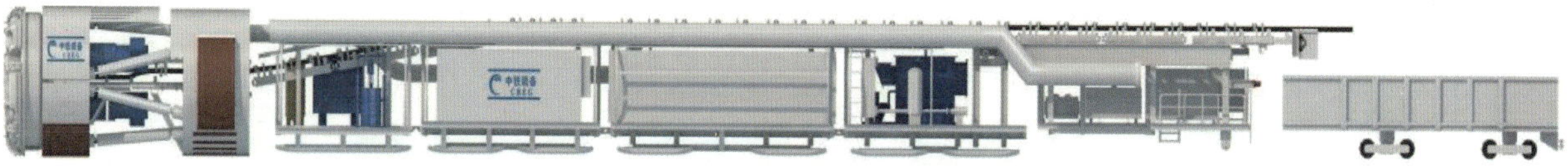

图 14.2　小断面 TBM 整机结构

（a）吉光号　（b）洛宁号　（c）文登号

图 14.3　小断面 TBM 整机图

2）TBM 主机。TBM 主机区域包括刀盘、主驱动、盾体、稳定器、推进油缸、撑靴、主机皮带机、支撑盾等。主机区域负责 TBM 开挖、开挖方向的调整执行、设备的支撑推进、刀盘渣料的运输传导等功能，为 TBM 核心区域。小断面 TBM 主机结构如图 14.4 所示。

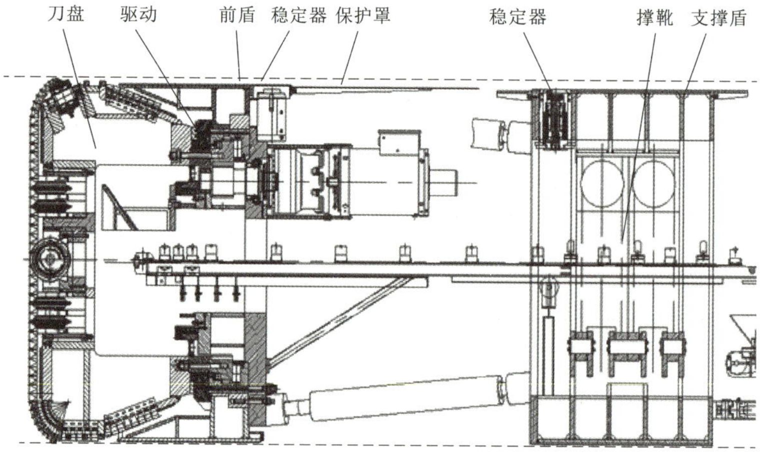

图 14.4　小断面 TBM 主机结构

3）TBM 后配套。TBM 后配套区域包括高压变配电设备、一次风筒延伸、吊机、控制柜、空气压缩系统、污水箱、供水管延伸系统等，后配套区域负责 TBM 高压变配电、弱电控制、空气压缩、供排水、一次风筒延伸等功能，为 TBM 服务机构。小断面 TBM 后配套结构如图 14.5 所示。

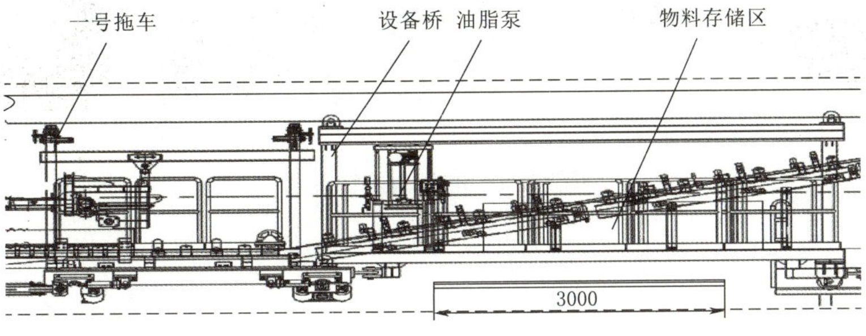

（a）一号拖车和设备桥

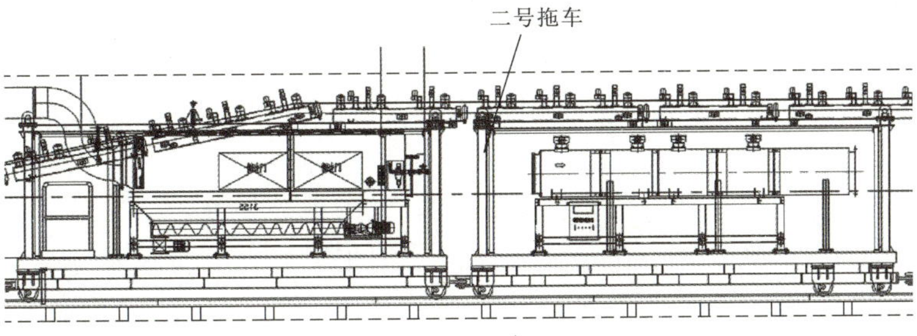

（b）二号拖车和配电设备

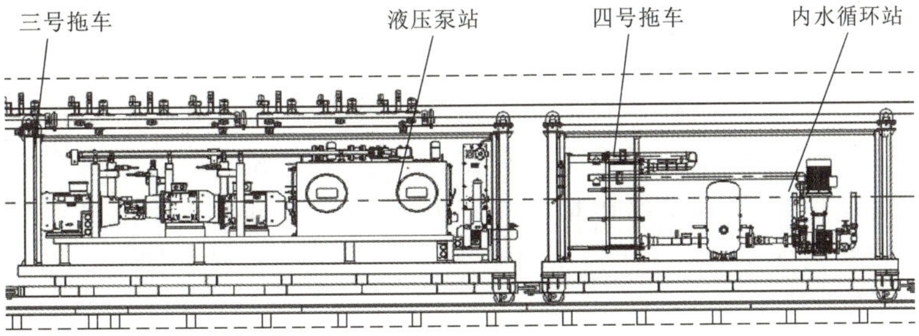

（c）三号、四号拖车结构

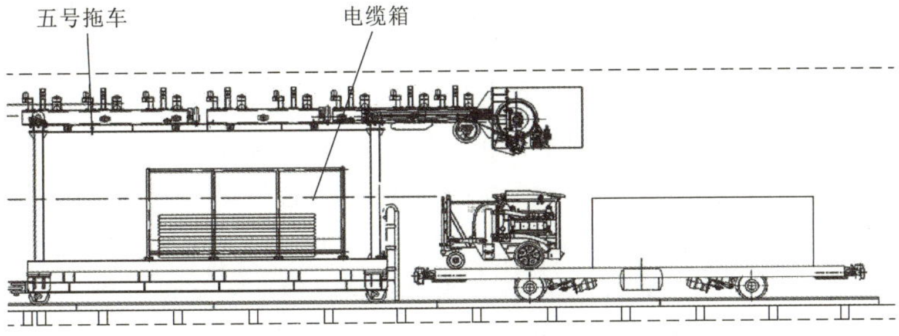

（d）五号拖车和电缆箱

图 14.5　小断面 TBM 后配套结构

（2）吊装和运输设备。渣车、门式起重机、电瓶车、转渣皮带机、叉车、自卸车等，如图 14.6 所示。

（3）支护设备。手风钻、混凝土喷机等。

（4）风、水、电供应机械设备。通风机、水泵、变压器、高压开关柜、高压分接箱等。

（a）渣车　　（b）门式起重机　　（c）电瓶

图 14.6　吊装和运输设备

14.3.1.5　现场准备

（1）TBM 库房布置。TBM 库房具体布置根据现场条件，在满足施工期间运输通道条件下灵活布置，库房宜采用全封闭钢结构。

（2）组装场地准备。为便于 TBM 的现场组装，现场组装场地宽度应大于 7.5m，长度应根据设备总长度和组装所处的工程部位综合考虑。

（3）现场施工通风、施工供排水、施工用电及照明、通信等根据监理单位审批的施工方案提前做好准备工作。

1）施工供风系统由施工期压缩空气供应和施工通风两部分组成：

a. TBM 掘进机后配套系统安装 1 台空气压缩机，用于锚杆钻孔供风和超前钻机供风。

b. 施工通风主要考虑满足洞内施工人员和设备对新鲜风的需求，施工通风系统一般采用长管道压入式通风，通风管道宜每间隔一定距离延伸一次。风机宜安装在洞门 20m 以外，将洞外新鲜空气压入 TBM 后配套系统，再经过 TBM 后配套系统上的辅助风机将其送到开挖工作面，工作面污风从主洞断面流出洞外。

2）TBM 组装、调试和掘进时都需要供水，需要安装供水钢管，水管宜根据需要间隔一定距离延伸一次。施工供水宜尽量利用施工场地附近的地表水资源供水，在地表水资源缺乏的地区，可采取集水井、蓄水池供水，利用水泵从水源地、集水井或蓄水池抽水，经输水钢管通过隧洞已掘进段引至 TBM 后配套系统的清水箱。TBM 施工对外循环冷却水水质要求如下：水型为清洁水，流动时最高温度为 28℃；沉淀物小于 200mg/L；颗粒状有机物最大含量不超过 0.1mg/L。

施工排水主要为 TBM 掘进过程中的洞内裂隙水，洞内排水采用布设排水管的方式，在 TBM 支撑盾和 1 号拖车之间安装一台隔膜泵把污水抽入污水箱内，由污水箱上部的隔膜泵接入污水管集中排放至洞口污水沉淀池，再由污水泵排入电站污水管网。如洞内裂隙水较大，在盾体区域增设一台应急抽水泵，采用三通接入洞内排水管，增大排水能力。

3）TBM 施工用电分为高压用电和照明用电两部分。掘进机高压供电应由洞外高压配电柜送入掘进机高压配电柜，由高压配电柜送入变压。洞口通风机、电瓶车及充电设备、施工照明由洞口变压器供电。掘进机设备本身照明可由后配套变压器供电，并配套发电机，在断电后自动启动提供照明用电及设备安全用电。洞内照明和动力线路需采用绝缘良好的导线，整齐分层固定在洞室拱顶处，TBM 掘进施工时高压电缆宜根据需要每隔一定间距延伸一次。

14.3.2　TBM 组装

14.3.2.1　TBM 组装工艺流程

TBM 组装根据现场情况和设备情况可以有多种工艺流程，本工艺只选择一种进行示意，工艺流程如图 14.7 所示。主要包括部件运输到位、安装步进架、安装下护盾、安装主驱动、安装支撑盾、安装推进油缸及驱动电机、安装集渣斗、安装上护盾、安装刀盘、安装皮带机、后配套台车依次安装、管线连接、油脂注入、胶带硫化和设备调试。

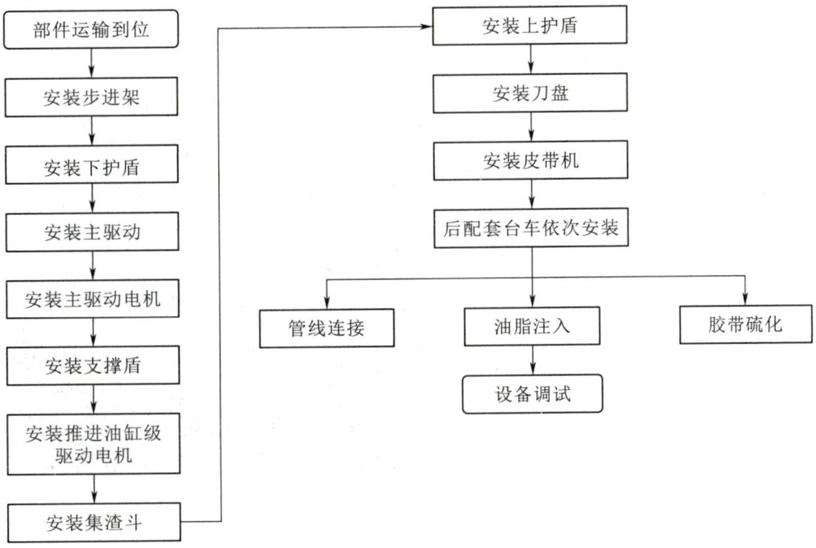

图 14.7　TBM 组装工艺流程

14.3.2.2　工艺质量安全要点

(1) 部件清理。机械部件在组装前，必须做到先全面清洁，尤其是螺栓孔、配合孔、工艺孔、连接面等必须重点清洁，不得有任何碎屑杂物的残留。所有螺栓在使用前必须放在清洗油液中浸泡，即用即取。主机关键部件（机头架、刀盘、主轴承、减速箱、主电机、撑靴、盾体等）的高强度螺栓及垫片必须严格进行去毛刺检查。

(2) 步进架安装。步进架宜采用 H150 型钢焊接制作，分为前、中、后三段。步进架安装时分批次进行安装，先安装中段和后段，中段前端距离始发洞室 8m 以上为宜，相对始发洞室轴线对称放置。前段步进架待刀盘翻身后再安装。步进架底部型钢宜采用 C20 钢筋与地面固定，防止前后移动，如图 14.8 所示。

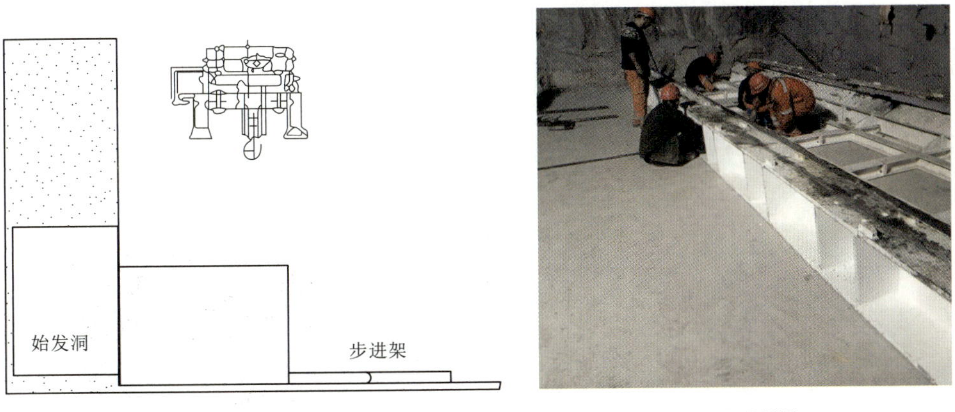

(a) 示意图　　(b) 现场图

图 14.8　步进架安装

(3) 下护盾安装。下护盾在吊装卸车时可直接安放到中段步进架前端。下护盾作为驱动支撑的重要部位，要求定位精确，需预先在步进架划线标定位置。

(4) 主驱动安装。主驱动由于吊装高度限制，宜采用卸扣和钢丝绳翻身吊装，于底护盾安装后在后部增加辅助支撑工装，防止倾倒，如图 14.9 所示。驱动安装时需要检查并彻底地清理所有加工面和孔，并去毛刺。特别注意润滑油通道，确保所有的杂物碎片已被清理干净。采取防护措施以防止润滑口在装配过程中被堵塞，之后进行主驱动与底护盾的连接。

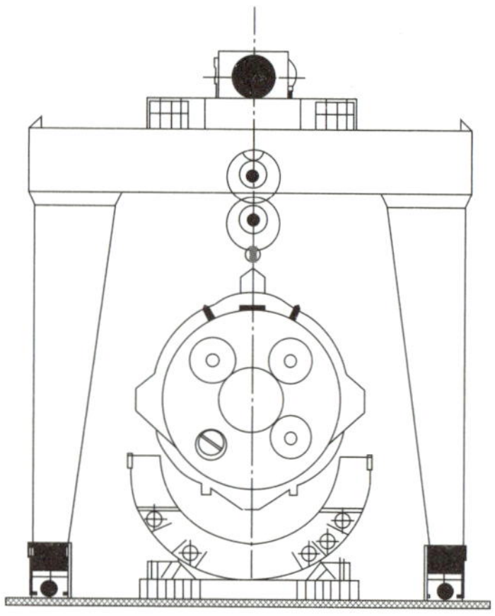

（a）示意图

（b）现场吊装就位

图 14.9　主驱动吊装

（5）支撑盾组装。支撑盾吊装前彻底地清理所有的孔和加工面并去毛刺、锈迹，并用清洗剂进行清洁，以防生锈。将支撑盾平放，背面朝下，用 200mm 的枕木垫在底下抬离地面。利用方木作为衬垫，进行支撑盾横向往纵向翻身，吊装到步进架上，通过油缸与前部盾体连接，油缸安装按照先下后上的顺序进行。依次安装减速机及驱动电机，按设计值预紧电机安装螺栓，安装减速机及电机前需要对主驱动后部底部位置进行支撑立柱的焊接加固，以避免后部偏重侧翻。

（6）集渣斗安装。集渣斗需要用钢丝绳和倒链配合吊平才能顺利安装，吊起后用倒链进行调平，缓慢移向安装位置，用倒链进行调整，使螺栓孔对齐后，螺栓上涂防紧固胶后，穿进螺栓拧紧。

（7）上护盾安装。吊装上护盾时，严禁盾体内作业。吊装前彻底清理所有孔和加工面，并去毛刺、锈迹，用清洗剂清洁，以防生锈。吊装上部四个吊耳安装上护盾。

（8）刀盘安装。刀盘与转接环的对接无论是吊装还是组装的要求较高，螺栓孔对位时需保持精确。在吊装刀盘前，先将刀盘翻身，应准备好刀盘连接螺栓及组装工具。刀盘运输至吊装场地后，拆除所有刀盘螺栓孔保护帽，对刀盘进行翻身操作，采用与前盾相同的方法将刀盘吊放到指定位置。待刀盘稳定后，缓缓将刀盘插入前盾，连接刀盘螺栓并紧固（图 14.10）。

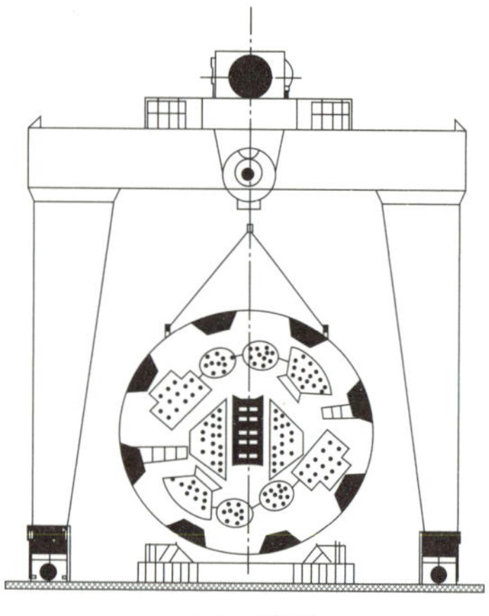

（a）示意图

（b）刀盘吊装现场

图 14.10　刀盘吊装过程

(9) 后配套安装。用门吊将后配套按顺序吊起，放在轨道上，依次连接。连接后配套与主机、台车间管线。设备桥安放前需铺设轨道，轨面高度 H 为 500mm，内轨距 B 为 900mm。

(10) 整机调试。整机调试分为空载调试和负载调试，空载调试完成后，在试掘进阶段进行负载调试。空载调试按以下顺序进行。

1) 电气系统。上电采用先高压、再动力、后控制的顺序，依次检查各高压柜带电指示是否正常，确认供电电压是否正常。送电顺序按照各级电压等级从上到下，依次合闸，且送断电操作必须有持证电工作业。

2) 动力启动。电气系统确认无误后，进行液压管路、阀组的检查，确保无误。依次启动各泵站，观察运行情况，是否为空载运行状态。启动各附属设备，检查空载运行情况。

3) 联动调试。各系统运行起来后，根据程序设计的相互联动、连锁功能依次进行试验检测，确认各项连锁、安全系统是否满足设计要求。

4) 功能调试。安全确认完毕后，可进行各分系统机构的功能调试。主驱动、推进、皮带机、油脂系统等所有活动部件依次进行功能调试，确认是否完全满足设计功能要求及施工需要。

(11) 组装验收要点。

1) TBM 组装应满足掘进机设计安装要求。

2) 主机。外径必须符合设计要求；主机各辅助设备达到功能要求，运行中不得互相干扰；护盾必须为表面平整的正圆柱体，在辅助推进油缸活动范围内，盾尾内表面平整，无突出焊缝，盾尾真圆度在设计范围内。

3) 刀盘。所有连接用的螺栓必须按照制造厂的设计要求配置；刀盘空载运行正向、反向各 15min，运行平稳，各减速机及传运系统无异常响声；集中润滑系统在进行流量和压力测试时，各润滑部件的受油情况必须达到设计要求。

4) 皮带运输机。空载试车时，不得有皮带跑偏现象；负载试车时，运转平稳，无振动和异常响声，全部托辊和滚筒均运转灵活；连续皮带机 PLC 控制系统与主机 PLC 系统相匹配，以保证由主机控制启动和停止连续皮带机。

5) 空载试车时，各部件的行程、回转角度、提升距离、平移距离、调节距离必须符合设计。

14.3.3　TBM 平洞开挖施工

14.3.3.1　施工工艺流程

小断面 TBM 平洞开挖施工流程如图 14.11 所示，主要包括 TBM 步进；TBM 始发、试掘进；准备掘进条件；撑靴撑紧岩壁提供推力；设置掘进参数向前推进；推进一个行程完成，进行换步；刀具检查更换，同步设备保养；同步风水管线延伸；轨道延伸。其中准备掘进参数至一个行程完成为一个掘进循环，至轨道延伸为一个日循环。

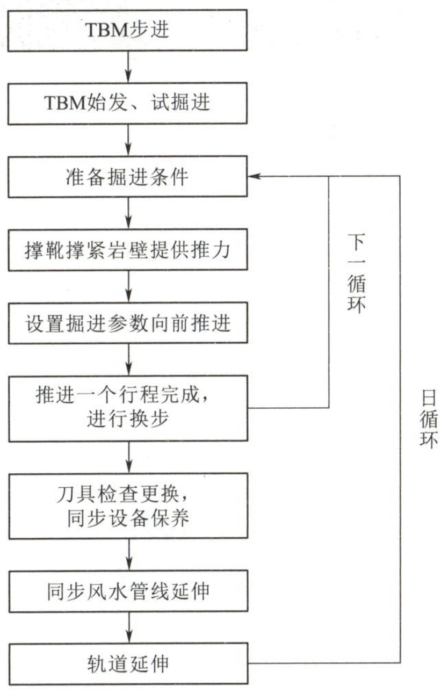

图 14.11　小断面 TBM 平洞开挖施工流程

14.3.3.2　工艺质量安全要点

(1) TBM 步进。

1) TBM 步进前需要对始发洞室尺寸进行检查，始发洞线深度不小于主机长度，断面净空尺寸不小于刀盘直径，边墙部位结构满足 TBM 撑靴支撑力。弧形底部预埋两根滑行轨道，夹角呈 60°，轨道宜采用 P43 钢轨，轨面需外露 5cm，轨道需铺至距离掌子面 0.5m，TBM 到达掌子面可以转动

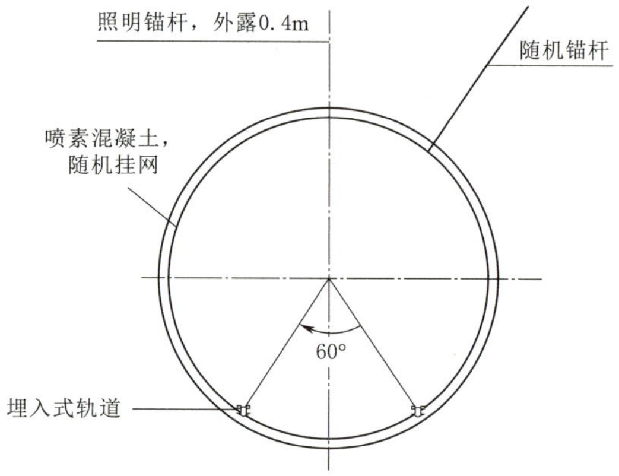

图 14.12　始发洞室典型横断面

刀盘。始发洞室典型横断面如图 14.12 所示。始发洞洞底需高出组装洞底板 15cm，弧形底板不得欠挖，确保 TBM 在步进架上顺利进入始发洞。

2）TBM 设备组装后需要空推步进至始发洞内，步进架底部采用 H150 型钢进行焊接，步进架底部距离地面 150mm 左右，两侧有滑行轨道，每节长度为 4m，分左右块，中间采用螺栓连接，总宽度 2.8m。步进架底部采用钻孔插螺纹钢固定在地面上。TBM 上步进架如图 14.13 所示。

3）TBM 步进是靠安装在步进架两侧的反力基座提供反力，由两侧步进油缸提供推力前进，TBM 步进如图 14.14 所示，具体按以下顺序操作。

图 14.13　TBM 上步进架

图 14.14　TBM 步进

（a）在步进架两侧安装挡块，给 TBM 前行提供反力。

（b）在步进架两侧安装推进油缸，给 TBM 提供前进的推力。

（c）缓慢伸出推进油缸，使 TBM 主机向前滑行。

（d）推进油缸伸出一个行程后收回推进油缸，反力基座前移安装。

（e）推进油缸、反力基座安装好之后，拖拉滑车及后配套。

重复步骤（a）～（e），使 TBM 不断向前滑行进入始发洞。

（2）TBM 始发、试掘进。

1）TBM 步进到达掌子面后，开始试掘进运行。TBM 试掘进期间，主要检验 TBM 的协调情况、液压系统、电器系统和辅助设备及皮带机系统的工作情况，对各设备进行磨合，进一步调整各设备系统使其达到最佳状态。

2）通过 TBM 试掘进段施工，施工作业人员可基本熟悉设备性能，掌握设备操作、保养的技术要点，并初步总结出掘进参数的选择及控制措施。

3）理顺整个施工组织，在 TBM 连续掘进的管理体系中抓住关键线路的控制工序。

（3）TBM 掘进。

1）初步检查。掘进开始前要确保润滑油和液压油的油位处于合适位置，如有必要在启动前添加适量油液；确保所有泵的进口阀都已打开；检查所有电控柜和照明配电盘的断路器处于闭合状态；确保所有的液压控制开关处于合适位置。

2）TBM 推进。

（a）启动电源，检查各仪表处于正常状态。

（b）启动液压泵站电机，使撑靴接触洞壁，保证侧支撑完全撑到洞壁上，确认两侧的伸长量相等，待其压力达到稳定的高压值，收起后支撑，使掘进机的重量传递到撑靴上。

（c）启动皮带机。

（d）根据围岩状况设定需要的刀盘速度，空载启动刀盘电机，慢速推进刀盘靠紧掌子面，调整掘进机推进速度达到期望值，进行掘进。

（e）掘进过程中，司机必须连续监视和调整司机室内控制台的所有功能、控制和指示器，通过有效控制来调节向刀盘施加的推进压力。

（f）在掘进过程中要始终注意观察油压泵的流量变化，如果转速增加而推进压力或泵的流量没有改变，表明岩石的硬度增加，应增加推进压力或减少油泵的流量，防止液压系统出现过热；如果流量表停止转动，而油泵的输出量没有变化，表明遇到较软的地层，应增加油泵的流量或减小推进压力。

3）换步、主机姿态调整。当主推进油缸达到最大掘进行程时，TBM 需要换步。将支撑盾撑靴收回，然后将油缸慢慢收回并前移一个行程，支撑盾前移到位后撑靴再次撑紧岩壁。

在进行 TBM 换步作业时，操作司机根据测量导向系统电脑屏幕显示的主机位置数据进行 TBM 姿态调整，完成对主机掘进方向和主机滚动值的调整，使 TBM 以合理的姿态工作。

4）TBM 操作控制程序。主控室是 TBM 的心脏，设备上 90％的指令在主控室内操作，其内部安装有操作盘，显示仪（包括参数显示、仪表显示、故障显示、状态显示及指示等），PLC 系统、导向系统等。TBM 主司机必须通过培训考试合格，了解设备状态，通过操作盘的按钮及手柄，控制不同部位设备的运转。TBM 主控室如图 14.15 所示。

图 14.15 TBM 主控室

a. 上机前操作要点。

（a）详细了解上一班运转情况及遗留问题，观察各仪表显示是否正常。

（b）检查风、水、电、润滑系统的供给是否正常。

（c）观察分析围岩类别，选择合理掘进参数。

（d）了解上一班开挖中线标高偏差情况。

（e）了解上一班支护完成情况。

b. 掘进时的操作要点。经过上机前检查，设备一切正常，才可以进行掘进作业。

（a）启动主泵站，包括供水系统。

（b）启动通风除尘系统。

（c）依次启动皮带输送机。

（d）启动电机。

（e）待主电机全部运转正常后，低速启动刀盘。

（f）选择合理的掘进参数进行掘进。

c. 停机时的操作要点。正常情况下的停机，应与掘进时的操作相反：先停止掘进，后退刀盘 2～3cm，让刀盘空转 1min 左右，依次停止刀盘转动、停止电机转动、停止皮带机。

d. 紧急情况下的操作要点。发现刀具金属件损坏脱落、卸渣斗出现故障、液压系统出现故障、润滑故障等，要立刻停止掘进，后退刀盘 2～3cm，立即停止刀盘转动，依次停止各系统的工作，对故障部位进行检查，不宜按紧急停机按钮，以免损坏设备。若遇紧急情况，如皮带机皮带断裂或危及人身安全，方可按紧急按钮。

5）掘进模式的选择及操作控制。若围岩较硬，掘进推力先达到额定值，此时应以推力变化为参照，选择掘进参数，控制推进压力不超过额定值；若围岩节理发育、裂隙较多或遇破碎带、断层带等时，应以扭矩变化并结合推进力参数选择掘进参数，特别是在岩石软弱条件下宜采用扭矩和贯入度控制掘进，同时兼顾各种参数变化。

变化的岩石条件反映在与 TBM 设备和掘进进度有关的各参数变化中：如刀盘主驱动电流增大一般表明刀盘超载或刀盘前面出现破碎岩石；刀盘出渣超载一般表明工作面可能出现塌陷；刀盘旋转速度降低一般伴随刀盘主驱动电流增加或刀盘出渣超载；TBM 贯入度降低表明异常的工作面条件；TBM 撑靴油缸压力变化反应围岩变化；渣土碎块尺寸和数量参数为岩石条件变化提供信息；TBM 皮带机工作压力高表明皮带机超载，可能正在非常破碎的岩体开挖等。TBM 主司机通过观察及时调整控制这些参数，这些关键参数将被自动记录和存储，以便于随后的调取查询。

6）方向控制。为了保证 TBM 的快速、准确掘进，TBM 配备测量导向系统，测量导向系统以直观的三视图形式显示到电脑显示屏上。

测量导向系统的全站仪和后视棱镜的三维坐标采用人工输入，测站搬迁后需要重新输入并进行后视定向，首次操作需设置前视激光靶方位角与竖直角，用于测量导向系统自检，若系统自身计算的值与手动输入值误差超过一定限额，测量导向系统自动报警提示后视偏差超限。通常情况下，直线段每掘进 20m 左右前移一次全站仪，曲线段视通视情况而定。

为确保掘进方向的准确性，采用测量导向系统自动导向系统和不定期人工测量复核，两者互相校核。

（4）断层破碎带 TBM 掘进施工。

1）在断层破碎带采用 TBM 施工容易出现以下几种情况：

(a) 因围岩破碎，节理发育，开挖后易发生坍塌，造成底部清渣时间过长。

(b) 刀盘护盾上方塌空，混凝土回填引起支护作业时间加长。

(c) 围岩软弱且掘进速度慢，围岩拱顶下沉、收敛变形。

2）在断层破碎带施工宜采用如下的应对措施：

(a) 超前地质预报技术。采取科学的预测手段切实掌握前方断层破碎带的地质情况，包括破碎带的宽度、填充物、地下水以及隧洞轴线与断层构造线的组合关系，根据实际情况和设备条件，制定相应的处理措施和施工方法。

(b) 在 TBM 掘进过程中应做好掘进参数的控制，掘进以慢速掘进为主，控制出渣量，尽量减少对围岩的扰动。

(c) 及时施作锚喷柔性支护，并允许围岩有一定的变形，充分利用围岩自身的承载力，达到支护和围岩共同受力的目的。

(d) 根据实际地质状况决定断层破碎带的掘进循环进尺。掘进过程中注意观察掘进出渣状况，遇有大块径石渣出现时，应停止 TBM 向前推进，继续慢速转动刀盘，待大块石渣出完后再逐渐恢复到慢速掘进状态，以尽量避免隧洞坍塌作为停止掘进、进行初期支护的时机。将为 TBM 撑靴提供支撑空间作为 TBM 掘进循环进尺的辅助条件，在通过断层破碎带时以短进尺为宜。

(e) 若掘进过程中围岩出现较大范围的坍塌，宜将循环进尺控制在 0.5m 以内，并立即采取初期支护措施，必要情况下加密钢架支护，TBM 撑靴位置采用喷射混凝土将钢支架支护地段喷平，以提供撑靴支撑的位置。

(f) 断层地段存在的出水点在掘进阶段可先不进行处理，等出水点出露于护盾以后，或在

TBM 设备后部专门进行止水灌浆处理。

(g) 结合敞开式硬岩掘进机的特点，必要时利用超前小导管、管棚注浆、超前注浆等手段进行超前支护，改良岩层整体性、稳定性。

(h) 完善量测监控技术，进行动态施工管理。

14.3.3.3　示例图片

TBM 始发如图 14.16 所示；TBM 开挖掌子面如图 14.17 所示；TBM 掘进开挖完成洞室如图 14.18 所示；TMB 出洞如图 14.19 所示。

图 14.16　TMB 始发

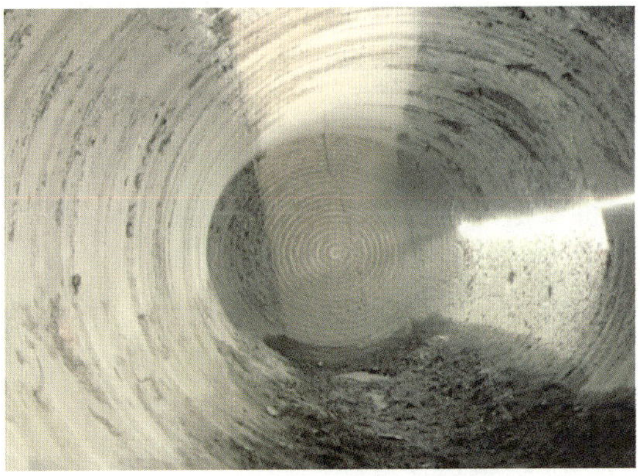

图 14.17　TBM 开挖掌子面

图 14.18　TBM 掘进开挖洞室

图 14.19　TBM 出洞

14.3.4　TBM 拆卸

14.3.4.1　TBM 拆卸工艺流程

TBM 拆机工艺流程如图 14.20 所示，主要包括准备工作；刀盘拆卸；前盾、驱动拆卸；支撑盾拆卸；后配套拆卸及运输。

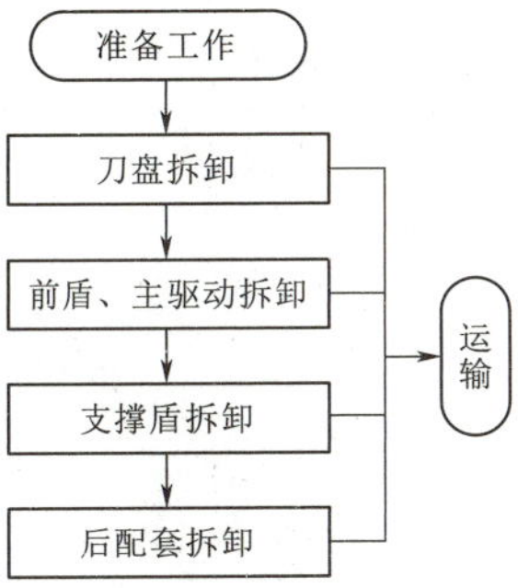

图 14.20　TBM 拆机工艺流程

14.3.4.2　质量安全控制要点

(1) TBM 到达贯通面之前 50m 左右时，通知测量队对隧洞轴线进行精密测量，然后根据测量数据进行掘进姿态的调整，必须检查掘进方向并及时调整，及时与操作主司机沟通，在出洞前要确定合理的掘进参数并做出书面交底，按低速度、小推力做好掘进姿态的预处理工作，以便掘进控制。同时为保证 TBM 顺利到达拆卸洞，需提前做好接收准备。

（2）TBM 完成厂房排水廊道洞段掘进施工后，如在拆卸洞室内进行拆机，采用洞室顶部预埋锚梁进行分体拆解，TBM 拆卸采用分步、分系统同步进行。

14.3.5 渣土运输

14.3.5.1 渣土运输流程

渣土运输主要有渣车运输及连续皮带机运输两种方式。

渣车运输方式主要是 TBM 掘进过程中切削的破碎岩渣从刀盘溜渣槽进入刀盘中心的主机皮带机，由皮带机输送到后配套的渣车内，渣车通过牵引机车运输到组装洞内，石渣由渣车溜渣口卸入组装洞转渣皮带机上，再由转渣皮带机输送到自卸汽车内运至渣场。

连续皮带机运输方式为 TBM 掘进产生的渣石通过 TBM 皮带机、连续皮带机运输至渣场，或通过连续皮带机运送至洞外，采用自卸汽车运至渣场。

渣土运输流程如图 14.21 所示。

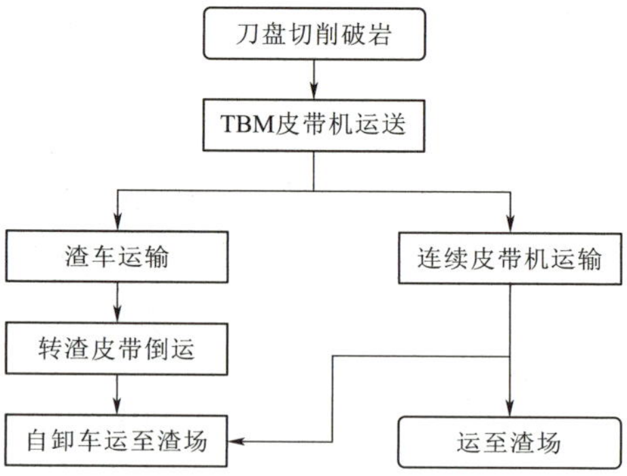

图 14.21 渣土运输流程

14.3.5.2 运输保证措施

（1）渣车运输方式。

1）TBM 掘进洞段渣土及物料采用有轨水平运输方式，根据隧道断面和洞内运输条件，洞内运输宜采用单线有轨运输，运输轨道铺设如图 14.22 所示。轨道内轨距为 900mm，采用钢轨铺设，钢轨每根宜加工成约 3.0m 长，轨道用压板螺栓固定在 H150 型钢加工的轨枕上。

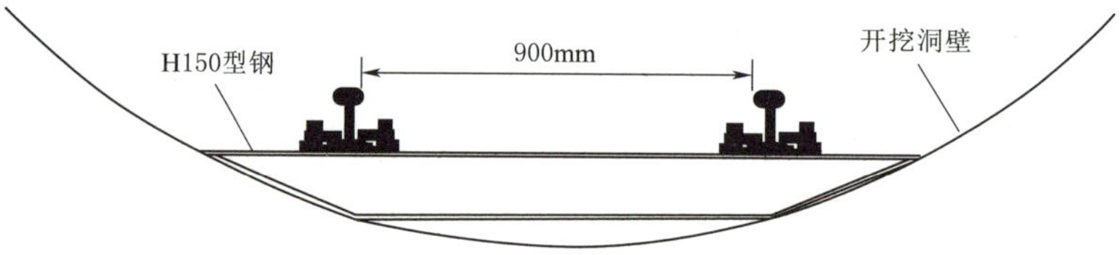

图 14.22 运输轨道铺设

2）直线段轨枕布设间距宜为 800mm，转弯段宜为 600mm，轨道附件包括轨道夹板、夹板螺栓、轨道压板、压板螺栓、轨道拉杆，铺设完成的轨道如图 14.23 所示。

图 14.23 隧洞内铺设轨道

3）施工材料采用电瓶机车挂平板车进行运输，TBM 组装段与 TBM 始发掘进段连接处铺设单向双开道岔轨道，如图 14.24 所示。

4）洞内 TBM 运输编组应满足 TBM 连续循环掘进的出渣及洞内材料的供应要求。钢轨、轨枕、水管等材料根据需要合理安排编组平板车运送，掘进主要以机车＋渣车的运输方式为主，每天根据施工具体情况机动安排。

5）根据隧道内施工进展设调车员，由调车员统一安排调度，调度员在隧道内根据每趟列车在线路上

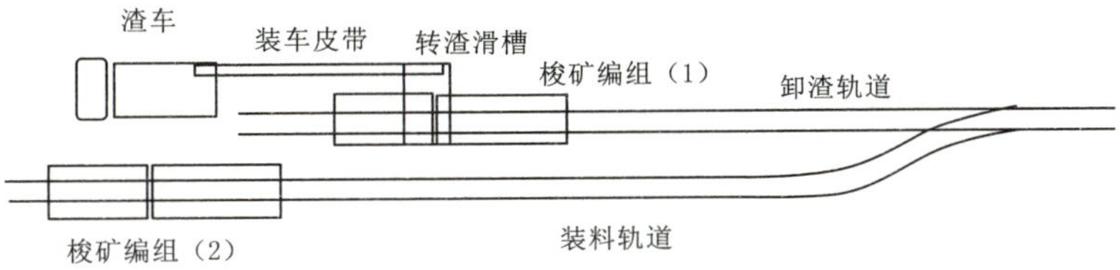

图 14.24　单向双开岔道布设

所处的位置，指挥每个道岔列车的进站、出站。采用调度集中控制防止列车事故的发生，保证生产安全，提高运输效率，同时为了保证行车的安全，每列车设置一名调车员。

（2）连续皮带机运输方式。

1）连续皮带机移动尾段安装在 TBM 后配套拖车上，随着 TBM 向前掘进，在移动尾段将连续皮带机支架不断地安装在隧洞侧壁，随着 TBM 后配套系统向前移动。位于驱动头部的胶带随着 TBM 的掘进，在自动张紧装置的控制下不断向外释放胶带，储存的胶带释放完毕后，可将新胶带接入储带装置中。

2）连续皮带机全程运行期间一般无走道，栏杆，机身机架采用斜撑安装在隧洞侧壁方式（图 14.25），隧洞及洞外固定皮带机中部机架采用落地安装方式。宜尽量采用较小的皮带机带宽，以减少占用的隧洞横向尺寸，保证隧洞的正常通行；选用弹性和抗疲劳性能良好的胶带，胶带的安全系数不宜低于 6.0，连续皮带机应满足长时间连续运行的要求。

3）对于超过单点驱动的最大输送距离（一般为 15km）的长距离连续皮带机，则必须采用多点驱动，即设置若干中间驱动，以降低胶带张力，延长输送长度。

4）在 TBM 掘进施工过程中，由各种不确定因素造成突然停机，在问题得以解决后，连续皮带机系统往往需要在重载情况下重新启动运行。对于长距离、超长距离输送的连续皮带机，应采用变频启动方式。

5）合理设置安全防护和急停开关、速度传感器、跑偏开关、纵向撕裂传感器，并在所有的驱动电机上安装力矩、功率监测仪器，实时将电机启动到停止所有工作状态的力矩、功率信息反馈。

6）对于大角度顺坡掘进 TBM 施工，由于隧洞连续皮带机上运倾角很大，有很强的倒转趋势，应采取可靠的防止皮带机倒转飞车的逆止措施。

7）对于处于严寒地区的 TBM 施工，外露的连续皮带机系统需采取必要的防寒措施。

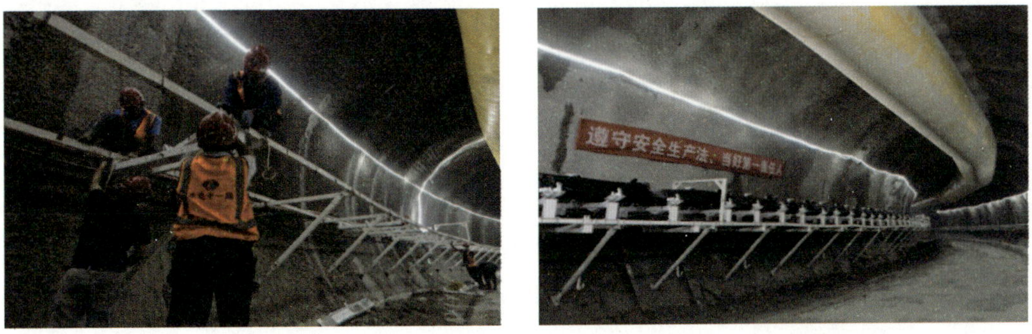

（a）机架安装　　（b）皮带机安装

图 14.25　洞内连续皮带机安装

14.3.6　锚喷支护

内容详见本书第 16 章。

14.4　WHS 质量控制点

小直径 TBM 平洞开挖施工主要工序 WHS 质量控制点见表 14.2。

表 14.2　　小直径 TBM 平洞开挖施工主要工序 WHS 质量控制点

序　号	质量控制点	W（见证）	H（停工待检）	S（旁站）
1	测量	√		
2	TBM 组装		√	
3	TBM 掘进	√		
4	支护		√	

14.5　质量检查与验收

按照《水电水利基本建设工程　单元工程质量等级评定标准　第 1 部分：土建工程》（DL/T 5113.1）规定的要求进行质量验收，主要检查项目、质量标准和检测方法见表 14.3。

表 14.3　　TBM 平洞开挖质量检查项目、质量标准和检测方法

项类	检　查　项　目		质　量　标　准	检　测　方　法
主控项目	（1）开挖岩面或壁面		无松动岩块、陡坎、尖角	测量仪器、查看施工记录
	（2）不良地质处理		符合设计要求	
	（3）洞轴线		符合设计要求	
一般项目	（1）无结构要求或无配筋预埋件	径向、侧墙	−10cm 20cm	测量仪器、查看施工记录
		底部高程	−10cm 20cm	
		开挖面不平整度	±15cm	用 2m 直尺检查
	（2）有结构要求或有配筋预埋件	径向、侧墙	0 20cm	测量仪器、查看施工记录
		底部高程	0 20cm	
		开挖面不平整度	±15cm	用 2m 直尺检查
	（3）声波检测（需要时采用）		声波降低率小于 10%，或达到设计要求声波值以上	仪器检测

14.6　相关标准

《岩土锚杆与喷射混凝土支护工程技术规范》（GB 50086）

《水电工程物探规范》（NB/T 10227）

《水电工程施工地质规程》（NB/T 35007）

《水电工程测量规范》（NB/T 35029）

《水工建筑物地下工程开挖施工技术规范》（DL/T 5099）

《水电水利基本建设工程 单元工程质量等级评定标准 第1部分：土建工程》(DL/T 5113.1)

《水电水利工程施工安全防护设施技术规范》(DL 5162)

《水电水利工程锚喷支护施工规范》(DL/T 5181)

《水工隧洞TBM施工技术规程》(T/CCIAT 0030)

第 15 章 大断面 TBM 平洞开挖及支护施工工艺

15.1 适用范围

本工艺适用于抽水蓄能电站直径大于 6m 并采用开敞式 TBM 法进行施工的平洞开挖。

15.2 施工程序

平洞开挖施工流程如图 15.1 所示，主要包括施工准备，TBM 组装与调试，TBM 步进滑行，TBM 始发，TBM 试掘进，TBM 掘进，TBM 贯通掘进，拆机。

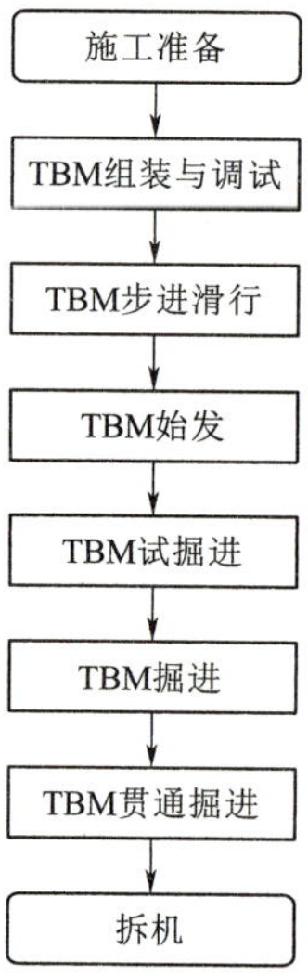

图 15.1　TBM 平洞开挖施工流程

15.3 工艺说明与工艺要求

15.3.1 施工准备

15.3.1.1 技术准备

（1）设计交底。设计单位应针对设计图纸及相关技术要求开展设计技术交底。

（2）图纸会审。严格按照国网新源公司技术管理办法的要求做好图纸会审工作。图纸会审时应熟悉明确施工图纸技术、施工图纸与其图纸说明在内容上一致性、施工图纸及其各组成部分间有无矛盾和错误。施工图纸设计内容与有关施工的强制性条文的符合性。

（3）编制施工方案并报监理审批，方案中应重点明确 TBM 组装、调试、步进、掘进、拆卸及出渣方式，据施工方案编制有针对性的作业指导书。

（4）施工交底。承包人应按照《国网新源公司技术管理办法》和技术规范规定，结合批复的施工方案对作业班组开展安全技术交底工作，形成书面交底记录。施工交底应包括以下内容：

1）安全技术措施、风险状况、应急处置措施等。

2）质量保证措施、质量标准、验收规范要求。

3）项目进度计划和季度、月、周作业计划。

15.3.1.2 劳动力组织准备

（1）组建施工组织管理机构，根据工程规模、工期和技术难度配备相应的管理、技术、测量、试验、环保、水保、专职质量管理和安全管理人员。

（2）制定材料检验、工程计量、资料归档、安全生产、工程质量、文明施工、特殊工种等管理制度。

（3）平洞 TBM 开挖施工应安排有专业化作业队组进行，并根据施工进度计划、施工技术要求合理配备各工种作业人员。

（4）电工、电焊工、起吊工、司索工等特殊作业人员应按相关规定经过专门培训，取得相应资格证书，持证上岗。

（5）平洞 TBM 开挖施工前应进行人员安全教育培训，主要包括以下内容：

1）对全体人员进行安全生产教育培训，未经安全生产教育培训考核或者培训考核不合格的人员不得上岗作业。

2）新进人员或作业人员转入新的岗位前应进行相关作业技能培训。

3）为作业人员配置安全防护用品和用具并进行使用方法培训。

4）根据制定的应急处置措施、预案开展培训和演练。

15.3.1.3 工程材料准备

（1）材料进场前严格进行检查验收和取样送检，严禁不合格材料进入现场。

（2）施工前应根据制定的应急处置措施、预案等配备应急物资。

15.3.1.4 施工设备准备

（1）平洞 TBM 开挖施工主要需要以下机械设备：

1）土石方开挖支护机械设备，如 TBM 和后配套设备、挖掘机、装载机、自卸汽车、混凝土搅拌站、混凝土罐车、注浆机（单、双液）、皮带机等。TBM 和后配套设备按照项目地质条件及工期要求进行选型设计。辅助设备选型宜按照 TBM 最大掘进量略有富裕及施工组织方案进行配置，如图 15.2 所示。

2）TBM 组装拆机设备，如龙门式起重机、移动式起重机、叉车、平板运输车等，如图 15.3 所示。

3）风、水、电供应机械设备，如空气压缩机、水泵、变压器、柴油发电机，如图 15.4 所示。

（2）应配备污染少、能效高、工况好的施工机具，如电焊机、轴流风机等，如图 15.5 所示。

（3）应配备施工工具，如电钻、电动角磨机等，如图 15.6 所示。

15.3.1.5 现场准备

（1）现场总体布置的原则。

1）施工场地不超出招标文件规定的施工用地范围，以满足施工生产和现场管理为主。

2）方便施工组织。

3）生活、生产区域分开，尽可能少占用土地。

4）经济合理、简洁美观、安全防火。

5）充分利用既有交通，减少施工临时便道工程。

（a）TBM

（b）混凝土搅拌

（c）皮带机

（d）装载机

图 15.2　土石方开挖支护机械设备

（a）平板运输车

（b）叉车

（c）龙门吊

（d）汽车吊

图 15.3　TBM 组装拆机设备

（a）柴油发电机

（b）空气压缩机

（c）箱式变压器

（d）水泵

图 15.4　风、水、电供应机械设备

（a）电焊机

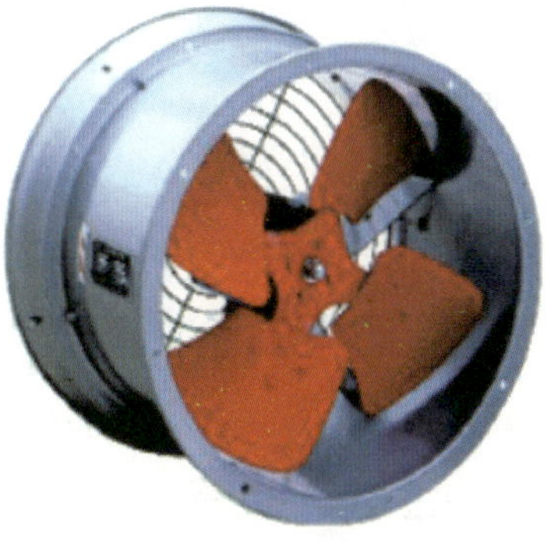

（b）轴流风机

图 15.5　施工机具

（a）电钻

（b）电动角磨机

图 15.6　施工工具

6）营地不受洪水和地质灾害影响。

7）严格遵守业主及地方有关部门的要求、规定，其他要求按照《水电工程施工组织设计规范》（NB/T 10491）的有关规定执行。对洞口进口段的不良地质段、Ⅳ及Ⅴ类围岩洞段采用的进洞方式由施工单位组织专家评审后确定。在洞室内组装时，应根据厂家要求及实际环境情况确定组装位置及扩挖尺寸，满足安全经济实用原则。

（2）TBM 库房布置。TBM 库房根据现场条件，在满足施工期间运输通道条件下灵活布置，库房宜采用全封闭钢结构。

（3）现场施工供排水、施工通风、施工用电及照明、通信等根据监理单位审批的施工方案提前做好准备工作。

（4）组装场地。TBM 的组装首先应布置组装场地，TBM 在宜采用洞外地面场地组装，也可在洞室内组装。需要先开挖一个步进洞室，长度根据设备尺寸需要进行开挖。临时存放场应尽可能建在组装场附近位置，场地面积至少应能存放 50%～70%的 TBM 零部件。布置的 TBM 组装场地，应按设备组装顺序安排卸车和存放。在组装场地内合理位置安排风、水、电的接口，并根据要求配置组装设备、工器具、电焊机、气割设备、探伤设备、吊车和叉车等。

（5）拆装场地。TBM 宜采用洞外拆卸，拆卸场地的长度不少于洞径的 2 倍，宽度考虑临时零件的保管仓库位置，在洞内拆卸时扩挖洞径的直径和长度不少于掘进洞径的 1.5 倍，应在拆装场地内合理位置布置吊车、牵引设备和运输车辆。

15.3.2　TBM 组装与调试

15.3.2.1　工艺流程

组装工艺可有多种工艺流程，本书选择其中一种介绍。TBM 组装工艺流程如图 15.7 所示。

15.3.2.2　工艺质量安全要点

（1）组装现场布置及部件存放。组装场地应整体硬化，地面平整，尺寸满足组装需求，地面强度满足 TBM 放置后不变形、塌陷以及吊装过程中不会因应力集中导致地面下陷、变形。洞外组装场地分为主机组装区域（门式起重机作业区域）、零部件存放区域以及后配套组装区域。其中主机组装区域全部采用钢筋混凝土硬化，设备进场前混凝土等强时间不低于 28d，并做承载力试验或按厂家要求实施。硬化标准为 C25 钢筋混凝土，混凝土硬化厚度不宜低于 30cm；组装场地平整，场地平整度误差小于±15mm。

设备部件卸车后，需进行防雨防晒防护，重要电气、液压等部件应入库保管。

（2）起重吊装。

1）钢丝绳承载力安全系数。在起吊作业中缆风绳的钢丝绳直径不小于 3.5，滑轮组跑绳的钢丝绳直径不小于 5mm，吊索的钢丝绳直径不小于 8mm。依据各不同结构件制定专项吊装方案。《起重机设计规范》（GB/T 3811）

2）吊装设备进场前，提前收集吊装设备的生产许可证、出厂合格证、起重设备检验资料、使用说明书等资料，承包人自检合格后向监理方报验。具体按照发包人或监理下发的有关设备进场管理规定执行，验收合格后方可使用。

（3）焊接。

1）低合金钢板焊接。TBM 刀盘的材料一般采用低合金钢板，要求焊接作业人员必须具有高级焊工资质。刀盘为 TBM 的关键部件，焊接材料宜采用 J507 型碱性焊条，焊接方式为手工电弧焊。厚度大于 70mm，在低温下焊接前应进行预热，预热温度相关参数详见表 15.1。焊接前焊条应烘干后再进行焊接作业。

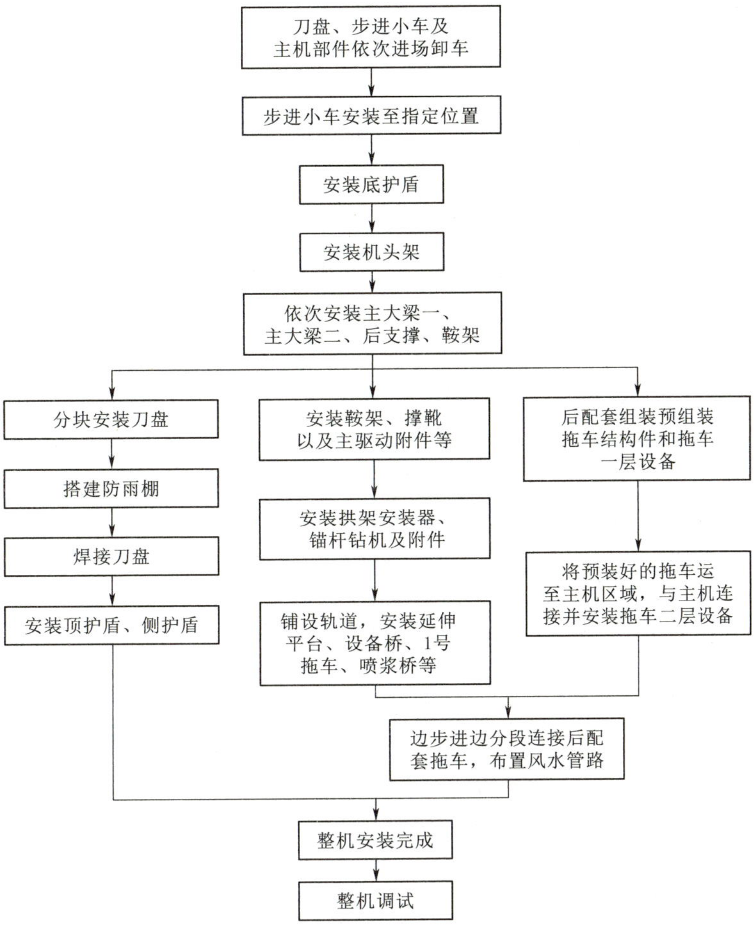

图 15.7　TBM 组装工艺流程

表 15.1　焊接预热温度

序　号	钢材类别	含碳量/%	预热温度/℃
1	碳素钢	0.30～0.45	100～200
2		0.45～0.80	200～400
3	低合金钢		100～150

2）焊接质量检验。

a. 焊缝外观。焊缝外形均匀，焊道与焊道、焊道与基本金属之间过渡平滑，焊渣和飞溅物清除干净。

b. 表面气孔。Ⅰ、Ⅱ级焊缝不允许；Ⅲ级焊缝每 50mm 长度焊缝内允许直径不大于 $0.4t$（t 为连接处较薄件的厚度）。且小于 3mm 气孔 2 个；气孔间距小于 6 倍孔径。

c. 咬边。Ⅰ级焊缝不允许；Ⅱ级焊缝：咬边深度小于 $0.05t$，且小于 0.5mm 的连续长度不大于 100mm，两侧咬边总长小于 10%焊缝长度。Ⅲ级焊缝：咬边深度小于 $0.1t$，且长度小于 1mm。

焊接完成后必须对每个焊缝进行无损探伤，对有问题的焊缝必须进行清理并按标准重新焊接，返工后焊缝按探伤要求重新探伤，直至达标。

（4）机械设备安装。

1）设备检查。在设备交付现场安装前，按照设备装箱清单和设备技术文件对安装的机械设备逐一清点、登记和检查，对重要部件还需要按质量标准进行验收，并形成检验记录。

2）基础放线。依据设备布置图和测量控制网确定设备安装的基准线和基准点。

3）设备基础验收包括基础坐标位置、不同平面高程、平面外形尺寸、凸台上平面外形尺寸和凹穴尺寸、平面的水平度、基础的铅垂度、预埋螺栓的标高和中心距。

4）设备吊装就位。大型设备吊装严格按照计划的方案进行吊装，根据安装设备的特点、吊装作业环境条件的限制和可以使用的吊装运输机械，选择安全可靠、经济可行的吊装方案，并按照吊装运输方案配置相应的机械、工具和专业安装人员人员，将设备吊装就位，主要技术管理人员、安全管理人员应巡视检查或旁站监督。

5）安装精度调整与检测。精度调整检测是 TBM 安装过程的关键环节，主要根据设备安装的技术要求和精度检测结果，调整设备自身和相互状态位置（如设备的中心位置、水平度、垂直度、平行度等），设备、零部件之间的相对位置误差（如垂直度、平行度、同轴度等）。

6）零配件装配。熟悉设备装配图、技术说明和设备结构，清扫好装配场地，了解设备的结构、配合精度，确定装配方法，准备好工具和材料；检查配备零部件的外观和配合精度，并做好记录（如齿轮啮合、滚动轴承间隙、电机同轴度等）；装配过程中注意清理，装配完成后及时保护、保养；组合件的装配顺序一般从小到大，从简单到复杂。螺栓紧固扭矩应满足厂家出厂说明书要求进行。

7）润滑与设备加油。设备完成装配后应第一时间做好设备保护及保养。

（5）液压、油脂、润滑油、风、水系统组装。

1）各系统的管路在存放时须做好防尘、防锈。

2）装配管路时，堵头要就近拆装。若远距离拆卸后，须重新封堵后挪位，且管口向下。

3）各种管子不得有凹痕、皱褶、压扁、破裂等现象，管路弯曲处应圆滑，不得有扭转现象。

4）装配法兰管接头时，要注意对四个螺栓的平衡用力，确保法兰装平，密封槽压好密封圈。

5）管路的排列要整齐，并要便于液压系统的调整和维修。

6）注入系统的液压油、齿轮油应符合设计和工艺要求，加注油液时，注意看清油液标号及品牌，严禁不同油品混用。

7）装配后液压管路及元件不得有渗漏油现象。为防止渗漏，装配时允许使用专用密封胶。密封胶的使用严格遵照使用说明书，应防止其进入系统中。

8）在寒冷地区需考虑防冻措施，如添加防冻液或外加伴热带。

（6）电气设备组装。

1）电气元件在装配前应进行测试、检查，不合格者不能进行装配。

2）仪表、指示器显示的数码、信号应清晰准确，开关工作可靠。

3）应严格按照电气装配图样要求进行布线和连接。

4）所有导线的绝缘层必须完好无损，导线剥头处的细铜丝必须拧紧，需要时搪锡。

5）焊点必须牢固，不得有脱焊或虚焊现象。焊点应光滑、均匀。

6）装好的传感器、控制板等需要通电时，需检查安全距离内是否有焊接，避免传感器、控制板烧坏。

7）电气系统作业人员要求必须具备电工作业证。

（7）整机调试。

1）调试前准备开始整机调试作业前，需检查确认以下事项：①检查底护盾、刀盘与步进机构底板的干涉程度，确保刀盘旋转时不发生任何干涉；②确认撑靴与始发洞壁的距离满足撑靴油缸行程要求；③确认电气系统电缆连接正常，尤其是确认高压系统各开关的状态；④确认液压系统各闸阀的状态是否正确，流量、压力等是否满足设计要求；⑤检查确认冷却水位、液压油位、齿轮油位等是否满足 TBM 运行要求；⑥参与调试及巡检人员必须了解各急停按钮的位置，配置手持式对讲机。

2）调试。整机调试分为空载调试和负载调试，空载调试完成后，在试掘进阶段进行负载调试。

a. 电气系统空载调试。电气系统上电应按先高压、再动力、后控制的顺序，依次检查各配电柜带电指示是否正常，确认供电电压是否正常。送电顺序按照各级电压等级从上到下，依次合闸，且送断电操作必须由持证电工作业。

b. 动力启动。电气系统确认无误后，进行液压管路、阀组的检查，确保无误。依次启动各泵站，观察运行情况，是否为空载运行状态。启动各附属设备，检查空载运行情况。

c. 联动调试。各系统运行起来后，根据程序设计的相互联动、连锁功能依次进行实验检测，确认各项连锁、安全系统是否满足设计要求。

d. 功能调试。安全确认完毕后，可进行各分系统机构的功能调试。按照完全满足设计功能要求及施工需要，对拱架安装器、锚杆钻机、运输小车、主推油缸、撑靴、后支撑、喷浆系统等所有活动部件依次进行功能调试。

3）TBM 在组装并空载调试完成后，需要组织 TBM 制造厂家相关人员一同进行初步验收，对各系统部件的安装情况进行技术判断并确认组装完成，方可进行试掘进。

15.3.2.3　示例图片

TBM 组装工作如图 15.8 所示。

（a）主机吊装　（b）安装刀盘

（c）撑靴安装　（d）组装过程

图 15.8　TBM 组装工作图

15.3.3　TBM 步进滑行

15.3.3.1　工艺流程

步进工艺可有多种工艺流程，本书选择介绍一种示意 TBM 步进方式。

（1）确认步进前工作准备完毕，将主推油缸、步进千斤顶、步进油缸、步进连杆、后支撑各状态恢复至要求位置。

（2）启动步进泵站，按下推进按钮，开始步进。

（3）操作举升油缸向下伸出，使底护盾抬离步进机构底板约 20mm，并锁定；再通过步进泵站阀组放下后支撑，使后支撑底部撑靴撑紧在步进平面上，并在达到设定压力后锁定。操作员应时刻关注后支撑液压系统压力变化，及时补充压力，直至将鞍架临时支撑抬离地面 20mm 以上。

（4）操作主推进油缸回收手柄，使主推油缸收回一个行程长度，主推油缸回收过程中将拉动鞍架连同临时支承一同前进，从而通过连杆传递作用力使步进推进油缸缩回，实现步进循环复位。

（5）操作举升油缸收回，放下底护盾压在步进机构底板上；同时回收后支撑，直至底部撑靴脱离地面 20mm。步进状态复位，延伸步进钢轨及机车运行轨道。

（6）按照以上流程开始下一循环的步进作业。

15.3.3.2 工艺质量安全要点

（1）整机结构件组装完成后开始准备整机步进作业前需确认以下事项：检查步进前方有无障碍物，清理干净；给步进泵站供电，调试步进机构液压系统泵站各项参数，检查管路连接是否正确；步进作业指挥员、步进机构操作手就位，进行步进技术交底；准备好步进作业通信所需的手持式对讲机（4 部）；准备好步进轨枕、轨道等材料工具。

（2）步进指挥员时刻观察底护盾与步进机构连接面的滑动情况，出现问题及时发出指令信号。

（3）步进操作员与指挥员时刻保持通信畅通，并时刻注意观察主推油缸行程是否完毕。

（4）步进完成一个完整的行程，按下停止按钮。

（5）步进前期及转弯时，须在主机尾部、设备桥尾部、拖车尾部（拖拉油缸处）安排专人蹲点观察，防止出现管线磨损、拉长等异常现象。

（6）步进至转弯处须半行程步进通过。

15.3.3.3 示例图片

TBM 步进机构如图 15.9 所示；TBM 步进图如图 15.10 所示。

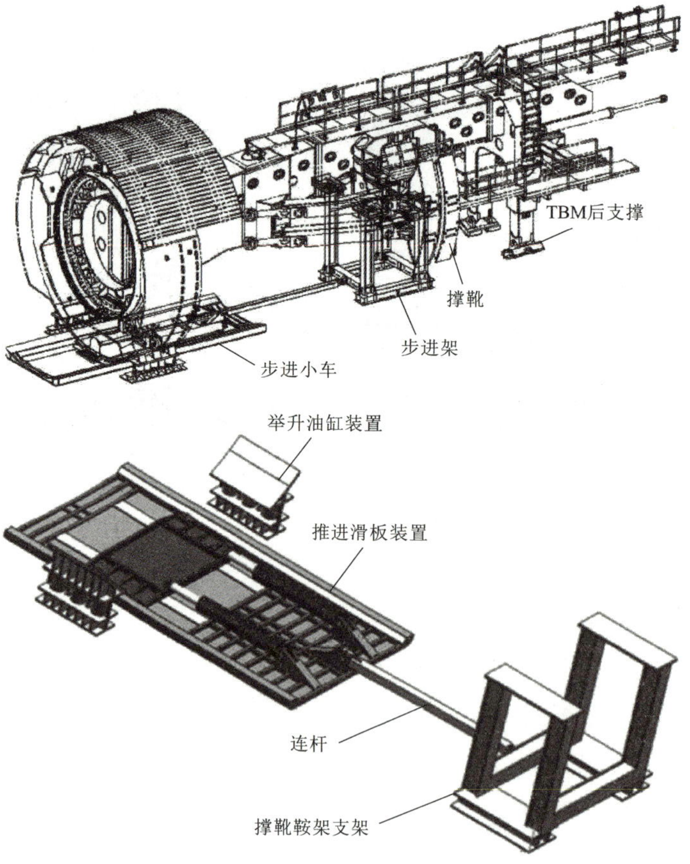

图 15.9 TBM 步进机构

图 15.10　TBM 步进图

15.3.4　TBM 始发与试掘进

15.3.4.1　TBM 始发

TBM 整机联合调试正常，TBM 利用步进装置步进到始发洞，始发洞一般采用钻爆发开挖，按设计方案进行支护或衬砌，保证始发洞的岩体稳固。始发洞应按照设计要求施工完毕且在始发前应彻底检查 TBM 步进洞室洞径尺寸，不允许出现围岩侵限，与 TBM 发生干涉。

始发洞为马蹄形断面，且尺寸满足 TBM 正常步进时撑靴支撑洞壁的要求（图 15.11）。安装调整激光导向系统，轨道铺设完成，材料及出渣运输设备就位，混凝土拌和系统等其他施工准备完毕，检查以下项目满足要求可始发试掘进。

图 15.11　TBM 始发图

1）接通隧洞内的洞壁照明。

2）接通 TBM 主机变压器的电源，待变压器工作平稳后，接通电源输出开关，检查 TBM 所需的各种电压是否满足各个设备的工作要求。

3）检查气体、火灾监测系统，确定 TBM 可以进行掘进作业。确认所有灯光、声音指示元件工作正常，所有调速旋钮均在零位，且可正常操作。

4）检查液压系统的液压油油位、润滑系统的润滑油位，确保能满足正常掘进。确认供水、通风正常。

5）接通 TBM 的控制电源，启动 TBM 内外循环水泵、空压机、液压泵站、润滑泵站、增压风机、除尘风机等必要设备。根据施工条件，确定是否启动排水水泵。

6）确定主机连续皮带机、风、水、电管线延伸等各种辅助设备连接正常。

7）检查测量导向的仪器设备工作正常，并提供正确的位置参数和导向参数。根据测量导向系统提供的 TBM 位置参数调整 TBM 的姿态，确保方向偏差（水平、垂直、圆周）在允许误差范围内，撑靴撑紧在洞壁上达到满足掘进需要的压力。

15.3.4.2　TBM 试掘进

试掘进段主要检验 TBM 掘进机各系统协调情况，液压、电气系统和辅助设备的工作情况，对设备的各运转部件进行磨合。试掘进期间需要完成对各个单项设备进行功能测试，并通过对各设备系统做进一步的调整，使其达到最佳状态，具备正式快速掘进的能力。

为了更好地掌握 TBM 施工的各类参数，此段施工时应注意对推进参数、隧洞轴线偏差与 TBM

掘进参数之间的关系进行摸索与总结，并对推进时的各项技术数据进行采集、统计、分析，争取在较短时间内掌握 TBM 设备的操作性能，确定 TBM 掘进的施工参数设定范围。TBM 隧洞试掘进距离约为始发后 100m。

15.3.5　TBM 掘进

15.3.5.1　TBM 掘进工艺流程

TBM 施工主要是掘进、支护、出渣三大作业，以及轨道、通风、供电、照明、供水、排水等延伸及其他辅助作业，一切作业均应以掘进作业为核心。在掘进作业的同时进行其他作业并行或连续作业，以降低延误掘进作业。在遇到软弱破碎带、涌水等区域时，根据实际情况，同时或停机进行钢拱架安装作业、挂网作业、超前支护、排水等。TBM 掘进工艺流程如图 15.12 所示。

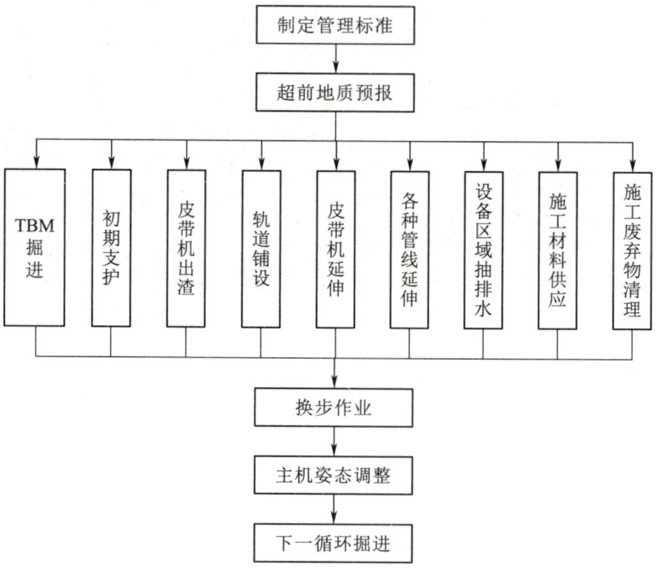

图 15.12　TBM 掘进工艺流程

（1）TBM 掘进。刀盘在主推进油缸的推力作用下，伸缩盾与主推进油缸同步伸开，刀盘向前推进，撑靴撑紧在洞壁上为掘进机提供主推油缸反作用力，后配套台车停在隧洞中，刀盘破岩切削下来的渣土随着刀盘铲斗和刮板转动从底部到顶部然后沿溜渣槽到达刀盘顶部后进入刀盘中心的皮带输送机上，主机皮带机和后配套皮带机将渣土运送外部，与此同时，在盾尾露出的岩壁进行锚杆支护、安装，随后到装设喷护混凝土设备区域进行混凝土湿喷作业。当 TBM 向前掘进一个行程时，完成一个循环的掘进，如图 15.13 和图 15.14 所示。

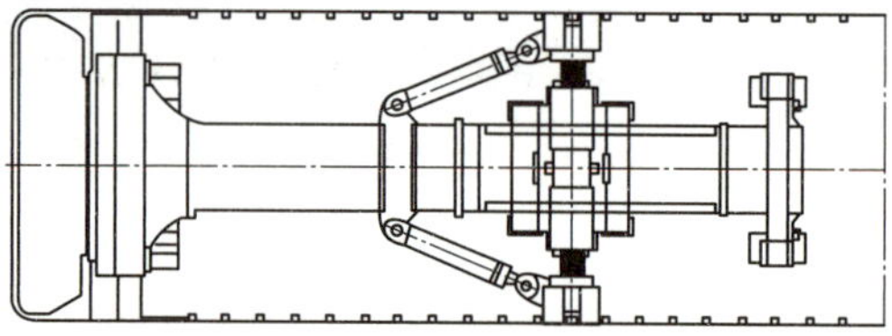

（a）俯视图

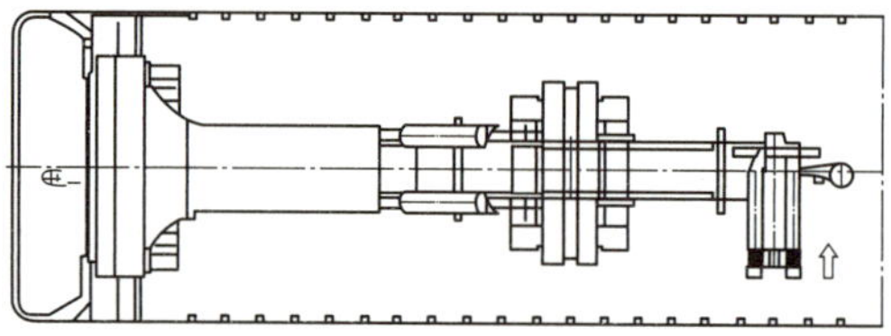

（b）侧视图

图 15.13　TBM 掘进准备（撑紧撑靴收起后支撑）

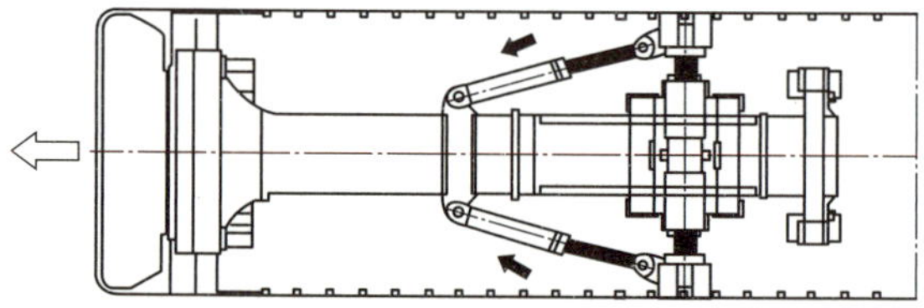

（a）俯视图

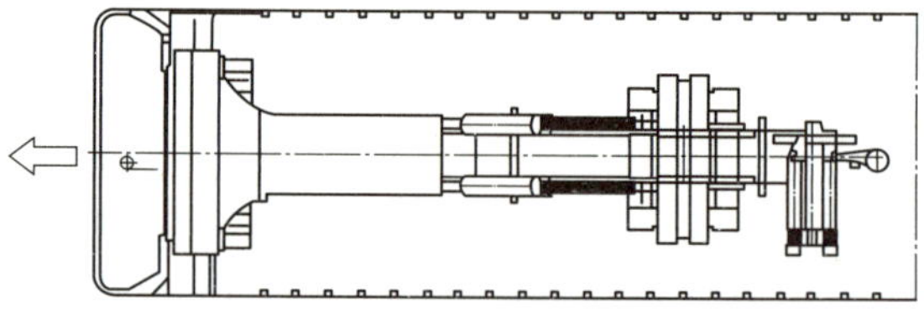

（b）主视图

图 15.14　TBM 掘进（掘进推进）

TBM 在进行掘进作业时，TBM 操作手要根据地质预报及现场对围岩的观察，确定掘进模式和掘进参数范围，合理调整掘进推力、刀盘转速、刀盘扭矩以实现快速掘进。同时根据导向系统显示的主机位置数据进行 TBM 姿态调整，完成对主机的掘进方向和主机滚动值的调整，使 TBM 以合理的姿态工作。

（2）TBM 换步。当主推进油缸达到最大掘进行程时，TBM 需要停机换步。此时刀盘停止转动、皮带机停止运行，将撑靴慢慢收回，主推进油缸牵引和辅助推进油缸顶推提供反力使 TBM 向前移动，后配套随主机同时前移，直至主推进油缸完全处于收缩状态，然后撑靴再度撑紧洞壁，开始下一个循环的掘进，换步完成，如图 15.15 和图 15.16 所示。

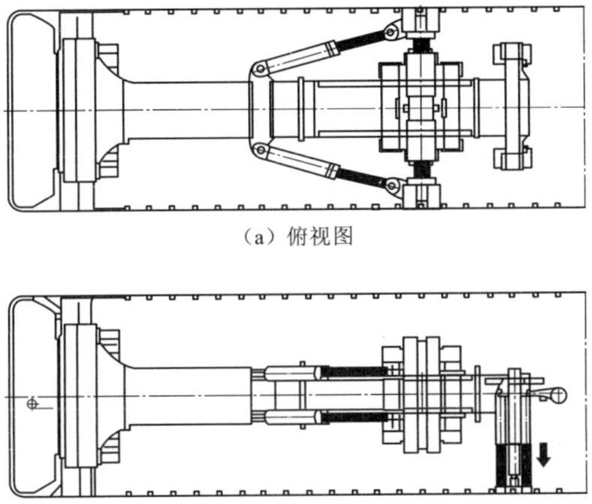

（a）俯视图

（b）主视图

图 15.15　TBM 换步准备（换步放下后支撑）

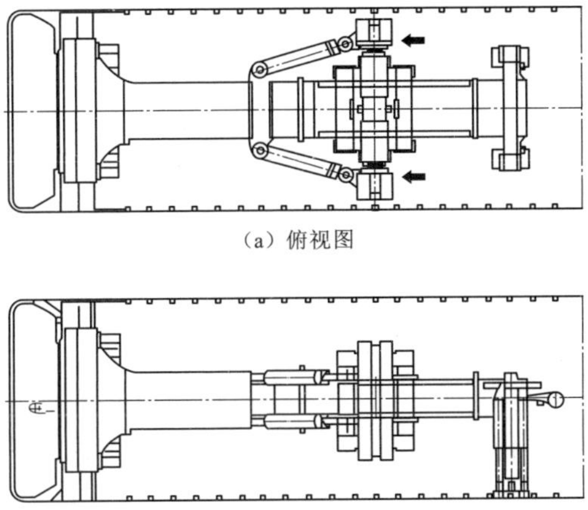

（a）俯视图

（b）主视图

图 15.16　TBM 换步（收回撑靴前移）

在 TBM 换步时，操作手根据 TBM 当前姿态调整扭矩油缸和伸缩盾油缸，使 TBM 掘进时姿态与隧洞轴线保持一致。

（3）超前探测。TBM 掘进过程中应将超前地质预报纳入施工工序管理。超前地质预报以预报成果为依据，结合掘进参数、出渣情况和成洞质量对掌子面围岩作出较为准确的判断，从而为下一步掘进施工、支护方案和通过措施的选择提供可供借鉴的依据。

（4）刀具检查、更换。TBM 根据围岩情况，每掘进 3～5 个行程对刀具进行检查，对松动的螺栓进行紧固，如发现刀具偏磨，查找原因，并更换刀具。

在 TBM 每天维护时间为 4h，刀具班工作人员对刀具进行全面的检查，对发现的问题进行处理，避免延误 TBM 掘进作业。

（5）TBM 操作控制。TBM 设备的绝大部分指令在主控室内操作，其内部安装有操作台、显示仪（包括参数显示、仪表显示、故障显示、状态显示及指示等）、PLC 系统、导向系统等。操作台上的操作按钮，控制不同部位设备的运转，主司机必须全面了解设备状态、熟练掌握设备操作。

TBM 硬岩掘进机有三种工作模式：自动扭矩控制、自动推力控制和手动控制模式。自动扭矩控制只适用于均质软岩，自动推力控制只适用于均质硬岩，手动控制模式操作方便、反应灵活，适用于各种地质。在手动控制模式作业过程中，若围岩较硬，推力先达到额定值，此时应以推力变化为参照，选择掘进参数，控制推进压力不超过额定值；若围岩节理发育、裂隙较多或遇破碎带、断层带等时，主要以扭矩变化并结合推进力参数选择掘进参数，控制单机电流不超过额定值。

15.3.5.2　TBM 掘进工艺质量和安全要点

（1）上机前操作要点。上机前操作要点是指当班主司机接班后，操作机器前的作业要点。

1）详细了解上一班运转情况及遗留问题，观察各仪表显示是否正常。

2）检查风、水、电、润滑系统的供给是否正常。

3）观察分析围岩类别，选择合理掘进参数。

4）了解上一班开挖水平、垂直偏差情况。

5）了解上一班支护完成情况。

（2）掘进时的操作要点。经过上机前检查，设备一切正常，方可进行掘进作业。

1）启动内外循环水系统、启动空压机、启动液压润滑泵站。

2）启动通风除尘系统。

3）依次启动皮带输送机。

4）启动刀盘转动，选择刀盘的转速。缓慢推进刀盘靠紧掌子面，待刀盘完全贴合掌子面开始破岩。

5）选择合理的掘进参数进行掘进。掘进期间同时开始锚杆支护、喷锚、钢轨铺设、清渣、风水电延伸等作业。

6）及时监控掘进机掘进时的各种参数变化、出渣情况以及连续皮带机的工作情况。在掘进时根据选择的掘进机的性能参数和地质预报围岩的情况选择该地段的掘进的合理参数，包括推进压力、刀盘转数、推进速度、撑靴撑紧力、水泵压力、润滑脂流量等。

7）TBM 操作手在操作室密切关注监控面板，观察整机工作情况，重点关注驱动变频电机工作电流，一旦有红色报警情况出现，迅速查找到相关故障显示页码，判明故障部位和初步原因，采取对策和措施，及时调整操作参数，防止因过载而烧损电机，确保掘进机在合理的工况下进行掘进作业至循环结束。专职工程师或技师进行各设备运行检查，保证设备运行安全。

8）掘进至行程结束后，先停止掘进，后退刀盘 2～3cm，使刀盘空转 1min 左右将刀盘内部渣土排净，顺序停止刀盘旋转、刀盘喷水，如果需要皮带机停止，则顺序为由前至后。此时如继续掘进作业，则连接皮带机继续保持运转。调整掘进方向，换步进行下一循环的作业。

9）确定掘进辅助施工完成并符合继续掘进的需要，包括喷射混凝土完成的长度满足掘进行程的工作，钢轨铺设满足继续掘进的需要，锚杆支护完成了掘进段的支护作业等。

10）重复掘进准备工作，准备开始下一掘进行程。

（3）正常停机时的操作要点。TBM 设备维护保养、高压电缆接引延伸、供排水管的延伸、刀具的检查更换、处理不良地质等情况需要 TBM 掘进停止。

1）掘进施工正常停机，必须按操作的规程顺序停止推进刀盘、停止刀盘喷水、停止刀盘旋转、停止驱动电机、顺序停止主机、后配套皮带机。注意将所有皮带上的石渣输送完毕后才能停止皮带机。

2）如需要较长时间的停机，在完成上述步骤后，依次停止除尘、供水系统。

3）如有刀具需要更换，需后退刀盘。刀具检修人员进入刀盘前，必须将操作室唯一的钥匙取下，才能进入刀盘进行相关作业，记录刀具更换情况并报告相关人员。

4）根据施工的需要启动 TBM 的辅助设备进行作业。

（4）非常停机时的操作要点。TBM 施工过程中，遇到高压突然断电、停风等不可控情况时，需执行以下操作：

1）立即停止各工作面施工，通知洞内施工人员至安全区域待命。

2）联系洞外调度，确认恢复供电或供风时间，根据实际情况选择待命或撤离。

3）启动应急发电机，保证 TBM 照明正常。应急发电机正常情况下不超过 2h 运行，以确保洞内氧气正常。

（5）紧急情况下操作要点。发现刀具金属件损坏脱落从皮带机上输出，出渣斗出现故障，液压系统出现故障，润滑系统故障等，要立刻停止掘进，后退刀盘 2～3cm，立即停止刀盘转动，依次停止各系统的工作，对故障部位进行检查，最好不按紧急停机按钮，以免损坏设备。若遇紧急情况，如皮带机皮带断裂或危及人身安全，方可按紧急按钮。

（6）TBM 掘进方向控制操作要点。由于地层软硬不均以及操作等因素的影响，TBM 推进不能完全按照设计的隧洞轴线前进，而会产生一定的微小偏差。采取 TBM 上配备的激光导向系统控制掘进方向，及时有效纠正掘进偏差。确保隧洞贯通后的洞轴线偏差在设计允许范围内。为了满足轴线掘进偏差要求，应及时并适当小幅度调整。并注意以下事项：

1）正确调向的特征。当调向正确时，洞壁表面比较规则，不会产生屋脊状表面，此时看不到因为偏向造成的痕迹；若表面出现台阶，则说明调向过度，应校正调向的作业方式。

2）调向的限度要求。一个调向动作过程不能使边刀的移动量超过 3mm；在约 0.5m 的行程上，边刀最大位移量不宜超过 25mm；随着边刀磨损增大，洞径减小，刀具和刮渣斗的空间也随之减小，上述极限也须相应减小。

3）正常情况下，数据显示的刀盘位置偏差数据不应大于 30mm；如偏差较大，则应马上调整主机位置。

4）当刀盘偏差变小时，激光导向系统所显示数据应接近于 0。这时方向调整和高程调整应缓慢进行。

5）TBM 调向过程可在换步完成后进行调整或掘进过程中进行微小的调整。

（7）TBM 掘进技术要求：

1）掘进起步慢速推进，逐步达到预定的推进速度。

2）根据不同围岩，采取不同的掘进参数匹配。

3）密切注意掘进参数变化和出渣变化，异常变化和振动等停机检查；密切注意数据显示和故障报警显示；密切注意掘进方向的变化，进行恰当的调整。

4）注意观察了解支护、出渣、轨道、风水电延伸等其他工序作业情况。

5）软弱破碎洞段注意及时支护。撑靴撑不住洞段调整支撑力和推进速度，或采取加固处理。

6）加强机器各个设备系统工作状态的巡视。

7）除专门设备维护保养人员外，掘进班各工序作业人员，加强各系统和设备的清理和保养；严格按照机器操作程序起动和掘进。

8）TBM 隧洞的开挖，应根据围岩情况和机械参数等条件，选择最优循环进尺。在Ⅳ、Ⅴ类围岩中，循环进尺不宜大于 1m，必要时采用超前锚杆、安装钢拱架等支护措施。

9）TBM 在掘进施工过程中，需根据工程地质图纸、石渣情况、上一循环掘进参数、超前地质预报情况等，对掌子面围岩状态作出准确判断，据此选择相应的掘进模式及掘进参数。如有必要，进入不良地质层前，可采取超前探测技术，预测前方 30～50m 范围内围岩地质情况。为保证超前预报的准确性，宜每次超前预报实施 20～30m 的长度。

10）TBM 推进过程中应严格控制推进轴线，使 TBM 的运动轨迹在设计轴线允许偏差范围内，TBM 中线及高程偏差宜为水平偏差±100mm，垂直偏差±100mm（一般根据设计要求）。掘进过程中随时调整。TBM 操作手应在每次掘进行程结束进行记录。如发生偏离，应及时采取适当措施予以纠正。

（8）TBM 掘进其他注意事项。

1）TBM 掘进过程中，所有辅助作业服务于主机掘进主线，进行统筹协调安排。

2）合理安排车辆调度，确保施工用料包括喷射混凝土、支护材料等及时运送到施工地点。可能影响到正常施工运输的特殊材料（如风管的储藏筒、钢轨）要根据洞内的安排快进快出。

3）掘进机上的设备如电气设备、液压设备、锚杆钻机、钢拱架安装器等必须由经培训合格的专人并严格按 TBM 操作规程操作。

4）施工中注意电器设施防水、液压设备防火、电气控制装置防水，同时还必须有防尘措施。

15.3.5.3　示例图片

某工程采用设备参数监控界面如图 15.17 所示。

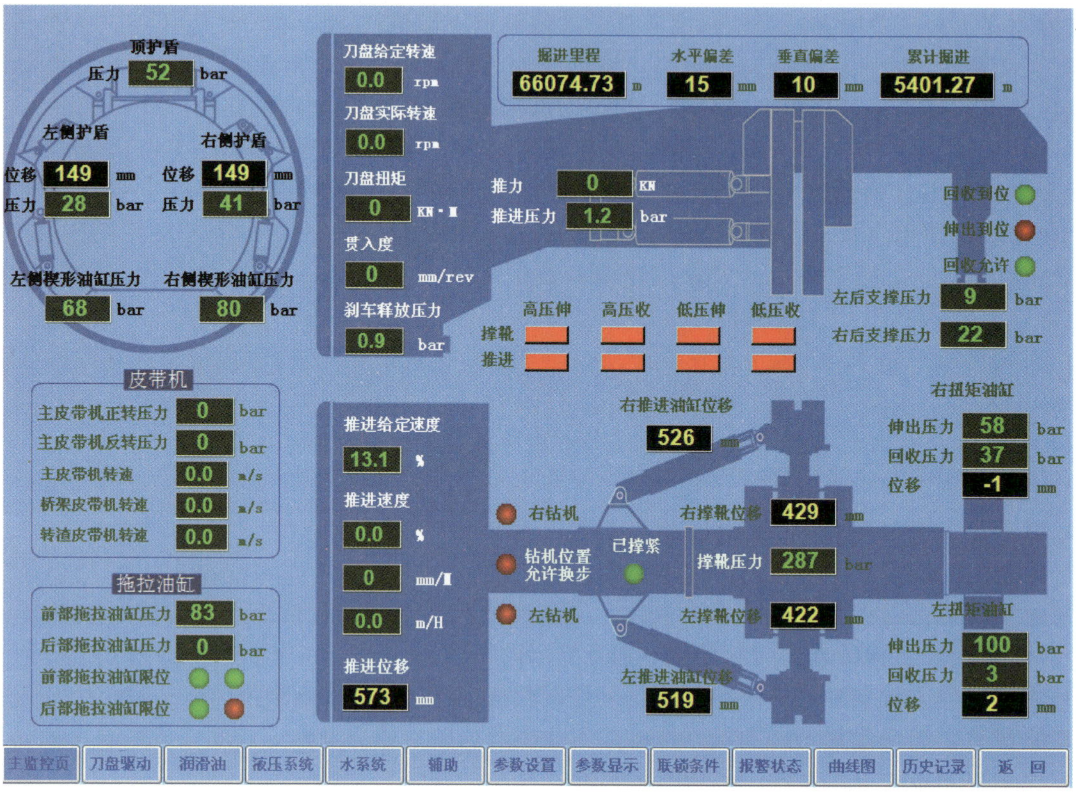

图 15.17　某工程采用设备参数监控界面

15.3.6　TBM 施工支护

15.3.6.1　TBM 施工支护特点

在 TBM 机合适位置可配备锚杆钻机、钢拱架安装器进行锚杆、钢筋网、钢拱架的支护。

初期支护应根据不同围岩类别按照相应的设计支护要求进行施工。施工支护所用材料均在洞外加工成形，网片加工成网格；钢拱架为工字钢加工而成，经由型钢弯曲机将型钢弯制成型，每节拱架两端设连接板，连接板预留螺栓孔，用螺栓连接锁固；初期支护所需材料由材料运输车运送进洞内工作面。

在 TBM 主机进行掘进的同时，主机及后配套附属设备完成一个循环的初期支护及钢轨梁铺设安装等辅助施工作业。

15.3.6.2　TBM 施工锚杆支护流程和工艺要点

（1）锚杆施工工艺流程。锚杆施工操作时由 TBM 主机上配备的锚杆钻机如图 15.18 所示，实现设计支护范围内的锚杆钻孔施工，手风钻辅助，注浆机注浆，在主梁平台上配合人工安插锚杆，采用“先注浆、后插杆”的施工工艺。

（2）砂浆锚杆施工工艺详见第 3 章锚喷支护施工工艺。

15.3.6.3　钢筋网的安装工艺要点

钢筋须经试验合格方能使用，使用前除锈去污，在洞外分片制作，安装时搭接长度不小于一个网格尺寸。在施作钢拱架、锚杆的同时进行铺设，与围岩的间隙为 3cm，与钢架、锚杆焊接牢固，在喷射混凝土时钢筋网不得晃动。

15.3.6.4　钢拱架的安装工艺要点

钢拱架安装器布置在主驱动后面，安装在主梁上，纵向可沿主梁上的导轨移动一定距离，主要由拼装环梁、旋转驱动机构、张紧油缸等构成。钢拱架分块运输到位后，由旋转驱动机构逐节牵引旋转并用螺栓连接，再用顶部和侧部张紧油缸将拱架从拼装梁中顶出，贴紧到洞壁上。然后底部开口处用专用张紧工具将整个拱架张紧到洞壁上，并用连接板将开口连接固定，形成整环钢支撑。环向按要求间距打锚杆固定，纵向各拱架之间按规定间距要求用钢筋连接。

图 15.18　锚杆钻机

15.3.6.5　湿喷混凝土工艺质量安全要点

TBM 宜带一套湿喷系统，具备轴向与周向移动装备，能灵活地对作业面进行喷射混凝土作业。喷射前用水冲洗受喷面，设置标志或利用锚杆外露长度以掌握喷混凝土层厚度。检查机具设备和风、水、电等管线路，并试运行，保证密封性能良好，输料连续，均匀。空压机性能应满足喷射机工作风压和耗风量的要求。高压风进入喷射机，必须进行油水分离，以免影响混凝土质量。

15.3.6.6　示例图片

某工程喷锚支护施工场景如图 15.19 所示。

图 15.19　某工程喷锚支护施工场景

15.3.7 通风、除尘、照明

15.3.7.1 通风系统

TBM 施工段通风计算应在最不利条件下进行计算（最大距离），需要计算的参数为隧道施工需风量、工作面回风速度需风量、风机出口风量、风机总风压，同时要考虑所需风量按洞内同时工作的最多人数、允许最低风速不低于 0.15m/s 时所需风量、TBM 散热除尘所需风量和内燃机械设备总功率等因素。温度不宜超过 30°。由此进行通风设备选型配置。

15.3.7.2 除尘系统

除尘系统主要由除尘器、金属风管、除尘风机等设备组成。TBM 主梁内腔作为风道，从主梁后接金属风管经设备桥向后输送。通过除尘风机吸风，将刀盘内含粉尘的空气吸出，经除尘器除尘后的过滤风经管道和除尘风机排向后配套尾部，再经隧道以一定风速流出洞外。

TBM 的护盾与主驱动机头架间的空隙处设计有挡尘板，可以防止粉尘直接从掌子面内流出；施工时，刀盘一般需要喷水降尘；同时，设置除尘系统从主梁内腔吸风除尘。

15.3.7.3 照明

灯具带所采用电压等级须满足相关安全规范要求灯具并满足隧洞环境的使用要求，应保证洞内有足够的照度。洞内照明宜采用 LED 灯或高压钠灯。一般部位灯具间距可为 20～30m。TBM 检修、拆机时照度不低于 200lx，可采用两侧照明，单侧灯具间距不宜超过 10m，两侧灯具错开布置。洞内的连续皮带维护人员戴头盔矿灯，用来进行局部照明。

15.3.8 TBM 施工出渣

（1）大断面 TBM 施工由于出渣量大，宜采用皮带机出渣。TBM 隧洞施工采用连续皮带机出渣，流程如图 15.20 所示。

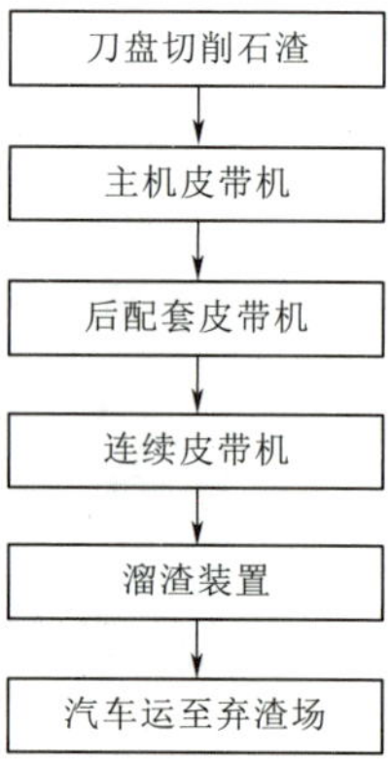

图 15.20 TBM 隧洞施工出渣运输流程

（2）皮带机出渣运输。TBM 掘进时，皮带机出渣系统的启动顺序依次为连续皮带机、后配套皮带机、主机皮带机，停机顺序与其相反。启动时首先将连续皮带机、紧接着后配套皮带机和主机皮带机依次运转，这样可以保证前一级皮带输出的石渣能够连续输出，防止发生石渣堆积情况。为了在启动时与驱动装置相协调，并自动调节皮带的张紧，连续皮带机系统由皮带机运行操作人员通过 PLC 可编程系统统一控制，也可以单独控制，运行状态可通过视频监控系统在主控室进行监视。

（3）渣土二次倒运。TBM 掘进在洞出口处进行渣土倒运。渣土倒运后，采用溜渣装置直接卸渣于溜渣槽下的自卸汽车上，自卸汽车运输到指定弃渣场。

15.3.9 TBM 贯通掘进

（1）到达掘进前，应制定 TBM 到达施工方案，做好技术交底，施工人员应明确 TBM 掘进的实时桩号及刀盘距贯通面的距离，并按制定的施工方案实施。

（2）到达终点前应做好以下准备工作：

1）检查洞内的测量导线。

2）准备到达所需材料、工具。

3）设置施工接收导台、铺设滑行轨道。

4）增加监测的频次，并及时反馈监测结果。

5）应做好出洞场地、洞口段的加固。

6）应保证洞内、洞外通信联络畅通。

（3）到达掘进的最后 20m，掘进时的掘进参数采用低转速、低推力、小贯入度，及时跟进支护。

15.3.10　不良地质段施工

在地下工程施工中局部可能存在断层、软弱破碎带、岩溶和涌水等不良地质问题，对 TBM 施工安全和进度造成一定的影响。断层破碎带的主要影响是岩石坍塌和涌水，对设备和人员安全造成威胁，增加了支护工作量，影响掘进速度。涌水主要影响是恶化了作业条件，影响掘进速度，增大了排水设备配置的能力。在 TBM 掘进开挖的全过程，根据开挖渣料、超前地质预报、地质测绘等手段认真对围岩状况作出判断，确定不良地质段的位置，并制定相应的处理措施，确保 TBM 安全掘进。

（1）充分研究地质资料、掘进参数和出渣岩石性状变化，采取隧道超前探测系统等技术手段，做好超前地质预报工作，及时调整掘进参数，保持一定的掘进速度，防止围岩收敛造成卡机，并准备好相应的支护手段。

（2）对顶拱部位的坍塌或撑靴部位的软弱破碎带或坍塌，通过降低刀盘转速和推力，采取钢拱架支护、系统锚杆锁定、挂钢筋网片支护或立模浇筑混凝土等技术措施，使 TBM 稳步向前推进。

（3）前方特别软弱破碎带、TBM 难以直接掘进通过的地段，可以采取超前注浆等超前处理技术方案，提前对前方不良地质处理后，TBM 再掘进通过。

（4）一旦出现刀盘或护盾被卡，可进入刀盘内部进行局部清理或一定程度收缩护盾。被卡严重或被埋时，利用敞开式 TBM 护盾后的有效空间，可以采取从护盾后侧人工扩挖的方式进行脱困作业。

（5）遇到局部涌水时，可以通过引排的方式将水引至隧洞底部，保证喷混凝土作业面满足施工需求，通过护盾后部的排水泵将污水排入台车上的污水箱，再通过排水管将污水排放到洞外污水处理接口。

（6）富水地段掘进工艺要点。根据施工地段的工程地质与水文地质条件，选择适当的开挖掘进参数，防止地层坍塌；宜采用超前钻孔探水，超前灌浆堵水措施或排水措施对富水地段围岩进行处理。应配备足够的排水设备和设施，防止突水、淹溺；富水地段 TBM 掘进施工前，应对密封系统进行全面检查和处理；应根据地层岩性预测刀具和密封装置的磨损情况，制定更换方案。

在富水地带应根据现场实际情况从操作措施、工艺流程、现场处置、事故控制、人员救护、设备保护、现场恢复等方面制定明确的应急处置方案。

（7）断层破碎带地段掘进工艺要点。在断层破碎带地段施工时，应采用与之适宜的 TBM 施工方法，选择合理的施工参数。开敞式 TBM 采用人工喷混凝土时，必须做好相关设备的防护工作，避免混凝土回弹料污染主机设备。喷射混凝土必须从填充岩面空洞、裂缝开始。在钢环梁地段，钢架与围岩裂隙必须用喷射混凝土填充密实，并需及时对钢环梁进行覆盖。

（8）岩溶地段掘进工艺要点：

1）隧洞通过岩溶地段时，施工前应根据设计图结合施工现场情况，查明溶洞的分布范围、类型、规模、发育程度、填充物及地下水的情况，及时正确地制定施工方案。

2）应采用超前地质预报系统，利用超前钻机进行补充地质勘察并与物探结合，判断溶洞的位置、大小、范围、充填状况和地下水状况。

3）应根据查明的溶洞规模、填充物的情况对溶洞进行处理，以满足 TBM 施工要求。

4）在掘进过程中，应通过控制掘进参数控制掘进方向，减缓掘进速度，使 TBM 在掘进的瞬间刀盘各部位受力尽量相同，减少对刀具的偏磨和 TBM 姿态的偏移等现象。

5）做好溶洞段施工应急预案。

（9）岩爆地段掘进工艺要点。在潜在岩爆发生的隧洞段施工时，应遵循“预防为主，防治结合”的原则，对开挖面前方的围岩特性、水文地质情况等进行预测、预报。当发现有较强烈岩爆存在的可能时，应及时研究施工对策措施，做好施工前的准备工作。

1）在岩爆地段隧洞施工过程中，应采取下列方法进行地质预报：①对开挖面及其附近围岩进行观测，通过地质素描，分析围岩的“动态特征”，初步判断围岩地质条件的变化情况；②采用工程地质类比法进行宏观预报。

2）微震监测。应根据岩爆强度大小对其进行严格分级，针对不同的岩爆级别采取不同的技术措施。隧洞施工中一旦发生岩爆，应立即采取下列处理措施：①进行工作面的观察，做好各种记录，如岩爆的位置、强度、类型、数量以及灾害情况等；②安排专职人员清除岩爆后的松石，加强巡回检查和危石处理，杜绝崩落的岩石砸坏设备或伤害人员现象发生。

（10）TBM 掘进施工过程中，针对 TBM 无法施工的突发性特殊地段，可采用开挖导坑绕道到 TBM 前方进行处理。旁侧导坑的施工应符合现行行业标准《水工建筑物地下开挖工程施工规范》（DL/T 5099）的有关规定。

15.3.11　TBM 维修保养

（1）维修与保养应坚持“预防为主、经常检修、强制保养、养修并重”的原则，采用日常保养和定期维修保养相结合的方式。

（2）维修与保养应按照生产厂家提供的设备维修保养规程并结合设备实际状况，制订相应的保养与维修计划。及时消除运行过程中产生的故障隐患，维持 TBM 技术性能正常。

（3）建立 TBM 维修与保养管理制度，配备足够的维保人员。维保人员应经过相关专业的培训后持证上岗，维保人员应相对固定，职责分工明确。

（4）在 TBM 整个施工期应对 TBM 及附属设备进行日常保养与维修，宜每日集中 2～4h 进行系统保养。始终保持设备处于良好的工作状态，避免带病作业。

（5）当出现下列情况之一时，应对 TBM 及其附属设备进行维修与保养：

1）超过正常负荷水平长时间运行。

2）发生故障或运转不稳定。

3）通过特殊地段前。

4）长时间停机或拆机储存期间。

（6）在对 TBM 及附属设备进行保养维修时，应采取安全措施，机器停止运行前，不得实施相关维保作业，防止发生人员伤害。保养与检修工作中，应做好书面记录。

某工程 TBM 刀具检查及磨损质检如图 15.21 所示。

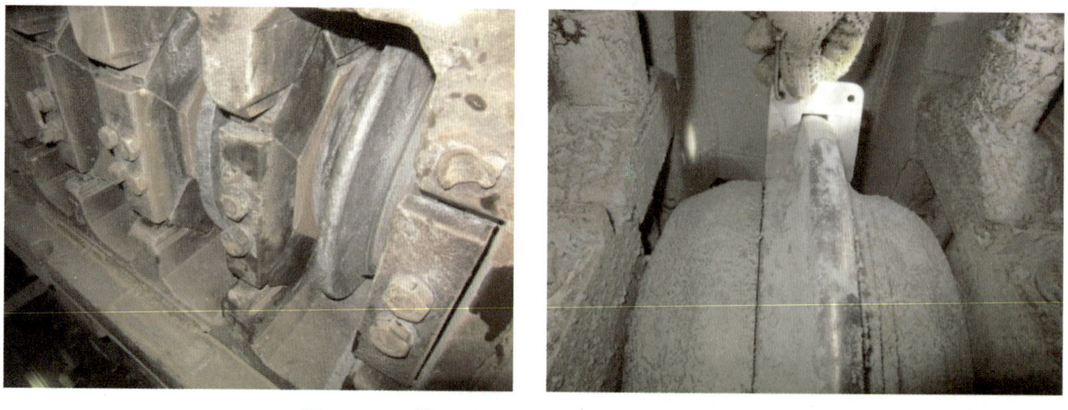

图 15.21　某工程 TBM 刀具检查及磨损质检

15.4　WHS 质量控制点

平洞 TBM 开挖施工主要工序 WHS 质量控制点见表 15.2。

表 15.2　　平洞开挖施工主要工序 WHS 质量控制点

序号	质量控制点	W（见证）	H（停工待检）	S（旁站）
1	测量	√		
2	TBM 组装		√	√（吊装）
3	TBM 掘进	√		
4	支护		√	

15.5　质量检查与验收

按照《水电水利基本建设工程　单元工程质量等级评定标准　第 1 部分：土建工程》（DL/T 5113.1）规定的要求进行质量验收，主要检查项目、质量标准和检测方法见表 15.3。

表 15.3　　平洞开挖质量检查项目、质量标准和检测方法

项类	检　查　项　目		质　量　标　准	检　测　方　法
主控项目	开挖面或壁面		无松动岩块、陡坎、尖角	测量仪器、查看施工记录
	不良地质处理		符合设计要求	
	洞轴线		符合设计要求	
一般项目	无结构要求或无配筋预埋件	径向、侧墙	−10～20cm	测量仪器、查看施工记录
		底部高程	−10～20cm	
		开挖面不平整度	≤15cm	用 2m 直尺检查
	有结构要求或有配筋预埋件	径向、侧墙	0～25cm	测量仪器、查看施工记录
		底部高程	0～20cm	
		开挖面不平整度	≤15cm	用 2m 直尺检查
	声波检测（需要时采用）		声波降低率小于 10%，或达到设计要求声波值以上	仪器检测

15.6　相关标准

《岩土锚杆与喷射混凝土支护工程技术规范》（GB 50086）
《起重机设计规范》（GB/T 3811）
《电力建设工程施工安全管理导则》（NB/T 10096）
《水电工程物探规范》（NB/T 10227）
《水电工程施工组织设计规范》（NB/T 10491）
《水电工程施工地质规程》（NB/T 35007）

《水工建筑物地下工程开挖施工技术规范》（DL/T 5099）
《水电水利基本建设工程　单元工程质量等级评定标准　第1部分：土建工程》（DL/T 5113.1）
《水电水利工程施工测量规范》（DL/T 5173）
《水电水利工程锚喷支护施工规范》（DL/T 5181）
《水电水利工程施工通用安全技术规程》（DL/T 5370）
《水电水利工程锚杆无损检测规程》（DL/T 5424）
《抽水蓄能电站工程安全文明施工设施》（Q/GDW 11586）
《水工隧洞TBM掘进施工技术规程》（T/CCIAT 0030）

第 16 章 锚喷支护施工工艺

16.1 适用范围

本工艺适用于抽水蓄能电站洞室、边坡等部位锚杆与喷射混凝土支护施工。

16.2 施工程序

锚喷支护施工程序如图 16.1 所示。

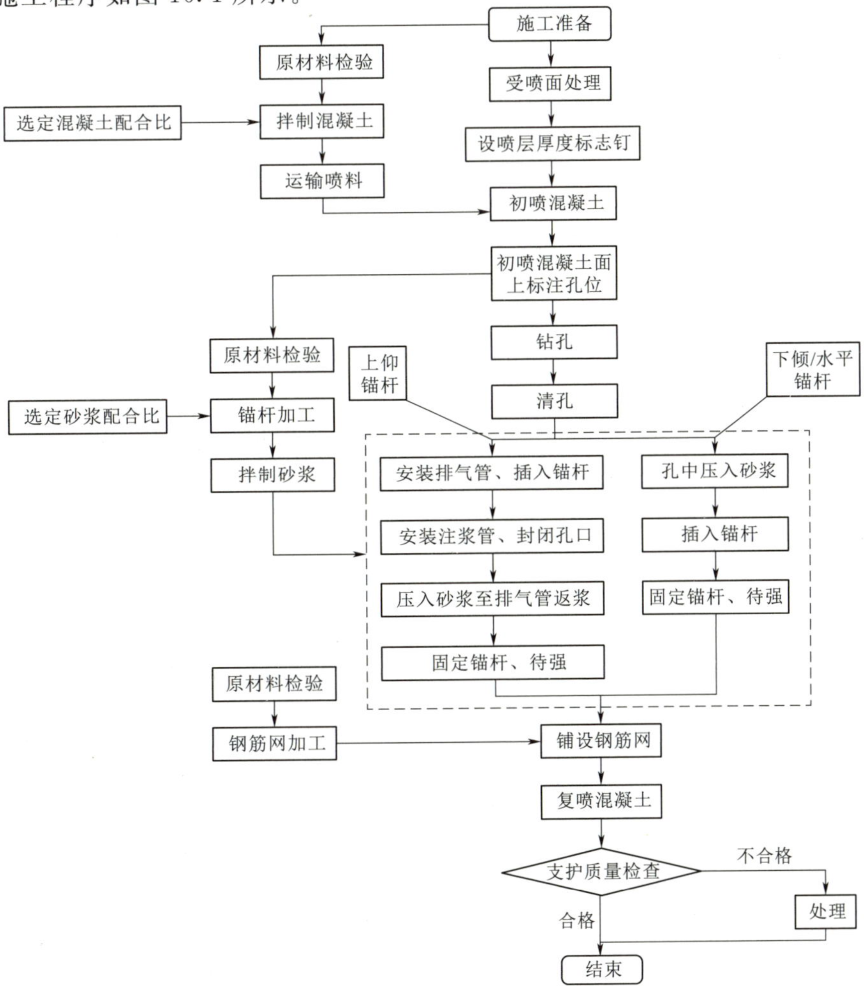

图 16.1 锚喷支护施工程序

16.3　工艺说明与工艺要求

16.3.1　施工准备

16.3.1.1　技术准备

（1）图纸会审及设计交底。严格按照国家电网有限公司《电力建设工程施工技术管理导则》的要求做好图纸会审及设计交底工作。

（2）技术交底。技术交底工作要充实，具有针对性和指导性，全体参加施工的人员都要参加交底并签名，形成书面的交底记录。

（3）通过水泥浆锚杆的注浆密实性试验，确定注浆工艺。

（4）进行锚杆锚固的拉拔力试验，其拉拔力必须达到设计和《水电水利工程锚喷支护施工规范》（DL/T 5181）的规定要求。

（5）应按有关规定或通过试验确定素喷混凝土依次喷射的厚度。

（6）应制定喷射混凝土的机械操作规程。

（7）应做好监测设计和施工期监测准备工作。

（8）锚喷支护施工方案措施须监理工程师批准。

16.3.1.2　劳动力组织准备

（1）组建施工组织管理机构，根据工程规模、工期和技术难度配备相应的管理、技术、测量、试验、环保、水保、专职质量管理和安全管理人员。

（2）制定材料检验、工程计量、资料归档、安全生产、工程质量、文明施工、特殊工种等管理制度。

（3）锚喷支护施工应安排有经验的作业队组进行，并根据施工进度计划、施工技术要求合理配备各工种作业人员。

（4）锚喷支护施工前应进行人员安全教育培训，内容主要包括：

1）对全体人员进行安全生产教育培训，未经安全生产教育培训考核或者培训考核不合格的人员不得上岗作业。

2）特殊作业人员应按相关规定经过专门培训，取得相应资格证书，持证上岗。

3）新进场人员或作业人员转入新的岗位前应进行相关作业技能培训。

4）为作业人员配置安全防护用品和用具并进行使用方法培训。

5）根据制定的应急处置措施、预案开展培训和演练。

16.3.1.3　工程材料准备

（1）水泥。进场时应对出厂证、合格证和品质检验报告进行检查，并对其强度、安定性等性能指标进行复查。应使用同一品牌、同一批号的水泥，水泥进场后应有防雨、防潮等良好的堆放场地。

（2）砂。应质地坚硬、清洁、级配良好；人工砂的细度模数宜在2.4～2.8范围内，天然砂的细度模数宜在2.2～3.0范围内。使用山砂、粗砂、特细砂应经过试验认证。

（3）石子。石子的最大粒径，不应超过钢筋净间距的2/3、构件断面最小边长的1/4。

（4）水。凡符合国家标准的饮用水，均可用于拌和与养护混凝土。

（5）外加剂。减水剂等外加剂进场时，应对出厂证、合格证和品质检验报告进行检查，其品质应符合《水工混凝土外加剂技术规程》（DL/T 5100）规定的要求。外加剂的品种、掺量通过试验确定。

（6）钢筋。钢筋的规格、型号等应符合设计图纸的规定。进场时应对出厂证、合格证和品质检验报告进行检查，并对外观、力学性能等进行检验，其质量必须符合《水工混凝土钢筋施工规范》（DL/T 5169）的规定。

（7）锚喷支护所采用的原材料质量应符合《水电水利工程锚喷支护施工规范》（DL/T 5181）的规定。

16.3.1.4　施工设备准备

（1）喷锚支护施工所需的机械设备（图 16.2）主要有：

1）凿岩钻孔机械、混凝土搅拌站（机）、混凝土运输罐车、湿喷机、锚杆注浆机等。

2）钢筋加工机械设备。钢筋调直机、切断机、弯曲机、弯拱机、电焊机等。

3）风、水、电供应机械设备。空气压缩机、水泵、变压器、发电机等。

（a）湿喷机

（b）锚杆注浆机

（c）拖行式混凝土喷射机组

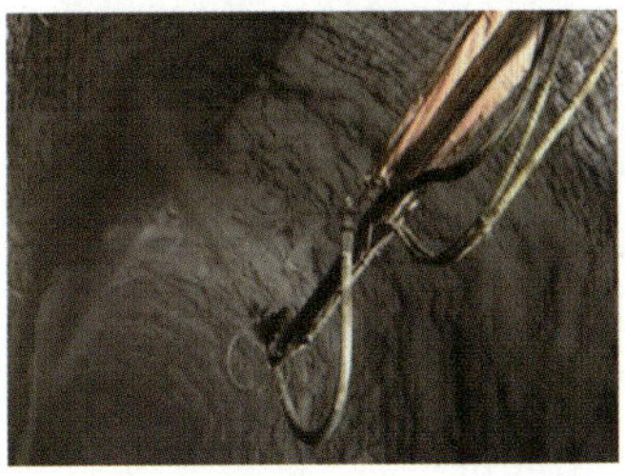

（d）湿喷机操作臂

（e）锚杆造孔设备

（f）拱顶锚杆造孔设备

图 16.2　锚喷支护机械设备

（2）应配备污染少、能效高、工况好的施工机械，宜优先选择电动、风动、液压传动机械。

（3）洞内使用柴油发动机设备应加装消烟净化装置，并加强通风；洞内不得使用汽油发动机设备。

（4）施工中的关键机械，如运输设备、支护设备、空气压缩机、水泵等应有备用数量。

（5）喷射混凝土作业应采用湿喷机，鼓励采用混凝土喷射机组进行喷射混凝土施工。

（6）喷混凝土料应采用自动计量的强制式混凝土拌和机或拌和站拌和，运输采用混凝土拌和运输车。洞室断面较小时可采用拖行式混凝土喷射机组。

（7）锚杆钻孔机械根据现场情况选用锚杆台车、锚杆钻机、液压凿岩台车或气动凿岩机，鼓励采用锚杆台车进行锚杆钻孔施工。拱部 120°范围锚杆钻孔应采用向上式凿岩机，侧墙及拱腰部位可采用一般气腿式凿岩机钻孔。

（8）锚杆注浆作业应采用锚杆注浆机。

16.3.1.5　现场准备

（1）应做好地质调查，根据围岩或边坡自身稳定情况，选择合理支护时间及时支护。

（2）试验确定锚杆注水泥浆配合比，其强度等级必须满足设计要求。

(3) 注浆器的工作性能必须符合要求，注浆前应用水或稀水泥浆润滑管路。

(4) 混凝土喷射机等机械设备进场就位，设备应具有密封性良好，输料连续均匀等性能。

(5) 应对喷射作业的机械设备、风、水管路、输料管路和电气线路等进行全面检查，并进行试运转。

(6) 加工的钢筋网应除锈、除污，网格尺寸应符合设计要求。

16.3.2　锚杆施工

16.3.2.1　工艺质量安全要点

(1) 常用的普通砂浆锚杆施工应满足以下要求：

1) 锚杆规格、型号应符合设计要求。

2) 注浆材料应根据设计要求确定，并不得对杆体产生不良影响。

3) 钻孔前应根据设计图纸定出孔位，并进行明显标记。

4) 系统加固锚杆孔轴方向应垂直于开挖轮廓线或按设计要求的方向钻孔。

5) 钻孔位置允许偏差为 10cm。

6) 钻孔前须选好钻头尺寸。若采用“先注浆后插杆”的工艺，钻头直径应比锚杆直径大 15mm 以上；若采用“先插杆后注浆”的工艺，钻头直径应比锚杆直径大 25mm 以上。钻孔孔深的允许偏差为±50mm。

7) 钻孔孔内的石粉和积水必须清除干净，并临时封堵孔口。

8) 锚杆杆体插入钻孔长度不小于设计长度 98%，倾斜度应符合《岩土锚杆与喷射混凝土支护工程技术规范》(GB 50086) 的规定。

9) 当锚杆孔径小于 60mm 时，一般都采用先注浆后插锚杆的程序；当锚杆孔径较大，杆径与孔径之间相差 25mm 以上时，宜先插锚杆后注浆。实际施工中通常通过现场实验确定。

10) 锚杆安装宜采用“先注浆后插杆”的程序进行，注浆管应插入孔底，然后拔出 50～100mm 开始注浆，注浆管随浆液的注入缓慢匀速拔出，使孔内填满浆体。

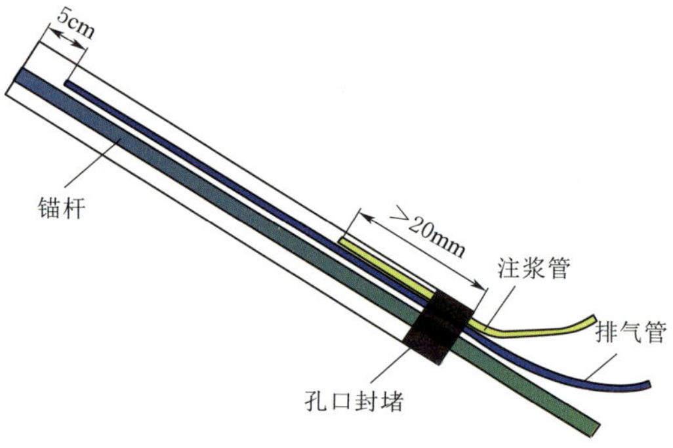

图 16.3　上仰锚杆注浆

对仰斜孔先插杆后注浆时，注浆管、排气管和锚杆应同时进行安装并在孔口设置止浆器，深入孔底的排气管的里端应距孔底 50～100mm，位于孔口的注浆管插入锚杆孔内的长度不宜小于 200mm，待排气管出浆时方可停止注浆。对于下倾锚杆应将注浆管插至距孔底 5cm 处，注浆直到孔口返浆，同时缓慢拔出注浆管。上仰锚杆注浆如图 16.3 所示。

11) 为保证锚杆注浆质量，应选择注浆压力不低于 2MPa 的注浆机，砂浆灰砂比可控制在 1∶1～1∶2，砂浆水灰比可控制在 0.38～0.45。特别是大断面顶拱描杆，因注浆高度和输送管的摩擦阻力作用，往往要达到 2～5MPa 以上的挤压力方能保证将水灰比接近 0.45 的浆体压入顶拱锚杆孔孔底。

(2) 预应力锚杆施工应满足以下要求：

1) 锚杆杆体采用的钢绞线，应符合现行国家标准《预应力混凝土用钢绞线》(GB/T 5224) 的有关规定；钢绞线不得连接。

2) 锚杆杆体采用的钢筋宜采用预应力螺纹钢筋，当锚杆极限承载力小于 200kN 且锚杆长度小于 20m 的锚杆，也可采用普通钢筋。

3）锚杆连接构件均应能承受 100%的杆体极限抗拉承载力。

4）预应力筋用锚具、夹具和连接器的性能均应符合现行国家标准《预应力筋用锚具、夹具和连接器》（GB/T 14370）的有关规定。

5）注浆用水泥强度等级应不低于 42.5。

6）细骨料应选用粒径小于 2.0mm 的砂；砂的含泥量按重量计不得大于总重量的 3%。

7）杆体组装宜在工厂或施工现场专门作业棚内的台架上进行。

8）在杆体的组装、存放、搬运过程中，应防止筋体锈蚀、防护体系损伤、泥土或油渍的附着和过大的残余变形。

9）对下倾的钻孔注浆时，注浆管应插入距孔底 300～500mm 处。

10）对上倾的钻孔注浆时，应在孔口设置密封装置，并应将排气管内端设于孔底。

11）注浆材料应根据设计要求确定，并不得对杆体产生不良影响，对锚杆孔的首次注浆，宜选用水灰比为 0.5～0.55 的纯水泥浆或灰砂比为 1∶0.5～1∶1 的水泥砂浆。

12）注入水泥砂浆浆液中的砂子直径不应大于 2mm。

13）对锚固体的重复高压注浆应在初次注浆的水泥结石体强度达到 5.0MPa 后，分段依次由锚固段底端向前端实施，重复高压注浆的劈开压力不宜低于 2.5MPa。

14）预应力锚杆锚固段注浆体强度，应根据锚杆结构类型与锚固地层按表 16.1 确定。

表 16.1　预应力锚杆锚固段注浆体强度

锚固地层	锚杆类型	强度标准值/MPa
土层	拉力型及拉力分散型	≥20
	压力型及压力分散型	≥30
岩石	拉力型及拉力分散型	≥30
	压力型及压力分散型	≥35

（3）锚杆桩的施工与普通砂浆锚杆的相似，在施工中需注意以下事项：

1）锚杆桩施工宜采用先插杆后注浆的施工工艺。

2）应以钢筋束的外接圆的直径作为锚杆直径来选择钻孔直径。

3）钢筋束应焊接牢固，并焊接对中环，对中环的外径可比孔径小 10mm 左右，一个钢筋束在孔内至少应有两个对中环。

4）注浆管和排气管应牢固地固定在锚杆桩体上并保持畅通，随锚杆桩体一起插入孔内。

5）锚杆桩的检查验收按照注浆锚杆检查方法、数量、合格标准执行。

16.3.2.2　示例图片

锚杆位置标示如图 16.4 所示；多臂凿岩台车钻锚杆孔如图 16.5 所示。

图 16.4　锚杆位置标示

图 16.5　多臂凿岩台车钻锚杆孔

16.3.3　钢筋网制作安装

16.3.3.1　工艺质量安全要点

(1) 施工岩面经检查、处理、验收合格后，系统锚杆施工完成后，开始挂钢筋网施工。

(2) 宜采用模具加工钢筋网，以降低钢筋网现场制安作业强度，提高工效。

(3) 钢筋焊接网施工现场制作应满足以下技术要求：

1) 钢筋焊接网宜采用公称直径为 6～12mm 的钢筋，并应满足设计要求。

2) 钢筋焊接网两个方向均为单根钢筋时，较细钢筋的公称直径不小于较粗钢筋的公称直径的 0.6 倍。

3) 当纵向钢筋采用并筋时，纵向钢筋的公称直径不小于横向钢筋公称直径的 0.7 倍，也不大于横向钢筋公称直径的 1.25 倍。

4) 钢筋焊接网应采用机械制造，两个方向钢筋的交叉点以电阻焊焊接。

5) 钢筋焊接网焊点开焊数量不应超过整张网片交叉点总数的 1%，并且任一根钢筋上开焊点不应超过该支钢筋上交叉点总数的一半。

6) 钢筋焊接网最外边钢筋上的交叉点不应开焊。

7) 钢筋焊接网纵向钢筋间距宜为 50mm 的整倍数，横向钢筋间距宜为 25mm 的整倍数，最小间距宜采用 100mm，间距的允许偏差取±10mm 和规定间距的±5%的较大值。

8) 钢筋的伸出长度不宜小于 25mm。

(4) 钢筋网铺设主要应满足以下技术要求：

1) 应在初喷一层混凝土后再进行钢筋网的铺设。

2) 钢筋网应随受喷面起伏铺设，与岩面距离应符合设计要求。并在锚杆安设后进行。

3) 如果系统锚杆过稀，可增加短锚钉来固定，长度 100～150mm。当有钢架时，应与钢架连接牢固。

4) 钢筋网应与锚杆或其他固定装置连接牢固，网格应绑扎牢固，喷射混凝土时不得晃动。

5) 钢筋接头采用绑扎方式时搭接长度不小于 $40d$ （d 为钢筋直径），采用单面焊方式时搭接长度不小于 $8d$。

6) 钢筋接头的位置宜相互错开。错开距离宜为 $35d$，且不小于 500mm。

(5) 喷射过程中，发现脱落混凝土或碎石被钢筋网卡住时，应当及时清除后再补喷，喷射时喷头不得正对钢筋。

16.3.3.2　示例图片

钢筋网效果如图 16.6 所示。

图 16.6　钢筋网效果

16.3.4　喷射混凝土

16.3.4.1　工艺质量安全要点

（1）喷射混凝土配合比和砂浆配合比的相关技术要求应符合《水电水利工程锚喷支护施工规范》（DL/T 5181）的规定。

（2）喷射混凝土作业应采用湿喷工艺，严禁采用干喷工艺。施工时应满足以下技术要求：

1）喷射混凝土施工前，应对受喷岩面进行处理。一般岩面可用高压风或高压水冲洗受喷面上的粉尘、岩屑，并预先湿润岩面。

2）受喷面的小股水、裂隙渗漏水、涌水等应按照设计要求处理，再进行喷射混凝土施工。

3）应设置控制喷混凝土厚度的标志，一般采用厚度控制钉、喷射线作标志。

4）喷射混凝土作业时喷嘴应垂直岩面，若受喷面被格栅、钢筋网覆盖时，可将喷头稍加偏斜，但不宜小于 70°；喷嘴距岩面距离以 0.8～1.2m 为宜。

5）喷射顺序应分段、分片、自下而上进行。岩面凹凸不平时，应先喷凹处找平。喷射区段划分如图 16.7 所示。

6）分层喷射时，后一层喷射应在前一层喷射混凝土终凝后进行。若终凝 1h 后再进行喷射时，应先用风水清洗喷层表面。

7）喷射施工时应按照先墙后拱，自下而上顺序。喷射路线呈小螺旋形绕圈运动，绕圈直径 30cm 左右为宜。后一圈压前一圈的 1/3～1/2，喷射路线呈 S 形运动，每次 S 形运动长度为 3～4m。喷射纵向第二行时，要依顺序从第一行的起点处开始，行与行间须搭接 2～3cm。料束旋转速度要均匀，不宜太慢或太快。喷射顺序如图 16.8 所示。

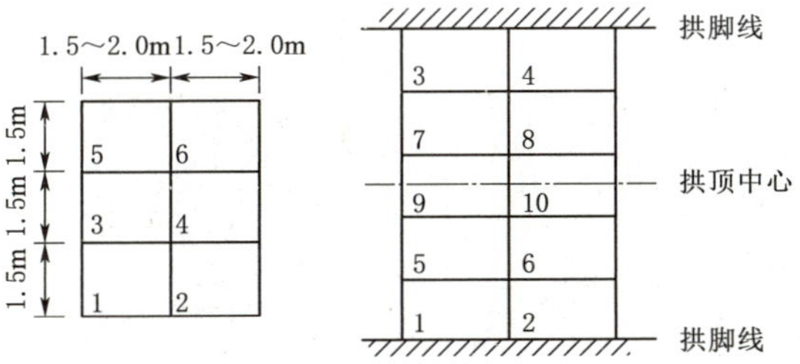

（a）边墙　　（b）拱部

图 16.7　喷射区段划分

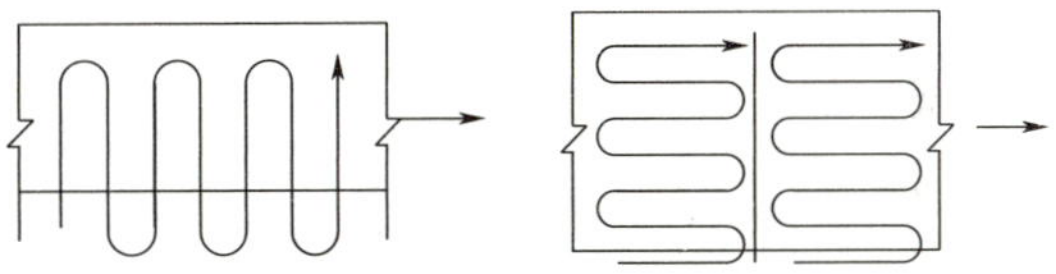

（a）拱圈喷头活动顺序　　（b）边墙喷头活动顺序

图 16.8　喷射顺序

8）根据具体情况，变换喷嘴的喷射角度和受喷面的距离，将钢构架、钢筋网背后喷填密实，钢构架与岩面间严禁填充异物。

（3）钢纤维喷射混凝土应符合下列要求：

1）钢纤维的长度偏差不应超过长度公称值的±5%。钢纤维掺量不宜大于 $45kg/m^3$。钢纤维不得有明显的锈蚀、油渍或其他妨碍钢纤维与水泥黏结的杂质。钢纤维内含有的因加工不良造成的黏结片、表面锈蚀的纤维、铁屑及杂质的总质量不应超过钢纤维质量的 1%。骨料粒径不宜大于 10mm。钢纤维喷射混凝土应具有良好的泵送性。

2）搅拌混合料时，宜采用钢纤维播料机向混合料中添加钢纤维；搅拌时间不宜少于 180s。钢纤维在混合料中应均匀分布，不得成团。混合料的水平运输宜采用混凝土搅拌运输车。

3）喷射钢纤维混凝土施工中应采取措施防止回弹物伤害操作人员。

（4）钢筋网喷射混凝土施工应符合下列规定：

1）钢筋使用前应清除污锈。

2）钢筋网宜在受喷面喷射一层混凝土后铺设，钢筋与壁面的间隙宜为 30mm。

3）采用双层钢筋网时，第二层钢筋网应在第一层钢筋网被混凝土覆盖后铺设。

4）钢筋网应与锚杆或其他锚定装置联结牢固，喷射时钢筋不得晃动。

5）喷射时应适当减小喷头与受喷面的距离。

6）钢筋保护层厚度不应小于 20mm。

7）清除脱落在钢筋网上的疏松混凝土。

（5）钢架喷射混凝土施工应符合下列规定：

1）安装前应检查钢架制作质量是否符合设计要求。

2）钢架安装允许偏差横向和垂直向均应为 50mm，垂直度允许偏差应为±2°。

3）钢架立柱埋入底板深度应符合设计要求，并不得置于浮渣上。

4）钢架与壁面之间应楔紧，相邻钢架之间应连接牢靠。

5）钢架与壁面之间的间隙应用喷射混凝土充填密实。

6）喷射顺序应先喷射钢架与壁面之间的混凝土，后喷射钢架之间的混凝土。

7）除可缩性钢架的可缩节点部位外，钢架应被喷射混凝土覆盖。

8）覆盖钢架的喷射混凝土保护层厚度不应小于 40mm。

（6）喷射混凝土混合料应随拌随喷，回弹物不得重新用作喷射混凝土材料。

（7）喷射混凝土紧跟开挖作业面时，混凝土终凝到下一循环放炮的间隔时间不宜小于 4h。

（8）喷混凝土终凝 2h 后，应喷水养护，养护时间不得少于 7d；环境温度低于 5℃时，不得喷水养护。

（9）冬季施工时，喷射混凝土作业区温度不应低于 5℃，喷料进入喷射机的温度不应低于 5℃。

16.3.4.2　示例图片

喷混凝土表面平整如图 16.9 所示；锚杆长度、位置、方向满足要求如图 16.10 所示；台车喷射混凝土如图 16.11 所示；锚喷支护无损检测如图 16.12 所示。

图 16.9　喷混凝土表面平整

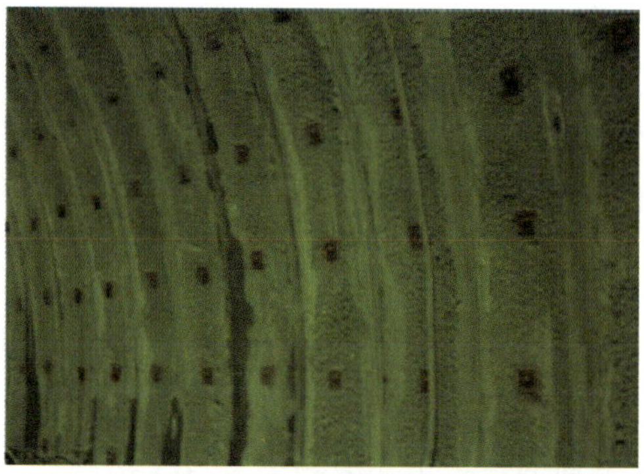

图 16.10　锚杆长度、位置、方向满足要求

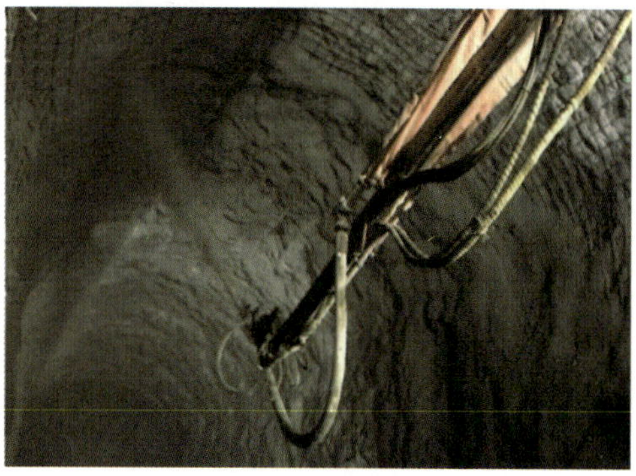

图 16.11　台车喷射混凝土

图 16.12　锚喷支护无损检测

16.4　WHS 质量控制点

锚喷支护施工主要工序 WHS 质量控制点见表 16.2。

表 16.2　　锚喷支护施工主要工序 WHS 质量控制点

序号	质量控制点	W（见证）	H（停工待检）	S（旁站）
1	测量	√		
2	钻孔		√	
3	锚杆（锚杆桩）			√
4	钢筋网支护		√	
5	喷混凝土厚度			√
6	混凝土外观	√		

16.5　质量检查与验收

16.5.1　锚喷支护的质量标准

按照《岩土锚杆与喷射混凝土支护工程技术规范》（GB 50086）规定的要求进行质量验收，主要检验项目见表 16.3 和表 16.4。

表 16.3　　锚杆工程质量检验与验收标准

项目	序目	检查项目		允许偏差或允许值	检查方法
主控项目	1	杆体长度		+100mm −30mm	用钢尺量无损检测
	2	预应力锚杆承载力极限值		符合验收标准	现场试验
	3	预应力锚杆预加力（锁定荷载）变化		符合 GB 50086 表 3.6 的要求	测力计量测
	4	锚固结构物的变形		符合设计要求	现场量测
一般项目	1	锚杆位置		±100mm	用钢尺量
	2	钻孔直径		±10mm（设计直径>60mm） ±5mm（设计直径<60mm）	用卡尺量
	3	钻孔倾斜度		2%钻孔长	现场测量
	4	注浆量		不小于理论计算浆量	检查计量数据
	5	浆体强度		达到设计要求	试样送检
	6	杆体插入钻孔长度	预应力锚杆	不小于设计长度的 97%	用钢尺量
			非预应力锚杆	不小于设计长度的 98%	

表 16.4　　喷射混凝土工程质量检验与验收标准

项类	序目	检查项目	质量标准	检测方法
主控项目	1	配合比	达到设计强度要求	现场称重
	2	喷射混凝土抗压强度	达到设计要求	执行本书第 16.5.2 节第（3）条规定
	3	喷射混凝土与岩石黏结强度	不得空鼓，达到设计要求	用锤击法检验，执行本书第 16.5.2 节第（4）条相关规定
	4	喷射混凝土厚度	−30mm（设计厚度≥100mm） −20mm（设计厚度<100mm）	执行本书第 16.5.2 节第（5）条规定
一般项目	1	表面质量	密实、平整、无裂缝、脱落、漏喷、露筋、空鼓和渗漏水	观察检查

16.5.2　锚喷支护质量检查内容及要点

（1）初期支护的质量检查应包括如下内容：

1）喷射混凝土的强度、厚度、均匀性、密实度和喷层的整体性以及渗水部位处理结果。

2）锚杆长度、位置、方向、数量、注浆密实度、拉拔力。

3）钢筋网格尺寸、搭接长度。

4）拱架支撑的间距、节间连接、支脚处理、纵向连接。

5）其他支护措施的质量等。

（2）锚杆的检查要求如下：

1）锚杆安装尺寸检查采用测量仪器和尺量的方法，锚杆长度及注浆饱满度应采用锚杆无损检测。

2）锚杆加工和安装尺寸检测频率为每单元工程施工总数的 10%～15%，且不少于 20 根。

3）锚杆无损检测频率应按设计要求确定。

4）当单项或单元工程抽检锚杆的不合格率大于 10%时，应对未检测的锚杆进行加倍抽检。

5）锚杆长度合格标准为锚杆实测入岩长度应不小于设计入岩长度的 95%。锚固质量合格标准为永久锚杆为Ⅱ级及以上，临时性锚杆（设计使用期不超过 2 年）为Ⅲ级及以上。锚杆分级标准见表 16.5。

表 16.5　　锚杆分级标准

锚杆等级	长　度	锚杆饱满度
Ⅰ级	实测入岩长度应不小于设计入岩长度的 95%，且不足长度不超过 20cm	$D \geqslant 90\%$
Ⅱ级	实测入岩长度应不小于设计入岩长度的 95%	$90\% > D \geqslant 80\%$
Ⅲ级	实测入岩长度应不小于设计入岩长度的 95%	$80\% > D \geqslant 75\%$
Ⅳ级	长度不合格	$D < 75\%$

6）岩土锚固与喷射混凝土支护工程安全控制的预警值宜按表 16.6 确定。

表 16.6　　工程安全控制的预警值

项　目		预　警　值
锚杆预加力变化幅度	预加力等于锚杆拉力设计值	≤±10%锚杆拉力设计值
	预加力小于锚杆拉力设计值	≤10%锚杆拉力设计值
		≤−10%锚杆锁定荷载

续表

项　　目	预　警　值
锚头及锚固地层或结构物的变形量与变形速率	设计单位根据地层性状、工程条件及当地经验确定
持有的锚杆受拉极限承载力与设计要求的锚杆受拉极限承载力之比	≤0.9
锚杆腐蚀引起的锚杆杆体截面减小率	≤10%

（3）喷射混凝土抗压强度试验检查要求如下：

1）试验方法及相关技术要求应符合《岩土锚杆与喷射混凝土支护工程技术规范》（GB 50086）相关规定。

2）试块数量为 500m^2 喷射混凝土取一组，小于 500m^2 喷射混凝土时不得少于一组，每组试块不得少于 3 个。材料或配合比变更时应另作一组。

3）合格标准。28d 龄期抗压强度平均值大于设计值，且最低试验强度不小于设计强度的 80%。

（4）承担结构作用的喷射混凝土支护，应进行喷射混凝土与岩石间的黏结强度试验，检查要求如下：

1）试验方法及相关技术要求应符合《岩土锚杆与喷射混凝土支护工程技术规范》（GB 50086）相关规定。

2）喷射混凝土与岩石间的最小黏结强度应符合表 16.7 的规定。

表 16.7　　喷射混凝土与岩石间的最小黏结强度

黏结类型	与岩石的最小黏结强度/(N/mm^2)
结构作用型	0.8
防护作用型	0.2

（5）喷射混凝土厚度检查要求如下：

1）控制喷层厚度应预埋厚度控制钉、喷射线；喷射混凝土厚度应采用钻孔法检查。

2）喷层厚度检查点密度。结构性喷层为每 100m^2/个，防护性喷层为 400m^2/个，隧洞拱部喷层为 50～80m^2/个。

3）喷层厚度合格条件。用钻孔法检查的所有点中应有 60%的喷层厚度不小于设计厚度，最小值不应小于设计厚度的 60%，检查孔处喷层厚度的平均值不应小于设计厚度。

（6）钢构架支撑质量检查要求如下：

1）钢构架质量检查采用测量仪器和尺量方法。

2）每一榀作为一个检查单元。

16.6　相关标准

《岩土锚杆与喷射混凝土支护工程技术规范》（GB 50086）

《钢筋混凝土用钢　第 3 部分：钢筋焊接网》（GB/T 1499.3）

《预应力混凝土用钢绞线》（GB/T 5224）

《预应力筋用锚具、夹具和连接器》（GB/T 14370）

《水工混凝土外加剂技术规程》（DL/T 5100）

《水电水利基本建设工程　单元工程质量等级评定标准　第 1 部分：土建工程》（DL/T 5113.1）
《水工混凝土施工规范》（DL/T 5144）
《水工混凝土钢筋施工规范》（DL/T 5169）
《水电水利工程锚喷支护施工规范》（DL/T5181）
《水电水利工程锚杆无损检测规程》（DL/T 5424）
《抽水蓄能电站工程安全文明施工设施》（Q/GDW 11586）

第 17 章 预应力锚索支护施工工艺

17.1 适用范围

本工艺适用于岩质边坡、地下洞室围岩、坝工基础处理加固的预应力锚索施工。

17.2 施工程序

预应力锚索支护施工程序如图 17.1 所示。

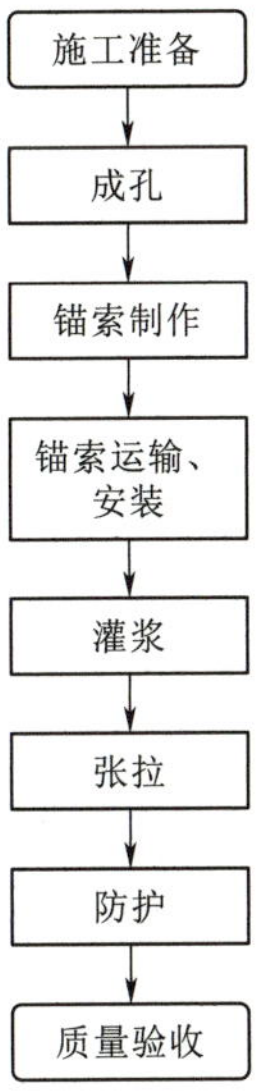

图 17.1 预应力锚索支护施工程序

17.3 工艺说明及主要质量控制要点

17.3.1 施工准备

（1）材料准备。

1）水泥。进场时应对出厂证、合格证和品质检验报告进行检查，并对其强度、安定性等性能指标进行复查，其质量必须符合附表 1 的规定，且不得含有对锚索产生腐蚀作用的化学成分。水泥进场后应有防雨、防潮等良好的堆放场地。

2）砂。应质地坚硬、清洁、级配良好；人工砂的细度模数宜在 2.4～2.8 范围内，天然砂的细度模数宜在 2.2～3.0 范围内。使用山砂、粗砂、特细砂应经过试验认证。砂的品质要求，应符合附表 2 规定的要求。

3）石子。石子的最大粒径，不应超过钢筋净间距的 2/3、构件断面最小边长的 1/4。石子的品质要求，应符合附表 3 规定的要求。

4）水。凡符合国家标准的饮用水，均可用于拌和与养护混凝土。否则，按附表 4 规定指标检验合格后方可使用。

5）外加剂。减水、早强、速凝等外加剂进场时，应对出厂证合格证和品质检验报告进行检查，不得含有对锚索产生腐蚀作用的化学成分，掺量应通过试验确定，其品质应符合《水工混凝土外加剂技术规程》（DL/T 5100）规定的要求。

6）钢绞线。进场时应检查钢绞线的出厂证、合格证和品质检验报告，必须符合《预应力混凝土用钢绞线》（GB/T 5224）规定的要求。外包装应完整，无损伤，力学性能应符合有关的规定。无黏结钢绞线和 PE 套管厚符合规定要求。

7）防护套管。岩锚高密度聚乙烯（HDPE）波纹防护套管，应具有化学稳定性和耐久性，其壁厚应能承受施工外力冲击和摩擦损伤。

8）锚具。锚具的力学性能及几何尺寸应符合设计要求，锚具进场应检验产品合格证及试验检验报告、疲劳性能试验报告、周期荷载试验报告，其质量应符合《预应力筋用锚具、夹具和连接器》（GB/T 14370）的规定。应对锚具与张拉机具的匹配及硬度进行检查，与锚具相配套的锚垫板、螺旋筋、承压板的材质及规格尺寸均应符合设计要求。

9）金属（塑料）防护罩的材质、结构尺寸应符合设计要求。防护罩加注的防护油脂，不得含对锚头有腐蚀性物质。

（2）设备准备。

1）造孔设备。岩锚造孔钻机应符合工程规模、环境条件、岩石特性、预应力锚索设计参数和施工工艺的要求，具有整机性能稳定可靠、安装定位方便、适应复杂地质条件的性能，并配有运转平稳、易于控制钻孔精度的导向机构。

2）张拉设备。张拉机具应与锚具类型、锚索的设计张拉力相匹配，以及测力计与锚具、张拉千斤顶相匹配，且性能稳定。

3）灌浆设备。灌浆设备须与预应力锚索孔道灌浆的浆液类型、浓度及施灌强度相适应，能保证稳定均匀连续灌浆。制浆设备应采用高速搅拌机，灌浆泵的排浆量应能满足锚索孔道灌浆强度的需要。

（3）作业准备。

1）预应力锚索张拉设备进场，进行了检查、维修、保养。

2）锚索孔道灌浆的水泥浆配合比应符合设计和有关规范规定。

3）锚墩的混凝土配合比应符合设计和《水工混凝土施工规范》（DL/T 5144）规定。

4）预应力工程施工的操作人员应经过技术培训，持证上岗。

5）张拉用千斤顶、压力表、测力计必须配套标定，标定有效期为 6 个月。

（4）技术准备。

1）图纸会审及设计交底。严格按照国家电网有限公司《电力建设工程施工技术管理导则》（以下简称《导则》）的要求做好图纸会审及设计交底工作。

2）技术交底。应按照《导则》规定，每个分项工程必须分级进行施工技术交底。技术交底工作要充实，具有针对性和指导性，全体参加施工的人员都要参加交底并签名，形成书面的交底记录。

3）应进行预应力锚索施工工艺试验，并编制出相应的工艺流程。

4）应根据现场情况和实际载荷进行施工承重排架（含脚手架）的设计。

5）应进行预应力钢绞线锚具组装件试验，并提出试验报告。

6）预应力岩锚施工方案措施须监理工程师批准。

17.3.2　成孔

（1）应按设计要求测定孔位，孔位坐标误差不应大于 10cm。

（2）采用钻孔法钻孔时，应严格控制钻具的倾角及方位角，当钻进 20～30cm 后，应校核角度，及时纠偏。

（3）岩锚成孔应顺直，孔壁无错台、无松动岩石。

（4）终孔孔深宜大于设计孔深 40cm，终孔直径应大于设计孔径 10cm。

（5）钻孔过程中应做好施工地质编录工作，使锚固段置于设计要求的岩层内。

（6）终孔后应使用压缩空气或压力水进行冲洗，锚孔经验收合格后应及时安装锚索。

17.3.3　锚索制作

（1）锚索制作应在专用车间或专用工作台上进行，应具有良好的防雨、防污染设施。锚索制作如图 17.2 所示。

（2）钢绞线下料长度应符合锚索的设计尺寸及张拉工艺操作需要。

（3）锚索必须采用切割机下料，严禁使用电弧或乙炔焰切割。雷雨时不应进行室外作业。

（4）设计长度相同的锚索，钢绞线下料长度应相同，其长度误差为±10mm。

（5）在同一部位的预应力工程施工中，宜采用同一品种、型号、规格和同一生产工艺制作的预应力钢绞线。

（6）无黏结筋编索前，应将锚固段及锚头 PE 套管剥去，使用清洗剂洗去油脂并套上止油护套，并对裸露钢绞线进行防护。

图 17.2　锚索制作

（7）锚索编制中钢绞线应一端对齐，排列平顺，不得扭结，绑扎牢固，绑扎间距不大于 2.0m。

（8）岩锚内锚固段的进出浆管应按设计编入索体，靠近孔底的进浆管出口至锚索端部距离不宜大于 200mm。

（9）岩锚制索时，止浆环安装位置应符合设计要求，尺寸误差为±50mm，并将止浆环与锚索密封固定。

（10）锚索应按编号整齐、平顺地存放在距离地面 20cm 以上的支架或垫木上，不应叠压存放。

17.3.4　锚索运输、安装

（1）锚索的运输与安装，应根据施工环境和条件制订具体实施方案及技术要求。

（2）锚索安装前，应对孔道、锚索编号、索体顺直性、止浆环、测试仪器引伸线等进行检查。

（3）岩体锚索应一次安装到位，避免在安装过程中反复拖动索体。锚索下索如图 17.3 所示。

（4）岩体锚索安装完毕后应检查止浆环的有效性，若存在问题须进行处理。

（5）锚索安装完毕后，应对外露钢绞线进行临时保护。

图 17.3　锚索下索

17.3.5　灌浆

（1）有黏结锚索的永久灌浆应按下列要求执行：

1）应检查进浆管、出浆管（排气管）的畅通情况。

2）永久防护采用水泥浆或水泥砂浆灌注孔道，其强度应满足设计要求。

3）内锚段灌浆过程中，应观察出浆管的排水、排浆情况，当排浆比重与灌浆比重相同时，方可进行屏浆。屏浆压力宜为 0.3～0.4MPa，屏浆时间宜为 20～30min。

4）张拉段封孔灌浆应按以下要求进行：①灌浆前应冲洗孔道，排干孔内积水；②灌浆压力应符合设计要求；③认真观察出浆管排水、排浆情况，当排浆浓度与进浆浓度相同时，方可进行屏浆，屏浆压力和时间内锚段相同；④灌浆结束 24h 后，如发现孔道浆体不饱满，应采取必要措施进行补充灌浆；⑤内锚段及张拉段灌浆过程中，应按规定制备浆体试件。

（2）灌浆浆液温度应保持在 5～40℃。当冬季日平均气温低于 5℃时，须对制浆系统、灌浆机械和输浆管线进行保温。

17.3.6　张拉

（1）锚索张拉的程序、加载分级、张拉力、超张拉力、锁定力、持荷稳定时间等均应符合设计和《水电水利工程预应力锚索施工规范》（DL/T 5083）规定的要求。

图 17.4　锚索预应力张拉

（2）应采用以张拉力控制为主，伸长值校核的双控操作方法。

（3）除设计有明确规定外，一般应采用先进行单根钢绞线预紧，使锚索各股钢绞线的应力均匀后，再进行整索张拉。

（4）在张拉过程中应按设计要求逐级加载。岩体锚索最大张拉力应控制在（105％～110％）σ_{con}，混凝土结构锚索最大张拉力应控制在（103％～105％）σ_{con}。锚索预应力张拉如图 17.4 所示。

（5）张拉加载机加卸载应缓慢平稳，加载速率每分钟不宜超过 $0.1\sigma_{con}$，卸载速率每分钟不宜超过 $0.2\sigma_{con}$。

（6）锚索张拉每级加载后应同步量测其伸长值，锁定后应量测钢绞线的滑移量。

17.3.7　防护

（1）在边开挖边锚固的施工部位，封孔灌浆 3d 以内一般不允许爆破，3～7d 内爆破产生的质点振动速度不应大于 1.5mm/s。

(2) 封锚时，锚板外钢绞线存留长度不应小于 30mm。

(3) 锚索安装或孔口临时封堵后，应进行锚墩基面整平、清除浮土、碎石。安装孔口套管时，套管必须与孔轴、锚索同心，并嵌入孔内。

(4) 混凝土结构封锚按下列要求执行：

1) 锚墩外形尺寸、锚垫板下螺旋筋和加强筋应符合设计要求。锚垫板与套管应正交，偏斜不应超过 0.5°。

2) 锚板、钢绞线及其周围应进行清理，结构混凝土面必须凿毛并冲洗干净。

3) 环向锚索的锚具槽回填，应在混凝土壁面凿毛并冲洗干净、过槽钢筋恢复后，采用与结构混凝土相同强度等级的无收缩混凝土进行回填、养护。

4) 锚墩混凝土应按《水工混凝土施工规范》(DL/T 5144) 规定要求施工，其强度等级应满足设计要求。

(5) 无黏结锚索外锚头的防护，可采用可拆卸金属（塑料）防护罩加注防腐油脂。

17.3.8 质量验收

按照《水电水利基本建设工程 单元工程质量等级评定标准 第 1 部分：土建工程》(DL/T 5113.1) 规定的要求进行质量验收，主要检查项目见表 17.1。

表 17.1 预应力锚固工程质量检查项目、质量标准及检测方法

项类	检查项目		质量标准	检测方法
主控项目	(1) 钻孔	孔深	不小于设计孔深且不大于设计孔深 40cm	钢尺、测杆测量
		孔向	符合设计要求	测斜仪等
	(2) 锚索制作安装	材质检验	符合设计要求	抽样试验
		编索	符合设计要求	现场检查
	(3) 注浆	浆液性能	符合设计要求	现场检查，室内试验
		内锚段注浆	符合设计要求	现场检查，查看资料
	(4) 张拉	张拉及锁定荷载	符合设计要求	现场检查，查看资料
		钢绞线或索体伸长值	符合设计要求	现场检查，查看资料
	(5) 各项施工记录		齐全、准确、清晰	查看资料
一般项目	(1) 钻孔	锚孔孔位偏差	≤10cm	钢尺、经纬仪测量
		锚孔孔径	终孔孔径不小于设计孔径 10cm	钢尺测量
		锚孔清理	符合设计要求	查看施工记录，测杆测量
	(2) 锚索制作安装	存放于运输	符合设计要求	现场检查
		索体安装	符合设计要求	现场检查，查看资料
	(3) 注浆	封孔注浆	符合设计要求	现场检查，查看资料
	(4) 锚墩及封锚	混凝土性能	符合设计要求	现场取样试验
		基面清理	符合设计要求	现场检查
		结构与体形	符合设计要求	现场检查，查看资料
		防护措施	符合设计要求	现场检查

17.4　示例图片

岩质边坡预应力锚索下索如图 17.5 所示；锚索张拉伸长值复核如图 17.6 所示。

图 17.5　岩质边坡预应力锚索下索

图 17.6　锚索张拉伸长值复核

17.5　相关标准

《预应力混凝土用钢绞线》(GB/T 5224)
《预应力筋用锚具、夹具和连接器》(GB/T 14370)
《水电水利工程预应力锚索施工规范》(DL/T 5083)
《水工混凝土外加剂技术规程》(DL/T 5100)
《水电水利基本建设工程　单元工程质量等级评定标准　第 1 部分：土建工程》(DL/T 5113.1)
《水工混凝土施工规范》(DL/T 5144)

第 18 章
水泥灌浆施工工艺

18.1 回填灌浆施工工艺

18.1.1 适用范围

本工艺适用于水工隧洞洞室回填灌浆。

18.1.2 施工程序

水泥灌浆施工程序如图 18.1 所示。

18.1.3 工艺说明及主要质量控制要点

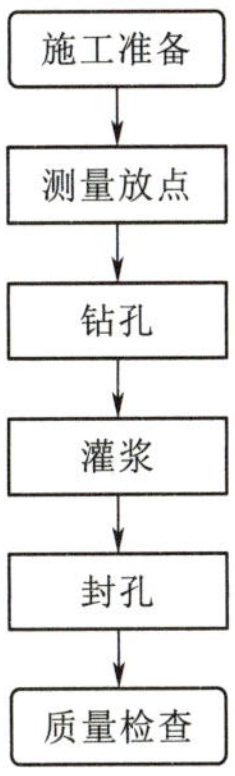

图 18.1 水泥灌浆施工程序

18.1.3.1 施工准备

(1) 技术准备。技术交底，按照技术规范，每个分项工程分级进行施工技术交底。技术交底内容要充实，具有针对性和指导性，全体参加施工人员都要参加交底并签名，形成书面交底记录。

(2) 水泥进场。应检查出厂检验报告，并按照规范规定取样复检拌制的水泥进行配合比试验，确定所用水泥的掺入量、水灰比和外加剂、砂的比例，各种掺量应通过试验确定。

(3) 机具准备。按照施工措施要求的施工机具进行准备和检查。

18.1.3.2 测量放点

按照孔位布置图进行测量放点，设置桩号和轴线控制网。

18.1.3.3 钻孔

回填灌浆孔在素混凝土衬砌中宜直接钻进，在钢筋混凝土中可以从预埋管中钻进。钻孔孔径不宜小于 38mm，孔深宜进入岩石 10mm。对混凝土厚度混凝土与岩石之间的空隙尺寸应进行记录。

18.1.3.4 灌浆

(1) 回填灌浆在衬砌混凝土强度达到 70%设计强度后进行。

(2) 回填灌浆应分为区段进行，每区段长度不宜大于 3 个衬砌段。区段的端部应在混凝土施工后封堵延时。

(3) 灌浆应按环间分序环内加密的原则进行环间宜分为两个次序，地质条件不良地段可分为三个次序。

(4) 回填灌浆水泥选用 42.5 级的普通硅酸盐水泥浆液；回填灌浆浆液水灰比采用 0.5：1。当孔内吸浆量较大时采用水泥砂浆，掺砂量不大于水泥重量的200%。

(5) 回填灌浆采用填压式方法。

(6) 同一区段的同一次序孔可全部或部分钻出后，再进行灌浆。也可单孔分序钻进和灌浆。

(7) 结束标准。在设计压力下，孔内停止吸浆，持续灌注10min，即可结束灌浆。对于灌浆孔和串浆孔均要带压闭浆。

18.1.3.5　封孔

灌浆孔灌浆完毕后，应使用干硬性水泥砂浆将钻孔封堵密实，孔口压摸平齐。

18.1.3.6　回填灌浆施工质量要点

(1) 每个区段灌浆前，应选取脱空最大、孔底高程最高的钻孔作为排气孔，在孔中安装排气管。

(2) 回填灌浆压力采用设计压力（0.2～0.5MPa），在灌浆过程中，灌浆压力应尽快达到设计值，注入率大的孔段应分级升压。

(3) 回填灌浆仍自较低的一端开始，向较高的一端推进。在灌浆过程中，较高孔和顶拱孔作为排气孔；在灌浆过程中，如果出现串浆孔，待串浆孔排出浓度达到或接近进浆浓度后，可封堵此孔继续灌注，直到达到结束标准；对于串浆孔将不再灌注。

(4) 回填灌浆因故中断的，应及早恢复灌浆。中断时间大于30min的，应设法清洗到原孔深后恢复灌浆，此时若灌浆孔仍不吸浆，则应就近重新钻孔进行灌浆。

18.1.3.7　质量验收

按照《水工建筑物水泥灌浆施工技术规范》(DL/T 5148) 规定质量检查，主要检查项目如下：

(1) 回填灌浆工程质量检查，可采用检查孔注浆试验或取芯检查的方法，检查时间在该部位灌浆结束7d以后。检查孔应布置在顶拱中心线、脱空较大和灌浆情况异常的部位，孔深应穿透衬砌深入围岩10cm。压力隧洞每10～15m宜布置1个或1对检查孔，检查孔孔数为灌浆孔孔数的5%。

(2) 回填灌浆工程质量检查的合格标准为：

1) 单孔注浆试验。向检查孔内注入水灰比为2∶1的水泥浆，压力与灌浆压力相同，初始10min内注入浆量不大于10L合格。

2) 双孔连通试验。在指定部位布置2个间距2～3m的检查孔，向其中一孔注入水灰比为2∶1的水泥浆，压力与灌浆压力相同，如另一孔出浆流量小于1L/min为合格。

3) 检查孔及芯样检查。探测钻孔及观察岩芯，浆液结石充填饱满密实满足设计要求为合格。

图18.2　回填灌浆钻孔

18.1.4　示例图片

回填灌浆钻孔如图18.2所示。

18.2　固结灌浆施工工艺

18.2.1　适用范围

本工艺适用于水工隧洞洞室、混凝土重力坝等各种坝型的岩石固结灌浆。

18.2.2　施工流程

固结灌浆施工流程如图 18.3 所示。

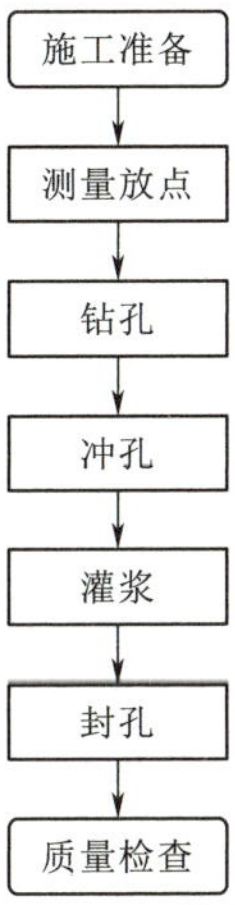

图 18.3　固结灌浆施工流程

18.2.3　工艺流程说明及主要质量控制要点

18.2.3.1　施工准备

（1）技术准备。技术交底，按照技术规范，每个分项工程分级进行施工技术交底。技术交底内容要充实，具有针对性和指导性，全体参加施工人员都要参加交底并签名，形成书面交底记录。

（2）水泥进场。应检查出厂检验报告，并按照规范规定取样复检拌制的水泥进行配合比试验，确定所用水泥的掺入量、水灰比和外加剂、砂的比例，各种掺量应通过试验确定。

（3）机具准备。按照施工措施要求的施工机具进行准备和检查。

18.2.3.2　测量放点

按照孔位布置图进行测量放点，设置桩号和轴线控制网。

18.2.3.3　钻孔

（1）固结灌浆孔可采用风钻或其他形式钻机钻孔，钻孔直径不宜小于 38mm，孔位、孔向和孔深应满足设计要求。

（2）所有钻孔统一编号，且注明各孔次序。

（3）钻孔记录，要详细完整地记录孔内情况，如换层、破碎、掉块、涌水、漏水、夹泥等。

（4）灌浆孔必须避开观测仪器及其引出电缆 50cm 以上，保护好预埋设备和电缆。现场可以根据实际情况调整孔位、孔向。

18.2.3.4　冲孔

（1）灌浆孔在钻孔结束后应进行钻孔冲洗，冲净孔内岩粉、泥渣。

（2）固结灌浆孔的压水试验在裂隙冲洗后进行，试验孔数不少于总孔数的 5%，压水试验采用单点法。

18.2.3.5　灌浆

（1）固结灌浆的基岩段长小于 6m 可采用全孔一次灌浆法，大于 6m 时选用分段灌浆。

（2）在注入量较小地段，同一排上的灌浆孔可并联灌浆，孔数不宜多于 3 个，孔位宜保持对称。

（3）浆液变换原则如下：

1）当灌浆压力保持不变，注入率持续减少，或注入率保持不变而灌浆压力持续升高，不得改变水灰比。

2）当某一比级浆液注入量达到 300L，或注浆时间达到 30min，而注入率和灌浆压力均无显著变化时，应加浓一级水灰比。

3）当注入率大于 30L/min 时，根据施工具体情况越级变浓。

（4）灌浆结束标准。在设计压力下，注入率不大于 1L/min 时，持续灌注 30min，即可结束灌浆。

18.2.3.6 封孔

灌浆结束后，用机械注浆进行封孔，灌浆塞卡在混凝土 30～50cm 内，封孔压力 3MPa，封孔时间 30min 即可结束，采用 0.6：1 或 0.5：1 水灰比。孔口混凝土脱空段采用干硬性水泥砂浆人工封填捣实。

18.2.3.7 固结灌浆施工质量要点

（1）钻孔孔深必须达到设计孔深、孔底残留不得大于 20cm。

（2）灌浆孔在灌浆前应用压力水进行裂隙冲洗，直至回水清净为止。冲洗水压采用灌浆压力的 80%并不大于 1MPa。由于隧洞固结灌浆多数采用纯压式灌浆，因此只宜在裂隙发育地段或其他认为必要的地段进行。

（3）采用普通浆液的需要时要进行浆液变换。开灌水灰比拟选用 2：1 或根据灌前压水的成果确定。灌浆水灰比拟采用 2：1、1：1、0.8：1、0.6：1（或 0.5：1）四个比级。

18.2.3.8 质量检查

（1）固结灌浆质量主要采用压水试验法进行检查，试验采用单点法，其检查孔的数量不应少于灌浆孔总数的 5%。检查结束后应进行灌浆和封孔。

（2）固结灌浆压水试验检查的时间宜在该部位灌浆结束 3d 或 7d 后进行。灌浆结束后，及时将灌浆记录和有关资料提交给监理人，以便拟定检查孔的孔位。

（3）检查孔合格标准为 80%以上试段的透水率不大于设计规定，其余试段的透水率不超过设计规定值的 150%，且分布不集中。

（4）固结灌浆压水试验检查压力。在 3MPa（含 3MPa）以下部位的压水试验检查压力为 1MPa，灌浆压力在 3MPa 以上部位的压水试验检查压力为该部位设计灌浆压力的 80%。

图 18.4 固结灌浆钻孔和灌浆施工

18.2.4 示例图片

固结灌浆钻孔和灌浆施工如图 18.4 所示。

18.3 帷幕灌浆施工工艺

18.3.1 适用范围

本工艺适用于水工隧洞洞室、混凝土重力坝等各种坝型的岩石帷幕灌浆。

18.3.2 施工流程

帷幕灌浆施工流程如图 18.5 所示。

18.3.3 工艺流程说明及主要质量控制要点

18.3.3.1 施工准备

（1）技术准备。按照技术规范，每个分项工程分级进行施工技术交底。技术交底内容要充实，具有针对性和指导性，全体参加施工人员都要参加交底并签名，形成书面交底记录。

（2）水泥进场。应检查出厂检验报告，并按照规范规定取样复检拌制的水泥进行配合比试验，确定所用水泥的掺入量、水灰比和外加剂、砂的比例，各种掺量应通过试验确定。

（3）机具准备。按照施工措施要求的施工机具进行准备和检查。

18.3.3.2　测量放点

按照孔位布置图进行测量放点，设置桩号和轴线控制网。

18.3.3.3　钻孔

（1）钻孔采用地质钻机。

（2）所有钻孔统一编号，且注明各孔次序。

（3）孔径，帷幕灌浆孔通常采用 ϕ60mm（孔口管段 ϕ91mm），检查孔采用 ϕ75mm。

（4）先导孔、检查孔应保留岩芯，编号、装箱保存、拍照，并作岩性描述。

（5）钻进结束待灌浆或灌浆结束待钻进时，孔口要妥善保护。

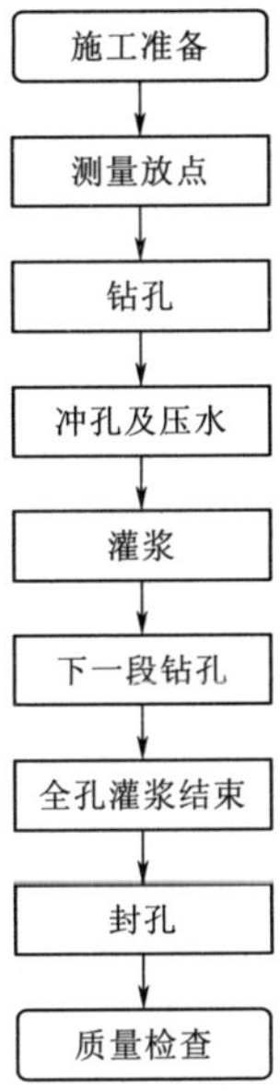

图 18.5　帷幕灌浆施工流程

18.3.3.4　冲洗及压水试验

（1）冲洗。每段钻完灌浆前，要进行压力水冲洗，裂隙冲洗可结合简易压水试验进行，冲洗水压采用灌浆压力的 80%并不大于 1MPa。

（2）压水试验。压水试验工作在钻孔冲洗结束后进行。先导孔及检查孔采用五点法作压水试验。其他帷幕灌浆孔宜做简易压水试验，其压力采用该段灌浆压力的 80%，如压力大于 1.0MPa 时，则采用 1.0MPa。五点法压水试验每 5min 测读一次压入流量，连续 4 次读数中最大值与最小值之差小于最终值的 10%，或最大值与最小值之差小于 1.0L/mim，则转入下一个压力阶段，取终值为计算值。简易压水试验，每 5min 测读一次压入流量，压水 20min 结束，取最终值为计算值。

18.3.3.5　灌浆

（1）帷幕灌浆必须按分序加密的原则进行，由三排孔组成的帷幕应先灌注下游排孔再灌注上游排孔然后进行中间排孔的灌浆，每排孔可分为二序；由两排孔组成的帷幕应先灌注下游排后灌注上游排，每排可分为二序或三序单排孔。

（2）帷幕应分为三序灌浆，在帷幕灌浆的先灌排或主帷幕孔中宜布置先导孔，先导孔可在一序孔中选取，其间距不宜小于 15m，或按该排孔数的 10%布置。

（3）采用自上而下分段灌浆法或孔口封闭灌法进行帷幕灌浆时，同一排相邻的两个次序孔之间以及后序排的第一次序孔与其相邻部位前序排的最后次序孔之间在岩石中钻孔灌浆的高差不得小于 15m。

（4）帷幕后的排水孔和扬压力观测孔必须在相应部位的帷幕灌浆完成并检查合格后方可钻进深孔固结灌浆可参照帷幕灌浆。

18.3.3.6　结束标准

（1）帷幕灌浆在规定压力下，当注入率不大于 1L/min 时，继续灌注 60min，灌浆即可结束。

（2）帷幕灌浆当压力小于 3MPa，当注入率不大于 1L/min 时，继续灌注 30min，灌浆即可结束。灌浆压力大于 3MPa 时，当注入率不大于 1L/min 时，继续灌注 10～20min，灌浆即可结束。

18.3.3.7　封孔

灌浆孔宜采用“全孔灌浆封孔法”封孔。孔口混凝土脱空段采用干硬性水泥砂浆人工封填捣实。最后将孔口管割平。

18.3.3.8　帷幕灌浆施工质量要点

(1) 钻孔位置与设计孔位偏差不得大于 10cm。

(2) 钻孔孔深必须达到设计孔深、孔底残留不得大于 20cm。

(3) 钻孔过程中，严格控制孔斜偏差，采用 KXP－1 型电子测斜仪进行孔斜观测，发现偏斜及时采取有效措施纠偏。

(4) 钻孔记录，要详细完整地记录孔内情况，如换层、破碎、掉块、夹泥、涌水、漏水等。

(5) 环向帷幕采用自上而内下分段阻塞式灌浆法。灌浆塞应阻塞在该灌浆段段顶以上 0.5m 处，防止漏灌。

(6) 灌浆时，射浆管距孔底不得大于 50cm。

(7) 冲孔、压水、灌浆全过程采用自动记录仪记录。

18.3.3.9　质量检查

(1) 帷幕灌浆质量检查应以检查孔压水试验成果为主，结合对施工记录、成果资料和检验测试资料的分析，进行综合评定。

(2) 检查孔钻孔位置应选在：

1) 帷幕中心线上。

2) 岩石破碎、断层、大孔隙等地质条件复杂的部位。

3) 末序孔注入量大的孔段附近。

4) 钻孔偏斜过大的部位。

5) 灌浆情况不正常以及分析认为帷幕灌浆质量有问题的部位。

(3) 帷幕灌浆检查孔的数量应为灌浆孔总数的 10%，一个单元工程内至少应布置一个检查孔。

(4) 帷幕灌浆检查孔压水试验应在该部位灌浆结束 14d 后进行。根据灌浆有关资料确定检查孔位置。

(5) 帷幕灌浆检查孔严格采取岩芯，并妥善保留并描述。

(6) 帷幕灌浆的封孔应严格按照施工规范进行检查。

(7) 帷幕灌浆压水试验合格标准：压水试验透水率小于设计要求为合格；混凝土与基岩接触段及其下一段的透水率的合格率为 100%；其余各段的合格率不小于 90%；不合格试段的透水率值不超过设计规定值的 150%，且不合格试段分布不集中，则灌浆质量可认为合格。否则，应按监理人的指示或批准的措施进行处理。

(8) 帷幕灌浆孔孔底允许偏差见表 18.1。

表 18.1　帷幕灌浆孔孔底允许偏差

孔　深/m		20	30	40	50	60
允许偏差/m	单排孔	0.25	0.45	0.70	1.00	1.30
	二或三排孔	0.25	0.50	0.80	1.15	1.50

18.3.4　示例图片

帷幕灌浆钻孔如图 18.6 所示。

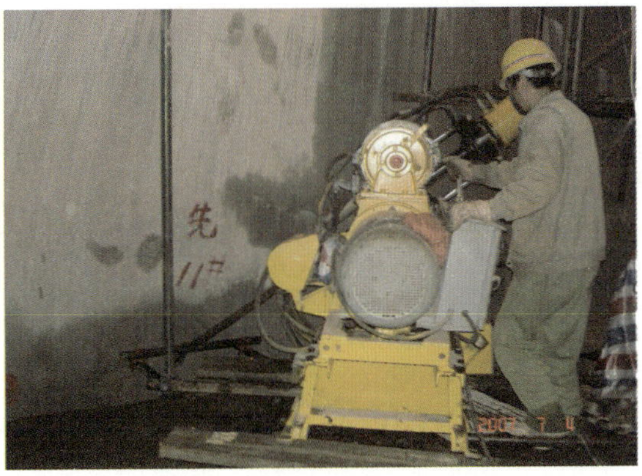

图 18.6 帷幕灌浆钻孔

18.4 相关标准

《水电工程钻孔压水试验规程》(NB/T 35113)
《水工建筑物水泥灌浆施工技术规范》(DL/T 5148)
《混凝土拌和用水标准》(JGJ 63)

第19章
岩壁吊车梁施工工艺

19.1 适用范围

本工艺适用于抽水蓄能电站地下厂房岩壁吊车梁部位的爆破开挖、锚杆及混凝土施工。

19.2 施工程序

岩壁吊车梁施工程序如图19.1所示，主要包括施工准备、预裂爆破、中部拉槽、保护层开挖、开挖及验收、锚杆施工、混凝土施工、岩壁吊车梁保护。

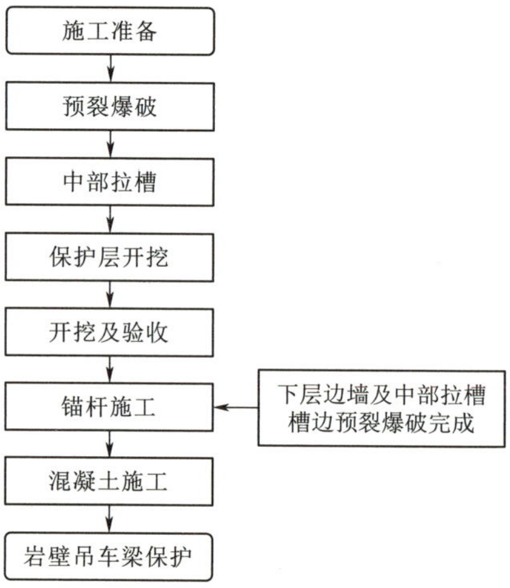

图19.1 岩壁吊车梁施工程序

地下厂房岩壁吊车梁部位施工具有施工程序复杂，施工周期较长，质量标准要求高的特点，施工时应遵循下列原则：在岩壁吊车梁锚杆安装前，应对岩壁吊车梁下面第一层的岩体边墙及中部拉槽的槽边进行预裂，以防止预裂的飞石或者爆破冲击波对岩壁吊车梁锚杆造成破坏或损伤，以及在下层开挖时对岩壁吊车梁起到减振作用。

19.3 工艺说明与工艺要求

19.3.1 施工准备

19.3.1.1 技术准备

(1) 设计单位应针对设计图纸及相关技术要求开展设计技术交底。

（2）熟悉和审核施工图纸，内容主要包括：

1）施工图纸是否完整齐全。

2）施工图纸与其图纸说明在内容上是否一致，施工图纸及其各组成部分间有无矛盾和错误。

3）地下厂房图与岩壁吊车梁细部结构图，在尺寸、坐标、标高和说明方面是否一致，技术要求是否明确。

4）审查施工图纸设计内容与强制性条文的符合性。

（3）钻爆工艺试验：

1）岩壁吊车梁开挖前，应结合实际情况进行生产性钻爆工艺试验。确定岩壁吊车梁开挖合理的施工方法和钻爆参数。通过现场实际操作，培养和提高现场人员的施工技能，熟悉施工流程。

2）岩壁吊车梁开挖时应进行爆破振动试验，以便在岩壁吊车梁下层开挖时，控制最大单响药量，使岩壁吊车梁部位爆破振动速度不大于70mm/s，从而防止因爆破振动速度过大对岩壁吊车梁混凝土及结合面造成损伤。

（4）岩壁吊车梁锚杆砂浆配合比试验、岩壁吊车梁混凝土配合比试验。

（5）编制岩壁吊车梁开挖、锚杆、混凝土施工方案报监理审批，根据施工方案编制有针对性的作业指导书。

（6）施工单位应对作业班组开展技术交底，内容主要包括：

1）安全技术措施、风险状况、应急处置措施等。

2）质量保证措施、质量标准、验收规范要求。

3）项目进度计划和季度、月、周作业计划。

4）水土保持和环境保护技术措施。

19.3.1.2　劳动力组织准备

（1）岩壁吊车梁施工应安排有经验的作业队组进行，并根据施工进度计划、施工技术要求合理配备各工种作业人员。

（2）岩壁吊车梁开挖施工前应进行人员安全教育培训，内容主要包括：

1）对全体人员进行安全生产教育培训，未经安全生产教育培训考核或者培训考核不合格的人员不得上岗作业。

2）特殊作业人员应按相关规定经过专门培训，取得相应资格证书，持证上岗。

3）新进人员或作业人员转入新的岗位前应进行相关作业技能培训。

4）为作业人员配置安全防护用品和用具并进行使用方法培训。

5）根据制定的应急处置措施、预案开展培训和演练。

19.3.1.3　工程材料准备

（1）材料进场前进行检查验收和取样送检，严禁不合格材料进入现场。

（2）根据当地爆破器材的供应情况及供货渠道开展爆破器材的采购，爆破器材的管理应符合国家、地方、国家电网有限公司、国网新源控股有限公司的相关规定。

（3）施工前应根据制定的应急处置措施、预案等配备应急物资。

19.3.1.4　施工设备准备

（1）岩壁吊车梁施工所需的机械设备主要有：

1）钻爆开挖机械设备。气腿式手风钻、装载机、挖掘机、自卸汽车等（图19.2）。

2）锚杆施工机械设备。多臂凿岩台车、锚杆注浆机、湿喷台车等（图19.3）。

3）混凝土施工机械设备。锯木机、钢筋调直机、切断机、弯曲机、弯拱机、电焊机、混凝土拌和运输车、吊罐、汽车吊、小直径插入式振捣器等。

（a）气腿式手风钻　（b）装载机　（c）挖掘机

图 19.2　钻爆开挖机械设备

（a）多臂凿岩台车　（b）锚杆注浆机　（c）湿喷台车

图 19.3　锚杆施工机械设备

4）风、水、电供应机械设备。发电机、空气压缩机、水泵、变压器等（图 19.4）。

（a）发电机　（b）空气压缩机　（c）水泵

图 19.4　风、水、电供应机械设备

5）测量设备。全站仪。

6）爆破振动测试设备等。

（2）应配备污染少、能效高、工况好的施工机械，优先选择电动、风动、液压传动机械。

（3）洞内使用柴油发动机设备应加装消烟净化装置并加强通风；不得使用汽油发动机设备。

（4）施工中的关键机械，如运输设备、支护设备、空气压缩机、水泵等应有备用数量。

19.3.1.5　现场准备

（1）根据监理单位审批的施工方案提前做好准备工作，确保现场施工供排水、电通、道路通畅、通信通畅。

（2）施工通风与除尘、辅助工程等相关技术要求应按《水工建筑物地下工程开挖施工技术规范》（DL/T 5099 ）的规定执行。

（3）现场安全文明施工设施应按照《抽水蓄能电站工程安全文明施工设施》（Q/GDW 11586）的规定执行。

19.3.2　开挖

岩壁吊车梁开挖施工流程（不包括上层开挖及本层中部拉槽开挖）如图 19.5 所示，主要包括上层边墙欠挖检查及处理、岩台保护层①区开挖及④区垂直光爆孔造孔、岩台保护层②区开挖、岩台保护层③区开挖、地质素描及岩面基础验收、锁口锚杆和角钢防护施工、下拐点以下系统支护、岩台④区开挖。其中锁口锚杆和角钢防护施工用于有地质缺陷的部位，地质条件较好的部位可以省去此工序。

19.3.2.1　工艺流程

岩壁吊车梁①～④区开挖施工工艺流程如图 19.6 所示，主要包括爆破参数设计、测量放线、样架施工、样架检查验收、钻孔施工、验孔、样架拆除、装药爆破、出渣清底、爆破效果检查。

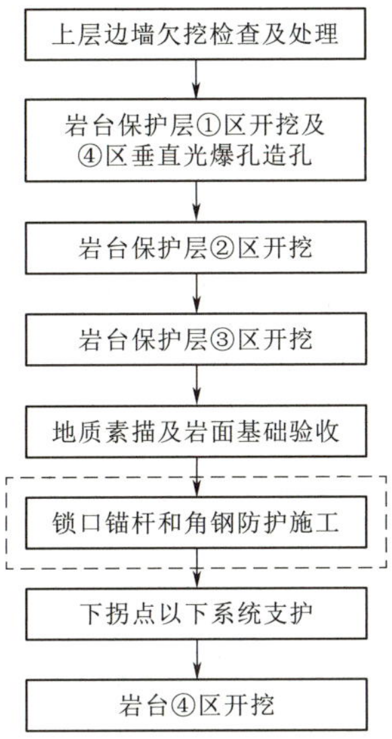

图 19.5　岩壁吊车梁开挖施工流程

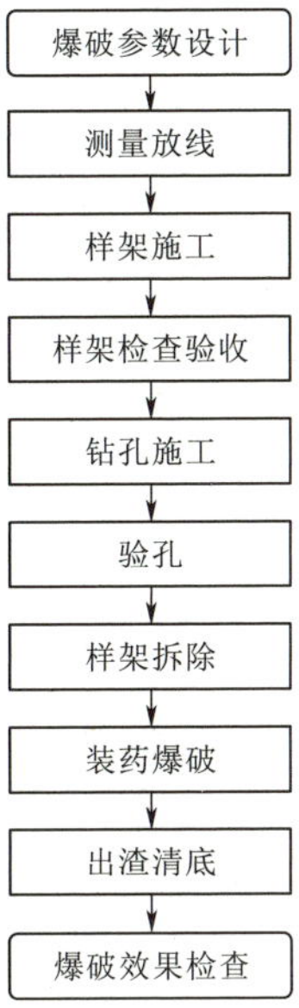

图 19.6　岩壁吊车梁①～④区开挖施工工艺流程

19.3.2.2　工艺质量安全要点

（1）岩壁吊车梁开挖通常按图 19.7 所示分段、分层、分区采取流水作业方式进行，主要应满足以下技术要求：

1）岩壁吊车梁上拐点以上保护层高度一般为 1.5～2.0m。

2）岩壁吊车梁下拐点以下开挖高度宜为 3.5～4.0m，底板开挖高程的确定应结合台车造孔、锚杆安装和混凝土浇筑等综合考虑。

3）岩壁吊车梁保护层①区、②区、③区开挖分层高度不宜大于 3m，以保证造孔精度满足设计要求。

4）岩壁吊车梁保护层②区底板距下拐点高度不宜小于 1m，以减少②区爆破对下拐点的损伤。

5）岩壁吊车梁保护层宽度宜为 2～4m。

6）中部主爆区与两侧预留保护层间应先预裂，两侧预留保护层，岩体开挖在中部主爆区开挖推进 30m 后进行。

7）保护层开挖分段长度一般为 15～20m，当遇到岩石破碎带、块体或断层部位时，分段长度可适当调整。

8）为避免相邻两段在进行前段开挖时对后段岩面和光爆孔的破坏，应针对两段相交部位采取适当的控制保护措施。下列两种措施可供参考：

a. ①区、②区、③区，在两段相交处采取光爆控制，靠近垂直光爆孔 1.5m 范围内光爆孔孔距按 50cm 布置，其余靠近中部拉槽侧按 80cm 布置，后挖段预钻 2m 范围的空孔不装药，如图 19.8 所示。

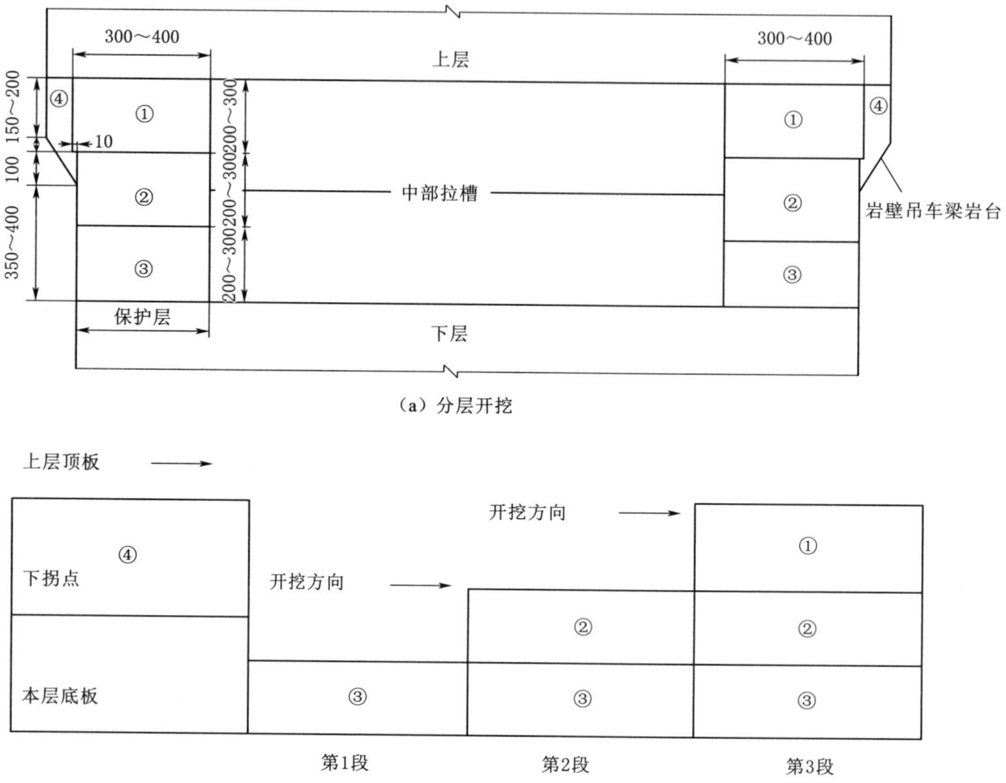

(a) 分层开挖

(b) 分段流水作业

图 19.7　岩壁吊车梁分段、分层、分区施工（单位：cm）

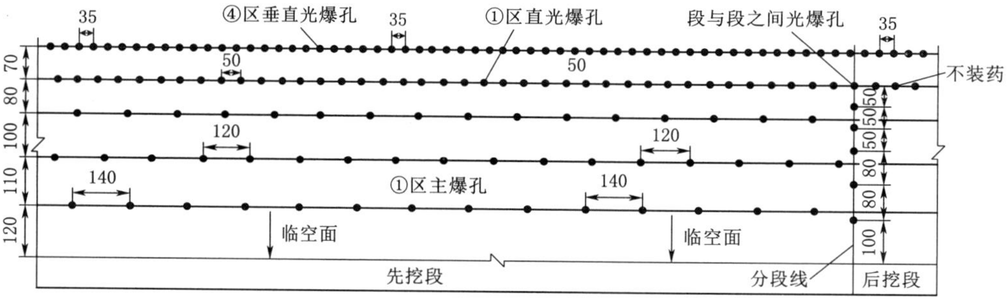

图 19.8　段与段之间爆破控制（单位：cm）

b. 爆破段交接部位以及主厂房与副厂房交接部位采用垂直厂横方向钻竖直孔，孔距为 30cm，以避免由于端部掀动破坏，影响开挖质量。交接部位爆破孔如图 19.9 所示。

(2) 开挖施工过程中的工艺要点主要有周边孔布置、测量放线、样架搭设、周边孔造孔、装药爆破、下拐点保护等。

1) 岩壁吊车梁光爆孔造孔控制如图 19.10 所示。周边孔孔位布置宜按下列原则进行：

a. ②区、③区、④区开挖周边光爆孔宜较①区适当加密布置。下列参数可供参考：①区开挖周边光爆孔布置一般间距为 50cm，②区、③区、④区开挖周边光爆孔布置一般间距为 30cm。

b. ①区开挖周边孔布置时应考虑为②区开挖预留操作空间，垂直布孔；②区、③区垂直光爆孔布置按孔底向岩壁内侧超挖 5～8cm 控制，以便下层开孔。④区垂直光爆孔布置时，上拐点按向岩壁内侧超挖 5cm，并向下超挖 5cm 控制。④区斜面光爆孔布置时，宜低于设计边线 3cm，以确保爆破成型面为设计岩台斜面，不出现欠挖。

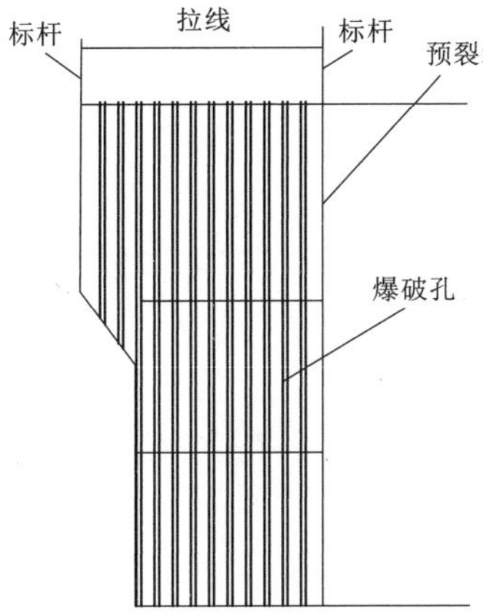

图 19.9　交接部位爆破孔

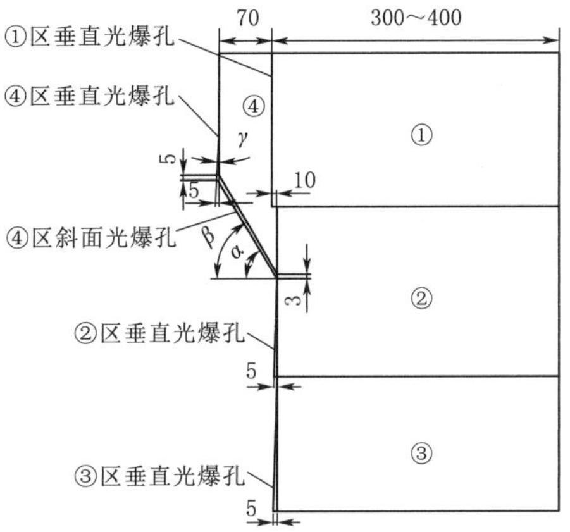

图 19.10　岩壁吊车梁光爆孔造孔控制（单位：cm）

2）测量放样内容应包括样架定位点、所有周边孔的开孔点。

3）放样点位应进行明显标识，放样过程现场技术人员应全程参与。

4）样架一般采用钢管排架搭设。样架主要有垂直孔样架、斜孔样架两种，其中垂直孔样架搭设如图 19.11 和图 19.12 所示，斜孔样架搭设如图 19.13 所示。

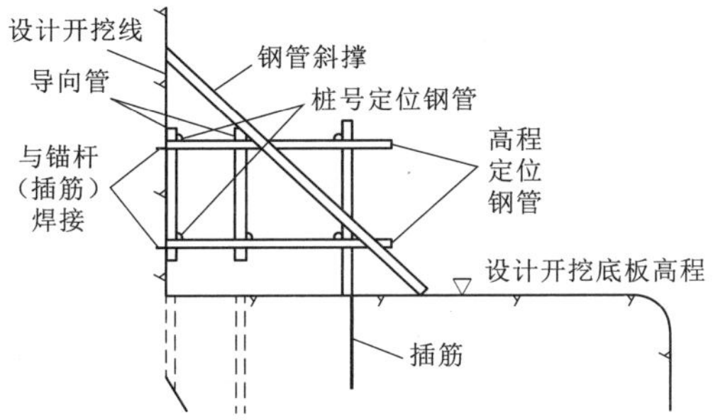

图 19.11　②区及④区岩台垂直周边孔钻孔搭设

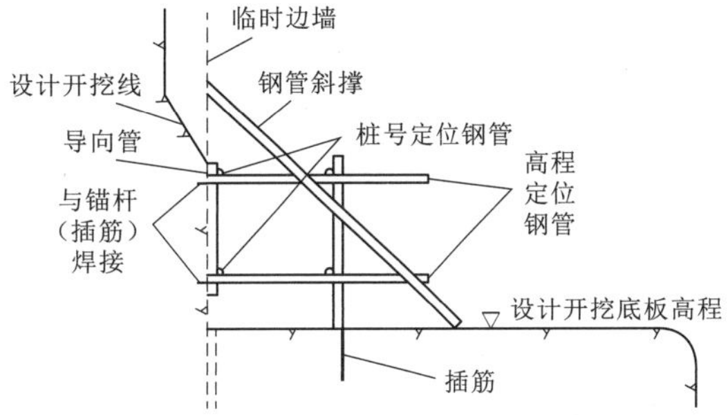

图 19.12　③区岩台垂直周边孔钻孔样架搭设

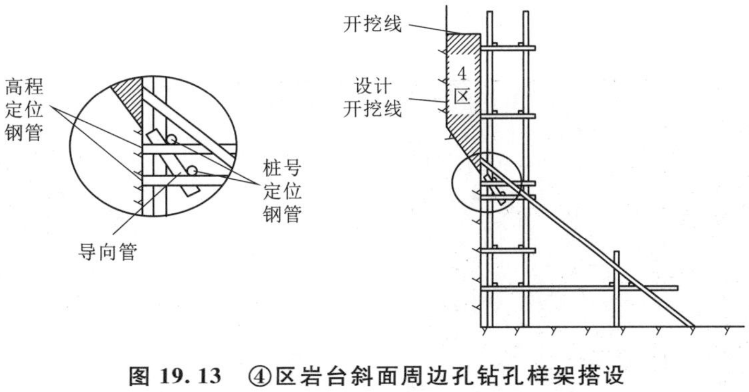

图 19.13　④区岩台斜面周边孔钻孔样架搭设

5）样架杆件的设置和连接应牢固稳定，样架与基础面及边墙应连接可靠，以确保在钻进过程中不出现轻微晃动、偏移等影响钻孔位置、角度的现象。

6）样架搭设完毕后须经过专业测量人员进行校核及质量管理部门验收后方能投入使用。

7）钻孔的孔位偏差为±20mm。以下周边孔孔位控制方法可供参考：先放出两端点后进行两端孔钻孔施工，在端孔检查合格后立上标志杆，通过测量对标志杆进行复核、标记、拉线，这样可以对段内各个孔位点进行校核。确保孔位准确且在一条直线上。

8）钻孔的孔倾角偏差为±3°，周边孔应采用导向管施工。导向管应采取对中措施，以保证钻杆居中，导向管结构如图 19.14 所示。

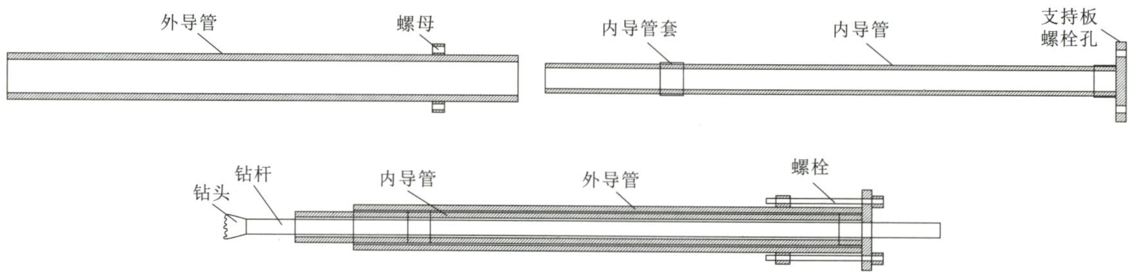

图 19.14　导向管结构

9）钻孔孔深控制和孔深检查宜采取下列措施：

a. 孔深控制宜根据各区开挖深度确定最终入导向管的长度，并在钻杆上标记控制，钻进过程中，当钻杆标记与钢管上口边沿重合时，即认为已达到设计孔深。

b. 深度检查宜采用以 15m 为一段的两端孔立上标志杆，在岩壁吊车梁台上方 50～100cm 处注上标记、拉线，然后量测的方法。

10）④区垂直光爆孔钻孔完成后应及时插入 PVC 管进行防护，防止在后续开挖爆破时出现塌孔、堵孔的情况。

11）应严格控制一次起爆药量，确保岩壁成型，保证岩壁的完整和稳定，尽量减小由于爆破而产生的岩石松动范围。

12）实际开挖过程中应根据揭露的地质情况及时对爆破参数进行优化调整。

13）光爆孔插药入孔时应注意药卷的方向，竹片靠洞室轮廓线一侧，药卷朝向最小抵抗线方向。

14）爆破孔采用黏土或细砂袋进行炮孔的堵塞，堵塞长度不小于炸药的最小抵抗线。

15）当岩台下拐点部位岩体较为破碎，节理、裂隙等较发育时，应在④区爆破施工前采取锁口加固措施，以保证岩台的成型质量。

16）岩壁不应欠挖，超挖不应大于 150mm，岩壁角偏差不应超过 3°。

19.3.2.3　示例图片

岩壁吊车梁斜孔钻孔样架如图 19.15 所示，岩壁吊车梁光爆效果如图 19.16 所示。

图 19.15　岩壁吊车梁斜孔钻孔样架

图 19.16　岩壁吊车梁光爆效果

19.3.3　锚杆施工

19.3.3.1　工艺流程

岩壁吊车梁锚杆施工工艺流程如图 19.17 所示。

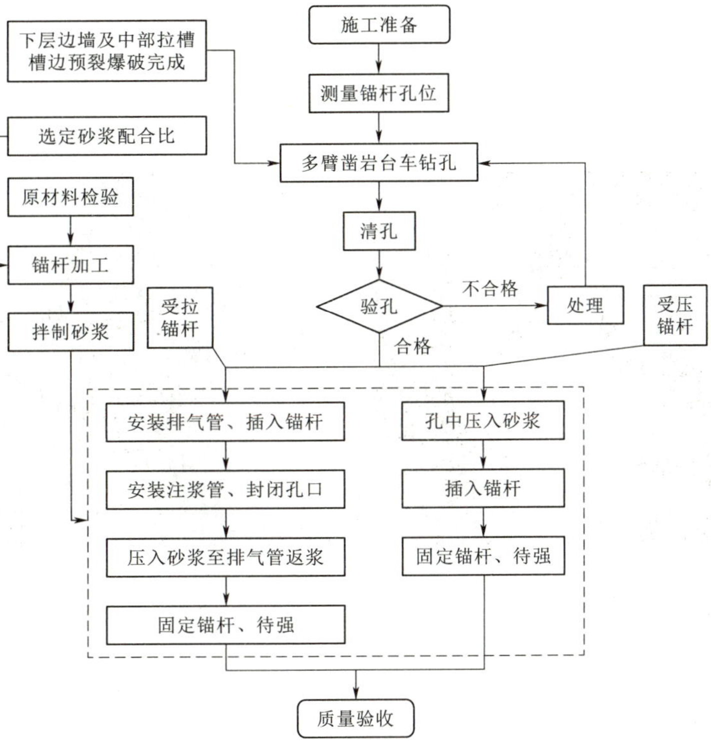

图 19.17　岩壁吊车梁锚杆施工工艺流程

19.3.3.2　工艺质量安全要点

（1）岩壁吊车梁锚杆孔位测量放样应根据设计图纸及开挖形成的超挖和欠挖实际情况计算确定，并做出标示。

（2）岩壁吊车梁锚杆孔位偏差不大于 50mm，锚杆方向角偏差不大于 2°。

（3）岩壁吊车梁锚杆应按 100%锚杆量对锚杆注浆饱满度和锚杆入岩长度进行无损检测，锚杆的注浆饱满度不应小于 90%，锚杆实际入岩长度应不小于设计入岩长度的 98%，且不足长度不超过 20cm。

（4）岩壁吊车梁锚杆造孔应采用多臂凿岩台车进行。

（5）锚杆钻孔孔径应大于锚杆直径 40mm，以保证杆体水泥砂浆保护层厚度不小于 20mm。

（6）锚杆体材料应满足设计要求，并应通长制作，不得采用接头，也不得与其他构件焊接。

（7）锚杆体上应附有居中隔离架，保证浆体的保护层厚度，增强其抗腐蚀能力，隔离架间距应不大于 2m。

（8）向钻孔安放锚杆杆体前，应用高压水或压缩空气冲洗钻孔，将孔内积水、岩粉、土屑、石渣吹干净。

（9）受压锚杆宜采用“先注浆后安装锚杆”工艺，受拉锚杆宜采用“先安装锚杆后注浆”工艺。对于受压锚杆应将注浆管插到距孔底 50～100mm 处，注浆管随浆液的注入缓慢匀速拔出，使孔内填满浆体；对于受拉锚杆应有延伸到距孔底 50～100mm 的排气管，孔口应设置止浆器，位于孔口的注浆管插入锚杆孔内的长度不宜小于 200mm，注浆应待排气管出浆时方可停止。

（10）锚杆孔注浆前应进行注浆试验，宜采用注浆压力不小于 5MPa 的注浆机全孔注浆；砂浆水灰比应根据试验确定，不应大于 0.45。

（11）锚杆正确安放就位后应立即在孔口采取固定措施，注浆体强度达到 70%设计强度前，不得晃动、敲击、碰撞或牵拉。

19.3.3.3　示例图片

钻锚杆孔如图 19.18 所示；注浆如图 19.19 所示。

图 19.18　钻锚杆孔

图 19.19　注浆

19.3.4　混凝土施工

19.3.4.1　工艺流程

岩壁吊车梁混凝土施工工艺流程如图 19.20 所示，主要包括施工准备、基岩面清理、测量放线、排架搭设、斜面模板安装、梁体钢筋安装、预埋件安装、直立面模板安装、堵头模板安装、清仓和验收、混凝土拌制和运输、混凝土入仓和振捣、收仓抹面、养护、直立面及斜面模板脱模、成型混凝土保护等。

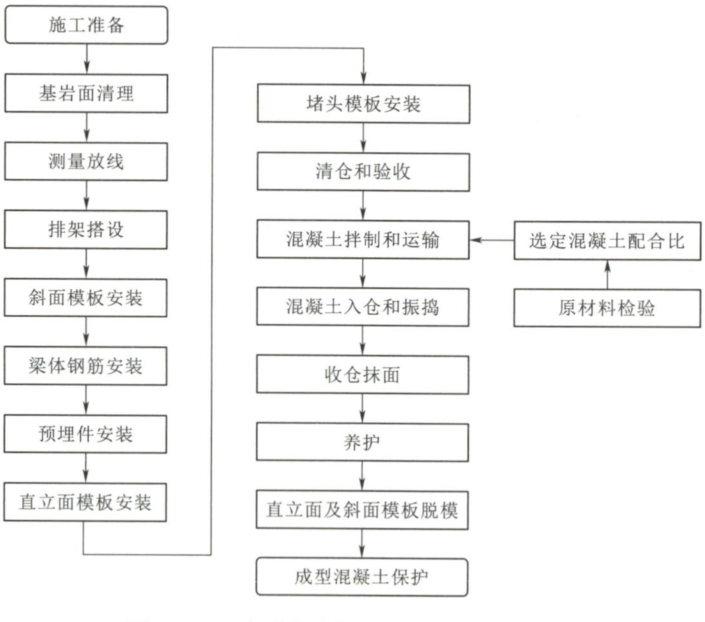

图 19.20　岩壁吊车梁混凝土施工工艺流程

19.3.4.2　工艺质量安全要点

（1）基岩面处理：

1）岩壁吊车梁基础开挖应符合设计要求并验收合格。

2）岩基面应清除松动岩块和其他残留物。

3）岩基面较光滑时，应进行凿毛处理。

4）岩基面应用压力水清洗干净，不应有粉尘、油污，在浇筑混凝土前应保持岩基面清洁和湿润。

5）岩基面及周边部位有渗水时，应按设计要求予以处理。

6）岩基面有地质缺陷时，应按设计要求予以处理。

7）岩壁吊车梁浇筑分仓应结合岩壁梁伸缩缝布置、孔洞布置、岩壁梁混凝土施工相关规程规范及设计图纸要求进行。

（2）模板工程。

1）概述。

a. 岩壁吊车梁混凝土模板一般由面板、围檩、型钢三脚架、模板支架、拉筋、锚杆、支撑和连接件等组成，是用于承受新浇混凝土的自重、侧压力和施工过程中所产生的荷载受力结构。岩壁吊车梁模板组成如图 19.21 所示。

b. 模板设计应满足混凝土施工措施中确定的控制条件，如混凝土的浇筑顺序、分层分块、浇筑方式、浇筑速度、施工荷载等，具有足够的承载力、刚度和稳定性。

2）整个模板系统应构成一个有机的整体，其面板材料须满足次围檩支撑下的受力要求，次围檩必须满足主围檩支撑下的受力要求，主围檩又必须满足支撑点（拉筋、锚杆；支撑桁架、模板支架）支撑下的受力要求。

a. 岩壁吊车梁混凝土模板一般采用覆膜胶合板或定型钢模板。

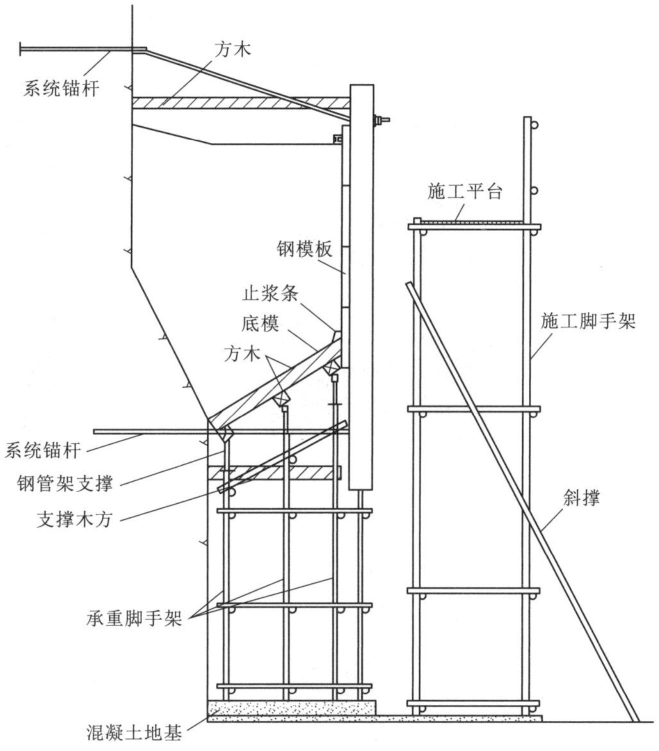

图 19.21　岩壁吊车梁模板组成

b. 面板采用覆膜胶合板时，其质量应符合《混凝土模板用胶合板》（GB/T 17656）的有关规定。材料如图 19.22 所示。当采用竹编胶合板时，其质量应符合《竹编胶合板》（GB/T 13123）有关规定。

c. 侧面面板采用定型钢模板时，钢模板应采用定制加工，应保证模板平整度和刚度。侧面钢模板一般采用槽钢加固；钢模板一般仓内不设拉筋，在底模下方和侧模上方设两排拉筋，以保证混凝土整体外表的整洁美观。

d. 面板表面应平整，没有明显变形、鼓包及多余的孔洞。

e. 围檩由主围檩和次围檩组成，一般采用方木、钢管或型钢。当采用方木时，其材质应符合《木结构设计规范》（GB 50005）的规定，如图 19.23 所示；当采用钢管或型钢时，其材质应符合《碳素结构钢》（GB/T 700）的有关规定。岩壁吊车梁围檩组成如图 19.24 所示。

f. 模板支架应采用承插型盘扣式钢管支架，如图 19.25 所示，其主要构配件的材质及制作质量要求应符合《建筑施工承插型盘扣式钢管支架安全技术规程》（JGJ 231）的有关规定。拉条的材质应符合《低碳钢热轧圆盘条》（GB/T 701）和《钢筋混凝土用钢》（GB 1499）的规定。

图 19.22　覆膜胶合板

图 19.23　方木

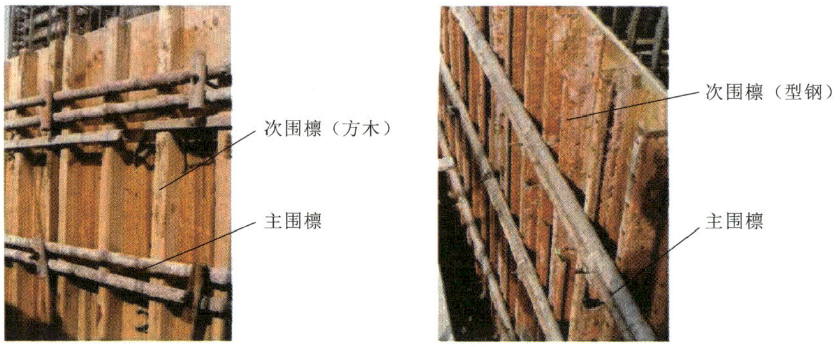

图 19.24　岩壁吊车梁围檩组成

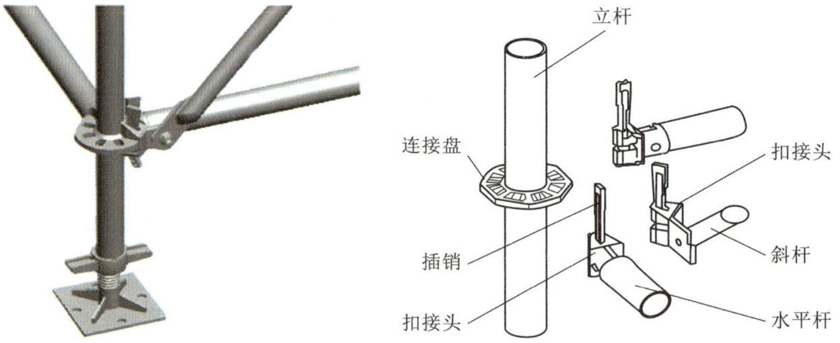

图 19.25　承插型盘扣式钢管支架

3）模板应具有足够的承载能力、刚度和稳定性，应能可靠地承受新浇混凝土的自重、侧压力和施工过程中所产生的荷载，其设计应符合《建筑施工模板安全技术规范》（JGJ 162）和《建筑施工承插型盘扣式钢管支架安全技术规程》（JGJ 231）的规定。

4）模板制作与安装。

a. 面板应采用锯木机加工、制作，不得随意在面板上开孔。

b. 面板接缝应紧密且平整，并对缝隙及连接部位采取堵缝措施，防止出现漏浆、错台现象。

c. 当围檩采用方木时，使用前应过刨，以保证截面尺寸一致。

d. 模板支架安装前应对地基进行加固处理，以保证地基承载力满足支架传递荷载的要求。为保证有足够的支撑面积，基础处理范围宜超出模板支架外侧边界不应小于 0.5m。

e. 承插型盘扣式钢管支架搭设应符合下列要求：

（a）应有专项设计方案，并经监理单位审批后实施。

（b）水平杆与立柱的扣接应牢靠，不应滑脱。

（c）立杆上的上、下层水平杆间距不应大于 1.8m。

（d）插入立杆顶端可调托座伸出顶层水平杆的悬臂长度不应超过 650mm，螺杆插入钢管的长度不应小于 150mm，其直径应满足与钢管内径间隙不小于 6mm 的要求。架体顶层的水平杆步距应比标准步距缩小一个节点间距。可调托座伸出顶层水平杆的悬臂长度如图 19.26 所示。

（e）立柱间应设置专用斜杆或扣件钢管斜杆加强模板支架。其搭设应符合 JGJ 231 的规定。

f. 混凝土外露面不得有模板拉筋头外露，应在拉筋与模板内侧处设置尼龙锥套，如图 19.27 所示。

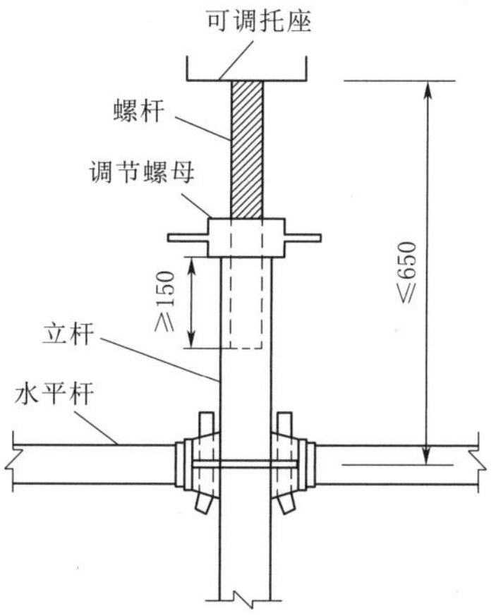

图 19.26 可调托座伸出顶层水平杆的悬臂长度

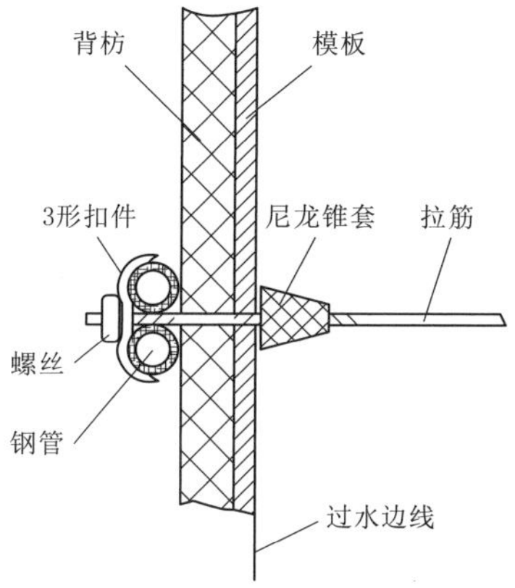

图 19.27 尼龙锥套

g. 形成模板系统的面板、围檩、型钢三脚架、模板支架、拉筋、锚杆、支撑和连接件等之间应可靠连接，安装时应符合下列要求：

（a）模板接缝处应设置次围檩，接缝应处于次围檩的中间位置。

（b）面板厚度、次围檩间距和最大悬挑长度、主围檩间距和最大悬挑长度应符合强度和变形的要求。

（c）型钢三脚架应采取有效措施防止偏移，并保证架体侧向稳定。

（d）锚杆与相连拉筋所形成的面应尽量与面板垂直，拉筋与面板的夹角不宜小于 45°。

（e）锚杆截面面积、锚固长度应按照《岩土锚杆与喷射混凝土支护工程技术规范》（GB 50086）计算确定；锚杆注浆应饱满。

（f）拉筋应顺直，不得弯曲。

（g）拉筋应焊接在岩壁吊车梁部位的系统锚杆或专门为固定模板而设的锚杆上，不得与岩壁吊车梁锚杆焊接。

（h）拉筋与锚杆（螺杆和插筋）之间采用手工电弧焊焊接，采用单面焊接时焊缝长度应不小于 $10d$（d 为拉筋直径），采用双面焊接时焊缝长度应不小于 $5d$。

h. 模板面板应涂抹脱模剂，脱模剂严禁使用废柴油，脱模剂不得污染钢筋及基岩面。

i. 模板与岩基面的接缝应紧密且平整，以防混凝土中砂浆的流失。

（3）钢筋工程。

1）材料要求。

a. 用于水工混凝土结构的钢筋应符合《低碳钢热轧圆盘条》（GB/T 701）、《钢筋混凝土用钢　第 1 部分：热轧光圆钢筋》（GB 1499.1）、《钢筋混凝土用钢　第 2 部分：热轧带肋钢筋》（GB 1499.2）、《钢筋机械连接技术规程》（JGJ 107）、《冷轧带肋钢筋》（GB 13788）、《钢筋混凝土用余热处理钢筋》（GB 13014）的规定要求。钢筋型号、牌号、直径等还应符合有关设计文件的要求。

b. 岩壁吊车梁中的钢筋应符合设计要求，当需要进行钢筋代换时，应办理设计变更手续。

2）钢筋加工。

a. 钢筋应根据钢筋配料表在钢筋加工厂进行下料、加工，并按照钢筋编号分类堆放挂牌。制作完成的钢筋经质检人员验收合格后，通过平板运输车运至施工现场。

b. 钢筋调直过程中不应损伤带肋钢筋的横肋。调直后其表面不得有明显的伤痕，如发现钢筋有劈裂现象，应作为废品处理，并应鉴定该批钢筋质量。

c. 采用冷挤压连接和螺纹连接的机械连接钢筋端头宜采用砂轮锯或钢锯片切割，不得采用电气焊切割。如切割后钢筋端头有毛边、弯折或纵肋尺寸过大者，应用砂轮机修磨。冷挤压接头不得打磨钢筋横肋。

d. 钢筋应一次弯折到位。

3）钢筋连接。

a. 岩壁吊车梁钢筋安装空间狭小，应确定合理的安装施工顺序，保证施工质量。

b. 钢筋运至施工现场后，通过吊车将钢筋分批吊运至作业面。钢筋应随吊随用，严禁将钢筋大量堆放在脚手架作业平台。

c. 钢筋绑扎连接应符合下列要求：

（a）受拉钢筋直径不大于 22mm，受压钢筋直径不大于 32mm，其他钢筋直径不大于 25mm，可采用绑扎连接。

（b）轴心受拉、小偏心受拉及直接承受动力荷载的构件纵向受力钢筋不得采用绑扎连接。

（c）钢筋搭接处，应在中心和两端用扎丝绑牢，绑扎不少于 3 道。

（d）钢筋采用绑扎搭接接头时，纵向受拉钢筋的接头搭接长度按受拉钢筋最小锚固长度值控制，见表 19.1。

（e）绑扎钢筋的扎丝和垫块上的扎丝均应按倒，不得伸入混凝土保护层内。

表 19.1　　纵向受拉钢筋绑扎接头最小搭接长度

项次	钢筋牌号	混凝土强度等级									
		C15		C20		C25		C30、C35		≥C40	
		受拉	受压	受拉	受压	受拉	受压	受拉	受压	受拉	受压
1	HPB235	50d	35d	40d	25d	30d	20d	25d	20d	25d	20d
2	HRB335	60d	45d	50d	35d	40d	30d	40d	25d	30d	20d
3	HRB400	—	—	55d	40d	50d	35d	40d	30d	35d	25d
4	CRB550	—	—	50d	35d	40d	30d	35d	25d	30d	20d

注　1. 月牙肋钢筋直径 $d>25$mm 时，最小搭接长度应按表中数值增加 5d。
2. 表中 HPB235 级光圆钢筋的最小锚固长度值不包括端部弯钩长度。当受压钢筋为 HPB235 级钢筋，末端又无弯钩时，其搭接长度不应小于 30d。
3. 如施工中分不清受压区或受压区，则搭接长度按受压区处理。

d. 钢筋电弧搭接焊应符合下列要求：

(a) 搭接焊接头的两根搭接钢筋的轴线宜位于同一直线上。

(b) 搭接焊焊缝高度应为被焊接钢筋直径的 0.25 倍，且不小于 4mm；焊缝的宽度应为被焊接钢筋直径的 0.7 倍，且不小于 10mm。

(c) 钢筋搭接焊时宜采用双面焊，如图 19.28 (a) 所示，当不能进行双面焊时，可采用单面焊，如图 19.28 (b) 所示。钢筋搭接长度见表 19.2。直径小于 10mm 的钢筋采用电弧搭接焊焊接时，其焊缝高度、宽度应根据试验确定。

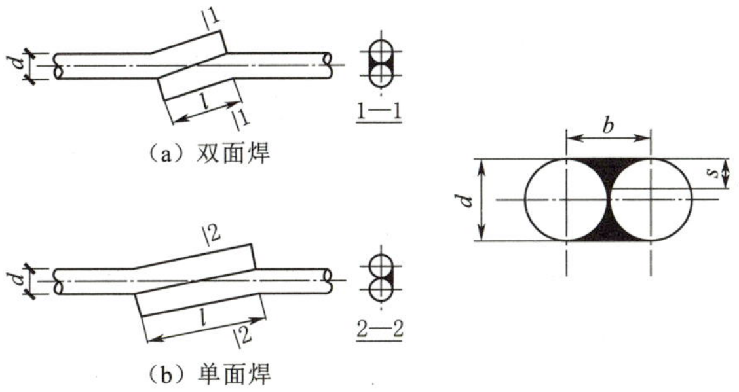

图 19.28　钢筋搭接焊

b—焊缝宽度；s—焊缝厚度；d—钢筋直径；l—搭接长度

表 19.2　　钢筋搭接、帮条长度

钢　筋　牌　号	焊缝形式	帮条长度 l
HPB300	单面焊	≥8d
	双面焊	≥4d
HPB235、HRB335、HRBF335、HRB400	单面焊	≥10d
HRBF400、HRB500、HRBF500、RRB400	双面焊	≥5d

注　d 为主筋直径，mm。

e. 钢筋电弧帮条焊应符合下列要求：

(a) 帮条宜采用与主筋同牌号、同直径的钢筋。

(b) 帮条焊接头的焊缝高度不应小于主筋直径的 0.3 倍；焊缝宽度不应小于主筋直径的 0.8 倍。两主筋断面的间隙应为 2～5mm。

(c) 帮条焊宜采用双面焊，如图 19.29 (a) 所示。当不能进行双面焊时，可采用单面焊，如图 19.29 (b) 所示。钢筋帮条长度符合表 19.2 的规定。

(d) 焊接时，应在帮条焊形成焊缝中引弧；在端头收弧前应填满弧坑，并应使主焊缝与定位焊缝的始端和终端融合。

(e) 直径小于 10mm 的钢筋采用帮条电弧焊焊接时，其焊缝高度、宽度应根据试验确定。

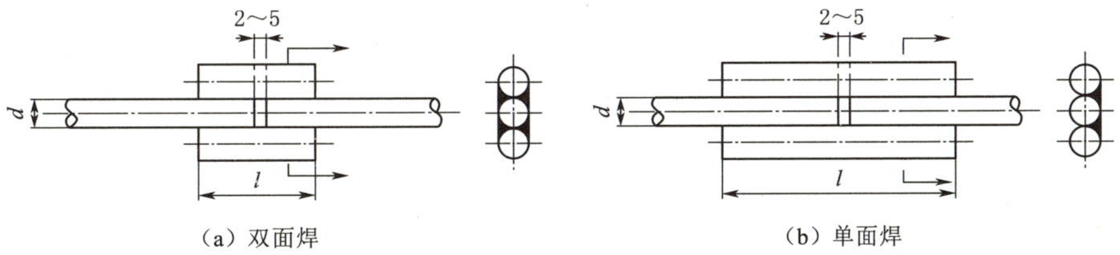

图 19.29　钢筋帮条焊（单位：mm）

d—钢筋直径；l—帮条长度

f. 钢筋直螺纹连接应符合下列要求：

(a) 接头的设计应满足强度及变形性能的要求。

(b) 钢筋端部应切平后加工螺纹。

(c) 镦粗头不得有与钢筋轴线相垂直的横向裂纹。

(d) 钢筋丝头长度应满足产品设计要求，公差应为 0～2.0p。

(e) 钢筋丝头应满足精度要求，应使用专用直螺纹量规检验，通规能顺利旋入并达到要求的拧入长度，止规旋入不得超过 $3p$。抽检数量 10%，检验合格率不应小于 95%。

(f) 已检验合格的钢筋直螺纹应加以保护，钢筋螺纹头应戴上保护帽，保护帽在存放及运输装卸过程中不得取下。

(g) 安装接头时可用管钳扳手拧紧，应使钢筋丝头在套筒中央位置相互顶紧。标准型接头安装后的外露螺纹不宜超过 $2p$，加长型接头的外露丝扣不受限制，但应有明显标记，以检查进入套筒的丝头长度是否满足要求。

(h) 钢筋直螺纹接头安装后应用扭矩扳手校核拧紧，拧紧扭矩值应符合表 19.3 的规定。

表 19.3　钢筋直螺纹接头安装时的最小拧紧扭矩

钢筋直径/mm	≤16	18～20	22～25	28～32	36～40
拧紧扭矩/(N·m)	100	200	260	320	360

g. 其他机械连接和焊接连接应符合《水工混凝土钢筋施工规范》(DL/T 5169) 的规定。

4) 接头分布要求：

a. 钢筋接头应分散布置，宜设置在受力较小处，同构件中的纵向受力钢筋接头宜相互错开，结构构件中纵向受力钢筋的接头应相互错开 $35d$（d 为纵向受力钢筋的较大直径），且不小于 500mm。

b. 配置在同截面内的下述受力钢筋，其焊接与绑扎接头的截面积占受力钢筋总截面面积的百分比，应符合下列规定：

(a) 绑扎接头，在构件的受拉区中不超过 25%，在受压区不宜超过 50%。

(b) 闪光对焊、熔槽焊、电渣压力焊、气压焊、窄间隙焊接头在受弯构件的受拉区，不超过 50%，在受压区不受限制。

(c) 焊接与绑扎接头距离钢筋弯头起点不小于 $10d$，也不应位于最大弯矩处。

c. 机械连接接头分布按照下列要求进行：

(a) 接头宜设置在结构构件受拉钢筋应力较小部位，当需要在高应力部位设置接头时，在同一连接区段内 C 级接头的百分比不应大于 25%，B 级接头的百分比不应大于 50%，A 级接头的百分比可不受限制。

(b) 受拉钢筋应力较小部位或纵向受压钢筋，接头百分比可不受限制。

(c) 对直接承受动力荷载的结构构件，接头百分比不应大于 50%。

d. 当施工中不能明确分辨受拉区和受压区时，其接头分布应按受拉区处理。

5) 从事钢筋焊接施工的焊工应持有钢筋焊工考试合格证，并应按照合格证规定的范围上岗操作。

6) 施工中发现钢筋脆断、焊接性能不良、机械性能异常或力学性能显著不正常等现象时，应停止使用该批钢筋，并应对该批钢筋进行化学成分检验及其他专项检验。

7) 钢筋安装时应保证其净保护层厚度满足《水工混凝土结构设计规范》(DL/T 5057) 或设计文件规定的要求。在钢筋与模板之间应设置强度不低于该部位混凝土强度的垫块，垫块的高度与净保护层厚度相应均匀分散布置，固定牢固。

(4) 预埋件安装：

1) 预埋件安装主要有排水管、接地扁铁、轨道预埋件、电缆管等。

2) 预埋件均应通过测量放线确定出设计安装位置，安装精度应满足设计和规范要求。埋设安装时应详细记录施工过程，埋设完毕经检验合格后方可进行混凝土浇筑。

3) 预埋件固定措施应牢固可靠，防止混凝土浇筑时发生位移。

(5) 混凝土浇筑。

1）混凝土原材料的主要技术指标应符合《水工混凝土施工规范》（DL/T 5144）的规定。

2）混凝土搅拌时应对原材料用量准确计量，计量设备的精度应符合《建筑施工机械与设备混凝土搅拌站（楼）》（GB 10171）的规定，并应定期校准。

3）混凝土宜采用强制式混凝土拌和站拌和。

4）混凝土的水平运输应采用搅拌运输车，垂直运输宜采用吊车配吊罐的方式。

5）运输过程中应保证混凝土拌和物的均匀性、工作性和连续性。

6）混凝土运输、输送、浇筑过程中严禁加水；混凝土运输、输送、浇筑过程中散落的混凝土严禁用于浇筑。

7）混凝土浇筑应分段跳仓浇筑，分段长度一般为 8～12m，梁内纵向钢筋应跨缝连接。仓面设计应悬挂于仓面处，供施工人员及业主单位等巡视人员随时查看。

8）混凝土浇筑前坯层厚度控制线和收仓线应标识清楚。

9）混凝土浇筑应保持连续性，混凝土浇筑允许间歇时间应通过试验确定。

10）混凝土浇筑应采用平铺法，铺料厚度应根据层面覆盖面积、混凝土的入仓强度、浇筑速度、气温及振捣器的性能等因素确定。

11）未排除泌水的部位不得布料。

12）在靠近模板和预埋件仪器周围布料和振捣时应防止产生位移和损坏。

13）岩壁吊车梁混凝土浇筑，单仓应连续一次浇筑完成。

14）振捣时间以混凝土表面无明显塌陷、有水泥浆出现、不再冒气泡为准。振捣时间不宜过长，避免由于时间过长，使砂浆上浮过多，石子集中下部，混凝土产生离析。

15）振捣在平仓之后立即进行，宜用高频、振幅较大、小直径插入式振捣器振捣。

16）振捣作业路线保持一致，并按顺序依次进行，以防漏振。振捣棒应垂直于混凝土表面并快插慢拔均匀振捣，如图 19.30 所示。

17）为使上下层混凝土振捣密实均匀，在振捣第一层混凝土时，振捣棒距基岩面 5cm 左右为宜；在振捣上层混凝土时，应插入下层混凝土不小于 5cm，使上下两层结合良好。

18）振捣插点间距不应不大于振捣棒的作用半径的 1.4 倍，振捣棒与模板的距离不应大于振捣棒作用半径的 50%。实际操作时可根据振捣后在混凝土表面留下的圆形泛浆区域相互衔接来判断，振捣孔位布置如图 19.31 所示。

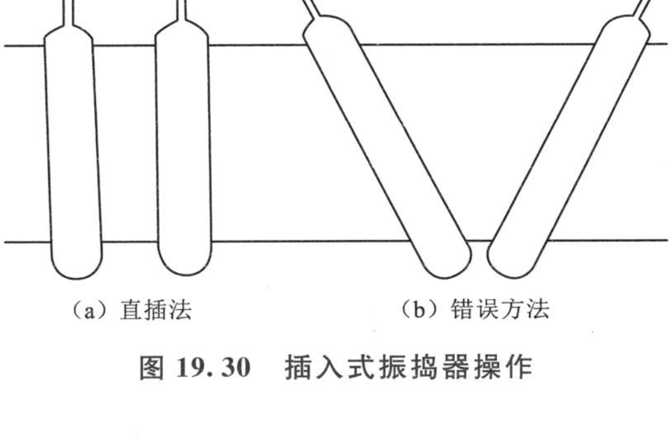

（a）直插法　　（b）错误方法

图 19.30　插入式振捣器操作

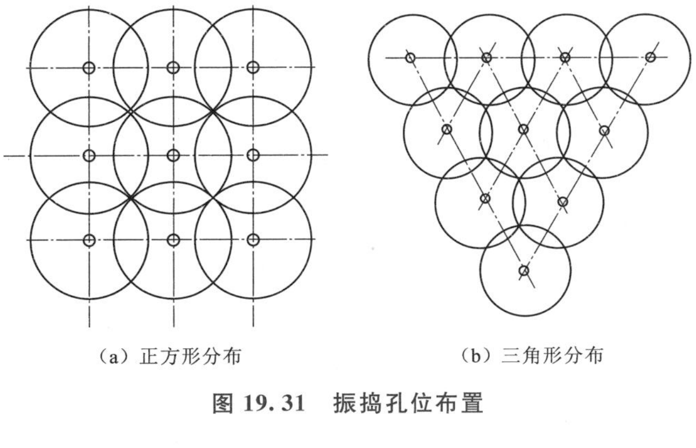

（a）正方形分布　　（b）三角形分布

图 19.31　振捣孔位布置

19）混凝土浇筑过程中，应对模板的变形情况进行检查，及时调校模板。

20）永久外露面混凝土终凝前应采用二次压光工艺，防止混凝土面产生干缩裂缝。

21）混凝土浇筑后应及时进行保湿养护，保湿养护可采用洒水、覆盖等方式。选择养护方式应考虑现场条件、环境温湿度、构件特点、技术要求、施工操作等因素。

22）梁体混凝土的浇筑应采取合适的温控措施和施工措施，防止梁体混凝土裂缝产生。

23）岩壁吊车梁混凝土达到设计强度后，才能进行下一层开挖。岩壁吊车梁混凝土浇筑完成且下一层岩体开挖完毕后，方可拆除岩壁吊车梁底模，防止下层开挖飞石损伤岩壁梁混凝土表面。岩壁吊车梁侧面拆模后应进行保护。

19.3.4.3　示例图片

钢筋效果如图 19.32 所示；混凝土入仓如图 19.33 所示；岩壁吊车梁混凝土养护如图 19.34 所示；岩壁吊车梁完成效果如图 19.35 所示。

图 19.32　钢筋效果

图 19.33　混凝土入仓

图 19.34　岩壁吊车梁混凝土养护

图 19.35　岩壁吊车梁完成效果

19.4　WHS 质量控制点

岩壁吊车梁施工主要工序 WHS 质量控制点见表 19.4。

表 19.4　岩壁吊车梁施工主要工序 WHS 质量控制点

序号	质量控制点	W（见证）	H（停工待检）	S（旁站）
1	测量	√		
2	样架搭设		√	
3	钻孔		√	
4	装药联网			√
5	排险			√
6	出渣	√		

续表

序号	质量控制点	W（见证）	H（停工待检）	S（旁站）
7	锚杆（锚杆桩）		√	
8	喷混凝土		√	
9	混凝土外观	√		

19.5　质量检查与验收

19.5.1　岩壁吊车梁开挖的质量检查与验收

按照《水电水利基本建设工程　单元工程质量等级评定标准　第 1 部分：土建工程》（DL/T 5113.1）规定的要求进行质量验收，主要检查项目和质量标准见表 19.5。

表 19.5　岩壁吊车梁岩台开挖质量检查项目和质量标准

项类	检　查　项　目	质　量　标　准	检　测　方　法
主控项目	(1) 保护层开挖	浅孔、密孔、少药量、控制爆破	观察检查与查看施工记录，必要时进行声波检测
	(2) 岩台面	无松动岩块，无明显爆破裂隙	
	(3) 不良地质开挖处理	满足设计处理要求	
	(4) 多组切割的不稳定岩体开挖		
一般项目	(1) 孔、洞（井）或洞穴	满足设计处理要求	观测检查或查看施工记录
	(2) 长度	不小于设计要求或有关规定	测量仪器、测量工具检查
	(3) 高程	0，+20cm	
	(4) 垂直或斜面不平整度	15cm	用 2m 直尺检查
	(5) 声波检测（需要时采用）	声波降低率小于 10%，或达到设计要求声波值以上	仪器检测

19.5.2　锚杆施工的质量检查与验收

按照《水电水利工程锚喷支护施工规范》（DL/T 5181），《岩土锚杆与喷射混凝土支护工程技术规范》（GB 50086）、《水电水利基本建设工程　单元工程质量等级评定标准　第 1 部分：土建工程》（DL/T 5113.1）规定的要求进行质量验收，主要检查项目、质量标准和检测方法见表 19.6。

表 19.6　锚杆质量检查项目、质量标准和检测方法

项类	检　查　项　目	质　量　标　准	检　测　方　法
主控项目	锚杆及胶结材料性能	符合设计要求	取样试验、查看资料
	锚孔清理	无岩粉、积水	查看施工记录、测杆测量
	锚孔孔深	符合设计要求	钢尺、测杆测量
	注浆锚杆抗拔力（或无损检测）	符合设计要求	现场抽查试验、查看资料
一般项目	孔位偏差	≤10cm	钢尺、测杆测量
	钻孔方向	垂直锚固面或符合设计要求	钢尺、经纬仪测量
	孔径	符合设计要求	钢尺测量
	锚杆长度	符合设计要求	钢尺测量
	注浆	符合设计要求	现场检查

19.5.3　混凝土施工的质量检查与验收

（1）基础面。按照《水电水利基本建设工程　单元工程质量等级评定标准　第 1 部分：土建工程》（DL/T 5113.1）规定的要求进行质量验收，主要检查项目和质量标准见表 19.7。

表 19.7　基础面检查项目和质量标准

<table>
<tr><th>项　类</th><th colspan="2">检　查　项　目</th><th>质　量　标　准</th></tr>
<tr><td rowspan="3">主控项目</td><td rowspan="2">基础岩面</td><td>建基面</td><td>无松动岩块</td></tr>
<tr><td>地表水和地下水</td><td>妥善引排或封堵</td></tr>
<tr><td>软基面</td><td>建基面</td><td>预留保护层已挖除，符合设计要求</td></tr>
<tr><td rowspan="3">一般项目</td><td>基础岩面</td><td>岩面清洗</td><td>清洗洁净，无积水，无积渣杂物</td></tr>
<tr><td rowspan="2">软基面</td><td>垫层铺填</td><td>符合设计要求</td></tr>
<tr><td>基础面清理</td><td>无乱石、杂物，坑洞分层回填夯实</td></tr>
</table>

（2）模板工程。按照《水电水利基本建设工程　单元工程质量等级评定标准　第 1 部分：土建工程》（DL/T 5113.1）规定的要求进行质量验收，主要检查项目和质量标准见表 19.8。

表 19.8　模板质量检查项目和质量标准

<table>
<tr><th rowspan="2">项类</th><th rowspan="2" colspan="2">检　查　项　目</th><th colspan="2">质　量　标　准</th></tr>
<tr><th>外露表面</th><th>隐蔽内面</th></tr>
<tr><td rowspan="5">主控项目</td><td colspan="2">（1）强度、刚度和稳定性</td><td colspan="2">符合模板设计要求</td></tr>
<tr><td rowspan="2">（2）结构物边线与设计边线</td><td>外模板</td><td>0，−10mm</td><td rowspan="2">15mm</td></tr>
<tr><td>内模板</td><td>+10mm，0</td></tr>
<tr><td colspan="2">（3）结构物水平截面内部尺寸</td><td colspan="2">±20mm</td></tr>
<tr><td colspan="2">（4）承重模板标高</td><td colspan="2">+5mm
0</td></tr>
<tr><td rowspan="7">一般项目</td><td rowspan="2">（1）模板平整度</td><td>相邻两面板错台</td><td>2mm</td><td>5mm</td></tr>
<tr><td>局部不平（用 2m 直尺检查）</td><td>5mm</td><td>10mm</td></tr>
<tr><td colspan="2">（2）板面缝隙</td><td>2mm</td><td>2mm</td></tr>
<tr><td colspan="2">（3）模板外观</td><td colspan="2">规格符合设计要求，表面光洁，无污物</td></tr>
<tr><td colspan="2">（4）脱模剂</td><td colspan="2">质量符合标准要求，涂抹均匀</td></tr>
<tr><td rowspan="2">（5）预留孔洞</td><td>中心线位置</td><td colspan="2">5mm</td></tr>
<tr><td>截面内部尺寸</td><td colspan="2">+10mm，0</td></tr>
</table>

注　1. 外露表面、隐蔽内面是指相应模板的混凝土结构表面最终所处的位置。

2. 高速水流区、流态复杂部位、机电设备安装部位的模板，还应符合专项的设计要求。

（3）钢筋工程。按照《水电水利基本建设工程　单元工程质量等级评定标准　第 1 部分：土建工程》（DL/T 5113.1）和《水工混凝土钢筋施工规范》（DL/T 5169）规定的要求进行钢筋质量验收，质量检查项目和质量标准见表 19.9。

表 19.9　　钢筋质量检查项目和质量标准

项类	检查项目				质量标准
主控项目	(1) 钢筋的材质、数量、规格尺寸、安装位置				符合产品质量标准和设计要求
主控项目	(2) 钢筋接头的力学性能				符合施工规范及设计要求
主控项目	(3) 焊接接头和焊缝外观				不允许有裂缝、脱焊点和漏焊点，表面平顺、没有明显的咬边、凹陷、气孔等，钢筋不得有明显烧伤
主控项目	(4) 套筒的材质及规格尺寸				符合质量标准和设计要求，外观无裂纹或其他肉眼可见缺陷，挤压以后的套筒不得有裂纹
主控项目	(5) 钢筋接头丝头				符合规范及设计要求，保护良好，外观无锈蚀和油污，牙形饱满光滑
主控项目	(6) 接头分布				满足规范及设计要求
主控项目	(7) 螺纹匹配				丝头螺纹与套筒螺纹满足连接要求，螺纹结合紧密，无明显松动，以及相应处理方法得当
主控项目	(8) 冷挤压连接接头挤压道数				符合型式检验确定的道数
一般项目	(1) 闪光对焊	接头处的弯折角			≤4°
一般项目	(1) 闪光对焊	轴线偏移			≤0.10d，且≤2mm
一般项目	(2) 搭接焊或帮条焊	帮条对焊接接头中心的纵向偏移			≤0.50d
一般项目	(2) 搭接焊或帮条焊	接头处钢筋轴线的曲折			≤4°
一般项目	(2) 搭接焊或帮条焊	焊缝	长度		−0.50d
一般项目	(2) 搭接焊或帮条焊	焊缝	高度		−0.05d
一般项目	(2) 搭接焊或帮条焊	焊缝	宽度		−0.10d
一般项目	(2) 搭接焊或帮条焊	焊缝	咬边深度		≤0.05d，且≤1mm
一般项目	(2) 搭接焊或帮条焊	焊缝	表面气孔和夹渣	在 2d 长度的数量	≤2 个
一般项目	(2) 搭接焊或帮条焊	焊缝	表面气孔和夹渣	气孔、夹渣的直径	≤3mm
一般项目	(3) 熔槽焊	焊缝余高			≤3mm
一般项目	(3) 熔槽焊	接头处钢筋中心线的位移			≤0.10d
一般项目	(4) 窄间隙焊	横向咬边深度			≤0.5mm
一般项目	(4) 窄间隙焊	接头处钢筋中心线的位移			≤0.10d，且≤2mm
一般项目	(4) 窄间隙焊	接头处的弯折角			≤4°
一般项目	(5) 机械连接	带肋钢筋套筒冷挤压连接接头	压痕处套筒外形尺寸		挤压后套筒长度应为原套筒的 1.10～1.15 倍，或挤压出套筒的外径波动范围为原套筒外径的 0.8～0.9 倍
一般项目	(5) 机械连接	带肋钢筋套筒冷挤压连接接头	接头弯折		≤4°
一般项目	(5) 机械连接	直螺纹连接接头	外露丝扣		无 1 扣以上完整丝扣外露
一般项目	(5) 机械连接	锥螺纹连接接头	拧紧力矩值		应符合 DL/T 5169 的规定
一般项目	(5) 机械连接	锥螺纹连接接头	接头丝扣		无 1 扣以上完整丝扣外露
一般项目	(6) 绑扎		搭接长度		应符合 DL/T 5169 的规定
一般项目	(7) 钢筋长度方向的偏差				+1/2 净保护层厚
一般项目	(8) 同一排受力钢筋间距的局部偏差		柱及梁中		±0.50d
一般项目	(8) 同一排受力钢筋间距的局部偏差		板及墙中		±0.10 倍间距
一般项目	(9) 同一排中分布钢筋间距的偏差				±0.10 倍间距
一般项目	(10) 双排钢筋，其排与排间距的局部偏差				±0.10 倍排距
一般项目	(11) 梁与柱中钢筋间距的偏差				0.10 倍箍筋间距
一般项目	(12) 保护层厚度的局部偏差				±1/4 净保护层厚

注　d 为钢筋直径。

（4）混凝土浇筑。按照《水电水利基本建设工程　单元工程质量等级评定标准　第 1 部分：土建工程》（DL/T 5113.1）规定的要求进行混凝土浇筑质量和外观质量验收，主要检验项目和质量标准见表 19.10 和表 19.11。

表 19.10　　混凝土浇筑质量检查项目和质量标准

项类	检查项目	质量标准	
		优良	合格
主控项目	入仓混凝土料（含原材料、拌和物及硬化混凝土）	无不合格料入仓	少量不合格料入仓，经处理满足设计及规范要求
	平仓分层	厚度不大于振捣棒有效长度的 90%，铺设均匀，分层清楚，无骨料集中现象	局部稍差
	混凝土振捣	垂直插入下层 5cm，有次序，间距、留振时间合理，无漏振、无超振	无漏振、无超振
	铺料间歇时间	符合要求，无初凝现象	
	混凝土养护	混凝土表面保持湿润，连续养护时间符合设计要求	混凝土表面保持湿润，但局部短时间有时干时湿现象，连续养护时间基本满足设计要求
一般项目	砂浆铺筑	厚度不大于 3cm、均匀平整，无漏铺	厚度不大于 3cm，局部稍差
	积水和泌水	无外部水流入，泌水排除及时	无外部水流入，有少量泌水，且排除不够及时
	插筋、管路等埋设件以及模板的保护	保护好，符合要求	有少量位移，及时处理，符合设计要求
	混凝土浇筑温度	满足设计要求	80%以上的测点满足设计要求，且单点超温不大于 3℃
	混凝土表面保护	保护时间与保温材料质量均符合设计要求，保护严密	保护时间与保温材料质量均符合设计要求，保护基本严密

表 19.11　　混凝土外观质量检查项目和质量标准

项类	检查项目		质量标准	
			优良	合格
主控项目	1	型体尺寸及表面平整度	符合设计要求	局部稍超出规定，但累计面积不超过 0.5%，经处理符合设计要求
	2	露筋	无	无主筋外露，箍、副筋个别微露，经处理符合设计要求
	3	深层及贯穿裂缝	无	经处理符合设计要求
一般项目	1	麻面	无	有少量麻面，但累计面积不超过 0.5%，经处理符合设计要求
	2	蜂窝空洞	无	轻微、少量、不连续，单个面积不超过 $0.1m^2$，深度不超过骨料最大粒径，经处理符合设计要求
	3	碰损掉角	无	重要部位不允许，其他部位轻微少量，经处理符合设计要求
	4	表面裂缝	无	有短小、不跨层的表面裂缝，经处理符合设计要求

19.6　相关标准

《钢筋混凝土用钢》（GB 1499）

《钢筋混凝土用余热处理钢筋》（GB 13014）

《木结构设计标准》（GB 50005）

《混凝土结构设计规范》(GB 50010)
《钢结构设计标准》(GB 50017)
《岩土锚杆与喷射混凝土支护工程技术规范》(GB 50086)
《混凝土结构工程施工规范》(GB 50666)
《碳素结构钢》(GB/T 700)
《低碳钢热轧圆盘条》(GB/T 701)
《建筑施工机械与设备　混凝土搅拌站（楼）》(GB/T 10171)
《竹编胶合板》(GB/T 13123)
《冷轧带肋钢筋》(GB/T 13788)
《混凝土模板用胶合板》(GB/T 17656)
《地下厂房岩壁吊车梁设计规范》(NB/T 35079)
《水工混凝土结构设计规范》(DL/T 5057)
《水工建筑物地下工程开挖施工技术规范》(DL/T 5099)
《水电水利工程模板施工规范》(DL/T 5110)
《水电水利基本建设工程　单元工程质量等级评定标准　第 1 部分：土建工程》(DL/T 5113.1)
《水工混凝土施工规范》(DL/T 5144)
《水工混凝土钢筋施工规范》(DL/T 5169)
《水电水利工程施工测量规范》(DL/T 5173)
《水电水利工程锚喷支护施工规范》(DL/T 5181)
《水电水利工程岩壁梁施工规程》(DL/T 5198)
《水电水利工程锚杆无损检测规程》(DL/T 5424)
《钢筋机械连接技术规程》(JGJ 107)
《建筑施工模板安全技术规范》(JGJ 162)
《建筑施工承插型盘扣式钢管支架安全技术规程》(JGJ 231)
《抽水蓄能电站工程安全文明施工设施》(Q/GDW 11586)

第 20 章 地下厂房蜗壳层以下混凝土工程施工工艺

20.1 适用范围

本工艺适用于地下主厂房蜗壳层以下混凝土工程施工。

20.2 施工程序

地下厂房蜗壳层以下混凝土工程施工程序如图 20.1 所示。

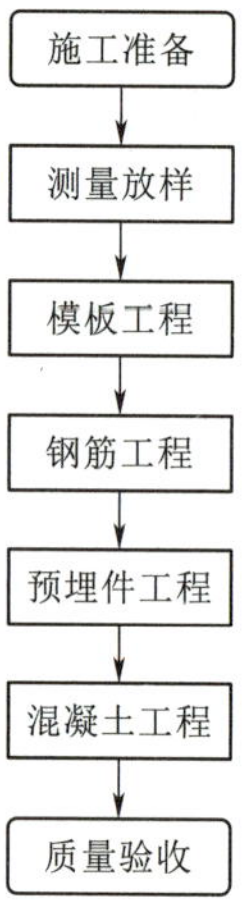

图 20.1 施工程序

20.3 工艺说明及主要质量控制要点

20.3.1 施工准备

（1）材料准备。

1）水泥。进场应有出厂合格证，对水泥品种、级别、包装、出厂日期等进行检查，并应对其强度、安定性及其他必要的性能指标进行复检，其质量必须符合现行国家标准的规定。水泥尽量使用同一品牌、同一批号的材料，进场后应有良好的堆放场地及防雨、防潮措施。水泥质量标准见附表 1。

2）钢筋。进场时应有产品质量证明书，对其进行外观检查，并按有关标准规定取、送样，进行力学性能检验，其质量必须符合现行国家标准的规定。钢筋质量标准见附表 2。

3）砂。砂进场后必须每批次进行质量检验，合格后方可用于工程施工，其质量标准见附表 3。

4）石子。尽量选用同一产地产品，粒径 5～40mm，级配良好，进场后应检验。石子含泥量及泥块含量应符合附表 4 要求。

5）施工用水经检验合格后使用。

（2）作业准备。

混凝土搅拌前应对拌制设备进行检查、维修、保养。混凝土搅拌机及其他机械设备进场、就位，并搭设混凝土搅拌棚；夜间施工准备足够的照明设备。混凝土拌制前，应测定砂、石含水率并根据测试结果调整材料用量，提出施工配合比。

（3）技术准备。

1）图纸会审及设计交底。严格按照国家电网有限公司《电力建设工程施工技术管理导则》（以下简称《导则》）的要求做好图纸会审及设计交底工作。

2）技术交底。应按照《导则》规定，每个分项工程必须分级进行施工技术交底。技术交底内容要充实，具有针对性和指导性，全体参加施工的人员都要参加交底并签名，形成书面交底记录。

20.3.2　测量放样

（1）工程测量应符合《工程测量标准》（GB 50026）的规定要求。

（2）应按设计图纸与水准点、坐标点等测量控制点，进行工程测量放样与控制。

（3）对所有的测量基准点应进行保护，并定期复核测量。

（4）在地下厂房内的适当位置，应建立测量控制点。

（5）建基面、地下厂房蜗壳层以下各层结构及管路廊道等应准确施工放样，其中线、位置、高程等必须符合设计要求。

（6）预埋件位置应准确，测量放样与施工时应严格控制。

20.3.3　基面清理

（1）在建基面上做好截、排水设施，应保证建基面清洁无积水。

（2）建基面开挖后，应尽快浇筑垫层混凝土。

（3）建基面上欠挖、凸起的岩石，必须挖凿、撬平。

（4）建基面的开挖尺寸、范围、高程等，必须符合设计的规定要求。

20.3.4　模板工程

（1）模板设计须满足形体构造以及分层分段浇筑混凝土等要求。

（2）模板制作偏差不得超过《水电水利工程模板施工规范》（DL/T 5110）的规定。

（3）模板安装偏差应符合《水电水利工程模板施工规范》（DL/T 5110）的规定。

（4）模板应具有足够的强度、刚度和稳定性，其配件、支架及安装应符合 DL/T 5110 规范的规定要求。

（5）模板型式应与结构特点和施工方法相适应，表面平整、光洁，形状与尺寸正确、拼接缝严密，不允许有凹坑、皱褶或其他缺陷。

（6）模板与支架装拆应方便，做到标准化。

（7）圆弧面混凝土结构的模板应采用特制定型钢模板。

（8）板梁或墩座等模板应采用定型的钢模板，且平整严缝。

（9）模板的拼接缝处应粘贴防止漏浆的胶带。

（10）应按设计图纸进行模板安装的测量放样，保证混凝土浇筑后结构物的形状、尺寸和相互位置等符合规定要求，各项误差控制在允许范围之内。重要结构部位应设置必要的控制点，以便检查校正。

（11）立模前应对模板进行清洗，并涂专用的脱模剂。

（12）模板涂脱模剂时，应采取避免脱模剂污染或侵蚀钢筋、岩壁和混凝土的有效措施。

（13）模板的安装必须牢固，不得松动、错位、跑模、下沉。

图 20.2　模板工程

（14）采用内嵌可卸式螺栓拉杆固定的模板，在拆模后应取出拉杆，并用水泥砂浆填实拉杆孔。

（15）采用翻模浇注混凝土时，应采用手提砂轮机等工具将下层混凝土与模板接触面的挂浆或毛刺等清除干净，使模板与混凝土能紧密接触不漏浆或不错台等。

（16）模板内部应清洁，不能有杂物。

（17）模板支架必须支承在坚实的岩基或混凝土平面上，并有足够的支承面积。

（18）模板的支架必须牢固，不得用模板支架兼做脚手架来灌注混凝土。在混凝土浇筑过程中时刻注意检查，发现问题时应立即处理解决，确保模板不变形。

（19）模板工程施工示例见图 20.2。

20.3.5　钢筋工程

（1）钢筋的制作不能在露天进行，钢筋应用木板垫起存放，不污染、不变形、不锈蚀。

（2）钢筋的调直、切断、弯钩、绑扎成型等，均应采用冷加工方法进行。

（3）钢筋应平直，无局部曲折。

（4）钢筋的绑扎宜采用焊接接头，在不具备焊接条件时才采用绑扎接头。

（5）钢筋焊接应符合《钢筋焊接及验收规范》（JGJ 18）规范的规定要求，焊接接头应采用闪光对焊或电弧焊搭焊。钢筋焊接前，必须根据施工条件进行试焊，合格方可正式施焊。

（6）钢筋的根数和间距应符合设计规定，应绑扎牢固，其位置偏差符合《水工混凝土钢筋施工规范》（DL/T 5169）及本工艺示范手册的规定要求。

（7）钢筋安装时，应严格控制保护层厚度。钢筋下面或钢筋与模板之间，应设置数量足够、质量合格的砂浆垫块。所有垫块应相互错开，分散布置。

（8）已绑扎安装好的钢筋，应妥善保护，不能压重物，防止变形。绑扎钢筋时，应留出固定预埋件等的位置。

（9）钢筋工程示例见图 20.3。

图 20.3　钢筋工程

20.3.6　预埋件安装

（1）由于蜗壳底部阴角部位混凝土难以浇筑密室，应在浇筑前对底部阴角部位预埋回填灌浆管，混凝土浇筑完成后进行回填灌浆。

（2）预埋件的结构型式、位置、尺寸，以及所用材料的品种、规格、性能指标，应符合设计和有关技术规范的规定要求。

（3）所用的预埋件应有生产厂家的出厂证、合格证和质量检测报告。在使用前，应对其进行100%的复检，不合格的严禁使用。

（4）预埋件的防腐处理，应达到设计《水工金属结构防腐蚀规范》（SL 105）的规定要求。

（5）预埋件材料及构件要防晒防潮，均不能露天堆放，应有库房存放和专人管理。

（6）预埋件安装的焊接，应满足《水工混凝土钢筋施工规范》（DL/T 5169）的规定要求。

（7）预埋件安装应位置准确，固定牢固。混凝土浇筑前应仔细检查，防止漏缺、损坏、变形或偏移。

（8）预埋件等设施在混凝土浇筑或安装后的各工序施工中，应对其妥善保护，确保不受损坏、不移位、不变形。

（9）所有预埋件的安装数据，均应及时做好记录和备案，并报监理工程师认可。

20.3.7　止水安装

（1）铜止水片应精心细致地安装，防止水泥浆进入铜止水的鼻腔，并能让铜止水片与混凝土黏结牢固。

（2）铜止水片安装时，鼻腔须准确位于设计位置并由持有上岗证的焊工进行铜止水焊接作业。

（3）混凝土浇筑前，应对铜止水片的安装质量进行专项检查。铜止水片必须安装牢固，其平段及立腿必须位置准确，经验收合格后才能开仓浇筑。

（4）混凝土浇筑过程中，应加强铜止水片及模板位移或变形情况的检查，发现问题应及时纠正处理。

20.3.8　伸缩缝施工

伸缩缝的材料必须符合设计要求，严格按有关技术规范要求进行伸缩缝的施工。

20.3.9　混凝土浇筑

（1）基底面应干净整洁、无杂物和无积水等。

（2）运输混凝土应符合下列要求：

1）运输设备的运输能力，应满足地下厂房蜗壳层以下混凝土的浇筑强度要求。

2）在常温下拌成的混凝土送至浇筑仓内的时间，应不超过半小时。

3）运输道路应修建平坦，避免发生离析，漏浆及坍落度损失过大的现象。

4）混凝土的自由下落高度，应不大于 2m；超过时，应采用溜槽或串筒等缓降措施。

5）应采用混凝土泵或不漏浆的铁质吊罐盛送混凝土。

（3）混凝土浇筑前，应仔细检查仓内清洁、模板、钢筋、预埋件、止水、伸缩缝及浇筑准备工作，并做好记录。经验收后方可浇筑混凝土。

（4）混凝土应按一定厚度、顺序和方向，分层浇筑，浇筑面大致水平。上下相邻两层同时浇筑时，前后距离应不小于 1.5m。

（5）混凝土应随浇随平，不得使用振捣器平仓。

（6）在插入式振捣器无法振捣之处，应采用附着式振捣器振捣混凝土。

（7）止水部位混凝土浇筑时，用人工平仓，去除混凝土料中的大粒骨料，仔细振捣，确保该部位混凝土浇筑密实。

（8）混凝土入仓或振捣时，要特别对预埋件和止水等保护，防止损坏或变形。

（9）各层间施工缝面的混凝土，应凿毛处理和清洗干净，且无油污、杂物和积水等。

（10）混凝土浇筑应保证连续性，无初凝现象。若因故中止且超过允许间歇时间，则应按施工缝处理。

（11）混凝土必须振捣密实，脱模后的混凝土表面应光滑、平整、无漏浆、无蜂窝麻面。混凝土的表面，严禁用水泥浆或砂浆修补、涂抹或粉刷。

（12）防止混凝土裂缝，应采取下列措施：

1）在水泥中掺粉煤灰的掺量应通过试验确定，必须符合《水工混凝土掺用粉煤灰技术规范》（DL/T 5055）规范规定的要求。

2）在满足混凝土泵送的条件下，应选用粒径较大、级配良好的碎石。

3）控制混凝土的出机温度和浇筑温度，应对砂石进行保温，砂石料场设简易遮阳装置，必要时向骨料喷洒冷水。

4）加强施工期的混凝土养护工作，拆模时间不能过早，减少温度突变影响，必要时控制混凝土入仓温度。

5）选择合理的混凝土配合比和原材料，应使用早期强度较高、吸水率和干缩较小及水化热较低的硅酸盐水泥。合理降低混凝土的坍落度，正确使用外加剂和掺和料。

6）同一浇筑段应均匀连续浇筑，加强振捣，防止产生冷缝。

（13）为了减小混凝土的干缩变形，应采用大级配混凝土与泵送入仓的方法。入仓时，应严格控制混凝土的坍落度，不符合坍落度要求的混凝土拒绝入仓。

（14）尾水管基座、座环蜗壳基础等混凝土应采用分层摊料、分层振捣的方法。振捣时，振捣棒不得碰及模板、拉杆、止水或预埋件。振捣要方法得当，防止漏振、欠振或过振。

（15）蜗壳底部阴角部位的混凝土，以及在浇筑后钢衬底部的回填灌浆必须密实，并避免使钢衬遭受损坏。应事先提出实施方案报监理工程师批准，精心组织施工。

（16）蜗壳层以下部位大体积混凝土的要求如下：

1）选用中低热水泥。掺加粉煤灰或高效缓凝型减水剂前，必须通过试验验证和监理认可。

2）应选用粒径较大、级配良好碎石和含砂率低的混凝土配合比。

3）预埋循环冷却水管，通低温水降温。

4）控制混凝土的出机温度和浇筑温度。砂石料场设简易遮阳装置，必要时喷洒冷水冷却。

5）应采用混凝土泵输送混凝土。

（17）二期混凝土浇筑的要求如下：

1）二期混凝土配合比应通过设计与试验确定，其技术性能指标必须符合设计及有关技术规范的规定要求。

2）球阀、座环、发电机上下机架、定子基础、安装场的转子和定子基础等的无收缩混凝土灌浆，应符合设计、《水工混凝土施工规范》（DL/T 5144）的规定要求。

3）灌注前，应把填充空间清理干净，表面需预湿 12h。

4）二期混凝土浇筑实施前，必须进行试验性调配与浇筑，其施工工艺及质量达到规定要求后才能现场实施。

5）浇筑孔或小空间部位时，应用人工插捣或小直径振捣棒振捣密实。待二期混凝土稍干后，应把外露面抹平压光。

6）浇筑 12h 后，洒水或湿草袋覆盖养护，养护期 7～14d。

（18）混凝土的外观质量，必须达到脱模后的混凝土表面光滑、平整、无露浆、无错台、无裂纹、无蜂窝麻面；对防渗混凝土，拆模后除上述要求外还应无阴湿、无渗水；不需要二次装修的部位，必须达到镜面混凝土的程度。

（19）混凝土养护。

1）混凝土浇筑完毕后，应及时洒水覆盖养护，使混凝土和模板始终保持湿润状态。墩、柱或板梁等应采用塑料膜覆盖或包裹，进行保湿保温养护。

2）混凝土应连续保湿养护时间不得少于 28d，混凝土达到设计强度前不得终止养护。

20.3.10　质量验收

（1）建基面清理。

1）一般要求。

a. 基础面或混凝土施工缝应按《水工混凝土施工规范》（DL/T 5144）和设计要求进行施工。

b. 应有截、排水措施，保证截、排水效果。

2）质量检查项目和质量标准。基础面或混凝土施工缝检查项目和质量标准见表 20.1。

表 20.1　基础面或施工缝检查项目和质量标准

项　类	检　查　项　目			质　量　标　准
主控项目	1	基础岩面	建基面	无松动岩块
			地表水和地下水	妥善引排或封堵
	2	软基面	建基面	预留保护层已挖除，符合设计要求
	3	混凝土施工缝	表面处理	无乳皮、成毛面、微露粗砂
一般项目	1	基础岩面	岩面清洗	清洗洁净、无积水、无积渣杂物
	2	软基面	垫层铺填	符合设计要求
			基础面清理	无乱石、杂物，坑洞分层回填夯实
	3	混凝土施工缝	混凝土表面清洗	清洗洁净、无积水、无积渣杂物

（2）钢筋加工及安装。

1）一般要求。

a. 钢筋的材质、数量、规格尺寸、安装位置必须符合质量标准和设计的要求。

b. 钢筋接头（焊接、机械连接、绑扎等）的机械性能，应符合国家或行业有关规定。

c. 钢筋加工、安装、绑扎应按 DL/T 5169、JGJ 107、DL/T 5144 和设计要求进行施工。

2）质量检查项目和质量标准钢筋质量检查项目和质量标准见表 20.2。

表 20.2　钢筋质量检查项目和质量标准

项类	检　查　项　目		质　量　标　准
主控项目	1	钢筋的材质、数量、规格尺寸、安装位置	符合产品质量标准和设计要求
	2	钢筋接头的机械性能	符合施工规范及设计要求
	3	焊接接头和焊缝外观	不允许有裂缝、脱焊点和漏焊点，表面平顺，没有明显的咬边、凹陷、气孔等，钢筋不得有明显烧伤
	5	套筒的材质及规格尺寸	符合质量标准和设计要求，外观无裂纹或其他肉眼可见缺陷，挤压以后的套筒不得有裂纹
	6	钢筋接头丝头	符合规范及设计要求，保护良好，外观无锈蚀和油污，牙形饱满光滑
	7	接头分布	满足规范及设计要求
	8	螺纹匹配	丝头螺纹与套筒螺纹满足连接要求，螺纹结合紧密，无明显松动，以及相应处理方法得当
	9	冷挤压连接接头挤压道数	复合型式检验确定的道数

续表

<table>
<tr><th>项类</th><th colspan="5">检 查 项 目</th><th>质 量 标 准</th></tr>
<tr><td rowspan="28">一般项目</td><td rowspan="2">1</td><td rowspan="2">闪光对焊</td><td colspan="3">接头处的弯折角</td><td>≤4°</td></tr>
<tr><td colspan="3">轴线偏移</td><td>≤0.10d，且≤2mm</td></tr>
<tr><td rowspan="8">2</td><td rowspan="8">搭接焊或帮条焊</td><td colspan="3">帮条对焊接接头中心的纵向偏移</td><td>≤0.50d</td></tr>
<tr><td colspan="3">接头处钢筋轴线的曲折</td><td>≤4°</td></tr>
<tr><td rowspan="6">焊缝</td><td colspan="2">长度</td><td>−0.50d</td></tr>
<tr><td colspan="2">高度</td><td>−0.05d</td></tr>
<tr><td colspan="2">宽度</td><td>−0.10d</td></tr>
<tr><td colspan="2">咬边深度</td><td>≤0.05d，且≤1mm</td></tr>
<tr><td rowspan="2">表面气孔和夹渣</td><td>在 2d 长度上的数量</td><td>≤2 个</td></tr>
<tr><td>气孔、夹渣的直径</td><td>≤3mm</td></tr>
<tr><td rowspan="2">3</td><td rowspan="2">熔槽焊</td><td colspan="3">焊缝余高</td><td>≤3mm</td></tr>
<tr><td colspan="3">接头处钢筋中心线的位移</td><td>≤0.10d</td></tr>
<tr><td rowspan="3">4</td><td rowspan="3">窄间隙焊</td><td colspan="3">横向咬边深度</td><td>≤0.5mm</td></tr>
<tr><td colspan="3">接头处钢筋中心线的位移</td><td>≤0.10d，且≤2mm</td></tr>
<tr><td colspan="3">接头处的弯折角</td><td>≤4°</td></tr>
<tr><td rowspan="5">5</td><td rowspan="5">机械连接</td><td colspan="2" rowspan="2">带肋钢筋套筒冷挤压连接接头</td><td>压痕处套筒外形尺寸</td><td>挤压后套筒长度应为原套筒长度的 1.10～1.15 倍，或压痕处套筒的外径波动范围为原套筒外径的 0.8 倍～0.9 倍</td></tr>
<tr><td>接头弯折</td><td>≤4°</td></tr>
<tr><td colspan="2">直螺纹连接接头</td><td>外露丝扣</td><td>无 1 扣以上完整丝扣外露</td></tr>
<tr><td colspan="2" rowspan="2">锥螺纹连接接头</td><td>拧紧力矩值</td><td>符合 DL/T 5169 的规定</td></tr>
<tr><td>接头丝扣</td><td>无 1 扣以上完整丝扣外露</td></tr>
<tr><td>6</td><td>绑扎</td><td colspan="3">搭接长度</td><td>符合 DL/T 5169 的规定</td></tr>
<tr><td>7</td><td colspan="4">钢筋长度方向的偏差</td><td>±1/2 净保护层厚</td></tr>
<tr><td rowspan="2">8</td><td colspan="3" rowspan="2">同一排受力钢筋间距的局部偏差</td><td>柱及梁中</td><td>±0.50d</td></tr>
<tr><td>板及墙中</td><td>±0.10 倍间距</td></tr>
<tr><td>9</td><td colspan="4">同一排中分布钢筋间距的偏差</td><td>±0.10 倍间距</td></tr>
<tr><td>10</td><td colspan="4">双排钢筋，其排与排间距的局部偏差</td><td>±0.10 倍排距</td></tr>
<tr><td>11</td><td colspan="4">梁与柱中钢筋间距的偏差</td><td>0.10 倍箍筋间距</td></tr>
<tr><td>12</td><td colspan="4">保护层厚度的局部偏差</td><td>±1/4 净保护层厚</td></tr>
</table>

注　d 为钢筋直径。

（3）预埋件安装。

1）一般要求。

a. 水工混凝土中的预埋件包括止水片（带）、伸缩缝材料、坝体排水设施、冷却及接缝灌浆管路、铁件、内部观测仪器等，属于隐蔽工程，在施工中，应进行全过程检查和保护，防止移位、变形、损坏及堵塞。

b. 预埋件的结构型式、位置、尺寸及材料的品种、规格、性能等必须符合设计要求和有关标准。

c. 预埋件的加工、安装应按 DL/T 5144、DL/T 5115 和设计要求进行施工。

2）质量检查项目和质量标准。

a. 止水片（带）质量检查项目和质量标准。

止水片（带）质量检查项目和质量标准见表 20.3。

表 20.3　止水片（带）质量检查项目和质量标准

项类	检查项目			质量标准
主控项目	1	结构型式、位置、尺寸、材料的品种、规格、性能		符合设计及标准要求
	2	止水片（带）外观		表面平整，无浮皮、锈污、油渍、砂眼、钉孔、裂纹等
	3	止水基座		符合设计要求
	4	止水片（带）插入深度		符合设计要求
	5	沥青止水井（柱）		安装位置准确、牢固，上下层衔接好，电热元件及绝热材料埋设准确，沥青填塞密实
一般项目	1	止水片几何尺寸偏差	宽	±5mm
			高	±2mm
			长	±20mm
	2	搭接长度	金属止水片	≥20mm，双面焊接
			橡胶、PVC 止水带	≥100mm
			金属止水片与 PVC 止水带接头栓接长度	≥350mm（螺栓栓接法）
	3	接头抗拉强度		≥母材强度的 75%
	4	止水片（带）中心线与接缝中心线安装偏差		±5mm

b. 伸缩缝材料质量检查项目和质量标准伸缩缝材料。

质量检查项目和质量标准见表 20.4。

表 20.4　伸缩缝材料质量检查项目和质量标准

项类	检查项目		质量标准
主控项目	1	伸缩缝缝面	平整、洁净、干燥，外露铁件应割除；其高度不得低于混凝土收仓高度
	2	铺设材料质量	符合设计要求
一般项目	1	涂敷沥青料	涂刷均匀平整、与混凝土黏结紧密，无气泡及隆起现象
	2	粘贴沥青油毛毡等嵌缝材料	铺设厚度均匀平整、牢固、拼装紧密
	3	铺设预制油毡板或其他材料	铺设厚度均匀平整、牢固、相邻块安装紧密平整，无破损

c. 铁件质量检查项目和质量标准铁件。

质量检查项目和质量标准见表 20.5。

表 20.5　铁件质量检查项目和质量标准

项类	检查项目			质量标准
主控项目	1	材质、规格、数量		符合质量标准及设计要求
	2	安装高程、方位、埋入深度及外露长度等		符合设计要求
一般项目	1	锚筋钻孔位置允许偏差	柱子的锚筋	≤20mm
			钢筋网的锚筋	≤50mm
	2	钻孔底部的孔径		d+20mm（d 为锚筋直径）
	3	在岩石部分的钻孔深度		不小于设计孔深
	4	钻孔的倾斜度对设计轴线的偏差（在全孔深度范围内）		≤5%

d. 内部观测仪器质量检查内容和质量标准内部观测仪器。

质量检查内容和质量标准见表 20.6。

表 20.6　　内部观测仪器质量检查项目和质量标准

项类	检查项目		质量标准
主控项目	1	仪器及其附件的数量、规格、尺寸	符合设计要求
	2	仪器安装定位及方法	符合设计和 DL/T 5178 要求
	3	仪器的率定或检验	按 DL/T 5178 的规定进行
	4	仪器电缆连接	采用专用电缆和硫化仪硫化，接头绝缘、不透气、不渗水
	5	电缆过缝保护、走向	符合设计要求
一般项目	1	仪器电缆的编号	每个仪器在电缆上编号不得少于 3 处，每 20m 结标一个编号
	2	仪器周边混凝土浇筑	剔除粒径大于 40mm 的骨料，再振捣密实
	3	电缆距施工缝	≥15cm

（4）混凝土外观。

1）一般要求。

a. 混凝土拆模后，应检查其外观质量。当发现混凝土有裂缝、蜂窝、麻面、错台和变形等质量缺陷时，应及时处理。

b. 混凝土外观质量评定分为拆模后和消除缺陷后两个时段进行。单元工程质量评定最终评定结果以消除缺陷以后的评定结果为准，但凡拆模后评定不合格、经处理后满足标准要求的，只能评为合格。

2）质量检查项目和质量标准。混凝土外观质量检查项目和质量标准见表 20.7。

表 20.7　　混凝土外观质量检查项目和质量标准

项类	检查项目		质量标准	
			优良	合格
主控项目	1	型体尺寸及表面平整度	符合设计要求	局部稍超出规定，但累计面积不超过 0.5%，经处理符合设计要求
	2	露筋	无	无主筋外露，箍、副筋个别微露，经处理符合设计要求
	3	深层及贯穿裂缝	无	经处理符合设计要求
一般项目	1	麻面	无	有少量麻面，但累计面积不超过 0.5%，经处理符合设计要求
	2	蜂窝空洞	无	轻微、少量、不连续，单个面积不超过 0.1m^2，深度不超过骨料最大粒径，经处理符合设计要求
	3	碰损掉角	无	重要部位不允许，其他部位轻微少量，经处理符合设计要求
	4	表面裂缝	无	有短小、不跨层的表面裂缝，经处理符合设计要求

20.4　示例图片

混凝土成品外观示例详见图 20.4。

图 20.4　混凝土成品外观

20.5　相关标准

《钢筋混凝土用钢　第 2 部分：热轧带肋钢筋》(GB 1499.2)

《工程测量标准》(GB 50026)

《混凝土强度检验评定标准》(GBJ 107)

《混凝土结构耐久性设计标准》(GB/T 50476)

《水工混凝土掺用粉煤灰技术规范》(DL/T 5055)

《水工混凝土外加剂技术规程》(DL/T 5100)

《水电水利工程模板施工规范》(DL/T 5110)

《水电水利基本建设工程　单元工程质量等级评定标准　第 1 部分：土建工程》(DL/T 5113.1)

《水工混凝土施工规范》(DL/T 5144)

《水工混凝土砂石骨料试验规程》(DL/T 5151)

《水工混凝土钢筋施工规范》(DL/T 5169)

《水工金属结构防腐蚀规范》(SL 105)

《钢筋焊接及验收规程》(JGJ 18)

第21章 框架结构混凝土工程施工工艺

21.1 适用范围

本工艺适用于中控楼、管理楼及地下厂房框架结构混凝土工程。

21.2 施工程序

框架结构混凝土工程施工程序如图 21.1 所示。

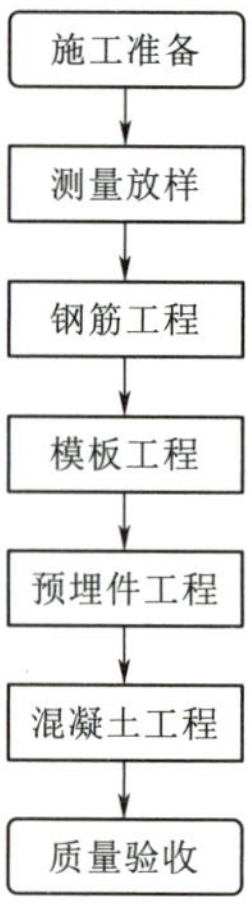

图 21.1 框架结构混凝土工程施工程序

21.3 工艺说明及主要质量控制要点

21.3.1 施工准备

（1）材料准备。

1）水泥。进场应有出厂合格证，对水泥品种、级别、包装、出厂日期等进行检查，并应对其强度、安定性及其他必要的性能指标进行复检，其质量必须符合现行国家标准的规定。水泥尽量使用同一品牌、同一批号的材料，进场后应有良好的堆放场地及防雨、防潮措施。水泥质量标准见附表 1。

2）钢筋。进场时应有产品质量证明书，对其进行外观检查，并按有关标准规定取、送样，进行力学性能检验，其质量必须符合现行国家标准的规定。钢筋质量标准见附表 2。

3）砂。砂进场后必须每批次进行质量检验，合格后方可用于工程施工，其质量标准见附表 3。

4）石子。尽量选用同一产地产品，粒径 5～40mm，级配良好，进场后应检验。石子含泥量及泥块含量应符合附表 4 要求。

5）施工用水经检验合格后使用。

（2）作业准备。混凝土搅拌前应对拌制设备进行检查、维修、保养。混凝土搅拌机及其他机械设备进场、就位，并搭设混凝土搅拌棚；夜间施工准备足够的照明设备。混凝土拌制前，应测定砂、石含水率并根据测试结果调整材料用量，提出施工配合比。

（3）技术准备。

1）图纸会审及设计交底。严格按照国家电网有限公司《电力建设工程施工技术管理导则》（以下简称《导则》）的要求做好图纸会审及设计交底工作。

2）技术交底。应按照《导则》规定，每个分项工程必须分级进行施工技术交底。技术交底内容要充实，具有针对性和指导性，全体参加施工的人员都要参加交底并签名，形成书面交底记录。

21.3.2　测量放样

框架结构定位放线按基础表面轴线为准，定位放线结束后，应进行复核，并经核实，填写轴线复核记录。复测工作由专业人员负责，并做到专人操作、专用仪器、专人保管；做好主控轴线标桩以及标高控制线的设置和标识。

21.3.3　钢筋工程

（1）钢筋制作。必须使用经实验合格的钢筋，钢筋规格代换须遵循等量代换的原则。钢筋弯钩和弯折、箍筋末端弯钩、钢筋调直符合规范要求。

（2）钢筋焊接和机械连接。钢筋焊接应由持有有效证书是合格焊工操作。焊接前，应进行可焊性试验，试验合格后方可成批焊接，并且按规定抽样送检。焊接时应计算接头设置错开距离，接头面积百分率应符合规范规定。进行机械连接操作的工人，应由持有效证书的工人进行操作。

（3）钢筋绑扎。钢筋绑扎严格按规范要求施工；绑扎应牢固，严禁缺扣、松扣；严禁漏扎，绑扎接头的搭接长度、接头方式及接头位置应符合设计和规程要求。

已绑扎安装好的钢筋，应妥善保护，不能压重物，防止变形。绑扎钢筋时，应留出固定预埋件等的位置。

（4）钢筋保护层。预先制作与混凝土同标号的砂浆垫块，中间预埋扎丝，以便梁支设梁侧边保护层时使用。钢筋安装时，应严格控制保护层厚度。所有垫块应相互错开，分散布置。

（5）钢筋制安如图 21.2 所示。

图 21.2　钢筋制安

21.3.4　模板工程

（1）模板及其支架应根据结构形式、荷载大小、地基土类别、施工设备以及材料供应等条件进行设计，符合有关强度、刚度、稳定性要求。

（2）支撑系统采用钢管排架，应按模板在施工阶段的变形量控制要求及有关规定设置，做到既要保证其强度、刚度和稳定性，又要考虑构造简单、拆装方便，支撑系统及模板系统应经过计算。

（3）柱模板安装前必须先在基础框架柱周边精确放样，并在其根部设钢筋限位，以确保根柱部位置的准确。安装前检查柱筋或预埋件是否按设计要求设置。

（4）安装梁底模板时应先复核钢筋排架、底模横楞的标高是否正确。当梁跨度＞4m 时，应按规范规定要求起拱。梁、柱模板平面接槎时，柱模应支设到梁模板底，梁模板头竖向同柱模接平。

（5）模板支设重点应控制其底模刚度、侧模垂直度、表面平整度，特别是要注意外围模板、柱模、梁模等处模板轴线位置的正确性。

（6）模板支设后要达到以下要求：保证结构和构件各部位形状尺寸和相互间位置的正确性；具有足够的稳定性和牢固性；接缝严密，不漏浆；节约材料，便于拆模。

（7）当模板安装完毕后，应由专业人员对其轴线、标高、各部位构件尺寸、支撑系统以及模板基础、起拱高度进行检查。

（8）预埋管线、套管、预留孔洞、预埋件在合模时或混凝土浇筑前应预先固定和校核，不得遗漏。预埋件用直径 4mm 螺栓固定在模板上，周边用防水胶带粘贴。砌体拉结筋按要求留置。

（9）梁板底模板的拆除时间应在混凝土达到国家标准规定的强度要求后进行。在拆模过程中，如发现混凝土有影响结构安全问题时，应停止拆除，并制定合理方案进行处理。

21.3.5　预埋件工程

（1）预埋件的结构形式、位置、尺寸，以及所用材料的品种、规格、性能指标，应符合设计和有关技术规范的规定要求。

（2）所用的预埋件应有生产厂家的出厂证、合格证和质量检测报告。在使用前，应对其进行100％的复检，不合格的严禁使用。

（3）预埋件的防腐处理，应达到设计规范《水工金属结构防腐蚀规范》（SL 105）的规定要求。

（4）预埋件材料及构件要防晒防潮，均不能露天堆放，应有库房存放和专人管理。

（5）预埋件安装的焊接，应满足 DL/T 5169 规范的规定要求。

（6）预埋件等应位置准确，固定牢固。结构混凝土浇筑前应仔细检查，防止漏缺、损坏、变形或偏移。

（7）预埋件等设施在混凝土浇筑或安装后的各工序施工中，应对其妥善保护，确保不受损坏、不移位、不变形。

（8）所有预埋件的安装数据，均应及时做好记录和备案。

21.3.6　混凝土工程

（1）在施工前调整好混凝土的施工配合比，控制水灰比和坍落度。

（2）砂、石的进料要严格按重量计量，严格执行施工配合比。混凝土所用的原材料重量偏差符合现行规范要求。

（3）混凝土浇筑时宜另设施工跑道，避免直接在已绑扎好的钢筋上操作导致钢筋受挤压变形。

（4）浇筑混凝土要连续施工，尽量避免留置施工缝。必须留施工缝的部位，应符合规范要求，施工缝应尽量平直。在接缝时，应先对施工缝表面浇水湿润，并在接缝处铺设与原混凝土同标号的水泥砂浆，混凝土振捣要均匀、密实。

（5）柱混凝土应浇至梁底 50～100mm 处或梁端弯筋底，梁板宜一次连续浇筑完毕，不留施工缝。肋形梁板浇筑，应顺次梁方向，如遇特殊情况需留施工缝时，应留在剪力最小部位上。

（6）混凝土浇筑时应分层下料，分层振捣，振动棒严禁碰触钢筋，防止模板跑模。楼面混凝土在初凝前应用平板振动器复振，再用木抹子搓平。

（7）有防水要求的部位应按设计及规程要求施工。

（8）混凝土浇筑见图 21.3。

图 21.3　混凝土浇筑

21.3.7　混凝土养护

混凝土浇筑后必须在 12h 内进行养护，使混凝土表面处于足够的湿润状态，由专人负责养护，养护时间不得少于 7d；对掺用缓凝型外加剂或有抗渗要求的混凝土，养护时间不少于 14d。当平均气温低于 5℃时，按照冬季施工进行养护。

21.3.8　质量验收

（1）建基面清理。

1）一般要求。

a. 基础面或混凝土施工缝应按 DL/T 5144 和设计要求进行施工。

b. 应有截、排水措施，保证截、排水效果。

2）质量检查项目和质量标准。基础面或混凝土施工缝检查项目和质量标准见表 21.1。

表 21.1　　基础面或混凝土施工缝检查项目和质量标准

项　类	检　查　项　目			质　量　标　准
主控项目	1	基础岩面	建基面	无松动岩块
			地表水和地下水	妥善引排或封堵
	2	软基面	建基面	预留保护层已挖除，符合设计要求
	3	混凝土施工缝	表面处理	无乳皮、成毛面、微露粗砂
一般项目	1	基础岩面	岩面清洗	清洗洁净、无积水、无积渣杂物
	2	软基面	垫层铺填	符合设计要求
			基础面清理	无乱石、杂物，坑洞分层回填夯实
	3	混凝土施工缝	混凝土表面清洗	清洗洁净、无积水、无积渣杂物

（2）钢筋加工及安装。

1）一般要求。

a. 钢筋的材质、数量、规格尺寸、安装位置必须符合质量标准和设计的要求。

b. 钢筋接头（焊接、机械连接、绑扎等）的机械性能，应符合国家或行业有关规定。

c. 钢筋加工、安装、绑扎应按 DL/T 5169、JGJ 107、DL/T 5144 和设计要求进行施工。

2）质量检查项目和质量标准。钢筋质量检查项目和质量标准见表 21.2。

表 21.2 钢筋质量检查项目和质量标准

项类		检查项目				质量标准
主控项目	1	钢筋的材质、数量、规格尺寸、安装位置				符合产品质量标准和设计要求
	2	钢筋接头的机械性能				符合施工规范及设计要求
	3	焊接接头和焊缝外观				不允许有裂缝、脱焊点和漏焊点，表面平顺，没有明显的咬边、凹陷、气孔等，钢筋不得有明显烧伤
	5	套筒的材质及规格尺寸				符合质量标准和设计要求，外观无裂纹或其他肉眼可见缺陷，挤压以后的套筒不得有裂纹
	6	钢筋接头丝头				符合规范及设计要求，保护良好，外观无锈蚀和油污，牙形饱满光滑
	7	接头分布				满足规范及设计要求
	8	螺纹匹配				丝头螺纹与套筒螺纹满足连接要求，螺纹结合紧密，无明显松动，以及相应处理方法得当
	9	冷挤压连接接头挤压道数				符合型式检验确定的道数
一般项目	1	闪光对焊	接头处的弯折角			≤4°
			轴线偏移			≤0.10d，且≤2mm
	2	搭接焊或帮条焊	帮条对焊接接头中心的纵向偏移			≤0.50d
			接头处钢筋轴线的曲折			≤4°
			焊缝	长度		−0.50d
				高度		−0.05d
				宽度		−0.10d
				咬边深度		≤0.05d，且≤1mm
				表面气孔和夹渣	在 2d 长度上的数量	≤2 个
					气孔、夹渣的直径	≤3mm
	3	熔槽焊	焊缝余高			≤3mm
			接头处钢筋中心线的位移			≤0.10d
	4	窄间隙焊	横向咬边深度			≤0.5mm
			接头处钢筋中心线的位移			≤0.10d，且≤2mm
			接头处的弯折角			≤4°
	5	机械连接	带肋钢筋套筒冷挤压连接接头	压痕处套筒外形尺寸		挤压后套筒长度应为原套筒长度的 1.10～1.15 倍，或压痕处套筒的外径波动范围为原套筒外径的 0.8 倍～0.9 倍
				接头弯折		≤4°
			直螺纹连接接头	外露丝扣		无 1 扣以上完整丝扣外露
			锥螺纹连接接头	拧紧力矩值		符合 DL/T 5169 的规定
				接头丝扣		无 1 扣以上完整丝扣外露
	6	绑扎	搭接长度			符合 DL/T 5169 的规定
	7	钢筋长度方向的偏差				±1/2 净保护层厚
	8	同一排受力钢筋间距的局部偏差		柱及梁中		±0.50d
				板及墙中		±0.10 倍间距
	9	同一排中分布钢筋间距的偏差				±0.10 倍间距
	10	双排钢筋，其排与排间距的局部偏差				±0.10 倍排距
	11	梁与柱中钢筋间距的偏差				0.10 倍箍筋间距
	12	保护层厚度的局部偏差				±1/4 净保护层厚

注 d 为钢筋直径。

（3）预埋件安装。

1）一般要求。

a. 水工混凝土中的预埋件包括止水片（带）、伸缩缝材料、坝体排水设施、冷却及接缝灌浆管路、铁件、内部观测仪器等，属于隐蔽工程，在施工中，应进行全过程检查和保护，防止移位、变形、损坏及堵塞。

b. 预埋件的结构型式、位置、尺寸及材料的品种、规格、性能等必须符合设计要求和有关标准。

c. 预埋件的加工、安装应按 DL/T 5144、DL/T 5115 和设计要求进行施工。

2）质量检查项目和质量标准。

a. 止水片（带）质量检查项目和质量标准。止水片（带）质量检查项目和质量标准见表 21.3。

表 21.3　　止水片（带）质量检查项目和质量标准

项类		检查项目		质量标准
主控项目	1	结构型式、位置、尺寸、材料的品种、规格、性能		符合设计及标准要求
	2	止水片（带）外观		表面平整，无浮皮、锈污、油渍、砂眼、钉孔、裂纹等
	3	止水基座		符合设计要求
	4	止水片（带）插入深度		符合设计要求
	5	沥青止水井（柱）		安装位置准确、牢固，上下层衔接好，电热元件及绝热材料埋设准确，沥青填塞密实
一般项目	1	止水片几何尺寸偏差	宽	±5mm
			高	±2mm
			长	±20mm
	2	搭接长度	金属止水片	≥20mm，双面焊接
			橡胶、PVC 止水带	≥100mm
			金属止水片与 PVC 止水带接头栓接长度	≥350mm（螺栓栓接法）
	3	接头抗拉强度		≥母材强度的 75%
	4	止水片（带）中心线与接缝中心线安装偏差		±5mm

b. 伸缩缝材料质量检查项目和质量标准。伸缩缝材料质量检查项目和质量标准见表 21.4。

表 21.4　　伸缩缝材料质量检查项目和质量标准

项类		检查项目	质量标准
主控项目	1	伸缩缝缝面	平整、洁净、干燥，外露铁件应割除；其高度不得低于混凝土收仓高度
	2	铺设材料质量	符合设计要求
一般项目	1	涂敷沥青料	涂刷均匀平整、与混凝土黏结紧密，无气泡及隆起现象
	2	粘贴沥青油毛毡等嵌缝材料	铺设厚度均匀平整、牢固、拼装紧密
	3	铺设预制油毡板或其他材料	铺设厚度均匀平整、牢固、相邻块安装紧密平整，无破损

c. 铁件质量检查项目和质量标准。铁件质量检查项目和质量标准见表 21.5。

d. 内部观测仪器质量检查内容和质量标准。内部观测仪器质量检查项目和质量标准见表 21.6。

表 21.5　铁件质量检查项目和质量标准

项类	检查项目			质量标准
主控项目	1	材质、规格、数量		符合质量标准及设计要求
	2	安装高程、方位、埋入深度及外露长度等		符合设计要求
一般项目	1	锚筋钻孔位置允许偏差	柱子的锚筋	≤20mm
			钢筋网的锚筋	≤50mm
	2	钻孔底部的孔径		d+20mm（d 为锚筋直径）
	3	在岩石部分的钻孔深度		不小于设计孔深
	4	钻孔的倾斜度对设计轴线的偏差（在全孔深度范围内）		≤5%

表 21.6　内部观测仪器质量检查项目和质量标准

项类	检查项目		质量标准
主控项目	1	仪器及其附件的数量、规格、尺寸	符合设计要求
	2	仪器安装定位及方法	符合设计和 DL/T 5178 要求
	3	仪器的率定或检验	按 DL/T 5178 的规定进行
	4	仪器电缆连接	采用专用电缆和硫化仪硫化，接头绝缘、不透气、不渗水
	5	电缆过缝保护、走向	符合设计要求
一般项目	1	仪器电缆的编号	每个仪器在电缆上编号不得少于 3 处，每 20m 结标一个编号
	2	仪器周边混凝土浇筑	剔除粒径大于 40mm 的骨料，再振捣密实
	3	电缆距施工缝	≥15cm

（4）混凝土外观。

1）一般要求。

a. 混凝土拆模后，应检查其外观质量。当发现混凝土有裂缝、蜂窝、麻面、错台和变形等质量缺陷时，应及时处理。

b. 混凝土外观质量评定分为拆模后和消除缺陷后两个时段进行。单元工程质量评定最终评定结果以消除缺陷以后的评定结果为准，但凡拆模后评定不合格、经处理后满足标准要求的，只能评为合格。

2）质量检查项目和质量标准。混凝土外观质量检查项目和质量标准见表 21.7。

表 21.7　混凝土外观质量检查项目和质量标准

项类	检查项目		质量标准	
			优良	合格
主控项目	1	型体尺寸及表面平整度	符合设计要求	局部稍超出规定，但累计面积不超过 0.5%，经处理符合设计要求
	2	露筋	无	无主筋外露，箍、副筋个别微露，经处理符合设计要求
	3	深层及贯穿裂缝	无	经处理符合设计要求
一般项目	1	麻面	无	有少量麻面，但累计面积不超过 0.5%，经处理符合设计要求
	2	蜂窝空洞	无	轻微、少量、不连续，单个面积不超过 0.1m^2，深度不超过骨料最大粒径，经处理符合设计要求
	3	碰损掉角	无	重要部位不允许，其他部位轻微少量，经处理符合设计要求
	4	表面裂缝	无	有短小、不跨层的表面裂缝，经处理符合设计要求

21.4　示例图片

框架混凝土板梁柱成品见图 21.4。

图 21.4　框架混凝土板梁柱成品

21.5　相关标准

《钢筋混凝土用钢　第 2 部分：热轧带肋钢筋》(GB 1499.2)

《混凝土结构耐久性设计规范》(GB/T 50476)

《水工混凝土外加剂技术规程》(DL/T 5100)

《水电水利工程模板施工规范》(DL/T 5110)

《水电水利基本建设工程　单元工程质量等级评定标准　第 1 部分：土建工程》(DL/T 5113.1)

《水工混凝土施工规范》(DL/T 5144)

《水工混凝土砂石骨料试验规程》(DL/T 5151)

《水工混凝土钢筋施工规范》(DL/T 5169)

《水工金属结构防腐蚀规范》(SL 105)

《混凝土强度检验评定标准》(GBJ 107)

第22章 建筑与装修工程施工工艺

22.1 适用范围

本工艺适用于水电工程中控楼、启闭机房、观测房等框架结构的房屋建筑工程建筑与装修施工。

22.2 施工程序

建筑与装修工程施工程序见图22.1。

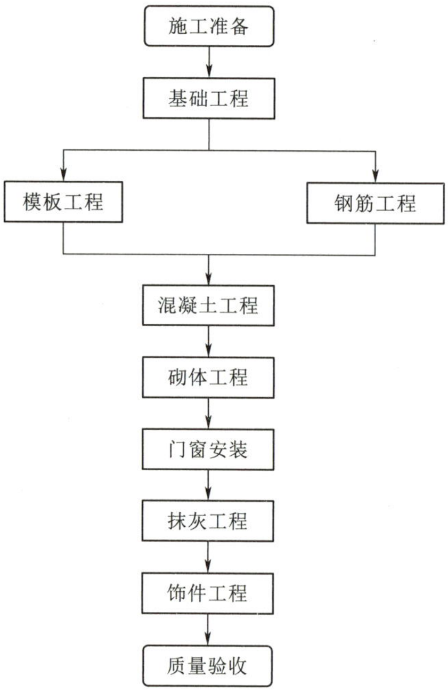

图22.1 建筑与装修工程施工程序

22.3 工艺说明及主要质量控制要点

22.3.1 施工准备

1. 材料准备

使用的水泥、钢筋、砂、骨料等原材料必须具备出厂检验及进场复试报告。其检验项目及技术指标见附表 1～附表 4。

2. 技术准备

（1）图纸会检。严格按照国家电网有限公司《电力建设工程施工技术管理导则》（以下简称《导则》）的要求做好图纸会检工作。

（2）技术交底。应按照《导则》规定分级进行施工技术交底。技术交底的内容要充实具有针对性和指导性，全体参加人员都必须参加技术交底并签名，形成书面交底记录。

22.3.2　基础工程

1. 施工工艺流程

定位放线→复核（包括轴线，方向）→浇筑混凝土垫层→轴线引设→基础结构施工。

2. 技术要求及验收标准

（1）天然基础基槽（坑）机械开挖应设置标高控制点，预留 20～40cm 土体用人工清槽，以免扰动基底土体，且基槽（坑）底必须平整坚实，开挖后应及时浇筑混凝土垫层。

（2）基坑开挖前须对边坡稳定（无支护基坑）、支护型式（有支护基坑）、降水措施、挖土方案、运土路线、土方堆放位置等编制好施工方案，经审查批准后方可开工。

（3）基础垫层浇筑前必须保证土体表面平整，无浮土、泥浆、积水，必须用木枋对垫层位置进行定位方可浇筑，垫层厚度必须达到图纸设计要求。

（4）基础回填前应将基坑内模板木枋、钢顶、钢管及零碎材料清理干净才能回填。

（5）室内回填宜分层进行，并分层碾压密实。回填土面用石粉约 100mm 厚做找平层，并用振板振平。室外回填土应同步进行，以免影响排栅搭设。

22.3.3　模板工程

1. 施工工艺流程

轴线放样→柱（剪力墙）模板制安→设置标高控制点→二层梁板模板制安→线管预埋验收→ 验收→下一循环施工。

2. 技术要求及验收标准

（1）模板及其支架应根据工程结构的形式、特点及现场条件，合理确定模板工程施工的流水区段，均衡工序工程（钢筋、模板、混凝土工序）的作业量，以减少模板投入增加周转次数。

（2）确定模板配板平面布置及支撑布置。根据总图对梁、板、柱等尺寸及编号设计出配板图，应标示出不同型号、单块模板尺寸、平面布置，纵横龙骨规格、数量及排列尺寸、柱箍选用的形式及间距。

（3）水平混凝土构件模板支撑系统高度超过 8m、跨度超过 18m 结构梁、施工总荷载大于 10kN/m 或集中线荷载大于 15kN/m 的模板支撑系统要严格对其强度、刚度及稳定性进行验算，绘制模板设计图，编制专项施工方案按程序报审，严格执行审核后的施工方案。

（4）模板轴线引设、水平控制标高引测到预留柱插筋或其他过渡引测点，并进行交叉检查，确保无误。

（5）柱子、墙、梁模板钢筋绑扎完毕；水电管线、预留洞、预埋件已安装完毕，绑好钢筋保护层垫块，并进行隐蔽工程验收后方可进行模板安装。

（6）模板安装的接缝不应漏浆，在浇筑混凝土前，木模板应浇水湿润，模板内无积水。

（7）模板工程完成后需复核梁的截面尺寸、梁板标高、开间尺寸及每一开间的板面平整度必须符合图纸及验收要求，同时模板工程完成后木工班组必须将工作面清扫干净，剩余的材料不准堆放在平桥上，要做到工完场清才能申报验收，合格后才能进行下一工序的施工。

(8) 模板支撑系统应对立杆垫板、倾斜立杆、单独立杆、水平联系杆件及探头木方进行检查并采取相应措施处理，浇捣混凝土时应有专人跟班。

(9) 底模板拆除时混凝土的强度应符合设计要求或下表规定。已拆除模板的结构，应在混凝土达到相应强度等级后才允许承受全部荷载，必要时加设临时支撑。模板拆除后必须做到材料分类堆放，以及该材料用完后必须工完场清，打扫干净。底模板拆除时的混凝土强度要求见表 22.1、现浇结构模板安装允许偏差及检验方法见表 22.2。

表 22.1　底模板拆除时的混凝土强度要求

构件类型	构件跨度/m	达到设计的混凝土立方体抗压强度标准值的百分率/%	构件类型	构件跨度/m	达到设计的混凝土立方体抗压强度标准值的百分率/%
板	≤2	≥50	梁、拱、壳	≤8	≥75
	>2 且≤8	≥75		>8	≥100
	>8	≥100	悬臂构件	—	≥100

表 22.2　现浇结构模板安装允许偏差及检验方法

项　目		允许偏差/mm	检　验　方　法
轴线位置		5	钢尺检查
底模上表面标高		±5	水准仪或拉线、钢尺检查
截面内部尺寸	基础	±10	钢尺检查
	柱、墙、梁	+4、−5	钢尺检查
层高	不大于 5m	6	全站仪或吊线、钢尺检查
垂直度	大于 5m	8	全站仪或吊线、钢尺检查
相邻两板表面高低差		2	钢尺检查
表面平整度		5	2m 靠尺和塞尺检查

22.3.4　钢筋工程

1. 施工工艺流程

钢筋下料→钢筋制作→钢筋绑扎（柱、墙、梁板）→验收。

2. 技术要求及验收标准

(1) 钢筋加工制作时，要将钢筋加工表与设计图复核，检查下料表是否有错误和遗漏，对每种钢筋要按下料表检查是否达到要求，加工好的钢筋要挂牌堆放整齐有序。

(2) 施工中如需要钢筋代换时，必须充分了解设计意图和代换材料性能，严格遵守现行钢筋混凝土设计规范的各种规定，并不得以等面积的高强度钢筋代换低强度的钢筋。凡重要部位的钢筋代换，须征得甲方、设计单位同意，并有书面通知时方可代换。

(3) 钢筋绑扎前先认真熟悉图纸，检查配料表与图纸、设计是否有出入，核对无误后方可进行绑扎。

(4) 墙筋绑扎时应吊线控制垂直度，并严格控制主筋间距。为了保证钢筋位置的正确，竖向受力筋外绑一道水平筋或箍筋，并将其与竖筋点焊，以固定墙、柱筋的位置，在点焊固定时要用线锤校正。

(5) 梁箍筋的接头应交错设置，并与两根架立筋绑扎，悬臂挑梁则箍筋接头在下。双向板钢筋交叉点应满绑。应注意板上部的负钢筋（面加筋）要防止被踩下；特别是雨篷、挑檐、阳台等悬臂板，要严格控制负筋位置及高度。

(6) 框架梁节点处钢筋穿插十分稠密时，应注意梁顶面主筋间的净间距要有留有 30mm，以利于浇筑混凝土。

(7) 受拉钢筋绑扎接头的锚固长度、搭接长度，应符合结构设计要求以及抗震设防烈度、混凝土强度等级来选择。钢筋的绑扎接头不宜位于构件最大弯矩处。同一纵向受力钢筋不宜设置两个或两个以上的接头。

(8) 当受力钢筋采用机械连接接头或焊接接头时，设置在同一构件内的接头宜相互错开。

(9) 伸出楼面的柱（插）筋应设置定位箍筋，有条件的可采用钢筋焊接固定。

(10) 梁柱节点箍筋应按图纸要求形状制作，当梁柱纵筋较密时可焊接成封闭环式箍筋然后按设计要求的间距绑扎，当现场绑扎有困难时可在柱每侧设置不少于 1 根 $\phi 12$ 钢筋段与节点箍筋点焊成钢筋笼，随绑扎后的梁筋一起下沉到设计位置。

(11) 钢筋工程完成后应复核梁的截面尺寸及梁板的标高、纵向受力钢筋的品种、直径、数量、位置间距、钢筋的锚固长度以及钢筋的接头位置是否符合图纸设计要求。

钢筋安装位置允许偏差及检验方法见表 22.3。

表 22.3　　钢筋安装位置允许偏差及检验方法

项目			允许偏差/mm	检验方法
绑扎钢筋网	长、宽		±10	钢尺检查
绑扎钢筋网	网眼尺寸		±20	钢尺量连续三挡，取最大值
绑扎钢筋骨架	长		±10	钢尺检查
绑扎钢筋骨架	宽、高		±5	钢尺检查
受力钢筋	间距		±10	钢尺量两端、中间各一点，取最大值
受力钢筋	排距		±5	钢尺量两端、中间各一点，取最大值
受力钢筋	保护层厚度	基础	±10	钢尺检查
受力钢筋	保护层厚度	柱、梁	±5	钢尺检查
受力钢筋	保护层厚度	板、墙、壳	±3	钢尺检查
绑扎箍筋、横向钢筋间距			±20	钢尺量连续三挡，取最大值
钢筋弯起点位置			20	钢尺检查
预埋件	中心位置		5	钢尺检查
预埋件	水平高差		+3，0	钢尺和塞尺检查

22.3.5　混凝土工程

1. 施工工艺流程

作业准备→混凝土搅拌→混凝土运输→混凝土浇筑与振捣→养护。

2. 技术要求及验收标准

(1) 混凝土搅拌过程中，应对出盘混凝土的坍落度、和易性等进行检查是否符合配合比通知单要求，现场用坍落度筒检查。

(2) 混凝土自搅拌机中卸出后，应及时送到浇筑地点。在运输过程中，要防止混凝土离析、水泥浆流失、坍落度变化以及产生初凝等现象。如混凝土运到浇筑地点有离析现象时，必须在浇筑前进行二次拌和，严禁随意加水拌和。

(3) 浇筑混凝土时应分段分层连续进行，浇筑层高度应根据结构特点、钢筋疏密决定，一般为振捣器作用部分长度的 1.25 倍，最大不超过 50cm。

(4) 使用插入式振捣器应快插慢拔，插点要均匀排列，逐点移动，顺序进行，不得遗漏，做到均匀振实。移动间距不大于振捣作用半径的 1.5 倍（一般为 30～40cm）。振捣上一层时应插入下层 5cm，以消除两层间的接缝。

(5) 浇筑混凝土应连续进行。如必须间歇，其间歇时间应尽量缩短，并须在前层混凝土凝结之前，将次层混凝土浇筑完毕。间歇的最长时间应按所用水泥品种、气温及混凝土凝结条件确定，一般超过 2h 应按施工缝处理。

(6) 浇筑混凝土时应经常观察模板、钢筋、预留孔洞、预埋件和插筋等有无移动、变形或堵塞情况，发现问题应立即处理，并应在已浇筑的混凝土凝结前修整完好。

(7) 柱（剪力墙）浇筑前底部应先填以 5～10cm 厚与混凝土配合比相同减石子砂浆，柱（剪力墙）混凝土应分层振捣。使用插入式振捣器时每层厚度不大于 50cm，振捣棒不得触动钢筋和预埋件。除上面振捣外，下面要有人随时敲打模板。

(8) 浇筑墙体混凝土应连续进行，间隔时间不应超过 2h，每层浇筑厚度控制在 60cm 左右，因此必须预先安排好混凝土下料点位置和振捣器操作人员数量。

(9) 柱子混凝土应一次浇筑完毕，如需留施工缝时应留在主梁下面。无梁楼板应留在柱帽下面。在与梁板整体浇筑时，应在柱浇筑完毕后停歇 1～1.5h，使其获得初步沉实，再继续浇筑。

(10) 梁、板应同时浇筑，浇筑方法应由一端开始用“赶浆法”，即先浇筑梁，根据梁高分层浇筑成阶梯形，当达到板底位置时再与板的混凝土一起浇筑，随着阶梯形不断延伸，梁板混凝土浇筑连续向前进行。

(11) 和板连成整体高度大于 1m 的梁，允许单独浇筑，其施工缝应留在板底以下 2～3cm 处。浇捣时，浇筑与振捣必须紧密配合，第一层下料慢些，梁底充分振实后再下二层料，用“赶浆法”保持水泥浆沿梁底包裹石子向前推进，每层均应振实后再下料，梁底及梁帮部位要注意振实，振捣时不得触动钢筋及预埋件。

(12) 梁柱节点钢筋较密时，浇筑此处混凝土时宜用小粒径石子同强度等级的混凝土浇筑，并用小直径振捣棒振捣。

(13) 施工缝位置；宜沿次梁方向浇筑楼板，施工缝应留置在次梁跨度的中间 1/3 范围内。施工缝的表面应与梁轴线或板面垂直，不得留斜槎。施工缝宜用木板或钢丝网挡牢。

(14) 施工缝处须待已浇筑混凝土的抗压强度不小于 1.2MPa 时，才允许继续浇筑。在继续浇筑混凝土前，施工缝混凝土表面应凿毛，剔除浮动石子，并用水冲洗干净后，先浇一层水泥浆，然后继续浇筑混凝土，应细致操作振实，使新旧混凝土紧密结合。

(15) 斜屋面、楼梯段等部位混凝土自下而上浇筑，先振实低处混凝土后不断连续向上推进，并随时用木抹子（或塑料抹子）将混凝土表面抹平。

(16) 在混凝土浇捣过程中严禁随意加水影响混凝土后期强度的增长。

(17) 混凝土浇筑完毕后，应在 12h 以内加以覆盖和浇水，浇水次数应能保持混凝土有足够的润湿状态，养护期一般不少于 7 昼夜。所有部位混凝土浇筑时必须设专人跟班检查。

现浇混凝土结构尺寸允许偏差及检验方法见表 22.4。

表 22.4　　现浇结构尺寸允许偏差及检验方法

项　目			允许偏差/mm	检　验　方　法
轴线位置	基础		15	钢尺检查
	独立基础		10	
	墙、柱、梁		8	
	剪力墙		5	
垂直度	层高	≤5m	8	全站仪或吊线、钢尺检查
		>5m	10	全站仪或吊线、钢尺检查
	全高（H）		H/100，且≤30	全站仪、钢尺检查

续表

项　　目		允许偏差/mm	检　验　方　法
标高	层高	±10	水准仪或拉线、钢尺检查
	全高	±30	
截面尺寸		+8，−5	钢尺检查
电梯井	井筒长、宽对定位中心线	+25，0	钢尺检查
	井筒全高（H）垂直度	H/100，且≤30	全站仪、钢尺检查
表面平整度		8	2m 靠尺和塞尺检查
预埋设施中心线位置	预埋件	10	钢尺检查
	预埋螺栓	5	
	预埋管	5	
预留洞中心线位置		15	钢尺检查

22.3.6　砌体工程

（1）施工工艺流程。砌体工程施工工艺流程如下：砌砖作业准备→砖浇水→砂浆搅拌→砌砖墙→验收。

（2）技术要求及验收标准。

1）砌体砌筑前应做好轴线引测和控制线，设置好水平标高、门窗预留洞口、窗台标高的控制点。砌筑前，基底垃圾应清理干净、墙体拉结筋的位置、规格、数量、间距均应按设计要求留置，不应错放、漏放。

2）砌块砌筑前应提前淋水湿润或使用专用砂浆砌筑，砂浆应随搅拌随使用，一般水泥砂浆必须在 3h 内用完，水泥混合砂浆必须在 4h 内用完，不得使用过夜砂浆。

3）砌体水平灰缝厚度和竖向灰缝宽度一般为 10mm，但不应小于 8mm，也不应大于 12mm。灰缝不得出现透明缝、瞎缝和假缝。

4）坡面与墙体交接处、楼地面上三皮砖及梁底顶砖均应用水泥砂浆砌筑，预留线管、线槽等部位砌筑时应按相关要求设置拉结钢筋。钢筋砖过梁、钢筋混凝土过梁应按图纸要求设置。

5）凡设有构造柱的工程，在砌砖前，先根据设计图纸将构造柱位置进行弹线，并把构造柱插筋处理顺直。砌砖墙时，与构造柱连接处砌成马牙槎。

6）非承重墙应分次砌筑，每次砌筑高度不应超过 1.5m。待前次砌筑砂浆终凝后再继续砌筑。每日砌筑高度不宜大于 2.8m。

7）墙体顶部应预留 200mm 左右空隙，间隔 3～5d 后再将砌块用水泥砂浆斜顶砌筑，水泥砂浆必须饱满。

8）砖砌体施工临时间断处补砌时，必须将接槎处表面清理干净，浇水湿润，并填实砂浆，保持灰缝平直。

9）砖砌体的转角处和交接处应同时砌筑，严禁无可靠措施的内外墙分开砌筑。对不能同时砌筑而又必须留置的临时间断处应砌成斜槎，斜槎水平投影长度不应小于高度的 2/3。

10）非抗震设防及抗震设防烈度为 6 度、7 度地区的临时间断处，当不能留斜槎时，除转角处外，可留直槎，但直槎必须做成凸槎。留直槎处应加设拉结钢筋。

11）在操作过程中，要认真进行自检，如出现有偏差，应随时纠正，严禁事后砸墙。

12）所有的砌筑工程施工场地（含工作面）应每天都要做到工完场清，每个验收批申报验收时所有楼地面都要打扫干净，验收合格后才能进行下一道工序施工。

13）砖砌体的位置及垂直度允许偏差见表 22.5。

表 22.5　　砖砌体的位置及垂直度允许偏差

项次	项目			允许偏差/mm	检验方法
1	轴线位置偏移			10	用全站仪和尺检查或用其他测量仪器检查
2	垂直度	每层		5	用 2m 托线板检查
		全高	≤10m	10	用全站仪、吊线和尺检查，或用其他测量仪器检查
			>10m	20	

22.3.7　门窗安装

（1）施工工艺流程。门窗检查校正→门窗框安装→门窗扇安装→修饰、固定、附件安装→成品保护→检查验收。

（2）技术要求及验收标准。

1）门窗框安装。

a. 弹线找规矩。按图纸要求尺寸在各层门窗洞口处弹出窗框水平及垂直控制线，对偏位门窗、洞口进行剔凿处理。根据弹线，进行门窗洞口刮糙，门窗框居中安装，以外墙塌饼同一尺寸进行安装。

b. 防腐处理。按设计要求处理；设计无要求时，门窗侧边与墙体连接部位可涂刷如橡胶型防腐涂料或涂刷聚丙乙烯树脂保护装饰膜。采用铁件连接的固定件，应进行防腐处理，连接件宜采用不锈钢或铝制连接件。连接件间隔距离不大于 500mm。

c. 就位和临时固定。根据找好的规矩，安装门窗，并及时将其吊直找平，在其安装位置正确后，用木楔临时固定。

d. 修饰、固定、附件安装。在墙体预埋混凝土上采用电锤钻孔，将塑料膨胀管插入孔内，窗连接件采用螺丝拧入膨胀管内固定，连接件应内外交错布置。门窗装入洞口应横平竖直，外框与洞口应弹性连接牢固，不得将门窗外框直接埋入墙体。

安装密封条时应留有伸缩余量，一般比门窗的装配边长 20～30mm，在转角处应斜面断开，并用胶黏剂粘贴牢固，以免产生收缩缝。门框下部要埋入地面深 30～150mm。

e. 门窗框与墙体间空隙填充。门窗框与墙体间空隙采用发泡材料填充密实，防止漏水。门窗框外侧和墙体室外二次粉刷应预留 5～8mm，深槽口用硅硐膏密封。

f. 后塞门窗框。后塞门窗框前要预先检查门窗洞口的尺寸、垂直度及木砖数量，如有问题，应事先修补好：门窗框采用钉子与墙内的预埋木砖固定，每边的固定点不少于两处，其间的距离不大于 1.2m。

2）门、窗扇安装。

a. 木门窗扇的安装。安装应检查门窗扇的型号、规格、质量是否符合要求，安装前根据门窗框的高低、宽窄尺寸，然后在相应的扇边上画出高低、宽窄的线，双扇门窗要打叠（自由门除外），应在中间缝处画出中线，再画出边线，并保证梃宽一致，上下冒头也要画线刨直；画出高低、宽窄线后，用粗刨刨去线外部分，再用细刨刨至光滑平直，使其符合设计尺寸要求；扇放入框中试安装合格后，按扇高的 1/8～1/10，根据合页尺寸及安装位置在框上画线，剔出合页槽，槽的尺寸一定要与合页形状相适应，槽底要平。

b. 玻璃安装。根据门、窗扇尺寸，计算下料尺寸玻璃切割时，玻璃与扇形保留一定的空隙；玻璃就位后，将橡皮条嵌入凹槽挤紧玻璃，然后在封条上面注入密封胶，玻璃放入凹槽中间，内外两侧的间隙不小于 2mm，玻璃下部应用垫块将玻璃垫起。

c. 门、窗扇安装。木门扇安装前先确定门的开启方向及小五金型号和安装位置，然后检查门口尺寸是否正确，边角是否方正，有无窜角，检查门口高度，在扇的相对部位定位放线。根据框口净尺寸修刨木门扇边木，扇木框试配合格后，其铰链位置由相同门铰链位置模具尺统一划线，剔槽后再安装门扇。

铝合金窗应先安装内扇，后安装外扇。旋转调整螺钉，调整滑轮与下框的距离，使毛条压缩量为 1～2mm。

d. 门、窗扇附件安装。门、窗扇安装完成后，应安装锁以及拉手等附件，铝合金窗还应特别注意安装防脱落装置。在门、窗扇木节处或已填补的木节处，均不得安装小五金；装合页、插销等小五金时，应用锤将木螺钉钉入 1/3 的长度后，应改用起子将木螺钉拧紧，不得拧歪、倾斜。在硬木安装时，应先钻 2/3 深度的孔，孔径为木螺钉直径的 0.9 倍，然后再将木螺钉由孔中拧入；合页距门窗上下端应取立梃高度的 1/10，并避开上下冒头，且合页位置、数量应符合规范要求。安装后应开启灵活。门拉手安装距地面 900～1050mm，门锁位置一般高出地面 900～950mm，门拉手安装应里外一致；锁不宜安装在中冒头与立梃的结合处，以防伤榫。门窗扇为外开时，L 铁、T 铁安装在里面；内开时安装在外面；下插销要安装在梃宽的中间，如采用暗插销，则应在外梃上剔槽。

e. 玻璃隔墙施工及注意要点。各种不同类型的玻璃需要选用各种型式的工艺加工。固定玻璃隔墙一般采用金属材料，木材作为支撑的骨架和装饰条。

f. 玻璃墙面安装。根据设计要求放线，隔墙基础应牢固、平整。根据设计要求选用骨架支撑材料，并进行骨架边框的安装，安装完成后应对骨架、边框的牢固程度进行检查，不牢固的要加固。

按设计要求进行玻璃加工、裁割并运至现场，按部位、编号竖向分别堆放。（面积超过 $1.5m^2$ 应选用安全玻璃）玻璃隔墙一般单块玻璃较大、较重，安装时采用真空吸盘吸住玻璃进行安装，玻璃与骨架四周接触处应留有不少于 2mm 的空隙，玻璃下部边框接触部分采用 3mm 厚橡胶垫块将玻璃垫起。

木骨架采用木压条固定玻璃，金属框采用橡胶带固定玻璃。橡胶条外涂敷的密封胶应饱满、密实、连续、无气泡、横平竖直宽窄均匀、光滑顺直。玻璃安装完成后，应随时清理玻璃面。

3）成品保护。施工时要加强保护，不允许随意撕掉框表面所贴的保护膜。

在交叉作业中，应采用木档或其他物件进行保护，以免钢管及其他硬物碰坏门窗框。推拉门安装完成后，下槛内外两侧需加斜形的木板或采用其他保护措施，以免搬运小车损坏下槛。

内外墙抹灰完成后才能将门窗框保护膜撕去，保护膜的胶质物在型材表面如留有胶痕，宜用香蕉水清理干净。

涂刷工程施工前，应在门窗边框四周贴上美纹胶纸，防止涂料及油漆对门窗框二次污染。

4）质量验收。门窗安装允许偏差及检验方法见表 22.6。

表 22.6　　门窗安装允许偏差及检验方法

项次	项目		允许偏差/mm	检验方法
1	槽口宽度、高度	≤1500mm	±2mm	用直尺检查或其他测量仪器检查
2		>1500mm	±3mm	
3	对角线长度	≤2000mm	≤3mm	用直尺检查或其他测量仪器检查
4		>2000mm	≤4mm	
5	垂直度		≤3mm	吊线检查
6	平开门窗	同樘相邻高度偏差	≤2mm	拉线配合直尺检查
7		铰链部门配合间隙偏差	+2～−1mm	拉线配合直尺检查
8	推拉门窗	扇与框搭接量偏差	+1.5～−2.5mm	拉线配合直尺检查
9		扇与竖框搭平行度偏差	≤2mm	拉线配合直尺检查

22.3.8　抹灰工程

（1）施工工艺流程。门窗框四周堵缝（或墙身预留线管、槽、孔洞）→墙面清理→粘贴加强网→墙体基层处理→吊垂直、套方、抹灰饼、冲筋→浇水湿润墙面→分层抹灰。

（2）技术要求及验收标准。

1）室内外抹灰前应先做样板，经有关各部门验收合格后，再组织大面积施工。砂浆的配合比应符合设计要求。

2）抹灰工程所用材料如水泥、砂、石灰膏、有机聚合物等应符合设计要求及国家现行产品标准的规定，并应有出厂合格证；材料进场时应进行现场验收，不合格的材料不得用在抹灰工程上，对影响抹灰工程质量与安全的主要材料的某些性能，如水泥的凝结时间和安定性应进行现场抽样复验。

3）抹灰前应检查门窗框的位置是否正确，与墙体连接是否牢固。连接处的缝隙应用 1∶3 水泥砂浆分层嵌塞密实。留设线管、水管的坑槽用水泥砂浆或细石混凝土填塞密实。

4）砖墙、混凝土墙、加气混凝土墙基体表面的灰尘、污垢和油渍等，应清理干净，并洒水湿润。将柱、梁及剪力墙等凸出墙面的混凝土剔平，凹处提前刷净，用水湿透后，再用 1∶3 水泥砂浆或细石混凝土封堵。

5）墙体（混凝土、加气混凝土砌块等）基层处理。先将表面上的粉尘扫净，用水湿润，按图纸要求的配合比的细砂浆（砂子应用纱绷筛去筛），用机械喷或用笤帚甩在混凝土（加气混凝土砌块）墙体表面，第二天浇水养护，直至砂浆疙瘩凝固，用手掰不动为止。

6）抹灰前应检查基体表面的平整度、垂直度以及墙体角度，以作为打底的依据。抹灰前应挂线打灰饼，并提前淋水湿润，每一立面宜一次成型。

7）抹灰工程应分层进行。当抹灰总厚度大于或等于 35mm 时，应采取加强措施。不同材料基体交接处表面的抹灰，应采取防止开裂的加强措施，当采用加强网时，加强网与各基体的搭接宽度不应小于 100mm。

8）抹灰层与基层之间及各抹灰层之间必须黏结牢固，抹灰层应无脱层、空鼓，面层应无爆灰和裂缝。

9）抹灰层的总厚度应符合设计要求；水泥砂浆不得抹在石灰砂浆层上。

10）外墙墙面抹灰分两次进行。底层砂浆抹好后，待底层砂浆达到一定强度后方可抹第二层砂浆。应注意在抹第二层灰以前，应先检查底层砂浆有无空、裂现象，如有空裂，应剔凿返修后再抹第二层灰；另外应注意底层砂浆上的尘土、污垢等应先清净，浇水湿润后，方可进行第二层抹灰。

11）有排水要求的部位应做滴水线（槽）。滴水线（槽）应整齐顺直，滴水线应内高外低，滴水槽宽度和深度均不应小于 10mm。在檐口、窗楣雨篷、阳台、压顶和突出墙面的线条等部位，上面应做出流水坡度，下面应做滴水线（槽）。滴水线（又称鹰嘴）应保证其坡向正确。

12）雨期抹灰工程应采取防雨措施，防止抹灰层终凝前受雨淋而损坏。

13）抹灰层表面应光滑、洁净，颜色均匀，无抹纹，线角和灰线平直、方正、清晰美观。

14）墙体预留孔洞、槽尺寸正确、方正、整齐、光滑，抹灰面平整。

15）分格条（缝）宽度、深度均匀一致，条（缝）平整光滑，棱角整齐，横平竖直、通顺。

16）门窗框上残存的砂浆应及时清理干净，门窗框装前应检查保护膜的完整，如采用水泥嵌缝时应用低碱性的水泥，缝塞好后应及时清理，并用洁净的棉丝将框擦净。

17）各抹灰层在凝结前应防止快干、暴晒、水冲、撞击和振动，以保证其灰层有足够的强度。立面总高度垂直度允许偏差：单层：每层框架或每层大模为 $H/1000$，且不大于 20mm，高层框架，高层大模为 $H/1000$，且不大于 30mm，用全站仪、吊线和尺量检查。

18）所有内外墙天花抹灰面完成后一天必须进行喷水保养，应不少于 3d。

19）所有的抹灰工作面必须每天做到工完场清，将掉落的砂浆及时收集并当天用完。抹灰工程完成申报验收时，必须打扫干净，验收合格后才能进行下一工序施工。

20）抹灰工程质量允许偏差及检验方法应符合表 22.7 的规定。

表 22.7　　抹灰工程质量允许偏差及检验方法

项次	项　目	允许偏差/mm		检　验　方　法
		普通抹灰	高级抹灰	
1	立面垂直度	4	3	用 2m 垂直检测尺检查
2	表面平整度	4	3	用 2m 靠尺和塞尺检查
3	阴阳角方正	4	3	用直角检测尺检查
4	分格条（缝）直线度	4	3	用 5m 线，不足 5m 拉通线，用钢直尺检查
5	墙裙、勒脚上口直线度	4	3	拉 5m 线，不足 5m 拉通线，用钢直尺检查

22.3.9　饰件工程

（1）施工工艺流程。

1）室外饰件。基层处理→吊垂直、套方、找规矩→贴灰饼→抹底子灰→弹控制线，排砖，贴样板块→面砖粘贴→回缝→清理墙面。

2）室内饰件。清理基层→弹线→刷水泥素浆→水泥砂浆找平层→水泥浆结合层→铺贴饰件→回缝→清理墙面。

（2）技术要求及验收标准。

1）根据设计图纸要求，按照建筑物各部位的具体做法和工程量，事先挑选出颜色一致、同规格的饰件，分别堆放并保管好。预留孔洞及排水管等应处理完毕，门窗框、扇要固定好，并用 1∶3 水泥砂浆将缝隙堵塞严实。铝合金门窗框边缝所用嵌缝材料应符合设计要求，且塞堵密实，并事先粘贴好保护膜。

2）墙面饰件铺贴前应放出施工大样，根据具体高度弹出若干条水平控制线，在弹水平线时，应计算将铺贴的饰件块数，使两线之间保持整砖数。如分格需按总高度均分，可根据设计与饰件的品种、规格定出缝子宽度，再加工分格条。但要注意同一墙面不得有一排以上的非整砖，并应将其镶贴在较隐蔽的部位。

3）墙面饰件铺贴应自上而下进行。高层建筑采取措施后，可分段进行。在每一分段或分块内的饰件，均为自下向上铺贴，但应先排好饰件模数。

4）夏天镶贴室外墙面饰件时，应有防止暴晒的可靠措施。室内楼地面饰件铺贴前应先在清理好的地面上均匀洒水，然后用笤帚均匀洒刷水泥素浆（水灰比为 0.5）。刷的面积不得过大，须与下道工序铺砂浆找平层紧密配合，随刷水泥浆随铺水泥砂浆。

5）室内楼地面饰件控制线应在墙面设置＋50cm 水平标高线，测出面层标高，拉水平线做灰饼，然后进行冲筋，在房间中间每隔 1m 冲筋一道。有地漏的房间按设计要求的坡度找坡，冲筋应朝地漏方向呈放射状。冲筋后，用 1∶3 干硬性水泥砂浆（干硬程度以手捏成团，落地开花为准），铺设厚度约为 20～25mm，用大杠（顺标筋）将砂浆刮平，木抹子拍实，抹平整。有地漏的房间要按设计要求的坡度做出泛水。

6）室内楼地面饰件铺贴前应先在房间中心弹十字控制线，根据设计要求的图案结合饰件尺寸，计算出所铺贴的块数，不足整块的应甩到边角处，不能贴到明显部位。

7）室内楼地面饰件铺贴时在砂浆找平层上，浇水湿润后，抹一道 2～2.5mm 厚的水泥浆结合层（宜掺水泥重量 20％的 107 胶），应随抹随贴，面积不要过大。

8）室内楼地面饰件宜整间一次镶铺连续操作，如果房间大一次不能铺完，须将接槎切齐，余灰清理干净。具体操作时应在水泥浆尚未初凝时开始铺饰件（背面应洁净），从里向外沿控制线进行。

9）用湿水泥浆（或白色水泥）进行回缝，缝里应刮满、刮实，再用麻丝和擦布将表面擦净。如需清洗饰面时，应待回缝材料硬化后方可进行。

10）饰件镶贴必须牢固，无歪斜、缺楞、掉角和裂缝等缺陷。饰件表面应平整、洁净，颜色协调一致。

11）饰件接缝应填嵌密实、平直，宽窄一致，颜色一致，阴阳角处的砖压向正确，非整砖的使用部位适宜。

12）饰件套割应用整砖套割吻合，边缘整齐；墙裙、贴脸等突出墙面的厚度一致。

13）镶贴好饰件的墙面，应有切实可靠的防止污染的措施；同时要及时清擦干净残留在门窗框、扇上的砂浆。特别是铝合金门窗框、扇，事先应粘贴好保护膜，预防污染。

14）各抹灰层在凝结前应防止风干、暴晒、水冲、撞击和振动。

15）少数工种（水电、通风、设备安装等）的各种工作应做在铺饰件贴之前，防止损坏面砖。

16）有可能渗水的饰件铺贴禁止用干浆铺贴，必须用湿浆铺贴，而且所有铺贴的基层必须做防水层。经试水验收合格后才能铺贴饰件，并再次试水验收（包括阳台、露台、天面、卫生间等）。

17）拆除架子时注意不要碰撞墙面，以免损坏饰件。

18）饰件工程完成后，必须将剩余的饰件分类堆放并对工作面进行工完场清，否则不予验收。

19）饰面砖粘贴允许偏差及检验方法应符合表 22.8 规定。

表 22.8　饰面砖粘贴允许偏差及检验方法

项次	项　目	允许偏差/mm		检　验　方　法
		外墙面砖	内墙面砖	
1	立面垂直度	3.0	2.0	用 2m 垂直检测尺检查
2	表面平整度	4.0	3.0	用 2m 靠尺和塞尺检查
3	阴阳角方正	3.0	3.0	用直角检测尺检查
4	接缝直线度	3.0	2.0	拉 5m 线，不足 5m 拉通线，用钢尺检查
5	接缝高低差	1.0	0.5	用钢直尺和塞尺检查
6	接缝宽度	1.0	1.0	用钢直尺检查

22.4　示例图片

模板施工见图 22.2，混凝土外观见图 22.3。

图 22.2　模板施工

图 22.3　混凝土外观

22.5　相关标准

《砌体结构工程施工质量验收规范》(GB 50203)
《建筑装饰装修工程质量验收标准》(GB 50210)
《住宅装饰装修工程施工规范》(GB 50327)
《电力建设施工质量验收规程　第 1 部分：土建工程》(DL/T 5210.1)
《塑料门窗安装及验收规程》(JGJ 103)

第 23 章 砌石施工工艺

23.1 适用范围

本工艺适用于采用毛石砌筑的浆砌石挡墙、浆砌石排水沟、干砌石护坡等建（构）筑物的砌筑施工。

23.2 施工程序

砌石施工工艺程序见图 23.1。

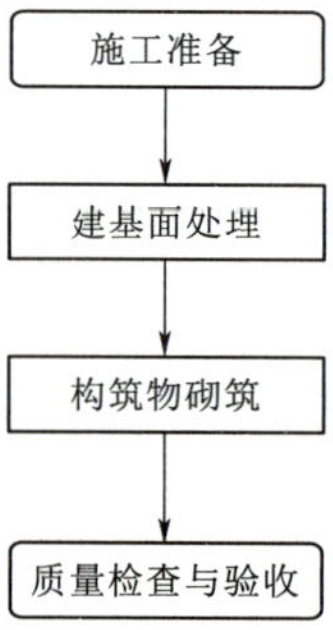

图 23.1 砌石施工工艺程序

23.3 工艺说明及主要质量控制要点

23.3.1 施工准备

（1）材料准备。

1）砌筑用石。砌筑用毛石应为质地坚实，无裂纹的石材，其表面的污渍等杂质，砌筑前应清除干净。用于干砌石护坡砌筑的块石应同时具有两个大致平行的面。砌筑永久外露面的块石边缘应进行适当修正。

2）砂。砌筑用砂应及时取样，合格后方可用于工程施工，其质量 指标见附表 3。

3）水泥。水泥宜采用普通硅酸盐水泥，使用的水泥应具备出厂合格证及进场复试报告。其质量标准见附表 1。

4）砂浆配合比。

砂浆配合比必须满足施工图纸规定的强度和施工和易性要求，配合比必须通过试验确定。

（2）技术准备。

1）图纸会审。严格按照国家电网有限公司《电力建设工程施工技术管理导则》（以下简称《导则》）的要求做好图纸会审工作。

2）技术交底。应按照《导则》规定进行施工技术交底。技术交底内容要充实，具有针对性和指导性，全体参加施工的人员都应参加交底并签名，形成书面交底记录。

23.3.2　工序施工要点

（1）浆砌石砌筑。

1）一般规定。

a. 砌石体采用铺浆法砌筑，砂浆厚度 30～50mm，当气温变化时，应适当调整。

b. 采用浆砌法砌筑的砌石体转角处和交接处应同时砌筑，对不能同时砌筑的面，必须留置临时间断处，并应砌成斜搓。

2）基础处理。砌石基础开挖完成后应进行建基面的尺寸、高程、地基承载力的检查，满足设计要求后清除基面的浮石浮渣及松动岩块。基面为填筑体时，块石砌筑前必须夯实，直至符合设计要求的压实度。

3）浆毛石砌体砌筑。

a. 砌筑毛石基础的第一皮石块应坐浆，且将大面向下。

b. 毛石基础扩大部分，若做成阶梯形，上级阶梯的石块应至少压砌下级阶梯的 1/2，相邻阶梯的毛石应相应错缝搭接。

c. 毛石砌体的灰缝厚度应为 20～30mm，砂浆应饱满，石块间较大的空隙应先填塞砂浆，后用碎块或片石嵌实，不得先摆碎石块后填砂浆或干填碎石块的施工方法，石块间不应相互接触。

d. 毛石砌体第一皮及转角处、交接处和洞口处应选用较大的平毛石砌筑。

e. 毛石墙必须设置拉结石。拉结石应均匀分布、相互划开，一般每 $0.7m^2$ 墙面至少应设置一块，且同皮内的中距不应大于 2m。

拉结石的长度，若其墙厚等于或小于 400mm 时，应等于墙厚；墙厚大于 400mm 时，可用两块拉结石内外搭接，搭接长度不应小于 150mm，且其中一块长度不应小于墙长的 2/3。

f. 毛石砌体每日的砌筑高度，不应超过 1.2m。

g. 在毛石和实心砖的组合墙中，毛石砌体与砖砌体间的空隙应用砂浆填满。

h. 毛石墙和砖墙相接的转角和交接处应同时砌筑。

4）砌石挡土墙砌筑。

a. 本款规定适用于建筑场地周围的浆砌毛石挡土墙。

b. 采用的毛石料砌筑挡土墙，应符合下列规定：

（a）毛石料中部厚度不应小于 200mm。

（b）每砌 3～4 皮为一个分层高度，每个分层高度应找平一次。

c. 外露面的灰缝厚度不得大于 20mm，两个分层高度间的错缝不得小于 80mm。

5）勾缝。

a. 采用料石水泥砂浆勾缝作为防渗体时，防渗用的勾缝砂浆应采用细砂和较小的水灰比，灰砂比控制在 1∶1～1∶2 之间。

b. 防渗用砂浆应采用 P. O 32.5 级以上的普通硅酸盐水泥。

c. 清缝应在料石砌筑 24h 后进行，缝宽不小于砌缝宽度，缝深不小于缝宽的 2 倍，勾缝前必须将槽缝冲洗干净，不得残留灰渣和积水，并保持缝面湿润。

d. 勾缝砂浆必须单独拌制，严禁与砌体砂浆混用。

e. 当勾缝完成和砂浆初凝后，砌体表面应刷洗干净，至少用浸湿物覆盖保持 21d，在养护期间应经常洒水，使砌体保持湿润，避免碰撞和振动。

6）养护。砌体外露面，在砌筑后 12～18h 之间应及时养护，经常保持外露面的湿润。水泥砂浆砌体的养护时间一般为 14d。

（2）干砌石。

1）一般要求。

a. 干砌石使用材料应按施工图纸要求和监理人指示，采用料石或毛石砌筑料。

b. 石料使用前表面应清除污渍。

c. 干砌石砌体铺砌前，应先铺设一层厚为 100～200mm 砂砾垫层。铺设垫层前，应将地基平整夯实，砂砾垫层厚度应均匀，其密实度应大于 90%。

2）干砌石护坡。

a. 坡面上的干砌石砌筑，应在夯实的砂砾石垫层上，以一层与一层错缝锁结方式铺砌，砂砾垫层料的粒径应不大于 50mm，含泥量小于 5%，垫层应与干砌铺砌层配合砌筑，随铺随砌。

b. 护坡表面砌缝的宽度不应大于 25mm，砌石边缘应顺直、整齐牢固。

c. 砌体外露面的坡顶和侧边，应选用较整齐的石块砌筑平整。

d. 为使沿石块的全长有坚实支撑，所有前后的明缝均应用小片石料填塞紧密。

23.3.3　质量检查与验收

（1）胶凝材料质量检查。

1）定期检查砂浆材料和小骨料混凝土的配合比。

2）水泥砂浆及小骨料混凝土的抗压强度检查：28d 龄期每 200m^3 砌体成型试件一组 3 个。（如施工强度相对较低，可适当加大取样频次）

（2）砌体质量检查。

1）外观检查：砌体砌筑面的平整度和勾缝质量、石块嵌挤的紧密度、缝隙砂浆的饱满度、沉降缝贯通情况等的外观质量检查。

2）排水孔的坡度和阻塞情况检查。毛石砌筑允许偏差及检验方法见表 23.1。

表 23.1　毛石砌筑允许偏差及检验方法

项目		允许偏差/mm		检验方法
		基础	墙	
轴线位置		20	15	采用经纬仪和尺，或其他测量仪器检查
墙面垂直度		—	30	采用经纬仪、吊线和尺检查或其他测量仪器检查
顶面标高		±25	±15	用水准仪和尺检查
砌体厚度		+30	−10～20	用尺检查
表面平整度	清水	—	20	用两直尺垂直于灰缝拉 2m 线检查
	浑水	—	20	拉 10m 线和尺检查

23.4　示例图片

浆砌石挡墙外观示例见图 23.2。

图 23.2　浆砌石挡墙外观

23.5　相关标准

《通用硅酸盐水泥》(GB 175)
《砌体结构工程施工质量验收规范》(GB 50203)
《建筑工程施工质量验收统一标准》(GB 50300)
《水电工程验收规程》(NB/T 35048)
《水工混凝土试验规程》(DL/T 5150)
《水工混凝土砂石骨料试验规程》(DL/T 5151)
《浆砌石坝施工技术规定》(试行)(SD 120)
《混凝土拌和用水标准》(JGJ 63)

第 24 章 混凝土路面面层施工工艺

24.1 适用范围

本工艺适用于厂区或坝顶上水泥混凝土路面面层施工。

24.2 施工程序

施工程序见图 24.1。

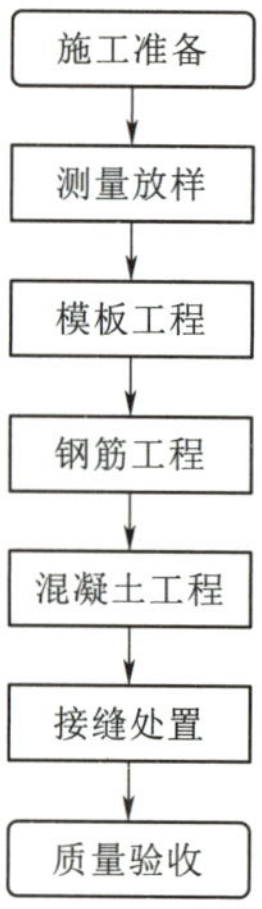

图 24.1 施工程序

24.3 工艺说明及主要质量控制要点

24.3.1 施工准备

（1）材料准备。

1）水泥。进场时应对出厂证、合格证和品质检验报告进行检查，并对其强度、安定性等性能指标进行复查，其质量必须符合附表 1 的规定。应使用同一品牌、同一批号的水泥，水泥进场后应有防雨、防潮等良好的堆放场地。

2）砂。应质地坚硬、清洁、级配良好；人工砂的细度模数宜在 2.4～2.8 范围内，天然砂的细度模数宜在 2.2～3.0 范围内。使用山砂、粗砂、特细砂应经过试验认证。砂的品质要求，应符合附表 2 规定的要求。

3）石子。石子的最大粒径，不应超过钢筋净间距的 2/3、构件断面最小边长的 1/4。石子的品质要求，应符合附表 3 规定的要求。

4）水。凡符合国家标准的饮用水，均可用于拌和与养护混凝土。否则，按附表 4 规定指标检验合格后方可使用。

5）外加剂。减水剂等进场时，应对出厂证、合格证和品质检验报告进行检查，其品质应符合 DL/T 5100 规定的要求。减水剂的品种、掺量通过试验确定。

6）对出厂证、合格证和品质检验报告进行检查，并对外观、力学性能等进行检验，其质量必须符合 DL/T 5169 的规定。

7）接缝。沥青胶、松木等的材质、规格型号应符合设计和有关规定。

（2）作业准备。

1）应按设计和 DL/T 5169 规定进行混凝土配合比设计。

2）混凝土搅拌机、混凝土运输车、洒水车等施工设备进场，并进行检查、维修、保养。有夜间施工时，应配备足够的照明设备。

3）路面基层施工完毕，并通过验收。

（3）技术准备。

1）图纸会检。严格按照国家电网有限公司《电力建设工程施工技术管理导则》（以下简称《导则》）的要求做好图纸会检工作。

2）技术交底。应按照《导则》规定，每个分项工程必须分级进行施工技术交底。技术交底工作要充实，具有针对性和指导性，全体参加施工的人员都要参加交底并签名，形成书面的交底记录。

3）应根据路幅宽度、分缝等条件进行模板及其支架设计，并符合有关强度、刚度、稳定性要求。

4）应进行水泥混凝土路面面层试验路段施工，提出修正的施工方案与工艺。

5）水泥混凝土路面施工方案措施须监理工程师批准。

24.3.2　测量放样

（1）水泥混凝土路面面层施工的测量，应符合 GB 50026 规定要求。

（2）按水准、坐标基准点，建立施工用的测量控制点，定期复核测量。

（3）应严格按设计图纸及测量基准点进行路面面层轴线、高程、纵坡、横坡、宽度等的测量放样。

（4）路面面层测量放样后，应进行复核，专人操作与保管仪器。

24.3.3　模板工程

（1）当模板安装完毕后，应有专业人员对其轴线、高程、尺寸等进行检查。

（2）模板支设应保证路面各部位形状尺寸正确，具有足够的稳定性和牢固性，模板面铅直，接缝严密，不漏浆。

24.3.4　钢筋工程

（1）制作拉筋与传力杆的钢筋应顺直，无油污，其规格尺寸应符合设计要求。

（2）拉筋与传力杆设置位置应符合纵缝、胀缝的设计要求。

（3）角隅处的钢筋应按设计和有关规定进行加工与安装。

24.3.5　混凝土工程

（1）在开仓前，应根据骨料含水率调整好混凝土的施工配合比，坍落度应根据混凝土的运输、浇筑方法和气候条件决定。

（2）严格按《水泥混凝土路面施工及验收规范》（GBJ 97）要求及施工配合比进行混凝土的拌制。

（3）路面混凝土应按浇注、摊铺、振捣、滚平、提浆的工艺施工。

（4）混凝土应连续浇筑，一旦发生不能连续浇筑混凝土时，按胀缝处置。

（5）表面抹平后，应采用滚动压纹器等工具，按设计要求沿横坡方向进行滚压路面纹理，以达到路面构造深度。

（6）混凝土浇筑后必须在 12h 内进行养护，使混凝土表面处于足够的湿润状态。应由专人负责养护，养护时间不得少于 28d。当平均气温低于 5℃时，应按冬季施工进行养护。

24.3.6　接缝处置

（1）胀缝间距应按设计规定要求及季节温差而定，胀缝须顶面至底面上下垂直贯通。

（2）缩缝处置：当混凝土达到 25%～30%设计强度时，用切缝机进行切割。

（3）灌缝：混凝土面层养护期满后，必须在缝槽干燥状态下及时进行填缝料的灌注。

24.3.7　质量验收

（1）按照《公路工程质量检验评定标准 土建工程 》（JTG F80/1）进行质量验收，主要检验项目见表 24.1～表 24.3。

1）拉杆、传力杆加工与安装的检查项目、质量标准及检测方法的具体要求见表 24.1。

表 24.1　　拉杆、传力杆加工与安装的检查项目、质量标准及检测方法

项次	检　查　项　目	规定值或允许偏差	检查方法和频率
1	规格型号	符合设计要求	目测：全部
2	钢筋直径/mm	不小于设计值	目测：全部
3	根数	符合设计要求	目测：全部
4	长度/mm	±10	尺量：每 5m 抽查 2 个
5	拉杆、传力杆间距/mm	±10	尺量：每 5m 抽查 2 个
6	与缝面垂直度	±2°	量角器：每 5m 抽查 2 个

2）路面面层混凝土浇筑质量检查项目、质量标准见表 24.2。

表 24.2　　路面面层混凝土浇筑质量检查项目、质量标准

项类	检　查　项　目	质　量　标　准
主控项目	1. 入仓混凝土料（含原材料、拌和物及硬化混凝土）	无不合格料入仓
	2. 平仓分层	厚度不大于振捣棒有效长度的 90%，铺设均匀，分层清楚，无骨料集中现象
	3. 混凝土振捣	垂直插入下层 5cm，有次序、间距、留振时间合理、无漏振、无超振
	4. 铺料间隙时间	符合要求，无初凝现象
	5. 混凝土保护	混凝土表面保持湿润，连续养护时间符合设计要求

续表

项类	检查项目	质量标准
一般项目	1. 砂浆铺筑	厚度不大于 3cm，均匀平整，无漏铺
	2. 积水和泌水	无外部水流入，泌水排除及时
	3. 混凝土浇筑温度	满足设计要求
	4. 混凝土表面保护	保护时间与保温材料质量均符合设计要求，保护严密

（2）外观质量的主要检验项目如下：

1）水泥混凝土路面面层外观检查项目、规定值或允许偏差、检查方法和频率，见表 24.3。

表 24.3 水泥混凝土路面面层外观检查项目、规定值或允许偏差、检查方法和频率

项次	检查项目		规定值或允许偏差	检查方法和频率
1	弯拉强度/MPa		在合格标准之内	按水泥混凝土弯拉强度评定法检查
2	板厚度/mm	代表值	−5	按路面结构厚度评定法检查，每 200m 每车道测 2 处
		极 值	−10	
3	平整度/mm		5	3m 直尺：半幅车道板带每 200m 测 2 处
4	抗滑构造深度/mm		不小于 0.5，且不大于 1.0	砂铺法：每 200m 测 1 处
5	相邻板高差/mm		3	抽量：每条胀缝 2 点，每 200m 抽纵、横缝各 2 条，每条 2 点
6	纵、横缝顺直度/mm		10	纵缝 20m 拉线，每 200m 测 4 处；横缝沿板宽拉线，每 200m 测 4 条
7	中线平面偏位/mm		20	经纬仪：每 200m 测 4 点
8	路面宽度/mm		±20	抽量：每 200m 测 4 处
9	纵断高程/mm		±15	水准仪：每 200m 测 4 个断面
10	横坡/%		±0.25	水准仪：每 200m 测 4 个断面

2）水泥混凝土板表面应无脱皮、印痕、裂纹、缺边掉角等病害现象，有上述缺陷的面积不得超过受检面积的 0.2%。

3）水泥混凝土的断裂块数，不得超过评定路段混凝土板总块数 0.2%。

4）路面侧石应直顺、曲线圆滑。

5）路面的构造纹理深度一致，相互平行，无漏滚压或无拉毛。

6）表面平整光滑，接缝两侧的混凝土不错台。

7）接缝填缝料填筑应饱满密实、黏结牢固，缝缘清洁整齐，路面无污染。

8）路面上无拌制砂浆或混凝土痕迹。

24.4 示例图片

滚压路面纹理见图 24.2，水泥混凝土路面见图 24.3。

图 24.2　滚压路面纹理

图 24.3　水泥混凝土路面

24.5　相关标准

《工程测量标准》(GB 50026)
《水工混凝土外加剂技术规程》(DL/T 5100)
《水电水利工程模板施工规范》(DL/T 5110)
《水工混凝土施工规范》(DL/T 5144)
《水工混凝土钢筋施工规范》(DL/T 5169)
《公路工程质量检验评定标准 土建工程 》(JTG F80/1)
《水泥混凝土路面施工及验收规范》(GBJ 97)

第 25 章 钢筋混凝土电缆沟施工工艺

25.1 适用范围

本工艺适用于室内外钢筋混凝土电缆沟施工。

25.2 施工程序

施工程序见图 25.1。

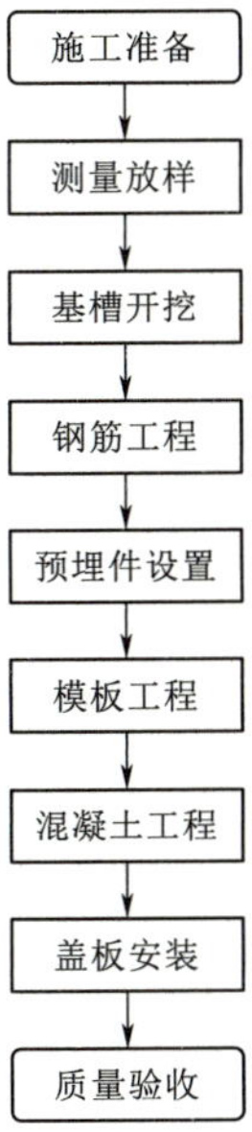

图 25.1 施工程序

25.3 工艺说明及主要质量控制要点

25.3.1 施工准备

（1）材料准备。

1）水泥。进场时应对出厂证、合格证和品质检验报告进行检查，并对其强度、安定性等性能指标进行复查，其质量必须符合附表 1 的规定。应使用同一品牌、同一批号的水泥，水泥进场后应有防雨、防潮等良好的堆放场地。

2）砂。应质地坚硬、清洁、级配良好；人工砂的细度模数宜在 2.4～2.8 范围内，天然砂的细度模数宜在 2.2～3.0 范围内。使用山砂、粗砂、特细砂应经过试验认证。砂的品质要求，应符合附表 2 的要求。

3）石子。石子的最大粒径，不应超过钢筋净间距的 2/3、构件断面最小边长的 1/4。石子的品质要求，应符合附表 3 的要求。

4）水。凡符合国家标准的饮用水，均可用于拌和与养护混凝土。否则，按附表 4 指标检验合格后方可使用。

5）外加剂。减水剂等进场时，应对出厂证、合格证和品质检验 报告进行检查，其品质应符合 DL/T 5100 规定的要求。减水剂的品种、掺量通过试验确定。

6）钢筋。钢筋的规格、型号等应符合设计图纸的规定。进场时 应对出厂证、合格证和品质检验报告进行检查，并对外观、力学性 能等进行检验，其质量必须符合 DL/T 5169 的规定。

7）预埋件。铁件等材质、规格型号应符合设计和有关规定。

（2）作业准备。

1）应按设计和 DL/T 5169 规定进行混凝土配合比设计。

2）混凝土施工设备应有备份，与浇筑强度相适应，能确保混凝土连续浇筑。

3）模板的加工，必须符合 DL/T 5110 规定，并满足电缆沟的尺寸、体形、构造及分段浇筑混凝土等设计要求，模板应表面平整、有足够的强度和刚度。宜采用同一规格的定型模板，以使槽口形状尺寸一致。

4）应采用与结构同标号混凝土或砂浆制作钢筋保护层的垫块，其中间预埋扎丝，以便支设沟槽身钢筋时使用。

5）焊工应持有上岗证书。

（3）技术准备。

1）图纸会审及设计交底。严格按照国家电网有限公司《电力建设工程施工技术管理导则》（以下简称《导则》）的要求做好图纸会审及设计交底工作。

2）技术交底。应按照《导则》规定，每个分项工程必须分级进行施工技术交底。技术交底工作要充实，具有针对性和指导性，全体参加施工的人员都要参加交底并签名，形成书面的交底记录。

3）模板支架必须支承在有足够支承面积的坚实地基或混凝土平面上，做到既要保证其强度、刚度和稳定性，又要考虑构造简单，按拆方便，支撑系统及模板系统应经过计算。

4）钢筋混凝土电缆沟施工方案措施须监理工程师批准。

25.3.2　测量放样

（1）钢筋混凝土电缆沟施工的测量，应符合 GB 50026 规定要求。

（2）应准确测量放样，使电缆沟的轴线、位置、高程等符合设计要求。

（3）测量工作应由专业人员负责，专人操作与保管仪器。

25.3.3　基槽开挖

（1）开挖前应在基槽两侧或坡高的一侧，做好截、排水设施。

（2）基槽开挖的高程、位置和形状应符合设计要求，且基底密实、不欠挖、岩面不开裂、不松动。

25.3.4　钢筋工程

（1）钢筋的形状、尺寸，必须按设计图纸和 DL/T 5169 要求弯制。钢筋的调直、切断、弯钩、绑扎成型等，均应采用冷加工方法进行。

（2）钢筋接头应优先采用焊接接头，在不具备焊接条件时才采用绑扎接头，钢筋焊接接头应按规定抽样送检。

（3）钢筋接头应分散布置。机械连接接头的分布应按设计规定执行，当没有要求时，在受拉区不宜超过 50%；在受压区的 A 级接头不受限制。闪光对焊、熔槽焊等焊接接头的分布，在受拉区不宜超过 50%；在受压区不受限制。绑扎接头的分布，在受拉区不宜超过 25%；在受压区不宜超过 50%。

（4）严格按 DL/T 5169 要求进行钢筋绑扎，绑扎应牢固，无缺扣、无松扣、无漏扎。绑扎钢筋时应留出固定预埋件的位置。

25.3.5　预埋件设置

（1）沟槽身内的预埋件应按设计的规定要求进行埋设，必须位置准确、牢固、不锈蚀、不漏缺、不破损。

（2）伸缩缝结构层应密实、铅直，与沟槽身和底板混凝土粘贴紧密。

25.3.6　模板工程

（1）槽身模板安装前，必须先在底板上标出槽身控制线，以确保槽身根部位置的准确。安装前检查槽身钢筋或预埋件是否按设计要求设置。

（2）沟槽身槽口的宽度、高程、平整度应严格控制，做到盖板能合缝安置。

（3）当模板安装完毕后，应有专业人员对其轴线、高程、各部位构件尺寸、支撑系统以及伸缩缝设置等进行检查。

25.3.7　混凝土工程

（1）在开仓前，应根据骨料含水率调整好混凝土的施工配合比，坍落度应根据混凝土的运输、浇筑方法和气候条件决定。

（2）混凝土应连续浇筑。

（3）混凝土浇筑时的振捣，以混凝土表面不出气泡不下陷，表面泛浆为准。

（4）按电缆沟应分段划分浇筑长度，沟槽身与底板的混凝土应分层连续浇筑。

（5）槽口的混凝土浇筑后，应及时修抹平整。

（6）混凝土浇筑后应及时进行养护，使混凝土表面处于足够的湿润状态，养护时间不得少于 28d。当平均气温低于 5℃ 时，应按冬季施工进行养护。

25.3.8　盖板安装

（1）严禁反向受力搬运盖板，盖板安装应平抬平放。

（2）应拉线调整盖板的顺直及平整，宜用橡胶皮垫为盖板找平。

25.3.9　质量验收

按照《水电水利基本建设工程　单元工程质量等级评定标准　第 1 部分：土建工程》（DL/T

5113.1）规定的要求进行质量验收，主要检验项目见表 25.1～表 25.4。

（1）钢筋质量的具体要求见表 25.1。

表 25.1　　钢筋质量检查项目、质量标准

项类	检　查　项　目				质　量　标　准
主控项目	1. 钢筋的材质、数量、规格尺寸、安装位置				符合产品质量标准和设计要求
	2. 钢筋接头力学性能				符合施工规范及设计要求
	3. 焊接接头和焊缝外观				不允许有裂纹、脱焊点和漏焊点，表面平顺没有明显咬边、凹陷、气孔、烧伤等
	4. 接头分布				满足规范和设计要求
一般项目	1. 闪光对焊	接头处弯折角			≤4°
		轴线偏移			≤0.1d，且≤2mm
	2. 搭接焊或帮条焊	帮条对焊接接头中心角纵向偏移			≤0.5d
		接头处钢筋轴线曲折			≤4°
		焊缝	长度		−0.5d
			高度		−0.05d
			宽度		−0.1d
			咬边深度		≤0.05d，且≤1mm
			表面气孔和夹渣	2d 长度上数量	≤2 个
				气孔、夹渣的直径	≤3mm
	3. 绑扎	搭接长度			符合 DL/T 5169 规定
	4. 钢筋长度方向偏差				±1/2 净保护层厚
	5. 同一排受力钢筋间距局部偏差				±0.1 倍间距
	6. 同一排分布钢筋间距偏差				±0.1 倍间距
	7. 保护层厚度的局部偏差				±1/4 净保护层厚

（2）模板质量的具体要求见表 25.2。

表 25.2　　模板质量检查项目、质量标准

项类	检　查　项　目		质量标准/mm	
			外露表面	隐蔽内侧
主控项目	1. 强度、刚度、稳定性		符合设计要求	
	2. 结构物边线与设计边线	外模板	0，−10	15
		内模板	+10，0	
	3. 结构物水平截面内部尺寸		±20	
	4. 高程		+5，0	
一般项目	1. 平整度	相邻两面板错台	2	5
		局部不平（2m 直尺检查）	5	10
	2. 板面缝隙		2	2
	3. 模板外观		规格符合设计要求，表面光洁，无污物	
	4. 脱模剂		质量符合标准要求，涂抹均匀	

(3) 混凝土浇筑质量的具体要求见表 25.3。

表 25.3　混凝土浇筑质量检查项目、质量标准

项类	检查项目	质量标准
主控项目	1 入仓混凝土料（含原材料、拌和物及硬化混凝土）	无不合格料入仓
	2. 平仓分层	厚度不大于振捣棒有效长度的 90%，铺设均匀，分层清楚，无骨料集中现象
	3. 混凝土振捣	垂直插入下层 5cm，有次序、间距、留振时间合理、无漏振、无超振
	4. 铺料间隙时间	符合要求，无初凝现象
	5. 混凝土保护	混凝土表面保持湿润，连续养护时间符合设计要求
一般项目	1. 砂浆铺筑	厚度不大于 3cm，均匀平整，无漏铺
	2. 积水和泌水	无外部水流入，泌水排除及时
	3. 插筋、管路等埋设件及模板的保护	保护好，符合要求
	4. 混凝土浇筑温度	满足设计要求
	5. 混凝土表面保护	保护时间与保温材料质量均符合设计要求，保护严密

(4) 沟槽身混凝土外观质量的具体要求见表 25.4。

表 25.4　沟槽身混凝土外观质量检查项目、质量标准

项类	检查项目	质量标准
主控项目	1. 形体尺寸及表面平整度	符合设计要求
	2. 露筋	无
	3. 深层及贯穿裂缝	无
一般项目	1. 麻面	无
	2. 蜂窝空洞	无
	3. 碰损掉角	无
	4. 表面裂缝	无

(5) 盖板的型号和质量符合设计要求，且无破损，色泽一致。盖板的安装，应平稳，轮廓清晰，线条直顺。

25.4　示例图片

电缆沟槽示例见图 25.2，嵌入式电缆沟示例见图 25.3。

图 25.2　电缆沟槽示例

图 25.3　嵌入式电缆沟示例

25.5　相关标准

《工程测量标准》(GB 50026)

《水工混凝土外加剂技术规程》(DL/T 5100)

《水电水利工程模板施工规范》(DL/T 5110)

《水电水利基本建设工程　单元工程质量等级评定标准　第 1 部分：土建工程》(DL/T 5113.1)

《水工混凝土施工规范》(DL/T 5144)

《水工混凝土钢筋施工规范》(DL/T 5169)

第 26 章 砖砌电缆沟施工工艺

26.1 适用范围

本工艺适用于采用机制砖进行砌筑的电缆沟施工。

26.2 施工程序

施工程序见图 26.1。

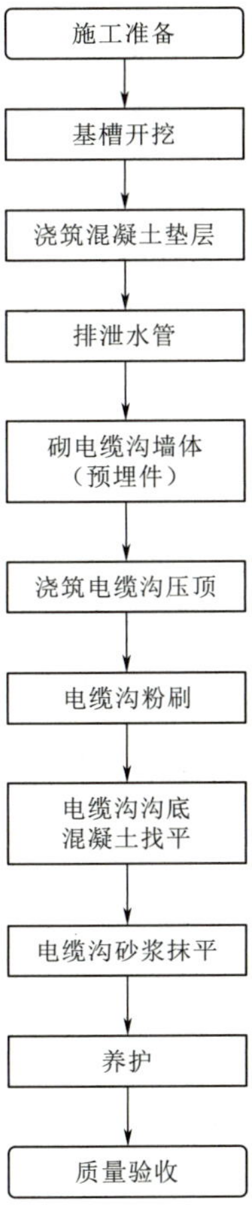

图 26.1 施工程序

26.3 工艺说明及主要质量控制要点

26.3.1 施工准备

（1）材料准备。砂、石应有复试报告，水泥应有出厂合格证及复试报告；砖采用机制红砖，应有出厂合格证及复试报告；模板采用表面平整、加工精密、有一定刚度的多层胶合板，钢筋应进行外观及资料（出厂合格证中）检查，并经送样复试合格。砂浆配合比必须通过试验确定，并经监理工程师审批后使用。

（2）技术准备。

1）图纸会审及设计交底。严格按照国家电网有限公司《电力建设工程施工技术管理导则》（以下简称《导则》）的要求做好图纸会审及设计交底工作。

2）技术交底。应按照《导则》规定，每个分项工程必须分级进行施工技术交底。技术交底内容要充实具有针对性和指导性，全体参加施工的人员都参加技术交底并签名，形成书面交底记录。

3）定位放线。根据构筑物设置的建筑测量定位方格网基准点或施工完毕的设备基础，采用全站仪定出电缆沟的基准线。

26.3.2 电缆沟基槽开挖

根据设计要求，基槽土方开挖至电缆沟底基础设计标高，电缆沟壁应根据土质要求及电缆沟深度放坡，电缆沟基槽两侧设排水沟及集水井，以防止沟壁坍塌。开挖完成后，应组织相关人员（设计勘察单位、施工单位、监理单位、业主）进行验槽，并做好记录。

26.3.3 基槽处理

浇筑混凝土底板垫层基底原土夯实，放设电缆沟底垫层模板边 线以及坡度线，根据边线及坡度线安装模板，并采用水准仪跟踪测定模板标高。基础较宽时，在基槽中间部分设水平控制桩。

26.3.4 电缆沟墙体砌筑

采用经纬仪，在底板混凝土表面定点、弹线，确定电缆沟墙体边线，根据电缆沟墙体标高，设置皮数杆。皮数杆标出电缆沟顶部压顶位置、每皮砖及砖缝厚度。混凝土底板第一皮砖灰缝超过20mm时，应采用细石混凝土找平。砖在砌筑前隔夜浇水湿润，砂浆按配合比搅拌，并控制好砂浆稠度。砂浆应保证3h内砌筑完毕，砌砖时铺灰长度不应超过500mm，并严格按照皮数杆逐层砌筑，及时清理落地残余砂浆。

砌筑过程中，将铁件预制块砌入电缆沟墙体内，应根据预设的粉刷层厚度拉线控制预制块水平标高及凸出墙体位置。铁件预制块应事先制作完成。电缆沟墙体按照规范砌筑，顶层砖均应采用“全丁”砌筑，砌筑完成后，砌体顶面采用砂浆灌缝。墙体应按设计要求留置变形缝，上下贯通，并应和底板垫层变形缝位置一致。

26.3.5 电缆沟压顶混凝土施工

（1）在电缆沟外墙弹出水平线，根据水平线安装压顶模板，采用钢制卡具固定压顶模板。压顶模板上口根据水平线调平，为防止压顶模板上口倾斜，在压顶两侧设置木方与基坑边沿土方打桩固定。压顶钢筋与墙顶面及模板两侧设混凝土保护层。

（2）压顶浇筑前墙面应浇水湿润。压顶混凝土采用振捣棒振捣密实。顶面采用木模板拉毛、压实。拉毛时，应控制好拉毛时间、遍数，防止混凝土产生收缩裂缝，并及时清除模板残余混凝土及砂浆。混凝土压顶在变形缝处也应断开。

（3）伸缩缝尺寸设置以 15～20m 为宜。

（4）要求混凝土压顶一次成型，不做粉刷。

26.3.6　电缆沟扁铁安装

为了防止扁铁焊接变形，焊接前应每米设置角钢将扁铁撑紧在沟壁上。在预埋铁件上进行扁铁焊接搭接长度不应小于 2 倍扁铁宽度，三边焊接，焊接质量应符合施工规范要求。

26.3.7　电缆沟粉刷

根据墙面粉刷厚度塌饼、冲筋，采用 1∶3 水泥砂浆打糙，1∶2 水泥砂浆压光。粉刷前墙面要充分浇水湿润，混凝土面层采用 108 胶水掺水泥素浆批浆。为保证电缆沟长方向粉刷的顺直及平整，用全站仪测点弹出中心控制线，沟壁弹水平控制线，作为控制电缆沟粉刷面的基准线。

电缆沟粉刷中，原材料应采用同一批次的进场材料，砂浆配比统一，以保证电缆沟粉刷面色泽均匀一致。粉刷砂浆应在规定的时间内用完，不允许用干水泥或砂浆干粉在粉刷层表面吸水。粉刷面层压光后，电缆沟应棱角通长顺直，沟壁平整，无砂眼、凹坑、抹纹，粉刷层色泽一致，无空鼓、龟裂。

电缆沟顶粉刷宜每隔 2m 垂直于长度方向镶贴分格条，以减少由于沟长而引起的收缩裂缝。注意做好电缆沟内外层粉刷，尤其加强外侧粉刷。

26.3.8　电缆沟底找坡、压光

电缆沟应根据设计要求进行找坡，采用水准仪测定坡度标高线，较厚部位采用细石混凝土找平，找坡混凝土与砂浆面层宜一次性完成，并在沟一侧设置排水槽。浇筑前应清理沟底积水、杂物，并进行扫浆。浇筑时应注意混凝土及砂浆，不得污染沟壁砂浆面层。

混凝土表面原浆压光，压光应在混凝土终凝前进行，应不少于 3 遍压光，压光后面层应无砂眼、凹坑、抹纹，表面应洁净、光滑。

26.3.9　养护

电缆沟抹平完成后，应进行浇水养护不少于 7d。

26.3.10　质量验收

按照《电力建设施工质量验收规程　第 1 部分：土建工程》（DL/T 5210.1）第 10.4 条进行质量验收，主要的质量标准如下：

（1）沟道中心线位移偏差：≤20mm。

（2）沟道顶面标高偏差：0～－10mm。

（3）沟道截面尺寸偏差：±15mm。

（4）沟内侧平整度偏差：≤8mm。

（5）预留孔洞及预埋件中心位移偏差：≤15mm，倾斜度偏差：2%。

26.4　示例图片

电缆沟压顶钢筋施工示例见图 26.2，砖砌体质量检查示例见图 26.3。

图 26.2　电缆沟压顶钢筋施工

图 26.3　砖砌体质量检查

26.5　相关标准

《建筑装饰装修工程质量验收规范》(GB 50210)

《砌体结构工程施工质量验收规范》(GB 50203)

《建筑工程施工质量验收统一标准》(GB 50300)

《电力建设施工质量验收规程　第 1 部分：土建工程》(DL/T 5210.1)

第 27 章
沟盖板施工工艺

27.1　适用范围

本工艺适用于抽水蓄能电站的沟道、井盖、电缆沟、排水沟等混凝土沟盖板的制作及安装施工。

27.2　施工程序

沟盖板一般施工程序如图 27.1 所示。

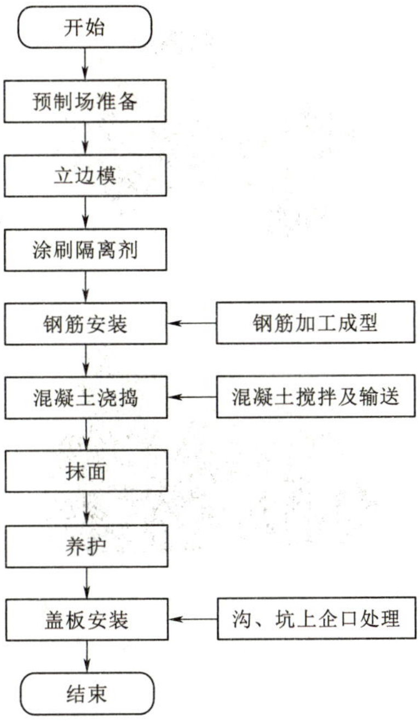

图 27.1　沟盖板一般施工程序

27.3　工艺说明与工艺要求

27.3.1　施工准备

27.3.1.1　技术准备

（1）图纸会审及设计交底。严格按照国家电网有限公司《电力建设工程施工技术管理导则》的要求做好图纸会审及设计交底工作。

（2）技术交底内容要充实具有针对性和指导性，全体参加施工的人员都参加技术交底并签名，形成书面交底记录。

27.3.1.2　劳动力组织准备

（1）组建施工组织管理机构，根据工程规模、工期和技术难度配备相应的管理、技术、测量、试验、环保、水保、专职质量管理和安全管理人员。

（2）制定材料检验、工程计量、资料归档、安全生产、工程质量、文明施工等管理制度。

（3）沟盖板施工应安排有经验的作业队组进行，并根据施工进度计划、施工技术要求合理配备各工种作业人员。

27.3.1.3　工程材料准备

施工前应开展模板、水泥、砂石料、钢筋（材）、外加剂等材料的订购，材料采购应选择供应能力强、质量有保证的供应厂家。各种原材料必须具备出厂检验及进场复试报告。

27.3.1.4　施工机具准备

沟盖板施工所需的机械设备如图 27.2 所示，主要有：

（1）钢筋加工机械设备：钢筋调直机、弯曲机、切断机、电焊机等。

（2）风、水、电供应机械设备：空气压缩机、水泵、变压器、发电机等。

（3）混凝土拌制、运输、浇筑设备：拌和站、混凝土搅拌运输车、载重汽车、振捣器等。

（a）弯曲机　（b）切断机　（c）电焊机

（d）拌和站　（e）混凝土搅拌运输车　（f）平板振捣器

图 27.2　沟盖板施工机械设备

27.3.1.5　现场准备

（1）预制场地应设置在不影响主体结构施工的部位，根据预制数量及使用时间确定场地大小。宜选择面积适宜的地面作为钢筋混凝土盖板的预制场地。

（2）预制场的地面应做成 10cm 厚的高强度混凝土地坪，地坪在浇捣时应及时抹平、压光，压光后的表面应平整、顺直、光滑。

（3）混凝土地坪应注意养护，待混凝土表面干燥泛白后应用脱模剂多次涂刷表面。

（4）沟盖板宜采用工厂化制作。

27.3.2　模板制作安装

27.3.2.1　工艺质量安全要点

(1) 配置钢筋混凝土盖板的侧模，通常情况下都是用小木方配置而成，小木方的高度即为钢筋混凝土盖板的厚度。小木方各面应刨直刨光（也可采用型钢模板），在预制场内拼装成钢筋混凝土盖板外模，侧模的配置应顾及周转使用、装拆方便。

(2) 混凝土盖板的底模及侧模应均匀涂刷脱模剂。

(3) 用木侧模的模板应在四角处用小方木（或小木条）做搭头，将每一个角的相邻两侧模相对固定好，以保证角度不变形，并排数块盖板的木侧模应用长的木方（或长木条）作为平拖，将其相对固定好，以保证模板不走位、侧模不变形。

(4) 带角铁框的钢筋混凝土盖板，可直接利用角铁框兼作侧模。

(5) 角铁框的材质、规格及大小应按设计要求选用，角铁框的划线下料、焊接成型、矫正除锈应按规范要求完成。

(6) 应根据边框放样尺寸，由专人进行角铁画线切割，角钢两头切割 45°，角钢边框进行 45°拼角焊接。

(7) 角钢边框焊接时不可有过烧、咬边、夹渣等现象。

(8) 焊接时为保证角铁边框尺寸一致、不变形，边框底部可设置平整钢板一块，在钢板上弹线，四周用角钢焊出角钢边框模型，焊接时角铁放入模型内焊接加工。

(9) 为保证边框内混凝土与镀锌边框黏结牢固，可在边框内侧焊接若干螺纹钢筋。

(10) 边框焊接后送入镀锌厂进行加热镀锌处理，镀锌后边框容易变形，浇筑前应进行矫正，使边框对角线、平整度、边框尺寸符合要求。

(11) 预制场的表面应均匀涂刷脱模剂，再将已制作完成的角铁框安放在预制场内。

(12) 不得将脱模剂玷污到角铁框或其锚脚上。

(13) 凡异形盖板，必须在正规的盖板试排完后，在现场量取实际尺寸并据此在预制场内配模制作。为保证异形盖板的外观质量，禁止在沟坑的异形盖板处立模现浇。

(14) 切割、焊接等施工需正确佩戴安全防护眼镜、防护手套等。

(15) 所有工器具正确接地，防护罩设置齐全。

27.3.2.2　示例图片

盖板的模板安装如图 27.3 所示，带角钢框的盖板如图 27.4 所示。

图 27.3　盖板的模板安装图

27.4　带角钢框的盖板

27.3.3　钢筋制作及安装

27.3.3.1　工艺质量安全要点

（1）使用的钢筋其规格、性能、拉弯加工、切料下料及绑扎成形应符合设计和有关的规范要求。钢筋的加工成形应在钢筋加工场地进行。

（2）根据图纸要求进行钢筋的制作，Ⅰ级钢筋应做弯钩，钢筋节点应全部使用铅丝绑扎，网片钢筋与角钢边框留出的钢筋也应进行绑扎。

（3）将已成形的钢筋网片安放到已上好脱模剂的模内，在底模与钢筋网片之间以及木侧模与钢筋网片之间应垫上砂浆垫块，留出保护层厚度，以保证不露筋。

（4）带有埋件的钢筋混凝土盖板，其埋件应在加工场内制作。埋件制作好后应将焊药等清理干净，埋件应经矫正使其表面平整。埋件在安放时应将其表面与底模或侧模紧贴，然后用电焊将埋件的埋脚与钢筋网片焊牢，以保证成形的钢筋混凝土盖板的埋件面与盖板表面平整一致。

（5）切割、焊接等施工需正确佩戴安全防护眼镜、防护手套等。

（6）所有工器具应正确接地，防护罩应设置齐全。

27.3.3.2　示例图片

钢筋网如图 27.5 所示，与模板连接钢筋如图 27.6 所示。

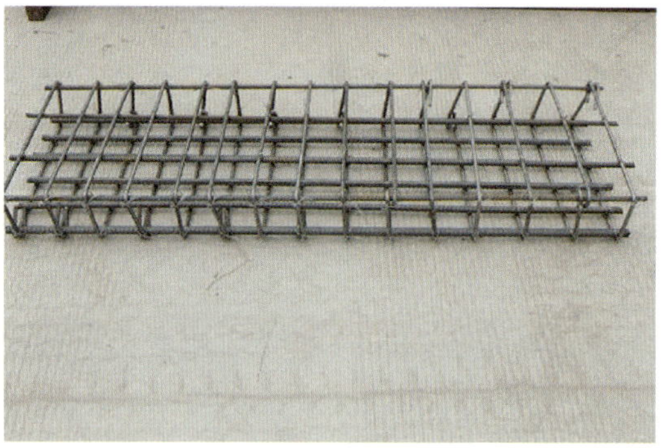

图 27.5　钢筋网

图 27.6　与模板连接钢筋

27.3.4　混凝土浇筑

27.3.4.1　工艺质量安全要点

（1）使用的混凝土必须按照设计要求的强度等级配制；各种原材料必须符合有关的规范标准，要有质保书和原材料检测报告，浇捣过程中取样。

（2）板厚≤30mm 的盖板应用细石混凝土浇制，同批制作的盖板尽可能采用同批进货的砂石料和同型号的水泥，以减少盖板的色差。

（3）配置混凝土的搅拌站应具有相应的资质，其计量器具应定时校验并在有效期内。

（4）模板应水平放在预置场地上，应保证成型后的盖板底部不漏浆，且底面平整、光滑，底部混凝土不高出角钢边框。

（5）为保证混凝土盖板面层色泽一致，混凝土原料尽量一次性进场，并分开堆放，混凝土原材料计量应由专人负责，搅拌均匀。

（6）盖板混凝土浇筑时，模板内铺一层混凝土，使用平板振动器（小型平板）振捣密实，钢筋网片放入模板，再加入混凝土铺满角钢盖板，并再次使用平板振动器振捣密实，之后用硬木直刮尺沿侧模顶将混凝土刮平随即进行抹平抹光；在初凝即将开始时进行打磨并初步压光；直至平板表面泛出原浆。

（7）在初凝至终凝期间当混凝土表面水分基本收干，以手指轻按混凝土表面时留下微印却不沾手指时，用力对混凝土表面进行最终压光，以避免产生干缩裂缝。

（8）在混凝土终凝前进行不少于三遍压光，压光后表面无抹痕，严禁有凹坑、砂眼等现象。浇筑完成后，清除边框四周混凝土及砂浆。

（9）盖板混凝土浇筑时，除了应按照规定要求制作放在标准养护室内的养护试块外，还应根据实际的需要制作与所浇盖板同条件养护的试块，以确定盖板的起模时间。

27.3.4.2　示例图片

盖板混凝土浇筑如图 27.7 所示。

图 27.7　盖板混凝土浇筑

27.3.5　养护

主要包括以下内容：

（1）常温下，混凝土盖板浇筑完成 12h 后，表面进行薄膜覆盖，浇水养护不少于 7d。

（2）高温期混凝土施工时，对水泥、砂石料采取遮阴防晒措施，以降低骨料温度，可在砂石料堆上喷水降温，拌和用水采取冷却装置，尽量缩短混凝土的拌和、运输及浇筑时间。

（3）雨期混凝土施工时，对原材料采取防潮和遮雨设施，当室外日平均气温连续 5d 低于 5℃，制定冬季浇筑混凝土及养生的施工方案，采用的施工方法和设备应保证混凝土在浇筑后的 7d 表面温度不低于 10℃。

（4）冬季期间，混凝土盖板在表面压光干水后，宜采用塑料薄膜等覆盖，如条件许可也可在混凝土盖板的表面涂上养生液，以避免过快失水产生干缩裂缝，混凝土养护时间不少于 7d。冬季施工应注意保温，防止混凝土盖板受冻而产生裂缝。

27.3.6　盖板安装

27.3.6.1　工艺质量安全要点

（1）钢筋混凝土沟、坑的混凝土宜分为二次施工，先浇至企口下平口，再浇筑企口；有钢筋混凝土沟道梁的应与沟道一起浇筑。各类沟、坑，如需要应在拐弯处安放预埋铁件以利于以后搁置盖板的钢梁安装；沟、坑企口粉刷前应先测好标高，保证粉刷后的企口平直、光洁，各类沟、坑常采用 1∶2 水泥砂浆粉刷。

（2）在预制场内制作混凝土盖板，应在与其同条件养护试块的强度达到设计强度的 70%后才能起模；用于拆模的工具不应直接接触混凝土表面，以杜绝出现掉棱、缺角和裂缝等现象。

（3）混凝土盖板在搬运过程中应防止碰坏损伤，尤其是用起重机起吊时，应对无吊钩的混凝土盖板在钢丝绳捆绑处采取保护措施。

（4）混凝土盖板临时堆放时，应注意对堆放场地的平整夯实，一般采用场地内平铺；在需要堆叠堆放时，盖板与场地间以及盖板与盖板间应垫好用硬木制成的垫头，垫头的位置应上下对齐；盖板应分类堆放，堆置不宜过高，一般不超过 1m。

（5）全站仪放样盖板板端控制线，保证平行于沟中心线。

（6）盖板搁置点位置为沟道压顶中心线，盖板安装后中心线应与沟中心线一致。为确保盖板安装后无声响和避免局部承压，盖板搁置点可设置弹性橡胶垫片，采用胶接剂进行粘贴。

（7）依据板端控制线进行盖板安装，安装要确保盖板拼缝严密、平稳、顺直、无响声。安装过程中不得使用撬棍强行撬动盖板，以免损坏盖板、沟道压顶棱角或造成橡胶垫片的滑移。

27.3.6.2　示例图片

沟道台口粉刷找平如图 27.8 所示，混凝土盖板堆放如图 27.9 所示。

图 27.8　沟道台口粉刷找平

图 27.9　混凝土盖板堆放

27.4　WHS 质量控制点

沟盖板施工主要工序 WHS 质量控制点见表 27.1。

表 27.1　沟盖板施工主要工序 WHS 质量控制点

序　号	质量控制点	W（见证）	H（停工待检）	S（旁站）
1	模板工程		√	
2	钢筋工程		√	
3	混凝土浇筑			√
4	混凝土外观	√		
5	混凝土预制构件安装	√		

27.5　质量检查与验收

27.5.1　沟盖板质量检查与验收

按照《电力建设施工质量验收规程　第 1 部分：土建工程》（DL/T 5210.1）第 10.4 条进行质

量验收，主要质量标准见表 27.2。

表 27.2　沟盖板检验质量标准

序号	检验项目	类别	质量标准
1	混凝土强度	一类	必须符合设计要求
2	钢筋品质、规格和质量	一类	必须符合设计要求和有关现行标准规定
3	外观质量	二类	表面应光洁、平整、无掉棱缺角、裂缝等缺陷
4	长度偏差	三类	±3mm
5	宽度偏差	三类	±2mm
6	厚度偏差	三类	±2mm
7	对角线偏差	三类	≤3mm
8	安装后表面平整度	三类	≤2mm
9	盖板安装	二类	平稳、顺直、无声响

27.5.2　预制构件质量检查与验收

按照《预制混凝土构件质量检验评定标准》(GBJ 321) 的要求进行预制盖板质量检查，主要质量标准见表 27.3 和表 27.4 。

表 27.3　构件外观质量要求及检验方法

项目		质量要求	检验方法
露筋	主筋	不应有	观察、用尺量测
	副筋	外露总长度不超过 500mm	
孔洞	任何部位	不应有	观察、用尺量测
蜂窝	主要受力部位	不应有	
	次要部位	总面积不超过所在构件面面积的 1%，且每处不超过 $0.01m^2$	观察、用百格网量测
裂缝	影响结构性能和使用的裂缝	不应有	观察和用尺、刻度放大镜量测
	不影响结构性能和使用的少量裂缝	不应有	
连接部位缺陷	构件端头混凝土疏松或外伸钢筋松动	不应有	观察、摇动
外形缺陷	清水表面	不应有	观察、用尺量测
	浑水表面	不宜有	
外表缺陷	清水表面	不应有	观察、用百格网量测
	浑水表面	不宜有	
外形玷污	清水表面	不应有	观察、用尺量测
	浑水表面	不宜有	

注　①露筋指构件内钢筋未被混凝土包裹而外露的缺陷；②孔洞指混凝土中深度和长度均超过保护层厚度的孔穴；③蜂窝指构件混凝土表面缺少水泥砂浆而形成石子外露的缺陷；④裂缝指伸入混凝土内的缝隙；⑤连接部位缺陷指构件连接处混凝土疏松或受力钢筋松动等缺陷；⑥外形缺陷指构件端头不直、倾斜、缺棱掉角、飞边和凸肚疤瘤；⑦外表缺陷指构件表面麻面、掉皮、起砂和漏抹；⑧外表玷污指构件表面有油污或粘杂物。

表 27.4　　构件尺寸允许偏差及检验方法

项目		允许偏差/mm 薄腹梁桁架	梁	柱	板	墙板	桩	检验方法
长		+15 −10	+10 −5	+5 −10	+10 −5	±5	±20	用尺量平行于构件长度方向的任何部位
宽		±5	±5	±5	±5	±5	±5	用尺量一端或中部
高（厚）		±5	±5	±5	±5	±5	±5	用尺量一端或中部
侧向弯曲		1/1000 且≤20	1/750 且≤20	1/750 且≤20	1/750 且≤20	1/1000 且≤20	1/1000 且≤20	拉线，用尺量测侧向弯曲最大处
表面平整		5	5	5	5	5	5	用 2m 靠尺和楔形塞尺量测靠尺与板面两点间的最大缝隙
预埋件、插筋	中心位置偏移	10	10	10	10	10	5	用尺纵横两个方向中心线取其中较大值
预埋件、插筋	与混凝土面平整	5	5	5	5	5	5	用平尺和钢板尺检查
预埋螺栓	中心位置偏移	5	5	5	5	5	5	用尺量纵横两个方向中心线取其中较大值
预埋螺栓	明露长度	+10，−5	+10，−5	+10，−5	+10，−5	+10，−5	+10，−5	用尺量测
中心位置偏移	预留孔	5	5	5	5	5	5	用尺量纵横两个方向中心线取其中较大值
中心位置偏移	预留洞	15	15	15	15	15	桩尖 10	用尺量纵横两个方向中心线取其中较大值
主筋保护层厚		+10，−5	+10，−5	+10，−5	+5，−3	+10，−5	±5	
对角线差					10	10	桩顶 10	用尺量两个对角线
翘曲					1/750	1/1000	桩顶 3	用平尺在板两端量测

27.6　相关标准

《混凝土结构工程施工质量验收规范》（GB 50204）
《钢结构工程施工质量验收规范》（GB 50205）
《电力建设施工质量验收规程　第 1 部分：土建工程》（DL/T 5210.1）
《普通混凝土配合比设计规程》（JGJ 55）
《抽水蓄能电站工程安全文明施工设施》（Q/GDW 11586）
《预制混凝土构件质量检验评定标准》（GBJ 321）

第3篇
输水系统土建及金结安装工艺

第28章 竖井开挖施工工艺

28.1 适用范围

本工艺适用于抽水蓄能电站输水系统事故闸门竖井、检修闸门竖井、调压井、排风竖井等工程的开挖施工。

28.2 施工程序

竖井导井法施工程序如图28.1所示，主要包括埋藏式竖井的上、下平洞开挖与支护，竖井平台及下部连接洞开挖，技术准备，钻机基础混凝土浇筑，反井钻机就位安装调试，导孔开钻（启动泥浆泵或高压泵）、导孔贯通，竖井全断面开挖及支护，出渣运输等。

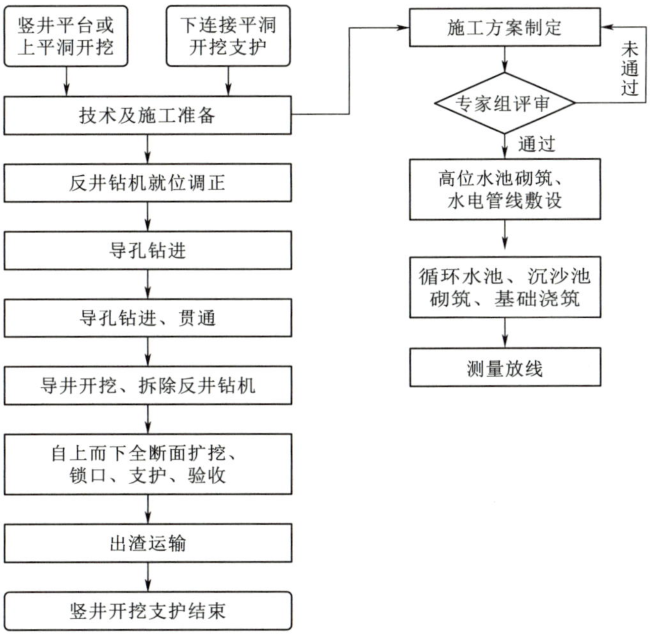

图28.1 竖井导井法施工程序

导井施工流程如图28.2所示，主要包括施工准备、钻机平台开挖平整、钻机平台钢筋混凝土浇筑、水池砌筑、水电管线敷设、钻机就位及附件安装、钻机测量校准及调试、导孔施工、导井施工、钻机拆除等。

竖井全断面开挖流程如图 28.3 所示，主要包含井口段开挖支护、竖井锁口衬砌、龙门架（龙门吊）制安、卷扬系统安装调试、竖井全断面开挖等。

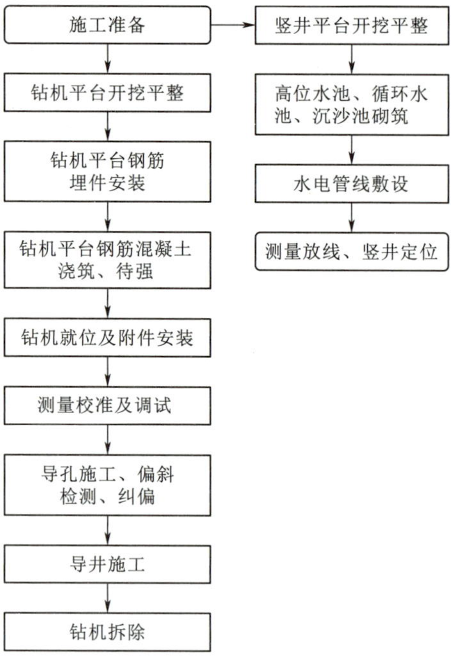

图 28.2　导井施工流程

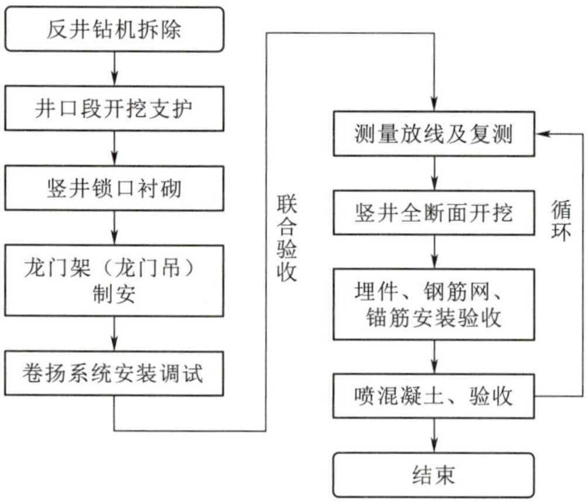

图 28.3　竖井全断面开挖流程

28.3　工艺说明与工艺要求

28.3.1　施工准备

28.3.1.1　技术准备

（1）施工前应收集工程地质及水文地质资料，主要包括以下：

1）调查分析地层岩性，特别是松散、软弱、崩解、膨胀、易溶岩层的分布。

2）调查分析地质构造条件，特别是断层、节理裂隙密集带、破碎带等的位置、产状和规模等。

3）调查分析水文地质条件，含水层的分布、水位、水质、涌水、水温，特别是涌水量丰富的含水层、强透水带及补给水源的情况。

4）调查分析围岩分类、岩石级别、裂隙及断层发育和充填情况，岩体应力状况、温度、稳定情况等。

（2）设计单位应针对设计图纸及相关技术要求开展设计技术交底。

（3）熟悉和审核施工图纸，主要包括以下内容：

1）施工图纸是否完整齐全。

2）施工图纸与其图纸说明在内容上是否一致，施工图纸及其各组成部分间有无矛盾和错误。

3）布置图与相关的结构图，在尺寸、坐标、标高和说明方面是否一致，技术要求是否明确。

4）熟悉项目的结构形式和特点，复核主要承重结构或构件的强度、刚度和稳定性是否满足施工要求。

5）审查施工图纸设计内容与强制性条文的符合性。

（4）根据地质条件和设计要求编制竖井开挖支护专项施工方案，包含工程概况、测量控制、设备选型及布置、施工方法、爆破设计、资源配置、工期计划、安全质量保证措施、安全应急措施等，经专家组评审后报监理审批；根据施工方案编制有针对性的作业指导书。

（5）施工单位应对作业班组开展技术交底，主要包括以下内容：

1）安全技术措施、风险状况、应急处置措施等。

2）施工方法、程序，通信方式，设备检查维修保养制度、运行操作规程，管理及施工人员登记签证制度，工作面作业前的班前会制度、检查、防护措施的落实、用电安全等。

3）施工质量保证措施、质量控制标准、验收规范要求；安全文明施工、环水保措施；施工工期及进度。

（6）施工测量和控制。

1）测量仪器设备须通过专门机构检验报监理审查后方可使用。

2）设计单位通过监理单位向施工单位进行交接控制点后，施工单位应对所交接的控制点进行复测，复测成果满足要求并经监理单位批复后方可进行后续的测量工作。

3）施工前应进行贯通测量技术设计、洞内外控制测量设计，相关技术要求应按《工程测量标准》（GB 50026）的规定执行，编制测量实施方案，报监理审批。

28.3.1.2 劳动力组织准备

（1）竖井施工应安排有经验的作业队组进行，并根据施工进度计划、施工技术要求合理配备各工种作业人员。

（2）竖井全断面开挖施工前应进行人员安全教育培训，主要包括以下内容：

1）对全体人员进行安全生产教育培训，未经安全生产教育培训考核或者培训考核不合格的人员不得上岗作业。

2）特殊作业人员应按相关规定经过专门培训，取得相应资格证书，持证上岗。

3）新进人员或作业人员转入新的岗位前应进行相关作业技能培训。

4）为作业人员配置安全防护用品和用具并进行使用方法培训。

5）根据制定的应急处置措施、预案开展培训和演练。

28.3.1.3 工程材料准备

（1）材料进场前进行检查验收和取样送检，严禁不合格材料进入现场。

（2）根据当地爆破器材的供应情况及供货渠道开展爆破器材的采购，爆破器材的管理应符合国家、地方、国家电网有限公司、国网新源控股有限公司的相关规定。

（3）施工前应根据制定的应急处置措施、预案等配备应急物资。

28.3.1.4 施工设备准备

竖井开挖所需的机械设备主要有空压机、备用柴油发电机、手风钻、装载机、自卸汽车、混凝土喷射机、注浆机、砂浆制浆机、卷扬机、混凝土罐车、大口径反井钻机等，如图 28.4 所示。

28.3.1.5 现场准备

（1）根据监理单位审批的施工方案完成井口平台（露天式）开挖支护、设备安装天锚施工（埋藏式）；做好“四通一平”；确定导孔开钻位置，导孔轴线与竖井轴线重合布置；设备基础埋件安装及浇筑，确保场地平整；设置专用供电、供水系统，保证负荷用量；如果供电保证率较低，应配置备用发电机。

（2）导孔及导井施工时，污水需处理后排放或循环利用；钻机工作区、泥浆站、污水处理、钻杆存放区等应分区设置；安全措施须落实到位。

（a）BMC400型反井钻机　（b）锚杆注浆机　（c）混凝土罐车

（d）混凝土湿喷机　（e）卷扬系统　（f）防坠落载人吊笼

（g）龙门吊

图 28.4　竖井施工设备

（3）埋藏式竖井开挖施工通风与除尘、辅助工程等相关技术要求应按《水电水利工程施工通用安全技术规程》（DL/T 5370）的规定执行。

（4）现场安全文明施工设施应按照《抽水蓄能电站工程安全文明施工设施》（Q/GDW 11586）的规定执行。

28.3.2　竖井施工

28.3.2.1　竖井开挖和卷扬系统布置

竖井开挖和卷扬系统布置如图 28.5 和图 28.6 所示。

28.3.2.2　导孔与导井施工

（1）导孔施工前，应完成竖井平台及下部连接洞的开挖支护，埋藏式竖井应完成上下相连接洞

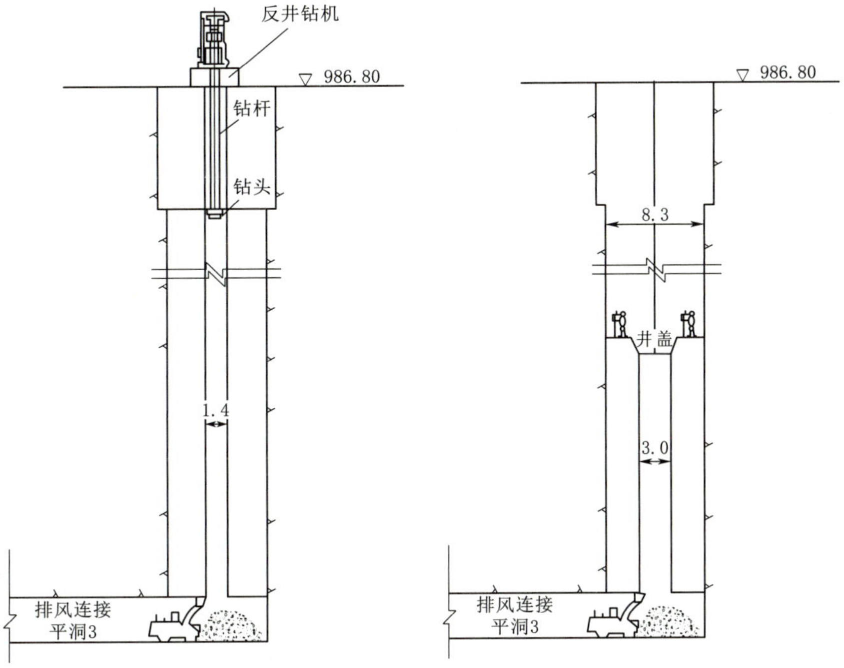

（a）导井施工　　（b）竖井开挖支护

图 28.5　竖井开挖示意图

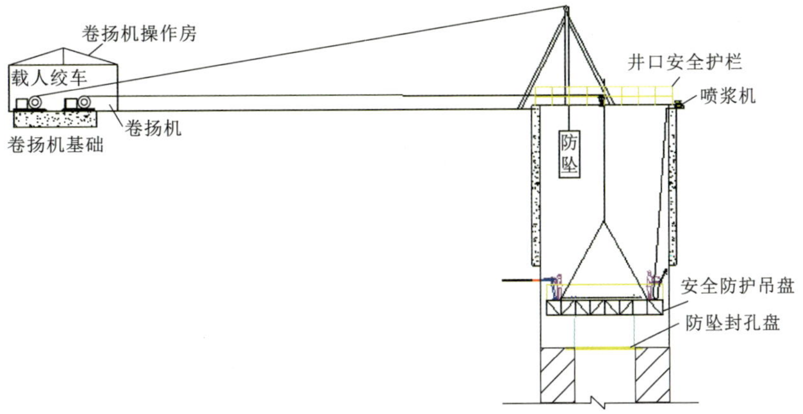

图 28.6　卷扬系统布置示意图

室开挖支护。

（2）反井钻机基础浇筑。

1）反井钻机基础应采用现浇混凝土，强度满足反井钻机最大荷载要求。

2）在浇筑混凝土前应将基础上的松渣清除干净，距井中心一定范围内不能有金属物体，以免在扩孔时损伤钻头。

3）混凝土基座应平整，应确保主机起钻孔轴线与竖井中心线延长线吻合，垂直度不超过±1mm。

（3）基础浇筑完成，强度达到要求后，反井钻机安装就位，测量校准、调试。

（4）开孔定位是保证钻孔直线及角度的关键。为确保开孔的角度，在开钻前要在孔位基础上预留环形孔槽，开孔钻进过程中应以轻压、慢转、大泵量为宜。

（5）对于裂隙、断层、破碎带及不反渣（水）导孔钻进段，应采取泥浆固壁，其他岩石较好段采用清水冷却钻进。钻进泥浆的控制：

1）钻进硬岩段时，要求泥浆比重控制在1.03～1.15之间，黏度控制在20″～35″，并根据钻孔情况及时加入泥浆添加剂调整泥浆。

2）及时监控泥浆情况，及时添加泥浆材料处置漏失情况。泥浆配比与泥浆材料及添加剂量对应相应配比。

（6）导孔偏差控制。

1）在反井钻施工过程中，导孔的精度控制是关键，也是施工的难点。一般情况下，偏差控制在1%以内符合要求。

2）精确控制测量放样，对主机水平进行校准，确保钻杆垂直于水平面；严格控制钻进参数，使设备在最佳状态下平稳推进。

3）开孔前检查导孔钻头和稳定钻杆，要求导孔钻头直径和稳定钻杆外径相同；稳定钻杆的磨损如超过3mm，其稳定作用减小，就不得再继续使用；稳定钻杆的配置采取钻头后连续装6～7根稳定钻杆。

（7）钻孔测斜、纠偏。

1）导孔钻进中，加强孔斜检测，可采用KXP-2D（S）数字罗盘测斜仪或使用激光测斜仪进行检查；钻孔出线偏斜时，应立即暂停钻进，分析原因，进行纠偏。

2）钻杆的弹性弯曲、不良地质段、施工工艺和措施不当等，均可能出线导孔偏斜；根据具体原因进行纠偏，可采用满眼钻进、调整钻机角度、控制施钻压力和转速等方法进行纠偏，必要时，进行封孔灌浆，重新钻孔。

及时清除导孔口的岩屑，详细记录岩屑的变化、钻进速度、反水减小、出现偏斜等异常情况，为后续施工提供依据。

导孔施工时，下平洞应设置挡渣坎和沉淀过滤排水系统、安全警示标志，防止污染已开挖洞段。

（8）扩孔时应慢速上提钻具，直到滚刀开始接触岩石时停止上提，然后慢慢给进、保证钻头滚刀不受过大的冲击而破坏。等钻头全部均匀接触岩石后，才能适当增加扩孔参数，开始正常扩孔钻进。

（9）扩孔刀盘完全进入岩石后，应确保全部滚刀均匀受力；根据导孔施工记录，或观察液压表上旋转扭矩和各种扩孔参数的变化，判断岩层变化情况，进入破碎带、断层、节理发育带、软硬岩交接等不良地质时，要及时将钻进压力、转速降下来，尽量使反井钻机振动小，平稳运行。均质岩石、硬度较大岩石，可适当增加钻压，反之可以减少钻压。

（10）扩孔刀盘安装时，应建立上下通信或信号；反提钻进前，反井下部应设置警戒标示，设置挡渣坎、沉淀过滤排水系统；出渣时反提钻进应暂停；控制渣堆高度，及时出渣；距井口2.5m时，降低钻压、钻速。

（11）抽蓄电站竖井工程深度较大，易出现堵井事故。因此，导井直径小于2.5m时，应进行导井二次扩挖。

28.3.2.3　竖井全断面开挖

（1）辅助系统。

1）大断面、深井扩挖施工，辅助系统包括卷扬提升系统（龙门吊）、视频监控系统、通信、风水电布设、工作平台、应急人行爬梯、溜混管、安全防护系统等。

2）卷扬设备的选型，主卷扬机使用具有双制动以上的矿用绞车；应结合竖井永久衬砌方式统筹考虑，满足最大牵引力要求。

3）风水电、应急人行爬梯、溜混管标准化布置在竖井侧边。施工供电线路采用绝缘护套线缆，禁止使用裸线；风水管及溜混管除工作端部使用软管外，其他均采用钢管，并采用钢丝绳串联、分段进行锚固；应急人行爬梯每 10m 设置休息平台，设置防坠绳和滑行防坠器，人员通行须将安全带与防坠器连接。

4）载人防坠吊笼卷扬机最大提升速度为 40～50m/min；载人吊笼两侧设防坠绳，提升钢丝绳断掉时，载人吊笼抓捕器自动锁住防坠绳，以保人员安全；工作平台设两层，一层用于工作、存放材料器具，一层用于封闭导井口；工作平台严格限载，运行时人员撤离；卷扬系统须设灵敏的限载、限位系统。

5）设置视频监控和通信系统，以便对井下施工进行监视、联系，掌控运行物的运行状况；制定并严格遵守操作规程、检查检修保养、运行管理制度，禁止违章施工。

6）反井导井完成并拆除设备后，首先全断面开挖支护深度 10m（或按设计要求），验收合格后进行锁口衬砌，衬砌高于井口 50cm，并在竖井口设置围栏防护措施、井口采用钢结构盖板覆盖。之后，进行龙门架（龙门吊）和卷扬系统、工作盘、载人吊笼、风水管及溜混管安装，调试验收合格。

7）竖井扩挖施工属于超危大分部工程，专项施工方案须经上级单位评审并经技术负责人签认，再经专家组评审通过后实施；辅助系统安装调试完成，须进行安全联合验收后投入使用。

（2）竖井扩挖施工。

1）对于大断面深竖井的开挖，一般采用手风钻造孔自上而下全断面扩挖，实行一炮一支护；在工作平台上进行锚喷作业；宜采用湿喷混凝土，湿喷机设在工作平台上。

2）扩挖时须进行相应的爆破设计，并根据岩石地质条件的变化随时进行调整，应控制爆破后的石渣块不大于井径的 1/3，避免堵井；应严格控制钻孔深度、角度和孔位偏差，周边孔应进行光面爆破；每次下挖前，应将前次开挖出的井壁欠挖处理、随机支护、系统支护、埋件安装等完成后，方可进行下一层开挖；溜渣井口在不使用时需要及时封闭。

3）施工前应制定竖井测量控制方案，报监理审批；加密控制基准应稳固、通视，并做好保护；测量断面间距一般为 5m，断面变化时，应加密测量；控制断面超挖不大于 20cm，不得存在欠挖；轴线、贯通误差应满足《水电水利工程施工测量规范》（DL/T 5173）规范要求。

4）大断面开挖，可采用小型反铲进行扒渣；如采用人工扒渣时，距溜渣井设置 20%～30%坡度，扒渣人员须系安全带并系挂牢固点处。

5）对于破碎、自稳性较差等不良地质段开挖时，应及时进行注浆、支护，并采用环形钢排架联合支护，或按照设计图纸进行倒挂衬砌，开挖掌子面距衬砌段高度不大于 3m。

28.3.2.4　竖井支护

竖井在开挖施工中，井壁的围岩稳定是安全施工的关键。围岩由于地质构造运动及自然风化等原因，本身节理切割裂隙发育的现象较为普遍，加上爆破振动破坏，井壁围岩有可能成为不稳定岩体。因此，竖井施工过程中，应对竖井井壁进行及时支护施工，以确保安全。现就锚杆及喷射混凝土的施工方法简述如下：

（1）锚杆工程。

1）每 1 个扩挖爆破循环后，应立即进行系统支护以确保施工安全。

2）锚杆的规格型号、直径、根数、间距等应符合设计要求。

3）锚杆孔的开孔应按施工图纸布置的钻孔位置进行，其孔位偏差应不大于 100mm。锚杆孔的孔轴方向应满足施工图纸的要求。施工图纸未作规定时，系统锚杆的孔轴方向应垂直于开挖面；局部加固锚杆的孔轴方向应与可能滑动面的倾向相反，其与滑动面的交角应大于45°。

4）注浆锚杆的钻孔孔径应大于杆体直径（自带注浆管的锚杆为锚杆钢筋及连接器与注浆管的组合直径），且孔径与锚杆直径的差值应满足现行规范的相关要求。

5）水泥砂浆锚杆孔深度必须达到施工图纸的规定，孔深偏差值应满足现行规范的相关要求。

6）锚杆安装前应将孔内积水和岩粉吹洗干净。

7）锚杆注浆见第 3 章锚喷支护施工工艺。

8）质量检查。

a. 砂浆锚杆注浆密实性检测。单项或单元工程的整体抽检率宜不低于锚杆总数的10%，重要部位或重要功能的锚杆宜全部检测。锚杆注浆密实度应满足现行规范的要求。

b. 锚杆拉拔检测。边坡和地下洞室的支护锚杆，按作业分区在每 200 根（包括总数少于 200 根）中至少抽样一组，每组不少于 3 根，地质条件或原材料变化时，应至少抽样一组。锚杆抗拔力应满足现行规范的要求。

（2）喷射混凝土工程。

1）喷射混凝土采用的水泥强度等级不得低于 42.5MPa。施工前首先将受喷面的浮石、虚渣或松动石块清理干净。

2）喷射混凝土施工采用“湿喷法”。喷射混凝土作业应分段分片进行，喷射顺序自下而上。分层喷射时，后一层应在前一层混凝土终凝后进行，喷前应先用风水清洗喷层面。

3）喷射机作业应严格执行喷射机的操作规程：应连续向喷射机供料；保持喷射机工作风压稳定；完成或因故中断喷射作业时，应将喷射机和输料管内的积料清除干净。喷头宜与受喷面垂直，喷射距离控制在 0.6～1.2m。

4）完工后的喷射混凝土表面不应出现干斑、疏松、脱空、松弛和裂缝等缺陷。如果喷射混凝土出现蜂窝、叠层、干斑、脱空、松弛、砂穴或其他相关缺陷，或者质量检查不合格，均应予以清除并重新喷射，所有的表面缺陷应进行修补。

5）喷射混凝土养护：喷射混凝土终凝 2h 后，应喷水养护；养护时间一般工程不得少于 7 昼夜，重要工程不得少于 14 昼夜；气温低于+5℃时，不得喷水养护。

6）质量检查。在喷射混凝土前，应在岩石表面插入钢筋或金属钉，钢筋或金属钉的间距不应大于 5m，钢筋或金属钉伸出部分的长度应为喷射混凝土的厚度，在混凝土喷射完成后应全部被喷射混凝土覆盖。此外，还应按 3 孔/100m^2 的数量用手风钻钻孔，检查喷射混凝土的厚度。实际厚度的平均值不应小于设计尺寸，未合格测点的厚度不应小于设计厚度的 50%，但其绝对值不应小于 5cm。

28.4　WHS 质量控制点

竖井开挖施工主要工序 WHS 质量控制点见表 28.1。

表 28.1　　竖井开挖施工主要工序 WHS 质量控制点

序　号	质　量　控　制　点	W（见证）	H（停工待检）	S（旁站）
1	导井开挖	√		
2	提升设备安装			√
3	竖井扩挖		√	
4	竖井支护		√	

28.5　质量验收

（1）基本要求。

1）开挖面无欠挖，最大超挖不大于 0.2m。

2）开挖面不允许产生爆破裂痕。

（2）实测项目：竖井开挖实测项目见表 28.2。

表 28.2　　竖井开挖实测项目

<table>
<tr><th colspan="2">检查项目</th><th>规定值与允许偏差</th><th colspan="2">检查方法和频率</th></tr>
<tr><td rowspan="3">主控项目</td><td>竖井轴线</td><td>符合规范要求</td><td rowspan="6">测量仪器、查看施工记录</td><td rowspan="8">按纵断面检查，间距不大于 5m；每个单元不少于 2 个断面，每个断面总检测点不少于 20 个</td></tr>
<tr><td>不良地质处理</td><td>符合设计要求</td></tr>
<tr><td>开挖岩面或壁面</td><td>无松动岩块、陡坎尖角，周边无不稳定块体</td></tr>
<tr><td rowspan="5">一般项目</td><td>底部标高/cm</td><td>0，+20</td></tr>
<tr><td>径向/cm</td><td>0，+25</td></tr>
<tr><td>侧墙/cm</td><td>0，25</td></tr>
<tr><td>不平整度/cm</td><td>15</td><td>2m 直尺检查</td></tr>
<tr><td>半空率</td><td>不发育>80%，发育>50%，极发育良>20%</td><td>观察检查</td></tr>
</table>

（3）竖井开挖示例如图 28.7 所示。

(a) 导孔施工

(b) 导孔贯通

(c) 竖井口布置

(d) 卷扬系统布置

图 28.7（一）　竖井开挖示例图

（e）导井贯通

（f）竖井开挖支护完成

（g）闸门井开挖

图 28.7（二）　竖井开挖示例图

28.6　相关标准

《通用硅酸盐水泥》（GB 175）

《爆破安全规程》（GB 6722）

《工程测量标准》（GB 50026）

《岩土锚杆与喷射混凝土支护技术规范》（GB 50086）

《混凝土质量控制标准》（GB 50164）

《混凝土结构工程施工质量验收规范》（GB 50204）

《混凝土强度检验评定标准》（GB/T 50107）

《水电工程验收规程》（NB/T 35048）

《水工建筑物地下工程开挖施工技术规范》（DL/T 5099）

《水工混凝土外加剂技术规程》（DL/T 5100）

《水电水利工程模板施工规范》（DL/T 5110）

《水电水利基本建设工程　单元工程质量等级评定标准　第 1 部分：土建工程》（DL/T 5113.1）

《水电水利工程爆破施工技术规范》（DL/T 5135）

《水工混凝土施工规范》（DL/T 5144）

《水工混凝土钢筋施工规范》(DL/T 5169)
《水电水利工程锚喷支护施工规范》(DL/T 5181)
《水电水利工程施工通用安全技术规程》(DL/T 5370)
《水电水利工程斜井竖井施工规范》(DL/T 5407)
《钢筋焊接及验收规程》(JGJ 18)
《抽水蓄能电站工程安全文明施工设施》(Q/GDW 11586)

第 29 章 斜井开挖施工工艺

29.1 适用范围

本工艺适用于输水系统中的出线井、通风井及交通井等斜井工程反井钻机导孔法开挖施工。对于定向钻机法施工，应符合国家现行有关标准、规范的规定。

29.2 施工程序

斜井施工程序一般如图 29.1 所示，主要包括斜井上、下平洞开挖，钻机基础混凝土浇筑，导孔从上往下开钻（启动泥浆泵或高压泵），导孔贯通后更换反提钻头（关闭泥浆泵），导井反向扩挖，提升设备选型与安装，扩挖爆破设计，斜井扩挖，出渣运输，斜井支护。

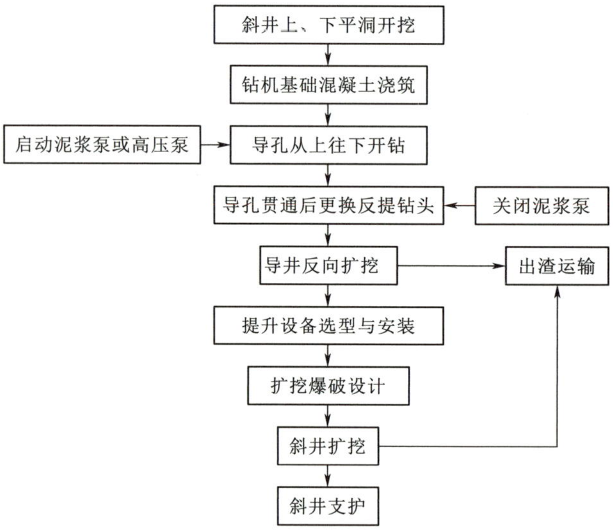

图 29.1 斜井开挖施工程序

29.3 工艺说明与工艺要求

29.3.1 施工准备

29.3.1.1 技术准备

（1）施工条件调查分析，主要包括以下内容：

1）调查分析施工区域及周边的地形、地貌、水文、气象及地质资料。

2）调查当地及周边地区建筑材料的质量、运距及供应能力等。

3）了解所需机械、人力、水、电、通信等资源情况。

4）了解施工总布置、弃渣利用等之间的关系。

5）了解施工中对自然环境、生活环境的影响及需要采取的保护措施。

（2）设计单位应针对设计图纸及相关技术要求开展设计技术交底。

（3）熟悉和审核施工图纸，主要包括以下内容：

1）施工图纸是否完整齐全。

2）施工图纸与其图纸说明在内容上是否一致，施工图纸及其各组成部分间有无矛盾和错误。

3）布置图与相关的结构图，在尺寸、坐标、标高和说明方面是否一致，技术要求是否明确。

4）熟悉项目的结构形式和特点，复核主要承重结构或构件的强度、刚度和稳定性是否满足施工要求。

5）审查施工图纸设计内容与强制性条文的符合性。

（4）编制施工方案并报监理审批；根据施工方案编制有针对性的作业指导书。

（5）施工单位应对作业班组开展技术交底，主要包括以下内容：

1）安全技术措施、风险状况、应急处置措施等。

2）质量保证措施、质量标准、验收规范要求。

3）项目进度计划和季度、月、周作业计划。

4）水土保持和环境保护技术措施。

（6）试验检测工作准备。

1）施工所用的配合比已经完成并经监理审批同意。

2）施工所需的工艺性试验已经完成并报监理审查。

（7）施工测量和控制测量。

1）测量仪器设备须通过专门机构检验后方可使用。

2）设计单位通过监理单位向施工单位进行交接控制点后，施工单位应对所交接的控制点进行复测，复测成果满足要求并经监理单位批复后方可进行后续的测量工作。

3）施工前应进行贯通测量技术设计、洞内外控制测量设计，相关技术要求应按 DL/T 5173 的规定执行。

29.3.1.2　劳动力组织准备

（1）组建施工组织管理机构，根据工程规模、工期和技术难度配备相应的管理、技术、测量、试验、环保、水保、专职质量管理和安全管理人员。

（2）制定材料检验、工程计量、资料归档、安全生产、工程质量、文明施工、爆破器材、特殊工种等管理制度。

（3）斜井开挖施工应安排有经验的作业队组进行，并根据施工进度计划、施工技术要求合理配备各工种作业人员。

（4）斜井开挖施工前应进行人员安全教育培训，内容主要包括：

1）对全体人员进行安全生产教育培训，未经安全生产教育培训考核或培训考核不合格的人员不得上岗作业。

2）特殊作业人员应按相关规定经过专门培训，取得相应资格证书，持证上岗。

3）新进人员或作业人员转入新的岗位前应进行相关作业技能培训。

4）为作业人员配置安全防护用品和用具并进行使用方法培训。

5）根据制定的应急处置措施、预案开展培训和演练。

29.3.1.3　工程材料准备

（1）材料进场前严格进行检查验收和取样送检，严禁不合格材料进入现场。

（2）根据当地爆破器材的供应情况及供货渠道开展爆破器材的采购，爆破器材的管理应符合国家及地方的相关规定。

（3）施工前应根据制定的应急处置措施、预案等配备应急物资。

29.3.1.4　施工设备准备

（1）斜井开挖所需的机械设备主要有：

1）导井开挖机械设备：定向钻机、反井钻机、泥浆泵、吊车等，如图 29.2 所示。

（a）定向钻机　（b）反井钻机　（c）泥浆泵

图 29.2　导井开挖机械设备

2）斜井扩挖机械设备：凿岩钻孔机械、自制开挖台架、卷扬机（提吊设备）、空气压缩机等。

3）出渣运输机械设备：装载机、自卸汽车、挖掘机等。

4）斜井支护机械设备：锚杆注浆机、混凝土搅拌站（机）、混凝土罐车、混凝土湿喷机等，如图 29.3 所示。

（a）锚杆注浆机　（b）混凝土罐车　（c）混凝土湿喷机

图 29.3　斜井支护机械设备

5）钢筋加工机械设备：钢筋调直机、切断机、弯曲机、电焊机等。

6）风、水、电供应机械设备：空气压缩机、水泵、变压器、发电机等。

（2）应配备污染少、能效高、工况好的施工机械，优先选择电动、风动、液压传动机械。

（3）洞内使用柴油发动机设备应加装消烟净化装置，并加强通风；洞内不得使用汽油发动机设备。

（4）施工中的关键机械，如运输设备、支护设备、空气压缩机、水泵等应有备用数量。

29.3.1.5　现场准备

（1）根据监理单位审批的施工方案做好“四通一平”，确保现场水通、电通、道路通畅、通信通畅和场地平整。

（2）斜井开挖施工通风与除尘、辅助工程等相关技术要求应按 DL/T 5370 的规定执行。

（3）现场安全文明施工设施应按照 Q/GDW 11586 的规定执行。

29.3.2　导孔施工

在反井钻机斜井施工中，准确控制导孔倾斜角度和水平偏差，保证偏差在预计的范围内，是反井钻机施工中的重点和难点。

29.3.2.1　工艺流程

反井钻开挖斜井导孔一般施工程序如图 29.4 所示。

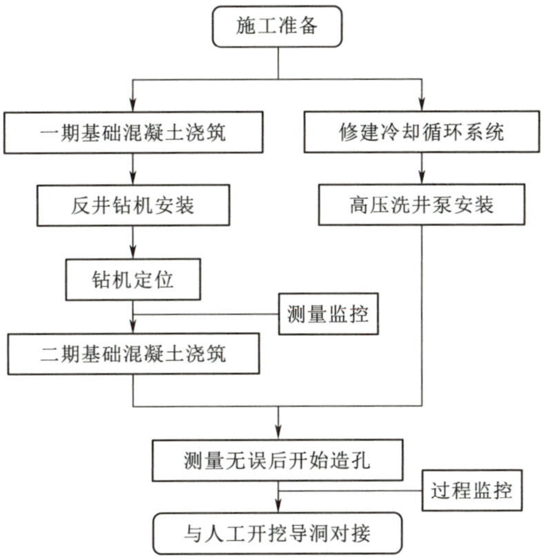

图 29.4　反井钻开挖斜井导孔一般施工程序

29.3.2.2　工艺质量安全要点

（1）为满足反井钻机的安装运行及出渣的需要，上弯段和下弯段均需进行局部扩挖。

（2）反井钻机基础浇筑。

1）反井钻机基础应采用现浇混凝土。

2）在浇筑混凝土前应将基础上的松渣清除干净，距井中心一定范围内不能有金属物体，以免在扩孔时损伤钻头。

3）应根据斜井设计倾角浇筑混凝土基座，应确保主机起钻孔轴与斜井中心线延长线吻合。

（3）反井钻机安装。

1）基础浇筑完成，强度达到要求后，即可将反井钻机的安装就位，具体步骤包括：

基座安装→安装地脚锚杆→主机就位→液压站安装→油管连接→电路线路连接→试运行→主机校准加固。

2）基座安装应稳定可靠，以利于钻孔孔位偏斜的精确控制。可将轨道与混凝土基础上预埋的插筋焊接在一起，以保证竖起主机钻架时轨道不移位。

3）斜井施工时钻架与混凝土基础面的夹角应等于斜井的倾角。

4）应确保所有设备安装正确和人员安全后方可开机试运行。

（4）反井钻机安装就位后，应经测量放线，钻头对准设计开孔中心点，调整钻杆角度至设计开孔角度，才可进行先导孔施工。

（5）反井钻机导孔钻进施工。

1）导孔钻进宜优先采用清水钻进方式，并应选择适用于岩石硬度的导孔钻头。

2）应根据岩石的硬度、磨蚀性确定扩孔滚刀的齿形和布置，一般采用镶齿结构。

3）为保证导孔精度，开孔时应采用开孔钻杆和扶正器，慢速、均匀推进。

4）导孔钻进过程中，应随时观测、分析钻进情况及返出岩屑性状，为扩孔钻进、孔壁维护提供参考。

5）导孔钻进遇不良地质条件时，应采用优质膨润土配制泥浆进行护壁，并加大循环量，必要时先灌注混凝土或进行灌浆处理，再钻孔。

6）钻孔偏斜率应符合设计要求。

7）严格控制扩孔钻头上提速度，应由慢速逐渐转入正常速度。

8）钻机系统压力应依据岩石硬度大小进行调整。

9）钻头距斜井上口 2.5m 时，应降低钻压，慢速上提，直至终孔。

10）反井钻机开挖的斜井导井断面不能满足溜渣需要时，应先将导井扩挖至直径 2m 以上，再自上而下进行扩挖。

11）对于比较浅的斜井反井先导孔的施工，采用反井钻机不加测斜、定向技术基本可以满足工程要求；而对于深度比较大或者地层比较复杂的斜井反井先导孔的施工，则必须采用测斜、定向技术方可达到工程要求。

12）导孔钻进过程中一般取钻一至二次（100～150m 深取钻一次），应采用测斜仪进行测量，应根据实测孔斜变化曲线规律及时调整稳定钻杆和钻进参数，应确保先导孔贯通点在设计开挖线范围内。

13）反井钻机施工过程中，特别是长斜井导孔施工中要控制好偏差，在钻进过程中，要根据岩层的变化及时调整钻进参数。

14）施工前应对机台操作人员进行技术交底，确保每个操作人员对施工条件、施工方法、施工难点重点有充分的了解。

（6）在反井导孔施工中，主机校准方法如下：

1）首先在主机减速箱上任意做一个微小标记点（标记点尽量接近减速箱中线），把减速箱落到最低位置，用全站仪精确读取标记点的坐标，并做好记录。

2）再把减速箱升到最高位置，读取该标记点的坐标，从上下两个位置所读取的标记点坐标可得主机的导孔开孔角度（倾角和方位角），多次复核校准，确认主机的开孔角度与所需要的角度完全一致。

3）在较长斜井导孔施工中，可适当减小钻孔角度，以克服钻具组向下偏斜尺寸。

4）根据上斜井井深、岩石情况和以往的斜井施工经验，可对导孔施工进行预纠偏。

（7）合理配置稳定钻杆应注意：开孔前检查导孔钻头和稳定钻杆，要求导孔钻头直径和稳定钻杆外径相同，应保证稳定钻杆能紧贴孔壁，稳定住钻具组不摆动和不偏离轴线，确保钻孔的精度，稳定钻杆的磨损如超过 5mm，其稳定作用减小，就不得再继续使用，必须更换。

（8）合理控制钻压和钻进速度。

1）在施工中，应采用合理的扭矩、推力和转速控制。

2）应根据地质情况采用不同的钻进速度，一般导孔钻进转速应高于开孔钻进速度。

3）对于松软岩层和过渡地层应采用低钻压，对于较硬岩层和稳定岩层宜采用高钻压。

4）在软岩层向硬岩层过渡时，不能快速加压，须等导向杆和稳定杆部分进入硬岩时方可慢慢加至正常压力。操作时应根据不同的岩层调节相应的钻压和钻进速度。

（9）在反井钻机深斜井的导孔施工中，一般要进行孔偏差的测量。确定偏差是否在允许可控范围，从而指导下一步钻进。

（10）导孔钻进产生的岩渣应及时清理，应避免大量泥砂再次进入导孔内。

（11）每根钻杆钻进完成后，应先将孔内的岩屑排出后，才能关闭循环水接装钻杆。

（12）导孔钻透后应先停止洗孔液循环，但钻机不能停转，应向孔内加清水，直到孔内的岩渣经透孔点全部排出后才能停钻。

（13）导孔钻进过程中，如出现漏水现象或返水减小、返渣异常等情况，要及时停止钻进，向上取钻杆，进行相关技术处理。

29.3.2.3 示例图片

反井钻机及钻杆钻具如图 29.5 所示。

29.3.3 返井钻机扩挖

29.3.3.1 工艺流程

反井钻机开挖导井施工工艺流程如图 29.6 所示，包括施工准备、反井钻机就位调直、反井导孔施工、反井钻机刀盘安装、反井钻机反提扩孔施工等。

（a）反井钻机　　　　（b）钻杆钻具

图 29.5　反井钻机及钻杆钻具

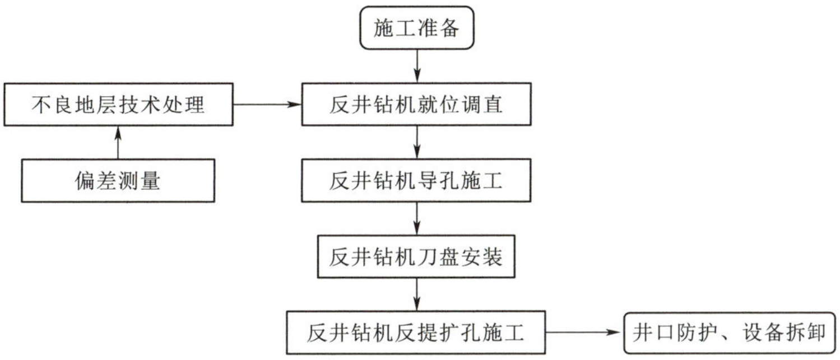

图 29.6　反井钻机开挖导井施工工艺流程

29.3.3.2　工艺质量安全要点

（1）扩孔时应慢速上提钻具，直到滚刀开始接触岩石时停止上提，然后慢慢给进、保证钻头滚刀不受过大的冲击而破坏。等钻头全部均匀接触岩石后，才能适当增加扩孔参数，开始正常扩孔钻进。导井施工示意如图 29.7 所示。

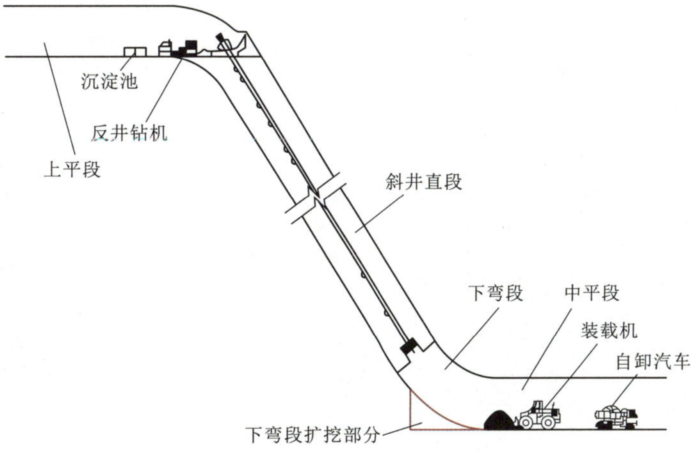

图 29.7　导井施工示意图

（2）扩孔刀盘完全进入岩石后，应确保全部滚刀均匀受力，遇到破碎带时，要及时将钻进压力、转速降下来，尽量使反井钻机振动小，平稳运行。

（3）操作手可以根据扩孔刀盘钻进岩石发出的声音是否平稳，观察液压表上旋转扭矩和各种扩孔参数的变化，判断岩层变化情况，发现异常应及时调整。当岩石硬度较大，可适当增加钻压，反之可以减少钻压。

（4）当钻头钻至距基础 3m 时，要降低钻压慢速钻进，慢慢地扩孔，直至扩孔完成。扩孔过程中，要认真观察基础周围是否有异常现象，如果有，要及时采取措施处理。密切注意滚刀不能磨到钻机底脚（底脚板）或其他部件、地脚锚杆等，如碰到应及时停机。

（5）扩孔钻进之前，应在上、下平洞之间应建立良好的通信（比如有线电话），以利于导孔钻头的拆卸和扩孔钻头的安装。实在无法建立上下通信的工作面，可用大锤敲击钻杆的方式打信号。在安装过程中，上下平洞人员必须认真听信号，待准确无误后方可操作。

（6）反井钻机操作手要注意力集中，听到异常声音或有异常振动等情况时，应及时停机处理，随时观察设备运行情况和机架固定情况。

（7）活动套是反井钻机较容易出现问题的部位，稍有不慎就会发生严重后果，要求每班操作手都应对活动套进行仔细检查，发现松动或者丝扣磨损严重，必须及时紧固或更换。检查六方承载接头，如果出现松动应及时紧固。

（8）扩孔施工中，中平洞应设有沉淀过滤池和良好的排水系统。

（9）施工中应查看下井口的出渣情况，并及时清理岩屑，防止下口被堵塞。

（10）在出渣之前应通知钻机操作人员先停机，防止发生安全事故。出渣完成后拉好警示带和安全标志，人员离开后才能通知钻机操作人员开机继续扩孔施工。

（11）在扩孔施工到一段距离时，应把扩孔刀盘下放至下井口，检查刀盘、中心杆、刀座，并检查所有连接螺栓的扭矩是否达到要求。

（12）下井口应做好安全警示，防止落石伤人，并派专人注意落渣情况，及时出渣，防止发生堵井事故。

29.3.3.3　示例图片

TR3000 反井钻机及反提刀盘安装如图 29.8 所示。

（a）TR3000反井钻机　　（b）反提刀盘安装

图 29.8　TR3000 反井钻机及反提刀盘安装

29.3.4　斜井扩挖及支护施工

29.3.4.1　工艺流程

斜井扩挖及支护施工工艺流程如图 29.9 所示，包括测量放样、钻孔、装药爆破、通风散烟、排水除尘、清撬危石处理、扒渣、支护施工等。

29.3.4.2　工艺质量安全要点

1. 斜井扩挖施工

(1) 对于大断面陡倾角斜井的开挖，通常采用先导井用于溜渣，然后自上而下全断面扩挖。扩挖一般采用手风钻造孔。

(2) 长斜井扩挖一般采用卷扬机牵引的轨道车，轨道应随开挖敷设在喷混凝土的基础上。

(3) 短斜井扩挖一般采用爬梯，为降低施工难度，较大断面的短斜井扩挖一般可分为上半洞和下半洞两部分进行。

(4) 断面较大的长斜井扩挖施工应配备作业台车，作业台车应专门设计，并经监理审批。

(5) 在扩挖台车上钻孔时，施工掌子面宜大致垂直于斜井轴线。

(6) 每次下挖前，应将前次开挖出的井壁欠挖处理完成。

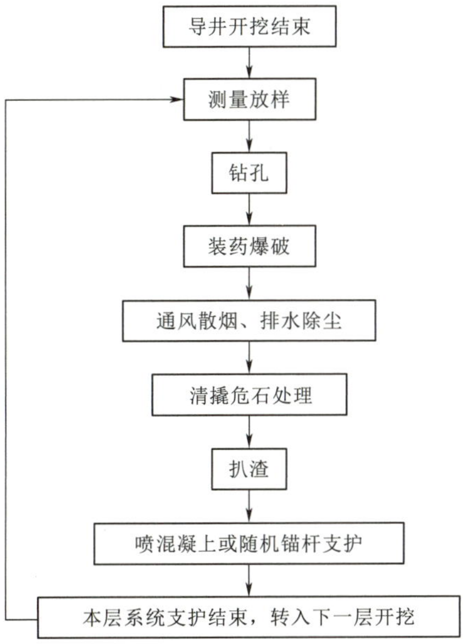

图 29.9　斜井扩挖及支护施工工艺流程

(7) 扩挖时须进行相应的爆破设计，并根据岩石地质条件的变化随时进行调整，应控制爆破后的石渣块不大于井径的 1/3，避免堵井。

(8) 应严格控制钻孔深度、角度和孔位偏差，周边孔应进行光面爆破。

(9) 支护紧跟开挖面。必要时，掌子面需增设超前注浆管及钢支撑等加强支护措施。

(10) 爆破后，人工撬除井壁上残留的危石及碎块，保证进入人员及设备的安全。

(11) 爆渣清除完毕后，应按设计进行锚杆、挂网、喷混凝土施工，本层支护结束后，方可进行下一层开挖。斜井扩挖示意如图 29.10 所示。

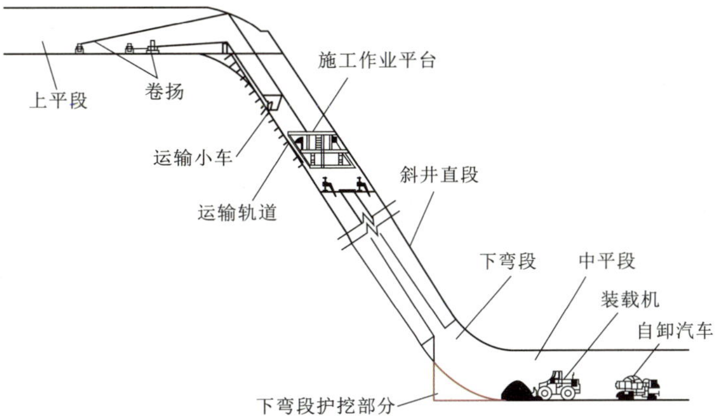

图 29.10　斜井扩挖示意图

(12) 风水管路、供电、通信线路、人行爬梯沿一侧布置，施工材料用送料小车输送，人员上下走爬梯。

(13) 斜井扩挖时，应对井壁周圈进行系统锚喷支护。井壁有不利的节理裂隙组合时，应及时加强支护。支护应紧跟扩挖工作面，应保证施工安全。

(14) 直径较大的斜井，支护作业应在扩挖台车上进行；斜井直径较小时，可以不专门设置扩挖平台车，支护作业可在开挖掌子面和运输台车上进行。

(15) 斜井工程如遇不良地质条件时，导井开挖和扩挖均应采取合理、有效的施工方法和支护措施。

2. 斜井支护施工

(1) 导井临时支护结构应容易拆除，不应影响斜井扩挖施工。

(2) 扩挖时应对井壁（包括底拱）进行系统锚喷支护，支护应紧跟扩挖工作面。支护作业应在作业台车上进行。锚喷支护工艺详见本书第16章。

(3) 斜井内喷射混凝土宜采用湿喷工艺。混凝土喷机宜设置在井口上或扩挖平台车上，输料管除喷头部位采用一定长度的软管外，其余部分宜采用钢管。

(4) 井口扩挖2m后，应进行锁口混凝土施工，完成后再继续向下扩挖。

(5) 扩挖应分两部分分别施工，工作面紧跟，喷锚支护跟进，对围岩特别破碎的井段采用钢支撑（见12.3.5）。

(6) 斜井围岩条件差时，在反井钻机施工前，应对井口实行预灌浆，再采用反井钻机开挖导井。

29.3.4.3 示例图片

斜井扩挖施工示例如图29.11所示。

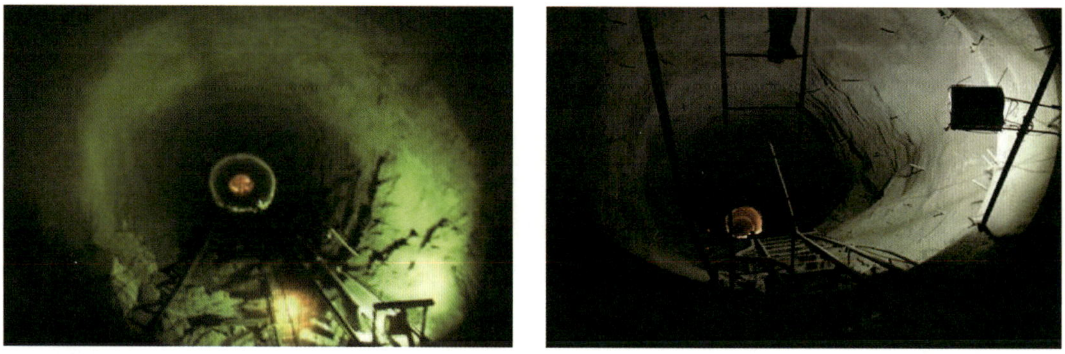

图29.11 斜井扩挖施工示例

29.3.5 全断面开挖及支护施工

工艺质量安全要点：

(1) 当开挖断面较小且洞线长度较短时，斜井可采用全断面开挖法。

(2) 应做好锁口，确保井口稳定，井口要有防护措施。锁口井圈应采用混凝土结构，并高出井口地面0.30m以上。露天斜井锁口圈高度应考虑防洪要求，且应预留3～5m宽的井台，边坡与井台交接处设排水沟。埋藏式斜井应根据围岩条件，做好支护，必要时应先衬好顶拱。

(3) 提升设备应有专项设计。

(4) 人员上下。斜井深超过15m时，宜采用之字形楼梯。井深超过30m时，宜加设提升设备。

(5) 涌水和淋水地段，应有防水、排水措施。

(6) 应随开挖深度下降而跟进支护。支护参数根据不同围岩确定。井壁有不利的节理裂隙组合时，应增加随机支护。

（7）Ⅳ、Ⅴ类围岩地段，应制定专项施工措施，应开挖一段支护或衬砌一段，也可采用预灌浆法加固围岩后再开挖。

（8）应及时对开挖后的不稳定块体进行随机锚杆支护，待喷混凝土支护后，再进行系统锚杆支护。

（9）喷混凝土应采用湿喷机进行施工。应分层施喷，按照“喷—网—喷”的程序进行。喷混凝土作业应分段分片、先边墙、后顶拱依次进行，边墙应按 4～5cm 一层分层施喷，顶拱应按 3～4cm 厚层分层施喷，后一层应在前一层混凝土终凝前进行。

（10）钢支撑结构一般在上、下洞脸或在岩石破碎软弱地段、断层位置安装。每榀钢架间应通过用纵向型钢或钢筋连接形成整体，并与锚杆头焊接，在拱脚及腰部利用锁脚锚杆加固。安装完后立即用喷射混凝土将其覆盖，覆盖后方可进行下一循环的开挖。

29.4 WHS 质量控制点

斜井开挖施工主要工序 WHS 质量控制点见表 29.1。

表 29.1 斜井开挖施工主要工序 WHS 质量控制点

序号	质量控制点	W（见证）	H（停工待检）	S（旁站）
1	导井开挖	√		
2	提升设备安装			√
3	斜井扩挖		√	
4	斜井支护		√	

29.5 质量检查与验收

29.5.1 斜井开挖的质量检查与验收

29.5.1.1 质量标准

斜井开挖质量检查项目、质量标准及检测方法见表 29.2。

表 29.2 斜井开挖质量检查项目、质量标准及检测方法

项类	检查项目		质量标准	检测方法
主控项目	1. 开挖岩面或壁面		无松动岩块、陡坎、尖角	测量仪器、查看施工记录
	2. 不良地质处理		符合设计要求	
	3. 洞轴线		符合设计要求	
一般项目	1. 无结构要求或无配筋预埋件	径向尺寸	0～15cm	测量仪器、查看施工记录
		开挖面不平整度	15cm	用 2m 直尺检查
	2. 有结构要求或有配筋预埋件	径向尺寸	0～15cm	测量仪器、查看 施工记录
		开挖面不平整度	15cm	用 2m 直尺检查
	3. 半孔率	节理裂隙不发育的岩体	＞80％	观察检查
		节理裂隙发育的岩体	＞50％	
		节理裂隙极发育的岩体	＞20％	

29.5.1.2　检查内容及要点

（1）洞身开挖的质量检查应包括如下内容：

1）洞室轴线方向、高程、轮廓线及其偏差。

2）循环进尺及爆破效果。

3）软弱结构面的处理结果。

4）初期支护的稳定状况。

（2）开挖断面检查宜采用激光断面仪。

（3）断面布设。直线段宜 5m 一条，曲线段宜 3m 一条，结构变化或特殊部位适当增加断面。

（4）断面测量点的位置应能反映开挖现状，每条断面的采集数据不宜少于 20 个点。

（5）开挖面不平整度用 2m 直尺检查。

（6）施工单位质量检查工作，按本单位建立的检查制度逐级进行。施工单位自检合格后，报请监理工程师检查验收。

（7）开挖过程中应定期检测斜井方向、中心线和高程。每次放炮后，均应进行规格检查，发现不符合质量要求时，应及时修正。

（8）斜井开挖完成后（或在下道工序施工前），应进行验收，由监理单位组织设计、地质和施工单位参加验收工作。

（9）斜井平均径向超挖值应不大于 25cm。因地质原因产生的额外超挖值，由监理工程师根据地质条件与施工单位商定。

29.5.2　斜井支护的质量检查与验收

详见本书第 16 章。

29.6　相关标准

《岩土锚杆与喷射混凝土支护工程技术规范》（GB 50086）

《水工建筑物地下工程开挖施工技术规范》（DL/T 5099）

《水电水利基本建设工程　单元工程质量等级评定标准　第 1 部分：土建工程》（DL/T 5113.1）

《水电水利工程爆破施工技术规范》（DL/T 5135）

《水电水利工程施工测量规范》（DL/T 5173）

《水电水利工程锚喷支护施工规范》（DL/T 5181）

《水电水利工程施工通用安全技术规程》（DL/T 5370）

《水电水利工程斜井竖井施工规范》（DL/T 5407）

《抽水蓄能电站工程安全文明施工设施》（Q/GDW 11586）

第 30 章
压力钢管制作施工工艺

30.1 适用范围

本工艺适用于抽水蓄能电站输水系统压力钢管制作。

30.2 施工程序

压力钢管制作施工工艺程序一般如图 30.1 所示，主要包括施工准备，数控切割，坡口开制打磨，瓦片压头、卷制，单节钢管组装、纵缝焊接，加劲环等附件组装、焊接，直管、弯管、渐变管等大段组装，环缝焊接，防腐涂装，验收、出厂等。在焊接之前要进行焊接工艺评定，完成焊接工艺评定报告和焊接工艺手册，在钢管焊接之后，按规范规定的时间间隔做无损检测。直管、弯管、渐变管等大段组装、环缝焊接工序可以在加工场完成，也可以在现场施工时完成。

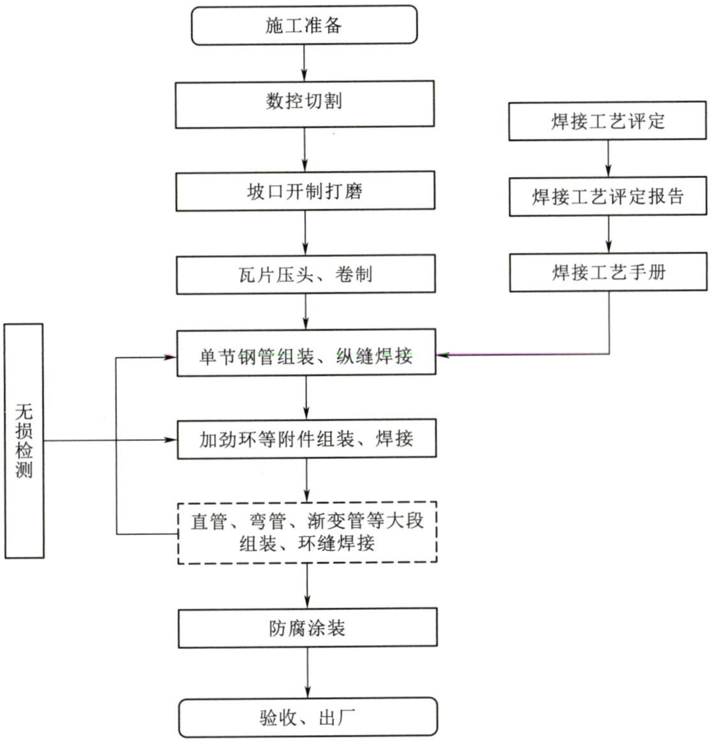

图 30.1 压力钢管制作施工工艺程序

30.3　工艺说明与工艺要求

30.3.1　施工准备

30.3.1.1　技术准备

（1）图纸审查及设计交底。项目开工前组织施工图纸会审，了解设计意图及相关技术、质量要求。参加设计交底会议，反映设计方案中存在的不明确之处和为确保施工质量需设计方修改之处，通过设计方的确认，进一步明确施工中的有关设计要求。

（2）技术交底。加强施工作业及管理人员培训，做好技术交底工作，技术交底工作要充实，具有针对性和指导性，参加施工的全体人员都要参加交底并签名，形成书面的交底记录。

（3）施工前必须认真熟悉有关技术资料，对工艺流程、工作介质、压力、温度和所使用的材料及附件的材质、型号、规格了解清楚。

（4）进行焊接工艺评定，评估施焊单位的焊接工艺是否符合要求，符合要求后，应提出焊接工艺评定报告，在此基础上编制焊接工艺手册，并按手册进行焊接生产。

1）在进行各构件的一类、二类焊缝焊接前，按相关规范的规定进行焊接工艺评定，编写焊接工艺评定报告。

2）焊接工艺评定的试件，钢板材料和焊接材料与制造钢管所用的材料相同。试焊按图纸要求作相应的预热、后热或焊后消氢。

3）根据钢管使用的不同钢板和不同焊接材料，组成以下各种焊接试板，进行焊接工艺评定：

a. 对接焊缝试板，评定对接焊缝焊接工艺。

b. 角焊缝试板，评定角焊缝焊接工艺。

c. 组合焊缝试板，评定组合焊缝（对接焊缝加角焊缝）的焊接工艺。对接焊缝试板评定合格的焊接工艺也适用于角焊缝。

4）试板上打上试验程序编号钢印和焊接工艺标记。试验程序和焊接工艺应有详细说明。

5）对试板焊缝全长进行外观检查和无损探伤检查（检查方法与生产性施焊焊缝相同），并进行力学性能试验。

6）试板力学性能试验试样制备、试验方法和合格标准按相关规范执行。

（5）编制施工方案报总监理工程师审批，根据施工方案编制有针对性的作业指导书。

30.3.1.2　劳动力组织准备

（1）压力钢管制作施工应安排有经验的作业队组进行，并根据施工进度计划、施工技术要求合理配备各工种作业人员。

（2）焊工和无损检验人员。

1）凡从事钢管焊接的焊工，必须持有有关管理部门颁发的焊工特种作业操作证，且证书在有效期内。

2）焊工焊接的钢材种类、焊接方法和焊接位置等，均应与焊工本人考试合格的项目相符。

3）焊工中断焊接工作 6 个月以上者，应重新进行考试。

4）无损检测人员必须持有有关管理部门签发的资格证书。评定焊缝质量应由Ⅱ级或Ⅱ级以上的检测人员担任。

（3）压力钢管制作施工前应进行人员安全教育培训，内容主要包括：

1）对全体人员进行安全生产教育培训，未经安全生产教育培训考核或者培训考核不合格的人员不得上岗作业。

2）特种作业人员应按相关规定经过专门培训，取得相应资格证书，持证上岗。

3）新进人员或作业人员转入新的岗位前应进行相关作业技能培训。

4）为作业人员配置安全防护用品和用具，并进行使用方法培训。

5）根据制定的应急处置措施、预案开展培训和演练。

30.3.1.3　工程材料准备

（1）压力钢管制作所用钢板，应检查钢板牌号尺寸信息与供货单是否一致，按规定抽检复验并逐张探伤检查合格后才可使用。

（2）焊材须按相应的标准检查牌号及外观质量状况，应按规定抽检复验合格后才可使用；焊接材料仓库管理严格按照规定和厂家使用说明书要求执行，放置于通风、干燥的专设库房内，库房内室温不低于5℃，设专人负责保管、烘焙、发放、回收；烘焙后的焊条应保存在100～150℃的恒温箱内，药皮应无脱落和明显的裂纹。

（3）施工前应根据制定的应急处置措施、预案等配备应急物资。

30.3.1.4　施工设备准备

压力钢管制作施工所需的机械设备主要有：

（1）切割设备。钢板数控切割机等，常用的钢板数控切割机见图30.2。

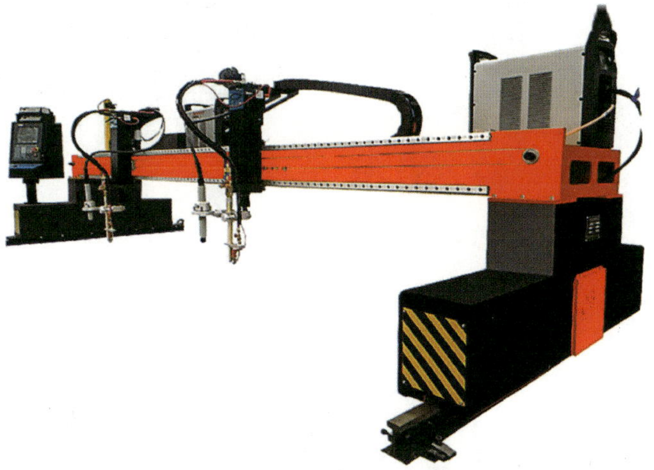

图 30.2　钢板数控切割机

（2）卷制设备。大型加劲环卷制成型机、卷板机等，见图30.3。

（a）大型加劲环卷制成型机

（b）四辊卷板机

图 30.3　卷制成型设备

（3）焊接设备。通用电焊机、埋弧自动焊机等，见图30.4。

（4）探伤设备。超声波探伤仪、TOFD（衍射时差法）探伤仪等，见图30.5。

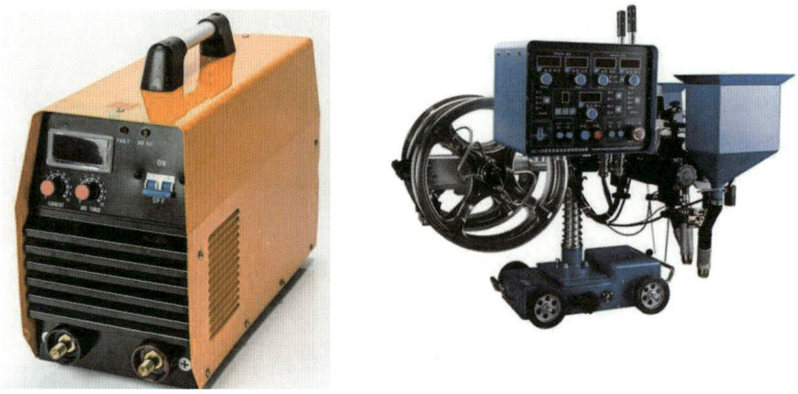

（a）通用电焊机　　（b）埋弧自动焊机

图 30.4　焊接设备

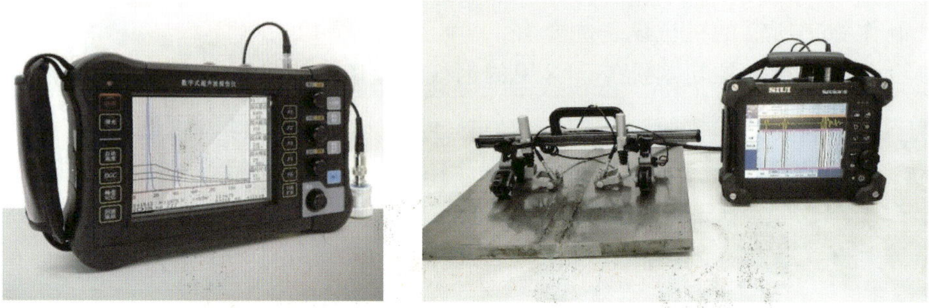

（a）超声波探伤仪　　（b）TOFD探伤仪

图 30.5　超声探伤设备

（5）辅助设备。龙门吊、叉车、平板拖车等，见图 30.6。

（a）龙门吊　　（b）叉车　　（c）平板拖车

图 30.6　辅助设备

30.3.1.5　现场准备

（1）现场施工道路、施工用电、通信等根据监理单位审批的施工方案提前做好准备工作。

（2）合理规划钢板原料、压力钢管的存放区域。

（3）现场配置备用发电机，保证在突然停电情况下及时恢复电力供应。

30.3.2　压力钢管制作

30.3.2.1　工艺流程

压力钢管制作工艺流程如图 30.7 所示，主要包括施工准备、钢板下料及切割、坡口开制、两端预弯、瓦片卷制、管节组圆、管节纵缝焊接、钢管加劲环等附件装配、钢管大节组装、去锈、喷漆、涂刷、出厂暂存等，其中焊接工艺完成后需要进行无损检测。

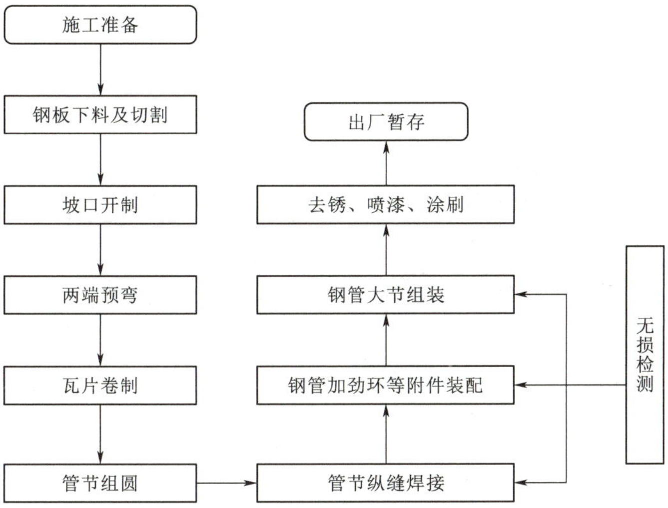

图 30.7　压力钢管制作工艺流程

30.3.2.2　质量保证措施

（1）钢板下料。压力钢管的钢板下料一般采用数控切割机切割（图 30.8）。切割后开制坡口，清除切割面熔渣、毛刺，见图 30.9。

图 30.8　钢板下料切割

图 30.9　坡口打磨

1）切割时割嘴喷出的火焰应该为笔直清晰的直线，粗细均匀，不可出现歪斜和交叉现象，保证割口的整齐和光洁，如发现气流不良，应用专用透针清理嘴孔处的杂质，直至喷射出标准的气流风线。

2）切割完成后用油漆和冲眼标记分别标出钢管分段、分节、分块的编号、水流方向、水平和垂直中心线、坡口角度以及切割线等符号。严禁用锯或凿子、钢印做标记，且不得在钢管外壁打冲眼。

（2）瓦片卷制。压力钢管瓦片卷制采用大型卷板机碾压成型。

1）瓦片卷制时，卷制过程为先卷板端部、后卷中部，先用压头机对钢板进行压头，再用卷板机卷制成指定半径的圆弧，通过调整上辊，采用小进辊量反复卷制。

2）每次卷到钢板边缘时，应检查板边与卷辊是否平行，以防止瓦片卷制扭曲。

3）同一型号的钢板应采用同样多的压延次数，确保钢板延伸率一致。

4）为保证瓦片卷制精度，利用瓦片弧度检测板检查瓦片卷制成型后的弧度是否达标，间隙不大于 2.5mm。

5）卷板时不允许敲击钢板，防止造成钢板表面缺陷，严禁采用火焰校正弧度。

6）如果发现母材有拉痕、毛刺现象，应停止卷制，使用抛光机磨平后继续卷制，划痕严重时应进行补焊并进行着色探伤检查。

瓦片卷制示意见图 30.10，完成压头的钢板见图 30.11，瓦片卷制见图 30.12。

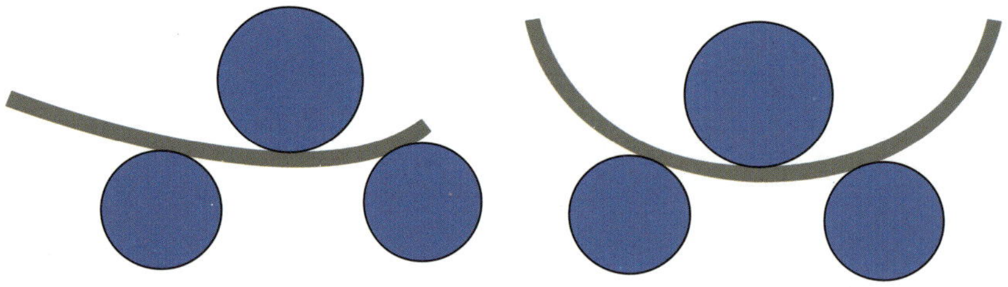

（a）钢板压头　　（b）中部卷弧

图 30.10　瓦片卷制示意图

图 30.11　完成压头的钢板

图 30.12　瓦片卷制

（3）钢管组圆。压力钢管瓦片对接一般采用管口对装控制特制工具、内径控制采用六卦调圆工具、对接间隙与错边等工艺。

1）钢管瓦片组圆应在水平 2mm/m 工装平台上进行，平台上应划有钢管直径 1∶1 的地样，并沿地样线焊接挡块，保证合缝处的弧度及管口平面度满足要求并留有预定的焊接间隙，检查合格后应进行定位焊。

2）瓦片吊装应采用双吊点均匀着力进行吊装，防止着力不平衡造成瓦片变形。

3）立放在组装平台上的瓦片，每张瓦片应至少有 4 个支撑点，瓦片吊装时要尽量考虑位置精确，以减少纵缝对接时的间隙和错边调整量。

4）管节纵缝采用二氧化碳气体保护焊打底，吊放进滚焊台车上旋转，将单节管正缝旋转至下水平位置，由埋弧自动焊机进行焊接，旋转至合适位置进行碳弧气刨清根，打磨后再用埋弧自动焊机在上水平位置进行焊接。压力钢管瓦片组圆施工见图 30.13。

（4）加劲环装配。压力钢管的加劲环装配，利用特制工具校正装置，对多条加劲环可以同时校正（图 30.14）。

（5）加劲环焊接。压力钢管的加劲环角焊缝的焊接宜采用二氧化碳气体保护焊机，将焊枪调整固定角度，焊接操作台与滚焊台车上方平台连接，保持滚焊台车旋转至上水平位置焊接，焊工在操作平台进行施焊。加劲环焊接如图 30.15 所示。

（a）正缝埋弧焊接　（b）背缝碳弧气刨清根

（c）瓦片对接正缝　（d）圆度控制工具

图 30.13　压力钢管瓦片组圆施工

图 30.14　加劲环校正组对

图 30.15　加劲环焊接

（6）大节组装。压力钢管的大节组装由 2 个单节组成，并在滚焊台车上装配，控制间隙及错边，合格后采用手工二氧化碳气体保护焊打底焊接，钢管正缝焊接采用埋弧自动焊机在内壁下水平位置进行焊接，见图 30.16。外壁背缝转到上水平位置进行碳弧气刨，打磨后采用单丝埋弧自动焊机在上水平位置进行焊接，根据坡口大小、深浅灵活机动施工，提高成型质量。

（7）无损检测。

1）在压力钢管焊接完成后应进行无损检测，对有延迟裂纹倾向的焊接接头，其表面无损检测宜在焊接冷却 24h 后进行，对有再热裂纹倾向的焊接接头，其表面无损检验应在焊后及热处理后各进行一次。

2）压力钢管的无损检测主要包括焊缝表面无损检测和焊缝内部无损检测。一般钢管焊缝表面无损检测宜采用超声波检测方法，岔道管部分焊缝表面无损检测宜采用射线探伤法。焊缝内部无损

图 30.16　压力钢管组装焊接

检测宜采用超声波或射线探伤法。

3）所有无损检测项目须依据设计文件指定的执行标准编制检测工艺和方案，经总监理工程师批准后方可实施。

4）无损检测应在外观检查合格后进行。

5）检测设备应在检定有效期内，射线设备应有合法的使用许可证书。

6）无损检测结果应由持有相应项目的Ⅱ级或Ⅱ级以上资格证书的人员进行评定，如判定不合格，应书面通知业主返修。

（8）防腐处理。

1）表面预处理。

a. 表面预处理前，钢材表面焊渣、毛刺、油污、水分等污物应清除干净。

b. 表面预处理采用无尘、洁净、干燥、有棱角的铁砂喷射处理钢板表面。喷射用的压缩空气应经油水分离器处理，除去油、水。

c. 表面预处理质量应符合施工图纸的规定。钢管内壁采用涂料涂装时，除锈等级应达到《涂覆涂料前钢材表面处理　表面清洁度的目视评定　第1部分：未涂覆过的钢材表面和全面清除原有涂层后的钢材表面的锈蚀等级和处理等级》（GB/T 8923.1）中规定的 Sa2.5 级；钢管外壁采用喷涂水泥浆时，应达到 Sa1 级。钢管内壁涂刷和外壁喷涂水泥胶浆见图 30.17 和图 30.18。

d. 预处理后，表面粗糙度应达到规范要求。

2）涂装作业必须确保结构完好，严禁碰撞、锤击，不得在钢管管壁上搭焊接脚手架。

3）表面须无锈蚀产物及氧化物；涂装前发现钢板表面污染或返锈，应重新处理到原除锈等级；除锈后，应用干燥的压缩空气吹净。涂装涂层前，如发现钢材表面出现污染或返锈，应重新处理到原除锈等级。

4）当空气相对湿度超过85%，环境气温低于5℃和钢板表面温度低于大气露点以上3℃时不得除锈。

图 30.17　钢管内壁涂刷水泥胶浆

图 30.18　钢管外壁喷涂水泥胶浆

（9）涂料涂装。

1）施涂前，应根据施工要求及涂料生产厂的规定进行工艺试验。试验过程中应有生产制造厂的人员负责指导。

2）厂内组焊后的管节在厂内完成涂装；现场安装焊缝及表面涂装损坏部位在现场进行涂装。

3）清理后的钢材表面宜在 4h 内涂装完成，在晴天和正常大气条件下，涂料涂装时间最长不应超过 12h。

4）涂装材料的使用应按施工要求及制造厂的说明书进行。涂装材料品种以及层数、厚度、间隔时间、调配方法等均应严格按照说明书执行。

5）当空气中相对湿度超过 85%，钢板表面温度低于大气露点以上 3℃或高于 60℃以及环境温度低于 10℃时，均不得进行涂装。

6）钢管外壁与混凝土接触面涂水泥浆，涂后注意养护。

（10）涂装检验。

1）涂料涂层质量检验应遵守规范《水电水利工程金属结构设备防腐蚀技术规程》（DL/T 5358）的规定。

2）涂层漏涂者应予修补。若检查发现流挂、皱纹、针孔、裂纹、鼓泡等现象时，应进行处理，直至合格为止。

3）涂层内部质量检验应符合施工要求和规范《水电水利工程金属结构设备防腐蚀技术规程》（DL/T 5358）的规定。

（11）涂层修补。

1）对安装环缝两侧和运输、安装中不慎损坏的部位，按要求用电动钢丝轮手工除锈后补喷漆。

2）拆除脚手架时，应轻拆轻放，不要碰撞防腐面，如有碰损，按要求补涂。

3）对封堵好的灌浆孔，细部除锈后进行补涂。

（12）钢管运输和堆放。制作完成后的钢管采用平板拖车运输，弧形胎具固定在拖车上，由导链封车，用汽车吊配合卸车，运至堆放场地暂存，见图 30.19。

（a）压力钢管运输　　（b）压力钢管堆放

图 30.19　压力钢管运输和堆放

30.3.3　非整体卷制加劲环制作

30.3.3.1　工艺流程

非整体卷制加劲环制作工艺流程如图 30.20 所示，主要包括施工准备，工艺设计，加劲环弧形划线，加劲环弧形下料，标识、标记，加劲环临时存放等，其中加劲环弧形划线后须进行尺寸检查，弧形下料须进行样板检查。

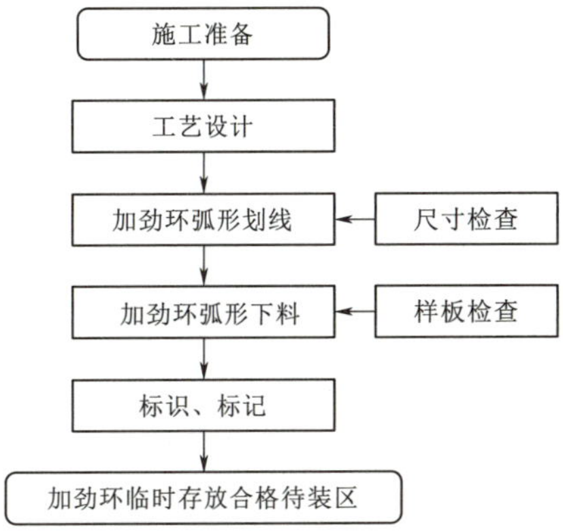

图 30.20　非整体卷制加劲环制作工艺流程

30.3.3.2　工艺质量安全要点

（1）非整体卷制加劲环制作一般适用于压力钢管直径小于 4.0m 情况。

（2）非整体卷制加劲环下料是按照压力管道的外弧圆周

计算出高压管道加劲环内、外弧长，然后根据加劲环内、外弧长按圆周方向等分为多份，采用弧形放样下料，用数控切割机或半自动切割机分块切割成型。

(3) 为便于质量控制、节约板材及控制板材运输成本，加劲环的分块下料原则是按钢板宽度方向放样排布。加劲环弧形下料示意见图 30.21。

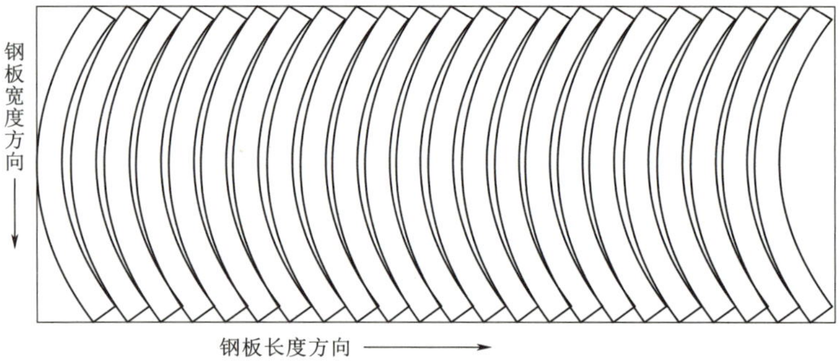

图 30.21　加劲环弧形下料示意图

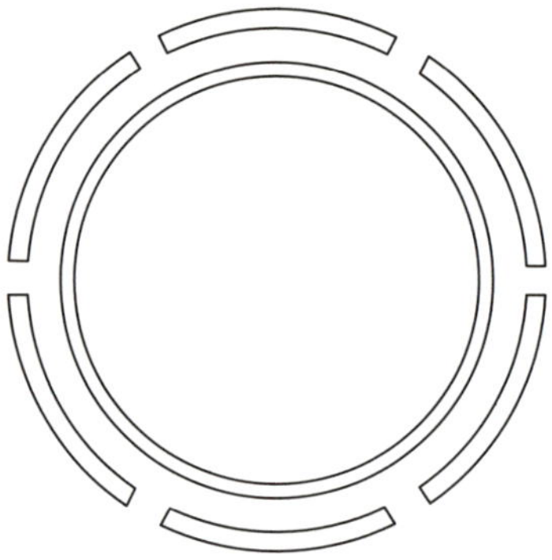

图 30.22　加劲环拼接组圆示意图

(4) 切割成型加劲环直接在管道上拼接成圆环状态，再进行焊接。加劲环拼接组圆示意见图 30.22。

30.3.3.3　示例图片

图 30.23 为弧形切割加劲环下料现场，图 30.24 为加劲环组圆。

图 30.23　弧形切割加劲环下料现场

图 30.24　加劲环组圆

30.3.4　整体卷制加劲环制作

30.3.4.1　工艺流程

整体卷制加劲环制作工艺流程如图 30.25 所示，主要包括施工准备，工艺设计，加劲环直条划线，加劲环直条下料，加劲环卷制，标识、标记，加劲环临时存放等。其中加劲环直条划线和直条下料后须进行尺寸检查，加劲环卷制后须进行样板检查。

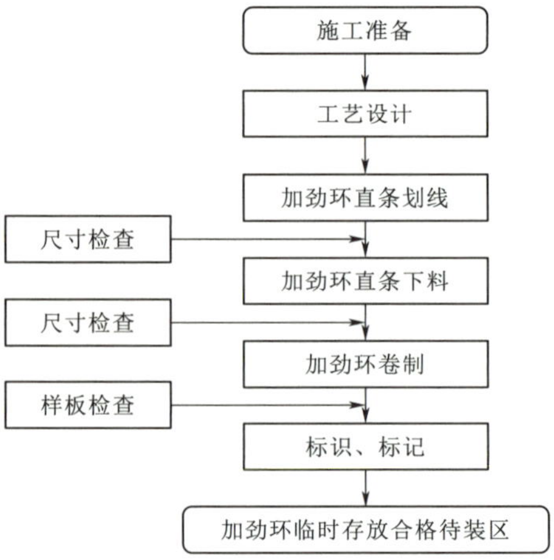

图 30.25　整体卷制加劲环制作工艺流程

30.3.4.2　工艺质量安全要点

(1) 整体卷制加劲环一般适用于压力钢管直径大于等于 4.0m 情况。

（2）加劲环工艺设计及下料放样：根据设计文件及施工图纸，计算加劲环钢板长度和宽度，设计加劲环下料图，放样时应考虑 4mm 割缝余量，保证切割后直条宽度满足加劲环宽度要求（图 30.26）。

（3）采用数控切割进行加劲环直条下料，为解决整体卷制过程中两头直边问题，切割时两侧端头 300～600mm 长度宜采用弧形切割，将板材切割成长条板再用三辊轮弯管机弯制（图 30.27），切割后检查直条尺寸并清除干净熔渣、毛刺。

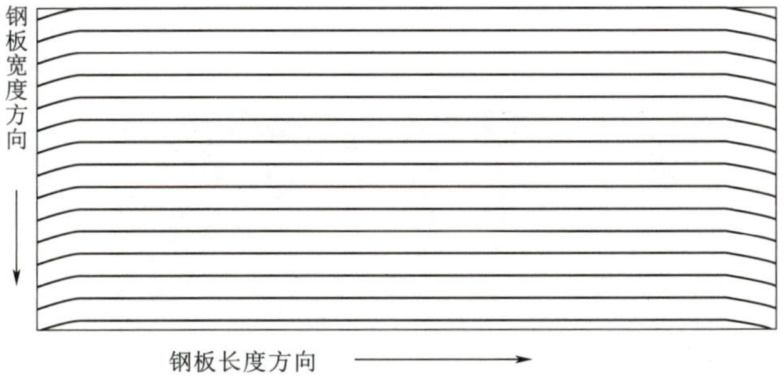

图 30.26　加劲环直条放样示意图

图 30.27　加劲环直条下料时端头弧形切割

（4）加劲环整体卷制。采用三辊轮弯管机将直条钢板卷制成设计加劲环，加劲环整体卷制成型示意见图 30.28。

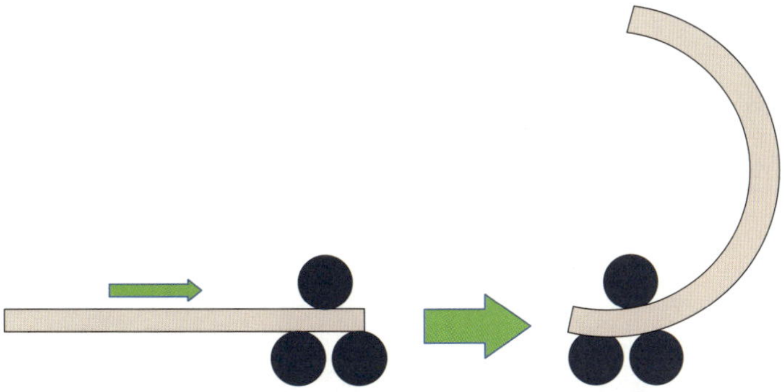

图 30.28　加劲环整体卷制成型示意图

加劲环卷制过程具体如下：

1）根据直条钢板宽度与厚度调整卷制成型设备，并校准卷制设备开口尺寸。

2）将直条钢板调平至设备开口高度。

3）开启开关，缓慢进料，直至钢板端头进入设备，即可正常开启卷制操作开关，卷制过程中采用长距离带轮平台凳保持平行，防止扭曲变形，起吊采用单臂电动葫芦吊装，加劲环整体卷制过程见图 30.29。

4）循环操作步骤 2）和步骤 3），直至卷制弧度达到设计要求。

5）利用标准弧形样板进行弧度检测，其间隙应不大于 3mm，采用经检定的钢尺、盘尺测量成形圆直径和弧板弦长。

6）将卷制后加劲环吊移至校准微调设备，根据尺寸要求将端头弧度与环板整体弧度精准微调。

7）利用样板、钢板尺、盒尺进行尺寸验收，合格后存放成品区。

30.3.4.3　示例图片

图 30.30 为加劲环卷制成型，图 30.31 为整体卷制加劲环组圆。

（a）钢板端头进入卷制机　　（b）卷制过程

图 30.29　加劲环整体卷制过程

图 30.30　加劲环卷制成型

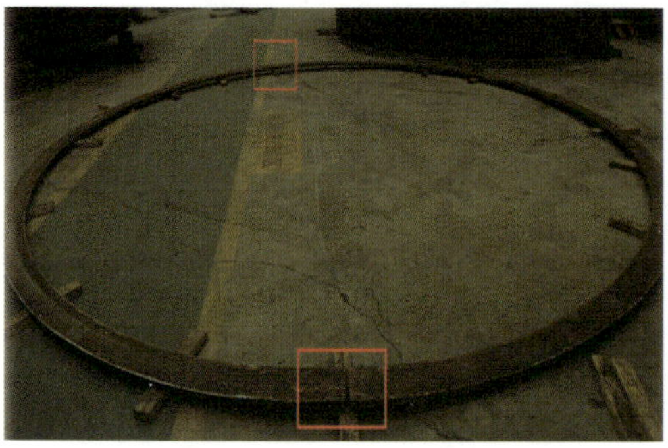

图 30.31　整体卷制加劲环组圆

30.3.5　压力钢管焊接

30.3.5.1　焊接流程

压力钢管焊接工艺流程如图 30.32 所示，主要包括施工准备、正缝焊接、背缝清根、背缝焊接、加劲环等附件焊接、无损检测等。

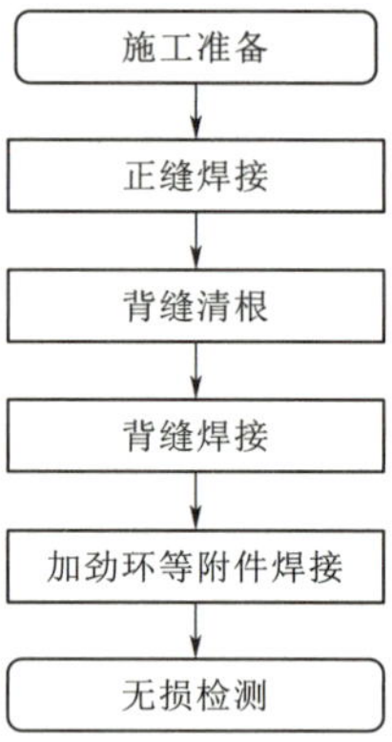

图 30.32　压力钢管焊接工艺流程

30.3.5.2　质量保证措施

（1）现场使用的焊条应装入保温筒，焊条在保温筒内的时间不宜超过 4h，超过 4h 后，应重新烘焙，重复烘焙次数不宜超过 2 次。

（2）施焊前，应对钢管管节的组装质量予以复检，合格后方可正式焊接。

（3）纵缝和环缝采用不对称 X 形坡口对接，焊接时注意保证对称，并实施多层多道焊、分段倒退焊法。

（4）按《水电水利工程压力钢管制造安装及验收规范》（DL/T 5017）规定需要预热的钢材，在焊缝焊接前应进行预热，预热温度参照《水电水利工程压力钢管制造安装及验收规范》（DL/T 5017）6.3.15，预热宽度应大于中心线两侧各 3 倍板厚且不小于 100mm。预热时间可按测量钢管瓦片正面或背面焊缝温度均满足预热温度确定。通过焊前预热，可以改善钢板的焊接性能，延缓焊接冷却过程，降低焊接接头的残余应力。

（5）预热温度满足要求后，首先焊接大坡口侧，然后转到钢管另一侧背缝进行碳弧气刨清根，接着再转向小坡口侧焊接完成焊缝。每层的焊缝厚度宜控制在 6mm 以内。

（6）焊接引弧应在引弧板上进行，严禁在母材上引弧和断弧。焊接的层间接头应错开，每一层焊道焊完后立即将焊渣清除干净，合格后再进行下一层的焊接。每条焊缝应一次连续焊完，当因故中断焊接时，在重新焊接前，应将其表面清理干净，并再次预热，预热温度不低于前次预热温度。

(7) 焊接过程中将焊条横向摆动幅度控制在 3～5 倍焊条直径为宜。

(8) 高强钢（标准屈服强度下限值不小于 450N/mm^2，且抗拉强度下限值不小于 570N/mm^2）钢管焊接完成后，应即刻进行后热处理，以降低焊缝冷却速度，防止焊接裂纹产生，后热温度宜为 150～200℃，保温时间以 1～2h 为宜。

(9) 缺陷的处理和补焊。

1) 焊缝缺陷处理和补焊。

a. 焊缝内部或表面发现有裂纹，应进行分析，找出原因，制定措施后，方可焊补。

b. 焊缝内部缺陷应用碳弧气刨或砂轮将缺陷清除，并用砂轮修磨成便于焊接的凹槽。焊补前要认真检查，如缺陷为裂纹，则应用磁粉或渗透探伤确认裂纹已经消除，方可焊补。

c. 当焊补的焊缝需要预热、后热时，则焊补前应按与正式焊缝焊接相同的规定进行预热，焊补后按工艺评定后热温度进行后热。

d. 返修后的焊缝，应用射线探伤或超声波探伤复查，同一部位的允许返修次数为：Q345 钢 2 次，高强钢 1 次。若超过上述规定，应找出原因，制定可靠的技术措施，经监理工程师批准后，方可焊补，并做记录。

2) 管壁表面缺陷处理。

a. 管壁内面的突起处，应打磨清除。

b. 管壁表面的局部凹坑，若其深度大于板厚的 10%，且大于 2mm 时应使用碳弧气刨或砂轮将凹坑修磨成便于焊接的凹槽，再行焊补，焊补后应用砂轮将焊补处磨平，并认真检查，有无微裂纹，对高强钢还应用磁粉或渗透检查。

c. 在母材上严禁有电弧擦伤，焊接电缆接头不许裸露金属丝，如有擦伤应用砂轮将擦伤处做打磨处理，并认真检查有无微裂纹，对高强钢要应用磁粉或渗透检查。

(10) 质量检查。

1) 外观检查。所有焊缝均应进行外观检查，外观质量应符合《水电水利工程压力钢管制造安装及验收规范》(DL/T 5017) 有关规定执行。

2) 压力钢管的组拼大节环缝、单节纵缝焊接完成，进行 UT（超声波检测）或 TOFD（衍射时差法）检查，UT 按照《焊缝无损检测　超声检测技术、检测等级和评定》(GB/T 11345) 标准，一类焊缝 BⅠ级为合格，二类焊缝 BⅡ级为合格。TOFD 探测按照《水电水利工程金属结构及设备焊接接头衍射时差法超声检测》(DL/T 330) 检查验收，一类焊缝和二类焊缝均不低于Ⅱ级合格。

30.3.5.3　示例图片

图 30.33 为加劲环焊缝照片，图 30.34 为焊缝超声波无损探伤照片。

图 30.33　加劲环焊缝

图 30.34　焊缝超声波无损探伤

30.4　WHS 质量控制点

压力钢管制作工艺主要工序 WHS 质量控制点见表 30.1。

表 30.1　压力钢管制作工艺主要工序 WHS 质量控制点

序　号	质 量 控 制 点	W（见证）	H（停工待检）	S（旁站）
1	原材料检验		√	
2	钢板下料	√		
3	瓦片成型	√		
4	加劲环成型	√		
5	钢管组圆	√		
6	焊接施工	√		
7	无损检测		√	
8	防腐涂装	√		

30.5　质量检查与验收

根据《水电水利工程压力钢管制造安装及验收规范》（DL/T 5017）、《承压设备无损检测 第 4 部分：磁粉检测》（NB/T 47013.4）、《承压设备无损检测　第 5 部分：渗透检测》（NB/T 47013.5）、《焊缝无损检测　超声检测　技术、检测等级和评定》（GB/T 11345）、《水电水利工程金属结构及设备焊接接头衍射时差法超声检测》（DL/T 330）的要求进行质量验收，主要检查项目、质量标准及检测方法见表 30.2 和表 30.3。

表 30.2　压力钢管制作检查项目、质量标准及检测方法

序号	检查项目名称	质　量　标　准	检测方法
1	下料后，瓦片宽度和长度偏差	±3.0mm	钢卷尺
2	下料后瓦片对角线相对差	≤5.0mm	钢卷尺
3	下料后瓦片对应边相对差	≤3.0mm	钢卷尺
4	下料后瓦片矢高（曲线部分）	±2.0mm	钢卷尺
5	瓦片与样板间隙	D≤2m 时，≤1.5mm	钢板尺、塞尺
		2m<D≤5m 时，≤2mm	
		5m<D≤8m 时，≤2.5mm	
		D>8m 时，≤3.0mm	
6	瓦片组装对圆后实际周长与设计周长差	±3D/1000，且极限偏差±24.0mm	钢卷尺
7	瓦片组装对圆后相邻管节周长差	≤10.0mm	钢卷尺
8	瓦片组装时纵缝对口错位	≤10%δ，且不大于 2.0mm	钢板尺
9	瓦片组装管口平面度	D≤5000mm 时，≤2mm	DSZ1 水准仪
		D>5000mm 时，≤3mm	
10	管口圆度	≤3D/1000，且不大于 30.0mm	钢卷尺
11	单节管节长度与设计长度偏差	±5.0mm	钢卷尺

续表

序号	检查项目名称	质　量　标　准	检测方法
12	纵缝处的弧度与样板间隙	≤2.0mm	钢板尺、塞尺
13	管节内、外壁的表面清除	内、外壁上，凡无用的临时支撑、夹具和焊疤清除干净并磨光	目测
14	管节内、外壁局部凹坑焊补	内、外壁上，深度大于10%板厚或大于2mm的凹坑应焊补并磨光	目测
15	管节防腐蚀标准	内壁喷砂去锈达到Sa2.5级，漆膜厚度800μm；外壁喷砂去锈达到Sa1级，水泥浆厚度500μm	涂层测厚仪、表面轮廓仪、电火花检测仪等
16	轴线、编号、水流向等标识	清晰、明确	目测
17	其他检测项目	满足《水电水利工程压力钢管制造安装及验收规范》（GB 50766）要求	综合
18	加劲环、阻水环与钢管环缝距离	≥3δ，且不小于100mm	钢板尺、塞尺
19	环板拼接焊缝与钢管纵缝错开距离	≥200mm	钢卷尺
20	环板内圈弧度与样板间隙	≤2.5mm	钢板尺、塞尺
21	环板与钢管外壁的局部间隙	≤3.0mm	钢板尺、塞尺
22	加劲环、止水环与管壁的垂直度	≤0.02H，且≤5.0mm	钢板尺、角尺
23	加劲环、止水环所组成的平面与管轴线的垂直度	≤4D/1000，且≤12.0mm	钢板尺、角尺
24	加劲环、止水环相邻两环的间距	±30.0mm	钢卷尺

注　1. D 为管节直径，下同。
2. δ 为板厚，下同。
3. H 为加劲环高度。

表 30.3　　焊缝质量检查项目、质量标准及检测方法

序号	检 查 项 目	焊缝类型	质　量　标　准	检测方法
一、焊缝外观				
1	裂纹	各类	不允许	目测
2	表面夹杂（δ 为板厚）	一	不允许	
		二	不允许	
		三	深≤0.1δ，长≤0.3δ，且≤10mm	目测、钢卷尺
3	咬边	一	深度≤0.5mm	钢卷尺
		二		
		三	深度≤1.0mm	
4	未焊满	一	不允许	目测、钢卷尺
		二		
		三	≤0.2mm+0.02δ，且≤1mm，每100焊缝内缺欠总长度≤25mm	
5	表面气孔	一	不允许	目测、钢卷尺
		二		
		三	直径≤1.5mm的气孔在每米范围内允许5个，间距≥20mm	

续表

<table>
<tr><th>序号</th><th colspan="2">检 查 项 目</th><th>焊缝类型</th><th>质 量 标 准</th><th>检测方法</th></tr>
<tr><td>6</td><td colspan="2">焊瘤</td><td>各类</td><td>不允许</td><td>目测</td></tr>
<tr><td>7</td><td colspan="2">飞溅</td><td>各类</td><td>不允许</td><td>目测</td></tr>
<tr><td rowspan="6">8</td><td rowspan="6">焊缝余高 Δh</td><td rowspan="2">手工焊与气体保护焊</td><td>一</td><td rowspan="2">$\delta \leqslant 25$mm 时，$\Delta h = 0 \sim 2.5$mm
25mm$< \delta \leqslant$50mm 时，$\Delta h = 0 \sim 3$mm
$\delta > 50$mm 时，$\Delta h = 0 \sim 4$mm</td><td rowspan="2">钢卷尺</td></tr>
<tr><td>二</td></tr>
<tr><td rowspan="4">自动焊</td><td>三</td><td>—</td><td></td></tr>
<tr><td>一</td><td rowspan="2">0～4mm</td><td rowspan="2">钢卷尺</td></tr>
<tr><td>二</td></tr>
<tr><td>三</td><td>—</td><td></td></tr>
<tr><td rowspan="2">9</td><td rowspan="2">对接接头焊缝宽度</td><td>手工焊与气体保护焊</td><td>各类</td><td>盖过每边坡口宽度 1～2.5mm，且平缓过渡</td><td>钢卷尺</td></tr>
<tr><td>自动焊</td><td>各类</td><td>盖过每边坡口宽度 2～7mm 角焊缝焊脚，且平缓过渡</td><td>钢卷尺</td></tr>
<tr><td>10</td><td colspan="2">角焊缝焊脚 K</td><td>各类</td><td>$K \leqslant 12$ 时，K^{+2}_{-1}；$K > 12$ 时，K^{+3}_{-1}</td><td>钢卷尺</td></tr>
<tr><td colspan="5">二、无损检测</td><td></td></tr>
<tr><td rowspan="2">1</td><td colspan="2" rowspan="2">MT</td><td>一</td><td rowspan="2">《承压设备无损检测　第 4 部分：磁粉检测》(NB/T 47013.4)，一类焊缝Ⅱ级合格，二类焊缝不低于Ⅲ级合格</td><td rowspan="2">MT 探伤仪</td></tr>
<tr><td>二</td></tr>
<tr><td rowspan="2">2</td><td colspan="2" rowspan="2">PT</td><td>一</td><td rowspan="2">《承压设备无损检测　第 5 部分：渗透检测》(NB/T 47013.5)，一类焊缝Ⅱ级合格，二类焊缝不低于Ⅲ级合格</td><td rowspan="2">着色渗透探伤剂</td></tr>
<tr><td>二</td></tr>
<tr><td rowspan="2">3</td><td colspan="2" rowspan="2">UT</td><td>一</td><td rowspan="2">《钢焊缝手工超声波探伤方法和探伤结果分级》(GB/T 11345)，检测技术等级为 B 级，一类焊缝Ⅰ级合格，二类焊缝不低于Ⅱ级合格</td><td rowspan="2">超声波探伤仪</td></tr>
<tr><td>二</td></tr>
<tr><td>4</td><td colspan="2">TOFD</td><td>一</td><td>《水电水利工程金属结构及设备焊接接头衍射时差法超声检测》(DL/T 330)，一类焊缝和二类焊缝均不低于Ⅱ级合格</td><td>TOFD 超声波探伤仪</td></tr>
</table>

30.6　相关标准

《气焊、手工电弧焊及气体保护焊焊缝坡口的基本型式与尺寸》(GB 985)

《非合金钢及细晶粒钢焊条》(GB/T 5117)

《热强钢焊条》(GB/T 5118)

《埋弧焊用非合金钢及细晶粒钢实心焊丝、药芯焊丝和焊丝-焊剂组合分类要求》(GB/T 5293)

《涂覆涂料前钢材表面处理　表面清洁度的目视评定　第 1 部分：未涂覆过的钢材表面和全面清除原有涂层后的钢材表面的锈蚀等级和处理等级》(GB/T 8923.1)

《焊缝无损检测　超声检测　技术、检测等级和评定》(GB/T 11345)

《熔化焊用钢丝》(GB/T 14957)

《水电水利工程压力钢管制作安装及验收规范》(GB 50766)

《水电站压力钢管设计规范》(NB/T 35056)

《水电工程单元工程质量等级评定标准　第 2 部分：金属结构及启闭机安装工程》(NB/T 35097.2)

《承压设备无损检测》(NB/T 47013)

《承压设备无损检测　第 5 部分：渗透检测》(NB/T 47013.5)

《水电水利工程金属结构及设备焊接接头衍射时差法超声检测》（DL/T 330）
《电力钢结构焊接通用技术条件》（DL/T 678）
《水电水利工程压力钢管制造安装及验收规范》（DL/T 5017）
《电力建设施工质量验收规程》（DL/T 5210）
《水电水利工程金属结构设备防腐蚀技术规程》（DL/T 5358）

第31章 钢管安装施工工艺

31.1　适用范围

本工艺适用于抽水蓄能电站引水系统，以及尾水支洞压力钢管及其附件运输、安装，并适用于引水系统钢岔管的运输、安装等。

31.2　施工程序

钢管安装施工程序一般如图31.1所示。

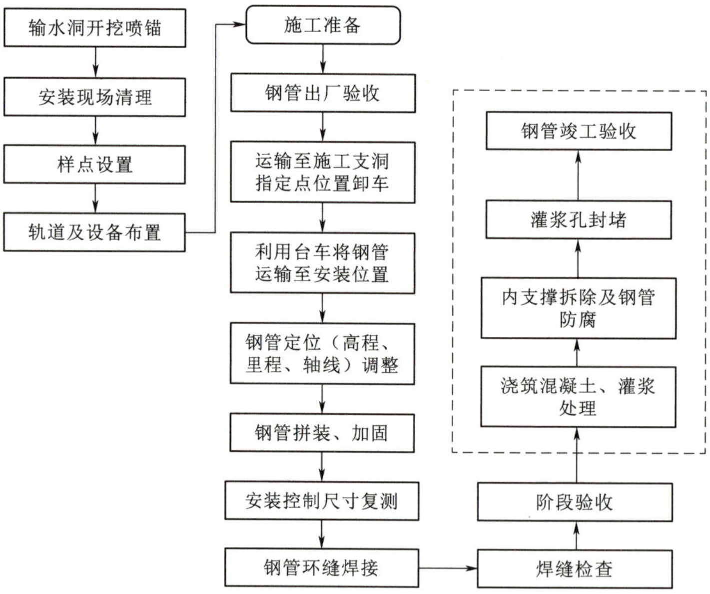

图31.1　钢管安装施工程序

31.3　工艺说明与工艺要求

31.3.1　施工准备

31.3.1.1　技术准备

（1）设计交底：设计单位应针对设计图纸及相关技术要求开展设计技术交底。

（2）图纸会检：严格按照《国网新源公司技术管理办法》的要求做好图纸会检工作。图纸会检时应熟悉、明确钢管管节的布置情况、安装顺序、详图的结构尺寸以及施工图纸的技术要求、施工图纸设计内容与强制性条文的符合性。

（3）编制施工方案并报监理审批，方案中应重点明确装车及钢管固定方式、钢管编码、各节钢管平面图和立面图、钢管卸车方式、洞内及井内运输方式等，根据施工方案编制有针对性的作业指导书。其中斜井和竖井压力钢管安装应按照危大工程管理的有关规定执行。

（4）施工交底：施工单位应按照《国网新源公司技术管理办法》和技术规范规定，结合批复的施工方案对作业班组开展安全技术交底工作，形成书面交底记录。施工交底应包括以下内容：

1）安全技术措施、风险状况、应急处置措施等。

2）质量保证措施、质量标准、验收规范要求。

3）项目进度计划和季度、月、周作业计划。

31.3.1.2　劳动力组织准备

（1）组建施工组织管理机构，根据工程规模、工期和技术难度配备相应的管理、技术、测量、试验、专职质量管理和安全管理人员。

（2）应制定安全生产、资料归档、工程质量、文明施工、特殊工种、工器具使用等管理制度，并宣贯执行。

（3）输水系统压力钢管安装应安排有经验的作业队组进行，并根据施工进度计划、施工技术要求合理配备各工种作业人员。其从事压力钢管焊接及无损检测人员资格要求如下：

1）凡从事压力钢管焊接的焊工，必须持有劳动部门颁发的锅炉、压力容器焊工考试合格证书或通过能源部、水利部颁发的适用于水利水电工程压力钢管制造、安装的焊工考试规则的考试，并持有效合格证书。

2）焊工焊接的钢材种类、焊接方法和焊接位置等，均应与焊工本人考试合格的项目相符。

3）焊工中断焊接工作6个月以上者，应重新进行考试。

4）承包商应配置无损检测人员开展焊缝质量自检工作，无损检测人员必须持有国家专业部门签发的资格证书，并配置专用安全防护用品（如防辐射用品）。评定焊缝质量应由Ⅱ级或Ⅱ级以上的检测人员担任。

（4）压力钢管安装施工前应进行人员安全教育培训，内容主要包括：

1）对全体人员进行安全生产教育培训，未经安全生产教育培训考核或者培训考核不合格的人员不得上岗作业。

2）为作业人员配置安全防护用品和用具并进行使用方法培训。

3）根据制定的应急处置措施、预案开展培训和演练。

31.3.1.3　工程材料准备

（1）焊接材料：焊接材料品种与母材和焊接方法相适应。

（2）焊接材料、防腐材料、配套的型钢附件材料的质量必须符合现有的国家标准，并具有产品合格证方可使用。

（3）连接件要求：连接件的品种和规格符合施工图纸规定，并提交产品质量证明书。

31.3.1.4　施工设备准备

（1）钢管安装用作业平台应符合下列规定：

1）操作平台、钢丝绳及锁定装置等必须经设计计算确定。

2）必须有安全保护装置。

3）钢丝绳严禁经过尖锐部位。

4）电焊机等电气装置须有电气绝缘和可靠接地，严禁用操作平台作为接地电路。

5）必须采取可靠的防火和防坠落措施。

（2）钢管安装设备的选择应根据钢管技术要求、钢管特性、工地环境、运输条件、工程进度、安装强度等确定，常用设备如下：

1）起重运输设备：龙门吊（或桥吊）、汽车起重机、牵引平板车、载重汽车、电动卷扬机（应说明对卷扬机的规格要求）、转运台车，如图 31.2 所示。

（a）龙门吊　（b）汽车起重机

（c）电动卷扬机　（d）牵引平板车

图 31.2　起重运输设备

2）切割加工设备：半自动气割机，如图 31.3 所示。

3）焊接设备：焊条烘烤箱、空压机、逆变焊机、碳弧气刨装置、红外线自动加热装置，如图 31.4 所示。

4）防腐设备：数值式覆层测厚仪、温湿度仪、粗糙度仪，如图 31.5 所示。

5）检测设备：水准仪、超声波探伤仪、TOFD 探伤仪、磁粉探伤仪、全站仪、温度计应率定合格并报监理审批，如图 31.6 所示。

31.3.1.5　现场准备

（1）根据监理单位审批的施工方案提前做好准备工作，确保现场施工供排水、电通、道路通畅、通信

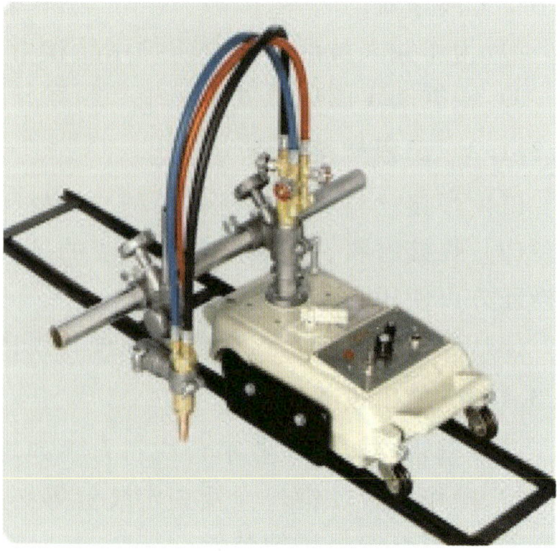

图 31.3　半自动气割机

通畅。

（2）现场安全文明施工设施应按照《抽水蓄能电站工程安全文明施工设施》（Q/GDW 11586）的规定执行。

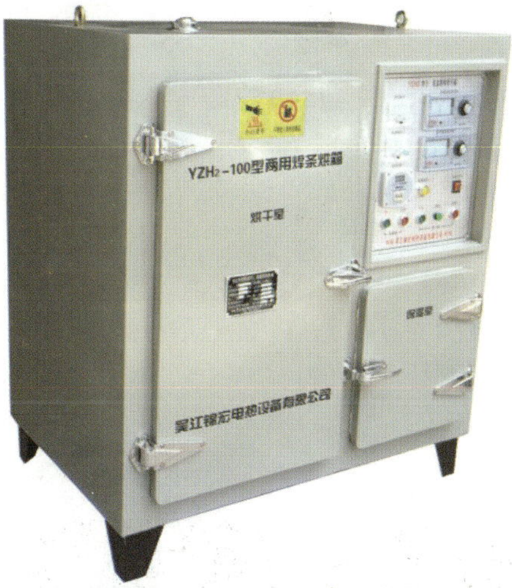

（a）焊条烘烤箱

（b）空压机

（c）逆变焊机

（d）碳弧气刨装置

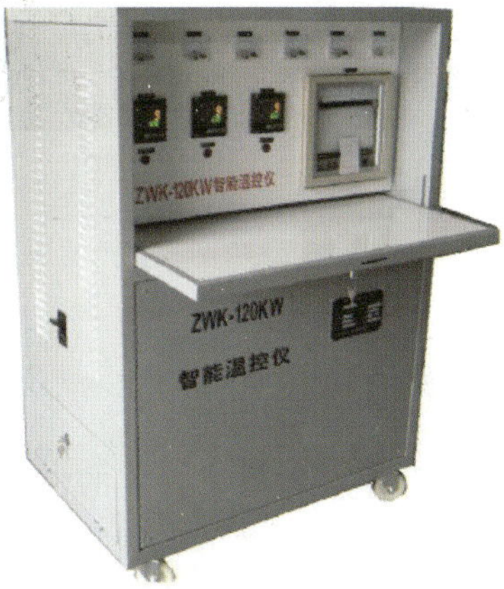

（e）红外线自动加热装置

图 31.4　焊接设备

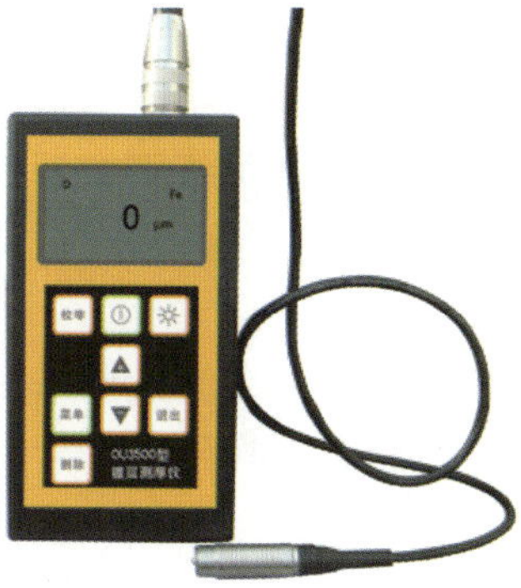

（a）数值式覆层测厚仪

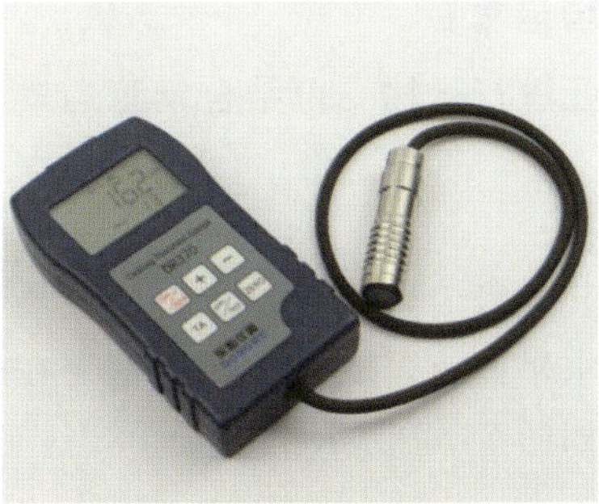

（b）粗糙度仪

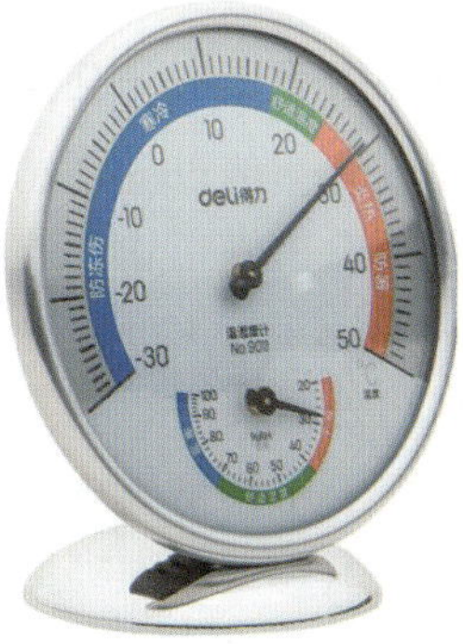

（c）温湿度仪

图 31.5　防腐设备

全站仪　棱镜　脚架

（a）全站仪

（b）超声波探伤仪

（c）TOFD探伤仪

（d）磁粉探伤仪

图 31.6　检测设备

31.3.2　钢管出厂验收

钢管装车前对所有管节的长度、周长、圆度（不少于 4 个方位直径）、管口平面度、焊接坡口、钢管中心线、水流标记、钢管内、外壁防腐层是否损伤等进行检查，弯管还应检查两管口平面夹角，渐变管检查其锥度、管口倾斜度等。对所有检查项目应做好记录，同时对不合格的管节在制造厂进行处理，经处理检查合格后运输至现场进行安装。

31.3.3　钢管运输、牵引及溜放系统布置

31.3.3.1　钢管堆放场至安装现场运输

钢管运输一般以一个制造单元进行运输，可结合钢管运输、牵引系统布置及施工支洞、引水洞开挖断面确定钢管运输方式。

1. 钢管立放运输

对在洞外需要进行翻身、组装的管节，压力钢管由堆放场存放状态至施工支洞处可采用钢管立放运输，即采用钢管轴线垂直于水平面，采取措施保证钢管在运输中不倾倒，将压力钢管垂直放置于平板拖车上并可靠捆绑固定，如图 31.7 所示。

2. 钢管平放运输

对于不需要在安装现场翻身的管节，宜采用钢管轴线平行于水平面（简称“平放”），在平板拖车上设置支撑托架，将压力钢管平放至托架上捆绑加固，如图 31.8 所示。

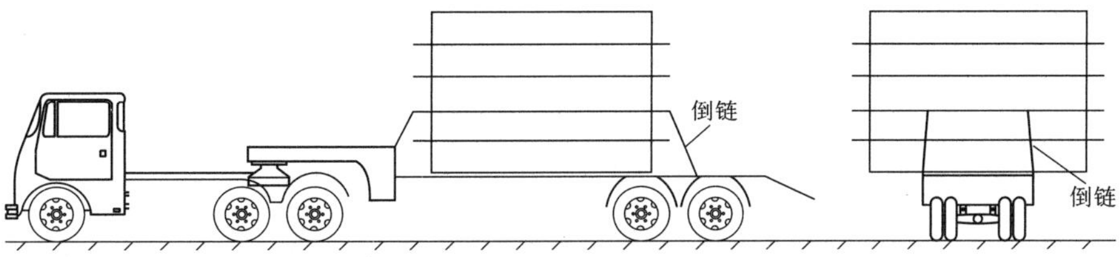

图 31.7　压力钢管立放运输示意图

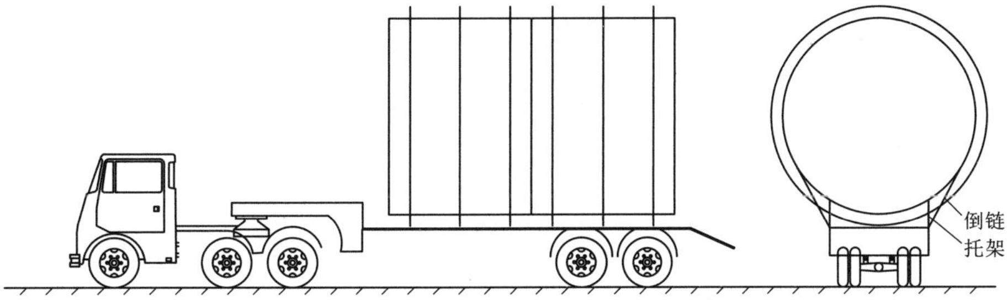

图 31.8　压力钢管平放运输示意图

31.3.3.2　洞内钢管运输轨道、卷扬机布置

卷扬机按照钢管运入方向布置，卷扬机参数根据运输距离、钢管特性选定，分为卸车卷扬系统、导向卷扬系统、钢管溜放卷扬系统，具体见卷扬系统布置平面及剖面图，如图 31.9 和图 31.10 所示。

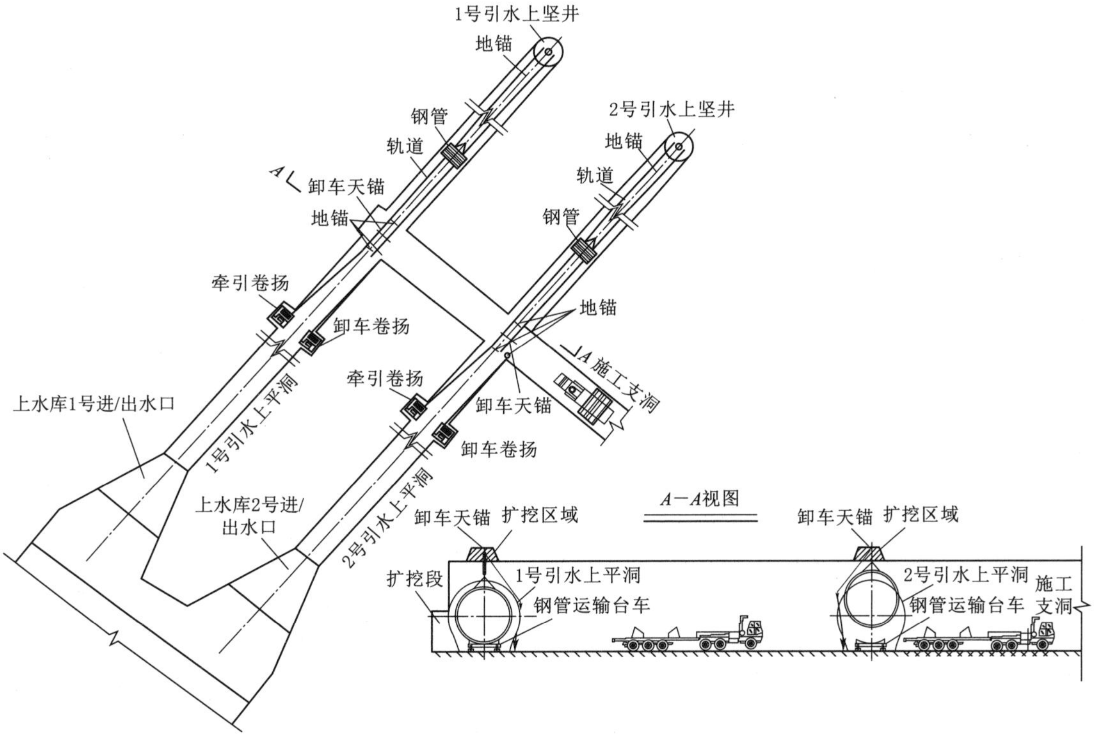

图 31.9　竖井式钢管安装卷扬系统布置示意图

卷扬机系统采用的固定地锚、转向地锚及起吊地锚应牢固可靠，重要地锚应做负荷试验。卷扬机室位置应便于观测，四周预留通道，对洞内运输通道不产生干扰。

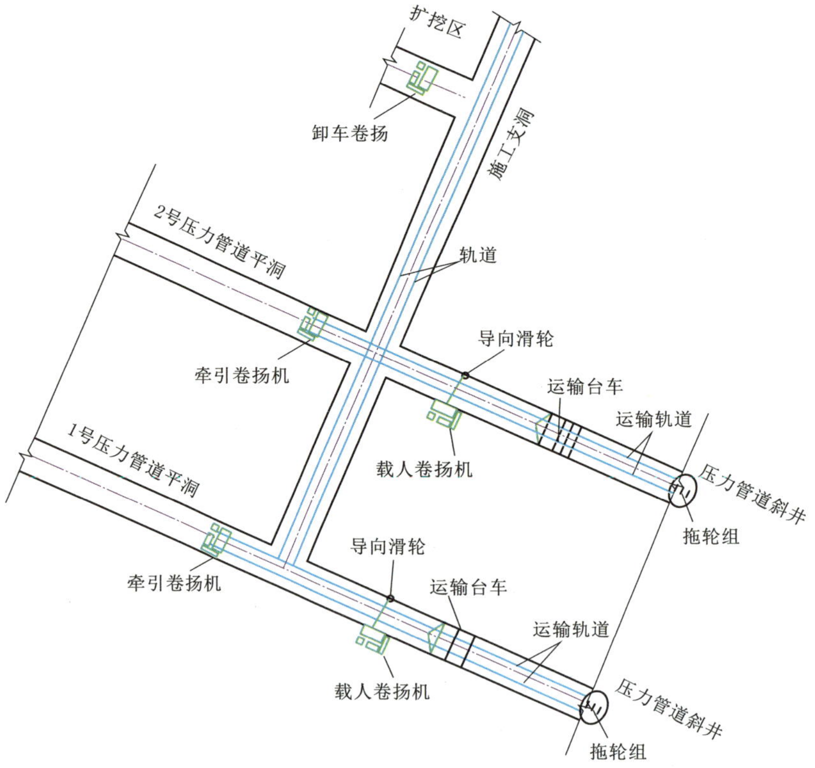

图 31.10　斜井式钢管安装卷扬系统布置示意图

为满足洞内钢管运输和支撑要求，应设置运输和支撑用轨道。轨道顺水流方向布置，钢管运输轨道横向跨距一般为$\frac{2D}{\pi}$（其中 D 为钢管直径）。对于弯管段轨道，可按弯曲半径等用直线拟合，拟合最小长度应能保证台车运输。轨道可采用标准钢轨或工字钢。如图 31.11 所示。

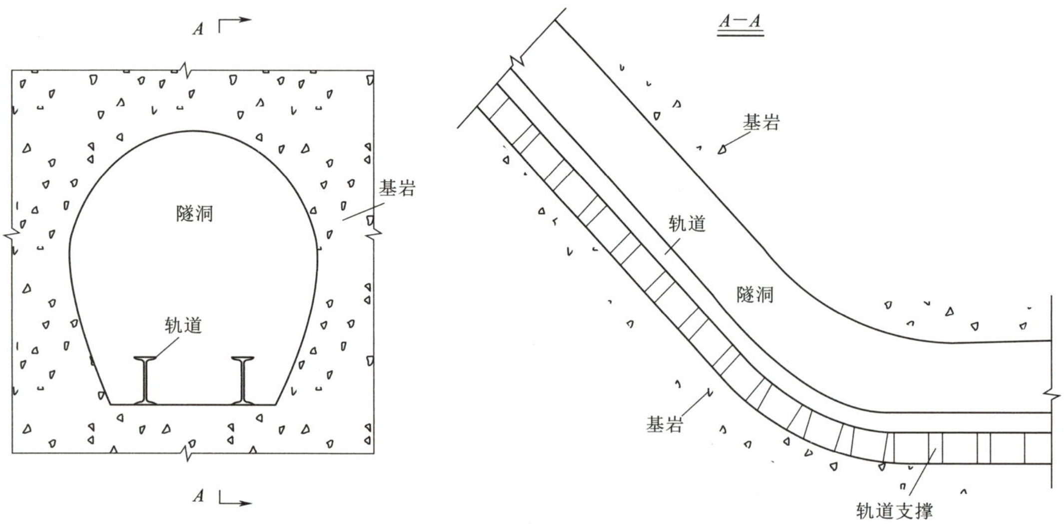

图 31.11　洞内钢管运输轨道布置示意图

31.3.3.3　平洞钢管运输

对于洞内无法采用起吊设备吊装的压力钢管，宜用平板拖车将钢管运输至洞内，通过预埋天锚吊装、卸车，利用已安装的拖运轨道，通过滑轮组、卷扬机牵引运输台车的方式将钢管按照安装顺序依次运输至安装部位，如图 31.12 所示。

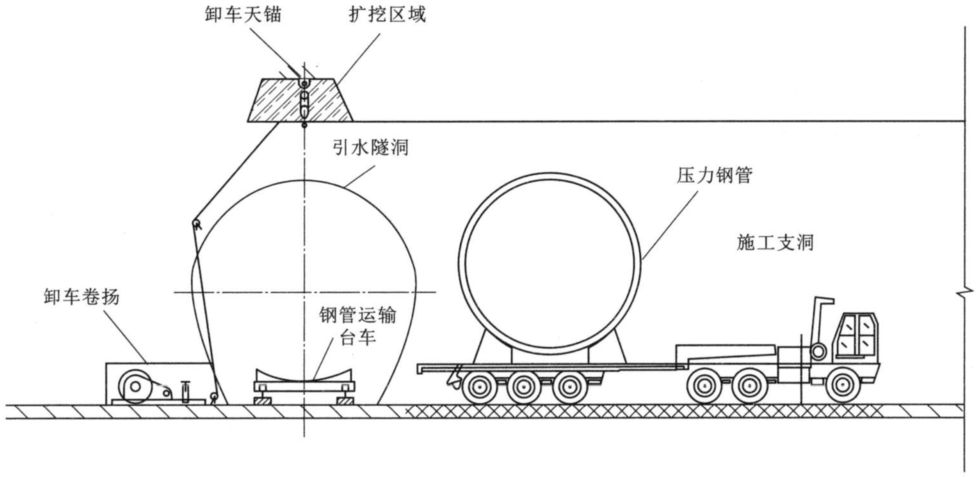

(a) 利用钢管运输平板车将压力钢管运输至洞内卸车地点

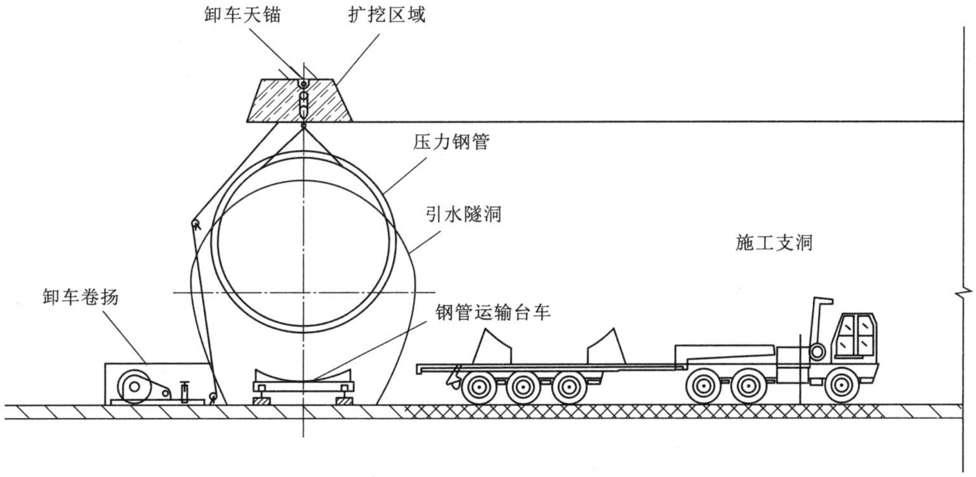

(b) 天锚吊起钢管，钢管运输平板车退出

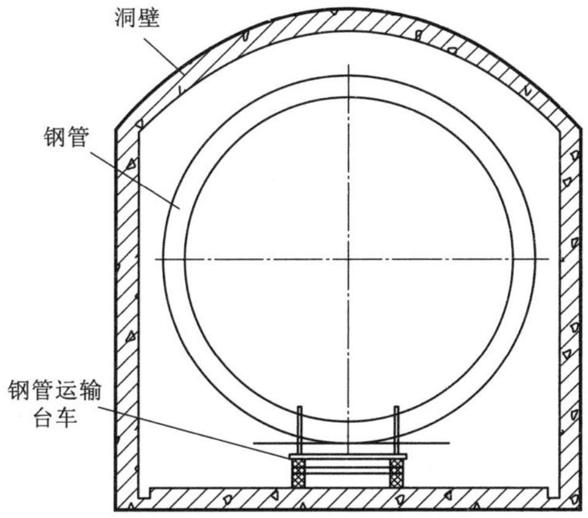

(c) 将钢管放置于钢管运输台车上

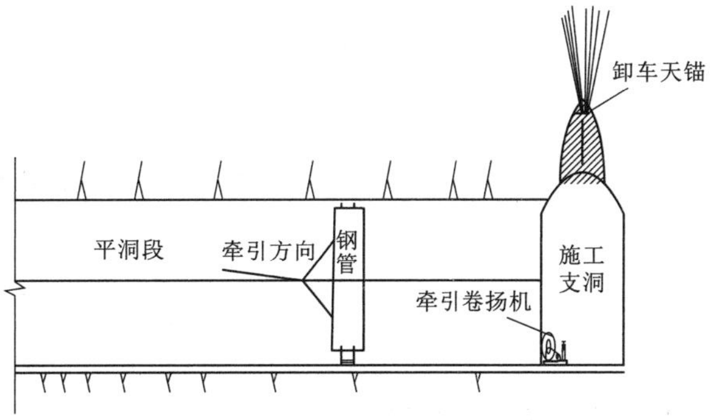

(d) 利用牵引卷扬将钢管牵引至安装位置

图 31.12　平洞钢管运输示意图

对于施工支洞断面不能满足一个制造单元管节运输时，通常采用单节（一个小节）钢管运输。在施工支洞洞口处设置门式起重机，压力钢管采用平板拖车运输至洞口处，利用门式起重机卸车，将压力钢管放置在运输台车上（钢管轴线方向与主洞轴线方向一致），利用牵引设备连接钢管台车进行运输，当台车运输到支洞与主洞交叉位置时，此时施工支洞运输台车轨道与输水主洞轨道正好对接，停止牵引。将运输台车轮旋转 90°，利用安装部位的牵引系统反向将钢管牵引至安装部位。

31.3.3.4　竖井式钢管运输

对于地质条件较好、竖井口顶部处适宜扩挖的情况，可采用在竖井中心线顶部位置向上扩挖，在扩挖顶部布置桥机轨道梁、轨道，安装钢管吊装桥机。桥机须通过负荷试验，经监理验收合格后可投入使用。

竖井段及上弯段压力钢管的运输一般通过引水上平洞、引水中平洞施工支洞运至洞内卸车位置，利用天锚通过卷扬机和滑轮组将压力钢管吊起，将钢管运输平板车退出，将钢管置于钢管运输台车上，再利用滑轮组、卷扬机将钢管由卸车位置运输至竖井上弯段进口处，后利用桥机或自制龙门吊垂直吊装至竖井正上方，通过桥机起升机构垂直吊放至安装位置，如图 31.13 所示。

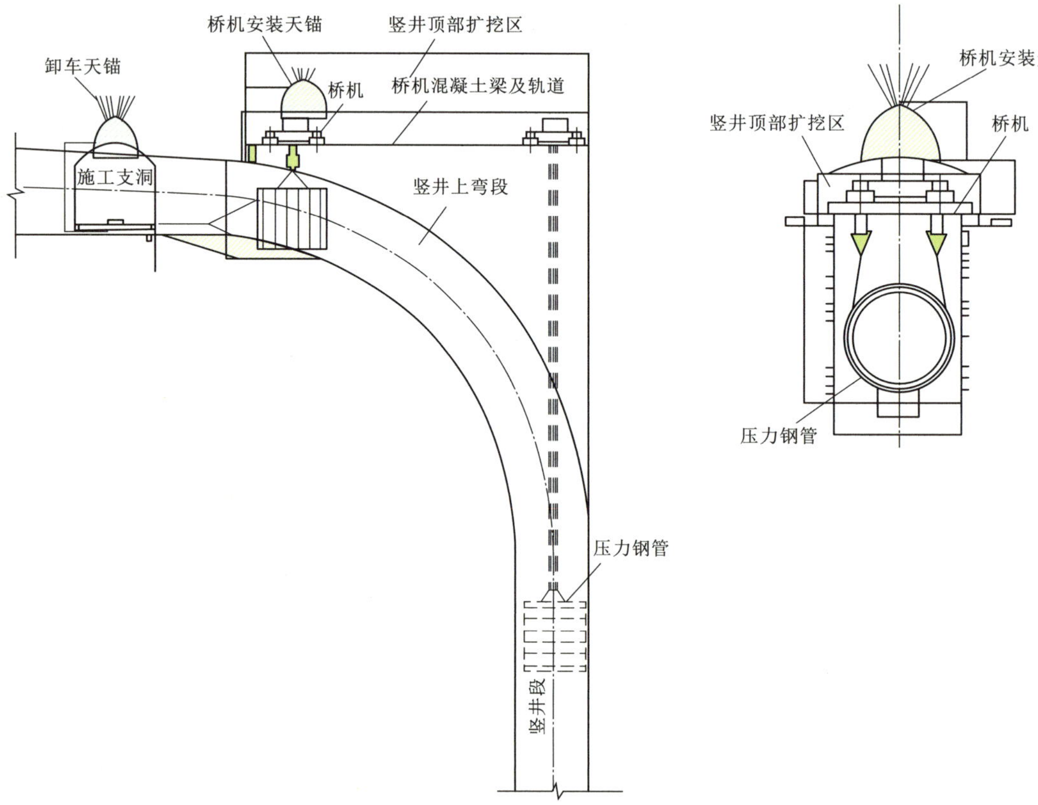

图 31.13　竖井段钢管吊放布置示意图

竖井下弯段钢管的运输一般通过引水中平洞、下平洞施工支洞运至洞内卸车位置，利用天锚通过卷扬机和滑轮组将压力钢管吊起，将钢管运输平板车退出，将钢管置于钢管运输台车上，再利用地锚、导向滑轮组、卷扬机及配套钢丝绳将钢管反向牵引就位，如图 31.14 所示。

31.3.3.5　斜井式钢管溜放

钢管由上平洞施工支洞运入，宜采用天锚起吊卸车，通过滑轮组、牵引卷扬机将钢管牵引至溜放部位，由溜放卷扬机牵引钢管沿斜面轨道下放，并按审批的施工方案依次组装。牵引绳在变向位置设置导向装置，如图 31.15 所示。

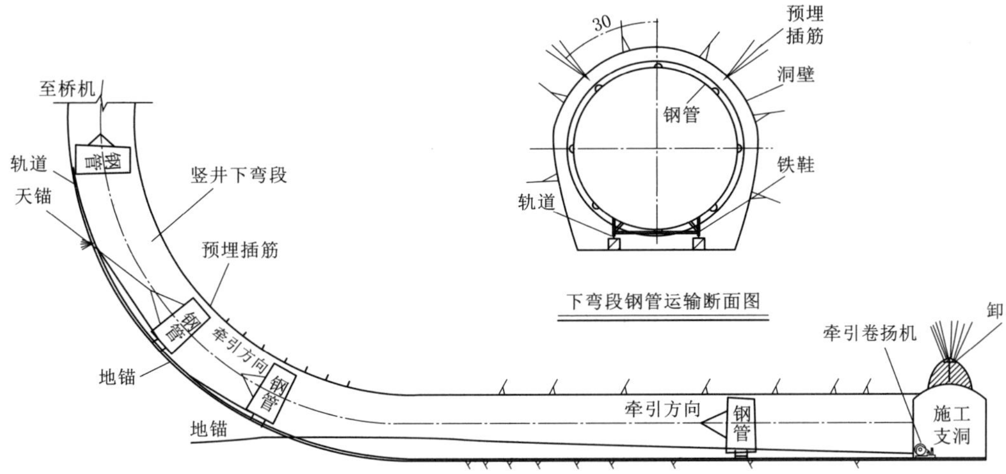

图 31.14　竖井下弯段钢管就位示意图

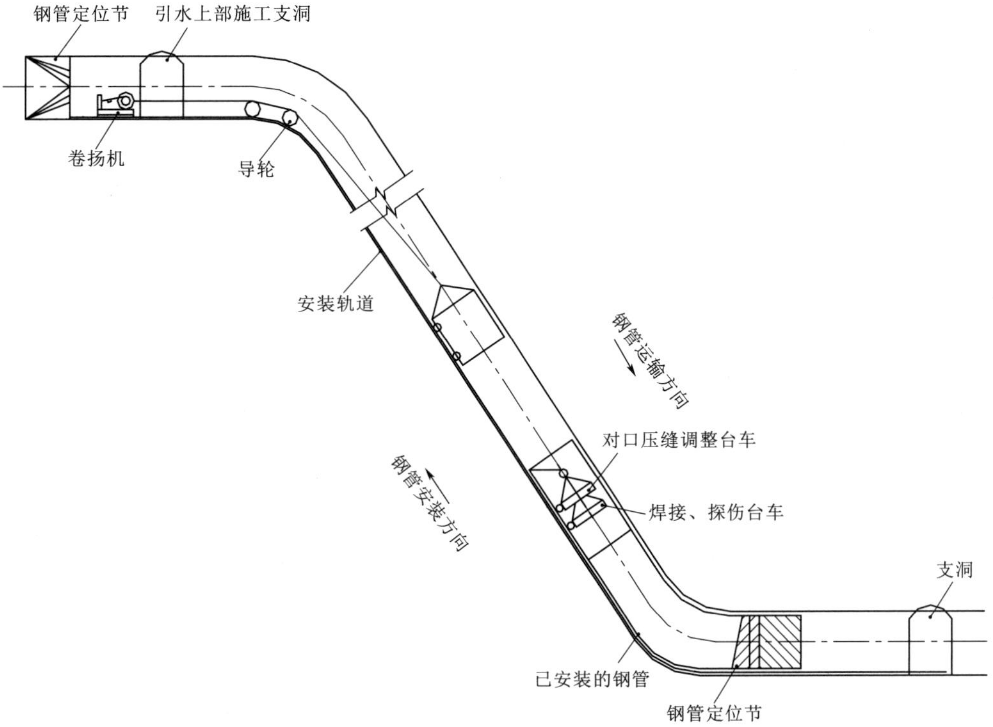

图 31.15　斜管段钢管运输布置示意图

31.3.3.6　钢管安装人员通道及作业平台

（1）载人系统的安全防护设施应符合现行行业标准《电力建设工程施工安全管理导则》（NB/T 10096），同时应按照超过一定规模的危险性较大的分部分项工程组织专家评审。

（2）竖井、斜井式钢管安装使用的压缝台车、焊接台车、检验台车等操作平台可设计为一体，采用多层结构，车轮与管壁接触面应为非金属材料。操作平台系统安装完成后应进行验收。操作平台应设锁定装置，非运行状态时，应将操作平台锁定在已安装好的钢管上，平台上的设备应固定牢靠。竖井、斜井式钢管载人设施及作业平台如图 31.16 和图 31.17 所示。

（3）竖井、斜井式钢管吊装、溜放时，载人设施应单独布置，并不得影响钢管运吊装、溜放。

载人设施制动系统具备双保险功能，应进行载荷试验，并经验收合格后方可使用。

（4）载人设施每次载人运行前应严格核定人数，执行登记制度，不得人货混装，并采取防坠落措施。施工台车固定用钢丝绳与钢管应做电气隔离，不得直接接触，确保施工中钢丝绳无电流通过。钢管内壁作业平台应有防止人员和物品坠落的措施。

（5）钢管与洞壁之间的受限空间作业应保持通风良好，必要时进行强制通风。施工台车上应配备充足的消防器材。

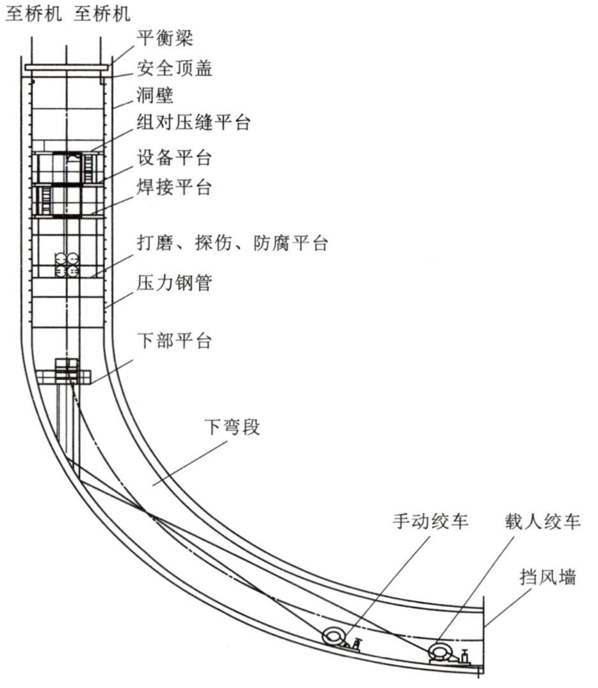

图 31.16　竖井式人员通道及作业平台示意图

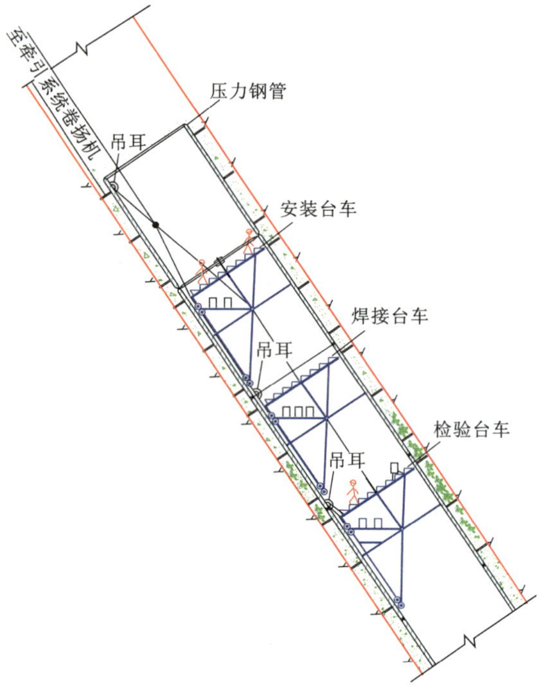

图 31.17　斜井式人员通道及作业平台示意图

31.3.3.7　钢管运输、溜放工艺质量安全要点

（1）钢管运输、溜放应制定专项方案并经过评审。竖井、斜井开挖支护验收合格后，应完成钢管通过性试验。竖井、斜井式钢管溜放系统设备的安全性能应满足设计要求，并编制应急处置方案。

（2）起重设备基础应经专项设计。吊装设备所用的固定锚杆应安装牢固，经具备资质的单位做拉拔试验或无损检测并出具检验报告。

（3）已制作完成（包括涂装）的钢管及其他部件，必须经监理人批准后方能起运。

（4）对于洞内运输，则应预先埋设好轨道、天锚及配置相应的卷扬机等牵引设施。施工单位应根据钢管（含岔管，下同）各运输部件的不同情况，制定专项运输、溜放方案，其内容包括采用的吊装、运输设备，大件运输方法以及防止钢管变形的加固措施等。钢管运输、溜放用的卷扬机、吊装工具、锚点等在使用前应通过监理人的安全验收，吊装系统应进行负荷试验，系统应整体验收。

（5）对于大直径压力钢管运输时，应配置引路开道车。运输成型的钢管管节时，应将管节与鞍形支座等可靠连接、固定，利用压力钢管上设置的吊耳，用手拉葫芦和钢丝绳在其两侧成“八字型”进行栓固，使压力钢管与运输车板连成一体。

（6）采用钢索捆扎吊运钢管时，应在钢索与钢管间加设软垫，以保证管节吊装、运输过程中漆膜不被损伤。

（7）不得因吊运原因在管壁上加焊附件，特殊需要应经监理人批准，且附件应尽量少。

（8）钢管运输到安装地点后，监理人将进行检查，以确定在运输途中是否受损，并记录发现的缺陷，如有缺陷施工单位在安装前应负责修补。

（9）竖井、斜井式钢管吊装前，应检查混凝土输送设施是否影响吊装，消除吊装障碍和安全隐患，对竖井、斜井施工区域进行临时封闭，四周设置警示标识和警戒线。同时应对安全设施、溜放系统进行检查，并建立日常检查制度，定期保养。

（10）在斜井或竖井内施工应安装应急照明，并由专业人员负责检查紧急用电系统的可靠性。

（11）施工现场通信应可靠畅通，宜设置备用通信方式。钢管在竖井、斜井内吊装、溜放时，其全过程宜进行视频监控，在上下弯段宜加强监控，摄像头应具有夜视功能，监控系统数据保留至以满足下一阶段工序为结束时间。

（12）钢管施工过程中发现洞壁岩石松动或有塌方迹象时，及时将人员撤离危险区并暂停作业，组织专业人员论证是否采取进一步的防护措施，在确认满足安全要求后方可恢复作业。

（13）竖井式钢管吊运应满足以下要求：

1）露天或洞内钢管吊装起重设备宜采用门式起重机或桥式起重机，吊装设备应采用双制动，并充分考虑冲击载荷的影响。

2）钢管翻身作业时，应采取防变形等成品保护措施，吊装单元翻身不宜面向竖井井口方向。钢管卸车、翻身过程中，任何人员不得在钢管底部行走和逗留。

3）竖井井口周边应设置人员通道，且不得影响钢管的正常安装，与吊装设备运行空间不宜小于 200mm。

4）钢管在竖井内下降过程中，宜保持匀速运行，速度不宜大于 6m/min。吊装单元下降接近安装位置时，应减速缓慢下降，初步就位，距已安装钢管管口约 100mm 时，根据焊口、中心调整的情况下放管节，并进行精确就位。

5）吊装单元与已安装钢管管口接触后，应先调整钢管的中心位置，再调整钢管竖向偏差。

6）吊装单元接近已安装钢管管口及对缝调整时，作业人员不得将肢体伸进两管口间。

7）钢管调整测量宜采用精度不低于 2mm/100m 的激光指向仪。

8）竖井下弯段采用支腿滑动反向牵引就位时，支腿的材料宜采用焊接性能良好的型钢，焊接应保证质量。在定位加固前，不得摘除牵引钢丝绳。

（14）斜井式钢管溜放应满足以下要求：

1）斜井压力钢管安装时应预留人员安全通道，宜布置在轨道外侧。人员安全通道应设置安全警示标识。

2）斜井钢管溜放牵引可选用互为保险的两套或具有双保险功能的设备。溜放牵引设备宜具有停机锁定安全装置。

3）主牵引钢丝绳转向处应布置导向装置，根据现场需要设置托绳装置，转向轮直径不得小于钢丝绳直径的 20 倍。

4）溜放系统配重载荷试验时，先空载运行，后分别按照 75%、100%、110%逐级加载运行。载荷试验时，制动器、操作系统及各限位器动作应准确、可靠。

5）斜井内钢管运输轨道应居中布置，轨道选型、支点间距及轨道的加固锚杆选型及布置，应进行结构计算。同截面轨道的标高相对差不宜大于 10mm，上弯段轨道如采用非钢轨轨道，上翼缘宜进行补强处理。斜井底板超挖较大的部位，应对轨道支撑进行加强处理。

6）钢管安装前应测设安装专用控制网，其控制网起始点和高程基准点的测量标志应埋设稳固，并采取相应的保护措施。平面控制网宜采用导线形式布设，高程控制网宜采用电磁波测距三角高程测量，并应满足《水电水利工程施工测量规范》（DL/T 5173）的规定。

7）上弯段溜放时，在安装单元逐步进入弯段时，溜放钢丝绳应逐步受力，当牵引系统设备不再受力时，应暂停牵引及溜放，检查溜放及监控系统的设备和设施。在溜放过程中，应观察钢丝绳在导向轮、托辊中的运行情况。

8）斜直段溜放过程中应全程监视，溜放应匀速进行，溜放单元宜一次溜放到位。溜放过程如出现异常，应先停车，双保险锁定台车和钢管后，检查和处理异常情况。不得反向牵引。

9）下弯段溜放时，应采用低速运行，运行速度不宜大于6m/min，应观察台车车轮与轨道的接触情况。

31.3.4　钢管安装

31.3.4.1　一般规定

（1）施工单位在施工措施计划中应详细说明钢管（含岔管，下同）安装使用的设备、安装方法、临时工程设施、质量检验程序和安全措施等钢管现场安装措施。钢管现场安装工作应符合《水电水利工程压力钢管制作安装及验收规范》（GB 50766—2012）第4章第4.1、4.2节的规定。岔管应在水压试验完成后整体运输至安装部位。

（2）竖井、斜井式钢管外壁与洞壁之间，应搭设可靠的工作平台，并有防坠落措施。

（3）钢管在安装过程中必须采取可靠措施，支撑的强度、刚度和稳定性必须经过设计计算，不得出现倾覆和垮塌。施工单位在安装时应采取监理人认可的措施使钢管准确就位，并将钢管、岔管牢固地支撑和固定在围岩、支墩上，以防安装、焊接、混凝土浇筑期间发生变形、浮动与位移。

（4）钢管宜采用活动内支撑，当采用固定支撑时，内、外支撑应通过与钢管材质相同或相容的连接板或杆件焊接。

（5）钢管安装时，在定位节混凝土强度达到设计强度的75%后，方可进行相邻管节的安装，钢管安装与混凝土浇筑宜分段交替进行。一次浇筑长度要求：有回填灌浆要求的平段和斜直段（弯段）一次浇筑长度不宜大于12m，斜直段在保证施工措施的前提下一次浇筑长度可为18～24m；钢管外新浇筑的混凝土抗压强度达到5MPa以上，方可继续安装钢管。

（6）凑合节采用施工图纸规定的型式，应设在直管段上。其长度根据现场需要确定。凑合节现场安装时的余量宜采用半自动切割机切割，宜采用整体凑合节。凑合节最后一道合拢环缝施焊时，应采取措施降低施焊应力。

（7）位于厂房上游边墙处的钢管段，为使钢管与周围混凝土隔离，应按施工图所示范围和要求，包封防水、防蚀并具有弹性的材料。包封材料应具有材料稳定性、设计要求的物理力学特性、耐久性、防腐性、可粘贴性等，包封前应将管壁彻底清理干净。

（8）压力钢管灌浆孔应设置空心螺纹保护套后，方可进行灌浆施工。

（9）在钢管安装及混凝土回填、灌浆施工过程中应保护好排水管出口，并根据现场条件，采取通水或其他有效方法保证排水管畅通，避免施工中泥沙、废水、浆液进入管内，堵塞排水管出口。

（10）每单元长度混凝土浇筑完成后，应对贴壁排水的畅通情况进行通水检查。如出现堵塞，应立即上报监理人。

（11）钢管安装时，按合同规定安装的监测仪器，应同时进行安装埋设。安装观测仪器支座的焊接应符合《水电水利工程压力钢管制作安装及验收规范》（GB 50766—2012）第5.2.3条的规定。

31.3.4.2　安装

1. 定位节安装

定位节是每条、每段钢管中最先安装的基准节（或单元），对整条钢管的安装质量有直接影响。

引水系统压力钢管安装一般将引水中平洞、引水下平洞第一节钢管（与竖井或斜井下弯段连接）、岔管作为定位节，采用此方法，须将支管段压力钢管提前运输至安装部位存放。尾水系统压力钢管上游侧一般以机组肘管出口管节为定位节，下游侧机组尾水事故闸门门槽为定位节。

安装时，先进行中心的调整，用千斤顶调整钢管，使钢管口的下中心对准预先测放的中心、里程控制点，后采用千斤顶，将钢管调整到设计要求的高程和垂直度。加固后再次进行钢管中心、里程、垂直度复测，并做好记录。

定位节加固应对称进行，防止变形，钢管加固支承应与管壁加劲环、输水洞的锚杆等焊接牢固，加固后进行复测，合格后进行混凝土浇筑，浇筑时控制浇筑速度，并且应对称下料。浇筑时同时应有专人进行监控，发现有变形时立刻停止浇筑，并进行处理，同时调整浇筑方法或速度。

定位节调整结果应满足表 31.1 要求，加固方式如图 31.18 所示。

表 31.1　　定位节钢管安装偏差

序号	钢管内径 D /m	始装节管口中心的允许偏差/mm	与蜗壳、伸缩节、蝴蝶阀、球阀、岔管连接的管节及弯管起点管口中心的允许偏差 /mm	里程偏差 /mm	垂直度偏差 /mm
1	$D \leqslant 2$	5	6	±5	±3
2	$2 < D \leqslant 5$		10	±5	±3

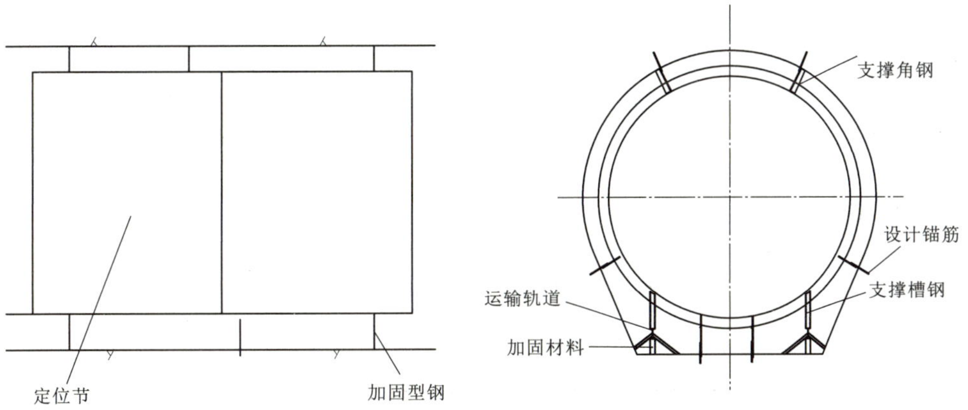

图 31.18　定位节钢管加固方式

2. 中间管节安装

当定位节混凝土强度达到 75%以上时，开始相邻管节的安装。钢管外回填混凝土抗压强度达到 5MPa 以上，方可继续安装钢管。

在钢管内搭设安装平台，采用千斤顶调整管节，使管节上、下游管口中心里程、高程和垂直度符合设计要求，弯管段应注重检查其平面方位。相关检查项目符合设计要求后，进行压缝，压缝时根据相邻管口的周长值确定预留的错牙值，调整错牙时以钢管内壁为准、沿圆周均匀分配。

为减少或免除在钢管上焊接临时支撑和压码，可在管口处设计可旋转式、拆移的压缝装置进行钢管环缝压缝工装，如图 31.19 所示。

压缝时应注意钢板错牙和环缝间隙。压缝完成后，检查管节安装位置符合设计要求后，进行钢管加固、焊接。并采用同样的方法安装其他管节，安装技术要求按照设计图纸及相关技术规范实施。中间管节的安装极限偏差应满足表 31.2 的要求。

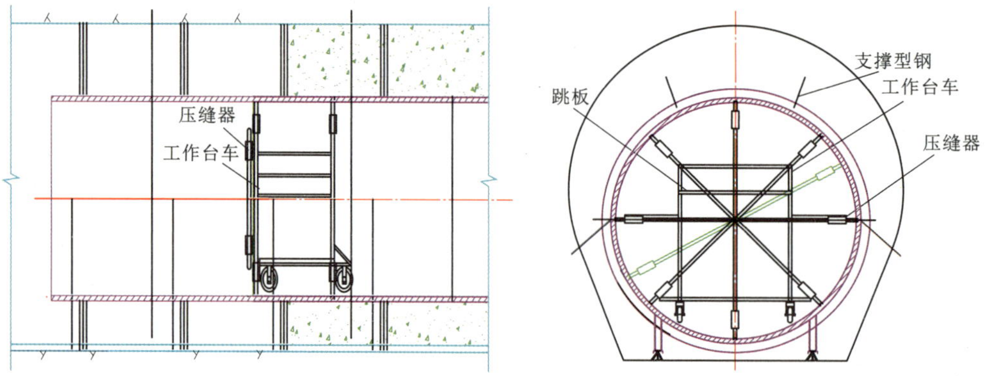

图 31.19　钢管环缝压缝工装示意图

表 31.2　中间管节的安装极限偏差

序号	钢管内径 D /m	与蜗壳、伸缩节、蝴蝶阀、球阀、岔管连接的管节及弯管起点管口中心的允许偏差/mm	其他部位管节的管口中心允许偏差 /mm	垂直度偏差 /mm	错边量 /mm	环缝间隙 /mm
1	$D\leqslant2$	6	15	±3	10%δ 且不大于 3mm	0～3
2	$2<D\leqslant5$	10	20			
3	$5<D\leqslant8$	12	25			

3. 整体岔管运输安装

岔管水压实验后，切割掉热影响区，然后整体运输到安装地点。由于整体岔管一般尺寸比较大，运输前，应根据岔管外形尺寸制作模型，按照运输通道进行模拟。

将岔管运输至卸车地点，利用天锚卸车后，放置于运输台车上，再通过牵引系统将岔管运输到位，如图 31.20 所示。

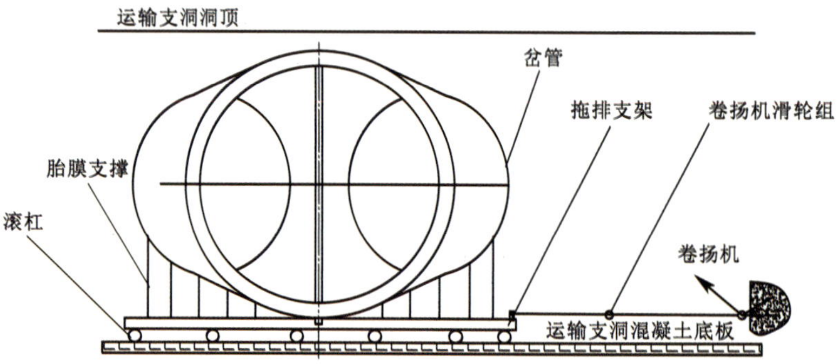

图 31.20　岔管拖排运输方案示意图

岔管安装前，在安装位置的合适位置设置高程水准控制点，岔管进、出口截面控制线，岔管进、出口截面中心线。岔管安装调整控制测量工器具主要有水准仪、线锤、经纬仪或全站仪。

当岔管运输到安装位置后，利用千斤顶、手拉葫芦进行位置调整，首先进行平面几何位置的调整，将岔管进、出口截面里程控制线和中心控制线大致调整到位，然后利用多台千斤顶，均匀将岔管的中心高程调整到位，再次检查进出口截面的里程和中心控制点，反复多次精确调整，直到岔管的进、出口截面中心点的高程、中心线方向、里程都满足规范技术要求后（表 31.3），最后进行加固。

垂直方向的加固宜采用型钢支墩和管壁焊接支腿进行焊接，其余方向的加固，利用预埋的锚点，采用型钢斜拉的方式进行加固。

在浇筑混凝土前，仔细检测岔管的各个安装控制指标，在混凝土浇筑过程中，利用所作的控制基准点，派专人进行监控，发现问题，及时处理。混凝土浇筑完成后，复测岔管各个安装控制指标，应满足表 31.3 要求。

表 31.3　　岔管管口中心和里程控制指标

序号	项目	允许偏差/mm		检验位置
		钢管内径 D		
		$2<D\leqslant5$	$D>5$	
1	管口里程	±5	±5	在上、下游管口测量
2	管口中心	5	5	
3	两端管口垂直度偏差	±3	±3	

4. 分节岔管运输安装

（1）岔管单节组拼。岔管单节瓦块宜通过引水下平洞施工支洞运至安装部位，将卷制好的瓦块吊放至预先放好地样的岔管安装位置，进行对缝、组拼，检测合格后转入焊接工序。纵缝焊接完成后检查纵缝处弧度，并对管节圆度、锥度等进行检查，各小节检查合格后，由小节再组成大节。根据地样控制大节的几何尺寸，组拼好后检查各节尺寸，各节管口错边，考虑适当焊接收缩余量后，定位焊加固并焊接。

（2）岔管基本锥整体组拼。分节岔管在安装部位组拼时，一般采用水平状态拼装。首先在拼装位置放出岔管基本锥水平状态（保持月牙肋板垂直地面）地样，然后将岔管主管锥吊装就位，利用楔形板、型钢等调整，并加固牢靠。再根据岔管基本锥拼装图将支管吊装就位，利用经纬仪（或吊线锤）对准地样，调整支管角度及相关尺寸，检验合格后加固定位。岔管基本锥整体组拼尺寸检验无误后定位焊加固，转入焊接工序，并在焊接过程中专人监测焊接变形，实时调整焊接顺序，有效控制岔管基本锥几何尺寸。

（3）岔管焊接。岔管基本锥整体拼装完成，各部定位焊加焊牢固后开始焊接。岔管整体焊接时为减少焊接应力，可先进行月牙肋板焊缝焊接，然后再进行环缝焊接。月牙肋板焊缝焊接采取偶数名焊工同步对称、分段、退步焊接，焊接前将焊缝坡口全面打磨光滑，以免影响焊缝内部质量。月牙肋板主缝填充 2～3 层后对背缝进行清根处理，气刨清根时注意不要损伤到月牙肋板母材，将背缝打磨干净后做相应进行检查，缺陷消除彻底后再进行背缝焊接。岔管环缝的焊接采用偶数名焊工同步、对称、分段焊接，焊接过程根据地样随时监测岔管整体变形情况，特别注意焊接过程有无焊缝开裂现象，根据变形情况及时合理调整焊接顺序，有效控制焊接变形。

5. 岔管水压试验

为了保证水压试验的顺利进行，水压试验现场组织设立临时性的专门机构，机构设置现场指挥一名，并由其指定试压泵操作人员和监护人员各两名（各负责一台试压泵操作和监护），检查、测量、记录人员若干名，在试验过程中按要求专门对试验进行详细的检查、记录。

水压试验前，应根据岔管特性，试验压力等对水压试验系统进行设计、计算、确定水压试验工作平台，配置水压试验设备、仪器、仪表、试验封头、管路及管路附件等。绘制水压试验布置图，常见岔管水压试验布置原理如图 31.21 所示。

（1）水压试验前的检查。

1）岔管水压试验前，试验单位应根据测试要求和岔管受力特征，编制相应的措施计划和试验大纲，包括试验对象、试验场地布置、试验设备、试验压力、测试方法、测点和仪器布置，试验程序、安全措施等，经监理人审批后方可实施。

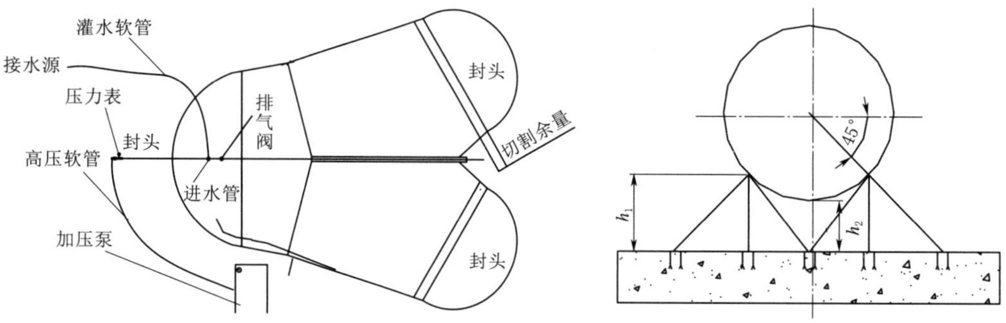

图 31.21　岔管水压试验布置原理图

2）水压试验观察仪器埋设完成，经监理人验收合格后，方可进行试验。

3）检查胎膜的加固情况，由于水压试验时，胎膜荷载比较大，必须保证胎膜的强度和稳定性，并检查岔管内支撑，须将所有支撑与管壁连接处切割开，并将其清理出岔管，防止水压试验时内支撑局部点受力拉裂情况。

4）按岔管水压试验原理图，准备好水压试验所需的试验设备、管路及专用工器具，将充水阀、排气阀、泄压阀、各压力表组装就位，检查打压设备、检测仪表和管路连接情况。

5）检验闷头进水和排气口以及焊缝的质量。

6）为便于水压试验时对试验情况进行观测和检查，在岔管所有焊缝侧需要对称搭设专用爬梯，爬梯采用型钢焊接而成或直接用活动的木制爬梯。

（2）水压试验步骤。

1）预压试验前，应进行钢岔管的残余应力测试，记录成果。

2）利用软管通过旁通阀对岔管进行注水，注水的同时开启闷头上部的排气阀进行排气。当排气管上部出水并不再有气泡时关闭排气阀与旁通阀，注水结束。

3）预压试验：钢岔管充水至满水状态，稳定30min，检查所有管路的密封情况，确定各监测仪器的初始读数。启动电动试压泵逐步向岔管加压，加压过程中应随时测量检查岔管本体及闷头各焊缝有无异常情况，各阀门及其与岔管连接处是否漏水，若有异常及时停止试验并进行处理。每次升、降压过程中，进水量和出水量均应进行计算，并绘制水量—压力关系曲线。

4）水压试验：水压试验应按规定的试验压力、加载打压过程重复两次试验，并采集两次试验数据。水压试验加载过程中，试验压力上升速度不超过0.05MPa/min，缓慢升至设计压力，加载过程中各阶段保压时间应满足设计要求。加载过程应对岔管腰线转折角附近的应力变形、肋板变形、肋板及肋旁管壁应力等重点部位加以关注，并随时检查监测点位置的最大应力，任何一点的应力峰值应不超过钢材的屈服强度下限值。

5）试验过程中如出现泄漏和其他异常现象应立即停止加压，需要处理时必须在卸压后进行。水压试验完成并完全卸压后，在确认排气阀门打开后，方可进行钢岔管内水的排放作业。

6）水压试验完成后，进行钢岔管残余应力测试，记录成果，并与试验前测试成果进行对比分析。

6. 凑合节安装

结合引水压力钢管定位节的设置，一般在引水中平洞、下平洞施工支洞处各设置一个凑合节。岔支管段凑合节一般设置在支管末端，结合进水球阀上游侧连接管安装情况，对高压支管末端管节进行配割。

凑合节长度、周长根据两端管口的实际形位偏差、周长及间隙确定，优先选择整体凑合节。安装时应做到以下几点：

（1）凑合节两侧钢管各30m范围内的钢管严格控制中心偏差，与凑合节相接的两节钢管的中心偏差控制在5mm之内，环境温度不小于10℃。

（2）凑合节整体推进安装。

（3）凑合节钢管运输、安装前应对上、下游钢管及管口的中心偏差（不大于20mm）、管口圆度（$5D/1000$）等数据进行详细的测量，如有偏差较大的情况出现时，应对上、下游管口部位进行修割处理，保证凑合节安装精度和各项测量数据符合规范和技术要求。

（4）根据上、下游钢管以及管口的各项测量数据确定好凑合节的安装长度以及切割量，凑合节切割前在切割部位划线，宜采用全位置半自动切割机进行，切割误差应符合规范要求。

（5）凑合节卸车运输至洞内后，利用牵引装置缓慢将台车进行牵引，牵引至凑合节安装部位附近时，再利用导链和千斤顶将钢管向上游或下游缓慢平移至与安装部位平行位置，最后利用导链和千斤顶缓慢将钢管推移进入安装部位。

（6）凑合节钢管进入安装部位后压缝，压缝时根据凑合节上、下游相邻钢管管口的周长值确定压缝时应该留出的错牙值，调整错牙时以钢管内壁为准、沿圆周均匀分配，并保证环缝的安装间隙满足要求，在环缝压缝完成后进行定位焊固定。

（7）坡口间隙按照3mm控制，如合拢缝局部间隙大于5mm，则先单边堆焊，堆焊前制定合理焊接工艺，堆焊合格后方可正式焊接。

7. 灌浆孔堵头安装

高强钢钢管不设灌浆孔，钢管运输及混凝土浇筑时，灌浆孔采用丝堵封堵，钢管回填混凝土强度满足要求后，安装空心螺纹护套，再按照设计要求造孔。灌浆完成后，采用“丝堵加焊”的型式封堵。堵头安装前清理钢管灌浆孔壁、堵头侧壁以及孔周围100mm范围内的油、水、锈及异物，在灌浆孔壁与堵头间安装2～4mm锌或铝圆平垫，然后将堵头旋到底，并按照工艺要求完成灌浆孔封焊。

低强钢钢管一般在钢管回填混凝土浇筑完成后，通过现场敲击检查确定钢衬接触灌浆的区域和灌浆孔位置，对面积大于$0.5m^2$的脱空区宜进行灌浆，每一独立的脱空区布孔不少于2个，最低处和最高处都应布孔。在钢衬上钻灌浆孔宜采用磁力钻钻孔，孔径不小于12mm，孔内应有丝扣，每孔宜测记钢衬与混凝土之间的间隙尺寸，灌浆短管与钢衬间可用丝扣连接，灌浆结束后应用“丝堵加焊”或“焊补法”封孔，孔口应砂轮磨平。

31.3.4.3　钢管附件安装

1. 钢管外排水装置安装

（1）钢管制造阶段，应按设计图纸所示的要求制作钢管外贴壁排水（压力钢管两端管口宜各预留200mm），排水角钢沿钢管外壁纵向固定，跳焊长度100mm，间隔500mm，环向排水槽钢底部90°范围内与管壁满焊，其余部位与钢管外壁跳焊连接，跳焊长度100mm、间隔500mm。管节间管壁排水角钢必须在同一条直线上，即相邻管节排水角钢沿管壁纵向与钢管中心线的夹角在顺水流方向上必须一致。

（2）钢管安装阶段，在钢管安装环缝无损检测合格后，连通制造阶段预留的200mm纵向排水角钢。

（3）在钢管纵向排水角钢、环向排水槽钢非焊接部位以工业肥皂封涂，并利用工业胶水粘贴无纺布后再回填混凝土，角钢与上游环向排水槽钢之间不连通。

（4）按照设计图纸所示，在环向排水槽钢底部连接纵向排水主管，并连接至设计位置。外排水钢管末端应设置不少于2道阻水环，并按照《工业金属管道工程施工规范》（GB 50235）要求，对排水主管支撑，并加固牢靠。

（5）纵向排水主管在平段要求离地面100mm，施工过程中做好管口临时封堵防护，以免施工时泥水、碎石等进入而引起堵塞。

（6）对于600MPa级、800MPa级钢板，排水角钢和槽钢与管壁的焊接，应采取合适的焊接工艺参数，避免在母材上产生裂纹。焊接时应加强过程控制和焊缝外观检查。

2. 钢管接地装置安装

（1）压力钢管接地装置的敷设施工应按照设计图纸及《电气装置安装工程接地装置施工及验收规范》（GB 50169）的要求。

（2）所有接地预留线引出段长度不少于1.0m，在施工期间应做好保护，保证所有接地线可靠连接。

（3）压力钢管两侧各敷设1根接地线，并尽可能接近开挖表面，一般每隔25m与钢衬焊接，并每隔5m与开挖支护锚杆可靠焊接。

（4）纵向接地装置必须沿隧洞中心轴线高程敷设，钢管回填混凝土施工完毕后，在钢管内表面标出接地装置位置，避免钢管回填灌浆造孔时打断接地线。

3. 钢管进人门安装

（1）引水压力钢管人孔门一般设置在中平段，人孔门安装和检修可选择环链葫芦，环链葫芦预埋件的埋设方式可根据中平段钢管回填混凝土体型进行调整，但应保证环链葫芦正常悬挂运行。

（2）人孔门制造应符合《水电水利工程压力钢管制作安装及验收规范》（GB 50766）规范“3.1直管、弯管和渐变管的制造”和“5焊接”相关要求。

（3）进人门附件如法兰、高强螺栓、密封件等，应根据设计图纸采购。

（4）钢管进人门封闭前，引水流道应联合检查合格。清理人孔门进人框及法兰盖，应无高点、毛刺等。根据进人门框上的密封件型式，按图装入密封件，以及进人门法兰盖，并按照设计要求对称预紧法兰盖连接螺栓。

4. 灌浆管安装

（1）高强钢钢管灌浆为预埋管灌浆。回填灌浆系统支管入岩100mm，并满足设计间排距，采用三通丝扣与主管连接，主管延接采用管箍丝扣连接，并检查预埋灌浆管系统。

（2）接触灌浆支管端部设置灌浆盒，并与钢管外壁连接。灌浆盒与管壁之间的缝隙采用工业肥皂封闭，支管与主管、主管延接均采用丝扣连接。

（3）灌浆系统管路应加固稳定，不得与钢管外壁焊接，可与加劲环焊接。

31.3.4.4　钢管安装工艺质量安全要点

（1）钢管的直管、弯管与设计轴线的平行度误差应不大于0.2%。

（2）钢管安装中心的偏差和管口圆度应遵照《水电水利工程压力钢管制作安装及验收规范》（GB 50766）中表4.2.1和表4.2.3的规定。

（3）弯管起点的里程偏差不大于±10mm。

（4）钢管加固点应对称布置，加固部位距管口不宜小于300mm。加固型钢与钢管的连接宜选择在加劲环、止推环、阻水环或过渡板等构件上。

（5）加固型钢宜在插筋的根部进行焊接。搭接长度小于80mm时，全长进行焊接；搭接长度大于80mm时，焊缝长度不宜小于80mm。搭接材料厚度不大于8mm时，焊脚高度不宜小于搭接材料厚度；搭接材料厚度大于8mm时，焊脚高度不宜小于8mm。

31.3.5　钢管焊接

31.3.5.1　生产施焊的管理、工艺及要求

（1）压力钢管焊接工艺规程：钢管开焊前根据焊接工艺评定报告，结合工程实际，编制压力钢

管焊接工艺规程。

（2）生产性焊接：相同板厚的焊缝长每 100m 做一块产品焊接试板，且每种板厚不少于 2 块。试板尺寸及试验项目与焊接工艺评定的规定相同。异种钢材焊接时，原则上应在压力钢管制造车间内焊接，应按强度低的一侧钢板选择焊接材料，按强度高的一侧钢板选择焊接工艺。

31.3.5.2　焊接材料的使用和管理

（1）焊材入库后须按相应的标准检查牌号及外观质量状况，每批应抽检复验合格后才可使用。

（2）焊接材料仓库管理严格按照规定和厂家使用说明书要求执行，一般放置于通风、干燥的专设库房内，库房内室温不低于 5℃，设专人负责保管、烘焙、发放、回收，并应及时作好实测温度和焊条发放记录。

（3）烘焙后的焊条应保存在 100～150℃的恒温箱内，药皮应无脱落和明显的裂纹。

（4）现场使用的焊条应装入保温筒，焊条在保温筒内的时间不宜超过 4h，超过后，应重新烘焙，重复烘焙次数不宜超过两次。

31.3.5.3　焊前检查及清理

管节组对坡口尺寸及环缝对口错位应符合规范要求，施焊前应将坡口及坡口两侧各 50～100mm 范围内的毛刺、铁锈、油污、氧化皮等清除干净。焊缝装配完成经监理检查合格方准施焊。

31.3.5.4　预热及后热

（1）对焊接工艺评定后确定需要预热的焊件，其定位焊和主缝均应预热（定位焊预热温度较主焊缝预热温度高 20～30℃），并在焊接过程中保持预热温度；层间温度（碳素钢和低合金钢）不应低于预热温度，且不高于 230℃，高强钢不应高于 200℃。

（2）焊缝预热区的宽度应为焊缝中心线两侧各 3 倍板厚且不应小于 100mm 。

（3）预热及焊接过程中宜用手持式红外线测温仪（测量范围：－50～380℃，响应时间：500ms，测量精度：±1.5%或者±1.5℃），应在距焊缝中心线各 50mm 处对称测量，每条焊缝测量点间距不得大于 2m，且不应少于 3 对。焊缝加热垫铺设示意如图 31.22 所示。

（4）需要后热消氢的焊缝，按焊接工艺评定确定的温度及保温时间进行后热。

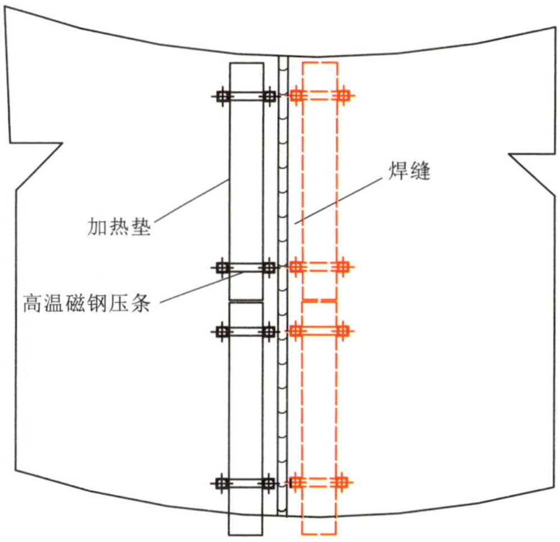

图 31.22　焊缝加热垫铺设示意图

31.3.5.5　定位焊

（1）定位焊的质量要求及工艺措施与正式焊缝相同。

（2）定位焊位置应距焊缝端部 30mm 以上，其长度应在 50mm 以上，间距为 100～400mm，厚度不宜超过正式焊缝高度的 1/2，最厚不宜大于 8mm。

（3）定位焊的引弧和熄弧应在坡口内进行。

（4）定位焊焊接在背缝侧，刨背缝时应刨除。

31.3.5.6　焊缝正式焊接

（1）清理焊缝及焊缝两侧 50～100mm 范围内无油污、铁锈、水迹等污物；施焊前应检查定位焊质量，如有裂纹、气孔、夹渣等缺陷均应清除。

（2）每焊接一层必须将焊缝表面的浮渣清理干净，必要时可采用打磨的方式清渣。

（3）为了保证焊缝接头处的内部质量，每层焊缝接头必须错开，且在焊接之前必须将接头处用角磨机磨成斜过渡型式。

（4）层间必须清理，焊完每一层必须打磨至露出金属光泽。

（5）焊接过程中采用多层多道焊，多层焊的层间接头应错开。总体焊接顺序为主焊缝焊接完成后进行清根并打磨处理，然后进行背缝焊接。焊缝层间焊接顺序如图 31.23 所示。

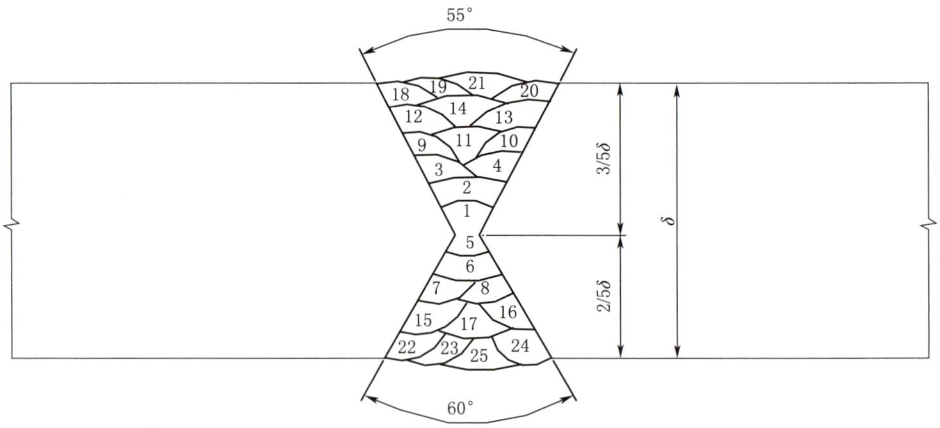

图 31.23　焊缝层间焊接顺序示意图

（6）采用手工焊条电弧焊焊接安装环缝时一般由偶数名焊工对称均布焊接（图 31.24）。每条焊缝应一次连续焊完，当因故中断焊接时，采取防裂措施，在重新焊接前应将表面清理干净。环缝焊接示意如图 31.24 所示。

31.3.5.7　压力钢管焊后消应处理

压力钢管消应处理常用的方法一般为锤击消应、后热消氢处理。

1. 后热消氢处理的一般规定

（1）高强钢不宜做焊后热处理消应。

（2）碳素钢、低合金钢焊后消应热处理温度应按图样规定执行；图样对焊后消应热处理温度未作规定时，则可根据钢材特性、焊接性试验成果在 580～650℃区间选取，对于有回火脆性的钢材，热处理应避开脆性温度区。

（3）焊后热处理应在焊缝外观质量检验合格后进行。对容易产生焊接延迟裂纹的管材，焊后应及时进行热处理。

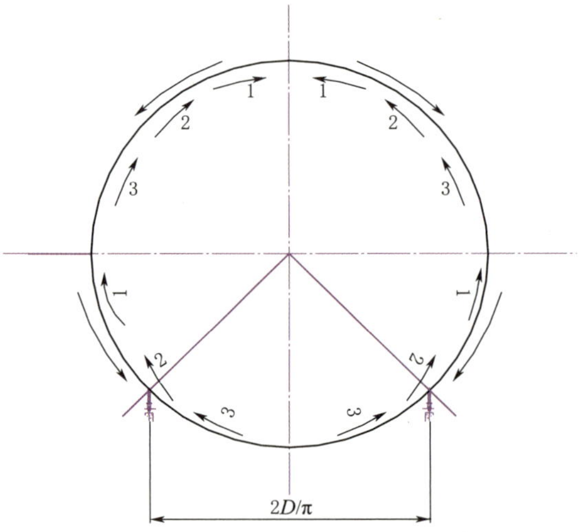

图 31.24　环缝焊接示意图

2. 后热消氢处理操作要点

（1）焊后热处理操作前，操作人员应认真检查电源连接是否正确，漏电保护器是否灵敏，有无裸露的电源线及接头，加热器瓷环有无损坏，保温是否符合热处理工艺卡要求，热处理设备及管道是否接地良好。

（2）热处理过程中必须严格按照热处理工艺卡规定的工艺参数执行，设专人观察温度指示仪有无异常，如发现异常时，应立即停止热处理找出原因方可继续进行。

（3）在临近恒温温度 50℃时，应逐渐减小电流、电压，使升温速度逐渐减慢，平滑过渡至恒温温度。

（4）后热消氢处理升降温操作要平稳，严禁电参数急速大跨度变化。

3. 后热消氢处理工艺

后热消氢处理的加热速度、恒温时间及冷却速度应符合下列要求：

（1）加热速度：升温至 300℃后，加热速度不应大于 $220\times25/\delta$℃/h，且不大于 220℃/h，可不小于 50℃/h。

（2）恒温时间：每毫米壁厚需 2～4min，且总恒温时间不得少于 30min。在恒温时间内，最高与最低温度差应小于 50℃。

（3）冷却速度：恒温后的冷却速度不应大于 $275\times25/\delta$℃/h，且不得大于 275℃/h，可不小于 50℃/h，冷至 300℃后可自然冷却。

4. 锤击消应的一般要求

采用振动时效工艺时，施工前应选取合理的振动时效工艺参数，焊接接头的力学性能及消应效果应满足设计或相关要求。

焊后用小锤轻敲焊缝及相邻近区域，使金属展开，能有效地减少焊接残余应力。锤击焊缝时，构件温度应当维持在 100～150℃之间，或在 400℃以上，避免在 200～300℃之间进行，因为此时金属正处于蓝脆阶段，若锤击焊缝容易造成断裂。

多层焊时，除第一层和最后一层焊缝外，每层都要锤击。第一层不锤击是为了避免产生根部裂纹；最后一层通常焊得很薄，主要是为了消除由于锤击而引起的冷作硬化。

31.3.5.8　焊接要点

（1）施工单位应按本章的规定进行现场焊接。焊接采用的焊接工艺规程必须与焊接工艺评定一致，且符合洞内实际的焊接环境。

（2）在现场焊接钢管环缝前，应校测钢管位置和管口圆度。若发现其安装偏差超过规范要求时，应及时校正，校正时不得强行把钢管连接在一起，校正措施应报监理人批准后方可实施。校正后经监理人检查认可，才准施焊。

（3）定位焊应在坡口上引弧、熄弧，严禁在母材上引弧，熄弧时应将弧坑填满。定位焊后，经监理工程师检查合格签发“焊接许可证”后应尽快焊接安装环缝，每条焊缝应连续完成，不得中断。焊接过程中，若遇到不利环境条件时，应采取有效的防护措施。

（4）安装环缝应由两名或两名以上焊工，按同向对称进行焊接。

（5）环缝焊接应逐条焊接，不得跳越，不得强行组装。管壁上下不得随意焊接临时支撑或脚踏板等构件，不得在混凝土浇筑后再焊接环缝。

（6）多层焊时，应将每层的飞溅物仔细清理，自检合格后进行下层焊接，层间接头应错开 25mm。双面焊接时，单侧焊接后应用碳弧气刨或砂轮进行背面清根，将焊在清根侧的定位焊缝金属清除。如用碳弧气刨清根，清根后应用砂轮修整刨槽，对高强钢应磨除渗碳层并认真检查，保证无缺陷。对需预热焊接的钢板，清根前应预热。

31.3.6　焊缝无损检测

31.3.6.1　外观检查

所有焊缝均应进行外观检查，外观质量应符合《水电水利工程压力钢管制作安装及验收规范》（GB 50766）表 5.4.1 有关规定执行。

31.3.6.2　无损探伤检测

（1）进行探伤的焊缝表面的不平整度应不影响探伤评定。

（2）对有延迟裂纹倾向的钢材或焊缝，无损检测应在焊接完成 24h 以后进行。抗拉强度不小于 $800N/mm^2$ 的高强钢，无损检测应在焊接完成 48h 后进行。

（3）射线检测（RT）应按《焊缝无损检测　射线检测　第 1 部分：X 和伽马射线的胶片技术》（GB/T 3323.1）的有关规定执行，检测技术等级为 B 级，一类焊缝不低于Ⅱ级为合格；二类焊缝不低于Ⅲ级为合格。

（4）脉冲反射法超声检测（UT）应按《焊缝无损检测　超声检测　技术、检测等级和评定》（GB/T 11345）的有关规定执行，检测技术等级为 B 级，一类焊缝Ⅰ级为合格，二类焊缝　不低于Ⅱ级为合格。

（5）衍射时差法超声检测（TOFD）应按《水电水利工程金属结构及设备焊接接头衍射时差法超声检测》（DL/T 330）的有关规定执行，或应按《承压设备无损检测　第 10 部分：衍射时差法超声检测》（NB/T 47013.10）的有关规定执行，一类焊缝和二类焊缝均不低于Ⅱ级为合格。

（6）磁粉检测（MT）应按《承压设备无损检测　第 4 部分：磁粉检测》（NB/T 47013.4）有关规定执行或渗透检测（PT）应按《承压设备无损检测　第 5 部分：渗透检测》（NB/T 47013.5）的有关规定执行，一类焊缝Ⅱ级为合格；二类焊缝Ⅲ级为合格。

（7）灌浆孔堵头焊后应进行全面外观检查，堵头应采用磁粉或渗透方法检测，低碳钢和低合金钢应按不少于 10%个数、高强钢应按不少于 25%个数的比例进行抽查，当发现裂纹时，则应进行 100%检查。

31.3.6.3　缺欠处理

根据检验确定的焊接缺陷，返修前应制定返修技术措施，返修后进行复检。同一部位的返修次数不应超过两次，若超过两次，应找出具体缺陷产生的原因，并制定可靠的技术措施，批准后实施。焊缝缺陷一般可按以下措施进行处理：

内部缺陷处理：用碳弧气刨刨除缺陷，刨槽长度最少 80mm。打磨凹槽，然后进行表面探伤。用碳弧气刨刨除缺陷时必须预热，预热范围焊缝宽度两侧 100mm，预热温度同定位焊接。高强钢进行焊后消应处理。

咬边处理：采用打磨法，打磨应圆滑连续，如打磨深度超过 2mm 时应补焊。焊后进行打磨，并进行磁粉探伤。

电弧击伤处理：焊接结束对整个钢管进行检查，对所有电弧击伤进行标记，用角向磨光机打磨，打磨的深、宽比为 1∶5。打磨后进行磁粉探伤，如打磨深度大于 2mm 时须焊补，焊补时的预热温度同定位焊，预热范围大于 200mm。焊后进行打磨，并进行磁粉探伤。

（1）硬物击伤处理：硬物击伤处理基本同电弧击伤。

（2）临时附件的焊迹处理：临时附件可用气割割除，并预留余量 2～3mm，再用砂轮机打磨，打磨程度及是否焊补同咬边。切割、打磨后的焊剂应进行磁粉探伤。

31.3.7　灌浆孔封堵

灌浆孔采用焊接法封堵时，先拧下灌浆孔护套，将灌浆孔内的灰浆等杂物清除干净，采用喷灯或其他加热设备将灌浆孔内的水汽蒸干并预热，然后按设计图纸的封堵要求拧紧丝堵，进行封焊。具体工艺如下：

（1）预热：利用烤枪在灌浆孔周围 250mm 范围内进行预热，最低预热温度 100～150℃，测温部位为螺塞中心以及距孔边缘 50mm 处的钢板上两处。

（2）焊接：定位焊在间隙小的一侧进行，如果间隙超过 3mm，要求在灌浆塞侧进行预堆焊，使间隙缩小至 1mm 以下，定位焊分段进行，其长度 20mm 以上，厚度 3～4mm。焊接顺序如图

31.25 所示。

(3) 后热处理：在焊接完成后、清渣前，立即用烤枪后热。

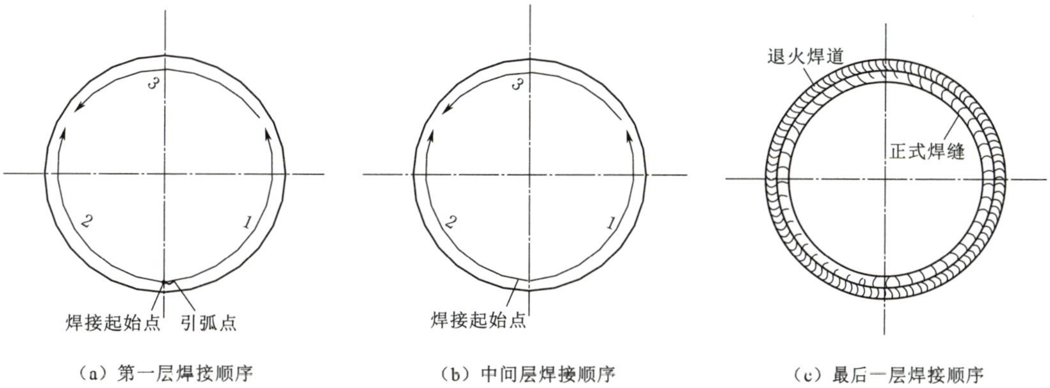

图 31.25　灌浆孔堵头焊接顺序示意图

31.3.8　防腐

31.3.8.1　一般规定

压力钢管安装后的涂装工作包括：钢管安装焊缝两侧各 200mm 范围内的涂装，以及需要进行二次涂装的其他部位（如灌浆孔周围、运输安装中磨损部位等）。一般采用人工除锈、人工刷漆的方法对焊缝及灌浆孔进行防腐处理。防腐要求应严格按照《水电水利工程压力钢管制作安装及验收规范》(GB 50766) 执行。

31.3.8.2　防腐工艺质量要点

(1) 涂料的化学性能、强度、颜色和耐久性等应满足施工图纸的要求。

(2) 涂刷涂料前，将防腐表面的油污、焊渣、氧化皮、灰尘、水分等污物清除干净。表面预处理人工采用角磨机除去表面焊渣、铁锈、氧化皮等。表面除锈等级符合《涂覆涂料前钢材表面处理 表面清洁度的目视评定》(GB 8923) 中规定的 Sa2.5 级，使用照片目视对照评定。除锈后，表面粗糙度数值应符合《水工金属结构防腐蚀规范》(SL 105) 表 3.2.2 的相关要求，粗糙度应达到 40～70μm（常规涂料）或 70～100μm（厚浆型涂料），用表面粗糙度专用检测量具或比较样块检测。

(3) 对焊缝区域进行二次除锈后，用人工涂刷或小型高压喷漆机喷涂涂料，达到设计或规范规定的厚度。

(4) 每层漆膜涂装前应对上一层涂层外观进行检查。每层漆膜涂装前应对上一层涂层厚度用测厚仪进行检查。附着力的检查使用专用硬质刀具检测，对于厚浆型油漆，采用针孔仪进行检测。

31.4　WHS 质量控制点

压力钢管施工主要工序 WHS 质量控制点见表 31.4。

表 31.4　　压力钢管施工主要工序 WHS 质量控制点一览

序　号	质 量 控 制 点	W（见证）	H（停工待检）	S（旁站）
1	钢管安装样点设置	√		
2	牵引、溜放系统布置		√	

续表

序　号	质量控制点	W（见证）	H（停工待检）	S（旁站）
3	钢管运输、溜放			√
4	钢管安装定位（高程、里程、轴线调整）	√		
5	钢管拼装、加固		√	
6	钢管焊缝焊接	√		
7	焊缝检测		√	
8	钢管附件安装		√	
9	钢管防腐	√		
10	阶段验收		√	

31.5　质量检查与验收

按照《电力建设施工质量验收规程》（DL/T 5210）、《水电工程单元工程质量等级评定标准 第 2 部分：金属结构及启闭机安装工程》（NB/T 35097.2）及《水电水利工程压力钢管制造安装及验收规范》（GB 50766）进行验收，主要检查项目如下。

31.5.1　钢管安装质量检查与验收

（1）钢管安装：按照《水电水利工程压力钢管制作安装及验收规范》（GB 50766）规定的要求进行质量验收，钢管安装要求见表 31.5。

表 31.5　　钢管安装要求

序号	钢管内径 D/m	始装节管口的中心极限偏差/mm	与蜗壳、伸缩节、球阀、岔管连接的管节及弯管起点管口的中心极限偏差/mm	其他部位管节管口中心极限偏差/mm	检测方法
1	$D\leqslant 2$	5	6	15	挂线锤、全站仪
2	$2<D\leqslant 5$		10	20	
3	$5<D\leqslant 8$		12	25	
4	始装节的里程偏差		±5		钢卷尺、全站仪
5	弯管起点里程偏差		±10		钢卷尺、全站仪
6	始装节两端的垂直度偏差		±3		挂垂线、全站仪
7	圆度偏差		$5D/1000$，且$\leqslant 40$		钢卷尺
8	钢管壁局部凹坑深度		不大于壁厚的 10%，且$\leqslant 2$		钢板尺
9	加固		稳定、支墩和锚拴牢固		目视
10	环缝错位		$\delta\leqslant 30$，允许偏差 $15\%\delta$，且不大于 3；$30<\delta\leqslant 60$，允许偏差 10δ；$\delta>60$，允许偏差$\leqslant 6$		钢板尺、焊缝检测尺
11	纵缝错位		$\delta\leqslant 10$ 时，允许偏差 1；当 $\delta>10$ 时，允许偏差$\leqslant 10\%\delta$		钢板尺、焊缝检测尺

（2）岔管安装：岔管安装结果应满足《水电水利工程压力钢管制作安装及验收规范》（GB 50766）的要求，岔管安装要求见表 31.6。

表 31.6　　岔管安装要求

序号	项目	允许偏差		检验位置	检测方法
		钢管内径 D			
		$2<D\leqslant5$	$D>5$		
1	管口里程	±5	±5	在上、下游管口测量	全站仪、钢卷尺
2	管口中心	5	5		挂线锤、全站仪、经纬仪
3	两端管口垂直度偏差	±3	±3		挂线锤、经纬仪

31.5.2　焊缝外观质量检查与验收

焊缝外观质量检查：按照《水电水利工程压力钢管制作安装及验收规范》（GB 50766）规定的要求进行质量验收，焊缝外观质量检查要求见表 31.7。

表 31.7　　焊缝外观质量检查要求

序号	项目		焊缝类别			检测方法
			一	二	三	
			允许缺欠尺寸			
1	裂纹		不允许			目视
2	表面夹渣		不允许		深不大于 0.1δ，长不大于 0.3δ，且不大于 10mm	目视
3	咬边		深不大于 0.5mm		深不大于 1mm	目视、焊缝检测尺
4	未焊满		不允许		不大于 $0.2\text{mm}+0.02\delta$，且不大于 1mm，每 100mm 焊缝内缺欠总长不大于 25mm	目视、焊缝检测尺
5	表面气孔		不允许		直径小于 1.5mm 的气孔每米范围内允许 5 个，间距不小于 20mm	目视
6	焊瘤		不允许		—	目视
7	飞溅		不允许		—	目视
8	焊缝余高 Δh /mm	手工焊	$\delta\leqslant25$　$\Delta h=0\sim2.5$ $25<\delta\leqslant50$　$\Delta h=0\sim3$ $\delta>50$　$\Delta h=0\sim4$		—	焊缝检测尺
		自动焊	0～4		—	焊缝检测尺
9	对接接头焊缝宽度	手工焊			盖过每边坡口宽度 1～2.5mm，且平缓过渡	焊缝检测尺
		自动焊			盖过每边坡口宽度 2～7mm，且平缓过渡	焊缝检测尺
10	角焊缝焊脚 K				$K\leqslant12$ 时，K^{+2}_{-1}；$K>12$ 时，K^{+3}_{-1}	焊缝检测尺

31.5.3　焊缝无损检测质量及要求

按照《水电水利工程压力钢管制作安装及验收规范》（GB 50766）规定的要求进行质量验收，具体要求如下：

（1）无损检测比例按施工图纸及设计规定进行，抽检部位选择在容易产生缺陷的部位，并应抽到每个焊工的施焊部位。焊缝内部无损检测长度占焊缝全长的百分比应不少于表 31.8 中的规定。

表 31.8　　无损检测长度占焊缝全长百分数

钢　种	脉冲反射法超声检测（UT）/%		衍射时差法超声检测（TOFD）/射线检测（RT）/%	
	一类焊缝	二类焊缝	一类焊缝	二类焊缝
低碳钢和低合金钢	100	50	25	10
高强钢	100	100	40	20

（2）焊接接头局部无损检测当发现有不允许缺欠时，应在缺欠的延伸方向或在可疑部位做补充无损检测，补充检测的长度不小于 250mm。当经补充无损检测仍发现有不允许缺欠时，则应对该焊工在该条焊接接头上所施焊的焊接部位或整条焊接接头进行 100%无损检测。

（3）焊接接头缺欠返工后应按原无损检测工艺进行复检，复检范围应向返工部位两端各延长至少 50mm。

31.6　相关标准

《涂覆涂料前钢材表面处理　表面清洁度的目视评定　第 1 部分：未涂覆过的钢材表面和全面清除原有涂层后的钢材表面的锈蚀等级和处理等级》(GB 8923.1)

《电气装置安装工程接地装置施工及验收规范》(GB 50169)

《工业金属管道工程施工规范》(GB 50235)

《水电水利工程压力钢管制作安装及验收规范》(GB 50766)

《焊缝无损检测　超声检测技术、检测等级和评定》(GB/T 11345)

《水电工程单元工程质量等级评定标准　第 2 部分：金属结构及启闭机安装工程》(NB/T 35097.2)

《承压设备无损检测》(NB/T 47013.1～6、10～13)

《水电水利工程金属结构及设备焊接接头衍射时差法超声检测》(DL/T 330)

《焊工技术考核规程》(DL/T 679)

《水工建筑物水泥灌浆施工技术规范》(DL/T 5148)

《水电水利工程施工测量规范》(DL/T 5173)

《电力建设施工质量验收规程》(DL/T 5210)

《水电水利工程金属结构设备防腐蚀技术规程》(DL/T 5358)

《水电水利工程斜井压力钢管溜放及定位施工导则》(DL/T 5830)

《水电水利工程竖井压力钢管吊装施工导则》(DL/T 5831)

第 32 章 井式洞衬砌混凝土工程施工工艺

32.1 适用范围

抽水蓄能电站井式洞衬砌主要包括引水斜井（竖井）钢筋混凝土衬砌、引水斜井压力钢管混凝土衬砌、调压井钢筋混凝土衬砌、闸门井钢筋混凝土衬砌、出线井钢筋混凝土衬砌等。本井式洞衬砌工艺适用于抽水蓄能电站引水系统斜井钢筋混凝土衬砌滑模（LSD）施工，斜井压力钢管衬砌施工，调压井、闸门井等竖井工程钢筋混凝土滑模衬砌施工。

32.2 施工程序

（1）斜井滑模衬砌混凝土施工程序见图 32.1。主要包括施工准备、斜直段轨道修正、斜直段清理验收、下弯段技术超挖混凝土施工、下弯段衬砌混凝土施工、滑模就位调试验收、埋件钢筋安装验收、混凝土入仓滑升浇筑等。

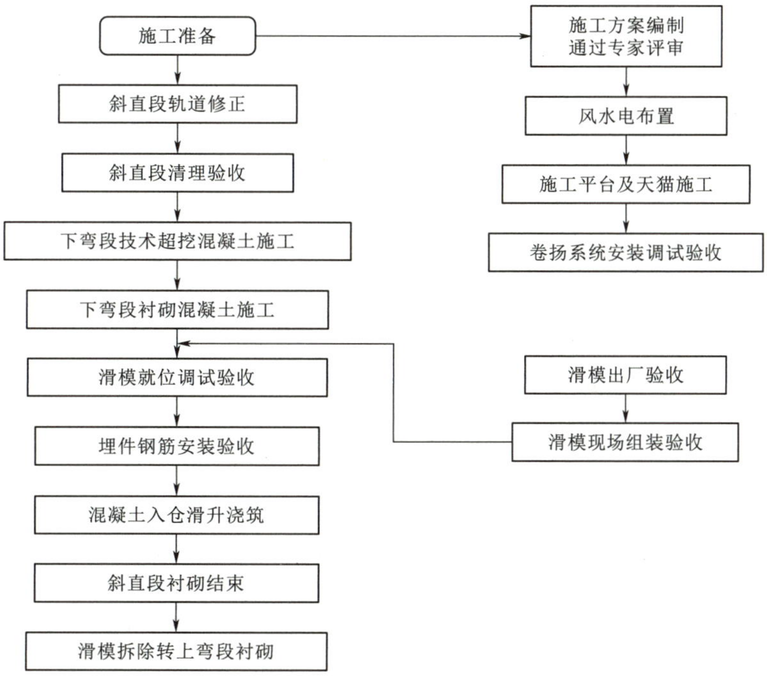

图 32.1 斜井滑模衬砌混凝土施工程序

（2）斜井压力钢管衬砌施工流程见图 32.2。

（3）竖井钢筋混凝土滑模衬砌施工工艺流程见图 32.3。

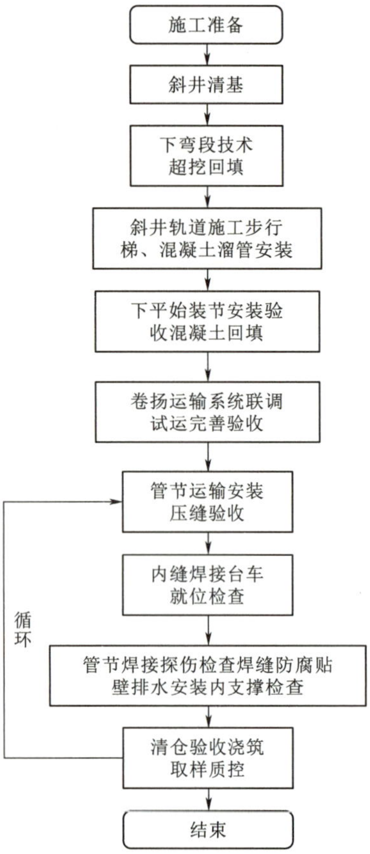

图 32.2　斜井压力钢管衬砌施工流程

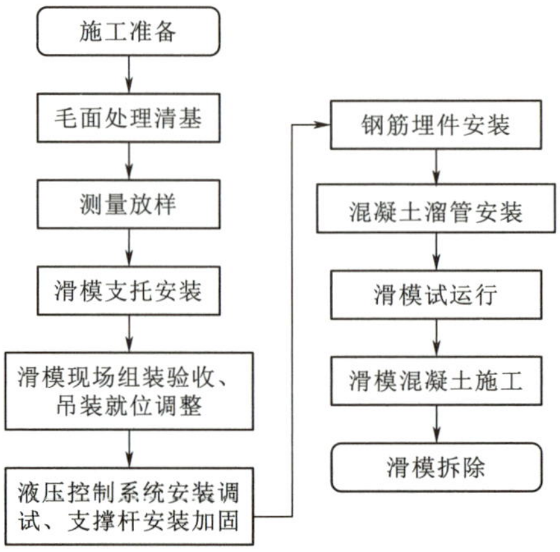

图 32.3　竖井钢筋混凝土滑模衬砌施工工艺流程

32.3　工艺说明与工艺要求

32.3.1　施工准备

32.3.1.1　技术准备

（1）设计交底：设计单位应针对设计图纸及相关技术要求开展设计技术交底。

（2）图纸会审：严格按照《国网新源公司技术管理办法》的要求做好图纸会检工作。图纸会审时应熟悉、明确衬砌基本情况、衬砌顺序、详图的结构尺寸以及施工图纸的技术要求、施工图纸设计内容与强制性条文的符合性。

（3）编制施工方案并报监理审批：斜井滑模衬砌混凝土施工方案中应重点明确滑模焊接质量、组装精度、结构尺寸、千斤顶的行程等；斜井钢管混凝土衬砌施工方案中应重点明确管节卸车天锚安装、卷扬系统和导向滑轮安装及调试、管节运输小车和焊接平台制作等；调压井、闸门井等竖井工程钢筋混凝土滑模衬砌施工方案中应重点明确根据施工方案编制有针对性的作业指导书。其中斜井滑模衬砌混凝土施工应按照危大工程管理的有关规定执行。完成施工配合比设计报告并报监理审批。

（4）施工交底：施工单位应按照《国网新源公司技术管理办法》和技术规范规定，结合批复的施工方案对作业班组开展安全技术交底工作，形成书面交底记录。施工交底应包括以下内容：

1）安全技术措施、风险状况、应急处置措施等。

2）质量保证措施、质量标准、验收规范要求。

3）项目进度计划和季度、月、周作业计划。

32.3.1.2　劳动力组织准备

（1）成立由管理人员、技术人员、质量人员、测量人员、试验人员、安全专职人员、各专业施工人员组成的专业施工小组，保证小组人员相对稳定。

（2）电工、电焊工、起重工等特殊工种应持有效特殊工种资格证；技术、安全、管理人员应持有相应的资格证书；严禁无证上岗。

（3）在施工前，对所有施工人员进行分部工程安全技术交底，安全技术交底内容要充分，具有针对性和指导性，全体参加施工的人员要参加交底并签名，形成书面交底记录。

32.3.1.3　工程材料准备

（1）隧洞衬砌原材料的品种和质量，必须符合设计、《通用硅酸盐水泥》（GB 175）、《钢筋混凝土用钢　第 2 部分：热轧带肋钢筋》（GB 1499.2）等规范及本工艺标准的规定要求。

（2）运至工地的水泥、外加剂和钢筋等材料，应有生产厂家的出厂合格证、品质检验报告，并进行抽样检测检验。水泥、砂、石、水、外加剂、钢筋等的检验应按《通用硅酸盐水泥》（GB 175）、《钢筋混凝土用钢　第 2 部分：热轧带肋钢筋》（GB 1499.2）、《水工混凝土外加剂技术规程》（DL/T 5100）、《水工混凝土砂石骨料试验规程》（DL/T 5151）、《水工混凝土水质分析试验规程》（DL/T 5152）、《钢筋焊接及验收规程》（JGJ 18）等规程的有关规定进行。

（3）砂石骨料应严格控制含泥量，碎石料中含泥量应不高于 1%，砂料中含泥量应不高于 3%，骨料中不得含有黏土团块。

（4）隧洞衬砌混凝土的配合比必须按设计要求，通过配合比设计和试验确定。具体要求如下：

1）掺用减水剂等外加剂时，其品种、掺量及掺用方式必须通过试验确定。

2）水灰比应不超过 0.5，应尽量取小值。

3）混凝土入仓坍落度应按配合比设计的规定值进行控制。

4）混凝土拌和程序和拌和时间应通过试验确定。

（5）滑模牵引钢绞线到场后须进行检查验收并进行抗拉强度试验。

32.3.1.4　施工设备准备

主要施工设备包括钢筋切断机、套丝机、弯曲机、电焊机、卷扬机、滑模、拌和站、混凝土运输罐车、卷扬机、混凝土溜管及运料小车、振捣器等，配置数量、型号应满足施工要求，如图 32.4～图 32.9 所示。

图 32.4　电动卷扬机

图 32.5　混凝土罐车

图32.6　斜井滑模模体示例

图32.7　斜井轨道施工

图32.8　调压井滑模制作

图32.9　调压井滑模安装

32.3.1.5　现场准备

1. 斜井滑模衬砌混凝土施工现场准备

（1）斜井引水隧洞中平段风水电布置就位，开挖验收完成，底板混凝土垫层浇筑完成，满足LSD滑模现场组装空间需要。

（2）按照批复专项施工方案，完成天锚和连接器、钢绞线的检查、验收、安装，质量不合格不得使用；完成斜井上弯段施工平台及防护措施；完成卷扬系统的安装、调试和验收。

（3）滑模组装完成前，完成斜井段风水电布置、滑模轨道安装、基岩面的清理验收，满足滑模主体组装后就位条件。

（4）LSD 滑模组装：滑模由模架中主梁、上操作平台、钢筋平台、模板平台、抹面平台、后吊平台、滑模模板、前行走支撑及滚轮、后行走支撑及滚轮、抗浮花篮螺杆、支模花篮螺杆、受力花篮螺杆、纠偏液压千斤顶、支模环形框架、中心框架等件组成。滑模模体、牵引钢绞线及连接器由专业厂家制造。

滑模到场后应进行检查验收；可在引水隧洞中平段段组装，中梁、平台、前后支腿、模板、花篮螺杆、千斤顶等主要部件完成后，利用卷扬系统牵引就位锁定，然后进行液压控制系统、爬梯、栏杆、混凝土集料斗及分料管（溜槽）、载物小车（混凝土运输小车）等附件安装，滑模调试、试运行，通过验收方准投入使用。

（5）斜直段滑模施工前，应完成斜井下弯段技术超挖部分的混凝回填和和下弯段衬砌施工；应制定措施对滑模起始段以下进行全断面封闭防护、设置警示标志，防止人员进入。

（6）应就近建立能集中生产混凝土的强制式拌和站。拌和站应科学合理布置，有准确的称量设备，能保证混凝土配比正确。混凝土拌和站的拌制能力，应大于 1.5 倍混凝土高峰的用量，能满足多品种、多种强度混凝土的拌制。

（7）混凝土应采用混凝土搅拌车运输到工作面，并卸至载物运输小车，避免发生离析、漏浆、泌水或过多损失坍落度等现象。

（8）供电、拌和、运输、振捣等混凝土施工的专用设备应有备份，必须保证混凝土浇筑的连续性。浇筑混凝土允许间歇时间，应通过试验确定。超过允许间歇时间的混凝土拌和物应按废料处理，严禁加水强行入仓。

（9）混凝土拌制、运输及浇筑的整个施工过程中，应有自检人员进行质量控制与检验，并做好各原始施工记录与检验记录。

（10）为便于混凝土罐车及钢筋运输车停靠，在上弯段部位搭建停靠平台。在施工平台等投入运行前，对斜井施工中卷扬系统、施工平台等起降设施进行专项验收，监理单位进行旁站监理，验收合格后，起降系统方能投入施工运行。

2. 斜井压力钢管衬砌施工现场准备

（1）施工前，应完成斜井钢管混凝土衬砌施工专项施工方案编制，并经上级组织专家评审，监理进行批复后实施。

（2）施工单位组织参与施工、技术、安全人员进行全面安全技术交底，包括施工程序、安全风险评估分析、质量控制标准和检测方法及要点、应急预案、操作规程、卷扬提升系统检查维护保养、施工运行记录、上下通信联络及视频监控等，做好交底记录。

（3）按照批复专项施工方案，完成上下平洞清基和钢管运输轨道浇筑及毛面处理、卷扬系统布置区域地面硬化、管节卸车天锚、卷扬系统和导向滑轮安装及调试、管节运输小车和焊接平台制作等，落实工序验收，不合格项禁止使用；定期检查卷扬系统、卸车天锚的完好，并做好检查、维护、保养记录。卷扬系统布置如图 32.10 所示。

（4）斜井基础面清理并验收后自下而上进行斜井钢管运输轨道浇筑，见图 32.11；下弯段技术超挖部位混凝土回填浇筑，混凝土强度同设计强度，并及时进行毛面处理，见图 32.12；下平段始装节安装回填并达到设计强度的 75%后，方准相邻钢管安装；始装节上游管口封闭防护并做好警示标志。

（5）斜井混凝土溜管布置在洞壁一侧，采用钢丝绳串联并固定牢固，中间设置缓降器，入仓端

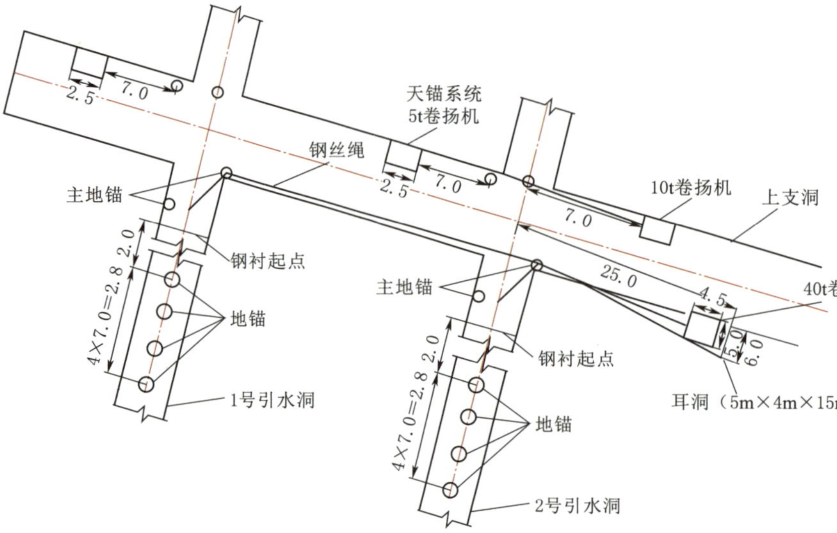

图 32.10　卷扬系统布置示意图（单位：m）

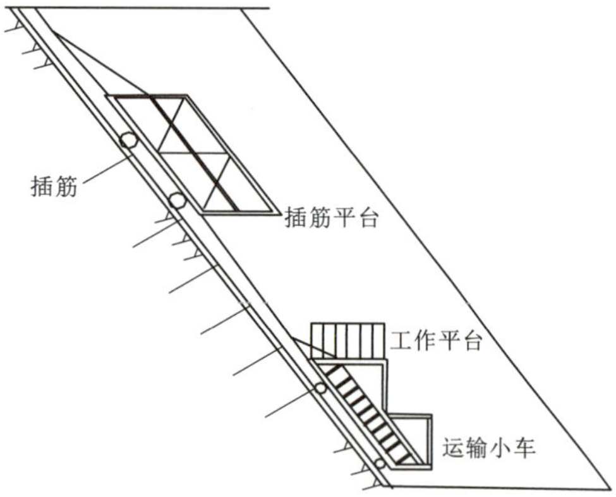

图 32.11　轨道基础施工小车布置图

部采用软管；人行梯步沿洞壁一侧布置，并设防坠绳，施工人员安全带通过滑移式防坠器与防坠绳连接。

（6）牵引卷扬系统安装调试完成后，进行管节运输系统进行联合试运行、检查、完善、验收；验收时监理单位进行旁站监理，验收合格后方能投入施工运行；管节运输时，须设置同规格备用牵引钢丝绳；钢丝绳由托辊支撑，禁止与地面摩擦；牵引卷扬系统联合验收合格方准转序施工。

（7）根据设计单位提供的坐标控制点，用全站仪测量放出斜井两端的钢管高程和桩号控制点，并对所有的控制点进行复检及记录。斜井钢管安装时，采用激光指向仪进行指导钢管安装中心。控制偏差满足规范要求。

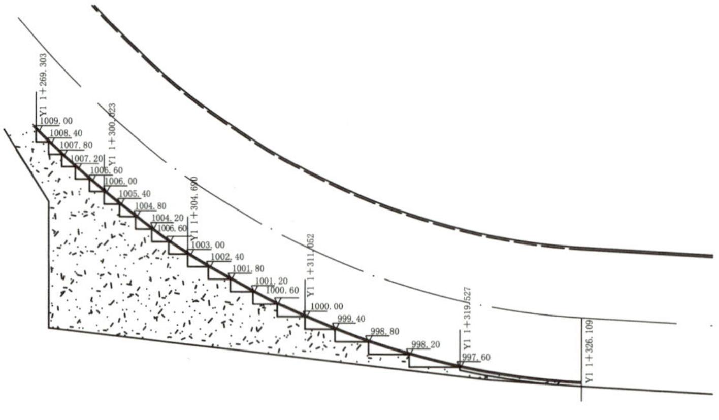

图 32.12　下弯段技术性超挖台阶式回填轨道基础

3. 竖井钢筋混凝土滑模衬砌施工现场准备

（1）滑模施工前，竖井下部关联洞室异型结构混凝土浇筑应完成，混凝土强度应达到设计强度的 75%。

（2）首先编制专项施工方案，由施工单位组织专家组进行评审通过后报监理批复；然后，由施工单位组织进行全面安全技术交底，包括施工程序，质量控制要点、标准及控制方法、措施，安全风险辨识、风险点及防范措施、应急预案，施工组织、责任分工等，并做好交底记录和签认。

（3）整个滑模装置主要由模板、围圈、提升架、辅助盘（抹面平台）、支撑杆（俗称"爬杆"）、液压系统等几部分构成。按照批复专项方案，组织加工制作，加强材料、构件、结构质量检查控制；制作完成应预组装，由业主、设计、监理、施工"四方"进行联合验收。

（4）竖井壁、底部已浇筑混凝土施工缝清理后，测量人员根据设计图纸进行放样，测放钢筋安装、滑模支托安装、结构中心、预埋件安装部位、高程等相关控制点，满足《水电水利工程施工测量规范》（DL/T 5173）要求，并进行施工放样交底。

（5）滑模支托安装需焊接牢固，顶部高程一致，安装后应采用水准仪检测；滑模现场组装检查验收合格后，采用吊车或卷扬系统就位、调整，保证滑模中心线与竖井中心线、模板边线与结构线吻合、模板垂直度、水平度满足要求；液压控制系统安装调试，安装支撑杆并加固牢固；支撑杆应与千斤顶同心、保证垂直度，支撑杆与内侧分布筋焊接；第一批支撑杆加工成 4 种长度、交错布设，使同一断面支撑杆的接头不大于 25%。

（6）模板的倾斜度应利于滑升，单侧模板的倾斜度为模板高度的 0.1%～0.3%，以模板高度 1/2 的净距为结构截面设计宽度。

（7）混凝土溜管安装。混凝土溜管宜法兰连接，一般间隔 15m 左右设置一个缓冲器，并用钢丝绳串联，沿井壁布置；在井口设置受料口；采用软管或在工作平台设置集料斗、分布溜槽入仓，满足对称布料要求。

（8）滑模安装调试完成，监理进行全面检查验收；滑模整体试运行 3～5 次，无卡阻、千斤顶爬升同步、平稳、锁固正常、支撑杆牢固无变形等，拆除滑模支托、安装辅助吊盘和安全网、养护水管等。模板制作安装的允许偏差应满足《水工建筑物滑动模板施工技术规范》（DL/T 5400）有关规定，见表 32.1《模体制作安装允许偏差》。

32.3.2　斜井钢筋混凝土衬砌滑模（LSD）施工

斜井衬砌施工示意见图 32.13。

32.3.2.1　岩面清理

岩基上的松动岩块及杂物、泥土、喷混凝土回弹料等均应清除。岩基面应冲洗干净并排净积水；如有承压水，必须采取可靠的处理措施。清洗后的岩基在浇筑混凝土前应保持洁净和湿润。

32.3.2.2　模体安装

斜井施工轨道统筹考虑布置，衬砌施工时应进行修正；如重新布置轨道，斜井滑模系统安装前先安装滑模轨道，轨道从下至上分段进行安装。固定轨道的基础混凝土从下至上进行施工。模体由液压千斤顶牵引系统、安全保护系统、中梁、模板及各层作业平台等组成。模体在中平洞进行组装，利用卷扬机牵引至指定起滑位置后进行附属件的完善。

（1）模板的制作应满足施工图纸要求的建筑物结构外形，其制作允许偏差不应超过《水电水利工程模板施工规范》（DL/T 5110）和《水工建筑物滑动模板施工技术规范》（DL/T 5400）的规定。

（2）应按施工图纸进行模板安装的测量放样，重要结构应设置必要的控制点，以便检查校正。

（3）模板安装过程中，应设置足够的临时固定设施，以防变形和倾覆。

（4）模板制作安装的允许偏差：按结构设计要求和《水工建筑物滑动模板施工技术规范》（DL/T 5400）的规定执行，见表 32.1。

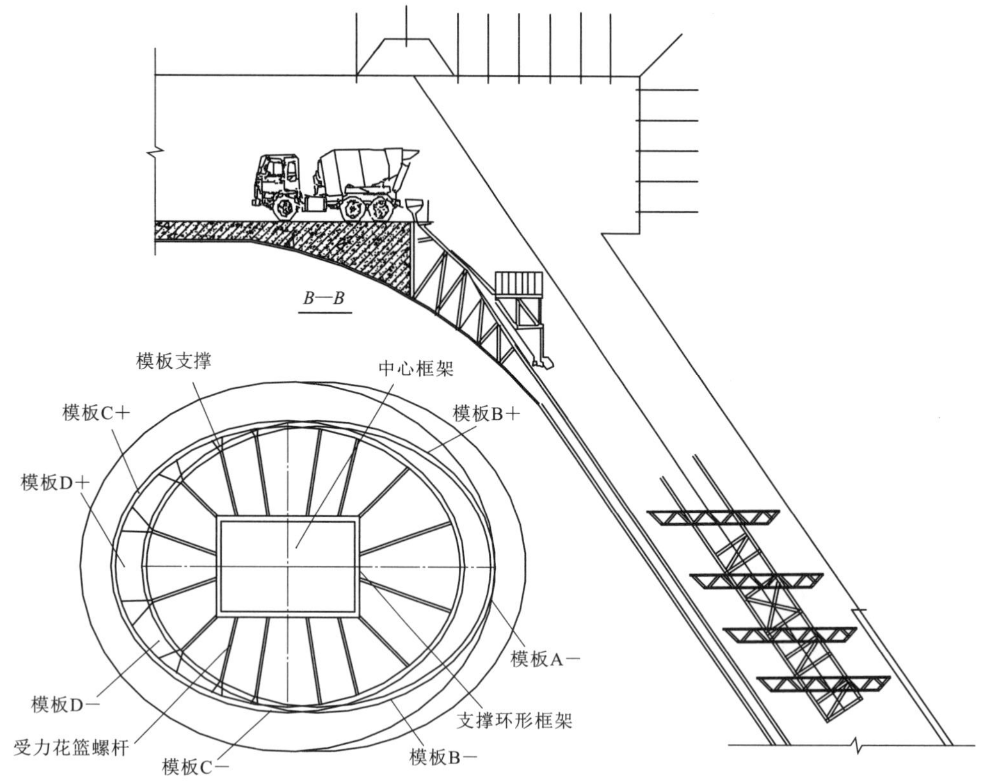

引水隧洞上斜井衬砌钢平台平面布置

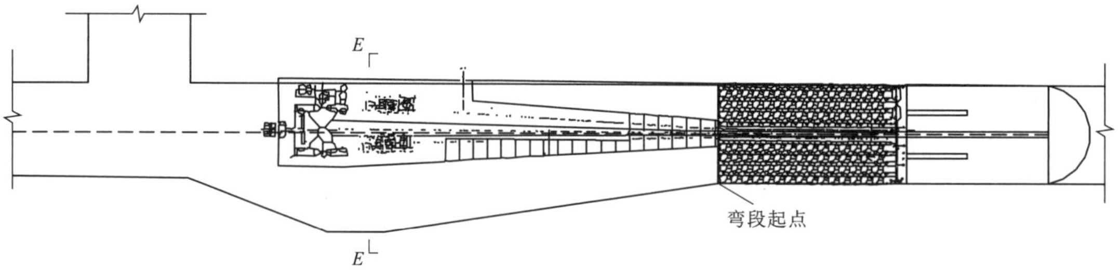

引水隧洞上斜井衬砌钢平台纵剖图

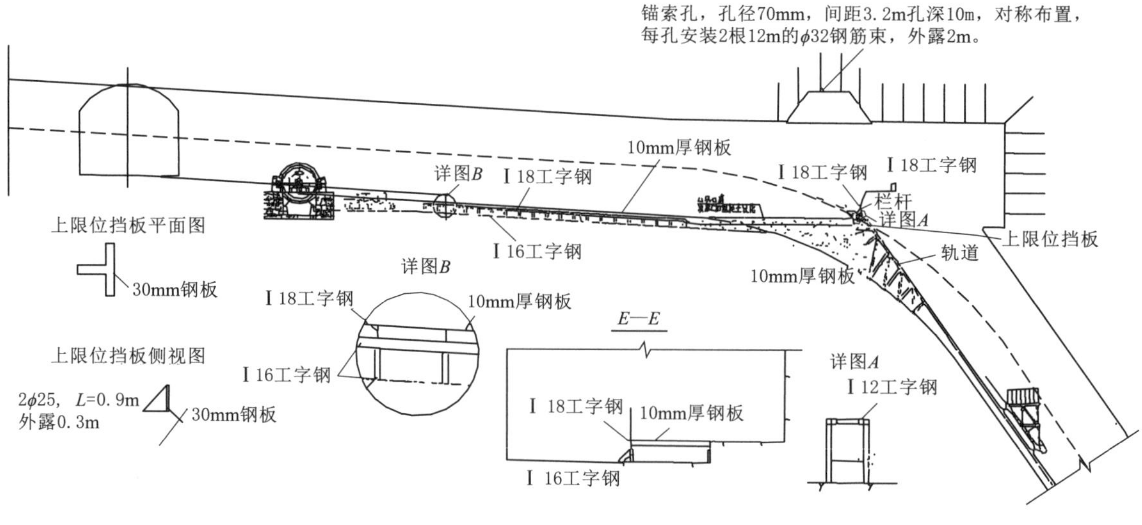

图 32.13　斜井衬砌施工示意图

表 32.1 模体制作安装允许偏差

序号	项目		允许偏差/mm	备注
1	钢模表面凸凹度		1	
2	面板拼缝缝隙		2	
3	面板沿轴心平整度		2	用2m直尺检查
4	模体直径	上口	−1，0	已考虑钢模倾斜度之后
		下口	0，1	
5	模体长度		±5	
6	模体轴线和斜井中心线		5	

（5）模板的清洗和涂料：钢模板在每次使用前应清洗干净，为防锈和拆模方便，钢模面板应涂刷矿物油类的防锈保护涂料，不得采用污染混凝土的油剂，不得影响混凝土或钢筋混凝土的质量。若检查发现在已浇的混凝土面沾染污迹，承包人应采取有效措施予以清除。

32.3.2.3 牵引系统安装、调试

滑模体由两台液压千斤顶牵引，单行程为30cm，两台千斤顶既可联动又可单动，沿轴线方向牵引，液压千斤顶设在滑模模体上。安装完成经调试工作正常后方可进行下一施工环节。

32.3.2.4 测量校验及整体调试

测量人员对滑模轨道和模体进行观测、检查，发现偏差及时纠正。对模体、轨道和牵引系统进行整体调试，即模体试滑，调试正常后进行下一施工环节。

32.3.2.5 钢筋加工与安装

钢筋作业包括钢筋、钢筋网、钢筋骨架和锚筋等的制作加工、绑焊、安装和预埋工作。

（1）钢筋的储存和替换按照《水工混凝土钢筋施工规范》（DL/T 5169）相关规定执行。

（2）钢筋的表面应洁净无损伤，油漆污染和铁锈等应在使用前清除干净。带有颗粒或片状老锈的钢筋不得使用。

（3）钢筋应平直，无局部弯折，钢筋的调直应遵守以下规定：采用冷拉方法调直钢筋时，Ⅰ级钢筋的冷拉率不宜大于2%；Ⅱ、Ⅲ级钢筋的冷拉率不宜大于1%；冷拔低碳钢丝在调直机上调直后，其表面不得有明显擦伤，抗拉强度不得低于施工图纸的要求。

（4）钢筋加工的尺寸应符合施工图纸的要求，加工后钢筋的允许偏差不得超过《水工混凝土钢筋施工规范》（DL/T 5169）规定，详见表32.2。

表 32.2 钢筋加工后允许偏差

项次	偏差名称		允许偏差值
1	受力钢筋及锚筋全长净尺寸的偏差		±10mm
2	箍筋各部分长度的偏差		±5mm
3	钢筋弯起点位置的偏差	厂房构件	±20mm
		大体积混凝土	±30mm
4	钢筋转角的偏差		±3°
5	圆弧钢筋径向偏差	大体积	±25mm
		薄壁结构	±10mm

（5）钢筋的端头、接头及弯钩弯折加工、质量控制等应符合《水工混凝土钢筋施工规范》（DL/T 5169）规范规定；钢筋机械连接满足《钢筋机械连接技术规程》（JGJ 107）规范要求。

(6) 钢筋的安装按《水工混凝土钢筋施工规范》(DL/T 5169) 规范相关规定，以及施工图纸的要求执行。钢筋安装允许偏差见表 32.3。

表 32.3 钢筋安装允许偏差

项次	检查项目		允许偏差
1	钢筋长度方向的偏差		±1/2 净保护层厚度
2	同一排受力钢筋间距的局部偏差	柱及梁	±0.5d
3		板、墙	±0.1 间距
4	同一排分布钢筋间距的偏差		±0.1 间距
5	双排钢筋、排与排间距的局部偏差		±0.1 排距
6	梁与柱中箍筋间距偏差		±0.1 箍筋间距
7	保护层厚度的局部偏差		±1/4 净保护层厚度

32.3.2.6 混凝土浇筑

(1) 混凝土罐车停靠在斜井平台外侧。罐车卸料时需将罐车尾部溜筒打开溜放到载物小车内，由载物小车运输至滑模顶部的储料仓（底板配锥型开合阀），通过开合阀放料溜放至分料系统，由分料系统溜放至浇筑仓内。

(2) 在斜面上浇筑混凝土时应从最低处开始，使混凝土均匀上升，直至保持水平面；施工过程中，加强同等条件下混凝土初凝时间的检测，为滑模提升时间提供参考依据。

(3) 不合格的混凝土严禁入仓，已入仓的不合格混凝土必须予以清除，并弃置在指定地点。

(4) 浇筑混凝土时，严禁在仓内加水。如发现混凝土和易性较差，应采取加强振捣等措施，以保证混凝土的质量。

(5) 混凝土浇筑层厚度，应根据拌和、运输和浇筑能力、振捣器性能及气温因素确定，且不应超过表 32.4 的规定。混凝土浇筑层厚还应满足设计要求。

表 32.4 混凝土浇筑层厚的允许最大厚度

振捣设备类别		浇筑允许最大厚度
插入式	振捣机	振捣棒（头）长度的 1.0 倍
	电动或风动振捣器	振捣棒（头）长度的 80%
	软轴式振捣器	振捣棒（头）长度的 1.25 倍
平板式	无筋或单层钢筋结构中	250mm
	双层钢筋结构中	200mm

(6) 斜井的衬砌混凝土浇筑顺序，宜先浇筑顶拱，再浇筑边拱和底拱；伸缩缝和止水体结构安装应牢固可靠，该部位混凝土应同时两侧均衡下料；滑模起始浇筑时，应采取措施防止滑模上浮；因故暂停浇筑，应作施工缝处理。

(7) 混凝土浇筑遵循多动少滑的原则，应分层进行浇筑，每浇筑一层，滑模提升 3～5cm；待浇筑模体 2/3 高度、混凝土强度达到 0.3～0.6MPa 时，牵引设备滑升 30cm 左右，同时检查整个滑升系统工作情况；工作情况正常，可转入正常滑升浇筑。

(8) 模体滑升时应遵守：每次正常滑升 30cm 左右；滑升速度宜为 15～40cm/h；每次滑升间隔时间宜为 1～1.5h；模体后轮在已浇筑混凝土面滚动时，应在混凝土面上垫钢板或槽钢进行保护；模板发生偏移时，应随时进行调整纠偏；在施工中，须对滑升系统、液压千斤顶进行观察、检查，并加强维护保养。

（9）当浇筑接近终止桩号时，应将模体拆除所需的设施安装好，并将支撑架、轨道、托辊、操作平台搭设安装完毕。

（10）加强混凝土温度检测，可埋设临时温度计进行监测，加强养护，控制温度裂缝产生。

32.3.2.7　模体拆除

提前制定模体拆除专项方案，待斜井混凝土衬砌完成后，即可进行模体拆除。

32.3.2.8　示例图片

斜井滑模衬砌后示例如图 32.14 所示。

图 32.14　斜井滑模衬砌后示例

32.3.3　斜井压力钢管衬砌施工

32.3.3.1　钢管运输安装

（1）按照施工图纸和批复专项施工方案，顺序进行管节出场验收、运输和安装，并做好交通管制协调；管节运输到工作面，利用天锚卸车、翻转，就位于运输台车上，并做好管节与运输台车之间的固定。

（2）在上弯段前沿轨道上设置活动车挡；管节平洞段可借助辅助卷扬系统牵引，至斜井上弯段时更换主卷扬牵引、备用牵引钢丝绳；管节通过上弯段时，通过倒链进行平衡调节；将管节运输到斜井安装部位。斜井钢管运输示意见图 32.15。

（3）施工人员可乘载人小车或梯步就位；施工器具、材料使用载人小车运输，但人物不得同载。运输小车示意见图 32.16。

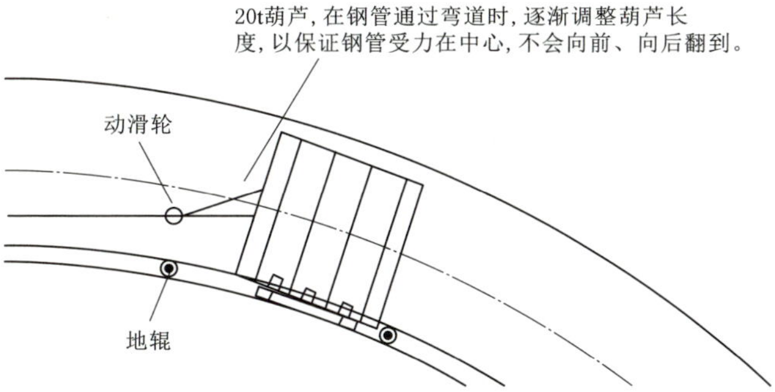

图 32.15　斜井钢管运输示意图

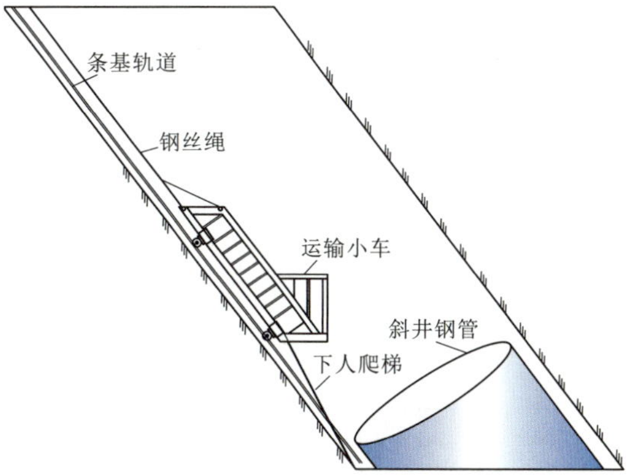

图 32.16　运输小车示意图

（4）钢管运输到位后，利用千斤顶、拉紧器、压缝器、工字钢（槽钢）、安装锚杆等进行调整，满足要求后进行定位焊、加固；加固件应与加劲环或阻水环焊接，不得与钢管直接焊接，加固须牢固；每段钢管安装长度按不大于 30m 控制。

（5）每段衬砌钢管安装、加固完成并验收合格后，焊接平台牵引就位实施正缝焊接，背缝利用支撑搭设平台焊接。焊机、焊材、焊条烘箱、加热板、碳弧气刨机、温控仪等均放置在焊接平台上；焊接平台与检测工作平台上下连接，沿管壁上下滑行，到位后锁定管壁的吊耳上，设 3 组辅助挂钩挂在管口上。焊接台车如图 32.17 所示。

（6）管节之间环缝焊接应满足下列条件：

1）管口圆度偏差不应大于 $5D/1000$，且不大于 40mm，至少测量两对直径。

2）管口环缝对口错位不应大于 3mm。

3）钢管始装节的里程偏差不应超过±5mm，弯管起点的里程偏差不应超过±10mm。始管节两端管口垂直度偏差不应超过±3mm。钢管安装中心的允许偏差见表 32.5。

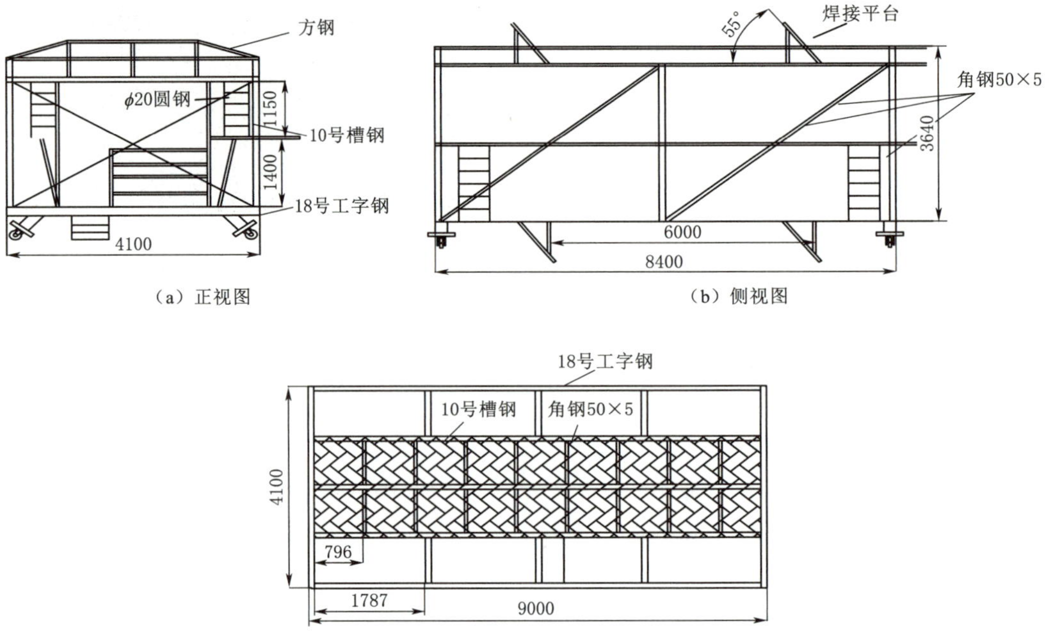

（a）正视图　（b）侧视图　（c）平面图

图 32.17　焊接台车示意图（单位：mm）

表 32.5　钢管安装中心的允许偏差

序　号	钢管内径 D /m	始装节管口中心的允许偏差 /mm	与蜗壳、伸缩节蝶阀、球阀、岔管连接的管节及弯管起点的管口中心允许偏差/mm	其他部位的管节关口中心允许偏差 /mm
1	$D \leqslant 2$	±5	±6	±15
2	$2 < D \leqslant 5$		±10	±20
3	$5 < D \leqslant 8$		±12	±25
4	$D > 8$		±12	±30

（7）压力钢管安装、焊接质量应满足《水电水利工程压力钢管制造安装及验收规范》（DL/T 5017）要求；焊接完成应根据设计技术要求和规范要求进行焊缝探伤检查，合格后进行防腐处理和验收。

（8）按照设计图纸和技术要求，完成岩壁、贴壁排水系统安装与验收，清仓后由各专业进行联合验收签认后，进行单元验收。

32.3.3.2　混凝土浇筑

（1）混凝土采用罐车运输，经受料口、混凝土溜管入仓，应对称均匀布料、分层、平起，控制下料高度、间隔时间和层厚，及时平仓振捣；混凝土溜管间隔 15～30m 设置一个缓降器，防止骨料分离。

（2）混凝土浇筑受作业空间限制，业主、设计、监理、施工“四方”协商同意，可采用自密实混凝土，减少施工安全风险。

（3）浇筑过程应加强位移、轴线、变形等检测，妥善做好渗水引排；混凝土收面应距管口最小距离保持 30～50cm，便于下个单元管节安装和施焊。

（4）钢管安装与混凝土浇筑应交替进行，一次浇筑长度宜为 20～30m；施工缝可为水平缝；新浇混凝土强度达到 5MPa 后方可后续钢管安装；钢管支腿、加劲环、阻水环、止推环等部位应仔细振捣密实。

图 32.18　钢管斜井运输

（5）混凝土其他施工质量控制应满足《水工混凝土施工规范》（DL/T 5144）规定。

32.3.3.3　示例图片

示例如图 32.18～图 32.21 所示。

图 32.19　正缝焊接

图 32.20　钢管支撑加固

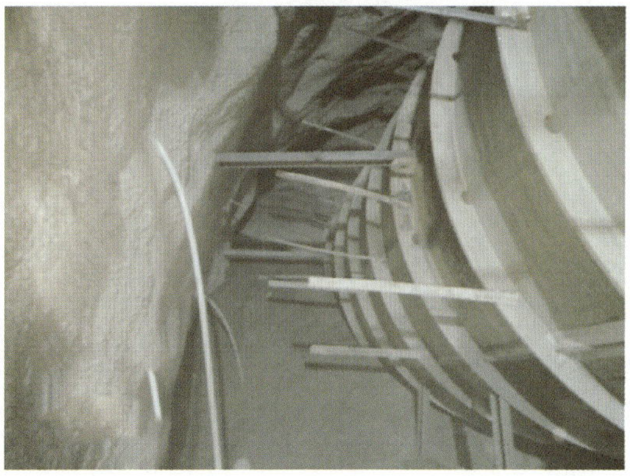

图 32.21　混凝土浇筑

32.3.4　竖井钢筋混凝土衬砌施工

竖井钢筋混凝土滑模衬砌施工示意见 32.22～图 32.24。

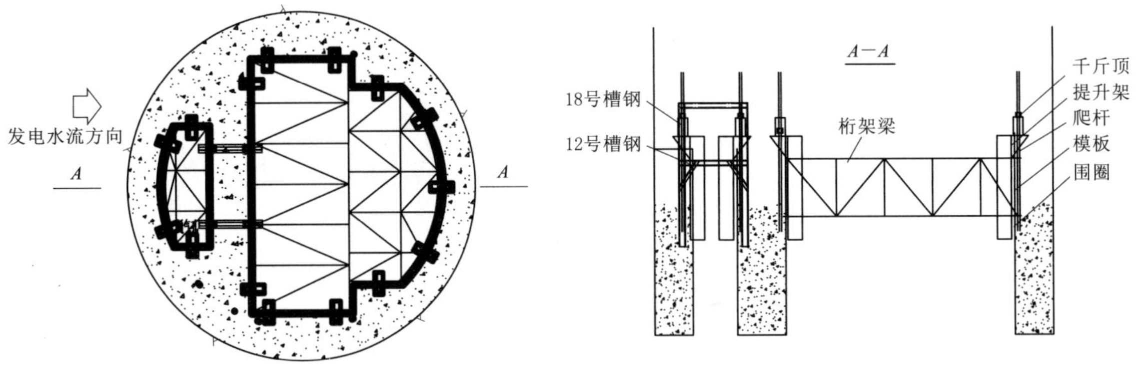

图 32.22　闸门井与通气孔滑模施工示意图

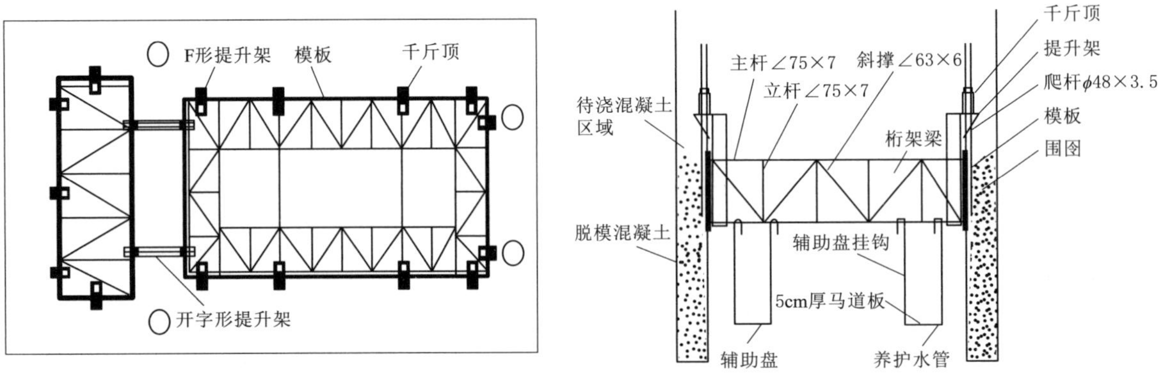

图 32.23　检修与工作闸门井滑模施工示意图

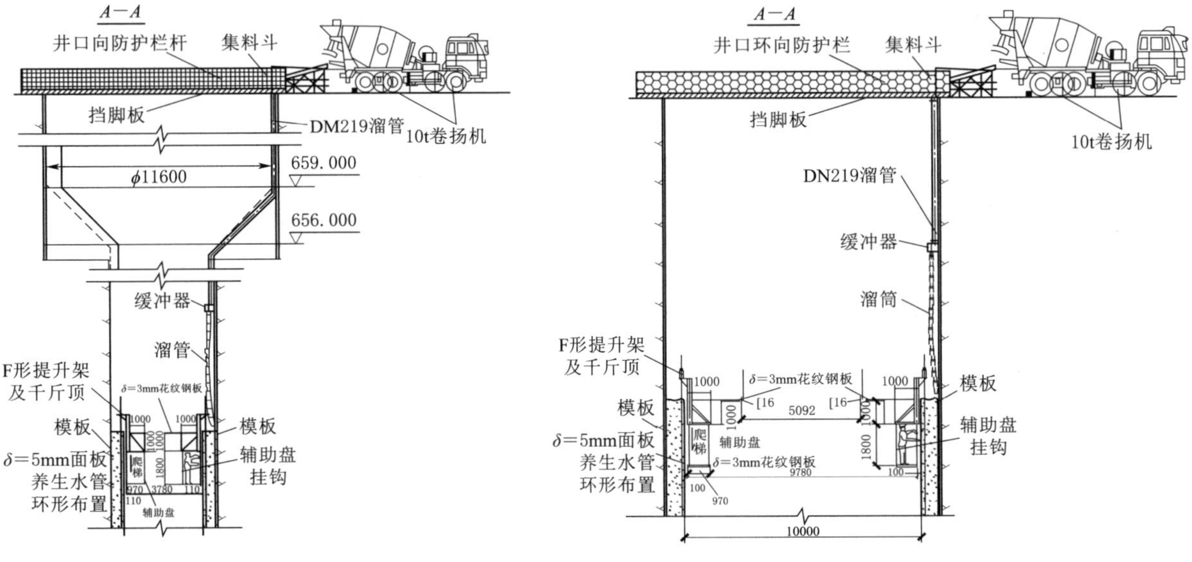

（a）阻抗孔　　（b）调压井

图 32.24　调压井滑模衬砌示意图

32.3.4.1　钢筋制安

（1）钢筋加工在加工厂内完成。其成品堆放选择在地势较高、无积水杂草、且高于地面 30cm 的地方分类、标识堆放。堆放高度应以最下层钢筋不变形为准。同时做好覆盖以防锈蚀。运输过程中遵循“轻拿、轻放”的原则，以防止变形。

（2）钢筋制作。钢筋弯制和末端弯钩：Ⅰ级钢筋末端应做成180°半圆弯钩，弯钩内径不得小于2.5d。手工弯制时可带有适当的平直部分。Ⅱ级钢筋弯转 90°时，最小转弯半径应符合下述要求：d<16mm 时，最小转弯半径为 5d；d≥16mm 时，最小转弯半径为 7d。

（3）钢筋及埋件安装。

1）钢筋安装：钢筋安装位置、间距、保护层及各部分钢筋的大小尺寸，均应符合设计图纸的规定，其偏差应符合表 32.3 之规定。

2）滑模就位后，开始钢筋安装；第一批竖向钢筋应加工成 2 种长度，交错排列，使同一断面钢筋接头比例不大于 50%；钢筋安装进度与滑升速度相适应；所有钢筋弯钩背向模板。

3）止水片（带）、水力量测管、通气管、门槽一期预埋板、检测仪器、灌浆管等埋件安装，必须按照施工图纸进行安装，保证安装质量和精度。工序验收合格方准进行下一道工序施工。

32.3.4.2　混凝土浇筑

（1）混凝土宜采用强制式混凝土拌和站集中拌制，混凝土搅拌车运输，混凝土垂直运输宜采用混凝土溜管管入仓。拌制混凝土时，必须严格遵守试验室签发的混凝土配料单进行配料，严禁擅自更改。混凝土各组分称量允许偏差见表 32.6，混凝土纯拌和时间见表 32.7。

表 32.6　混凝土各组分称量允许偏差

材料名称	允许偏差
水泥、混合材	±1%
砂、石	±2%
水、外加剂溶液	±1%

表 32.7　混凝土纯拌和时间

拌和机进料容量 Q/m^3	最大骨料粒径/mm	最少拌和时间/s	
		自落式拌和机	强制式拌和机
0.8≤Q≤1.0	80	90	60
1.0<Q≤3.0	150 或 120	120	75
Q>3.0	150	150	90

（2）混凝土入仓的坍落度、和易性应加强检测控制，对称布料，控制铺料层厚，埋件周围应加强振捣，应满足《水工混凝土施工规范》（DL/T 5144）相关规定；现场取样同等条件试块养护，检查初凝时间，为滑模爬升提供参考依据。

（3）滑模爬升，宜多动少滑，混凝土控制强度为 0.2～0.4MPa。滑升过程中能听到“沙沙”的声音，出模的混凝土无流淌和拉裂现象。

（4）竖井钢筋混凝土衬砌滑模施工中，应安排技术人员进行检查检测，在支撑杆上做统一爬升高度标记；每一浇筑层应全面检查操作平台偏移情况，做好记录并及时调整；操作平台发生少料偏移时应停止滑升、查明原因进行纠偏；模板上下口允许偏差均为±5mm。

（5）因故停止或超过允许时间间隔时，缝面按施工缝处理，同时滑升滑模，避免模板黏结，控制模板的滑升量小于模板全高的 3/4。

（6）滑模系统拆除：竖井浇筑完成后，按照批复的拆除方案组织安全技术交底并做好签到记录；混凝土溜管随滑模上升逐段拆除。滑模拆除流程：滑模模体脱模提空→滑模支撑杆固定→滑模辅助盘固定→滑模操作平台清理→滑模液压系统拆除→滑模操作盘拆除→滑模辅助盘拆除→临时围栏恢复→工作面清理。

（7）施工出现问题及处理。

1）当模体偏差在 1cm 左右时：在继续加强观察的同时可根据滑模实际情况，采取改变混凝土下料方向和下料顺序；调整工作盘上存放物品位置，适当调整工作盘高差等措施进行。

2）模体水平位移超过 1.5cm 时：利用千斤顶自身纠偏，其原理为让一部分千斤顶不工作，使模体整体产生一定的倾角，让模体沿着倾斜方向上升以回到设计位置。

3）当滑模模体发生旋转时：就要及时查找旋转发生的原因，需借用外力进行纠偏。通常采用以下两种方式，一种方式为：把模体旋转方向的千斤顶固定螺栓松开，在千斤顶旋转方向一侧的底座下垫楔形钢板，使千斤顶反向倾斜，以至爬杆向反向倾斜，从而牵引模体回转。另一种方式为：在模体滑升时采用导链反向牵引模体，使模体向反方向回转。

4）较大偏差纠正：当滑模偏差接近规范允许值，而纠偏措施无效时，必须采取停盘措施，将模体接近滑空，查清造成偏斜原因，重新校正模板尺寸。

5）爬杆弯曲处理：爬杆弯曲时，采用加焊钢筋或斜支撑；弯曲严重时切断爬杆，接入爬杆与下部爬杆焊接，并加焊“人”字形斜支撑。

6）模板变形处理：对部分变形较小的模板采用撑杆加压复原；变形严重时，将模板拆除修复或更换。

（8）混凝土消缺、养护及模板清理。

1）混凝土出模后，在模体悬挂平台上检查混凝土表面，若混凝土存在缺陷，利用混凝土原浆或预缩砂浆等及时进行修整，使混凝土表面平整度达到设计要求。

2）混凝土养护采用喷洒水养护，在环向和顺水流方向各喷洒一遍，保证不漏喷。对滑出混凝土面的模板应及时进行清理，可用铁铲清除黏附在模板表面的混凝土，用刷子清扫水泥砂浆，使模板表面光滑，以减少模板摩阻力。

32.3.4.3　示例图片

示例如图32.25～图32.28所示。

图32.25　调压井滑模施工

图32.26　调压井滑模施工结束

图32.27　调压井滑模施工效果

图 32.28　闸门井滑模施工效果

32.4　WHS 质量控制点

井式洞衬砌混凝土施工主要工序 WHS 质量控制点见表 32.8。

表 32.8　平洞衬砌混凝土施工主要工序 WHS 质量控制点

序号	质量控制点	W（见证）	H（停工待检）	S（旁站）
1	钢管安装		√	
2	滑模安装		√	
3	基础面或施工缝		√	
4	固结灌浆		√	√
5	钢筋安装		√	
6	混凝土外观质量	√		
7	混凝土浇			√

32.5　质量检查与验收

按照《水电水利基本建设工程　单元工程质量等级评定标准　第 1 部分：土建工程》（DL/T 5113.1）、《水电水利工程压力钢管制造安装及验收规范》（DL/T 5017）规定的要求进行质量验收，质量检查项目和质量标准见表 32.9～表 32.16。

表 32.9　基础面或混凝土施工缝质量检查项目和质量标准

项　类	检　查　项　目			质　量　标　准
主控项目	1	基础岩面	建基面	无松动岩块
			地表水和地下水	妥善引排或封堵
	2	软基面	建基面	预留保护层已挖除，地质符合设计要求
	3	混凝土施工缝	表面处理	无乳皮、成毛面、微露粗砂
一般项目	1	基础岩面	岩面清洗	清洗洁净、无积水、无积渣杂物
	2	软基面	垫层铺填	符合设计要求
			基础面清理	无乱石、杂物，坑洞分层回填夯实
	3	混凝土施工缝	表面处理	清洗洁净、无积水、无积渣杂物

表 32.10　　排水设施安装质量检查项目和质量标准

项类	检查项目				质量标准
主控项目	1	孔口装置			按设计要求加工、安装，并进行防锈处理，安装牢固，不得有渗水、漏水现象
	2	排水管通畅性			通畅
一般项目	1	排水孔（管）口位置偏差/mm			≤100
	2	坝体排水孔倾斜度			≤4%
	3	基岩排水孔	倾斜度偏差	孔深≥8m	≤1%
				孔深<8m	≤2%
			深度偏差		±0.5%

表 32.11　　埋管安装质量检查项目和质量标准

序号	钢管内径 D/m	始装节管口的中心极限偏差/mm	与蜗壳、伸缩节、球阀、岔管连接的管节及弯管起点管口的中心极限偏差/mm	其他部位管节管口的中心极限偏差/mm
1	$D\leqslant 2$	5	6	15
2	$2<D\leqslant 5$		10	20
3	$5<D\leqslant 8$		12	25
4	$D>8$		12	30
5	始装节的里程偏差		±5	
6	弯管起点历程偏差		±10	
7	始装节两端的垂直度偏差		±3	
8	圆度偏差		$5D/1000$，且≤40	
9	钢管壁局部凹坑深度		不大于壁厚 10%，且≤2	
10	加固		稳定、支墩和锚拴牢固	
11	环缝错位		$\delta\leqslant 30$，语序偏差 $15\%\delta$，且不大于 3；$30<\delta\leqslant 60$，允许偏差 10δ；$\delta>60$，允许偏差≤6	
12	纵缝错位		$\delta\leqslant 10$ 时，允许偏差 1；当 $\delta>10$ 时，允许偏差 $\leqslant 10\%\delta$	

表 32.12　　内部观测仪器质量检查项目和质量标准

项类	检查项目		质量标准
主控项目	1	仪器及其附件的数量、规格、尺寸	符合设计要求
	2	仪器安装定位及方法	符合设计和 DL/T 5178 要求
	3	仪器的率定或检验	按 DL/T 5178 的规定进行
	4	仪器电缆连接	采用专用电缆和硫化仪硫化，接头绝缘、不透气、不渗水
	5	电缆过缝保护、走向	符合设计要求
一般项目	1	仪器电缆的编号	每个仪器在电缆上编号不得少于 3 处，每 20m 处一个编号
	2	仪器周边混凝土浇筑	剔除粒径大于 40mm 的骨料，再振捣密实
	3	电缆距施工缝	≥15cm

表 32.13　　**钢筋质量检查项目和质量标准**

项类	检查项目				质量标准
主控项目	1. 钢筋的材质、数量、规格尺寸、安装位置				符合产品质量标准和设计要求
	2. 钢筋接头的力学性能				符合施工规范及设计要求
	3. 焊接接头和焊缝外观				不允许有裂缝、脱焊点和漏焊点，表面平顺、没有明显的咬边、凹陷、气孔等，钢筋不得有明显烧伤
	4. 套筒的材质及规格尺寸				符合质量标准和设计要求，外观无裂纹或其他肉眼可见缺陷，挤压以后的套筒不得有裂纹
	5. 钢筋接头丝头				符合规范及设计要求，保护良好，外观无锈蚀和油污，牙形饱满光滑
	6. 接头分布				满足规范及设计要求
	7. 螺纹匹配				丝头螺纹与套筒螺纹满足连接要求，螺纹结合紧密，无明显松动，以及相应处理方法得当
	8. 冷挤压连接接头挤压道数				符合型式检验确定的道数
一般项目	1. 闪光对焊	接头处的弯折角			≤4°
		轴线偏移			≤0.10d，且≤2mm
	2. 搭接焊或帮条焊	帮条对焊接头中心的纵向偏移			≤0.50d
		接头处钢筋轴线的曲折			≤4°
		焊缝	长度		−0.50d
			高度		−0.05d
			宽度		−0.10d
			咬边深度		≤0.05d，且≤1mm
			表面气孔和夹渣	在 2d 长度的数量	≤2 个
				气孔、夹渣的直径	≤3mm
	3. 熔槽焊	焊缝余高			≤3mm
		接头处钢筋中心线的位移			≤0.10d
	4. 窄间隙焊	横向咬边深度			≤0.5mm
		接头处钢筋中心线的位移			≤0.10d，且≤2mm
		接头处的弯折角			≤4°
	5. 机械连接	带肋钢筋套筒冷挤压连接接头	压痕处套筒外形尺寸		挤压后套筒长度应为原套筒的 1.10～1.15 倍，或挤压出套筒的外径波动范围为原套筒外径的 0.8～0.9 倍
			接头弯折		≤4°
			外露丝扣		无 1 扣以上完整丝扣外露
		直螺纹连接接头	拧紧力矩值		应符合 DL/T 5169 的规定
		锥螺纹连接接头	接头丝扣		无 1 扣以上完整丝扣外露
	6. 绑扎		搭接长度		应符合 DL/T 5169 的规定
	7. 钢筋长度方向的偏差				±1/2 净保护层厚
	8. 同一排受力钢筋间距的局部偏差		柱及梁中		±0.50d
			板及墙中		±0.10 倍间距
	9. 同一排中分布钢筋间距的偏差				±0.10 倍间距
	10. 双排钢筋，其排与排间距的局部偏差				±0.10 倍排距
	11. 梁与柱中钢筋间距的偏差				0.10 倍箍筋间距
	12. 保护层厚度的局部偏差				±1/4 净保护层厚

注　d 为钢筋直径。

表 32.14 混凝土浇筑质量检查项目和质量标准

项类	检查项目		质量标准	
			优良	合格
主控项目	1	入仓混凝土料（含原材料、拌和物及硬化混凝土）	无不合格料入仓	少量不合格料入仓，经处理满足设计及规范要求
	2	平仓分层	厚度不大于振捣棒有效长度的90%，铺设均匀，分层清楚，无骨料集中现象	局部稍差
	3	混凝土振捣	垂直插入下层5cm，有次序，间距、留振时间合理，无漏振、无超振	无漏振、无超振
	4	铺料间歇时间	符合要求，无初凝现象	
	5	混凝土养护	混凝土表面保持湿润连续养护时间符合设计要求	混凝土表面保持湿润，但局部短时间有时干时湿现象，连续养护时间基本满足设计要求
一般项目	1	砂浆铺筑	厚度不大于3cm、均匀平整，无漏铺	厚度不大于3cm，局部稍差
	2	积水和泌水	无外部水流入，泌水排除及时	无外部水流入，有少量泌水，且排除不够及时
	3	插筋、管路等埋设件以及模板的保护	保护好，符合要求	有少量位移，及时处理，符合设计要求
	4	混凝土浇筑温度	满足设计要求	80%以上的测点满足设计要求，且单点超温不大于3℃
	5	混凝土表面保护	保护时间与保温材料质量均符合设计要求，保护严密	保护时间与保温材料质量均符合设计要求，保护基本严密

表 32.15 混凝土外观质量检查项目和质量标准

项类	检查项目		质量标准	
			优良	合格
主控项目	1	形体尺寸及表面平整度	符合设计要求	局部稍超出规定，但累计面积不超过0.5%，经处理符合设计要求
	2	露筋	无	无主筋外露，箍筋、副筋个别微露，经处理符合设计要求
	3	深层及贯穿裂缝	无	经处理符合设计要求
一般项目	1	麻面	无	有少量麻面，但累计面积不超过0.5%，经处理符合设计要求
	2	蜂窝空洞	无	轻微、少量、不连续，单个面积不超过$0.1m^2$，深度不超过骨料最大粒径，经处理符合设计要求
	3	碰损掉角	无	重要部位不允许，其他部位轻微少量，经处理符合设计要求
	4	表面裂缝	无	有短小、不跨层的表面裂缝，经处理符合设计要求

表 32.16 滑模安装质量检查项目和质量标准

序号	项目	允许偏差/mm	备注
1	钢模表面凸凹度	1	
2	面板拼缝缝隙	2	
3	面板沿轴心平整度	2	用2m直尺检查

续表

序　号	项　目		允许偏差/mm	备　注
4	模体直径	上口	0，+3	已考虑钢模倾斜度之后
		下口	2，0	
5	模体长度		±5	
6	模体轴线和斜井中心线		5	

32.6　相关标准

《通用硅酸盐水泥》(GB 175)
《钢筋混凝土用钢　第 2 部分热轧带肋钢筋》(GB 1499)
《滑动模板工程技术标准》(GB 50113)
《水电水利工程压力钢管制造安装及验收规范》(DL/T 5017)
《水工混凝土外加剂技术规程》(DL/T 5100)
《水电水利工程模板施工规范》(DL/T 5110)
《水电水利基本建设工程　单元工程质量等级评定标准　第 1 部分：土建工程》(DL/T 5113.1)
《水工混凝土施工规范》(DL/T 5144)
《水工混凝土砂石骨料试验规程》(DL/T 5151)
《水工混凝土水质分析试验规程》(DL/T 5152)
《水工混凝土钢筋施工规范》(DL/T 5169)
《水电水利工程施工测量规范》(DL/T 5173)
《混凝土坝安全监测技术规范》(DL/T 5178)
《水电水利工程施工重大危险源辨识及评价导则》(DL/T 5274)
《水电施工通用安全技术规程》(DL/T 5370)
《水电水利工程土建施工安全技术规程》(DL/T 5371)
《水电水利工程施工作业人员安全技术操作规程》(DL/T 5373)
《水工建筑物滑动模板施工技术规范》(DL/T 5400)
《水电水利工程斜井竖井施工规范》(DL/T 5407)
《水利水电工程单元工程施工质量验收评定标准——水工金属结构安装工程》(SL 635)
《钢筋焊接及验收规程》(JGJ 18)
《钢筋机械连接技术规程》(JGJ 107)

第 33 章 输水道平洞段钢管衬砌段混凝土工程施工工艺

33.1 适用范围

本工艺适用于抽水蓄能电站输水道钢管平洞段衬砌混凝土的浇筑施工。

33.2 施工程序

钢管衬砌段混凝土工程施工程序见图 33.1。

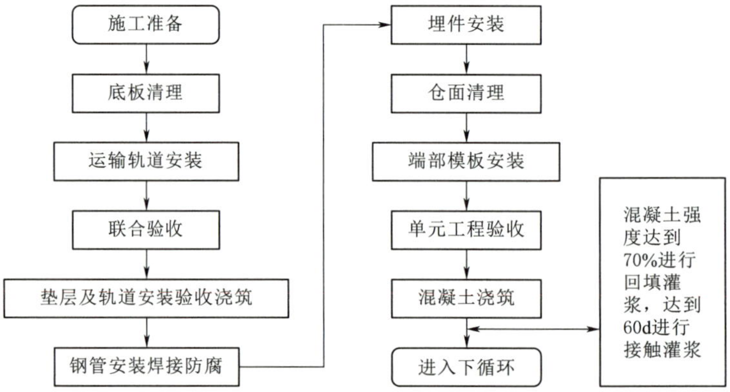

图 33.1 钢管衬砌段混凝土工程施工程序

33.3 工艺说明及主要质量控制要点

33.3.1 施工准备

33.3.1.1 技术准备

（1）熟悉和审核工程施工图纸，监理组织召开技术交底会，由设计单位进行技术交底，明确强制执行条文规定。

（2）施工前，编制输水道平洞钢管混凝土衬砌施工专项方案，经施工单位上级总工组织评审后，修改完善批复后实施。

（3）将实际使用骨料、粉煤灰、外加剂进行检测，根据设计混凝土强度等级，完成施工配合比设计报告并报监理审批。

（4）编制安全专项技术方案、试验检测计划、作业指导书、安全风险评估分析、安全事故应急预案等。

33.3.1.2 施工设备准备

主要施工设备：全站仪、模板、电焊机、拌和站、混凝土运输罐车、混凝土输送泵机、振捣器、浆液搅拌机、灌浆柱塞泵、灌浆管、压力表、流量计、浆液比重计、灌浆自动记录仪等，配置数量、型号应满足施工要求。

33.3.1.3 原材料与混凝土

（1）隧洞衬砌原材料的品种和质量，必须符合设计、《通用硅酸盐水泥》（GB 175）及本工艺标准的规定要求。

（2）运至工地的水泥、外加剂等，应有生产厂家的出厂证、合格证、品质检验报告，并进行抽烟检测检验。水泥、砂、石、水、外加剂等的检验应按《通用硅酸盐水泥》（GB 175）、《水工混凝土外加剂技术规程》（DL/T 5100）、《水工混凝土砂石骨料试验规程》（DL/T 5151）、《水工混凝土水质分析试验规程》（DL/T 5152）等规程的有关规定进行。

（3）砂石骨料应严格控制含泥量，碎石料中含泥量应不高于1%，砂料中含泥量应不高于3%，骨料中不得含有黏土团块。

（4）隧洞衬砌混凝土的配合比必须按设计要求，通过配合比设计和试验确定。具体要求如下：

1）掺用减水剂等外加剂时，其品种、掺量及掺用方式必须通过试验确定。

2）水灰比应不超过0.5，应尽量取小值。

3）混凝土入仓坍落度应按配合比设计的规定值进行控制。

4）混凝土拌和程序和拌和时间应通过试验确定。

33.3.1.4 施工人员准备

（1）成立由管理人员、技术人员、质量人员、测量人员、试验人员、安全专职人员、各专业施工人员组成的专业施工小组，保证小组人员相对稳定。

（2）电工、电焊工等特殊工种应持有效特殊工种资格证；技术、安全、管理人员应持有相应的资格证书；严禁无证上岗。

（3）在施工前，对所有施工人员进行分部工程安全技术交底，安全技术交底内容要充分，具有针对性和指导性，全体参加施工的人员要参加交底并签名，形成书面交底记录。

33.3.1.5 现场准备

（1）平洞风水电布置就位，开挖验收完成，底板混凝土垫层、钢管运输轨道浇筑完成，排水孔钻孔完成并通过验收；具备钢管安装条件。

（2）钢管始装节安装、回填混凝土浇筑完成，混凝土强度达到设计强度的75%。

33.3.2 底板清理及垫层、钢管运输轨道浇筑

（1）底板清理。清除底板松软岩石、棱角和反坡，并用高压水枪冲洗，若粘有油污和杂物，可用金属丝刷洗，直至洁净为止，最后用高压风吹至岩面无积水；清基后，测量工程师原则按5m一个断面进行断面测量，不得有欠挖；经“三检”合格，申请联合验收。

（2）钢管运输轨道安装，建基面验收合格后，采用同设计强度等级混凝土进行垫层及道床浇筑。严格控制垫层与钢管外壁最大素线之间的距离，应满足设计衬砌厚度要求；控制运输轨道道床高度，保证车辆通行。钢管运输轨道示意如图33.2所示。

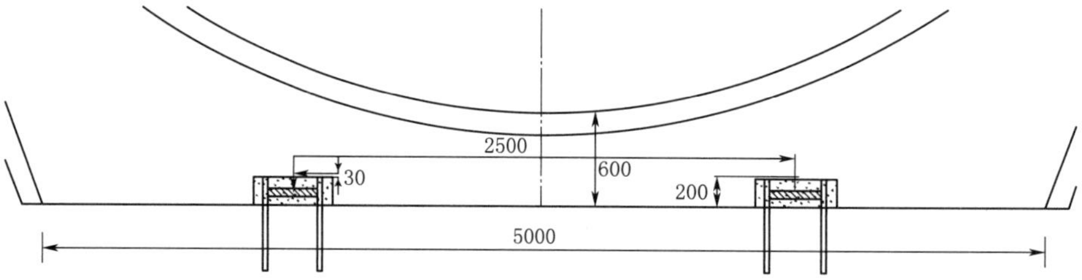

图 33.2　钢管运输轨道示意图（单位：mm）

（3）垫层及道床混凝土浇筑完成后，及时进行冲毛，保证毛面质量满足《水电水利基本建设工程　单元工程质量等级评定标准　第 1 部分：土建工程》（DL/T 5113.1）要求。

33.3.3　埋件安装

（1）监测仪器安装：应做到规格、数量无误、定位准确、连接牢固，线缆采用套管或其他措施进行保护；安装验收合格后并取得初始值；浇筑过程中应加强保护。引水平洞单向测缝计埋设示意如图 33.3 所示。

（2）岩壁排水管安装：各排水孔支管与集水总管连接绑扎牢固，排水孔与支管之间用砂浆封闭、支管与岩壁固定，防止脱落；集排水管延接至模板外。

（3）钢管安装加固、焊接、防腐完成并验收合格后，安装贴壁排水系统。贴壁排水支管与钢管外壁环向排水槽、集排水管焊接连通，然后采用无纺布、专用胶、工业肥皂将环向和纵向排水槽封闭，防止排水槽堵塞；贴壁集排水管延接至仓外。

（4）灌浆系统安装：由于高强钢（标准屈服强度下限值 450N/mm^2，且抗拉强度下限值 570N/mm^2 的低碳低合金高强钢）钢管不允许设置灌浆孔，须安装灌浆系统；回填灌浆系统支管入岩 10cm，并满足设计间排距，采用三通丝扣与主管连接；主管延接采用管箍丝扣连接，并预埋检查灌浆管系统。接触灌浆支管端部设置灌浆盒与钢管外壁连接，灌浆盒与管壁之间的缝隙采用工业肥皂封闭；支管与主管、主管延接均采用丝扣连接。灌浆系统管路应加固稳定，不得与钢管外壁焊接，可与加劲环焊接。低强钢钢管可根据管壁设置的灌浆孔、预埋灌浆管进行灌浆，灌浆质量检查合格逐孔丝堵封闭焊接并探伤检查合格。不良地质段如需固结灌浆，应在洞段喷锚支护后、钢管安装前完成；回填灌浆在混凝土强度未达到设计强度 70%、接触灌浆在混凝土浇筑结束未达到 30～60d 时，各单元灌浆管路随浇筑单元延伸。灌浆系统示意如图 33.4 所示。

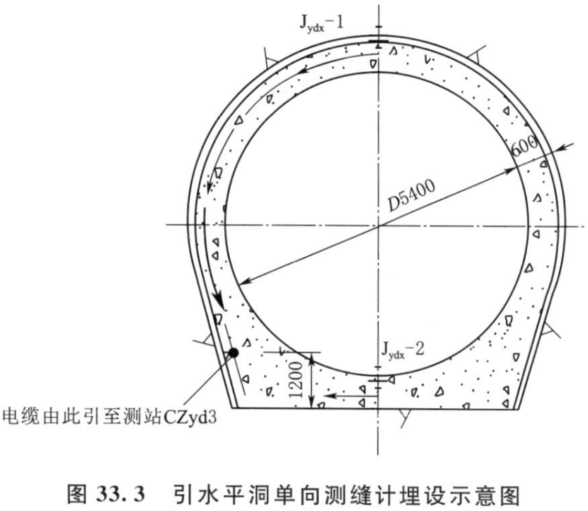

图 33.3　引水平洞单向测缝计埋设示意图

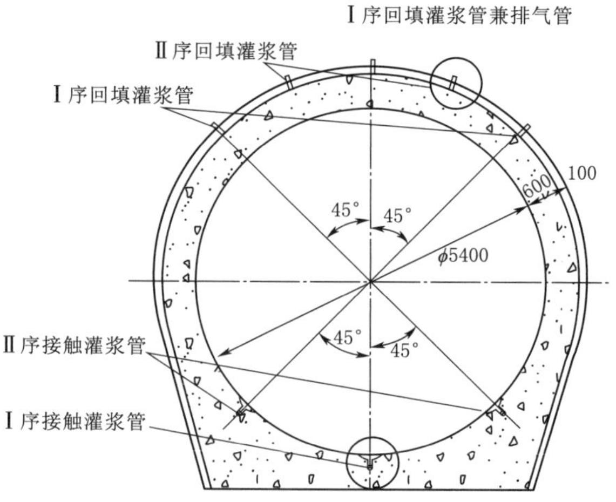

图 33.4　灌浆系统示意图

33.3.4　单元工程验收

钢管安装完成，各种管线及设备埋设固定完毕，撤去多余固定支撑，采用高压风水清理所设置的仓号，仓号内干净无浮尘，底板无积水、杂物，“三检”验收后，填写隐蔽工程联合验收表，由监理单位组织各专业人员进行验收签认，对提出的问题进行整改落实，复检后留取影像资料，然后安装堵头模板；最后监理工程师进行单元工程验收。

33.3.5　堵头模板支立

钢管衬砌回填模板主要是堵头模板，首仓定位节模板为两个堵头，其余仓号均为一个堵头。模板可采用定型钢模加木模组合模板、木模板拼组；采用环形直径 28mm 钢筋或直径 48mm 钢管作为模板围檩，通过拉结筋、锚杆或插筋共同组成模板支撑体系，拉结筋可与钢管加劲环焊接，但不得与钢管管壁焊接。堵头模板布置距管口 50cm 处，不应与钢管加劲环、阻水环、固定环相贴；模板缝隙采用双面胶或闭孔泡沫胶封闭；在钢管顶部设置进料口（进人孔），浇筑至顶部施封。端头封堵模板如图 33.5 所示。

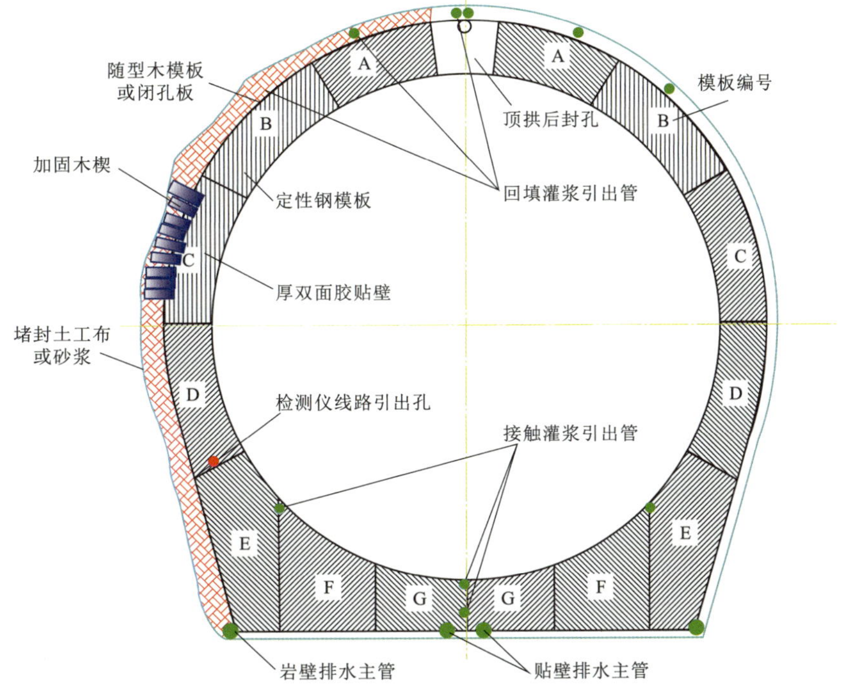

图 33.5　端头封堵模板示意图

33.3.6　混凝土浇筑

（1）钢管单元回填混凝土验收合格后，混凝土泵机就位，铺设混凝土输送泵管，末端要用软管；开仓前准备工作完成，监理工程师进行检查确认，组织混凝土拌和、运输、入仓浇筑。

（2）混凝土拌制时间、和易性、坍落度应加强控制，满足《水工混凝土施工规范》（DL/T 5144）要求；混凝土入仓强度满足浇筑允许间隔时间；如出现初凝，应按施工缝处理。

（3）顶拱混凝土浇筑，根据混凝土浇筑情况，逐段拆除混凝土输送泵管；临近端部时，一次回填完成，可间隙补送混凝土，保证顶拱混凝土回填密实。

（4）底部浇筑时，从钢管一侧下料，将料下到埋过底拱后从另一侧牵引振捣，待混凝土顶面浇至底拱 90°以上后，再由拱顶分两侧软管下料，均匀上升至覆盖整个浇筑段钢管，以保证底拱不出现脱空。单侧下料，一侧振捣，高差控制在 30cm 左右，交替进行。回填混凝土浇筑至钢管顶拱以上时，关闭进料口（进人孔）模板，混凝土泵出口压力应不大于 0.3MPa，确保顶拱混凝土回填密实。

（5）浇筑中，安排专人对模板、各种预埋管线和钢管状态进行检查观测，发现问题按照预定方案进行处理，出现意外情况立即停止浇筑并报告监理工程师，共同查找原因，按讨论意见或制定的方案进行处理。

（6）钢管安装与混凝土浇筑宜分段交替进行，分段长度宜为 20～30m；混凝土振捣时，不得直接接触钢管和定位加固构件；钢管底部、加劲环、支腿、止推环、阻水环附件应仔细振捣密实；应根据钢管的承载能力控制浇筑速度，应分层、平起、对称、均匀浇筑。

（7）混凝土强度达到 2.5MPa 时，拆除端头模板，并进行毛面处理；钢管与混凝土衬砌段交界处，钢管回填段按照设计要求预留长度与相邻混凝土衬砌段一并浇筑。

（8）钢管衬砌单元混凝土浇筑完成，端部模板拆除成毛面后，应将混凝土与钢管之间、混凝土与岩壁（初期支护）之间的缝隙，采用水泥砂浆进行封闭，形成灌浆区段。

33.3.7 灌浆施工

（1）输水平洞钢管衬砌段，主要是回填灌浆和接触灌浆。高强钢钢管不允许设置灌浆孔，低强钢钢管道可设灌浆孔。回填混凝土强度达到设计强度的 70%开始回填灌浆，回填混凝土龄期达到 60d 开始钢管底部接触灌浆。灌浆滞后混凝土浇筑进行。

（2）灌浆施工前，应提交灌浆自动记录仪、压力表、流量计合格证及率定结果报告；高强钢洞段，由于钢管安装与混凝土交替进行，且受作业空间限制，宜设置移动式灌浆站；低强钢洞段，灌浆随衬砌之后进行。

（3）高强钢洞段，单元工程灌浆具备条件时，及时组织灌浆，质量满足要求后封闭已灌浆单元灌浆系统；接触灌浆完成后，需进行物探和敲击脱空检查，脱空面积满足设计要求。低强钢洞段可利用钢管预留灌浆孔进行灌浆，检查合格后封堵、焊接、探伤检查。

（4）灌浆施工应满足设计技术要求和《水工建筑物水泥灌浆施工技术规范》（DL/T 5148）要求。

33.3.8 示例图片

示例如图 33.6 所示。

（a）灌浆管布置

（b）钢管铁壁排水管

图 33.6（一） 示例图片

（c）钢管顶部进料孔

（d）浇筑场景

（e）封进料孔浇筑场景

（f）拆模后场景

图 33.6（二）　示例图片

33.4　WHS 质量控制点

输水道钢管衬砌混凝土施工主要工序 WHS 质量控制点见表 33.1。

表 33.1　　输水道钢管衬砌混凝土施工主要工序 WHS 质量控制点

序　号	质 量 控 制 点	W（见证）	H（停工待检）	S（旁站）
1	钢管安装		√	
2	排水管安装		√	
3	基础面或施工缝		√	
4	灌浆系统安装及灌浆施工		√	√
5	观测仪器埋设		√	
6	混凝土模板		√	
7	混凝土浇			√

33.5　质量检查项目和质量标准

按照《水电水利基本建设工程单元工程质量等级评定标准　第 1 部分：土建工程》（DL/T 5113.1）、《水电水利工程压力钢管制造安装及验收规范》（DL/T 5017）规定的要求进行质量验收，质量检查项目和质量标准见表 33.2～表 33.8。

表33.2 基础面或混凝土施工缝质量检查项目和质量标准

项类	检查项目			质量标准
主控项目	1	基础岩面	建基面	无松动岩块
			地表水和地下水	妥善引排或封堵
	2	软基面	建基面	预留保护层已挖除，地质符合设计要求
	3	混凝土施工缝	表面处理	无乳皮、成毛面、微露粗砂
一般项目	1	基础岩面	岩面清洗	清洗洁净、无积水、无积渣杂物
	2	软基面	垫层铺填	符合设计要求
			基础面清理	无乱石、杂物，坑洞分层回填夯实
	3	混凝土施工缝	表面处理	清洗洁净、无积水、无积渣杂物

表33.3 排水设施安装质量检查项目和质量标准

项类	检查项目				质量标准
主控项目	1	孔口装置			按设计要求加工、安装，并进行防锈处理，安装牢固，不得有渗水、漏水现象
	2	排水管通畅性			通畅
一般项目	检查项目				质量标准
	1	排水孔（管）口位置偏差/mm			≤100
	2	坝体排水孔倾斜度			≤4%
	3	基岩排水孔	倾斜度偏差	孔深≥8m	≤1%
				孔深<8m	≤2%
			深度偏差		±0.5%

表33.4 钢衬接触灌浆质量检查项目和质量标准

项类	检查项目		质量标准
主控项目	1	管路连接、安装及畅通性	管路连接、安装及畅通性
	2	混凝土的龄期	钢衬周围混凝土的最短龄期
	3	钻孔	布孔方式和距离符合设计要求，每个脱空区钻孔不少于2个，最高及最低处均应布设钻孔；孔径不小于12mm，穿过钢板进入脱空区并确认脱空度
	4	灌浆浆液制备	浆液水灰比，浆液允许最长停滞时间
	5	灌浆操作	自低处向高处推进灌注，灌注过程中敲击振动钢衬
	6	结束标准	在设计灌浆压力下停止吸浆并延续灌注5min
	7	钢板变形	最大允许变形量
一般项目	1	管路进出口	管口露出混凝土壁面30～50cm，加帽堵塞，妥善保护，识别标识清晰且与图纸一致
	2	管路及脱空区清洗	使用压力不高于设计灌浆压力，洁净压缩空气，检查缝隙串通和吹除空隙内污物、积水
	3	进浆和排浆浓度	复核设计要求
	4	灌浆压力	复核设计要求
	5	灌浆孔封堵	丝堵加焊或堆焊封孔，表面磨平，焊缝无裂纹，无渗水

表 33.5　　预埋管路回填灌浆质量检查项目和质量标准

项类	检验项目	质量标准
主控项目	1. 灌浆区段封闭、管路畅通情况	无外漏，管路畅通
	2. 进浆管口压力	符合设计要求
	3. 排气管出浆	排气管出浆密度与进浆密度之差不超过 0.20g/cm³
	4. 浆液浓度变化及结束标准	符合设计要求
一般项目	1. 灌浆中断处理	无中断或虽有中断，但处理及时，措施合理，经检查分段尚不影响灌浆质量
	2. 抬动变形	不超过设计规定值
	3. 封孔	符合设计要求

表 33.6　　模板质量检查项目和质量标准

<table>
<tr><th rowspan="2">项类</th><th rowspan="2" colspan="3">检查项目</th><th colspan="2">质量标准/mm</th></tr>
<tr><th>外露表面</th><th>隐蔽内面</th></tr>
<tr><td rowspan="5">主控项目</td><td>1</td><td colspan="2">稳定性、刚度和强度</td><td colspan="2">符合模板设计要求</td></tr>
<tr><td rowspan="2">2</td><td rowspan="2">结构物边线与设计边线</td><td>外模板</td><td>0
−10</td><td rowspan="2">15</td></tr>
<tr><td>内模板</td><td>+10
0</td></tr>
<tr><td>3</td><td colspan="2">结构物水平截面内部尺寸</td><td colspan="2">±20</td></tr>
<tr><td>4</td><td colspan="2">承重模板标高</td><td colspan="2">+5
0</td></tr>
<tr><td rowspan="7">一般项目</td><td rowspan="2">1</td><td rowspan="2">模板平整度</td><td>相邻两板面高差</td><td>2</td><td>5</td></tr>
<tr><td>局部不平（用 2m 直尺检查）</td><td>5</td><td>10</td></tr>
<tr><td>2</td><td colspan="2">板面缝隙</td><td>2</td><td>2</td></tr>
<tr><td>3</td><td colspan="2">模板外观</td><td colspan="2">规格符合设计要求，表面光洁、无污物</td></tr>
<tr><td>4</td><td colspan="2">脱模剂</td><td colspan="2">质量符合标准要求，涂抹均匀</td></tr>
<tr><td rowspan="2">5</td><td rowspan="2">预留孔洞</td><td>中心线位置</td><td colspan="2">5</td></tr>
<tr><td>截面内部尺寸</td><td colspan="2">+10
0</td></tr>
</table>

表 33.7　　内部观测仪器质量检查项目和质量标准

项类		检查项目	质量标准
主控项目	1	仪器及其附件的数量、规格、尺寸	符合设计要求
	2	仪器安装定位及方法	符合设计和《混凝土坝安全监测技术规范》（DL/T 5178）要求
	3	仪器的率定或检验	按《混凝土坝安全监测技术规范》（DL/T 5178）的规定进行
	4	仪器电缆连接	采用专用电缆和硫化仪硫化，接头绝缘、不透气、不渗水
	5	电缆过缝保护、走向	符合设计要求
一般项目	1	仪器电缆的编号	每个仪器在电缆上编号不得少于 3 处，每 20m 处一个编号
	2	仪器周边混凝土浇筑	剔除粒径大于 40mm 的骨料，再振捣密实
	3	电缆距施工缝	≥15cm

表 33.8　　混凝土浇筑质量检查项目和质量标准

项类	检查项目		质量标准	
			优良	合格
主控项目	1	入仓混凝土料（含原材料、拌和物及硬化混凝土）	无不合格料入仓	少量不合格料入仓，经处理满足设计及规范要求
	2	平仓分层	厚度不大于振捣棒有效长度的 90%，铺设均匀，分层清楚，无骨料集中现象	局部稍差
	3	混凝土振捣	垂直插入下层 5cm，有次序，间距、留振时间合理，无漏振、无超振	无漏振、无超振
	4	铺料间歇时间	符合要求，无初凝现象	上游迎水面 15m 以内无初凝现象，其他部位初凝累计面积不超过 1%，并经处理合格
	5	混凝土养护	混凝土表面保持湿润，连续养护时间符合设计要求	混凝土表面保持湿润，但局部短时间有时干时湿现象，连续养护时间基本满足设计要求
一般项目	1	砂浆铺筑	厚度不大于 3cm、均匀平整，无漏铺	厚度不大于 3cm，局部稍差
	2	积水和泌水	无外部水流入，泌水排除及时	无外部水流入，有少量泌水，且排除不够及时
	3	插筋、管路等埋设件以及模板的保护	保护好，符合要求	有少量位移，及时处理，符合设计要求
	4	混凝土浇筑温度	满足设计要求	80%以上的测点满足设计要求，且单点超温不大于 3℃
	5	混凝土表面保护	保护时间、保温材料质量符合设计要求，保护严密	保护时间与保温材料质量均符合设计要求，保护基本严密

33.6　相关标准

《通用硅酸盐水泥》(GB 175)

《水电水利工程压力钢管制造安装及验收规范》(DL/T 5017)

《水工混凝土外加剂技术规程》(DL/T 5100)

《水电水利基本建设工程　单元工程质量等级评定标准　第 1 部分：土建工程》　(DL/T 5113.1)

《水工混凝土施工规范》(DL/T 5144)

《水工建筑物水泥灌浆施工技术规范》(DL/T 5148)

《水工混凝土砂石骨料试验规程》(DL/T 5151)

《水工混凝土水质分析试验规程》(DL/T 5152)

《水电水利工程施工测量规范》(DL/T 5173)

《混凝土坝安全监测技术规范》(DL/T 5178)

《灌浆记录仪技术导则》(DL/T 5237)

《水电水利工程施工安全监测技术规范》(DL/T 5308)

第 34 章 进出水口混凝土工程施工工艺

34.1 适用范围

本工艺适用于抽水蓄能电站进出水口的拦污栅段、扩散段和闸门井段等建筑物混凝土工程施工。

34.2 施工程序

34.2.1 渐变段、平方段混凝土

渐变段、平方段混凝土施工参照本书第 13 章。

34.2.2 闸门井段混凝土

闸门井段滑模混凝土一般施工程序如图 34.1 所示。

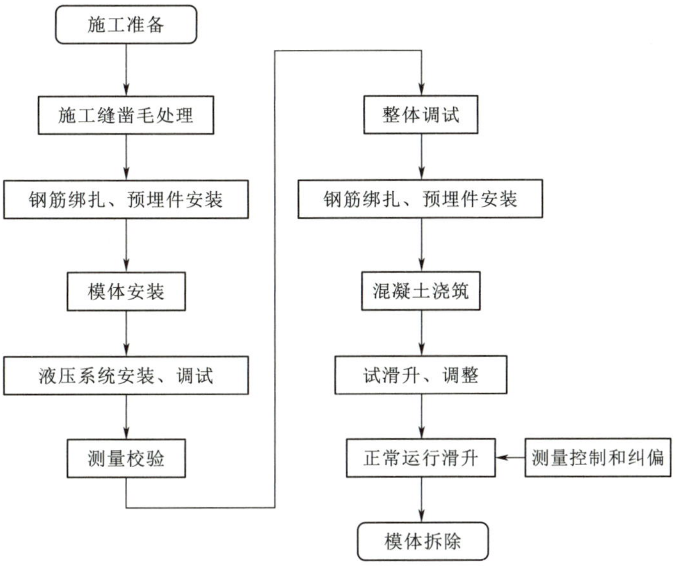

图 34.1 闸门井段滑模混凝土一般施工程序

34.2.3 扩散段、拦污栅段混凝土

扩散段、拦污栅段混凝土一般施工程序如图 34.2 所示。

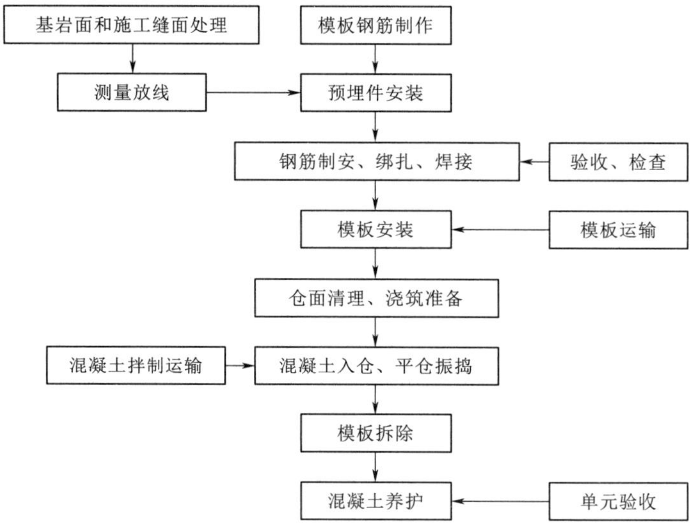

图 34.2 扩散段、拦污栅段混凝土一般施工程序

34.3 工艺说明与工艺要求

34.3.1 施工准备

34.3.1.1 技术准备

(1) 图纸会检：严格按照国家电网有限公司《电力建设工程施工技术管理导则》的要求做好图纸会检工作。

(2) 技术交底：技术交底工作要充实，具有针对性和指导性，全体参加施工的人员都要参加交底并签名，形成书面的交底记录。

(3) 模板支撑系统宜采用外支撑，应按模板在施工阶段变形控制要求及有关规定设置，做到既要保证其强度、刚度和稳定性，又要考虑构造简单，安拆方便，支撑系统及模板系统应经过计算。

(4) 进出水口建筑物混凝土施工方案措施须监理工程师批准。

34.3.1.2 劳动力组织准备

(1) 组建施工组织管理机构，根据工程规模、工期和技术难度配备相应的管理、技术、测量、试验、环保、水保、专职质量管理和安全管理人员。

(2) 制定材料检验、工程计量、资料归档、安全生产、工程质量、文明施工等管理制度。

(3) 进出水口混凝土施工应安排有经验的作业队组进行，并根据施工进度计划、施工技术要求合理配备各工种作业人员。

(4) 进出水口混凝土施工前应进行人员安全教育培训，内容主要包括：

1) 对全体人员进行安全生产教育培训，未经安全生产教育培训考核或培训考核不合格的人员不得上岗作业。

2) 特殊作业人员应按相关规定经过专门培训，取得相应资格证书，持证上岗。

3) 新进人员或作业人员转入新的岗位前应进行相关作业技能培训。

4) 为作业人员配置安全防护用品和用具并进行使用方法培训。

5) 根据制定的应急处置措施、预案开展培训和演练。

34.3.1.3 工程材料准备

(1) 水泥：进场时应对出厂证、合格证和品质检验报告进行检查，并对其强度、安定性等性能指标进行复查。应使用同一品牌、同一批号的水泥，水泥进场后应有防雨、防潮等良好的堆放场地。

(2) 砂：应质地坚硬、清洁、级配良好；人工砂的细度模数宜在 2.4～2.8 范围内，天然砂的细度模数宜在 2.2～3.0 范围内。使用山砂、粗砂、特细砂应经过试验认证。

(3) 石子：石子的最大粒径，不应超过钢筋净间距的 2/3、构件断面最小边长的 1/4。

(4) 水：凡符合国家标准的饮用水，均可用于拌和与养护混凝土。

(5) 外加剂：减水剂等进场时应对出厂证、合格证和品质检验报告进行检查，其品质应符合《水工混凝土外加剂技术规程》(DL/T 5100) 规定的要求。减水剂的品种、掺量通过试验确定。

(6) 钢筋：钢筋的规格、型号等应符合设计图纸的规定。进场时应对出厂证、合格证和品质检验报告进行检查，并对外观、力学性能等进行检验，其质量必须符合《水工混凝土钢筋施工规范》(DL/T 5169) 的规定。

(7) 预埋件：接地扁铁、管线等的材质、规格型号应符合设计和有关规定。

(8) 止水带：止水带质量应符合《水工建筑物止水带技术规范》(DL/T 5215) 要求，应对止水带的铜卷材出厂证、合格证和品质检验报告进行检查。加工后的止水带形状、尺寸符合设计，不应有机械加工引起的裂纹、孔洞等损伤。

(9) 伸缩缝：材质、规格型号应符合设计和有关规定。

34.3.1.4　施工设备准备

进出水口混凝土施工所需的机械设备主要有：

(1) 水、电供应机械设备：水泵、变压器、发电机、潜水泵等。

(2) 钢筋加工机械设备：钢筋调直机、弯曲机、弯拱机、切断机、弧焊机、电焊机等，如图 34.3 所示。

(a) 钢筋调直机　　(b) 钢筋弯拱机　　(c) 钢筋切断机

图 34.3　钢筋加工机械设备

(3) 混凝土拌制、运输、入仓设备：拌和站、混凝土搅拌运输车、混凝土地泵、汽车泵等，如图 34.4 所示。

(a) 混凝土搅拌运输车　　(a) 混凝土地泵　　(c) 汽车泵

图 34.4　混凝土拌制、运输、入仓设备

31.3.1.5　现场准备

(1) 地基应开挖成设计要求的形状、尺寸、高程，且岩面不开裂、不松动，并在基坑周围和坡

高的一侧做好截水、排水设施。

（2）混凝土配合比应按设计要求和《水工混凝土施工规范》（DL/T 5144）规定进行，并应报监理审批。

（3）竖井段优先采用滑模，其他段应优先采用大模板及定型模板。大模板的制作必须符合《水电水利工程模板施工规范》（DL/T 5110）规定，并满足进出水口建筑物的体形和构造，以及分层分段浇筑混凝土等要求。模板应表面平整、光滑，形状与尺寸正确，有足够的强度和刚度。

（4）混凝土施工设备应有备用，与浇筑强度相适应，能确保混凝土连续浇筑。有夜间施工时，应配备足够的照明设备。

（5）应采用与结构同标号混凝土或砂浆制作钢筋保护层的垫块，其中间预埋扎丝，以便支设梁体钢筋时使用。

（6）焊工应持有上岗证书。

（7）施工测量。

1）进出水口建筑物施工的测量，应符合《工程测量标准》（GB 50026）规定要求。

2）设计单位通过监理单位向施工单位进行交接桩后，施工单位应对所交的控制点进行复测，复测成果满足要求并经监理单位批复后方可进行后续的测量工作。

3）施工前应进行洞内外控制测量设计，相关技术要求应按《水电水利工程施工测量规范》（DL/T 5173）的规定执行。

4）地基的位置、高程、宽度、斜面等必须符合设计规定要求。

5）梁、板、墙、墩、座的结构定位放线后，应进行复测。测量工作应由专业人员负责，仪器由专人操作和保管。

34.3.2　钢筋工程

详见本书第 13 章平洞衬砌混凝土施工工艺。

（1）预埋件主要为渗压计、钢筋应力计、仪器电缆、接地、止水、排水管、灌浆管等。

（2）对于渗压计、仪器电缆、接地等预埋件，安装后应采取保护罩、埋管等形式对其进行成品保护，防止施工过程中的磕碰等。

（3）铜止水带安装时，应防止水泥浆进入止水带的鼻腔，确保止水带与混凝土黏结牢固。止水带焊接的接头，应表面光滑，不渗水，无孔洞、无裂隙、无漏焊、无欠焊、无咬边伤及母材缺陷等。

（4）伸缩缝结构层应密实，与结构混凝土粘贴紧密。

（5）接地扁铁的埋置应符合设计及有关规定，如图 34.5 所示。

（6）排水管道安装时应设置骨架固定并绑扎或焊接牢固，在混凝土浇筑时尽量避免振捣棒碰触钢管使其移位。进出水口底板排水管安装如图 34.6 所示。

图 34.5　进出水口接地扁铁

图 34.6　进出水口底板排水管安装

（7）灌浆孔布设位置应尽量在钢筋网格中心，确保钻孔时避开结构钢筋。

34.3.3　模板工程

34.3.3.1　工艺流程

（1）模板施工主要包括模板制作、模板安装（固定）、模板使用和模板拆除。

（2）滑升模板施工主要包括模体安装、牵引系统安装调试、吊模施工。

34.3.3.2　工艺质量安全要点

1. 拦污栅段和扩散段模板施工

（1）墩头模板采用定型钢模板，由厂家定制。墙体模板采用悬臂大模板。

（2）模板的制作应满足施工图纸要求的建筑物结构外形，其制作允许偏差不应超过《水电水利工程模板施工规范》（DL/T 5110）的规定。

（3）应按施工图纸进行模板安装的测量放样，重要结构应设置必要的控制点，以便检查校正。

（4）钢模板在每次使用前应清洗干净，面板应涂刷脱模剂，且不得污染混凝土和钢筋。木模板面应采用烤涂石蜡或其他保护涂料。

（5）墙或墩身模板安装前，必须先在底板上标出墙或墩身控制线，以确保墙或墩身根部位置的准确。安装前检查墙或墩身钢筋或预埋件是否按设计要求设置。

（6）模板安装过程中，应设置足够的临时固定设施，以防变形和倾覆。

（7）应先复核外支撑、底模横檩的标高，再安装梁或板的底模板。当梁或板跨度大于 4m 时，应按《水电水利工程模板施工规范》（DL/T 5110）规定要求起拱。

（8）模板支设重点应控制其各部位形状尺寸、刚度、垂直度、表面平整度、拼缝漏浆，特别要注意外围模板、墩模、梁模、板模等模板轴线位置的正确性。

（9）当模板安装完毕后，应有专业人员对其轴线、高程、各部位构件尺寸、支撑系统以及模板基础、起拱高度进行检查。

（10）预埋管线、套管等预埋件在合模时或混凝土浇筑前应反复校核，不得遗漏。

（11）模板拆除时限，除符合施工图纸的规定外，还应遵守下列规定：不承重侧面模板的拆除，应在混凝土强度达到其表面及棱角不因拆模而损伤时，方可拆除；墩、墙和柱部位，在其强度不低于 3.5MPa 时，方可拆除。底模应在混凝土强度达到表 34.1 的规定后，方可拆除。

表 34.1　混凝土拆模强度

结构类型	结构跨度/m	按设计的混凝土强度标准值的百分率计/%
板	≤2	50
	>2 且≤8	75
	>8	100
梁、拱、壳	≤8	75
	>8	100
悬臂构件	≤2	75
	>2	100

（12）闸墩门槽处的模板应铅直、平整，为门槽二期混凝土的立模提供条件。

2. 滑模施工

（1）滑模施工流程：基础施工→绑扎基础上部钢筋→滑模组装→浇混凝土→试滑→初升后检查→正常滑升→绑扎墙体钢筋→浇墙体混凝土→拆除滑模装置。

（2）施工前应根据现场建筑物的结构特点和施工条件，进行滑模设计，编制专项技术方案，并经审批通过。

（3）滑升过程是滑模施工的主导工序，其他各工序作业均应安排在限定时间内完成，不宜以停滑或减缓滑升速度来迁就其他作业（当采用滑框倒模施工时，可不受本条的限制）。

（4）在确定滑升程序或平均滑升速度时，除应考虑混凝土出模强度要求外，还应考虑下列相关因素：

1）气温条件。

2）混凝土原材料及强度等级。

3）结构特点包括结构形状、构件截面尺寸及配筋情况。

4）模板条件包括模板表面状况及清理维护情况等。

（5）初滑时，宜将混凝土分层整圈均匀浇筑至 500～700mm（或模板高度的 1/2～2/3）高度，待第一层混凝土强度达到 0.2～0.4MPa 或混凝土贯入阻力值达到 0.30～1.05kN/cm^2 时，应进行 1～2 个千斤顶行程的提升，并对滑模装置和混凝土凝结状态进行全面检查，确定正常后，方可转为正常滑升。

（6）正常滑升过程中，相邻两次提升的时间间隔不宜超过 0.5h。当采用滑框倒模施工时，可不受本条的限制。

（7）滑升过程中，应使所有的千斤顶充分进油、排油。当出现油压增至正常滑升工作压力值的 1.2 倍，尚不能使全部千斤顶升起时，应停止提升操作，立即检查原因，及时进行处理。

（8）在正常滑升过程中，每滑升 200～400mm，应对各千斤顶进行一次调平，特殊结构或特殊部位应采取专门措施保持操作平台基本水平。各千斤顶的相对标高差不得大于 40mm，相邻两个提升架上千斤顶升差不得大于 20mm。

（9）连续变截面结构，每滑升 200mm 高度，至少应进行一次模板收分。模板一次收分量不宜大于 6mm。当结构的坡度大于 3%时，应减小每次提升高度；当设计支承杆数量时，应适当降低其设计承载能力。

（10）在滑升过程中，应检查和记录结构垂直度、水平度扭转及结构截面尺寸等偏差数值。检查及纠偏、纠扭应符合下列规定：

1）每滑升一个浇灌层高度应自检一次，每次交接班时应全面检查、记录一次。

2）在纠正结构垂直度偏差时，应徐缓进行，避免出现硬弯。

3）当采用倾斜操作平台的方法纠正垂直偏差时，操作平台的倾斜度应控制在 1%之内。

4）对筒体结构，任意 3m 高度上的相对扭转值不应大于 30mm，且任意一点的全高最大扭转值不应大于 200mm。

（11）在滑升过程中，应检查操作平台结构、支承杆的工作状态及混凝土的凝结状态，发现异常时，应及时分析原因并采取有效的处理措施。

（12）框架结构柱子模板的停歇位置，宜设在梁底以下 100～200mm 处。

（13）在滑升过程中，应及时清理黏结在模板上的砂浆和转角模板收分模板与活动模板之间的灰浆，不得将已硬结的灰浆混进新浇的混凝土中。

（14）滑升过程中不得出现油污，凡被油污染的钢筋和混凝土，应及时处理干净。

（15）因施工需要或其他原因不能连续滑升时，应有准备地采取下列停滑措施：

1）混凝土应浇灌至同一标高。

2）模板应每隔一定时间提升 1～2 个千斤顶行程，直至模板与混凝土不再黏结为止。对滑空部位的支承杆，应采取适当的加固措施（当采用滑框倒模施工时，可不受本条的限制）

3）采用工具式支承杆时，在模板滑升前应先转动并适当托起套管，使之与混凝土脱离，以免将混凝土拉裂。

4）继续施工时，应对模板与液压系统进行检查。

（16）模板滑空时，应事先验算支承杆在操作平台自重、施工荷载、风荷载等共同作用下的稳定性，稳定性不满足要求时，应对支承杆采取可靠的加固措施。

（17）混凝土出模强度应控制在 0.2～0.4MPa 或混凝土贯入阻力值在 0.30～1.05kN/cm^2；采用滑框倒模施工的混凝土出模强度不得小于 0.2MPa。

34.3.3.3　示例图片

墙体模板如图 34.7 和图 34.8 所示，进出水口定型模板如图 34.9 和图 34.10 所示，模板外支撑如图 34.11 所示，闸门井滑模如图 34.12 所示。

图 34.7　墙体模板（一）

图 34.8　墙体模板（二）

图 34.9　进出水口定型模板（一）

图 34.10　进出水口定型模板（二）

图 34.11　模板外支撑

图 34.12　闸门井滑模

34.3.4　混凝土工程

34.3.4.1　工艺流程

（1）混凝土工程包括混凝土的拌制、运输、浇筑捣实和养护等施工过程。

(2) 闸门井段混凝土施工采用滑模系统进行一次性浇筑连续施工。滑模混凝土施工按以下顺序进行：下料→平仓振捣→滑升→钢筋绑扎→下料。

34.3.4.2 工艺质量安全要点

1. 拦污栅段和扩散段混凝土施工

(1) 在开仓前，应根据骨料含水率调整好混凝土的施工配合比，坍落度应根据混凝土的运输、浇筑方法和气候条件决定。

(2) 砂、石的投料应严格按施工配合比的重量计量。

(3) 混凝土卸料的自由下落高度不宜大于1.5m，以防止混凝土离析。

(4) 混凝土浇筑时，应按一定厚度、顺序和方向分层下料，分层振捣，浇筑面大致水平。上下相邻两层同时浇筑时，前后距离不宜小于1.5m。下料厚度宜控制在300mm，振动棒插入下一层的5～10cm，使上下结合密实。振动棒应快插慢拔，严禁碰触预埋件、止水，以混凝土表面不出气泡、不下陷、表面泛浆为准。

(5) 混凝土应随浇随平，不得使用振捣棒平仓。

(6) 浇筑混凝土应连续施工。必须留施工缝的部位，应符合《水工混凝土施工规范》(DL/T 5144) 要求，施工缝应留平留直。在接缝时，应先对施工缝表面浇水湿润，并在接缝处铺设与原混凝土同标号的水泥砂浆。

(7) 边墙或闸墩混凝土应浇至梁或板底50～100mm处或梁端弯筋底，梁或板应一次浇筑完毕，不留施工缝。

(8) 防涡梁、顶板等的底模应达到设计强度或经论证后拆除。

(9) 混凝土浇筑后应及时进行养护，使混凝土表面处于足够的湿润状态，养护时间不得少于28d。当平均气温低于5℃时，应按冬季施工进行养护。

2. 滑模混凝土施工

(1) 用于滑模施工的混凝土，应事先做好混凝土配比的试配工作，其性能除应满足设计所规定的强度、抗渗性、耐久性以及季节性施工等要求外，尚应满足下列规定：

1) 混凝土早期强度的增长速度，必须满足模板滑升速度的要求。

2) 混凝土宜用硅酸盐水泥或普通硅酸盐水泥配制。

3) 混凝土入模时的坍落度应符合表34.2的规定。

表34.2 混凝土入模时的坍落度

结构种类	坍落度/mm	
	非泵送混凝土	泵送混凝土
墙板、梁、柱	50～70	100～160
配筋密集的结构（筒体结构及细长柱）	60～90	120～180
配筋特密结构	90～120	140～200

注 采用人工捣实时，非泵送混凝土的坍落度可适当增大。

4) 在混凝土中掺入的外加剂或掺合料，其品种和掺量应通过试验确定。

(2) 正常滑升时，混凝土的浇灌应满足下列规定：

1) 闸门井滑模混凝土供料可采用吊罐、溜管、泵送、分料皮带等方式。

2) 必须均匀对称交圈浇灌；每一浇灌层的混凝土表面应在一个水平面上，并应有计划、均匀地变换浇灌方向。

3) 应根据现场条件确定合理的滑升速度和分层浇筑厚度，一般每次浇灌的厚度不宜大于200mm。

4) 施工进入正常浇筑和滑升时，尽量保持连续施工，上层混凝土覆盖下层混凝土的时间间隔不得大于混凝土的凝结时间，当间隔时间超过规定时，接茬处应按施工缝的要求处理。

5) 混凝土停止浇筑后，应每隔0.5～1h进行滑升1～2个行程，保证混凝土与模板不发生黏结

（一般 4h 左右）。由于停滑造成的施工缝，应在复工前进行处理。

6）在气温高的季节，宜先浇灌内墙，后浇灌阳光直射的外墙；先浇灌墙角、墙垛及门窗洞口等的两侧，后浇灌直墙；先浇灌较厚的墙，后浇灌较薄的墙。

7）预留孔洞、门窗口、烟道口、变形缝及通风管道等两侧的混凝土，应对称均衡浇灌。

（3）当采用布料机布送混凝土时应进行专项设计，并符合下列规定：

1）布料机的活动半径宜能覆盖全部待浇混凝土的部位。

2）布料机的活动高度应能满足模板系统和钢筋的高度。

3）布料机不宜直接支承在滑模平台上，当必须支承在平台上时，支承系统必须专门设计，并有大于 2.0 的安全储备。

4）布料机和泵送系统之间应有可靠的通信联系，混凝土宜先布料在操作平台上，再送入模板，并应严格控制每一区域的布料数量。

5）平台上的混凝土残渣应及时清出，严禁铲入模板内或掺入新混凝土中使用。

6）夜间作业时应有足够的照明。

（4）混凝土的振捣应满足下列要求：

1）在振捣过程当中，应使振捣器捣固每一位置的振捣时间以混凝土不再显著下沉不出现气泡并开始泛浆时为准，且梅花形布置。

2）振捣器前后两次插入混凝土中的间距应不超过振捣器有效半径的 1.5 倍，振捣器宜垂直插入混凝土中，按顺序依次振捣，以免漏振。

3）振捣上层混凝土时应将振捣器插入下层混凝土 5～10cm，以加强上下层混凝土的结合。

4）振捣器距模板的垂直距离不应小于振捣器有效半径的 1/2，并不得触动钢筋及预埋件，在浇筑仓内无法使用振捣器的部位，应辅以人工捣固使其密实。

（5）混凝土的养护应符合下列规定：

1）混凝土出模后应及时进行检查修整，且应及时进行养护。

2）养护期间，应保持混凝土表面湿润，除冬施外，养护时间不少于 28d。

3）养护方法宜选用连续均匀喷雾养护或喷涂养护液。

（6）施工中应控制混凝土浇筑温度及内外温差，减少裂缝，常见的温控措施包括：

1）在混凝土中掺加粉煤灰，以减少水泥用量，降低水泥水化热和混凝土浇筑后的最大温升。

2）严格控制粗骨料的含泥量，减少混凝土的收缩。

3）在混凝土浇筑过程中定时测量混凝土原材料的温度、出机口温度和混凝土浇筑温度，同时做好相应记录。

4）加强拌和楼出机口混凝土温度控制，生产时，质检人员定期对出机混凝土进行温度测量，并记录，当温度超过规范要求时应立即采取措施，对骨料进行洒水降温。

5）若日最高气温高于 35℃，则将浇筑安排在早晚、夜间及阴天进行，在气温高的白天停止浇筑，施工中尽量缩短混凝土运输及等待卸料时间，入仓后及时进行平仓振捣，加快混凝土的覆盖速度，缩短混凝土的暴露时间，并在平仓振捣后采用保温材料及时覆盖。

6）加强混凝土的保温、保湿养护措施，采用草包薄膜等保温材料，减少混凝土表面的热量散失，降低混凝土内外温差。

7）高温季节施工混凝土时，尽量缩短混凝土运输时间。

3. 二期混凝土施工

（1）工艺流程。二期混凝土施工一般工艺流程如图 34.13 所示。

（2）二期混凝土是闸门槽二期混凝土回填。

（3）二期混凝土采用木模板施工，二期混凝土模板每完成 2 节轨道的安装后进行一次立模浇

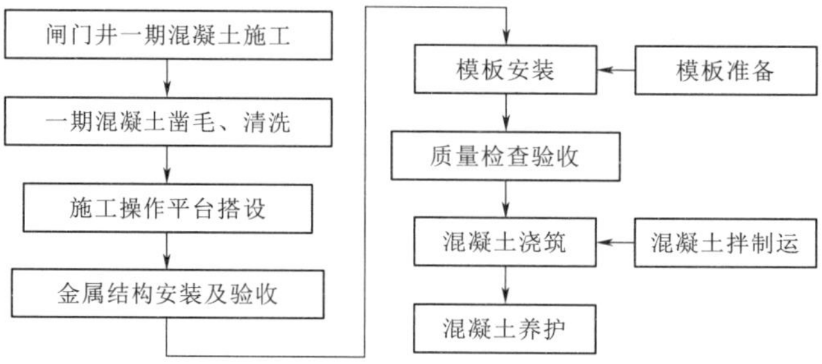

图 34.13　二期混凝土施工一般工艺流程

筑，模板每隔 1.5m 高预留一个活动进料窗口，便于进料和振捣。

（4）二期混凝土立模前，先将结合面老混凝土凿毛，并冲洗干净。

（5）二期混凝土浇筑时，老混凝土凿毛面应保持湿润，在二期混凝土浇筑过程中，用软轴式振捣器从每层的进料口伸入仓内进行振捣。

（6）控制混凝土下升速度，以保证模板、钢筋和金属埋件不移位、不变形。

（7）凿毛工艺继续保持下库洞内闸室段施工效果。

（8）二期混凝土由拌和站集中拌制，混凝土搅拌车运输至现场，溜筒入仓，每完成一个窗口的浇筑后对窗口进行封堵，然后将施工平台转移至下一层进行浇筑，如此反复，直至结束。

（9）二期混凝土浇筑过程中，安排专人对二期混凝土浇筑质量进行检查，以防空洞和胀模事故发生。

（10）二期混凝土施工采用脚手架作为施工平台。

34.3.4.3　示例图片

扩散段浇筑后体型、外观面如图 34.14 所示，已施工完成的闸门井混凝土外观如图 34.15 所示。

图 34.14　扩散段浇筑后体型、外观面

图 34.15　已施工完成的闸门井混凝土外观

34.3.5　脚手架搭设

34.3.5.1　工艺质量安全要点

（1）施工脚手架推荐采用承插型盘扣式钢管脚手架。

（2）脚手架施工前应根据施工对象情况、地基承载力、搭设高度，按规范和设计要求编制专项施工方案，并应经审核批准后实施。

（3）搭设操作人员必须经过专业技术培训和专业考试合格后，持证上岗。脚手架搭设前，施工管理人员应按专项施工方案的要求对操作人员进行技术和安全作业交底。

(4) 经验收合格的构配件应按品种、规格分类码放，并应标挂数量规格铭牌备用。构配件堆放场地应排水畅通、无积水。

(5) 脚手架搭设场地必须平整、坚实，有排水措施。

(6) 用承插型盘扣式钢管支架搭设双排脚手架时，搭设高度不宜大于 24m。可根据使用要求选择架体几何尺寸，相邻水平杆步距宜选用 2m，立杆纵距宜选用 1.5m 或 1.8m，且不宜大于 2.1m，立杆横距宜选用 0.9m 或 1.2m。

(7) 双排脚手架的斜杆或剪刀撑设置应符合下列要求：沿架体外侧纵向每 5 跨每层设置一根竖向斜杆或每 5 跨间设置扣件钢管剪刀撑，端跨的横向每层应设置竖向斜杆。

(8) 承插型盘扣式钢管支架应由塔式单元扩大组合而成，拐角为直角的部位应设置立杆间的竖向斜杆。当作为外脚手架使用时，单跨立杆间可不设置斜杆。

(9) 当设置双排脚手架人行通道时，应在通道上部架设支撑横梁，横梁截面大小应按跨度以及承受的荷载计算确定，通道两侧脚手架应加设斜杆；洞口顶部应铺设封闭的防护板，两侧应设置安全网；通行机动车的洞口，必须设置安全警示和防撞设施。

(10) 连墙件的设置应符合下列规定：

1) 连墙件必须采用可承受拉压荷载的刚性杆件，连墙件与脚手架立面及墙体应保持垂直，同一层连墙件宜在同一平面，水平间距不应大于 3 跨，与主体结构外侧面距离不宜大于 300mm。

2) 连墙件应设置在有水平杆的盘扣节点旁，连接点至盘扣节点距离不应大于 300mm；采用钢管扣件作连墙杆时，连墙杆应采用直角扣件与立杆连接。

3) 当脚手架下部暂不能搭设连墙件时，宜外扩搭设多排脚手架并设置斜杆形成外侧斜面状附加梯形架，待上部连墙件搭设后方可拆除附加梯形架。

4) 连墙件应随脚手架高度上升在规定位置处设置，不得任意拆除。

(11) 作业层设置应符合下列规定：

1) 作业层脚手板应满铺。

2) 外侧应设挡脚板和防护栏杆，防护栏杆可在每层作业面立杆的 0.5m 和 1.0m 的盘扣节点处布置上、中两道水平杆，并应在外侧满挂密目安全网。

3) 作业层与主体结构间的空隙应设置内侧防护网。

(12) 挂扣式钢梯宜设置在尺寸不小于 0.9m×1.8m 的脚手架框架内，钢梯宽度应为廊道宽度的 1/2，钢梯可在一个框架高度内折线上升；钢架拐弯处应设置钢脚手板及扶手杆。

(13) 脚手架立杆应定位准确，并应配合施工进度搭设，一次搭设高度不应超过相邻连墙件以上两步。

(14) 加固件、斜杆应与脚手架同步搭设。

(15) 当脚手架搭设至顶层时，外侧防护栏杆高出顶层作业层的高度不应小于 1500mm。

(16) 脚手架可分段搭设、分段使用，并应确认符合方案要求后使用。

(17) 脚手架应经单位工程负责人确认并签署拆除许可令后拆除。

(18) 脚手架拆除时应划出安全区，设置警戒标志，派专人看管。

(19) 脚手架拆除应按后装先拆、先装后拆的原则进行，严禁上下同时作业。连墙件应随脚手架逐层拆除，分段拆除的高度差不应大于两步。如因作业条件限制，出现高度差大于两步时，应增设连墙件加固。

(20) 对脚手架应重点检查和验收下列内容：

1) 搭设的架体三维尺寸应符合设计要求，斜杆和钢管剪刀撑设置应符合施工方案规定。

2) 立杆基础不应有不均匀沉降，立杆可调底座与基础面的接触不应有松动和悬空现象。

3）连墙件设置应符合设计要求，应与主体结构，架体可靠连接。

4）外侧安全立网、内侧层间水平网的张挂及防护栏杆的设置应齐全、牢固。

5）周转使用的支架构配件使用前应作外观检查，并应做记录。

6）搭设的施工记录和质量检查记录应及时、齐全。

34.3.5.2　示例图片

脚手架如图 34.16 所示。

图 34.16　脚手架

34.4　WHS 质量控制点

进出水口混凝土施工主要工序 WHS 质量控制点见表 34.3。

表 34.3　　进出水口混凝土施工主要工序 WHS 质量控制点

序　号	质 量 控 制 点	W（见证）	H（停工待检）	S（旁站）
1	钢筋工程		√	
2	止水安装		√	
3	观测仪器埋设		√	
4	模板工程		√	
5	混凝土浇筑			√
6	二期混凝土			√
7	伸缩缝		√	
8	混凝土外观	√		

详见本书第 13 章。

（1）滑动模板混凝土浇筑前，应根据设计标准对滑动模板装置的制作和安装质量进行全面检查、验收。

（2）对混凝土施工质量应进行下列检查：

1）支承杆接头的连接质量。

2）混凝土分层浇筑厚度、滑动模板滑动速度等。

3）脱模后的混凝土有无塌落、拉裂和蜂窝麻面。

4）混凝土脱模强度。

5）滑动模板的轴线、平面位置和尺寸，其控制标准按设计要求执行。当设计无要求时，按表

34.4 的规定执行。

表 34.4　　滑动模板安装要求

滑动模板类型	垂直偏差	轴线偏差	滑动模板扭转	模板上、下口尺寸允许偏差/mm
竖直	建（构）筑物高度的 0.1%，但总偏差不大于水工建（构）筑物允许偏差		±0.5°	−5～10
倾斜及水平		建（构）筑物长 0.05%	±0.5°	−5～10

（3）每滑升 1～3m，应对建（构）筑物的轴线、体型尺寸、形状、位置及标高进行测量检查，并做好记录。

（4）因故停滑后，再次启滑前，应进行复检验收。

34.5　相关标准

《工程测量标准》（GB 50026）

《水工混凝土外加剂技术规程》（DL/T 5100）

《水电水利工程模板施工规范》（DL/T 5110）

《水电水利基本建设工程　单元工程质量等级评定标准　第 1 部分：土建工程》（DL/T 5113.1）

《水工混凝土施工规范》（DL/T 5144）

《水工混凝土钢筋施工规范》（DL/T 5169）

《水电水利工程施工测量规范》（DL/T 5173）

《水工建筑物止水带技术规范》（DL/T 5215）

《水工建筑物滑动模板施工技术规范》（DL/T 5400）

《建筑施工承插型盘扣式钢管支架安全技术规程》（JGJ 231）

《抽水蓄能电站工程安全文明施工设施》（Q/GDW 11586）

第 35 章 平面闸门安装施工工艺

35.1 适用范围

本工艺适用于抽水蓄能电站工程平面闸门的安装施工。

35.2 施工程序

施工程序见图 35.1。

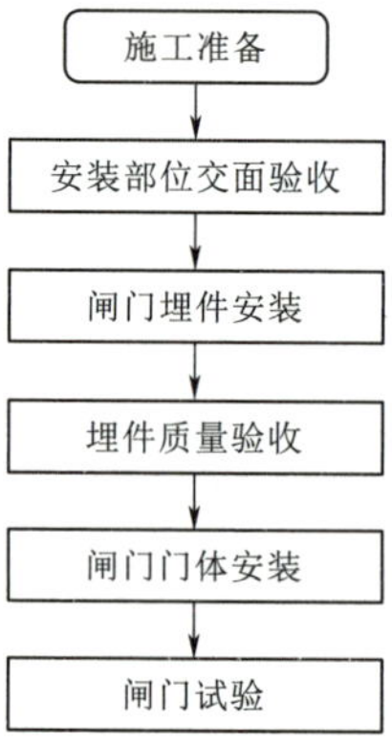

图 35.1 施工程序

35.3 工艺说明及主要质量控制要点

35.3.1 施工准备

1. 施工技术准备

(1) 图纸会审：收到施工图纸后，进行图纸审核。

(2) 编制工艺文件：应组织专业技术人员编制工艺文件，包括施工技术措施、质量安全保证措施等，按程序报送批准。

(3) 技术交底：专业技术人员召集全体作业人员进行技术交底，使作业人员熟悉设备安装方法、特点、设计意图、技术要求及施工措施。

2. 材料设施准备

主要包括设备接货清点、交接验收。

（1）埋件接货验收。

1）平面钢闸门埋件一般包括主轨、反轨、副轨、侧轨、底坎、门楣、胸墙等。

2）应进行埋件接货验收，同时做好验收记录。检查每批到达现场埋件的检验记录，并收集整理备查。

3）埋件的不锈钢止水面应设保护，以防损伤。其他部位应有防腐蚀措施。

4）埋件的几何尺寸应符合《水电工程钢闸门制造安装及验收规范》（NB/T 35045）的要求。

（2）钢闸门接货验收。

1）应进行闸门接货验收，并做好验收记录。支承滑块、侧轮、反轮、水封等附件应予妥善保护。

2）闸门应有标志，标志内容必须包括：制造厂名、产品名称、产品型号或主要技术参数、制造日期。

（3）装箱零部件开箱、清点验收。

1）应进行附件开箱、清点验收，并做好验收记录。

2）包装运抵现场的附件，检查包装物是否完好无损，是否与随箱附带的装箱清单内容一致。观察所有附件有无锈蚀及机械损伤，清点所有附件是否齐全。

3）高强螺栓到货还应符合《钢结构高强度螺栓连接的设计、施工及验收规程》（JGJ 82）的有关规定。

3. 其他准备

根据施工现场情况，准备和布置埋件、闸门施工使用的大型临时设施及工器具等。

35.3.2　安装部位交面验收

埋件安装之前，应对安装部位土建工程进行交面验收。

用全站仪、水准仪、经纬仪、卷尺等工具，检查闸门埋件基础的安装尺寸及高程，其误差应符合安装图纸及规范要求。除另有规定外，平面闸门埋件安装的公差或极限偏差应符合附表 1 的规定。

闸门埋件的焊接质量应符合设计图纸及规范要求。

35.3.3　闸门埋件安装

（1）埋件安装前，门槽中的模板等杂物必须清除干净，一期、二期混凝土的结合面应全部凿毛，二期混凝土的断面尺寸及预埋锚栓和锚板的位置应符合图纸要求。

（2）作业人员根据施工图纸，设置孔口中心、门槽中心、高程及里程测量控制点，采用清楚的标志并加以警示、保护。

（3）底坎埋件安装：作业人员根据施工图纸清点底坎埋件的零部件数量，检查底坎零部件几何尺寸，做好安装前的准备。

根据施工图纸及测量控制点用经纬仪、水准仪、卷尺、线锤等工具进行底坎的测量放样，并准确标志。底坎运输到现场，经验收后，作业人员根据施工图纸，利用起重设备吊装埋件，配合千斤顶、线锤、卷尺等调整底坎安装高程、中心、水平等，其尺寸应符合设计要求。对于设计及施工图纸中未提出明确要求的，按表 35.1 的要求。最后与一期插筋加固，确保底坎在二期混凝土浇筑过程中不发生变形或移位。

（4）底坎二期混凝土：底坎检验合格后，即可开始底坎二期混凝土的浇筑。

（5）底坎复测：底坎二期混凝土浇筑、养生完成后，质检人员对底坎进行复测，应符合表 35.1 中的相应要求。

表 35.1　　　　　　　　　平面闸门埋件安装的公差或极限偏差

序号	埋件名称		底槛	门楣	主轨 加工	主轨 不加工	侧轨	反轨	止水板	护角兼作侧轨	胸墙 兼作止水 上部	胸墙 兼作止水 下部	胸墙 不兼作止水 上部	胸墙 不兼作止水 下部
	简图		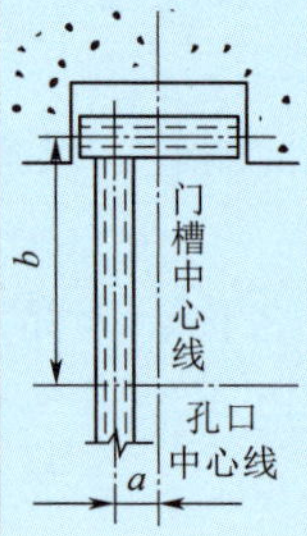							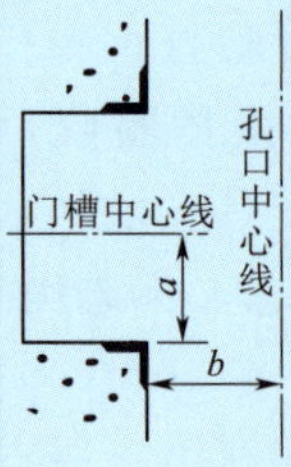	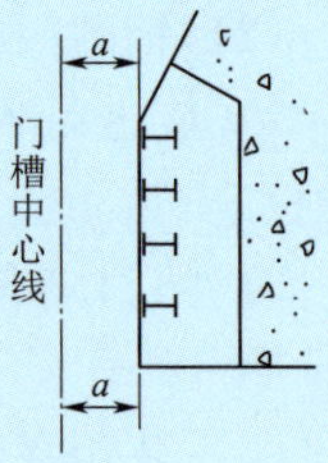			
1	对门槽中心线 a	工作范围内	±5.0	+2.0 −1.0	+2.0 −1.0	+3.0 −1.0	±5.0	+3.0 −1.0	+2.0 −1.0	±5.0	+5.0 −0.0	+2.0 −1.0	+8.0 −0.0	+2.0 −1.0
		工作范围外			+3.0 −1.0	+5.0 −2.0	±5.0	+5.0 −2.0		±5.0				
2	对孔口中心线 b	工作范围内	±5.0		±3.0	±3.0	±5.0	±3.0	±3.0	±5.0				
		工作范围外			±4.0	±4.0	±5.0	±5.0		±5.0				
3	高程	▽	±5.0											
4	门楣中心到底槛面的距离 h			±3.0										
5	工作表面一端对另一端的高差	L＜10000	2.0											
		L≥10000	3.0											
6	工作表面平面度	工作范围内	2.0	2.0	2.0				2.0		2.0	2.0	4.0	4.0
		工作范围外												
7	工作表面组合处的错位	工作范围内	1.0	0.5	0.5	1.0	1.0	1.0	0.5	1.0	1.0	1.0	1.0	1.0
		工作范围外			1.0	2.0	2.0	2.0		2.0				
8	表面扭曲值 f　简图													
	表面扭曲值 f　工作范围内表面宽度	B＜100	1.0	1.0	0.5	1.0	2.0	2.0	1.0	2.0				
		B＝100～200	1.5	1.5	1.0	2.0	2.5	2.5	1.5	2.5				
		B＞200	2.0		1.0	2.0	3.0	3.0		3.0				
	工作范围外允许增加值				2.0	2.0	2.0	2.0		2.0				

注　1. 构件每米至少应测一点。
2. 胸墙下部系指和门楣组合处。
3. 门槽工作范围高度：静水启闭闸门为孔口高；动水启闭闸门为承压主轨高度。
4. 侧轮如为预压式弹性装置，则侧轨偏差按图样规定。
5. 组合处错位应磨成缓坡。
6. 表中单位为 mm。
7. 本表依据《水电工程钢闸门制造安装及验收规范》（NB/T 35045）编制。

（6）门槽构件安装：主要包括主、反、侧轨及门楣、胸墙安装。作业人员根据施工图纸搭设脚手架及安全防护设施。用经纬仪、水准仪、卷尺、线锤等根据施工图纸及测量控制点进行测量放样。钢闸门埋件运输到现场，经验收后，作业人员利用起重设备吊装埋件，用千斤顶、线锤、卷尺等调整埋件安装高程、中心、水平等，其尺寸应符合设计要求。最后与一期插筋加固，确保埋件在二期混凝土浇筑过程中不发生变形或移位。质检人员检查合格后，由焊接人员按焊接工艺要求施焊。焊接完成后，将轨道接头磨平。由质检人员根据表 35.1 对现场焊缝进行检验；根据表 35.2 对埋件安装几何尺寸进行复测。

（7）门槽二期混凝土浇筑：门槽检验合格，报监理验收合格后，即可开始门槽二期混凝土的浇筑。

（8）门槽构件打磨：所有门槽构件工作面上的连接焊缝，在安装工作完毕、二期混凝土回填后，必须仔细地进行打磨，其表面粗糙度应与焊缝的构件保持一致。

表 35.2　　焊缝外观质量检查　　单位：mm

<table>
<tr><th rowspan="3">序号</th><th rowspan="3" colspan="2">项　目</th><th colspan="3">焊　缝　类　别</th></tr>
<tr><th>一</th><th>二</th><th>三</th></tr>
<tr><th colspan="3">允许缺陷尺寸</th></tr>
<tr><td>1</td><td colspan="2">裂纹</td><td colspan="3">不允许</td></tr>
<tr><td>2</td><td colspan="2">表面夹渣</td><td colspan="2">不允许</td><td>深$\leqslant 0.1\delta$，长 0.3δ，且<15</td></tr>
<tr><td>3</td><td colspan="2">咬边</td><td colspan="2">深度$\leqslant 0.5$；连续咬边长度$\leqslant$焊缝总长的 10%，且$\leqslant 100$；两侧咬边累计长度$\leqslant$该焊缝总长的 15%；角焊缝$\leqslant 20\%$</td><td>$\leqslant 1$</td></tr>
<tr><td>4</td><td colspan="2">表面气孔</td><td>不允许</td><td>直径$\leqslant 1.0$的气孔在每米范围内允许 3 个，间距$\geqslant 20$</td><td>直径$\leqslant 1.5$的气孔在每米范围内允许 5 个，间距$\geqslant 20$</td></tr>
<tr><td rowspan="2">5</td><td rowspan="2">焊缝余高 Δh</td><td>手工焊</td><td colspan="2">$\delta\leqslant 12$　$\Delta h=0\sim 1.5$
$12<\delta\leqslant 25$　$\Delta h=0\sim 2.5$
$25<\delta\leqslant 50$　$\Delta h=0\sim 3$
$\delta>50$　$\Delta h=0\sim 4$</td><td>$0\sim 2$
$0\sim 3$
$0\sim 4$
$0\sim 5$</td></tr>
<tr><td>埋弧焊</td><td colspan="2">$0\sim 4$</td><td>$0\sim 5$</td></tr>
<tr><td rowspan="2">6</td><td rowspan="2">对接接头焊缝宽度</td><td>手工焊</td><td colspan="2">盖过每边坡口宽度 $2\sim 4$，且平缓过渡</td><td></td></tr>
<tr><td>埋弧焊</td><td colspan="2">盖过每边坡口宽度 $2\sim 7$，且平缓过渡</td><td></td></tr>
<tr><td>7</td><td colspan="2">角焊缝厚度不足（按设计焊缝厚度计）</td><td>不允许</td><td>$\leqslant 0.3+0.05$，且$\leqslant 1$，每 100 焊缝长度内缺陷总长度$\leqslant 25$</td><td>$\leqslant 0.3+0.05$，且$\leqslant 2$，每 100 焊缝长度内缺陷总长度$\leqslant 25$</td></tr>
<tr><td rowspan="2">8</td><td rowspan="2">角焊缝焊脚 K</td><td>手工焊</td><td colspan="3">$K\leqslant 12$ 时，K^{+2}_{-1}；$K>12$ 时，K^{+3}_{-1}</td></tr>
<tr><td>埋弧焊</td><td colspan="3">$K\leqslant 12$ 时，K^{+3}_{-1}；$K>12$ 时，K^{+4}_{-1}</td></tr>
</table>

35.3.4　闸门门体安装

（1）门槽清理。闸门安装前，门槽中的模板等杂物必须清除干净。

（2）门槽复测。作业人员根据施工图纸，复测孔口中心、高程、里程及埋件安装尺寸，检查埋件试槽数据，确保闸门能够顺利下门。

（3）闸门安装准备。作业人员根据施工图纸清点闸门的零部件数量，检查闸门零部件几何尺寸，做好安装前的准备。应考虑增设机械锁定装置，这样在闸门提升或提起后，如果发生制动器失灵或更换，调整制动器或调整钢绳起到保险作用。应考虑增设电机过载（过流）保护装置，计算出电机最大过载电流，选取一安全值，防止操作中因其他因素（如负压操作等）造成烧坏电机和拉断钢绳等情况。应考虑增设锁定梁，以备闸门更换密封、检修和防腐处理等用。

（4）闸门组装。

1）保证安装部件的高程、中心和水平符合图纸要求。

2）保证闸门及其部件的焊接工艺水平，要控制焊接中热应力带来的变形量不超过图纸规定的标准值。

3）闸门焊接的焊缝不能有气孔，以及引弧、断弧造成的坑陷，闸门的焊接尽量采取对称焊，防止连续焊，注意温度控制，以减少热应力造成的变形，焊缝要做探伤检验，闸门在水平方向总变形量不应超过±2mm。

4）闸门组装成整体后，其各项尺寸应符合 NB/T 35045 有关规定要求。节间如采用螺栓连接，则螺栓应均匀拧紧，节间橡皮的压缩量应符合设计要求；节间如采用焊接，则应采用已经评定合格的焊接工艺，按规范有关焊接的规定进行焊接和检验，焊接应采取措施控制变形。

5）闸门滚轮和滑道应同一平面内，其平面度应符合规范有关规定的要求，滚轮转动灵活，无卡滞现象。

6）止水橡皮的螺孔位置应与门叶或止水压板上螺孔位置一致；孔径应比螺栓直径小 1.0mm，并严禁烫孔，当均匀拧紧螺栓后，其端部至少应低于止水橡皮自由表面 8.0mm；止水橡皮接头可采用生胶热压等方法胶合，胶合接头处不得有错位、凹凸不平和疏松现象；止水橡皮安装后，两侧止水中心距离和顶止水中心至底止水底缘距离的允许偏差±3.0mm，止水表面的平度为 2.0mm，闸门处于工作状态时，止水橡皮压缩量应符合图样规定，其允许偏差为＋2.0～－1.0mm。高强螺栓应用测力扳手拧紧，一般分为初拧和终拧。初拧力矩为规定力矩值的60％，终拧到规定力矩。拧紧螺栓应从中部开始对称向两端进行。测力扳手在使用前应检测其力矩值，并在使用过程中定期复检。

（5）闸门静平衡试验：平面闸门入槽前应作静平衡试验，试验方法为：将闸门吊离地面100mm，通过滚轮或滑道的中心测量上、下游与左、右方向的倾斜，一般单吊点平面闸门的倾斜不应超过门高 1/1000，且不大于 8.0mm；平面链轮闸门的倾斜不超过门高的 1/1500，且不大于3mm；当超过上述规定时，应予配重。

（6）闸门吊装：闸门运输到现场，经验收后，作业人员根据施工图纸，利用起重设备吊装闸门。

35.3.5 闸门试验

1. 埋件试槽

埋件安装完后，在过水前应试槽，采用相应的闸门在门槽中进行试验，应起落自如，无卡阻现象。

如过水前相应的闸门等不能到货，应采用外形尺寸相同的试槽架，与闸门在相同的条件下进行试槽试验。

2. 闸门试验

（1）闸门全行程启闭试验：闸门安装好后，应在无水情况下做全行程启闭试验，试验前应检查自动挂脱梁挂钩脱钩是否灵活可靠；充水阀在行程范围内的升降是否自如，在最低位置时能否关闭平压阀，止水是否严密；滑道或滚轮的运行无卡阻现象，双吊点闸门的同步应达到设计要求。在闸门全关位置，水封橡皮无损伤，在支承装置和轨道接触后进行漏光检查合格，止水严密。同时还须清除门叶上和门槽内所有杂物并检查吊杆的连接情况。启闭时，必须对水封橡皮与不锈钢水封座板的接触面清水冲淋润滑，以防损坏水封橡皮。有条件时，工作闸门应作动水启闭试验。

（2）闸门启闭过程检查：闸门启闭过程中应检查滚轮、支铰及顶枢、底枢等转动部位运行情况，闸门升降或旋转过程有无卡阻，启闭设备左右两侧是否同步，止水橡皮有无损伤。闸门全部处于工作部位后，应用灯光、高压射水或其他方法检查止水橡皮的压缩程度不应有透亮或有间隙。如闸门为上游止水，则应在支承装置和轨道接触后检查。

（3）闸门在承受设计水头的压力时，通过任意 1m 长止水橡皮范围内漏水不应超过 0.1L/s。

（4）事故闸门动水闭门试验：有条件时，对事故闸门可进行动水闭门试验，动水试验前，应根据设计要求及现场条件，编制试验大纲批准后实施。

35.3.6 闸门防腐

安装好的闸门，除了水封座板的不锈钢表面外，其余的表面由于运输或安装过程损坏的防腐蚀层（金属喷涂或涂漆）应进行补涂，其要求同原结构。

（1）预处理：闸门安装、试验完成后，由作业人员根据设计要求补漆。闸门表面在喷涂前必须进行表面预处理，预处理前应仔细清除锈、氧化皮、焊渣、油污、灰尘、水分等附着物，并清洗基体金属表面可见的油脂和其他污物。采用喷射处理后，基体金属表面清洁度等级不低于《涂覆涂料前钢材表面处理　表面清洁度的目视评定》（GB/T 8923）中规定的 Sa2.5 级；表面粗糙度值应在 Ry60～100mm 的范围之内。

（2）喷涂：闸门在表面预处理达到标准后，应在有效时间内进行喷涂，喷涂前如发现基体金属表面被污染或返锈，应重新处理，使达到原要求的表面清洁度等级。对于保护涂层的质量检查、验收标准等应按《水电水利工程金属结构设备防腐蚀技术规程》（DL/T 5358）执行，各道工序的施工应有记录。

（3）防腐涂层要求：闸门、门槽的防腐涂层应按照设计和规范的要求进行防腐处理。

35.3.7 质量验收

（1）根据需要，验收可分以下几个阶段进行：

1）包装与运输验收。

2）安装验收。

3）试运行验收。

（2）埋件与闸门安装质量应符合 NB/T 35045 的规定，并满足工程使用要求。

（3）验收需提（移）交的资料和文件：

1）验收申请报告和验收大纲。

2）设计图纸、设计文件及有关会议纪要。

3）变更设计部分的实际施工图和变更设计的证明文件。

4）监理文件、指令和通知单。

5）埋件、闸门等的出厂合格证；主要材料、标准件及外协加工件的质量证明书。

6）焊缝质量检验报告。

7）焊接工艺评定报告、制造工艺文件或安装技术措施。

8）安装时最终检查和试验的测定记录（闸门和埋件组装检测记录、表面防腐蚀质量检验报告、闸门和埋件安装检测记录等）。

9）对不合格品或重大缺陷的处理记录和报告。

10）闸门平衡试验“充水试验及静”动水启闭试验报告。

11）备品备件移交清单。

12）安装竣工图。

13）试运行记录和报告。

35.4 示例图片

闸门组装成整体后示例见图 35.2，闸门安装在门槽内示例见图 35.3。

图 35.2　闸门组装成整体后

图 35.3　闸门安装在门槽内

35.5　相关标准

《涂覆涂料前钢材表面处理　表面清洁度的目视评定》（GB/T 8923）
《水电工程钢闸门制造安装及验收规范》（NB/T 35045）
《金属结构设备防腐蚀技术规程》（DL/T 5358）
《钢结构高强度螺栓连接的设计、施工及验收规程》（JGJ 82）

第 36 章 固定卷扬机启闭安装施工工艺

36.1 适用范围

本工艺适用于抽水蓄能电站工程固定卷扬式启闭机的安装施工。

36.2 施工程序

施工程序见图 36.1。

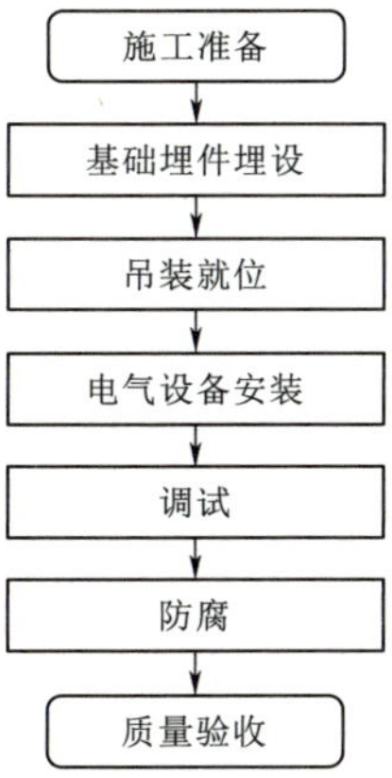

图 36.1 施工程序

36.3 工艺说明及主要质量控制要点

36.3.1 施工准备

1. 技术准备

（1）图纸会审：固定卷扬式启闭机有关图纸和资料应准备齐全，严格按照国家电网有限公司《电力建设工程施工技术管理导则》（以下简称《导则》）的要求做好图纸会审工作。

（2）技术交底：按照《导则》规定，必须分级进行施工技术交底。技术交底内容要充实，具有针对性和指导性，全体参加施工的人员要参加交底并签名，形成书面交底记录。安装工作人员应了解固定卷扬式启闭机的工作原理和熟悉其安装工艺流程。

2. 机具准备

固定卷扬式启闭机安装所需的起重运搬设备、焊接设备、冲洗设备、检验设备进场、报验。其中特种设备在投入使用前必须向质量技术监督局取证。登记标志应当置于或者附着于该特种设备的显著位置。

3. 设备进场、验收

固定卷扬式启闭机交付现场安装前，应对照装箱清单和技术文件对安装的启闭机逐一清点、登记和检查，对其中重要零部件进行检查验收，查验后签字移交。

安装前，按施工图纸和制造厂安装使用维护说明书的规定，全面检查安装部位的情况、设备构件以及零部件的完整性和完好性。对重要构件和部件应通过预拼装进行检查。

启闭机安装前应对启闭机安装基础位置和几何尺寸进行复检验收。基础尺寸和位置的允许偏差应符合要求。

36.3.2　基础埋件埋设

启闭机平台基础埋件的埋设是启闭机安装的关键环节，严格按施工图纸和制造厂安装使用维护说明书的要求进行埋设。先做好样架，通过测量放样确定其高程和坐标，埋件就位后，根据起吊中心线找正。

基础螺栓的埋设位置、埋入深度及露出部分的长度均应符合设计要求。

启闭机的机座和基础混凝土质量直接关系到启闭机的稳固和安全，须严格按施工图纸的规定进行浇筑，待混凝土达到设计强度的70%后再进行安装。

36.3.3　吊装就位

启闭机吊装宜在启闭机房未封顶之前进行。

固定卷扬式启闭机主要由机架、电动机、减速器、卷筒、开式齿轮、制动器、负荷限制器、高度指示器、滑轮组及钢丝绳等零部件组成。

启闭机是采用整体吊装还是解体吊装方法，主要根据现场吊机停放位置等具体情况来确定。启闭机就位后，按制造厂安装使用维护说明书的要求进行调整、找正，使其平台高程及水平、纵横向中心线偏差、联轴器的同心度及端面间隙、钢丝绳固定及缠绕情况、高度指示器及负荷控制器的功能等均符合制造厂安装使用维护说明书并满足以下规定：

(1) 启闭机平台高程偏差不应超过±5mm；水平度偏差不应大于0.5/1000。

(2) 根据起吊中心线调整启闭机纵、横向中心线偏差，使其不超过±3mm。

(3) 电动机和减速器就位后，对联轴器进行检查调整，使其端面间隙、径向位移、轴向倾斜均符合设计或规范要求，并盘车检查运转受力情况，是否有憋劲现象，检查两滚筒是否同步运转。

(4) 缠绕在卷筒上的钢丝绳长度，当吊点在下极限时，留在卷筒上的圈数不少于4圈，其中2圈作为固定用，另外2圈为安全圈；当吊点在上极限时，钢丝绳不得缠绕到卷筒光圈部分。

(5) 卷筒上缠绕双层钢丝绳时，钢丝绳应有顺序地逐层缠绕在卷筒上，不得挤叠或乱槽，同时还应仔细调整，使两卷筒的钢丝绳同时进入第二层。

(6) 如该启闭机高度指示器为仪表式的，其功能应达到下列要求：

1) 指示精度不低于1%。

2) 应具有可调节定值极限位置、自动切断主回路及报警功能。

3) 高度检测元件应具有防潮、抗干扰功能。

4) 具有纠正指示及调零功能。

(7) 复合式负荷控制器的功能应满足下列要求：

1) 系统精度不低于2%，传感器精度不低于0.5%。

2) 当负荷达到110%额定启闭力时，应自动切断主回路和报警。

3）接收仪表的刻度或数码显示应与启闭力相符。

4）当监视两个以上吊点时，仪表应能分别显示各吊点启闭力。

5）传感器及其线路应具有防潮、抗干扰性能。

(8) 减速器在投入使用前应进行清洗检查，润滑油的油位应与油标尺的刻度相符，其油位不得低于高速级大齿轮最低齿的齿高，但也不应高于 2 倍齿高。减速器应转动灵活，其油封和结合面处不得漏油。

36.3.4　电气设备安装

电气设备的安装应按施工图纸、设备技术文件和 NB/T 35036 的有关规定，做到电缆排列整齐美观、固定牢固，二次接线正确，全部电气设备不带电的外壳、支架及启闭机机架进行可靠接地。

36.3.5　调试

启闭机安装完毕，给减速器及其他应当灌注润滑油（脂）的部位灌注润滑油（脂）。润滑油（脂）的规格、性能应符合制造厂的要求。

每台启闭机的过负荷保护接点、行程限位开关、闸门开度指示器、制动器、锁定等关键部位派专人负责调试。调试合格的上述装置，其供调整的螺栓等部位，用专门的油漆涂封。

启闭机安装完成后，会同监理人进行以下项目的试验。

1. 电气设备试验

接电试验前认真检查全部接线并符合图样规定，整个线路的绝缘电阻必须大于 0.5MΩ 才可开始接电试验。试验中各电动机和电气元件温升不能超过各自的允许值，试验采用该机自身的电气设备。试验中若有触头等元件烧灼应予以更换。

对采用 OLC 控制的电气控制设备，应首先对程序软件进行模拟信号调试，正常无误后再进行联机调试。

2. 空载试验

启闭机安装完毕，在不与闸门连接的情况下，进行启闭机的空载运行（全行程往返 3 次），以检查各传动机构的安装正确性。主要检查项目如下：

(1) 电动机运行应平稳，三相电流不平衡度不超过±10%，并测出电流值。

(2) 电气设备应无发热、焦味等异常现象。

(3) 检查和调试限位开关（包括充水平压开度节点），使其动作准确、可靠。

(4) 高度指示和荷重指示准确反映行程和重量，到达上下极限位置，主令开关能发出信号并自动切断电源，使启闭机停止运转。

(5) 所有机械部件运转时，均不应有冲击声和其他异常声音，钢丝绳在任何部位，均不与其他部件摩擦。各构件连接处无裂纹松动或损坏现象机箱无渗油现象。

(6) 制动闸松闸时应全部打开，间隙符合设计要求，并测出松闸电流值。

(7) 利用直流松闸时，应分别检查和记录松闸直流电流值，以及松闸持续 2min 时电磁线圈的温度。

3. 负荷试验

荷载试验分静荷载试验和动荷载试验。

(1) 静荷载试验。启闭机与闸门连接后，在闸门不承受水压的情况下，作开启和关闭运行（重复做 3 次）。检查各传动机构的运行有否变化，闸门开度指示器显示是否正确，各限位开关是否正确地动作，同时测量电动机的电流、电压值的变化情况。

(2) 动荷载试验。动荷载试验根据设计要求及现场条件，编制试验大纲经批准后实施。各项试验的记录都作为安装验收的依据。

事故闸门的静水启门和动水闭门试验，在设计水头动水工况下进行。带荷载试运转时检查下列电气和机械部分：

1）电动机运行应平稳，三相电流不平衡度不超过±10%，并测出电流值。

2）电气设备应无异常发热现象；

3）所有保护装置和信号应准确可靠。

4）制动闸应无打滑、无焦味和冒烟现象。

5）所有机械部件在运转中无冲击声，开放式齿轮啮合工况符合要求。

6）荷重指示器与高度指示器其读数能准确反映闸门在不同开度下的启闭力值，误差不超过± 5%。

7）闸门的快速启闭时间、快速关闭的最大速度、离心式调速器摩擦面的最高温度和采用直流电源松闸时，电磁铁圈的最高温度均应符合设备使用说明书或规范的规定。

上述试验结束后，机构各部分不得有破裂、永久变形、连接松动或损坏，电气部分应无异常发热现象等影响性能和安全质量问题的出现。

36.3.6　防腐

启闭机安装、调试完毕，进行全面检查清理、修补损坏部位的保护油漆。其程序和要求如下：

（1）启闭机防护施工前，根据环境温度、湿度及被防护结构的具体情况，制定工艺、技术措施并报监理人认可。

（2）启闭机涂装前，对其表面进行预处理，彻底清除铁锈、油污、灰尘、水分等附着物。

（3）启闭机防腐按照设计和规范的要求进行。

36.3.7　质量验收

按照《水电工程　单元工程质量等级评定标准　第 2 部分：金属结构及启闭机安装工程》（NB/T 35097.2）第 10.0.2 条和 12.0.2 条进行质量验收，主要检查项目如下：

（1）纵、横向中心线偏差：≤3mm。

（2）水平偏差：≤0.5mm/m。

36.4　示例图片

固定卷扬式启闭机检查示例见图 36.2，固定卷扬式启闭机安装后示例见图 36.3。

图 36.2　固定卷扬式启闭机检查

图 36.3　固定卷扬式启闭机安装后

36.5　相关标准

《水电工程启闭机制造安装及验收规范》(NB/T 35051)

《水电工程单元工程质量等级评定标准　第 2 部分：金属结构及启闭机安装工程》(NB/T 35097.2)

第 37 章 液压启闭机安装施工工艺

37.1 适用范围

本工艺适用于抽水蓄能电站工程液压启闭机的安装施工。

37.2 施工程序

施工程序见图 37.1。

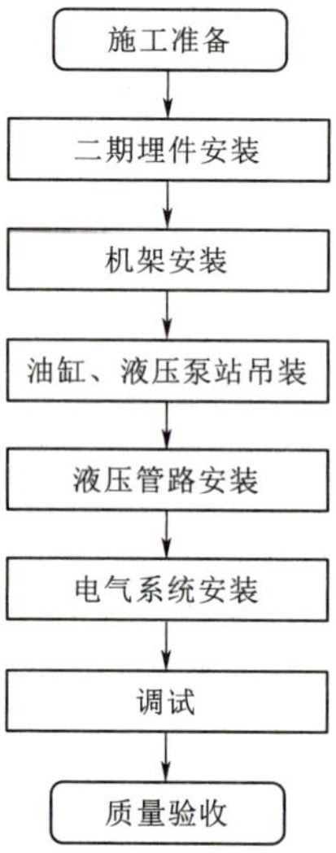

图 37.1 施工程序

37.3 工艺说明及主要质量控制要点

37.3.1 施工准备

（1）设备进场开箱验收与清点：液压启闭机交付现场安装前，按装箱清单和技术文件对启闭机逐一清点、登记和检查，对其中重要零部件进行检查验收，做好验收记录。

（2）安装基础检验：启闭机安装前应对启闭机安装基础位置和几何尺寸进行复检验收。基础尺寸和位置的允许偏差应符合要求。外表面应无裂纹、空洞、掉角、露筋，在用锤子敲打时，应无破碎等现象发生。

（3）机具准备：液压启闭机安装所需的起重运搬设备、焊接设备、冲洗设备、检验设备进场、报验。其中特种设备在投入使用前，特种设备使用单位应当向特种设备安全监督管理部门登记。登记标志应当置于或者附着于该特种设备的显著位置。对试验压力用压力继电器和压力表进行校验，夜间施工配备足够照明设备。

（4）技术准备。

1）图纸会审：液压启闭机有关图纸和资料应准备齐全，严格按照国家电网有限公司《电力建设工程施工技术管理导则》（以下简称《导则》）的要求做好图纸会审工作。

2）技术交底：应按照《导则》规定，必须分级进行施工技术交底。技术交底内容要充实，具有针对性和指导性，全体参加施工的人员要参加交底并签名，形成书面交底记录。安装工作人员应了解液压启闭机的工作原理和熟悉其安装工艺流程。

37.3.2 二期埋件安装

（1）二期埋件包括机架埋件、液压泵站及电控柜埋件，主要作为液压泵总成、油缸总成、电控设备安装的基础。

（2）从相应进水口快速门底坎高程处将实际门槽中心线、孔口中心线引至机架安装高程，作为机架安装的基准。

（3）液压泵站及电控柜埋件是槽钢组装件，在制作及运输过程中易变形，安装时应以埋件上的螺杆孔中心为基准，保证相对距离。为了保证电机泵与油箱系统顺利连接，采用角钢将液压泵站及电控柜埋件连接，保证二期混凝土回填后埋件不相对偏移。

37.3.3 机架安装

机架安装时要注意其高程与水平，因为油缸、闸门吊杆及闸门的重量均由机架承担，机架支座的平面度及中心坐标安装要求：机架中心坐标控制在±2mm，高程偏差在±5mm内，且与实际门槽安装中心线偏差一致。

机架钢梁与推力支座的组合面不应大于0.05mm的通隙，其局部间隙不应大于0.1mm，宽度方向不应超过组合面宽度的1/3，累计长度不超过周长的20%，推力支座顶面水平面偏差不应大于0.2/1000。

37.3.4 油缸、液压泵站吊装

1. 液压泵站安装

液压泵站一般由变量柱塞泵及电机、油箱、阀架、泵站内油管路等组成。安装前应检查泵站总成的出厂合格证及装箱清单，与实际相符后再进行安装；检查油口是否清洁，各电磁阀动作是否正确可靠。在加入清洗油前，应仔细检查并确认油箱内部是否清洁，否则应清洗；在油箱加入清洁油时应进行过滤，过滤精度不低于10μm，对泵站进行循环冲洗，冲洗时间不少于2h；循环冲洗后，排空油箱中的清洗油并将油箱洗刷干净。

（1）液压泵、电机、油箱、阀架及泵站内油管路等设备均在泵房封顶前进行吊装。

（2）设备就位后，按设计图纸进行调节、定位，再按要求连接站内管路。

（3）在安装泵站机座时，要注意其高程与水平，调整好电机与油泵间的联轴器。

（4）泵站总成安装后应做耐压试验。

2. 油缸总成安装

安装前应对油缸仔细检查，主要包括：检查油缸总成的出厂合格证及装箱清单，与实际是否相符；检查油缸内部是否清洁，否则，应对油缸内部进行清洗；将活塞杆与承重螺母预装配，检查是

否发卡，检查缸体、活塞杆、吊头等重要部件上的螺纹，要求表面光滑，不得有毛刺、裂纹、凹陷和断扣；检查各相对运动部件间是否相互干涉；机架不允许有撞痕、变形、板面凸凹不平及裂纹；检查机械锁紧装置是否旋紧。经检查确认后才可进行油缸总成的吊装。

（1）安装时，油缸采用平板拖车运输，根据液压油缸的直径、长度、重量采用适当的吊装设备吊装就位。

（2）为防止吊装过程中油缸活塞外伸及油缸变形，油缸吊装前用钢丝绳将活塞杆吊头通过专用工装与油缸体连接，锁定活塞杆；捆扎时油缸外要加防护垫层。

（3）安装后需与土建密切配合，做油缸等永久设备的现场保护工作。

37.3.5　液压管路安装

液压管路安装包括管路的加工、初装、焊接、酸洗、防锈、冲洗和二次安装等步骤。

（1）管路加工。所有管路的切割与弯制均应采用机械方法进行，按总布置图中的序号编管号；为保证管端切割表面的平整度，宜采用自动切割机切割管子。

（2）管路初装。应先将管路全部拼装完毕后，再点焊整段管路，以保证管路的安装质量，避免出错。全部管道应在工地进行排管安装，对符合要求的管道进行严格的管口封堵，防止污染。

（3）管路的焊接。焊接采用钨极氩弧焊，所有对接及法兰焊缝均为Ⅰ级焊缝。施焊前应对坡口吸附近 20mm 范围内的内外管壁进行处理，清除油、水、漆及毛刺等，焊后应把焊缝表面及油管内壁清理干净。为防止法兰焊接变形，焊接应在工装上进行，待焊接缝冷却到常温后，方可从工装上拆下，制作的工装必须具有足够的刚度与强度且便于管路拆卸。

（4）酸洗及防锈。用浓度为 20％的硫酸液进行酸洗，酸洗后用 3％～5％的碳酸钠水溶液进行中和，并进行防锈处理，即将管道内壁均匀地涂满透平油。

（5）管路耐压试验。管路初安装点焊后拆散、焊接、清洗后重新安装。安装后采用打压泵用高压软管与管道连接，进行试压，实验压力为设计最大压力的 1.5 倍，保压 15min，直至所有连接处无渗油方可卸压。

（6）管路的循环冲洗。按规范规定和制造厂的安装说明对管路循环冲洗。冲洗前应对冲洗油液的清洁度和水分质量进行检测，冲洗时要不断地变换冲洗方向。整个冲洗过程应持续 72h，冲洗后油液清洁度应达到 NAS8 级，冲洗完毕要立即用青稞纸及白布封堵管口，防止二次污染。

（7）循环冲洗结束后进行管路系统二次安装，连接时用面团清理法兰管口，保证法兰管口的污染等级。根据管路装配顺序对称逐步拧紧，检查配对法兰间隙，对间隙大于 0.2mm 的部位必须处理。

37.3.6　电气系统安装

安装前应对电气设备仔细检查，主要包括：电气系统的出厂合格证及装箱清单，与实际是否相符；外形整洁美观，无损坏现象。

每台启闭机电气系统由两个柜体组成：一面为动力柜；一面为控制柜，柜体用镀锌螺栓固定在电控埋件上。盘柜安装前，先将电缆沟的杂物清理干净，各种电缆敷设完成。由于动力电缆硬度大，从柜底进线时必须垂直进入并在柜体外固定，防止柜底变形。敷设在柜外的电缆绑扎整齐，横平竖直，柜内的电缆按照指定的线槽布线，从相对应的橡胶管中穿开口，以保证密封性能。按入端子的每根电缆必须套号，并采用冷压片冷压后插入端子。

电气系统回路中单个元件和设备均应进行调度，符合规范要求。

37.3.7 调试

泵站总成、油缸总、管路以及电气系统的安装、清洗及试验完成后，按施工设计图纸要求将其连接成系统。

1. 启闭机空载调试、联闸门无水

试运转前运行区域内的一切障碍物应清除干净，保证闸门及油缸运行不受阻。油泵第一次启动时，将油泵溢流阀全部打开，连续空转 30～40min，运转过程中油泵不应有异常现象。油泵空运转正常后，在监视压力表的同时，将溢流阀逐渐旋紧使管路系统充油，充油时应排除空气。管路充满油后，调定油泵溢流阀的压力，使油泵在其工作压力的 25%、50%、75%和 100%的情况下分别连续试运转 15min，运转过程中检查无振动、杂音和温升过高等现象。然后调整油泵溢流阀，使其压力达到工作压力的 1.1 倍时动作排油，此时也无剧烈振动和杂音。

在活塞杆吊头不与闸门连接情况下，以 0.5～1.0MPa 压力全行程往复动作 3 次，用以排除油缸和管路中的空气，检验泵组、阀组及电气操作系统的正确性和油缸有无爬行现象。然后进行空载调试。空载调试的目的是检查各电磁阀、传感器及控制元件得电后的可靠性，检验各种保护和报警功能的正确性，验证电气、液压及机械的协调性，以及排气及系统的耐压。耐压按额定压力的 25%、50%、75%、100%、125%依次试验保压 10min，整个系统无泄漏。

2. 联闸门无水调试

活塞杆与闸门吊杆连接后进行启门，在无水情况下，进行手动操作启门，高压液压油经缸旁阀进入油缸有杆腔进行启门，同时压力油打开液控单向阀，液压缸无杆腔油液向补油箱充油，补油箱充油至最高位时，电磁换向阀断电，液压缸无杆腔里的液压油经油管路流回油箱，启门速度由电机泵的流量决定，调整泵的流量大小来控制启门速度。闸门启到全开位置进行快速闭门，电磁换向阀通电，液压缸有杆腔油液经缸体出口节流孔板节流后，再经插装阀进入液压缸无杆腔形成差动回路；同时补油箱油液向液压缸无杆腔补油，闸门快速关闭，调整节流阀控制快速闭门时间。

手动操作完毕后，进行自动及远程操作试验，启门时间和快速闭门时间均应符合设计要求。液压启闭机提起进行沉降试验，并满足以下规定：24h 内，闸门因液压缸的内泄而产生的沉降量应不大于 100mm；24h 后，闸门的沉降量超过 100mm 时，应有警示信号提示，闸门的沉降量超过 200mm 时，液压系统应具备自动复位的功能。72h 内自动复位次数不大于 2 次。

37.3.8 质量验收

按照《水电工程启闭机制造安装及验收规范》（NB/T 35051）进行质量验收，主要检查项目如下：

（1）机架中心坐标控制在±2mm，高程偏差在±5mm 内，机架钢梁与推力支座的组合面不应大于 0.05mm 的间隙，其局部间隙不应大于 0.1mm，宽度方向不应超过组合面宽度的 1/3，累计长度不超过周长的 20%，推力支座顶面水平面偏差不应大于 0.2/1000。

（2）液压油的污染度等级应不低于 NAS9 级。

（3）调试与试运行符合设计、规范要求。

37.4 示例图片

安装完成的泵房见图 37.2，液压杆见图 37.3。

图 37.2　安装完成的泵房

图 37.3　液压杆

37.5　相关标准

《水电工程启闭机制造安装及验收规范》（NB/T 35051）

第38章 拦污栅安装施工工艺

38.1 适用范围

本工艺适用于抽水蓄能电站工程拦污栅的安装施工。

38.2 施工程序

施工程序见图38.1。

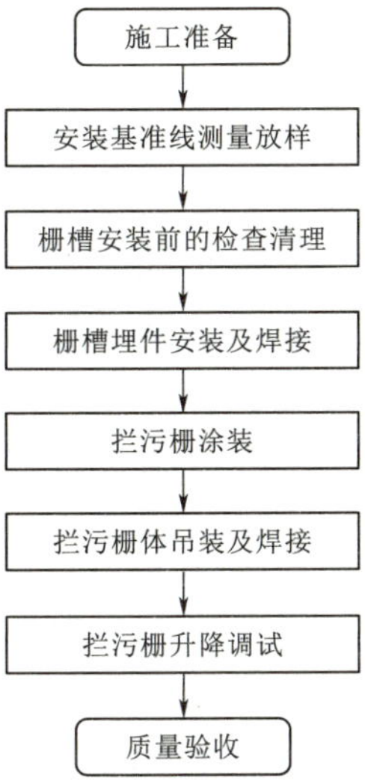

图38.1 施工程序

38.3 工艺说明及主要质量控制要点

38.3.1 施工准备

(1) 图纸会审：收到施工图纸后马上进行图纸审核。

(2) 编制施工方案：编制施工方案并按程序报送批准。

(3) 技术交底：进行技术交底并形成会议纪要。

38.3.2 安装基准线测量放样

根据安装用控制点，测量栅槽的中心线、底坎的高程线、里程线，由此测出底坎基准线，为安装测量方便，底坎安装基准线高程比实际高程高 100mm，焊接样架，将安装基准线的位置用钢锯在样架上做标记。

38.3.3　栅槽安装前的检查清理

（1）栅槽主轨及反轨安装前，将埋设部位的混凝土结合面进行凿毛处理并冲洗干净，检查一期混凝土预埋钢板和钢筋的位置、数量。

（2）逐项检查栅槽埋件（侧底坎、主轨、反轨等）及拦污栅需安装设备是否有缺失、损坏、变形等，如发现有缺失、损坏、变形等情况，列出清单，报送监理工程师，并按施工图纸要求进行修复和补齐处理。

（3）安装前，对设备进行必要的清理和保养。

38.3.4　栅槽埋件安装及焊接

（1）先安装底坎。底坎安装时，根据基准线测量底坎的水平度及局部不平度，安装后用水准仪校验底坎工作表面一端对另一端的高差是否小于 2mm。验收合格后浇筑二期混凝土。

（2）主轨、反轨安装，用吊机将主轨、反轨吊装就位，用调节螺杆点焊临时固定，进行调整，并用铅垂线检测主轨、反轨的垂直度，调整完毕，用搭接钢筋将埋件与一期预埋锚板焊牢，主轨及反轨安装时，一次安装到顶，验收合格后浇二期混凝土。

（3）主轨、反轨及底坎安装完后，对所有外露面进行清理，并对埋件的整体安装尺寸进行测量。复检合格后，进行防腐。

38.3.5　拦污栅涂装

（1）栅槽组装验收合格后，进行整体涂装。涂装前，根据图纸及油漆厂使用说明书的要求现场进行涂装工艺试验，对安装过程中发现的设备表面涂装损坏部位及需要修复的涂装部位进行补涂。

（2）涂装外观检查不能有皱皮、起泡、流挂、漏涂等缺陷。涂层的厚度、附着力等内部质量严格按 NB/T 35045 的要求验收。金属喷涂的外观检查和内部验收均按《水工金属结构防腐蚀规范》（SL 105）的要求进行。

38.3.6　拦污栅体吊装及焊接

（1）拦污栅安装前，进行预拼装检查；拦污栅栅叶节间的连接，除框架边柱应对齐外，栅条也应对齐。栅条在左右和前后方向的最大错位应小于栅条厚度的 1/2。其他各项误差按图纸及 NB/T 35045 规范执行。

（2）拦污栅安装前，清理栅槽内的杂物，保持栅槽内的清洁。

（3）拦污栅的吊装，用吊装设备将栅叶吊入栅槽，每一孔内的栅叶分上节栅叶和下节栅叶分别吊入，吊装前检查螺旋压紧装置是否处在松弛状态，上节栅叶和下节栅叶在栅槽内用连接板进行连接。拦污栅安装时，安装后有撑紧要求，为保证撑紧的效果，吊装入槽前先进行预组装，根据栅槽安装情况调节支承滑块底部调整垫板的厚度，使拦污栅就位后每个支承滑块橡皮垫块压缩 3mm。安装滑块时，应预紧螺栓，使支承滑块的每个橡皮垫块预压缩 1mm，拦污栅支承的总压缩公差范围为±1mm。拦污栅安装入槽就位后，应仔细检查每个支承滑块与门槽的接触情况，如发现有间隙，应适当增加调整垫板的厚度。

（4）焊缝要求：应按照设计要求进行施焊。

38.3.7　拦污栅升降调试

每一孔栅叶安装完成后，卷扬机做升降试验，检查栅叶在槽中的运行情况，在栅槽中的卡阻现象和各节连接的可靠性。如出现入槽困难，说明栅叶与栅槽的配合过紧，应适当减少滑块调整垫板的厚度，或对栅槽进行局部打磨，应做到无卡阻和连接可靠。

38.3.8　质量验收

按照 NB/T 35045 进行质量验收。

拦污栅安装完成后，对其表面进行清理，清除临时吊耳等，磨平焊疤，同时清除埋件表面及门叶上的杂物，按设计要求对拦污栅及埋件表面防腐面损毁处及埋件分段焊缝处进行防腐后验收。

38.4　示例图片

拦污栅细部见图 38.2，拦污栅整体见图 38.3。

图 38.2　拦污栅细部

图 38.3　拦污栅整体

38.5　相关标准

《水电工程钢闸门制造安装及验收规范》(NB/T 35045)

《水工金属结构防腐蚀规范》(SL 105)

附　录
相关检验项目及技术指标

相关检验项目及技术指标见附表1～附表4。

附表1　　水泥检验项目及技术指标

检测项目	细度/%	安定性试饼法	凝结时间/min		抗折强度/MPa		抗压强度/MPa	
			初凝	终凝	3d	28d	3d	28d
标准值	≤10	合格	≥45min	≤600	≥3.5	≥6.5	≥16	≥42.5

附表2　　钢筋机械性能检验项目及技术指标

表面形状	钢筋级别	牌号	钢筋直径/mm	屈服点/MPa	抗拉强度/MPa	伸长率/%		冷弯
						$\delta 5$	$\delta 10$	
				不小于				
光圆	Ⅰ	HPB235	6～40	235	370	25	22	180°$D=d$
月牙肋	Ⅱ	HRB335	6～25	335	490	16	—	180°$D=3d$
			28～50					180°$D=4d$
	Ⅲ	HRB400	6～25	400	570	14	—	90°$D=4d$
			28～50					90°$D=5d$
	—	HRB500	6～25	500	630	12	—	90°$D=6d$
			28～50					90°$D=7d$
	Ⅲ	KL400	8～25	440	600	14	—	90°$D=3d$
			28～40					90°$D=4d$
冷轧带肋		LL550	4～12	500	550	—	8	180°D=3d
冷拉钢筋	Ⅰ	—	$d\leqslant 12$	280	370	—	180° $D=4d$	180°$D=3d$

注　1. D为弯心直径；d为钢筋直径。

2. 直径$d>25$mm的钢筋直径作冷弯试验时，弯心直径增加一个d。

附表3　　砂料检验项目及质量标准

项　类	检　查　项　目			质　量　标　准
主控项目	1	天然砂中含泥量	有抗冻要求或≥C9030	≤3%
			<C9030	≤5%
	2	泥块含量		不允许
	3	有机质含量		浅于标准色（天然砂）
				不允许（人工砂）

续表

项类	检查项目			质量标准
一般项目	1	云母含量		≤2%
	2	石粉含量		6%～18%（人工砂）
	3	表观密度		≥2500kg/m³
	4	坚固性	有抗冻要求	≤8%
			无抗冻要求	≤10%
	5	硫化物及硫酸盐含量		≤1%
	6	轻物质含量		≤1%（天然砂）
	7	细度模数	天然砂	2.2～3.0
			人工砂	2.4～2.8

附表 4　粗骨料检验项目及技术指标

序号	检查项目		质量标准
1	含泥量	*D*20、*D*40	≤1%
		*D*80、*D*150	≤0.5%
2	泥块含量		不允许
3	有机质含量		浅于标准色
4	坚固性	有抗冻要求	≤5%
		无抗冻要求	≤8%
5	硫化物及硫酸盐含量		≤1%
6	表观密度		≥2550kg/m³
7	吸水率		≤2.5%
8	针片状含量		≤15%（论证后可放宽到 25%）
9	超径含量		原孔筛<5%，超逊径筛为 0
10	逊径含量		原孔筛<10%，超逊径筛<2%